인체유전학과 사회

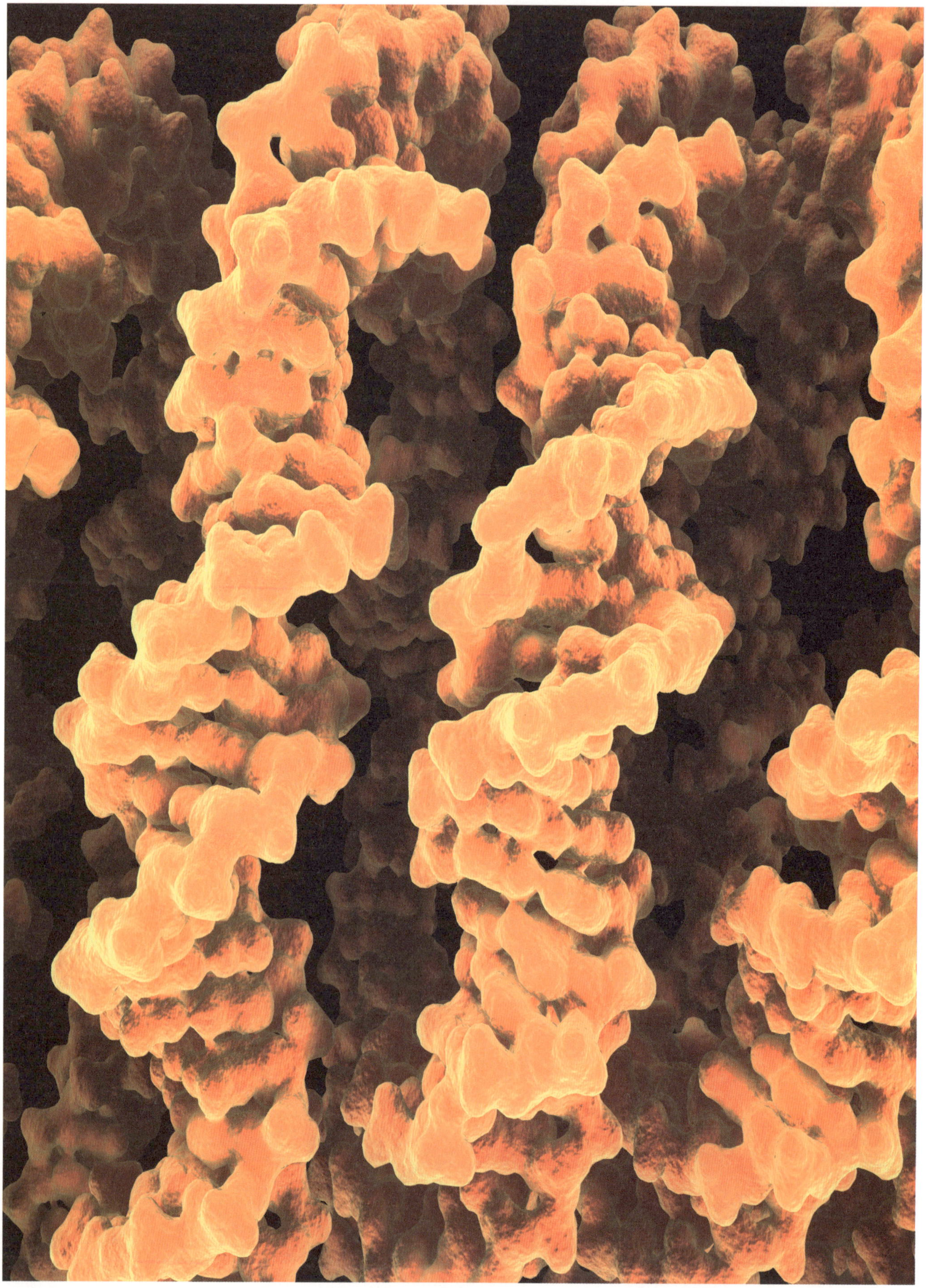

인체유전학과 사회

HUMAN GENETICS AND SOCIETY

RONNEE K. YASHON
MICHAEL R. CUMMINGS 원저

유 민 · 김영민 · 김인식 · 김종봉 · 류혜명
서준교 · 엄용빈 · 조은희 · 최석철 공역

BROOKS/COLE
CENGAGE Learning™

Australia • Brazil • Japan • Korea • Mexico • Singapore • Spain • United Kingdom • United States

BROOKS/COLE
CENGAGE Learning™

Human Genetics and Society, 1st Edition
Ronnee Yashon, Michael Cummings

This edition first published in 2011 jointly by
Cengage Learning Korea Limited and World Science Publishing Co..

ISBN-13: 978-89-5881-170-1

Cengage Learning Korea Ltd.
Suite 1801 Seokyo Tower Building
353-1, 22 Seokyo-Dong, Mapo-Ku
Seoul 121-837, Korea
Tel: (82) 2 322 4926
Fax: (82) 2 322 4927

Cengage Learning is a leading provider of customized learning solutions with office locations around the globe, including Singapore, the United Kingdom, Australia, Mexico, Brazil, and Japan. Locate your local office at: **www.cengage.com/global**

Cengage Learning products are represented in Canada by Nelson Education, Ltd.

For product information, visit **www.cengageasia.com**

Printed in Korea
1 2 3 4 14 13 12 11

인체유전학과 사회

인 쇄 | 2011년 2월 21일

발 행 | 2011년 3월 01일

공 역 | 유 민 · 김영민 · 김인식 · 김종봉 · 류혜명 · 서준교 · 엄용빈 · 조은희 · 최석철

발 행 인 | 박선진

발 행 처 | 도서출판 월드사이언스

등록번호 | 제16-1601호

등록일자 | 1988년 2월 12일

인 쇄 | 서울특별시 서초구 방배동 864-31 월드빌딩 1층

전 화 | 02) 581-5811~3

F A X | 02) 521-6418

E-mail | worldscience@hanmail.net

U R L | http://www.worldscience.co.kr

정가 18,000원

ISBN 978-89-5881-170-1

이 도서의 국립중앙도서관 출판시 도서목록 (CIP)은 e-CIP 홈페이지 (http://www.nl.go.kr/cip.php)에서 이용하실 수 있습니다.
(CIP 제어번호 : CIP2011000552)

저자들에 대해

RRonnee K. Yashon—Tufts University

Ronnee K. Yashon은 고등학교, 대학교, 대학원, 법학대학을 포함하는 모든 수준에 대해 유전학, 윤리학, 법학을 가르치는 세계적인 전문가로 알려졌다. 일리노이에서 뛰어난 생물 교사상과 과학 교습에서 뛰어난 대통령상을 받은 수여자이며, 그녀는 과학교사들과 NSTA (미국과학 교사 연합회)와 NABT(미국생물 교사 연합회)를 포함한 지역대회와 전국대회에서 파종 학제 수업을 위한 다양한 워크샵을 지시했다. 1985년 볼주립대(Ball State University)의 한 유전학 세미나가 그녀의 법률에 대한 관심을 불러일으켰고 그 분야를 공부하는데 그녀에게 영감을 주었다. 커리큘럼에서의 법률과 생명윤리를 도입하는데 대한 그녀의 사례 연구 방법론은 단순하고 개인에게 맞춤화하며, 의사결정을 하는 학생들이 참여하는 현재 시나리오들을 사용한다. Yashon은 전국에 걸쳐 이러한 사례연구 방법을 발표하여 왔다. 그녀는 유전학과 환경 문제에 중점을 둔 2개의 소 책자를 포함한 6개의 사례 연구 저서들을 가지고 있다. 현재 법률 학교에서 과학을 기본으로 한 법률 과정의 실행은 그녀의 관심을 불러일으켰고 그녀는 유전학을 주제로 법학가와 변호사들을 위한 워크샵을 해오고 있다. 그녀는 현재 터프스 대학교의 실험대학과 보스턴 의과대학에서 가르치고 있다.

Michael R. Cummings—Illinois Institute of Technology

Michael R. Cummings는 인간유전(Human Heredity): 원리와 주제, 유전학의 개념, 유전학의 본질(Principles and Issues, Concepts of Genetics, and Essentials of Genetics)을 포함하는 중요한 대학 교재들의 저자 또는 공동저자이다. 그는 또한 맥그로 과학기술 백과사전(McGraw Encyclopedia of Science and Technology)을 위한 유전학 기사뿐만 아니라 비전공자들을위한 생물학 입문 교재인 생물:과학과 생활(Biology: Science and Life)을 저서했다. 수년간 그는 교사들과 학생들을 위한 인체 유전학에서의 진보에 대한 기사를 쓰고 출판했다. 그는 지난 25년간 시카고에 있는 일리노이 대학의 교직원이었다. 그곳에 있는 동안 그는 대학 직원의 동료들에 의해 뛰어난 교수로 인식되었고 학부과정을 가르치는데 있어 후배 교수의 스승이었다. 그는 대학에서 생물학 학생 기구에 의해 수년간 뛰어난 교사로 선출되었으며 대학에서 최고의 교사로서 졸업자들에의해 두 번째 이름지어졌다. 그의 연구 관심은 21번 인체 염색체부위의 heterochromatic short arm/centromere region에 있는 반복 DNA(repetitive DNA) 염기서열의 물리적 조직과 염색체 이상을 일으키는 이들 염기서열의 역할에 중점을 두고 있다. 그는 현재 일리노이 공과대학에서 일반 생물, 세포생물, 유전학을 가르치고 있다.

역자들에 대해

역자명	소속	번역	e-mail
유 민	계명대학교 자연과학대학 생물학과	총괄	ymin@kmu.ac.kr
김영민	한남대학교 생명·나노과학대학 생명과학과	4, 5장	kym@hnu.kr
김인식	을지대학교 의과대학 임상병리학과	1, 2장	orientree@eulji.ac.kr
김종봉	대구가톨릭대학교 자연대학 의생명과학과	12, 14장	jbkim@cataegu.ac.kr
류혜명	경북대학교 의과대학 심장내과	머리말, 6장	naya101@hanmail.net
서준교	한림대학교 의과대학 의학유전학교실	3, 9장	jgsuh@hallym.ac.kr
엄용빈	나사렛대학교 임상병리학과	7, 8장	omnibin@kornu.ac.kr
조은희	조선대학교 사범대학 생물교육과	10, 15장	ehcho@chosun.ac.kr
최석철	부산가톨릭대학교 보건과학대학 임상병리학과	11, 13장	scchoi@cup.ac.kr

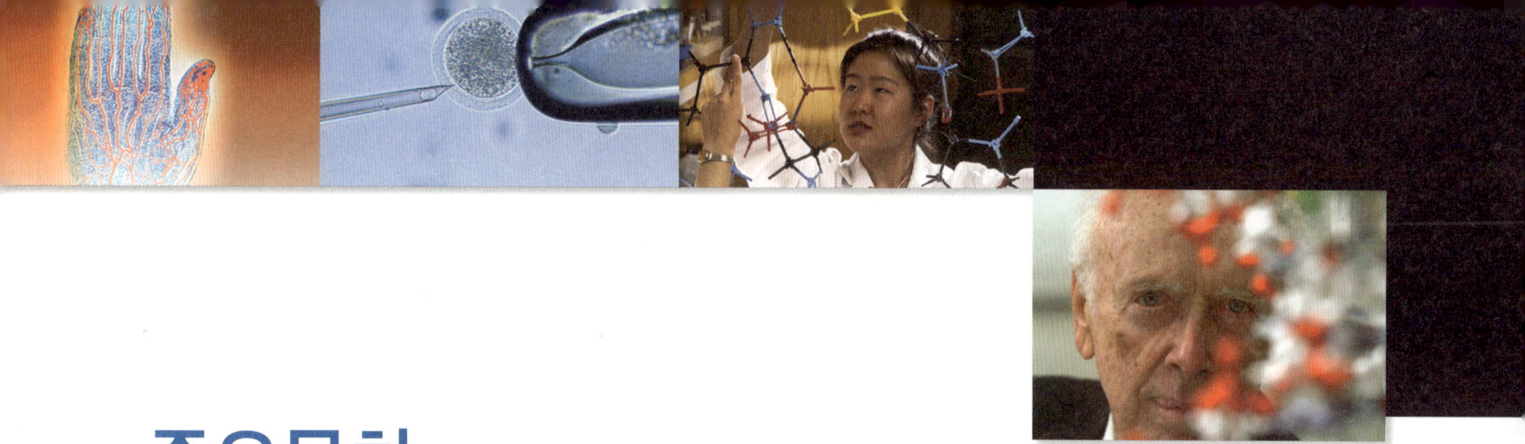

주요목차

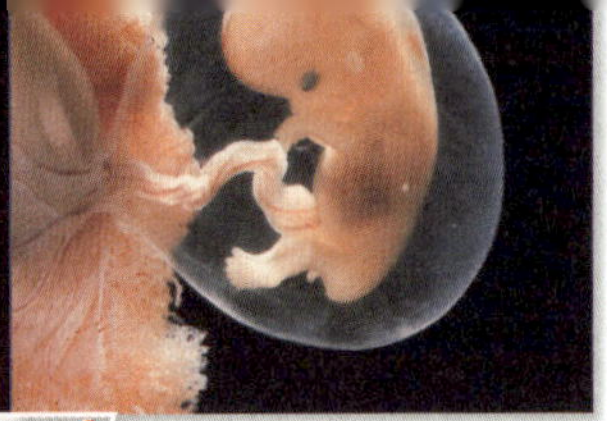
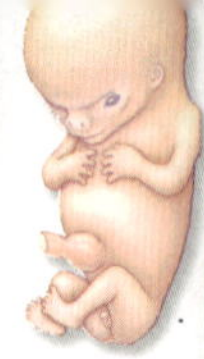
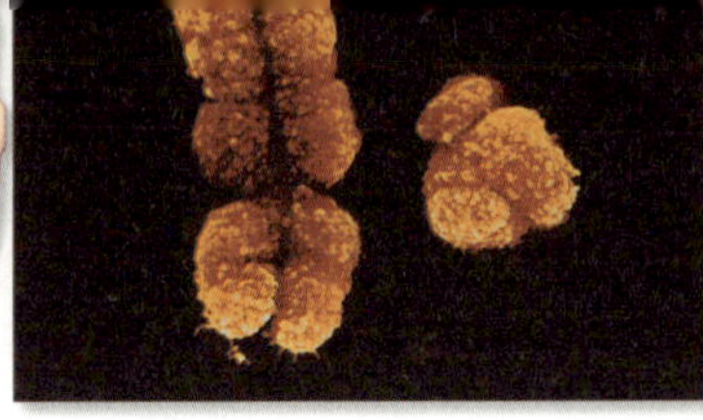
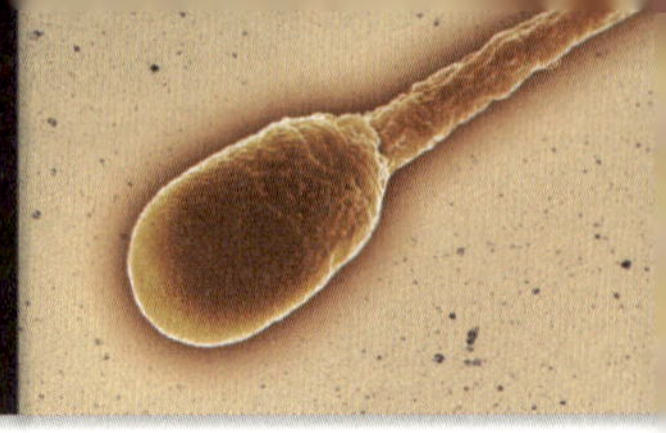
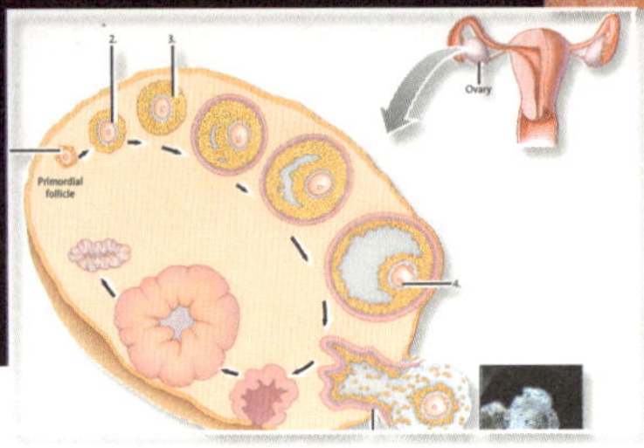

목차

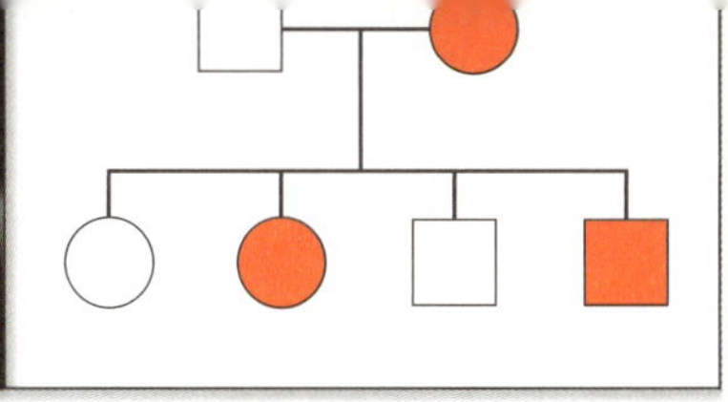

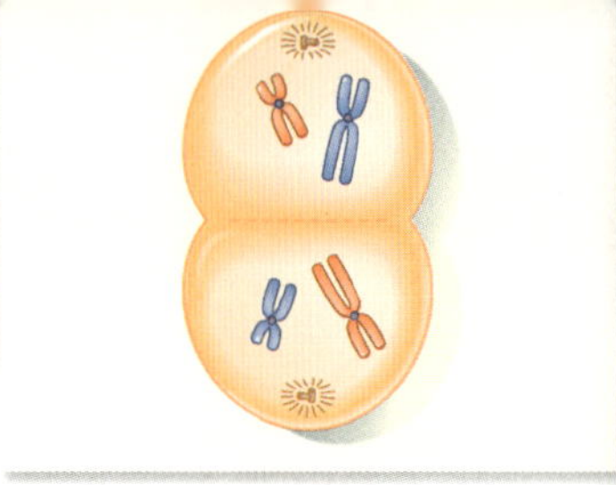

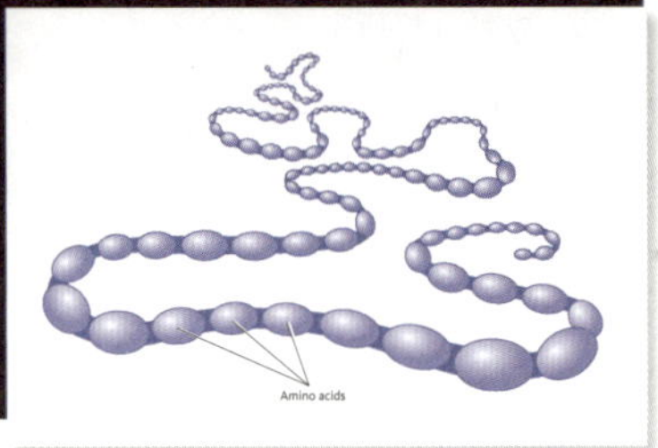
Amino acids

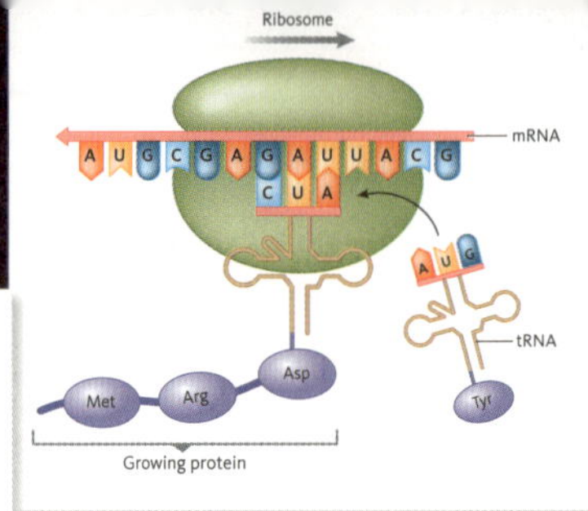
Ribosome
mRNA
tRNA
Met
Arg
Asp
Tyr
Growing protein

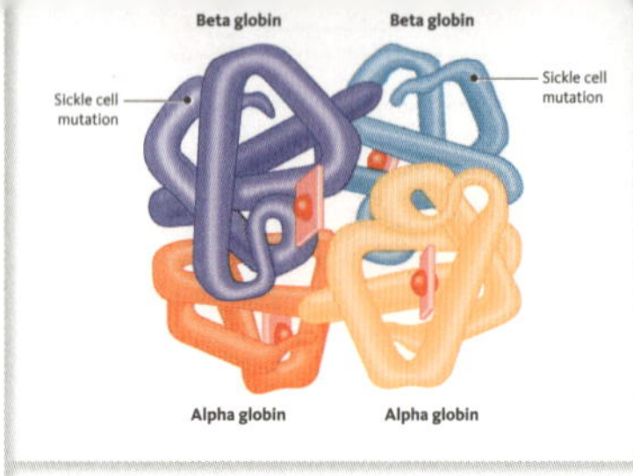
Beta globin
Beta globin
Sickle cell mutation
Sickle cell mutation
Alpha globin
Alpha globin

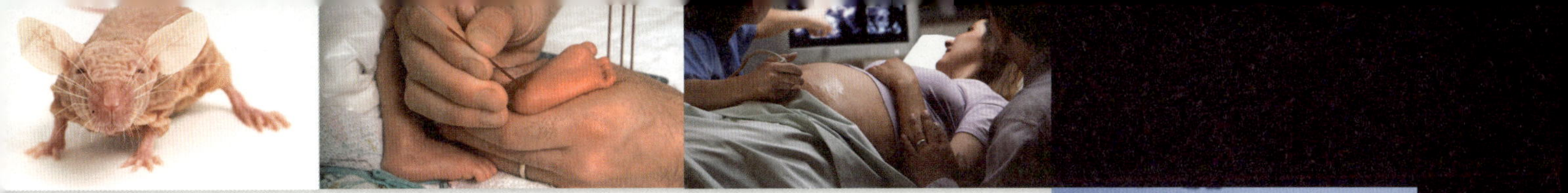

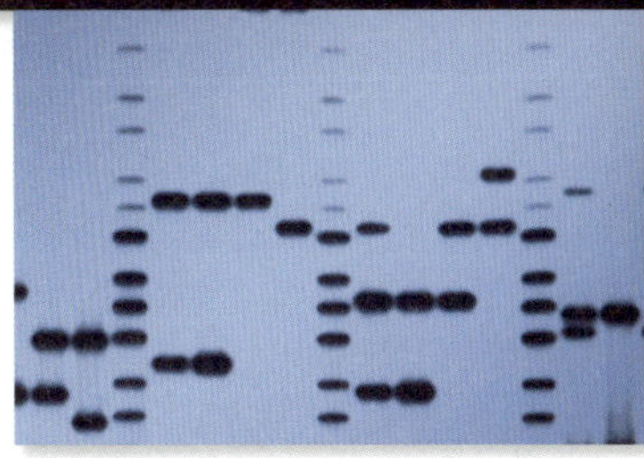

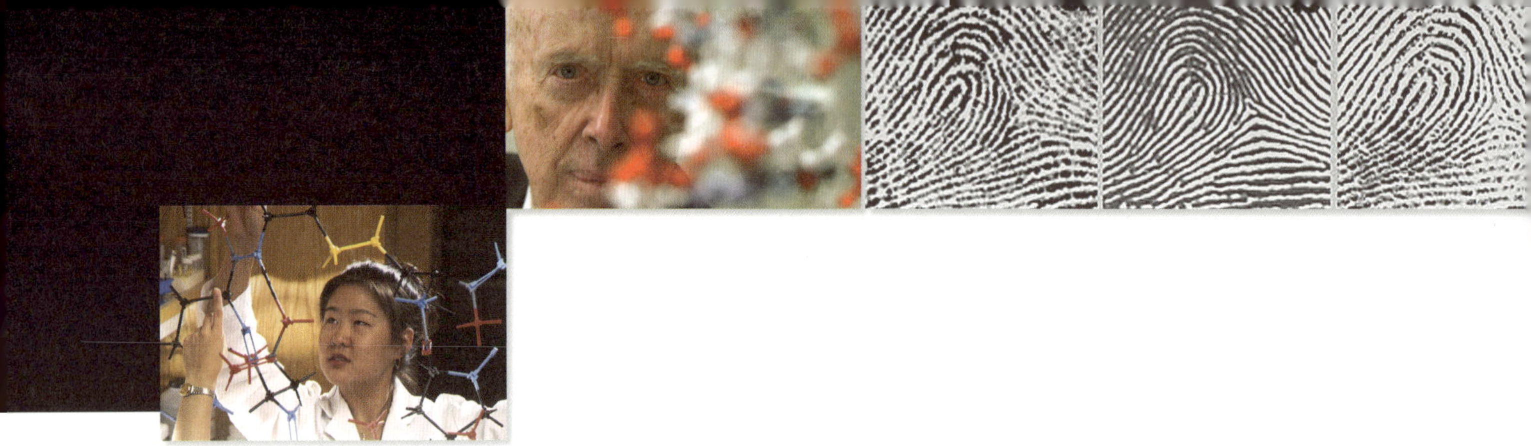

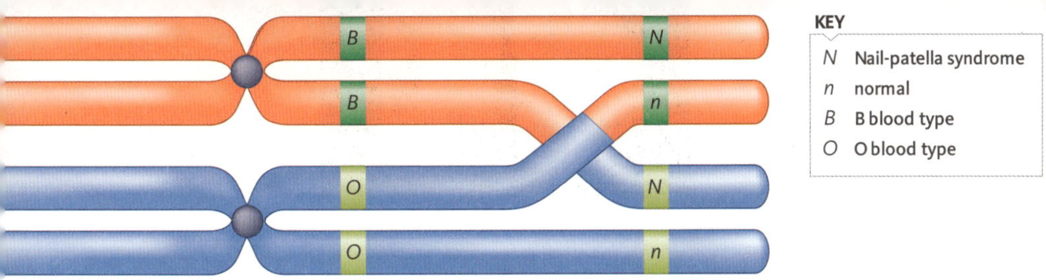
B
N
B
n
O
N
O
n
KEY
N Nail-patella syndrome
n normal
B B blood type
O O blood type

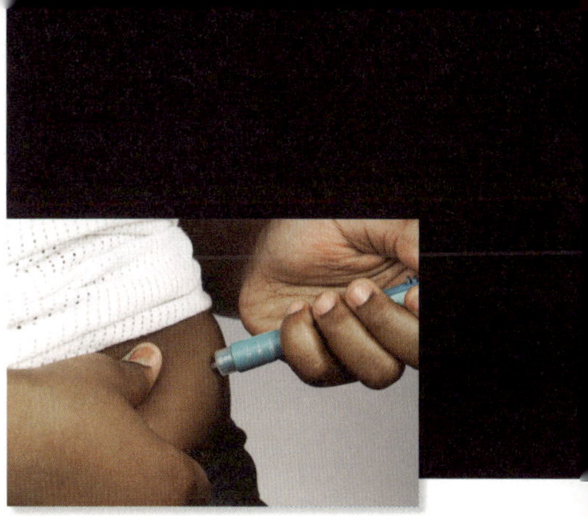

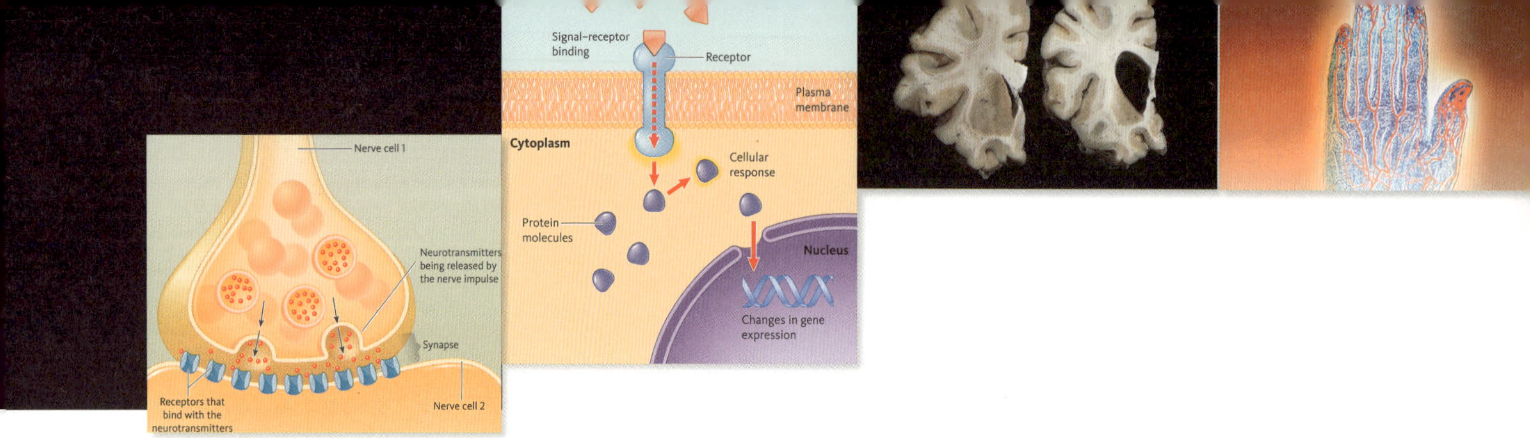
Nerve cell 1
Neurotransmitters being released by the nerve impulse
Synapse
Receptors that bind with the neurotransmitters
Nerve cell 2
Signal–receptor binding
Receptor
Plasma membrane
Cytoplasm
Cellular response
Protein molecules
Nucleus
Changes in gene expression

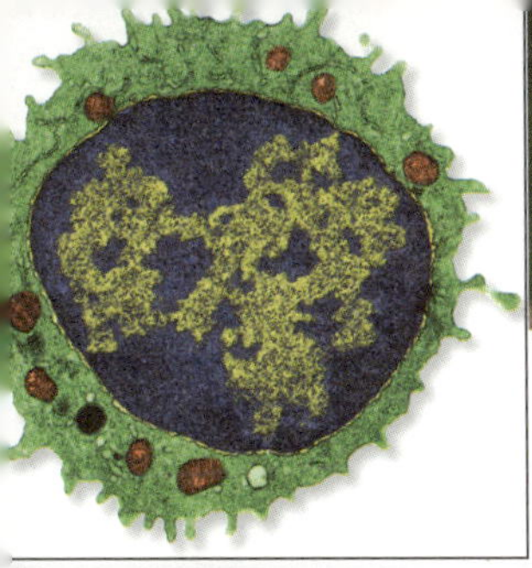

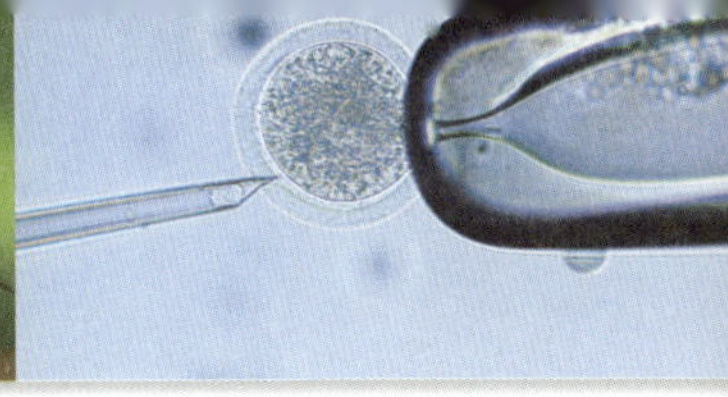

서문

이 책은 일상생활에서 사회적이고 문화적인 주체로써의 유전학과 유전학의 최근 역할을 다룬 것이다. 이 책은 과학에 대한 지식이 거의 없거나 아예 없는 광범위한 학과에서 온 학생들로 이루어진 학부 과정에 사용되도록 쓰였다.

삶의 다른 많은 활동들과 마찬가지로 가르치는데 있어서 주제를 문맥으로 집어넣는 것은 중요하다. 우리는 이 책에서 빠르게 진보하고 있는 유전학과 일상생활의 일부를 관련하여 얘기하고 있다. 유전학에 대한 인터넷과 인쇄매체의 관심이 커지면서 연구실에서 발견되는 것들과 시장에서의 새로운 물질들, 의약품들, 음식들 간의 거리는 매일 점점 더 짧아지고 있다. 이 짧아진 거리와 같이 학생들은 학과에서 유전학에 노출되어 있지는 않다. 오늘날 유전학과 다른 과학의 측면들은 우리생활의 많은 면들에 배어들어 있다. 개인으로 그리고 사회의 구성원으로써 우리는 유전학과 그것과 관련된 기술들의 사회적, 정치적, 문화적, 윤리적 그리고 법적인 영향과 어떻게 이들을 모든 사람들의 이익을 위해 진보하도록 사용하는 가에 대해 합의할 필요가 있다. 이러한 토론의 일부로써 우리가 직면하고 있는 새로운 선택과 이러한 기술을 사용했을 때 사회적 결과를 이해하기위해 관련 유전학과 사회적 개념을 동등하게 다루어야 한다.

오늘날 교재들은 유전학의 사회적, 법적 또는 개인적인 적용을 무시하지는 않는다. 그러나 이들 중요한 주제들은 흔히 과학과는 별개로 단원의 끝에서 단지 연속된 질문이나 Web에 기반을둔 활동으로 나타난다. 가끔 간신히 여러 단원에 걸쳐서 단일 이슈를 나타내는 박스들로 흩어져 있기도 한다.

이러한 이슈를 분리하는 것은 학생들에게 인체 유전학의 비과학적인 측면의 성장과 중요성을 이야기 하는데 방해가 된다.

소비자들은 매일 유전학과 재조합 DNA기술을 근거로 하는 모호한 선택의 경우들과 직면한다. 이러한 것들은 약국에서 볼에서 면봉으로 검체를 가지고 DNA를 사용하는 친자검사가 가능한지, 인터넷 사이트가 수 천 년 전에 살았던 사람으로 거슬러가 조상의 계보를 제공하는지, DNA 신분증이 누군가의 DNA 프로파일을 가지고 있는지, 유전체 스캔이 질병 위험 인자들에 대한 유전체 검사를 제공하는지에 대한 것을 포함하고 있다.

게다가 생식 옵션의 다양성이 증가하고 있다. 불임치료 및 임신 전에 아이의 성을 선별하고, 유전적 질환에 대해 선별하며 심지어 유전적 질병을 가진 형제를 위해 조직이나 기관을 제공할 수 있는 아이를 갖기 위해 그 형제와 유전적으로 적당한 배자를 선별하기도 한다.

인체 유전체 프로젝트의 정보와 같이 진단검사를 발전시키고 치료를 향상시켜 의학적인 치료의 옵션이 비선형적 방법으로 확장되기 시작하고 있다. 다음 몇 년 내에 의학적인 기록이 개인이 가지고 있거나 가질 수 있는 질병에 대한 위험에 대한 정보를 가진 개인의 유전체 염기서열을 포함하게 될 것이란 생각을 하기가 어렵지 않다. 이러한 데이터는 치료와 대립유전자 프로파일을 근거로 한 약제 선택과 용량선택, 대사율, 유전적 상황에서 기인한 증상을 예측하는 개인의 맞춤의학에 대한 발전계획에 사용될 수 있다.

근거

학생들에게 사회가 출산, 의학적 치료, 직장, 그리고 우리의 개인적이면서 대중적인 생활의 다른 측면에서 직면할 변화와 선택을 통해 과학적인 교육이 과학과 우리생활에서의 광범위한 적용들 간의 연결을 만들어야 한다는 것을 부각시키기 위한 것이다. 유전학과 생물공학에서 비롯된 변화들은 현재 학교에 다니고 있는 세대들에게 많은 현재 사회적 문화적 관습들을 생각하도록 만든다. 정보를 오용하는 것을 막고 개개인의 유전적 질환에 대한 영향을 막기 위한 새로운 법안이 상정될 것이다. 이 책은 특히 다음의 이유 때문에 쓰였다.

- 오늘날의 학생들은 이 새로운 기술들의 소비자가 될 것이며 그들 자신과 다른 이들에 영향을 미치는 방법의 사용에 대한 결정을 하는데 활발히 참여하게 될 것이다.
- 학생들 특히 과학이 전공이 아닌 학생들에 의해 만들어진 결정이 인체유전학의 일부 이해를 바탕으로 한 정보에 근거를 둔 결정이 되도록 육성하기위해서.
- 학생들은 유전 기술의 사용과 연관된 사회적 영향과 결과들에 대해 어느 정도는 이해를 해야 한다.

이 책의 목적

1. **읽기 쉬움.** 학생들은 과학 분야에서 외국어를 배우는 것에 상응하는 많은 새로운 용어와 전문어를 접하고 있다. 이것은 흔히 과학을 배우는데 있어서 주요 걸림돌이 된다. 우리는 유전학적 개념들을 설명하고 이러한 개념들의 이해할만한 예를 제시하기위해 매일 가능한 많은 언어를 사용하고 있다. 이 책은 과학의 모호함을 없앨 뿐 아니라 학생들의 이해를 보다 쉽게 함으로써 개념들이 가지고 있는 의미와 수 십개의 약어들을 기억할 필요가 없게 하여 기억력을 증진시킨다. 학생들은 이러한 용어들을 참고문헌으로써 읽고 간직하고 싶어 할 교재에서 찾을 수 있을 것이다.
2. **관련성.** 각 장은 많은 사람들이 매일 직면하는 상황을 묘사하는 일상생활에 기반을 둔 사례로 시작한다. 이것은 상황과 연관된 과학을 설명하고 열려있는 시나리오로 제기된 이슈를 토의하는데 기초를 제공하게 된다. 과학적 지식을 가지고 학생들은 유전학 개념과 그 사례들에 대한 질문들 간의 관계를 탐구할 준비가 된다. 사례에 과학적인 개념을 적용함으로써 어떻게 유전학이 그들과 관계가 있는지 쉽게 알 수 있다.
3. **내용.** 각 장은 그 장에서 유전학 개념들과 관련 있는 법률적이며 윤리적인 주제를 다루는 부분을 가지고 있으며 대부분 법정 소송과 관련된 상세내용을 다루고 있다. 이러한 소송들은 새로운 유전학적 발견들과 기술이 사용된다면 어떻게 언제 사용될지를 정의하는 사회의 반응 형태를 가지고 있다. 이러한 주제와 결정들에 대한 검토는 과학이 개개인의 삶과 사회전체에 적용되는 것에 대한 토의할 기회를 제공한다.
4. **관심.** 각 장에서 다루는 사례를 읽음으로써 학생들은 그 사례에 있는 사람들의 역할에 참여하게 되고 그들이 결정하는 과정을 경험하게 될 것이다. 학생들은 그들 자신이 어떻게 행동할지를 질문하게 될 것이다. 이러한 호기심은 학생들이 과학에 대해서 읽고 배우는 것에 대한 동기가 되어 자신의 삶에 이러한 정보를 통합하도록 도와줄 것이다.

이책의 특징

학생들이 정보에 근거를 둔 결정을 하도록 우리는 인체 유전학을 가르치는 직접적인 접근을 선택했다. 우리는 유전학의 사회적, 법적, 윤리적 그리고 인간적 측면을 과학과 동등한 측면에서 다루는 것이 중요하다고 생각했다. 이러한 배치는 몇 가지 중요한 목적을 이루도록 한다:

- 어떻게 특수한 유전학적인 진보가 과학 실험실을 뛰어넘어서 일상생활에서 유전적으로 변형된 음식을 사야할지, 어떠한 의학적 검사를 해야 하는지, 아이를 갖는데 사용되는 기술이 무엇인지, 심지어 우리에게 최상의 작업환경은 어떤 것인지와 같은 우리의 일상 결정에 영향을 미치는 가를 보여준다.
- 인체 유전학에서 발견되는 사회적, 윤리적, 정치적인 주제에 대한 토의를 정착하는 것은 우리가 기준자료로써 법을 사용하는데 선택되고 있다. 과학과 법은 점점 충돌하고 있다. 배심원들과 재판관들은 소송, 살인재판, 심지어 이혼과 입양 사건에도 과학적 질문들을 퍼붓고 있다. 이들 법정 판결은 우리가 어떻게 유전학적 기술들을 이해하고 대처할지에 대한 방법을 제공한다. 이러한 결정들은 유전학과 관련된 기술이 어떻게 우리 일상생활로 전달되는지를 결정하는데 도움을 줄 수 있을 것이다. 게다가, 대중이 이러한 주제에 대해 해야만 하는 결정이 점점 사람들을 어렵게 한다. 이러한 결정은 우리사회의 많은 계층을 통해 전달되어 영향이 누적된다. 왜냐하면 이러한 많은 결정이 다른 사람들과 서로 맞물리면서 점점 더 복잡해지기 때문이다. 결과적으로 지침 마련을 위한 재판과 이러한 결정을 하기위한 포럼이 많아지고 있다.
- 지침으로써 법률을 사용하여 우리는 사적 견해, 정치, 종교적 신념의 영향 없이 유전학과 관련된 사회적 윤리적 주제를 토의하거나 직접적인 토의를 할 수 있다. 모든 사람이 제정된 법률 또는 결정에 동의할 수는 없지만 기본적으로 항상 알려진 과학적 사실을 사용하고 있다.
- 벌써 제정된 법과 이미 결정된 판례를 통해서 우리는 인체 유전학을 더욱 의미 있게 만들 수 있고 학생들이 어떻게 유전학이 미래에 우리의 삶을 변화시킬 것인지를 알 수 있다. 더욱이 해결되지 않은 질문들을 토론하고 질문하는 것은 미래에 학생들이 더 나은 소비자가 되고 더 교육받은 투표자가 되도록 할 것이다.
- 우리의 의견은 중요하며, 우리는 교재의 사용자들이 읽고 토의하여 개개인과 사회에 미치는 유전학의 영향에 대한 그들의 의견을 가지도록 독려한다. 학생들이 이렇게 되는 것을 돕기 위해 우리는 학생들이 블로그를 시작하고 유지하도록 한다. 블로그를 가지도록 도와서 우리는 사례들과 과학적인 내용을 연결하는 장을 통해 학생들이 질문들을 하도록 한다. 각 장의 끝부분에 질문들은 자주 열린 결론을 가지며 학생들에게 학습된 견해를 가지게 한다.
- 일단 학생들이 과학을 배우면 각 사례들, 법률적 결정들 그리고 각 장의 끝부분에 있는 질문들이 학생들의 정치성, 가족 배경, 종교적 신념이 옳은가에 대한 질문을 던진다. 같은 반 친구들 또는 블로그를 통해 토론하면서 그들은 다른 이들의 의견에 대해 배울 것이고 자신의 의견을 다시 살펴볼 수 있다. 그러나 어떤 경우에는 사실에 근거를 둔 생각이 그들의 미래를 바꿀 과학에 근거를 둔 결정을 하도록 되리라는 것을 배울 것이다.

그림과 사진

책을 펼칠 때 여러분은 광범위한 아트 프로그램을 보게 될 것이다. 이것은 학생들에게 삽화와 사진이 사례와 생활의 예들을 가지고 와서 주제를 익히는데 도움을 주기 위해 강조용으로 사용한 것이다. 직접적으로 교재에 아트를 접목하기위해 예술 프로그램은 많은 그림 번호나 자막 없이 더 격의 없는 방법으로 표시하였다.

그 아트프로그램은 비과학 분야의 학생들이 역동적인 사진들과 삽화들로 주제들을 받아들이기 쉽고 이해하기 쉽도록 디자인되었다. 이러한 아트와 교재간의 상호작용은 주제를 강조하고 학생들이 기억하고 배우는데 도움을 준다. 우리는 유전학을 가르치는데 새로운 시각을 교재에 담도록 하기위해 새롭고 더 최근의 사진을 선별하기 위해 노력했다.

아트의 배치는 읽기 쉽고 자료를 배우는 시각적 방법을 제공하도록 신중하게 만들어 졌다. 우리는 기초 유전학 학생들이 만나거나 벌써 그들의 삶에서 만났을 것이라는 것을 강조하기 위해 그림의 형태를 사용했다.

교수법의 특징과 각 장의 구성

짧은 미리보기(preview)에 따라 우리는 성, 발생, 생식 기술들에 대한 장으로 책을 시작한다. 우리가 이렇게 한 이유는 초기 장에서 이러한 주제들이 대부분의 사람들에게 흥미를 유발하며 유전적 기술에서 이러한 영역들이 사람들에게 뚜렷한 영향을 미치기 때문이다. 더욱이, 사회적 영향과 윤리적이고 법적인 주제가 이러한 기술의 발달과 사용에 의해서 쉽게 정의되어진다. 이러한 것들이 학생들에게 과학의 본질과 그것의 응용간의 관계를 살펴보기 위해 어떻게 책을 적용할지에 대한 방법을 제공한다.

책은 3가지 부분으로 구성된다: 1-4장은 생식, 발생, 감수분열, 접합자형성, 유전학의 전달을 다루고 있다. 5-9장은 유전학의 분자적 측면을 강조하고 유전자 발현, 돌연변이, 재조합 DNA 기술, 생물공학, 유전자 검사, DNA 법의학, 인체 유전체 프로젝트를 다루고 있다. 10-14장은 유전자와 환경과의 관계에 대한 논의이다. 각 주제들은 많은 유전 요인들, 암, 행동, 면역체계, 개체군들을 포함하고 있다. 15장은 인체 유전학의 과거, 현재, 미래가 어떻게 이용되고, 무엇이 유전기술의 미래가될 수 있는 지를 어렴풋이 알게 해준다.

각 장의 그룹은 생물 기초라고 제목지은 짧은 부분이 제일 앞에 나온다. 1-4장은 생물기초: 세포들과 세포 구조가, 5-9장은 생물기초: DNA, 10-15장에서는 생물기초: 유전자, 개체와 환경이 앞부분에 나온다. 이러한 부분들은 이전에 생물 과정을 배운 사람들에게는 복습으로 그리고 이전에 생물 지식이 없는 사람들에게는 기초를 배울 기회를 제공할 것이다.

이러한 구성이 학생과 교사 모두에게 중요한 교수방법이라고 믿는다. 각 생물 기초 부분에서 학생들이 생물학의 기본개념을 가지도록 하는데 필요한 읽을거리가 필요하고 다음 장에서는 그 물질을 이해하도록 한다. 이러한 구성은 2가지 장점을 가진다.

- 이 책은 기초 생물학 개념을 한 부분으로 구성하고 있다. 이것은 다음 장에서 논의되는 유전학에 대한 생물학 개념을 학생들이 배우고 복습하는 단일 소스가 된다. 이것은 학생들이 다음 장에서 사용되는 생물학에 익숙해지도록 하는 수업자료로써 읽혀지거나 사용될 수 있다.
- 각 장이 유전학을 가진 기본 생물학에 대한 산재하고 있는 자료대신에 본질적 유전 개념에 중점을 두도록 한다. 이것이 각 장내에서 어수선함을 피하고 학생들이 그 장에서 유전학과 관련된 주제들을 명백히 이해하도록 한다.

각 장 내에서 특징들은 조심스럽게 선택되어 비과학 분야 학생들이 관련된 유전 개념을 구분하고 이해하고 관련된 사회적, 법적, 윤리적 문제를 고민하는 것을 돕기 위해 구성되었다. 이러한 특징은 다음을 포함한다:

핵심 포인트, 섹션 본질, 주요점 10개

각 장은 그 장에서 다루고 있는 주제의 짧은 목록으로 시작한다. 학생들은 자료를 예습하기위한 핵심 포인트의 리스트로 목록을 사용할 수 있다. 이러한 핵심 포인트의 리스트는 학생들이 시험을 준비하는데 있어서 자료의 구성을 살펴보는 쉬운 방법을 제공한다. 각 핵심 포인트는 교재부분의 섹션과 그 섹션의 끝부분에 나열된 요점으로 연결되어 있다. 각 장의 끝부분에는 주요점 10개가 있다. 이런 주요점 10개들은 학생이 그 장을 읽은 후 핵심을 파악하도록 한다.

사례

각 장들은 개개인 또는 가족전체가 유전학에 대해 뭔가 배울 때 직면하는 질병, 진단 검사, 치료요법, 또는 결정해야할 것들에 대한 내용이 쓰여 있다. 이러한 열려있는 이야기는 나중에 오는 관련된 유전학 개념을 보여주기 위한 기초를 제공한다.

학생들이 열린 사례를 읽은 후 그 사례에서 사람들과 학생 자신들의 문제에 대한 과학과의 연관성을 생각할 수 있다.

게다가 각 장의 끝부분에는 두 번째 사례가 있다. 이것은 첫 번째 사례의 연속 또는 도덕과 법률적 측면에서 그들이 배운 것을 통해 학생들이 생각하도록 새롭게 고안된 것이다.

사례질문

열린 사례와 유전적 개념을 알아본 다음 열린 사례와 관련하여 유전학에서 나타나는 상황간의 관계를 알아보는 질문들이 있다. 흔히 이러한 질문들은 학생에게 사회적 유전적으로 제기된 이슈에 대한 결정을 하도록 한다. 이것이 학생에게 누군가의 개인적인 삶 또는 직업적 삶에 대한 건전한 결정을 하도록 과학을 이해할 수 있게 한다.

수치로 따져보기

이 리스트는 유전질환의 빈도, 질병에 대한 위험 요인들 또는 얼마나 많은 사람들이 유전학과 관련된 특수한 문제들 또는 상황들에 의해 영향을 받는지를 묘사하기 위한 정보에 대한 데이터로 쓰였다. 이들 도표는 유전학에서 얼마나 많은 것들이 역할을 담당하는지에 대한 사람의 시각을 보여준다. 오늘날 많은 매체에서 통계는 중요한 정보를 주목하게 하는 방법으로 사용된다.

법적 도덕적 쟁점

과학과 사례질문들에 따라 우리는 각 장에서 토의된 유전학과 관련된 법적, 도덕적인 질문들을 생각해보게 한다. 이러한 개요는 유전기술의 사용 또는 사용 실패에서 비롯된 법적이고 윤리적인 쟁점이다. 도표는 학생들에게 그 주제에 관한 공정한 접근을 제공하기위해 환자, 의사, 변호사의 관점에서 그 쟁점에 대해 알아보는 기본 질문들을 나타낸다. 도표는 이러한 질문들의 일부가 어떻게 주와 연방정부에서 법원과 주 의회에 의해 상정 되어왔는지를 보여준다.

조명

조명(*Spotlight*)은 각 장의 끝부분에 있다. 이 주안점들은 3가지 형태가 있다: 법적 관점에서의 조명, 사회적 관점에서의 조명, 윤리적 관점에서의 조명. 윤리적 관점에서의 조명은 실제 상황이나 유전학과 관련된 법적 사례들을 포함하고 있다. 이 섹션에서 법적 사례 또는 사회적 상황은 각 장에서 유전학 개념들과 이러한 지식의 적용에서 나타나는 쟁점들을 조명하고 있다. 획기적인 사건과 실제생활 상황을 분석하고 어떻게 이러한 것들이 유전학에 영향을 미치거나 유전학에 의해 영향을 받는지를 알아본다. 유전 정보와 기술이 법원과 대중에 의해 어떻게 해석되는 지를 보여주기 위해 각 장에 서로 연결되어 나타내어진다. 조명은 학생들에게 재판에서 유전학을 수용하거나 수용하지 않는 기반이 무엇인 지를 배우는데 도움을 주고 그 다음으로 이러한 정보가 다음에 오는 장을 통해 적용되도록 한다. 조명에서 다루는 주제의 일부는 법적 상황과 냉동 배아의 양육권, 세포주의 소유권, 어떻게 일부 집단에 대한 연구가 유전학에 도움이 되고 어떻게 여론과 정치가 사회의 태도를 변화시키는지를 다루고 있다.

각 장 끝부분의 기사

각 장의 끝부분에서 보여주는 기사들은 그 장을 조명하고 제시된 생각들을 재강조하는 요소를 포함하고 있다. 이들의 일부는 다음과 같다.

여러분이라면 이럴 때 어떻게 할까?

각 장에서 주요 생각들은 학생에게 가상의 질문들을 해서 유전학적, 윤리학적, 법적, 사회적 생각과 쟁점을 포함하는 각 장에서의 모든 정보를 사용하여 학생들에게 결정을 하도록 함으로써 각 장의 내용을 재강조 하는 것이다. 질문들은 본인들과 다른 사람들에게 영향을 미치는 개인적이고 전문적인 결정을 하는 열린 사례, 입법자, 의사, 판사와 다른 여러 사람들을 포함한 다양한 상황에 학생들을 처하게 한다.

복습문제

각 장의 끝은 두 종류의 문제들이 있다. 복습문제들은 그 장에서 보여준 기초 유전학 개념을 확인하기 위한 것이다. 이 문제은 학생들에게 시험에 대비하고 두 번째 문제에 대답하는 방법으로써 개념에 대한 이해를 명확하게 할 기회를 제공한다.

응용문제

응용문제들은 그 장에서 유전진단이나 유전 질환의 위험의 결과에 대해 결정을 하게 될 개인들의 상황에 대한 특수한 개념과 관계있다. 이러한 문제들은 학생들이 유전 기술의 제한점 뿐 아니라 득과 실을 밝히는 방법으로 한 주제를 조사하도록 함으로써 최신 인터넷과 논문과 같은 가능한 자료들을 측정하고 연구하며 분석하도록 한다.

블로그 만들기

다양한 장에서 블로그는 글을 써봄으로써 배우게 되는 요소이며 응용문제에 삽입되어 있다. 우리는 학생들이 그들 기관의 서버나 대중 블로그 사이트에 자신의 블로그를 만들고 몇몇 장의 끝부분에서 제시하는 질문들을 블로그 토론에 대한 가능한 주제로 제시하여 학생들이 다른 사람들을 초대해서 이 온라인 활동에 참여하도록 하는 것을 권한다.

대중 매체에서

이러한 기사들은 최근 신문, 잡지, TV, 인터넷을 사람의 이야기들과 그들의 활동과 반응 유전학과 유전학 응용의 이해를 위한 새로운 수단으로 사용하고 있다. 이러한 기사들은 학생들에게 어떻게 다른 종교, 정치체계 또는 문화에 따라 작용하는지 기사에서 그 주제가 반 토의나 과제의 기초로 사용될 수 있다.

핵심용어

모든 굵은 글씨체로 되어 있는 용어들은 알파벳 순서대로 목록화 되어 그 용어가 처음 나타난 페이지 수와 용어에 대한 정의를 교재에서 하고 있다. 이러한 용어들은 소사전(glossary)에서 정의되어있고 이러한 목록은 학생들에게 중요한 유전학 용어에 대한 접근 방법을 제공한다.

보조 자료

교사용

DVD 자료

이 원스톱디지털 도서관과 발표 도구는 마이크로소프트사의 파워포인트 강의 슬라이드를 모아두고 있다. 전체 내용이 들어있는 강의 매뉴얼과 문제은행 또한 각 장에서 구성된 모든 동영상 및 매체 자료를 포함하고 있다. 영상 도서관에는 책에 있는 그림들과 사진들이 있으며, 동영상과 비디오 화면과 그밖에 다른 것들이 있다.

학생반응 참여시스템은 교사가 책에 관련된 질문들을 내고 학생들이 파워포인트 강의 슬라이드에서 클릭하여 선택함으로써 연계된다.

온라인 강의자료

온라인 강의 자료는 교사가 시간을 절약하고 더 나은 반응을 이끌어내도록 해주는 온라인 교수 학습 자원이다. 온라인 강의 자료는 각 클래스에서 강의하고 과제를 제출하고, 성적을 내고, 퀴즈를 출제하고 학생들 진도와 행동을 관찰하는 것과 같은 기본적 활동영역을 구성하는 하나의 직관적인 프로그램에 해당하는 교수 학습 자원이다.

온라인 교사 매뉴얼

각 장별로 토론과 논문 활동을 위한 비디오 설명이 있다. 또한 실리적인 강의가 가능하다.

- 요약과 강의 개요는 자료와 삽입된 주요 용어들로 구성되어 있다.
- 교수 팁은 자료로 학생들을 끌어들이는 부과적인 방법에 대한 아이디어를 제공한다.
- 각 장에서 제시된 모든 질문들에 대한 답들이 주어진다.

문제은행

시험은행은 다중 선택, 맞는지/틀리는지, 서로 매치하여 맞추기, 단답하기와 같은 다양한 질문들을 가지고 있으며 교사들이 퀴즈와 시험을 쉽게 만들도록 도와준다.

- 교재를 위해 특별이 쓰인 750개 이상의 새로운 질문들이 있다.

문제보기

이 전체 프로그램은 교수가 몇 분 이내에 대상에 따른 시험(프린트와 온라인 모두) 문제를 만들어 내는 것을 도와준다.

강의용 그림 자료

이 자료는 교재의 중요 그림과 사진들을 강의에서 쉽게 사용할 수 있도록 도와주는 것이다.

ABC 뉴스: 유전학표제 머리기사에서

유익하고 짧은 동영상이 유전학 분야의 현재 새로운 이야기들을 다룬다. 아이의 성별을 선택하거나 암 유전자를 가지고 있는 지를 선택하기 위한 PGD의 사용과 같은 주요 기사들은 이들 영상들이 클래스에서 불꽃 튀는 토론과 학생들에게 그 뉴스를 분석할 기회를 제공한다.

학생들을 위해

온라인 강의자료

온라인 강의 자료는 학생들이 공부하는 시간과 원하는 성적을 얻기 위한 시간을 줄이도록 도와주는 온라인 자료이다. 학생들이 잘 모르고 있는 것에 대해 집중적으로 짧은 시간 내에 더 배우고 더 나은 성적을 지향할 수 있도록 도와준다.

온라인 강의 자료에는 다음 내용들이 포함되어 있다.

- 상호 정보를 교감하는 eBook. 완전한 온라인 버전의 이 교재는 다양한 매체 자원들과 특수한 연구 기사들을 삽입하여 많은 학생들이 연구가 필요하다는 동기를 제공하고 배울 필요가 있는 쌍방대화를 제공한다.
- 인포트랙 대학교본(*InfoTrac® College Edition*). 이것은 검색이 가능한 온라인 도서관으로 사용자들이 현재 출판되고 있는 수 백 종의 간행물로부터 20년 전 것까지 완전한 유전학 기사들을 검색할 수 있도록 해준다.
- 개인교습. 이것은 일대일 온라인 개별지도 체재인 "스마트 팅킹(SMARTHINKING)"를 제공하여 학생들이 생물학 전문가들에 실시간 접속할 수 있도록 해준다. 화이트보드 기능과 시험 메시지들은 학생들의 숙제와 시험공부를 도와준다.

학습가이드

이 학습 가이드는 모든 장에 대해 부가적인 사례 연구를 포함함으로써 학생들에게 어떻게 유전 분야의 과학이 그들 자신의 삶에 적용될 수 있는가에 대해 더 생각할 기회를 제공하여 교재를 보완한다. 그 장의 빈칸을 채우는 요약과 다양한 형태의 질문들이 자료에 대한 학생들의 이해를 더 증진시킨다.

- 교재에 포함이 안 된 새로운 사례 연구들은 학습을 증진시킨다.
- 빈칸을 채우는 요약은 학생들이 그 장을 복습하고 그들이 그 내용을 이해하고 있는지를 파악할 수 있도록 한다.

학습용 웹 사이트

이 교재와 직접 관련된 웹사이트는 *www.cengage.com/biology/yashon/hgs1*이며 다양한 공부 자료와 학생들에게 퀴즈, 플래쉬카드, 용어사전, 인터넷 활동, 인포트렉 및 웹링크 등의 유용한 자원을 제공한다.

Acknowledgments

이 책은 우리중 한사람과 그당시에 Brook/Cole에서 executive editor였던 Peter Adams와의 대화에서 시작했다. Peter는 아이디어의 초기 그리고 열렬한 후원자였으며 이 프로젝트에 대한 original editor였다. 그는 우리 저자들을 서로 배정하는 책임자였다. Peter의 기여는 그가 교사들과 학생들과의 대화와 다년간의 경험에서 모아졌고 책의 형태를 잡는데 도움을 줬다. 우리는 그의 노력에 매우 감사하며 특히 저자들을 중개한 그의 역할에 감사한다. Yolanda Cossio는 Brooks/Cole에서 생물학에 대한 출판업자이며 이 프로젝트의 초기단계의 스텝이었다. 그녀의 신선한 시각과 질과 교수법을 높이기 위한 집중은 프로젝트가 development의 결정적인 단계를 통과하도록 가이드하는 것을 도와주고 우리의 목표를 이루도록 도와줬다. 우리의 development editor로써 Cristopher Dlgado를 만난것은 우리에게 좋은 행운이었다. Cristopher와 일하는 것은 이 책을 쓰는 가장 즐거운 부분 중 하나였다. 그의 할수 있다는 낙천적인 태도와 자주 날카롭게 저자들의 주위를 환기시켜 다시 본래 궤도로 올려놓는 기술은 뛰어나다. 특이 즐거운 것은 그의 미세하고 영리한 유머 감각으로 그 프로젝트의 시간이 빨리 지나가도록 했다는 것이다. 그는 우리의 비젼을 나눴으며 책에서 모든 level에서 질을 추구하는데 지칠줄 몰랐다. 그 책을 보고 읽는 많은 방법들은 그의 노력의 결과이다. 우리의 assistant editor인 Lauren Oliveira는 보조 자료를 프린트 하도록 하였으며 media editor인 Kristina Razmara와 copy editor인 Amy Schneider은 editorial team을 완성했다. 그들은 이전엔 겪어보지못한 마감시간에 적응하여 그 책을 겉으로는 힘들이지 않은 것처럼 만들어냈다.

Art development와 illustraion program을 감독한 Suzanna Alexander 에게 특별한 감사를 보낸다. 그녀는 책을 세련되게 하는 뛰어난 그림들을 많이 만들어냈으며 각 장에서 예술적인 감각으로 그림을 보여주었다. 그녀는 심지어 우리가 그림을 보여주기도 전에 우리가 원하는 것을 아는것 같았다. 또한 Lachina Publishing Service의 staff는 그림에서 마지막 몇 분동안 참을성 있게 일해주었다.

Photo research에 관련된 많은 일들이 Susan Van Etten과 Pre-Press PMG에의해 이루어졌다.

우리는 책의 정확성을 위해 원고를 읽는데 노력을 아끼지 않았던 Gerry McNeil에게 마음의 빚을 가지고 있다. 그는 참을성 있게 일을 하였으며 그의 전문용어에 대한 미묘한 접근과 제안이 이 책을 보다 학생에게 친근하도록 만들었다. Karen Kurvink 와 Mary King Kananen은 또한 책의 핵심과 정확성을 구체화하여 정확성을 높이기 위한 가치있는 제안들을 제시했다. 또한 이 책에서 "Biology Basic"이란 부분의 이름을 제안한 Gwendolyn Kinebrew에게도 감사한다. 그들의 노력에도 불구하고 우리는 저자로써 책에 있을지 모를 실수들에 대한 책임을 가지고 있다.

일단 책이 출판을 위해 전환되면서 출판 매니저인 Andy Marinkovich와 인쇄 구매자인 jude Inouye가 에너지와 세부적인 주의를 기울이면서 책이 출판 과정의 모든 단계를 거치기까지 수고 했다. 부록에서 자료는 Ronald Munson, Intervention and Reflection: Basic Issues in Medical Ethics, 8th edition에서 발췌했다.

우리는 책을 만들고, 우리가 개정판을 만들도록 하는데 관여한 모든 사람들에게 감사를 드리며 교사와 학생들이 인간 유전학과 사회간에 상호작용에 대해 가르치고 배우기를 원하는 사람들에게 수단으로써 그 책을 향상시키는데 도움을 주기를 희망한다.

Reviewers

다음 reviewer들은 그들의 의견과 제안을 통해 이 책이 개선되도록 도와준 분들이다: William P. Baker, Midwestern University; Bruce Bowerman, University of Oregon; Cheri Boundaba, Tulane University; Jay L. Brewster, Pepperdine University,; Mary Bryk, Texas A&M University; Barry Chess, Pasadena City College; T.B.Cole, Kent State University; Patricia L. Onklin, SUNY Cortland; Drew Cressman, Sarah Lawrence College; Silliam Cushwa, Clark College; Tomas R. Danford, West Cirginia Northern Community College; Kathleen Duncan, Foothill College; Cheryld L. Emmons, Alfred University; Michael L. Foster, Eastern Kentucky University; Gail E. Gasparich, Towson University; Urbi Ghosh, Triton College; Nabarun Ghosh, West Texas A&M University; Meredith Hamilton, Oklahoma State University; Deborah Han, Palomar College; Jennifer Herzog, Utica College; Barbara Hetrick, University of Northern Iowa; Robert Hinrichsen, Indiana University of Pennsylvania; Mary King Kananen, Penn State University-Altoona; Gwendolyn M, Kinebrew, John Carroll University; Jennifer Knight, University of Colorado; Karen Kurvink, Moravian College; Clint Magill, Texas A&M University-Dollege Station; Gerard P. McNeil, York College CUNY; Tyre J. Proffer, Kent State University-Salem; Michael D. Quillen, Maysville Community and Technical College; Laura Rhoads, SUNY-Potsdam; Michael P.Robinson, University of Miami; Jeanine Sequin Santelli, Keuka College; Monica M.Skinner, Oregon State University; Sue Trammell, John A. Logan College; Jose Vazquez, New York University; Mary Ann Walkinshaw, Pima Community College; Dan Wells, University of Houston; Robert Wiggers, stephen F. Austin State University; Denis Woodward, Pennsylvania State University-University Park; and Calvin Yong, Fullterton College.

Contacting the Authors

우리는 책에 대해 교사들과 학생들이 개정판에서 보고싶어하는 새로운 발견들과 그들이 보기를 원하지 않는 것들 또는 그들이 적당하지 않다고 생각하는 것들 및 그 문제를 바로잡기위한 방법에 대한 제안 같은 여러 가지 의견을 듣기를 원합니다. Ronnee Yahon 에게 연락하기 위해 yashon.boston@gmail.com 그리고 Michael R. Cummings와 연락하기 위해서는 cummings.chicago@gmail.com으로 연락하여 우리에게 책을 개선하는 방법과 책에 대한 교수법 개선에 대한 것을 알려주시기 바랍니다.

역자서문

지금으로부터 꼭 25년 전, 슈퍼새앙쥐가 탄생했다는 소식에 매료되어 미국으로 건너갔던 때가 생각난다. 최고의 석학들과 머리를 맞대고 밤새 토의하던 그 시절, 새로 발표되는 논문들을 읽는 재미로 밤을 새우던 그 기억들이 지금도 머릿속에 선하기만 하다. 손때 묻은 기기들이 아까워 몇 개는 한국으로 들고 들어왔지만, 이제는 실험실 한구석에 보관해 두고 가끔 전시용으로만 이용하고 있다. 그만큼 유전학의 발전 속도가 빨라졌다는 것이다. 그리고 그때마다 느끼는 것은 새 시대의 학생들은 새로운 방법과 내용으로 교육해야겠다는 것이다.

인간게놈프로젝트가 완성되기 이전에는 특정한 유전자 하나의 기능을 밝히려는 실험들이 경쟁적으로 이루어졌다. 그러나 포스트게놈시대가 열리면서 이제는 DNA sequencing 마저 전문회사에 의뢰하는 것이 상식화되어버렸다. 그리고 개개의 유전자보다는 매스 데이터(mass data), 즉 유전자 상호 간의 기능적 연계에 대한 연구가 더 중요하게 되었으며 그에 따라 프로테오믹스(proteomics) 시대가 열리게 되었다. 그럼에도 불구하고 기본적인 학문 원리는 항상 같을 수밖에 없다. 그렇다면 어지러울 정도로 빨리 발전하는 이 시대에 우리는 과연 무엇을 어떻게 가르치고 또 배워야 할까? 21세기 생명과학에 걸맞은 인재들을 양성하기 위해 대학에서 제공해야 하는 유전학적 지식은 어떤 것일까? 지난 몇 년간 머릿속에 가득했던 생각이 바로 이런 것들이었다. 아직도 대부분 대학에서는 유전학이 기초학문으로 분류되는 반면 실제 학계에서는 소화하기에 넘칠 정도로 무수히 많은 응용 신개념들이 쏟아져 나왔기 때문이다. 특히 유전질환을 진단하고 치료하기 위한 신기술들과 그로 인한 윤리문제, 사회적 연관 개념들이 봇물처럼 쏟아져 나왔다. 필수적인 기초 내용은 예전처럼 가르치면서도 새롭게 쏟아지는 유전학과 사회의 소식들을 제대로 교육할 방법은 무엇일까 - 이에 대한 해법을 적절한 교재의 집필에서 찾아야 한다는 생각을 하던 차에 때마침 이 책을 접하였고 뜻을 같이하는 동료 교수님들과 함께 번역을 하게 되었다.

시간에 쫓기다 보니 부족한 부분과 수정 보완해야 할 부분들이 벌써 눈에 많이 들어온다. 생명체가 함께 어우러져 살아가면서 부족한 부분을 조화해 나가듯이 앞으로 점차 보완해 나갈 것을 약속드린다. 그동안 바쁘신 중에도 물심양면으로 도와주신 번역진과 월드사이언스의 편집부 모두에게 감사를 드린다.

2011년 따뜻한 봄날 대구 성서벌에서

대표 역자 유 민

머리말: 생활 속의 유전학

PHOTO GALLERY
똑같은 유전자를 가진 쌍둥이들.
Digital Vision/Getty Images

여러분은 왜 우리가 부모님을 닮았는지 궁금해 본적이 있는가? 커피숍에서 대화를 나누는 가족들을 보면서 그들이 서로 닮았다는 것을 알아챈 적이 있는가? 유방암 유전자 검사 키트에 대한 판매 광고를 TV에서 본 적이 있는가? 일란성쌍둥이에 대해 얼마나 알고 있는가? 약국에서 친자 결정을 위한 DNA검사 kit을 본 적이 있는가? 만약 이들 질문 중 어떤 것이라도 대답이 "그렇다"였다면 이 책은 바로 당신을 위한 것이다.

어떤 사람들은 과학을 싫어한다고 말한다. 그들은 과학에 아예 흥미가 없다. 과학이 그들의 삶과 연관된 것이 전혀 없다는 것이다. 그러나 인체유전학은 과학 그 이상이다. 과학은 우리사회의 중요한 일부이고 여러분의 삶과 가족과 친구들의 삶에 다방면으로 연관되어 있다. 그 방법의 일부는 이 책을 통해서 토의될 것이다. 여러분은 이 과정에서 배우는 것을 가지고 실제 생활에 적용할 수 있을 것이다.

PHOTO GALLERY
DNA 실험 중인 연구보조원.
Phanie/Photo Researchers

이 책을 통해 생활에 근거를 둔 사례 연구를 관찰하면서 유전학을 배우게 될 것이다. 그리고 바라건대 이제부터 읽게 될 사례에 대해 친구들과 가족들에게 흥미진진하게 전해주기 바란다. 왜냐하면 대부분의 사람들은 누구와 대화를 했느냐에 따라 연관된 주제의 중요성과 상황을 연상하기 때문이다.

사례들과 질문들은 유전학과 관련된 많은 주제들에 대한 여러분의 지식과 생각, 감정 등을 다른 이들과 공유하도록 유도할 것이다. 그리고 그 질문에는 때로 당신 자신의 유전에 대한 정보가 포함될 수도 있을 것이다. 이 책은 여러분의 질문 중 어떤 것에 대해서는 직접적인 답변을 줄 것이지만, 일부 질문에 대해서는 그렇지 않을 수도 있다. 과학은 바로 그런 것이다. 과학은 결과도 중요하게 취급하지만 답을 얻기 위한 과정 역시 중요하게 생각하기 때문이다.

여러분은 다음과 같은 사람들의 상황을 잘 이해하고 있는가?

- 첫번째 아이를 출산하려는 여성
- 불임 검사를 원하는 남성
- 세상과 공유하기를 원하는 위대한 발견을 한 과학자
- 환자에게 슬픈 소식을 전해야 하는 의사

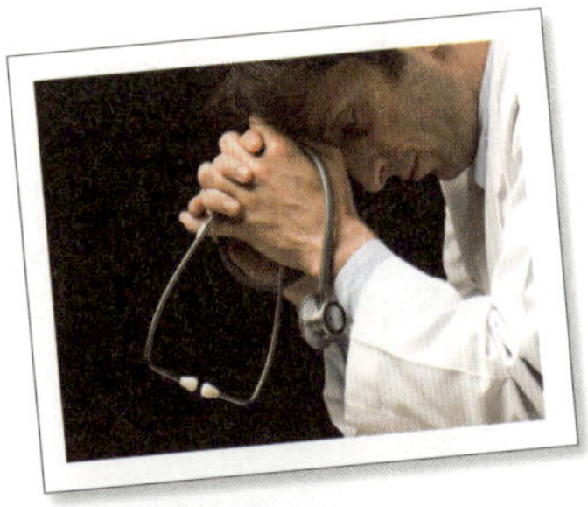

PHOTO GALLERY
환자에 대해 중요한 유전학적 결정을 내려야 하는 의사.
Thinkstock Images/Jupiter Images

만약에 이들의 상황을 잘 이해하고 있다면 앞으로 각 장마다 구체적인 사례들을 통해 새로운 시각을 가질 수 있을 것이다. 만약 그 반대라면 각각의 사례들은 이 사람들의 직면 문제들을 이해하고 자신이 그들의 상황이라면 어떻게 할까라는 궁금증을 일으키는데 도움을 줄 질문들을 던질 것이다.

이 책을 배워나가면서 의학, 정치, 법, 사회적 기준을 초월하여 유전학에 관련된 다양한 주제에 대해 다른 이들의 이야기도 들을 것이고, 자신의 의견과 다른 사람들의 의견을 비교 분석하는 기회를 갖게 될 것이다. 우리는 여러분이 더 많은 정보를 얻고 시험하고 토의하기를 바란다. 어쩌면 이 책을 통해 여러분의 의견이 재정립되고 어떤 일에 대해서는 마음이 변할지도 모른다. 게다가 새로운 기술의 사용과 유전학에 대한 질문들을 가지는 많은 사람들을 발견하게 될 것이다.

이 책을 사용한 후 자신의 질문들과 다른 사람들의 질문에 대답할 수 있게 될 것이며 심지어 가족들의 유전학에 대한 기초적인 이해를 도울 수 있게 될 것이다. 사회 네트워킹 사이트와 블로그, 웹사이트, 잡지에서 참고지료들을 볼 것이며 거기서 본 것들은 여러분의 호기심을 자극하여 이 책에서 본 많은 것들을 기억하게 할 것이다. 이것이 바로 이 책의 목적이다: 인체유전학을 일상생활에 적용하고 개인적 삶과 우리 사회에서 유전학 사용에 대한 결정을 할 수단으로 제공하는 것이다. 그것이 바로 이 책을 "인체유전학과 사회(Human Genetics and Society)"라고 이름 지은 이유이다.

여러분의 의견과 지식을 나누기 위해 자신의 블로그를 만들어서 같은 클래스에 있는 다른 사람들, 가족, 친구를 초대하고 그들이 생각하고 있는 것이 무엇인지를 알아보도록 하자. 서로 질문과 주제를 통해 이러한 일에 참여하도록 하자. 제 1장과 그 외 다른 곳들에서 블로그 아이디어를 찾아보자.

PHOTO GALLERY
인체유전학에 대한 질문들은 웹이나 블로그, 인터넷에서 찾을 수 있다.
DIGITAL VISION/GETTY IMAGES

아래의 차트에서 볼 수 있는 것처럼 우리는 여러분이 인체유전학과 관련해 어떤 질문에 직면할 때마다 무엇을 해야 할지에 대해 생각해보도록 이 책 전반을 통해 주제들을 제시할 것이다.

유전학은 어디에든지 있다. TV, 광고, 토크쇼, 심지어 코미디 방송에서도 유전학과 관련된 내용을 접할 수 있을 것이다. 문제는 보고 듣는 많은 정보를 단순화하는 것이다. 이 책에서 우리는 이해하기 쉽고 접근하기 쉬운 기본 정보를 제공하려고 노력하였다. 우리는 사람들이 실제로 직면한 문제들을 보여주는 방식으로 사례 연구에 접근하였다. 그리고 뒤따라 그 문제와 관련된 유전학적 주제의 토의를 병행하는 방식을 취하였다. 그리고는 유전학의 응용과 사용, 관련 기술들이 불러일으키는 법적, 윤리적 사회적 이슈에 대한 토의

접하기 쉬운 일반적인 질문들...

	우리의 주제 중 1가지	개인적인 질문
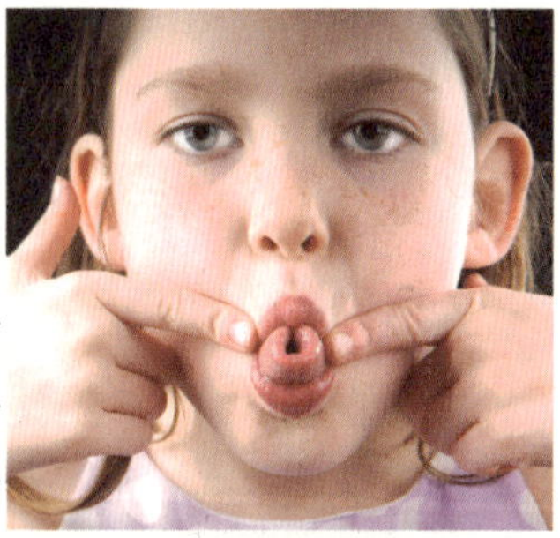 Cheryl Casey/iStockphoto.com	여러분 자신의 유전학	내가 질병 유전자를 가지고 있는가?
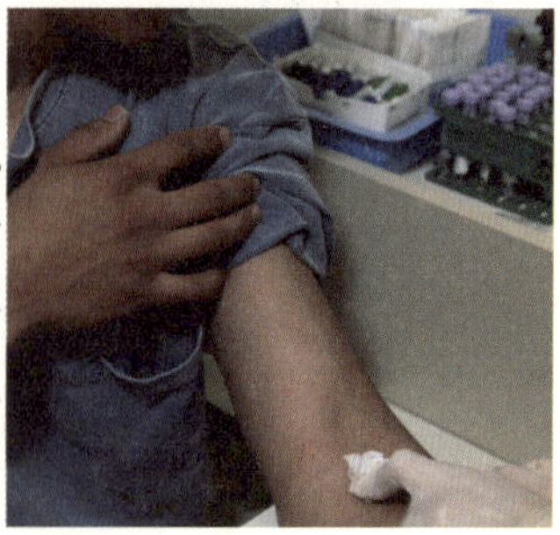 Keith Brofsky/Stockbyte/Getty Images	유전검사의 현재와 미래	내가 나의 유전학에 대한 정보를 알아보기 위해 검사를 받도록 요청받게 될 것인가?
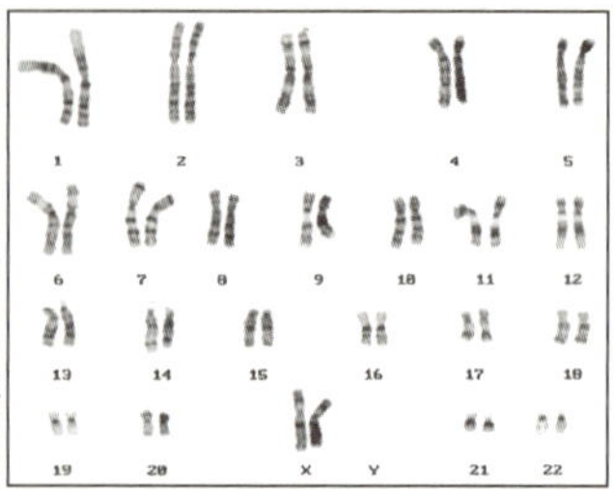 Courtesy of Ifti Ahmed	모든 인체 유전자들을 분석하여 그들이 하는 기능이 무엇인지 알아내기	언제 우리는 인체 유전자 모두와 그들이 어떤 작용을 하는지 알게 될 것인가?
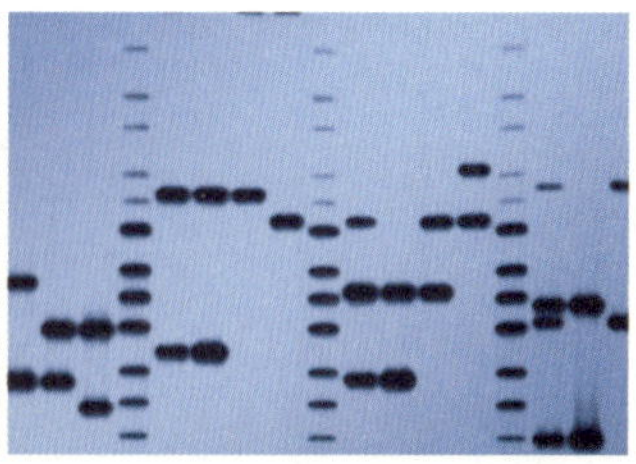 Martin Shields/Photo Researchers, Inc.	범죄 과정과 법적 행동에의 유전학 적용	만약 DNA 증거물이 그가 무죄인 것을 증명하면 감옥에 있는 사람은 석방되야 하는가?

를 첨부하였다.

매우 가까운 미래에 유전학은 특정 질병에 걸릴 확률과 그 사람의 정치적 성향을 파악하는 데에 이용될 것이며, 보험, 의학, 치료 등 생활 방식 전반에 걸쳐 영향을 주게 될 것이다. 이 책은 한 번 읽으면 유전학이 어떻게 우리 생활을 변화시키는지에 대해 관심이 아예 없는 다른 이들에 비해 여러분이 훨씬 앞장서 달려 나가도록 도와줄 것이다. 그리고 일단 전 과정이 끝나면 여러분은 오래도록 이 책을 아끼고 또 사용하게 될 것이다. "인체유전학과 사회(Human Genetics and Society)"의 세계에 온 것을 다시 한 번 환영한다.

PHOTO GALLERY
인체유전학과 사회에 대해 토의중인 가족.
Creatas Images/Jupiter Images

혹시라도 여러분이 이 책을 끝냈을 때 전공을 과학으로 바꾸고 싶어질까? 아마 그렇지는 않을 것이다. 그러나 적어도 아주 유용한 과학 기술에 대해 정보를 얻을 수 있을 것이다. 가족과 친구들을 흥미롭게 해 줄 자료들을 많이 습득할 것이며, 그들의 의견을 듣고, 도와주기 위한 충분한 기본 지식을 갖추게 될 것이다.

우리는 이 책에서 배운 것이 여러분 삶에 계속 반영되리라고 확신한다. 그러므로 이제 함께 읽어나가도록 하자.

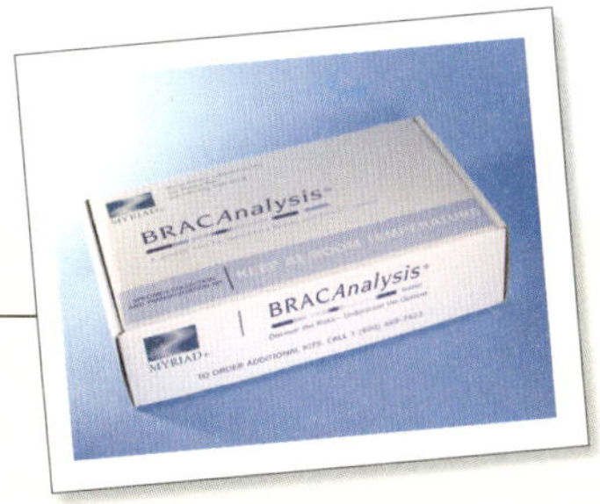

PHOTO GALLERY
TV에서 보는 유전자 검사 광고. 원하면 상품도 구매할 수 있다.
Courtesy/Myriad Genetics, Inc.

	우리의 주제 중 1가지	개인적인 질문
 Elyse Lewin/Getty Images	유전학을 주(state)의 법을 제정하는데 적용하기	나의 주가 모든 결혼하는 커플이 유전 상태에 대한 검사를 받는 것을 통과하도록 해야 하는가?
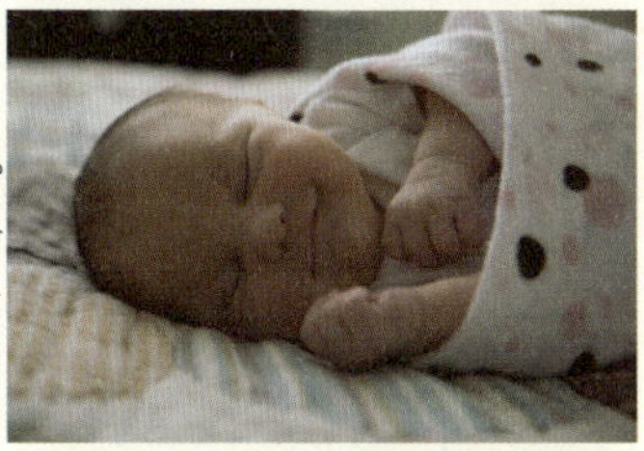 Alice Edward/Getty Images	불임과 그것의 치료를 위한 유전학의 적용	커플이 불임인 것을 알았을 때 그들을 돕기 위해 할 수 있는 것은 무엇인가?
 Billy Hustace/Getty Images	사회 전역에 걸쳐 유전학의 적용	어떤 유전자가 어떤 그룹에서 더 흔하게 존재하는가?
우리가 할일은 무엇인가?	인체 유전학을 둘러싼 윤리적 문제를 주시하기	만약 당신이 인체유전학에 의해 야기될 윤리적 문제에 답을 해야 한다면 당신은 어떻게 할 것인가?

1 성과 발생

핵심 포인트

- 태아의 염색체 성은 수정이 일어날 때 결정된다.
- 태아의 발생은 여러 단계를 걸쳐서 일어난다.
- 태아는 남성 또는 여성임을 발생 동안에 확인할 수 있다.

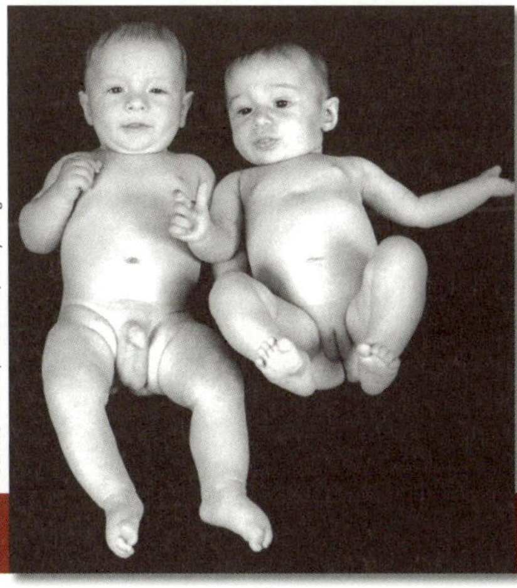

Sandra Warick/Photonica/Getty Images

사례 A 현재 이용가능한 아기의 성에 대한 선택

Susanna Carter는 아기를 하나 더 갖는 것에 대하여 몇 달 동안 생각해왔다. 그녀는 3명의 아들이 있는 자신의 가정에 행복했지만, 항상 딸이 가지고 싶었다. 그녀는 이미 30대 후반의 나이로서 또 다시 임신하는 것에 대하여 빨리 결정해야 했다. 그녀는 저녁식사 때 남편과 그 가능성을 얘기하고 싶었다. 그녀는 신문에서 **'성선택(sex selection)'**이라고 명명되는 새로운 의학적인 시술에 대한 사설을 보았다. 이 방법을 사용하면, 그녀와 그녀의 남편 Bob은 아기가 자궁에서 자라기 전에 아기의 성을 결정할 수가 있다.

Carter 부부는 George Leon이라는 의사와 성선택 시술을 의논하기 위하여 예약을 했다. Leon 의사는 성선택의 방법들 중에서 성공률이 높은 방법을 알고 있었다. 그에게는 다양한 이유로 이 시술을 원했던 많은 환자들이 있었고, 일부의 환자들이 마음속에서 생각났다:

첫 번째 환자는 색맹인 남성이었다. 그의 부인의 가족은 색맹에 대한 병력이 없었다. 그러므로, 그들의 딸들은 아버지로부터 받은 색맹 유전자를 가질 수 있지만, 어머니로부터 받은 정상 유전자를 얻기 때문에 정상적인 시각능력을 가질 것이다. 그러나, 그들은 아이들에게 색맹 유전자를 줄 것이고, 그들의 아들이 색맹이 될 확률은 50%이다. 그들의 아들들이 아버지로부터 색맹유전자를 받지 않는다면, 모두 정상적인 시각능력을 가질 수 있다. 환자부부는 색맹 유전자가 자신의 가족 다음 세대로 전달되지 않기를 원했고, 아들을 갖기를 원했다.

두 번째 환자는 헌터증후군 유전자를 가진 여성이었다. 그녀의 남편은 이 유전자를 가지고 있지 않았다. 헌터증후군인 아이들은 심한 안면, 심장, 뇌의 이상 형태를 나타낸다. 이 유전자가 유전된다면 딸들은 헌터증후군에 걸리지 않지만, 모체로부터 이상유전자를 받아서 그들의 아이들에게로 전달할 수 있다. 아들의 경우는 50%가 이 위험한 질환에 걸리게 된다. 이 환자는 배아가 착상하고 태어나기 전에 건강하다는 것을 알고 싶어 한다.

세번째 환자의 남편은 남성이 여성보다 신체적으로나 정신적으로 우울하다고 믿는다. 그는 오직 아들을 갖고 싶어한다. 그의 부인은 이에 대한 생각에 반대하고, 그가 딸을 대하는 방식을 걱정한다.

네 번째 환자는 수백만 달러를 삼촌으로부터 물려받았다. 그와 그의 부인이 아들을 가진다면 는 그 돈을 받을 것이다. 이 남자는 이미 딸을 가지고 있고, 두 명의 아이만 원한다. 명확하게 얘기해서 그는 다음 아이가 아들이기를 원한다.

생물학, 법학, 윤리학과 관련된 질문들이 이 사례들을 읽으면서 생겨난다. 우리는 이 질문들을 설명하기 전에 성선택에 대한 생물학적인 측면에서 볼 것이다.

1.1 아이의 성은 어떻게 결정되는가?

우리는 많은 동물들처럼 인간에서 나타나는 남성과 여성 사이의 신체적 다른 점을 명확히 볼 수 있다. 이 다른 점들은 태아발달의 초기에 나타난다. 태아의 유전자와 환경 사이의 복잡한 상관관계에 의하여 태아는 남성 또는 여성 생식기관이 발달한다. 체격, 근육량, 지방분포 양상, 체모와 같은 일부 다른 점들이 생식과 직접적으로 연관되지는 않는다. 이러한 다른 점들은 **2차 성 특징(secondary sex characteristics)**으로 명명된다.

염색체는 성을 결정하는 것을 돕는가?

우리는 '생물학 기초: 세포와 세포구조'에서 인간의 세포가 46개의 염색체를 운반한다는 것을 배웠다(■ 그림 1.1a, b). 여성은 2개의 **X 염색체(X chromosome)**(XX)를, 남성은 1개의 X염색체와

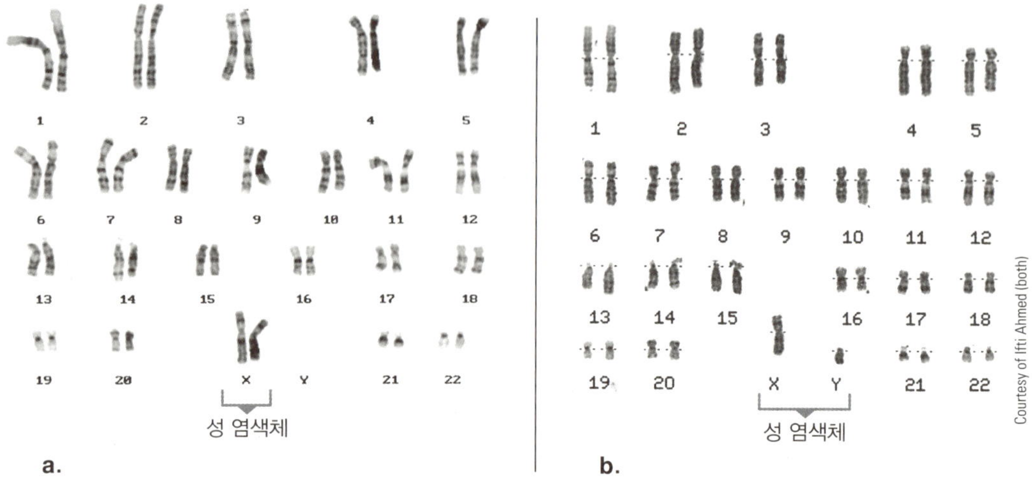

■그림 1.1 인간염색체세트
(a) 2개의 X 염색체를 포함해서 46개 염색체를 가지고 있는 여성 염색체 세트 (b) 1개의 X와 Y 염색체를 포함해서 46개 염색체를 가지고 있는 남성 염색체 세트

1개의 Y **염색체** (Y chromosome)(XY)를 가지고 있다. 이 염색체들(X와Y)은 개체의 성을 결정하는데 도움을 주기 때문에 **성 염색체** (sex chromosome)라고 불린다. 다른 22쌍의 염색체는 **상염색체** (autosome)라고 한다. 인간에서 성결정은 X 또는 Y 염색체를 운반하는 정자가 X염색체를 운반하는 난자와 융합할 때 일어난다. 이것을 **수정** (fertilization)이라 하고 이때 **접합체** (zygote)라는 세포가 만들어진다. 이 접합체는 XX 또는 XY 염색체의 성염색체와 22쌍의 보통염색체를 가지고 있다.

여성이 XX, 남성이 XY라고 말하는 것이 직설적인 것처럼 보이지만, 그 뿐만 아니라 그 이상의 무엇인가가 있다. 남성이 Y염색체를 가지고 있거나 2개의 X 염색체를 가지고 있지 않기 때문에 남성인가? 어떤 사람이 XY이고, 여성으로 될 수 있는가? 또는 어떤 사람이 XX이고, 남성이 될 수 있는가? 이 질문은 아직까지 완전히 풀지 못할 숙제이다. 하지만, 40년 전에 오직 하나의 X 염색체(45, X)*를 가진 사람이 발견되었다. 하나의 X 염색체만 가진 사람은 여성이다. 동시에 2개의 X 염색체와 Y 염색체(47, XXY)*를 가진 남성이 발견되었다.

얼마나 많은 X 염색체를 가지고 있든지, Y 염색체를 가진 사람은 거의 항상 남성이다. 그러나, X와 Y 염색체들은 사람의 성을 유일하게 결정하는 인자는 아니다. 우리가 이 장의 후반에서 볼 때, 성의 결정은 내부와 외부인자 뿐만 아니라 유전자들 사이의 상호작용에 의존한다.

인간의 성비는 어떻게 시간에 따라서 변화하는가?

성비 (sex ratio)는 집단에서 여성에 대한 남성의 비율이다. 여성에 의해서 만들어지는 난자는 하나의 X 염색체를 운반한다. 남성이 생산하는 정자의 반은 하나의 X 염색체를 가지거나 나머지 반은 하나의 Y 염색체를 운반한다(생식세포의 형성은 3장에서 탐구한다).

*숫자는 염색체의 전체숫자를 나타낸다. 철자는 성염색체 중의 하나를 의미한다.

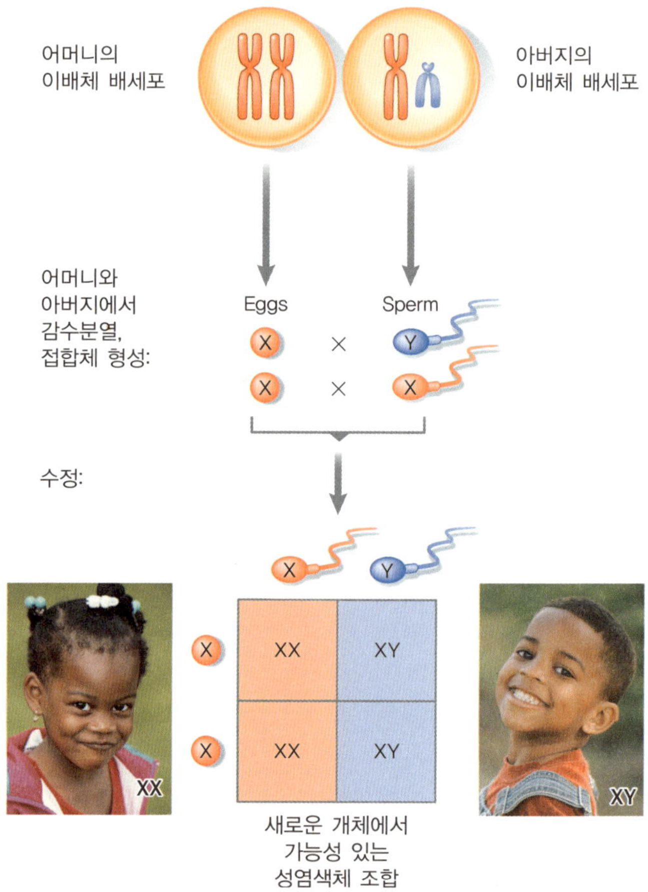

■그림 1.2 성결정에서 X와 Y 염색체
X 또는 Y 염색체를 가진 정자가 X 염색체를 가진 난자와 무작위로 조합하여 남성과 여성의 비율이 평균적으로 1:1이 된다.

X 염색체를 가진 정자 (X-bearing sperm)에 의해서 수정된 난자는 XX 생식세포를 만들고, 여성으로 발달한다. **Y 염색체를 가진 정자** (Y-bearing sperm)에 의한 수정은 XY 생식세포를 생산하고, 남성이 될 것이다(■ 그림 1.2). Susanna Carter는 항상 얻고 싶어 했던, 딸을 갖기 위해서 그녀의 난자 하나가 X 염색체를 가진 정자와 수정되기를 원한다. 어떤 부부는 삼촌으로부터 유산을 받기 위한 조건

을 맞추기 위해서 Y 염색체를 가진 정자와 난자가 수정될 필요가 있다. 또는 아들을 갖고, 수백만 달러의 유산을 받기 위해서 XY 배아를 선택하는 방법이 필요하다.

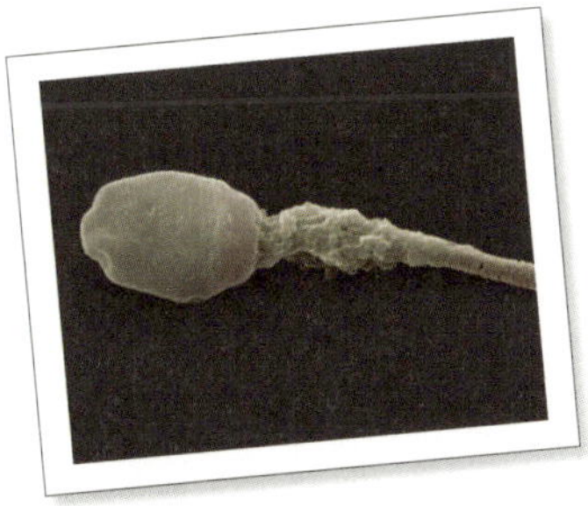

PHOTO GALLERY
인간 정자 사진.
© Eye of Science/Photo Researchers, Inc.

남성의 X와 Y 염색체를 가진 정자들의 숫자는 거의 동일하기 때문에 남성과 여성 아이의 임신가능성은 동일하다. 남성과 여성 접합체의 동일한 숫자가 생산된다면 성비는 1:1이어야 한다. 우리는 정확한 숫자와 이유에 대하여 확신할 수 없지만, 추정치는 남성이 여성보다 더 임신이 잘 된다고 알려준다. 태어날 대의 성비는 약 1:1.05(105명의 남성에 대하여 100명의 여성이 태어남) 이다. 여러가지 이유로 남성이 여성보다 어릴 때 더 많이 사망해서, 20세와 25세 사이의 성비는 1:1에 거의 가깝다. 이 후에 남성이 여성보다 수명이 더 짧기 때문에 여성의 남성에 대한 비율은 증가한다.

아이의 성을 선택하기 위해서 어떠한 과정이 이용되는가?

사람들은 수백 년 동안 아이들의 성을 조절하기를 원했다. 달의 어떤 단계에서 성교를 하거나, 성교를 하기 전에 침대 아래에 칼 또는 달걀 놓기, 임신 동안에 어떤 음식을 먹는 것과 같은 많은 의식과 전통들이 아이를 아들과 딸이 되도록 하는데 사용되어 왔다. 이러한 많은 전통의식들은 흥미롭고, 독창적이긴 하지만, 오직 믿을 수 있는 과학적인 성선택의 방법은 **정자분류** (sperm sorting)와 **착상전유전진단** (preimplantation genetic diagnosis; PGD)이 있다.

아래의 그림처럼 X 염색체를 운반하는 정자가 Y 염색체를 운반하는 정자보다 약 2% 정도의 DNA가 많기 때문에 정자분류는 가능하다. X 염색체가 Y 염색체보다 더 크기 때문에 X 염색체를 가진 정자가 더 무겁다(■ 그림 1.3). 정자를 모은 후에 원심분리에 의해서 정자만 분리하고(1), 독성이 없고 염색체의 DNA에 결합하는 형광색소를 처리한다(2). 그리고 나서, 정자는 레이저빔을 사용하여 분류된다(3). 정자가 레이저를 지나갈 때 형광색소가 빛난다. X 염색체를 가진 정자는 Y 염색체를 가진 정자보다 DNA가 약간 더 많아서 좀 더 밝게 빛을 낸다. 정자들이 얼마나 많은 형광빛을 내는 지에 따라서 정자는 2개의 검사 시험관으로 각각 분류된다(4). 하나의 시험관은 X 염색체를 가진 정자를 모으고, 다른 시험관

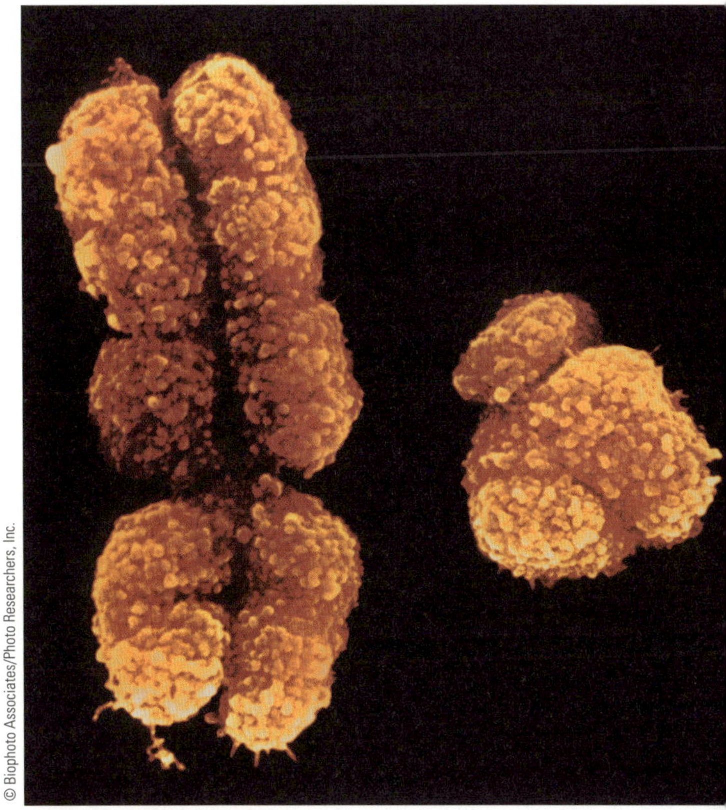

© Biophoto Associates/Photo Researchers, Inc.

■ **그림 1.3 염색체 크기 비교**
인간 X 염색체(좌)는 Y 염색체(우)보다 더 크다.

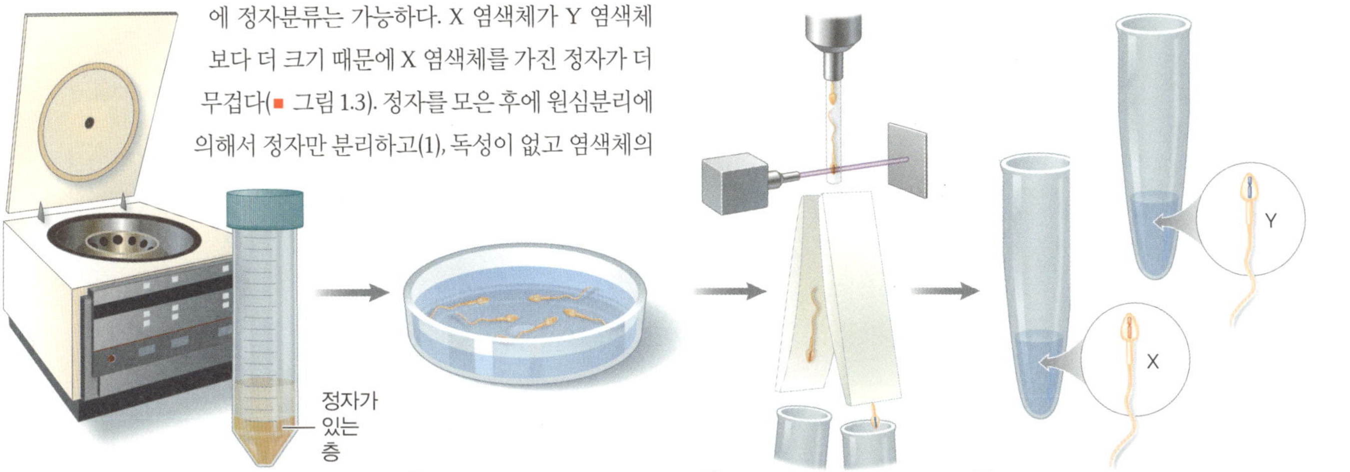

1 정자는 원심분리를 이용하여 주위의 액체로부터 분리된다.

2 정자는 형광색소가 들어 있는 식염수에 놓는다. 형광 색소는 정자의 DNA와 결합할 수 있다.

3 정자가 검출기를 하나씩 지나갈 때 레이저는 형광 염색된 DNA로부터의 빛을 산란시킨다.

4 X 염색체를 가진 정자가 더 많은 DNA를 가지고 있고, Y 염색체를 가지고 있는 정자보다 더 많은 빛을 반사하기 때문에 각각의 정자를 다른 검사 시험관으로 분리할 수 있다.

에는 Y 염색체를 가진 정자를 모은다.

양쪽 시험관으로부터 얻은 정자는 난자와 수정을 하기 위하여 자궁 안으로 넣을 수 있다. 이 과정의 비용은 4,000달러 – 6,000달러이다. 난자를 몸에서 분리하고, 배양접시에서 정자와 함께 수정을 한다면, 비용은 크게 증가한다.

어떤 정자는 분류하는 동안에 잘못 확인될 수 있기 때문에 이 과정은 100%의 정확성은 없다. 정자분류는 여자아이가 태어날 확률이 약 90%의 성공률을 보이고, 남자아이가 태어날 확률은 73%이다. 이것은 Susanna Carter가 받아들일 수 있는 방법일지 모른다. 하지만, 헌터증후군을 가진 아들을 갖고 싶어 하지 않는 부부에게는 적합한 방법이 아니다.

성선택의 두 번째 방법은 아래 그림에 보이는 착상전유전진단이다. 이 방법에서 여성은 그녀의 난소에서 동시에 많은 난자를 생산하기 위해서 호르몬 치료를 받는다. 그 다음에 난자는 외과적으로 난소에서 분리하여 수정이 될 때까지 배양접시에 놓는다. 이 과정은 2장에서 토론할 **체외수정** (*in vitro* fertilization; IVF)이다.

새로이 형성된 배아는 8세포기 단계(1)로 발달할 때 하나의 세포가 분리되고 그것의 염색체가 배아의 성을 결정하기 위해서 분석된다(2). 일단 남자와 여자 배아가 확인된다면(3), 원하는 성의 배아만 모체의 자궁으로 넣는다(4). 사용되지 않는 배아는 버려지거나, 나중에 사용하기 위해서 냉동하거나, 다른 사람에게 기증하게 된다. 착상전유전진단은 정자분류보다 외과적인 시술이고 모체에게 위험성이 더 크다. 착상전유전진단은 12,000달러 – 15,000달러의 비용이 든다. 비용이 많이 드는 방법이지만, 성공률이 100%를 보인다. 높은 성공률 때문에 Susanna Carter와 앞서 다룬 다른 부모가 선택할 수 있는 방법이다.

성선택의 이용과 착상전유전진단에서 만들어지는 불필요한 배아의 운명은 많은 사회적, 윤리적 문제를 야기한다. 당신은 Carter의 상황과 Leon 박사의 다른 부모를 볼 때 알 수 있을 것이다. 어떤 의사들은 한 배우자가 성에 영향을 주는 유전질환을 가지고 있을 때를 제외하고는 착상전유전진단의 사용에 반대한다. 반면에 다른 의사들은 이 기술을 인정한다.

1.1 요점

- **성선택의 2가지 방법은 정자분류와 착상전유전진단(PGD)이다.**
- **여성은 2개의 X 염색체를 가지고 있고, 남성은 1개의 X 염색체와 1개의 Y 염색체를 가지고 있다.**
- **염색체 성은 수정될 때 결정된다.**

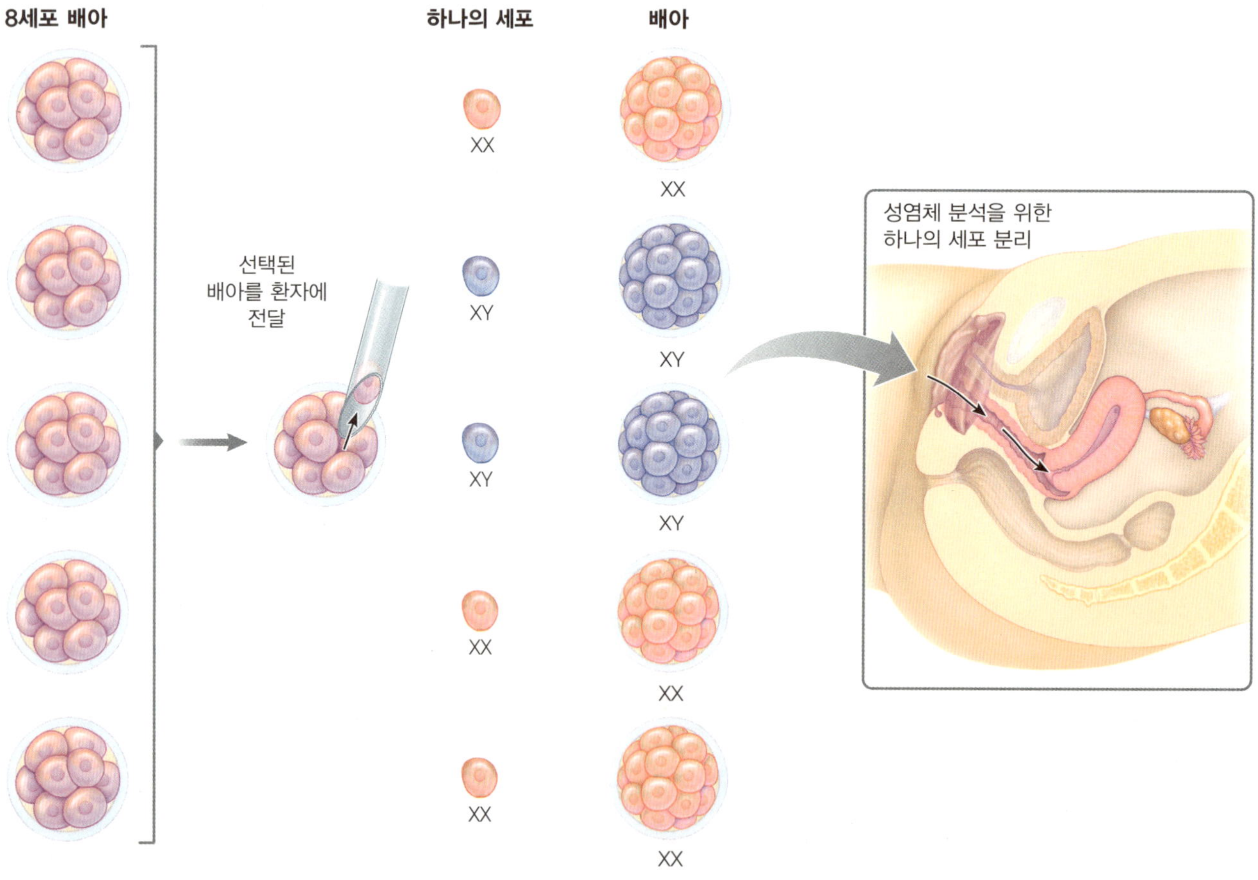

❶ 난자는 난소로부터 분리되고, 착상되어진 후에 8세포기로 자란다.
❷ 하나의 세포가 남성 또는 여성인지를 확인한다.
❸ 원하는 성의 배아를 선택한다.
❹ 선택된 배아는 발달을 위하여 자궁에 전달된다.

1.2 아기는 수정에서 태어날 때까지 얼마나 발달하는가?

남성과 여성을 결정하는 다른 인자들을 이해하기 위해서 태아의 발달 동안에 일어나는 과정을 살펴 보자.

수정은 정자와 난자의 융합과정으로 보통 나팔관의 상부, 1/3 지점에서 일어난다(그림1.4). 질에 들어온 정자는 자궁경부와 자궁의 윗 부분을 지나서 나팔관으로 이동한다. 이 여행은 30분이 소요된다. 정자는 자신의 꼬리의 재빠른 근수축과 자궁의 근수축의 도움을 받아서 7인치(대략 17cm)의 거리를 여행한다.

PHOTO GALLERY
이 정자는 난자 주위에 무리를 이루고 있지만, 오직 하나만 안으로 들어간다.
©David M. Phillips/Photo Researchers, Inc.

일반적으로 오직 하나의 정자가 난자에 들어간다(■ 그림 1.4[1-2]). 하지만 다른 정자는 하나의 정자보다 더 많이 난자에 들어가는 것을 막기 위해서 난자의 화학적인 변화를 일으킨다. 정자가 난자 안에 있으면 정자의 핵은 난자의 핵과 융합하고(■ 그림 1.4[3-4]), 46개의 염색체를 가지고 있는 접합체를 형성한다(22쌍의 보통염색체와 1쌍의 성염색체).

접합체가 배아를 생성하기 위해서 세포분열

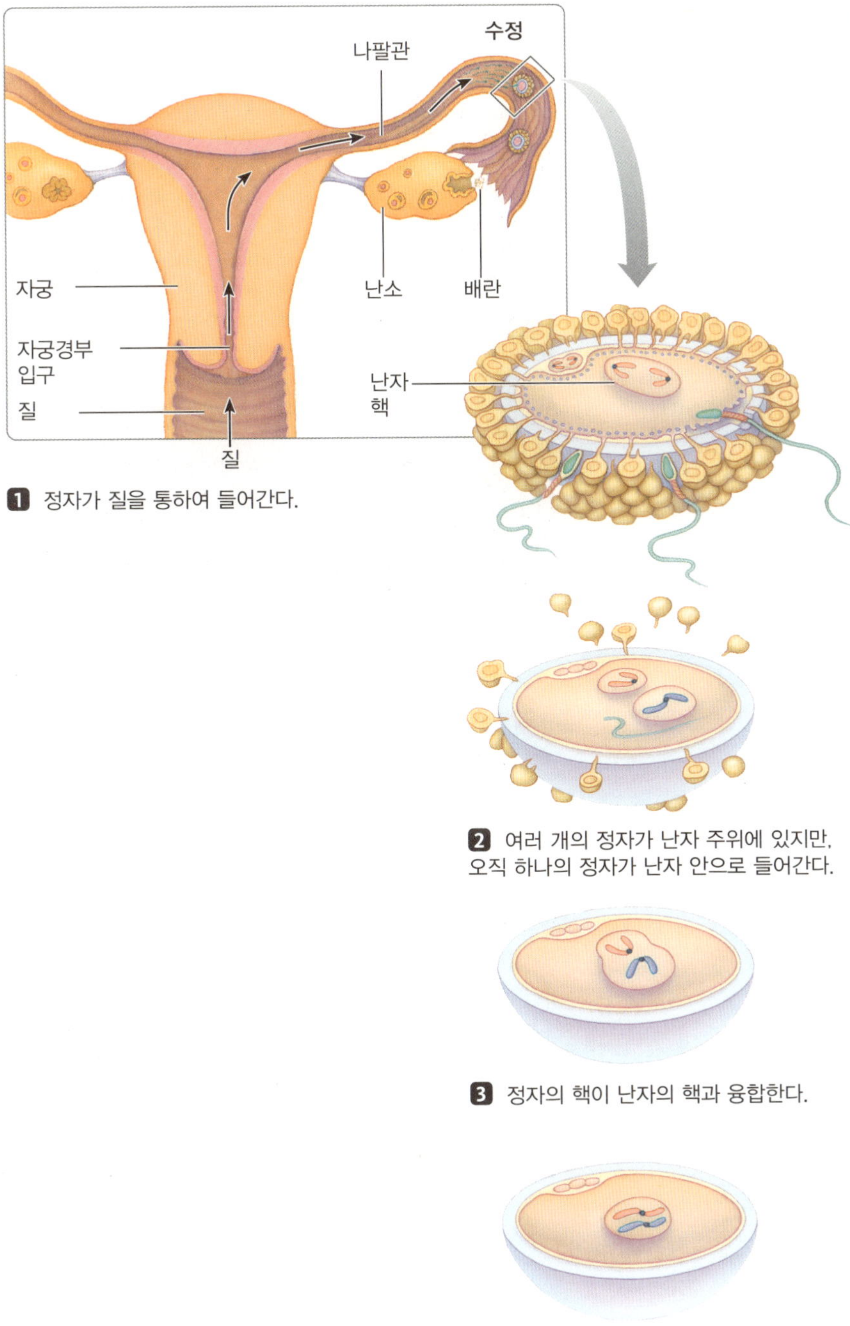

1 정자가 질을 통하여 들어간다.

2 여러 개의 정자가 난자 주위에 있지만, 오직 하나의 정자가 난자 안으로 들어간다.

3 정자의 핵이 난자의 핵과 융합한다.

4 이배체 접합체가 형성된다.

■ 그림 1.4 인간 수정 단계

수정에서 (1), (2) 많은 정자들이 난자 주위에 둘러싸고 있으며, 난자주위에 있는 바깥 장벽을 용해시키는 효소를 분비한다. 오직 하나의 정자가 난자를 들어간다. (3) 정자의 꼬리는 퇴화하고 정자의 핵이 커지면서 난자의 핵과 융합한다. (4) 수정 후에 하나의 접합체가 형성된다.

을 시작하고, 3-4일에 자궁으로 이동한다(■ 그림 1.5). 배아가 자궁에 도달한 후 여러 날 동안 부착되지 않은 상태로 있다. 세포분열은 이 시기 동안에 계속되고, 배아는 발달과정의 새로운 단계로 들어간다. **포배** (blastocyst)라고 불리는 속이 빈 공모양이 된다(■ 그림 1.5, 5일). 포배는 여러 개의 분획된 부분으로 이루어져 있다. **세포내 덩어리** (inner cell mass)(배아줄기세포의 원천), 내부공간, 배아를 둘러싸서 막을 형성하고 있는 세포의 바깥층이 있다. 배아가 자라면서 자궁의 일렬로 있는 세포가 커진다. 세포의 성장은 **착상** (implantation) 이라고 불리는 배아의 부착을 위하여 일어난다.(■ 그림 1.5, 6–7일).

배아는 수정 후 12일에 자궁벽안으로 단단하게 들어가고, **융모막** (chorion)이라고 명명되는 보호막을 형성한다. 융모막은 **인간융모성 생식선자극호르몬** (human chorionic gonadotrophin; hCG)이라 불리는 호르몬을 만들어서 분비한다. 이 호르몬은 자궁선이 배아를 깨뜨리거나 방출하는 것을 막는다. 지나친 인간융모성 생식선자극호르몬의 분비는 요에서 제거된다. 가정에서 하는 임신검사는 인간융모막고나도트로핀의 수치가 올라간 것을 통하여 검출하는 것이다.

손가락모양으로 이어져서 돌출된 **융모** (villi)는모체의혈액으로 채워져있는자궁벽의공간으로뻗어나간다. 융모와 모체의 조직은 디스크모양의 구조인 태반을 형성하고, 태반은 임신동안에 배아에게 영양분을 공급한다. 배아를 태반과 연결하는 막은 탯줄을 형성한다.

배아와 태아의 발달의 주요 단계들은 다음페이지에 사진에서 보인다.

빠른 성장이 임신 3번째 3개월(25–36주)에서 일어난다

7페이지에 보이는 것처럼 태아는 임신 3번째 3개월에 빠르게 성장하고, 순환계와 호흡계가 호흡준비를 위하여 성숙한다.

태아는 마지막 8주 동안 크기가 2배가 되고, 이 시기 동안에 자궁 밖에서 생존을 위한 기회를 빠르게 증가시킨다. 임신 3번째 3개월이 끝날 무렵 태아는 길이가 19인치(48cm), 무게가 5.5 – 10.5파운드(2.5-4.7kg)로 태어날 준비가 되어있다.

1.2 요점

- 수정에서 출생에 이르기까지 태아에서는 많은 발달변화가 일어난다.
- 성은 인간의 임신기간 동안에 결정되는 수 1000개의 특징 중의 하나이다.

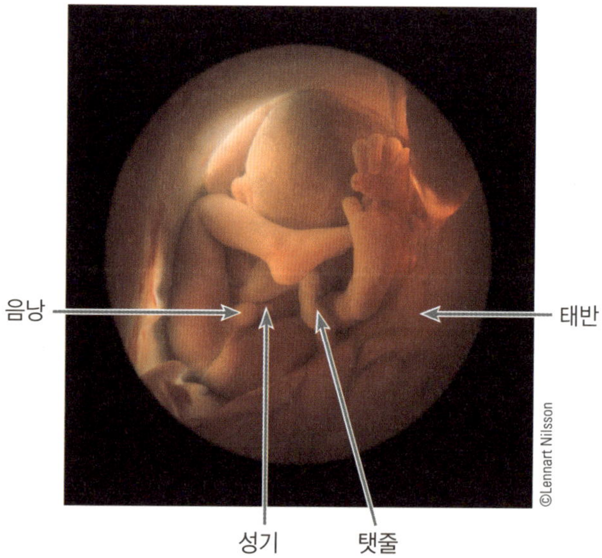

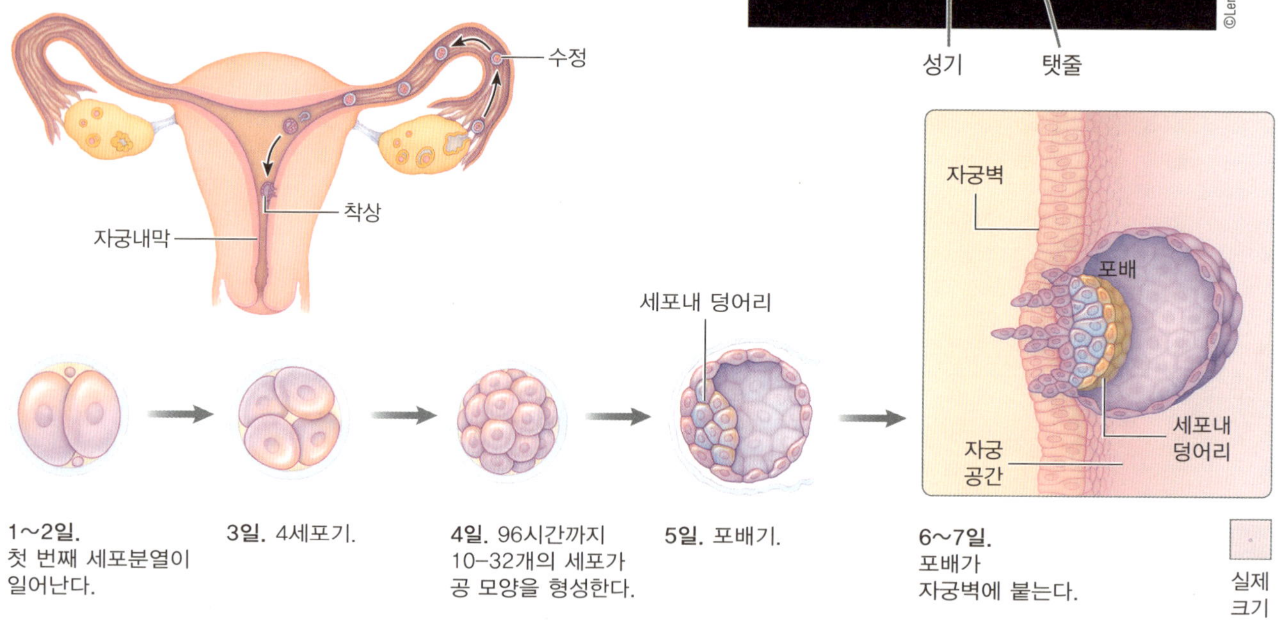

■ 그림 1.5 수정에서 착상까지의 인간발달과정
포배가 형성될 때 포배의 안쪽 세포덩어리는 디스크 형태의 초기 배아가 된다. 포배가 자궁에 착상할 때 융모막세포 다발은 발달하기 시작한다. 착상이 완성될 때 포배는 자궁내막에 묻힌다.

태아발달

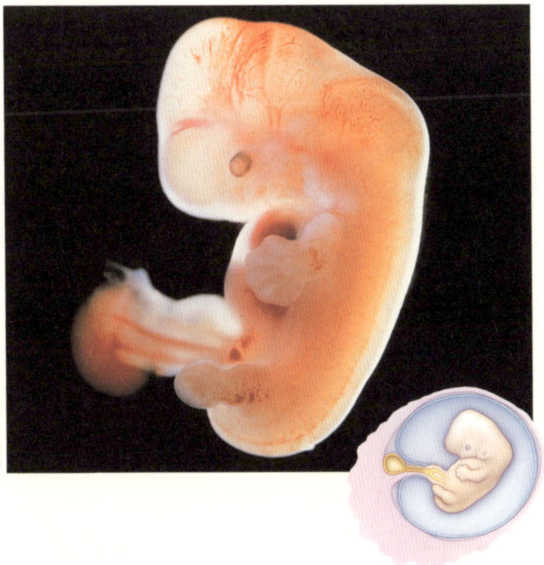

©Lennart Nilsson

5~6주에서 배아는 11인치(28cm)의 길이로 크게 성장한다. 심장을 포함한 주요 기관계의 대부분이 형성된다. 지아는 팔과 다리로 발달하고, 손가락과 발가락이 완성된다. 머리는 뇌의 빠른 발달 때문에 신체의 다른 부분에 비하여 상대적으로 매우 크다.

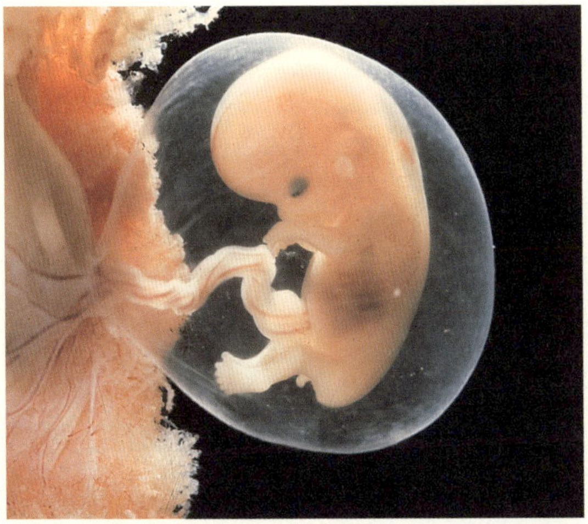

©Lennart Nilsson

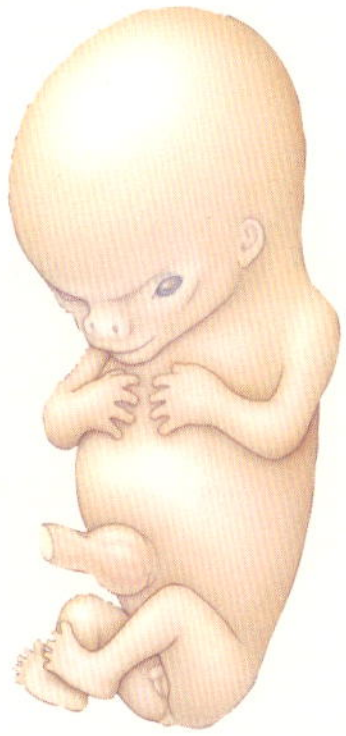

8주에 배아는 태아라고 명명될 만큼 충분히 크다. 염색체성(여성에서는 XX, 남성에서는 XY)은 수정될 때에 결정되지만, 임신 3개월이 시작되는 시기에 태아는 남성 또는 여성으로 나타나지 않는다. 성기관은 12주에서 15주까지 초음파스캔으로도 보일 수가 없다. 모든 주요 기관들은 형성되고 기능을 한다.

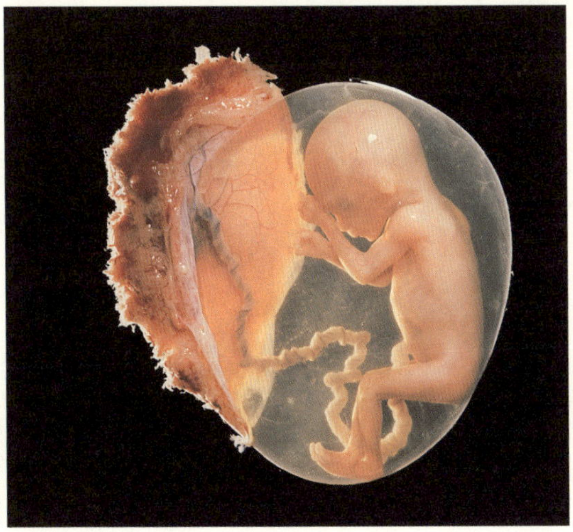

©Lennart Nilsson

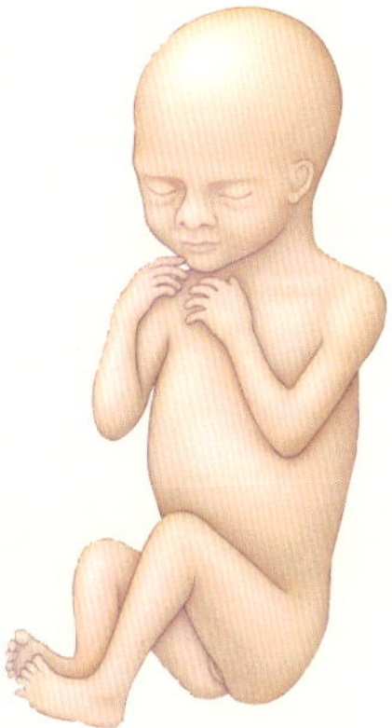

16주에 기관계의 크기와 더 발달이 진행되는 변화가 나타난다. 골격계의 뼈부분이 형성되기 시작하고 청진기를 통해서 심박동이 들린다. 태아의 이동은 임신 3개월 시기에서 시작되고, 4개월이 되는 시기에 모체는 태아의 팔과 다리가 움직이는 것을 느낄 수 있다. 태아는 얼굴형성이 잘 이루어지고, 눈도 열리고, 손톱과 발톱도 가지고 있다.

사례 A 질문

우리는 이제 태아의 XX와 XY의 형성이 어떻게 결정되고 어떻게 선택되는지를 이해한다. Carters 부부와 Leon박사의 다른 환자들의 사례에서 야기되는 몇 가지 사안들을 보고 우리가 토론했던 과학에 적용해보자. 법정이 어려운 과학적인 의문들을 어떻게 해석하는지 토론이 이어질 것이다.

1. 성선택이 이루어지는 방법을 안다면, Carters 부부가 해야 할 일들을 어떻게 결정해야 한다고 생각하는가? 이유는?
2. Carters부부중의 누가 결정해야 하는가? Susanna? Bob? 둘 다? 이유는 무엇인가?
3. 당신이 Leon 박사라면 당신은 Carters 부부를 위한 성선택을 시술할 것인가? 시술하거나 하지 않는다면 왜 그렇게 해야 하는가?
4. 당신이 Leon 박사라면 사례에서 얘기했던 다른 네 명의 환자를 위하여 성선택을 시술한 것인가? 각 환자에 대한 답과 이유를 제시하라?
5. 어떤 이유에서라도 사람에게 성선택이 사용되어야 하는가? 이유는?
6. 성선택에 대한 절차적인 한계에 대하여 지불할 능력은 있는가? 이것에 대하여 보험이 지불해야 하는가? 어떠한 상황에서 인가?
7. 인도와 중국에서는 성선택 사용의 문제점이 있다. 역사적으로 많은 가족들이 여성보다는 남성을 선호해왔다. 성선택의 사용으로 성비가 변화하고 있다. 중국의 2000년 인구조사에서 120명의 남자 당 100명의 여자가 있다. 이 조사는 중국의 0-15세 그룹에서는 여성보다 남성이 1천9백만 명이 많은 것을 보여주었다. 앞으로 어떠한 문제가 생길 것인가? 모든 사람이 성선택을 할 수 있게 허락한다면 이 경향은 계속되고 세계인구에 영향을 줄 것인가? 어떻게?

1.3 성발달의 단계는 무엇인가?

이전에 토론했던 것처럼 XX 또는 XY 염색체 쌍은 남성 또는 여성이 되는 일부분이다. 남성 또는 여성 생식기관의 형성은 다양한 인자들에 의해 좌우된다.

- 유전자의 작용방법
- 호르몬
- 모체의 환경

이 인자들의 상호작용은 개인의 성발달에서 중요하다. 성은 수정과 출생 사이에 성염색체, 내부기관, 외부형상과 같은 여러 가지 수준에서 정의된다. 대부분의 경우는 이러한 모든 것들이 동일하다. 하지만, Maria Patino의 사례처럼 다른 환경에서는 동일하지가 않는다. 상황이 잘못된 것을 이해하기 위해서는 정상적인 발달과정에서 일어나는 일들을 살펴볼 필요가 있다.

개인의 성은 여러 단계에서 형성된다. 앞에 나와 있는 페이지에 차트에서 염색체성이라고 불리는 첫 번째 단계는 접합체가 XX 또는 XY 염색체 쌍을 가지게 되는 수정에서 시작한다.

염색체성은 수정에서 이루어짐에도 불구하고 내부와 외부의 성기관은 임신 7주 또는 8주가 될 때까지 발달이 일어나지 않는다. 이 시기까지 배아의 외부 생식기는 남성 또는 여성도 아니다. 내부적으로 2개의 비특이적 생식샘과 도관계(남성과 여성) 2개 세트는 존재한다(앞의 페이지 그림을 보라).

생식성이라고 불리는 두 번째 단계에서 Y 염색체의 유전자발현이 생식샘을 정소가 되게 한다. 새로이 형성된 정소의 세포들은 외부와 내부 남성생식기관을 조절하는 **테스토스테론** (testosterone)을 분비한다.

2개의 X 염색체가 존재하고 Y 염색체가 존재하지 않는다면 생식기관은 난소로 발달한다. Y 염색체의 부재에서 일어나는 발달경로는 여성이 되게 한다. 그러므로, 테스토스테론의 분비가 없다면 생식기관은 난소를 형성한다. 여성도관계는 나팔관, 자궁, 질의 부분들을 형성하면서 발달하고, 남성도관계는 퇴화한다. 세 번째 단계에서 표현형 성이 발달한다. 태아는 남성 또는 여성임을 외부기관에 의해서 구분할 수 있다.

10페이지에 그림에서 성분화 단계를 복습하자. 염색체, 생식샘 성, 표현형 성의 3단계를 기억하라. Maria Patino의 상황에 대하여 읽기 전에 도표를 공부하라.

수치로 따져보기

3
임신에서 3개월의 숫자

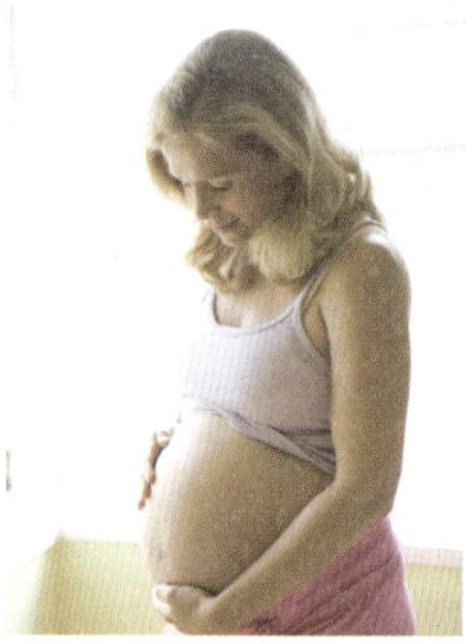

© Brand X Pictures/Jupiter Images

12
첫 번째 임신 3개월의 주 숫자

36
태아발달의 주 숫자

44
임신에서 세포분열 횟수의 숫자

수 조
신생아에서 세포의 숫자

외부 생식기가 되는 구조

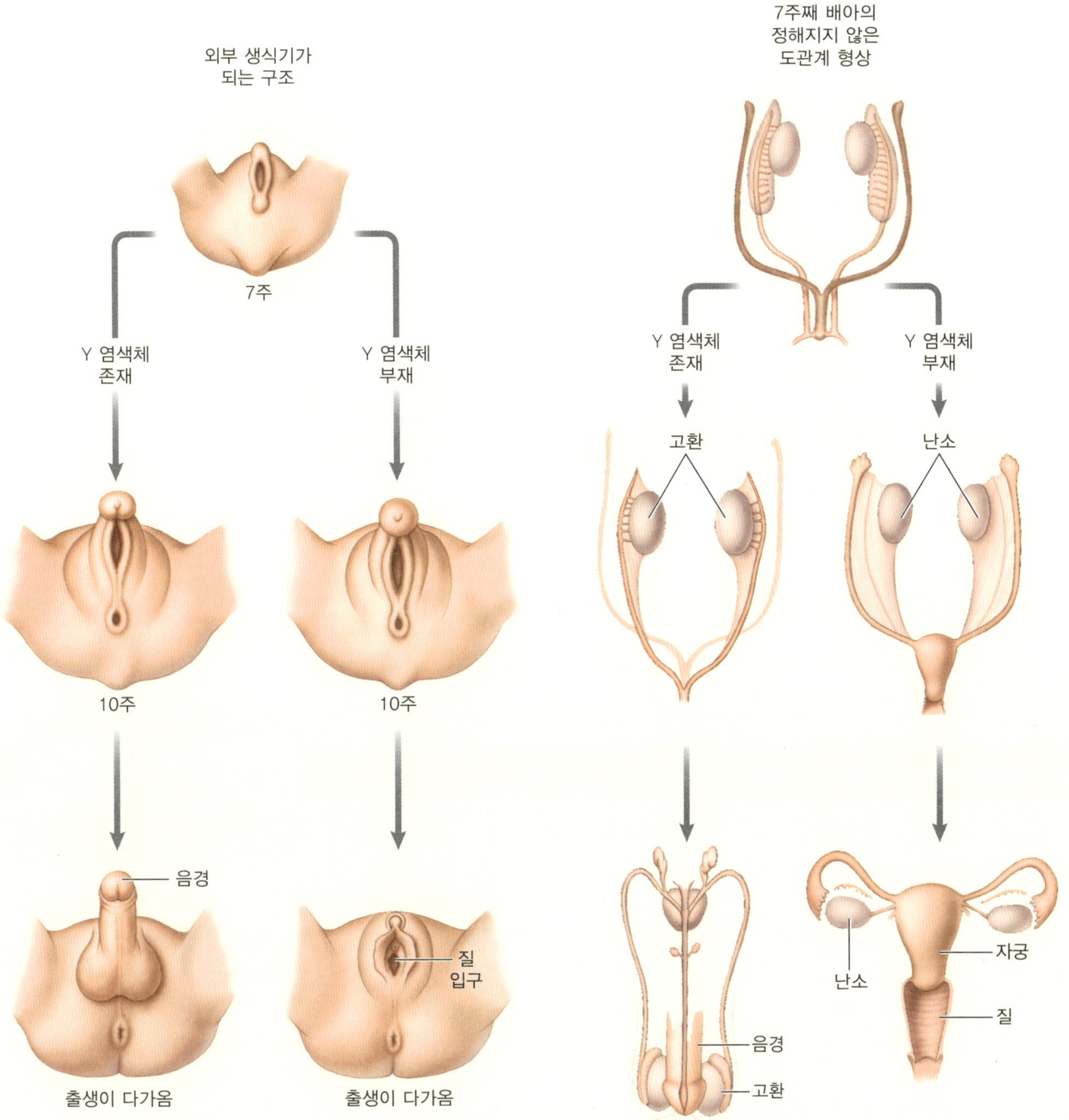

위에서 보이는 것처럼 Y 염색체가 존재한다면 생식샘은 고환이 되고, 그 결과 테스토스테론이 남성 생식기관과 도관계의 발달을 촉진한다. 2차 호르몬의 분비는 여성 도관계의 발달을 억제한다.

2개의 X 염색체를 가지고 있는 배아에서 Y 염색체의 부재와 에스트로젠의 분비는 생식샘을 난소로 발달하게 한다. 테스토스테론의 부재에서 일어나는 발달경로는 여성이 된다. 그러므로, 테스토스테론이 없으면 생식샘은 난소를 형성한다. 여성도관계는 나팔관, 자궁, 질의 일부분을 형성하면서 발달하고 남성 도관계는 퇴화한다.

내부의 성기관이 형성된 후에 3번째 단계에서 외부 생식기의 발달이 시작된다. 남성에서 남성호르몬은 음경과 음낭의 형성을 지시한다. 여성에서 음핵, 소음순, 대음순은 같은 조직으로부터 형성된다.

내부와 외부 성기관의 발달은 다른 유전적 경로에 의해서 일어난다. 남성에서 이 경로는 Y 염색체에 있는 유전자(SRY)의 작용, 적어도 하나의 X 염색체 존재, 22개의 염색체에 의해 운반되는 다른 유전자들의 발현을 포함한다. 여성에서 이 경로는 2개의 X 염색체 존재, Y 염색체 유전자의 부재, 다른 22개의 염색체에 있는 여성 특이 유전자세트의 발현을 포함한다.

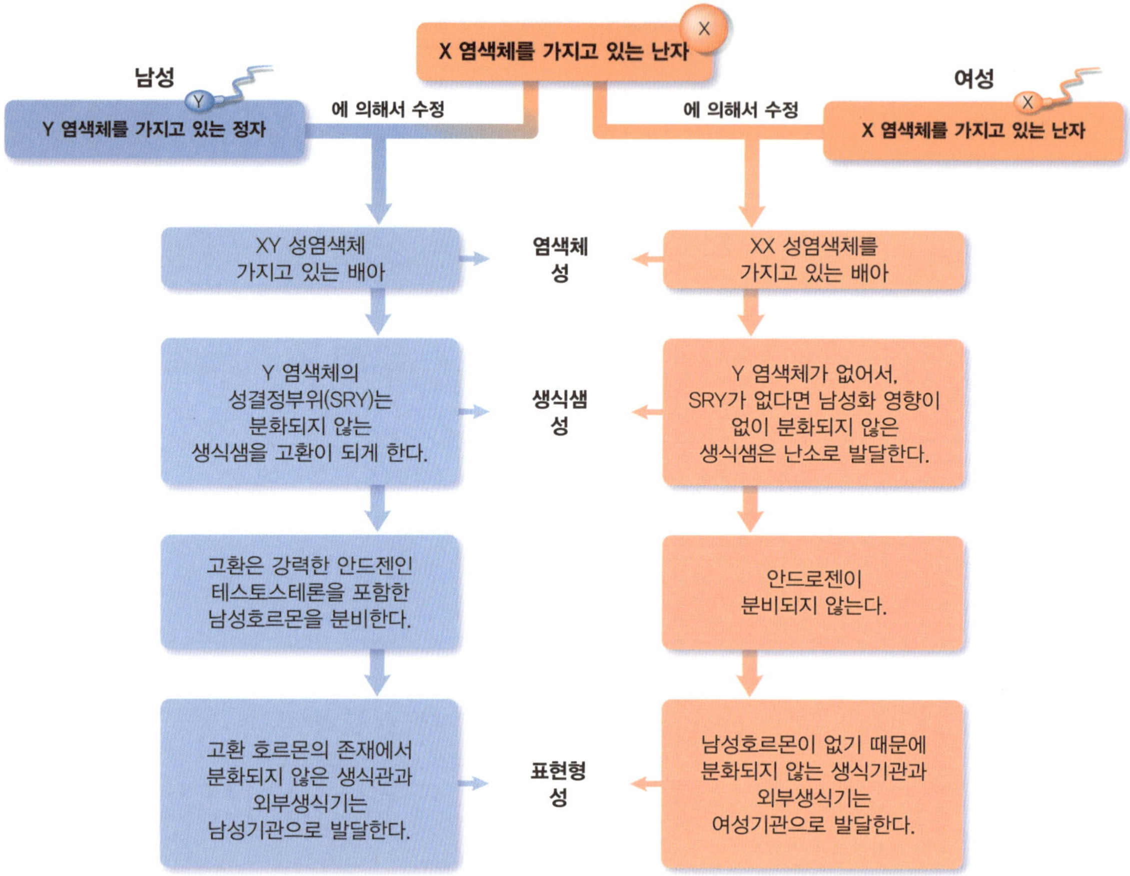

사례 B 운동선수가 성검사에 실패하다

Courtesy, Professor Maria José Patino

어떤 나라에서 여성경기에 남성이 여성으로서 경기를 해서 벌금이 부과된 이후로 성검사는 올림픽과 다른 세계경기에서 사용되어져 왔다.

Maria Patino는 스페인을 대표하는 일류의 허들경기 육상선수였다. 1985년 일본에서 개최된 세계대학경기에서 그녀는 성조절에 대한 보고서를 요구받았다. 성염색체 검사를 위해 그녀의 볼에서 세포가 채취되었다. 그녀는 이미 헬싱키챔피언쉽에서 성검사를 통과했기 때문에 이 검사는 그녀에게 문제가 되지는 않았다. 그러나, 그녀는 자신의 여성증명서(■ 그림 1.6)를 일본으로 가져오는 것을 잊어버렸고, 재검사를 받아야만 했다.

검사 후 몇 시간이 지난 뒤에 사무담당자는 비정상적인 결과가 나왔다고 그녀에게 통보했다. 그녀는 이 결과가 무슨 의미인지 의아해했다. 그녀는 경기에 참가하기 전 재검사를 받기 위해서 아침에 병원으로 갈 것을 요청받았다.

Maria는 몇 분 동안 병원 안과 밖에 있었다. 의사는 오직 일본어로만 얘기했고, 어떠한 사람도 그녀에게 말하지 않았다. 그녀는 경기가 시작되기 전 경기장으로 돌아왔을 때 Maria는 부상을 당해서 경기를 취소해야 한다고 들었다. 충격적이게도 그녀는 성검사에 실패했다.

집으로 돌아온 Maria는 그녀의 상태를 안드로젠불감증후군(AIS)으로 불리는 완전안드로젠 불감증으로 진단했던 내분비학자에게 갔다. 완전안드로젠 불감증(complete androgen insensitivity; CAI)은 그녀가 여성으로서 태어났고, 여성처럼 보임에도 불구하고, 그녀의 성염색체가 XX가 아니라 XY인 것을 나타낸다. 염색체적으로 그녀는 남성이었다.

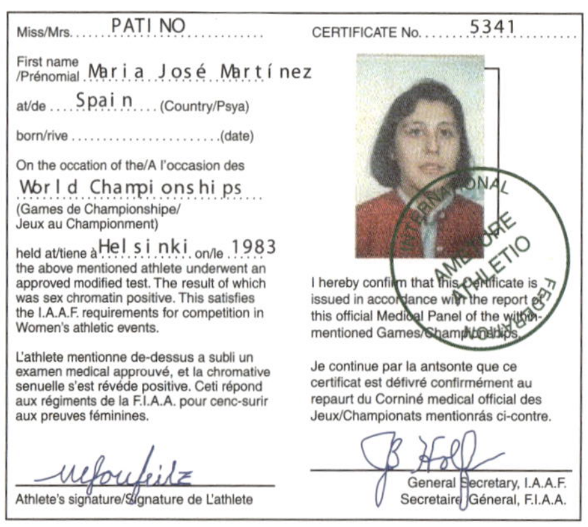

Miss/Mrs. PATINO CERTIFICATE No. 5341

First name /Prénomial Maria José Martínez

at/de Spain (Country/Psya)

born/rive ....(date)

On the occation of the/A l'occasion des World Championships (Games de Championshipe/ Jeux au Championment)

held at/tiene à Helsinki on/le 1983 the above mentioned athlete underwent an approved modified test. The result of which was sex chromatin positive. This satisfies the I.A.A.F. requirements for competition in Women's athletic events.

L'athlete mentionne de-dessus a subli un examen medical approuvé, et la chromative senuelle s'est révéde positive. Ceti répond aux régiments de la F.I.A.A. pour cenc-surir aux preuves féminines.

I hereby confirm that this Certificate is issued in accordance with the report of this official Medical Panel of the within-mentioned Games/Championships.

Je continue par la antsonte que ce certificat est défivré confirmément au repaurt du Corniné medical official des Jeux/Championats mentionrás ci-contre.

Athlete's signature/Signature de L'athlete

General Secretary, I.A.A.F.
Secretaire Géneral, F.I.A.A.

■ **그림 1.6 여성 증명서**

Maria Patino에게 발행되었던 여성 증명서.

일부 과학적, 법적, 윤리적 의문들이 이 사례를 읽으면서 떠오른다. 이 의문들을 설명하기 전에 인간의 성결정 뒤에 있는 생물학을 살펴보자.

Maria Patino의 상태는 어떠한가?

완전안드로젠불감증(CAI)은 X 염색체의 유전자 돌연변이에 의해서 일어난다. 이 유전자는 **안드로젠수용체 유전자** (**androgen receptor**; ***AR***)라고 불린다. 이 상태의 사람들은 테스토스테론 또는 테스토스테론에서 기원된 호르몬에 대한 분자센서(수용체라고 명명됨)가 세포 표면에 부족하다. 호르몬들은 내부와 외부의 성 기관을 형성한다. XY 염색체의 존재는 정상적으로 생식 샘을 고환으로 발달시키고, 테스토스테론을 생산한다. 그러나, 완전안드로제불감증 환자의 생식샘의 세포는 호르몬에 반응할 수 없다. 발달과정은 테스토스테론이 존재하지 않을지라도 진행된다. 이것은 음낭으로 내려오지 못하는 고환이 복강에 남아있지만, 여성도관계와 외부생식기가 발달한다는 것을 의미한다.

이 질환을 가진 사람들은 염색체 남성(XY)이지만, 태어날 때 그들은 여성으로 보이며, 소녀로서 성장된다. 어른이 되었을 때, 그들은 월경을 하지 않으며, 불임이고(그들의 복강에 고환이 있고, 난소가 없기 때문에), 잘 발달된 가슴을 가지며 매우 적은 음모를 가진다(■ 그림 1.7). 이 질환은 다양한 여성발달을 보이는 여러가지 유형이 있다. 그녀의 질환을 발견한지 몇 년 후에 Mario Patino는 "이것은 나를 완전히 파괴하고 있다. 나는 나의 인생을 스포츠에 바쳤다. 그러나 내가 나의 여성임에 대한 의문은 결코 없다. 신과 의학의 눈에서 나는 여성이다"라는 말을 전했다.

Courtesy Cynthia P. Stone

■ **그림 1.7 안드로젠불감증 증후군**
완전안드로젠불감증인 환자.

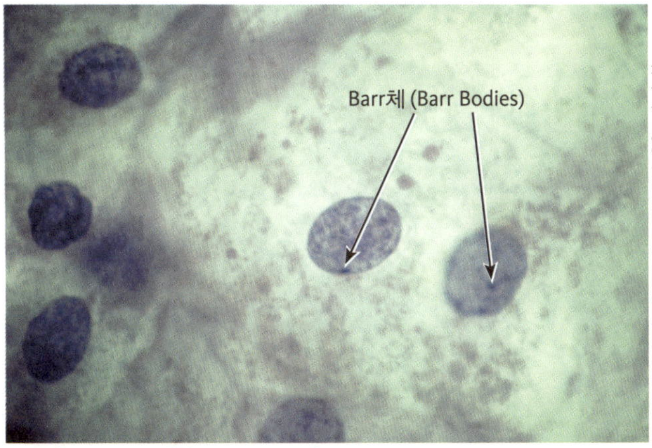

Barr ML 1963. The Sex Chromatin. pp. 48–71 in C Overzier (ed.) "Intersexuality," Academic Press, New York, NY; SM Carr after Barr

■ **그림 1.8 Barr체 (Barr Bodies)**
여성에게서 볼 수 있는 비활성화된 X 염색체(Barr체). XY 남성에게는 Barr체가 없다.

Maria Patino는 어떻게 첫 번째 성검사를 통과했고, 다른 검사는 통과하지 못했는가?

여성에서 모든 세포(난자로 발달하는 세포는 제외)는 하나의 X 염색체가 단단하게 휘감아져 있고, 발달과정 초기에는 불활성화가 되어 있다. 이 휘감아져 있는 염색체는 **Barr체** (**Barr body**)로 나타낸다(■ 그림 1.8). 불활성화된 X 염색체는 어머니 또는 아버지로부터 올 수 있다. 이것은 일단 형성되면 영구적인 상태가 된다. 여성은 각 세포마다 2개의 X 염색체를 가지고 있기 때문에 하나 또는 다른 하나는 불활성화된다. 일부 세포들은 어머니로부터 받은 X 염색체 유전자를 발현하고 일부 세포들은 아버지로부터 받은 X 염색체 유전자를 발현한다.

Maria Patino와 다른 여성 운동선수에게 요구된 성검사는 볼안에서 긁어낸 세포들을 사용한다. 긁어낸 세포들은 현미경에 놓여지고, Barr체를 보이게 하는 염료로 염색한다. Barr체가 존재하는지를 확인하기 위해서 현미경으로 확실한 세포의 숫자를 검사한다. Barr체가 존재한다면 운동선수는 여성으로서 경기에 참여할 수 있게 인준된다. XY를 가진 남성은 Barr체를 형성하지 않는다. 그래서 이 검사는 남성이 여성선수들을 위한 경기에 참가해서 얻는 이점을 막는 방법으로 생각되었다.

불행하게도 이 성검사는 여러 가지 문제점이 있다. 첫 번째로 이 검사는 완전히 믿을 수가 없다. Barr체가 염색되지 않거나, 다양한 이유로 보이지 않는다면 XX 여성은 검사에서 잘못된 결과가 나온다. 두 번째로 XXY 남성은 Barr체를 형성하고, 여성으로 확인되어서 염색체 성검사를 통과할 수 있다. 세 번째로 일부 여성들은 오직 하나의 X 염색체(XO 상태라고 불림)를 가지고 있고, Barr체를 형성하지 않는다. 우리의 사례에서 더 중요한 것은 Marina Patino는 XY였고, 그녀의 세포들은 Barr체를 형성하지 않았다. 그녀가 첫 번째 성검사

PHOTO GALLERY
안드로젠불감증에 걸린 어린아이.
COURTESY CYNTHIA P. STONE

를 통과했던 사실은 Barr체 검사가 XX와 XY 사람을 검사하는데 얼마나 믿을 수 없는 것 인가를 암시한다.

Barr체 검사는 믿을 수 없다는 증거에서 올림픽경기와 다른 대회의 조직자는 여성으로서 경기하는 남성을 제외시키기 위해서 이 같은 일이 반복되었다는 증거는 거의 없었지만, 다른 검사로 전환했다. 마지막으로 감정적 스트레스, 오명 씌우기, 차별을 일으킨 후에 성검사는 2000년 올림픽경기 이전에 폐지되었고, 대부분의 운동경기에서 시행되지 않았다.

1.3 요점

- 내부 성기관은 임신 7주에서 발달하기 시작한다.
- 대부분의 중요한 발달과정은 첫 번째 임신 3개월에서 일어난다.
- 하나의 X 염색체는 XX 여성세포에서는 불활성화되고, Barr체를 형성한다.
- 태아의 성기관의 발달은 테스토스테론과 에스트로젠에 의해서 조절된다.
- 완전안드로젠불감증(CAI)과 같은 성발달 질환은 유전적으로 조절된다.

사례 B 질문

우리는 태아의 성결정을 위한 단계와 발달과정에서 잘못될 수 있는 상황에 대하여 배웠다. Maria Patino의 사례에서 나올 수 있는 사안들을 살펴보자.

1. 당신이 성결정에 대하여 안다면, Maria Patino는 여성이라고 생각하는가?타당한 이유나 그렇지 않은 이유는?
2. 첫 번째 검사에서 그녀의 볼로부터 채취한 세포를 검사했을 때, 그녀는 통과했다. 이것은 그녀가 여성이라는 것을 증명할 만큼 충분한 것입니까?타당한 이유나 그렇지 않은 이유는?
3. Maria는 XY이기 때문에 다른 여성선수보다 근육의 이점을 가지고 있습니까? 그렇다면, 이것이 중요한 다른 점인가?
4. 올림픽과 세계챔피언대회가 성검사를 요청할 때, 오직 여성만이 검사를 받습니다. 이것은 공정한가? 타당한 이유나 그렇지 않은 이유는?
5. 모든 신생아는 그들의 성염색체 상태가 결정되는가? 이것은 후에 나타나는 어떠한 문제점을 피하는가? 타당한 이유나 그렇지 않은 이유는?
6. 이 검사는 우리가 이번 장에서 토론했던 사람처럼 비정상적인 성염색체를 가진 사람에게서 어떠한 문제점이 있는가?
7. 청문회에서 당신은 Maria의 변호사이다.
   a. 당신은 성결정과 관련된 과학을 이용하여 어떻게 논쟁하려고 하는가?
   b. 당신은 법을 이용하여 어떻게 논쟁하려고 하는가?
   c. 당신은 어떻게 보상에 대해서 요청하려고 하는가?
8. 청문회에서 당신은 올림픽위원회 변호사이다.
   a. 당신은 성결정과 관련된 과학을 이용하여 어떻게 논쟁하려고 합니까? 당신은 어떻게 이해시킬 수 있는가?
   b. 당신은 위원회의 조치들에 대하여 방어를 위하여 어떻게 논쟁하려고 하는가?
   c. 당신은 위원회가 취할 수 있는 어떠한 조치를 추천하는가?
9. Maria의 사례로 볼 때 성검사는 어떠한 변화가 도입되어야 하는가?
10. Maria는 초기에 이 질환에 대하여 왜 발견하지 못했는가? 당신은 격렬한 경기에서 어떤 여성선수가 월경을 하지 않는다는 사실이 그녀의 진단을 복잡하게 만든다고 생각하는가?
11. Maria는 그녀의 의사에게 의료과실로 고소할 수 있는가?
12. 그녀는 그 밖에 누구를 고소할 수 있는가?

1.4 성결정과 관련된 법적, 윤리적 문제들은 무엇인가?

당신은 Maria Patino의 상황에서 본 것처럼 어떤 유전적 질환을 가지고 있는 사람들은 항상 공평하게 대우받지 못한다. 사실상 그들은 자주 구분된다. 이러한 일이 발생할 때 많은 방법으로 다루어질 수 있다. 한 가지 방법은 고용인을 압박해서 그들을 동등하게 대우하라는 고소를 하는 것이다. 또 다른 방법은 사회가 이러한 행동의 유형을 용인하지 않게 법을 통과시키는 것이다.

인종, 색깔, 성, 출신, 종교 또는 나이 때문에 사람들을 차별하지 못하도록 미국의 모든 주에서 법이 통과되어 있다. 차별의 유형은 일반적으로 숙박, 공공시설물, 교육, 운송, 통신, 여가, 건강서비스, 투표, 공공서비스에 접근과 같은 특정분야에서 발생한다.

Maria Patino는 여성으로서 경기에 나갔기 때문이 아니라 성검사를 통과할 수 없었기 때문에 차별된 것처럼 보인다. 이것은 그녀가 물리적으로 여성임에도 불구하고, 그녀의 염색체가 유전적으로 남성이라는 것을 의미한다.

완전안드로젠불감증(CAI)을 가진 사람들은 *간성*이라고 명명되는 의학적 범주에 들어간다. 간성의 의학적 정의는 사람의 염색체성이 그의 또는 그녀의 표현형성과 일치하지 않는 상태이다. 표현형은 남성 또는 여성으로 분류될 수 없다.

일부 다른 질환들도 이 범주 안에 들어간다. 우리는 다음 장에서 클라인펠터증후군(47, XXY)과 터너증후군(45, X) 에 대해서 토론할 것이다.

미국 신체장애자 법(ADA)은 장애 미국인이 고용, 보험, 다른 분야에서 가지는 문제점들을 다룬다. 이 연방법은 1990년에 법안으로 채택되었으며, 장애를 가진 사람들의 권리를 보호한다. 많은 장애들은 유전질환에 의해서 일어난다.

미국 신체장애자 법에서 장애를 가진 사람은 아래 내용에 해당하는 사람으로서 정의된다.

a. 하나 이상의 주요 생활력에 제한을 가지는 신체적, 정신적 장애, 또는

b. 장애기록 또는 병력, 또는

c. 장애를 가지는 것으로서 인식되어지거나 간주되는 사람.

간성을 가지는 사람들은 미국 신체장애자 법에 해당합니까? 이것을 결정하기는 어렵지만, 다른 유전질환을 가지는 사람들은 명확하게 이 법에 의해서 보호된다. 이 질환 중의 하나가 왜소증의 한 형태인 연골형성부전이다(4장을 보라). 그들의 키 때문에 이 질환을 가진 사람들은 고용, 교육 또는 보험에서 차별을 받을지 모른다. 미국 신체장애자 법은 이러한 형태의 차별이 발생하지 않기 위해서 만들어진 것이다.

아래의 차트는 성결정에 의한 차별을 다루는 윤리적, 법적 질문들을 다룬다.

질문	질문을 판단하는 방법	관련된 사례 또는 법적 사안
사람은 그들의 성 때문에 직업에서 거부될 수 있습니까?	법은 차별이 없이 사람을 고용하는 것을 요구한다. 소송은 개인적인 판단에 의해서 제기되고 결정된다.	특별하게 진술되지 않는다면 사람을 고용하지 않는 이유를 결정하기는 어렵다.
Maria Patino는 차별의 희생자입니까?	위원회와 올림픽 규칙들은 그들이 성검사를 통과하지 못한다면 여성으로서 경기를 할 수 있게 허락하지 않는다.	어떠한 소송도 Maria Patino에 의해서 제기되지 않았으나, 다른 사람들은 국제경기대회에서 성검사 규칙의 제거를 강요했다.

Frye v. U.S. (293 F. 1013 (1923))

Mario Patino가 법원서 고소했다면 법원은 그녀가 여성 또는 남성이었는지 결정해야만 했을 것이다. 당신이 이 사례질문에 대하여 답할 때 이 상황은 항상 단순한 대답을 가지지 않으며, 과학적인 원리의 이해를 포함한다. 다음 사례는 법원이 과학이 재판에 적합한 것인지 아닌지를 결정하는데 도움을 주는 아주 중요한 것이다. Frye v. U.S.은 과학이 법원에서 받아들여져야 한다고 주장한 첫 번째 사례이기 때문에, 미국에서 Maria에 의해서 제기되는 어떠한 소송도 이것을 사용했을 것이다. 이 사례의 의문들은 미국 법원에서 과학적인 증거를 받아들이거나 거부하는데 70년 이상이 사용되었다는 것이다.

사건의 요지

James Alphonso Frye는 살인죄로 고소를 당했다. 그는 체포된 이후로 계속해서 무죄를 주장했다. 초기에 그의 변호사는 그가 진실을 진술하는지 판단하는 검사를 받으라고 권했다. 수축기혈압 거짓말검사는 오늘날 사용되는 탐지기검사의 초기형태였다.

법원은 Fyes의 무죄를 지지해주는 답변으로서 진실한 결과만을 받아들일 것을 요청받았다. 이 기술은 새로웠지만, 그의 변호사는 감정인이 있었다. 변호사이자 심리학자인 William Marston은 체내 생리학적인 변화와 거짓말이 어떻게 관련이 있는가에 대한 많은 연구를 해왔다. 그는 이 검사가 피고인의 수축기혈압을 측정함에 따라 그의 진술이 진실인지를 측정했다고 주장했다. 수축기혈압은 심장 좌실이 얼마나 강하게 수축했는지에 따라서 오르기도 하고 내려오기도 한다. Marston은 공포는 항상 수축기혈압을 오르게 한다. 탐지의 공포에 의한 거짓말도 혈압을 올린다. 콜롬비아특별구의 제1심 법원의 판단은 거짓말검사의 과학은 너무나 새로워서 받아들일 수 없다는 진술과 함께 Marston의 증언을 배제했다.

Frye의 변호사는 이 사건을 콜롬비아특별구의 항소법원에 제출했다. 항소법원은 수축기혈압 거짓말검사가 뚜렷하고 과학적인 인식을 하지 않는 것으로 판결하고, Marston의 증언을 받아들일 수 없다는 하위법원의 결정을 인정했다.

더 중요한 것은 이 법원이 새로운 과학적인 증거를 인정하는 것에 대한 가이드라인을 다른 법원에 만들어 준 것이다. 이 규칙은 과학적인 원리가 특별한 분야에서 일반적 승인을 얻어야만 한다는 것이다. 이른바 일반적 승인규칙은 3가지 의문점을 일으킨다.

1. 증거 또는 증언이 속하는 과학적인 분야는?
2. 증거 또는 증언은 일반적으로 이 분야에서 승인되는가?
3. 일반적 승인은 어떻게 이루어지는가?

질문들:

1. 과학이 증거로 받아들이기 전에 얼마나 많은 검사가 이루어지는가?
2. 당신은 감정인이 그 또는 그녀가 전문가인지를 결정하는 3가지 질문을 했는가?
3. 감정인은 대가를 지불받아야 하는가? 예 또는 아니오로 답하시오. 그 이유는?
4. 모든 과학은 새롭고, 실험적으로 시작된다. 과학이 진실한 과학으로 인정받기 위해서는 얼마나 걸리는가?
5. 지문은 소송에서 50년 동안 사용된 후에 현재 좋은 증거로 생각된다. 부분적인 지문은 자주 남아있으며, 신원을 확인하기는 어렵다. 하지만, 일반 사람들은 지문을 좋아한다. 여론이 행하는 것은 법원에서 허락해야 하는가?
6. 오늘날 거짓말탐지기는 증거로서 받아들이지 않는다. 왜 받아들여야 하는가?
7. James Halperin의 저서 '진실기계'에서 그는 이 기계가 미래에 어떠한 실수도 없이 거짓말을 결정할 수 있다고 내다보았다. 당신은 이 기계가 법정에서 어떠한 효과가 있다고 생각하는가?
8. 최근에 대법원은 재판관에게 과학이 소송에서 제시되는 것을 허락하는 데 대한 더 많은 통제를 하고 있다. 이 결정에 대한 2가지 장점과 2가지 단점을 적으시오.

★ 주요점 10개

1. 성결정의 2가지 방법은 정자분류와 착상전유전진단(PGD)이다. [1.1]
   ▌정자분류는 X와 Y를 가지고 있는 정자의 분리를 포함한다.

1. 여성은 2개의 X 염색체를 가진다; 남성은 하나의 X 염색체와 하나의 Y 염색체를 가진다. [1.1]
   ▌X는 어머니 또는 아버지로부터 오지만, Y는 아버지로부터만 온다.

2. 염색체성은 수정에서 결정된다. [1.1]
   ▌난자와 결합하는 정자는 X 또는 Y를 포함한다.

3. 태아는 수정에서 출생까지 많은 발달변화가 일어난다. [1.3]
   ▌발달의 복합적인 과정은 염색체 즉 염색체가 운반하는 유전자, 내부와 외부인자에 의해서 지시된다.

4. 성은 사람에서 임신 기간 동안에 결정되는 수 1000가지의 특징 중의 하나이다. [1.2]
   ▌성발달의 많은 부분들은 호르몬에 의해서 조절된다.

5. 내부의 성기관은 임신 7주째에 발달을 시작한다. [1.3]
   ▌성발달은 생식샘에서 시작된다.

6. 테스토스테론과 에스트로젠 호르몬은 고환과 난소에 의해서 분비된다. [1.3]
   ▌테스토스테론, 에스트로젠, 그것들의 유도체들은 생식샘, 도관계, 생식기의 발달을 조절한다.

7. 가장 중요한 발달과정은 첫 번째 임신 3개월에서 일어난다. [1.3]
   ▌첫 번째 임신 3개월은 3개월이다.

8. 하나의 X 염색체는 XX 여성세포에서 불활성화되고, Barr체를 형성한다. [1.3]
   ▌Barr체는 X 염색체가 휘감아 있을 때 형성되고, 핵막 안쪽에 부착한다.

9. 완전안드로젠불감증과 같은 성발달 질환은 유전적으로 조절된다. [1.3]
   ▌많은 유전자의 돌연변이는 성기관 형성에 영향을 준다.

핵심용어

2차 성 특징 secondary sex characteristics (p. 1)
Barr 체 Barr body (p. 11)
X 염색체 X chromosome (p. 1)
X 염색체를 가진 정자 X-bearing sperm (p. 2)
Y 염색체 Y chromosome (p. 2)
Y 염색체를 가진 정자 Y-bearing sperm (p. 2)
상염색체 autosomes (p. 2)
성비 sex ratio (p. 2)
성선택 sex selection (p. 1)
성염색체 sex chromosome (p. 2)
세포내 덩어리 inner cell mass (p. 6)
수정 fertilization (p. 2)
안드로젠수용체 유전자 androgen receptor (AR) gene (p. 11)
완전안드로젠 불감증 complete androgen insensitivity (CAI) (p. 10)
융모 villi (p. 6)
융모막 chorion (p. 6)
인간융모성 생식선자극호르몬 human chorionic gonado-tropin(hCG) (p. 6)
접합체 zygote (p. 2)
정자분류 sperm sorting (p. 3)
착상 implantation (p. 6)
착상전유전진단 preimplantation genetic diagnosis (PGD) (p. 3)
체외수정 in vitro fertilization (p. 4)
테스토스테론 testosterone (p. 8)
포배 blastocyst (p. 6)

복습문제

1. 우리가 남성 또는 여성에 속하는 것으로서 확인하는 물리적 특징은 아이가 10대일 때 나타난다. 이러한 특징을 어떻게 명명하는가?
1. 아이가 하나의 Y 염색체를 가지고 있다면, 아이의 성은 무엇인가? 아이가 2개의 X 염색체와 하나의 Y 염색체를 가지고 있다면 성은 무엇인가?
2. 성비는 무엇인가?
3. 아이의 성은 임신 동안에 선택되어질 수 있는가? 예 또는 아니오로 답하시오. 그 이유는?
4. 다음 구조 중 임신기간 동안에 발달하는 것은?
   a. 심장 b. 골격 c. 음경
5. 시간이 지남에 따라서 인구의 성비는 변화하는가?
6. 착상전유전검사는 무엇인가? 그리고 그것이 왜 성결정에 성공적인가?
7. 태아는 3번째 임신 3개월에서 얼마나 많이 자라는가?
8. 정자가 형성될 때 그들이 X 염색체를 운반할 확률은 얼마인가?
9. 정자가 Y 염색체를 운반할 확률은 얼마인가?

여러분이라면 이럴 때 어떻게 할까?

1. 당신은 당신 아기의 성을 성결정에 의해서 선택권을 받았다.
2. 당신은 올림픽에서 성결정을 통제하는 규칙을 쓸 것을 요청받았다.
3. 당신은 당신의 주에서 모든 신생아의 염색체 검사를 요구하는 법에 투표할 것을 요청받았다.
4. 당신은 아기를 가지지 못하는 여성과 결혼을 하였고, 의사는 그녀의 염색체가 XY라고 말해주었다.
5. 당신의 딸은 15세까지 월경이 없었고, 의사는 그녀의 염색체가 XY라고 말해주었다.

응용문제

1. 당신은 태어난 모든 아기의 염색체가 검사되어야 한다고 생각합니까? 타당한 이유나 그렇지 않은 이유는?
1. 역사적으로 볼 때 남자들은 남자아이를 주지 않은 그들의 부인에게 자주 화를 냈다. 이 주제를 연구라고 여성이 실수하지 않았다는 사실을 발견하라.
2. 아기가 발달할 때 의사는 태아의 어떠한 잘못된 점을 교정하기 위하여 수술할 수 있다. 고정이 완료될 때 태아는 발달을 끝마치기 위하여 자궁에 다시 넣는다. 당신은 이러한 수술의 형태에서 가장 큰 문제는 무엇이라고 생각하는가?
3. 당신이 변호사라고 가정하자. 여자는 당신에게 다음의 문제점들을 가지고 다가온다. 그녀는 임신초기에 초음파검사를 했고, 의사는 그녀가 남자아이를 가졌다고 말했다. 그러나, 그녀는 여자아이를 출산했고, 지금 그녀는 소송을 원한다. 당신이 그녀를 대변할 수 없다는 설명을 위하여 Frye.v.U.S.의 예를 어떻게 사용할 것인가?
4. 당신은 태아의 발달과정에서 가장 위한 시간은 어느 때라고 생각합니까? 이유는?
5. X 염색체를 운반하는 정자를 선택하는 정자분류를 사용하면 여성을 생산할 확률이 91%가 되고, Y 염색체를 운반하는 정자를 선택하는 정자분류를 사용하면 남성을 생산할 확률이 71%가 된다. 착상전 유전진단을 사용하는 성선택은 100% 효과적이다. 그러나 미래에 사용을 위하여 저장되거나, 기부 또는 폐기되어지는 여분의 배아가 생산된다. 당신이 유전상담자로서 4명의 딸을 가진 가족의 균형을 맞추기 위해서 성선택을 사용하여 아들을 가지고 싶어 하는 부부와 면담을 한다. 당신은 그들에게 어떤 질문을 하고, 그들과 어떠한 선택권을 알아보겠습니까?
6. 당신은 의사이다. 5명의 딸을 가진 부부가 당신에게 다른 의견을 알아보기 위해서 온다. 그들은 또 하나의 아이를 갖기를 원한다. 개인적인 이유로 성선택을 원하지 않는다. 그들은 생식전문가와 상담했고, 아들을 가질 확률이 50%가 된다는 설명을 들었다. 그러나 이미 5명의 딸이 있기 때문에 아들이 될 확률이 더 확실해야 했다. 그들은 아들이 될 확률에 대하여 더 많은 것을 알고 싶어 한다. 당신은 그들에게 어떻게 말하겠습니까? 당신이 변호사라면 당신의 대답이 바뀝니까? 타당한 이유나 그렇지 않은 이유는?
7. 여성은 2개의 X 염색체(XX)를 운반하고, 남성은 하나의 X와 하나의 Y 염색체(XY)를 운반한다. 이것은 여성이 모든 X 염색체의 2개의 복사본을 가지고 있다는 것과 남성은 오직 하나(일반적으로 X에 있는 유전자는 Y 염색체에서는 발견되지 않는다)를 가지고 있다는 것을 의미한다. 각 유전자가 생산물의 한 단위를 생산한다면 이것은 여성이 X 염색체 유전자 생산의 2개의 단위를 만들고, 남성은 모든 X 염색체 유전자 생산물의 한 단위를 만드는 것을 의미합니까? 타당한 이유나 그렇지 않은 이유는?

쓰면서 배우기

당신이 당신의 생각을 1장에서 생겼던 질문들에 대하여 공유하고 싶다면, 우리는 당신이 블러그를 시작하기를 제안한다. 책을 통하여, 우리는 당신이 당신의 학급 또는 그 밖의 다른 사람들과 공유하기 위해서 당신의 블러그에 포함시키고 싶은 토론문제들을 당신에게 제안한다.

당신의 학교는 블로그사이트를 가지고 있거나 인터넷에서 사용할 수 있는 자유사이트(blogger.com, googleblog.com, 또는 다른 사이트)의 하나에 접속할 수 있다면 당신의 선생님에게 질문하라. 그리고 기여할 수 있는 당신의 학급 또는 다른 사람을 초대하라. 당신이 당신의 의견을 쓰는 방법은 다른 사람들과 의견을 공유하고, 논평을 주고받아라.

다양한 장에서 나오는 적용문제에서 다른 '쓰면서 배운다.' 제안을 주목하라. 그러나, 그것을 볼 시간은 없다. 모든 장에 나오는 관심 있는 사례, 질문, 생각을 고심해라. 어떻게 발전하는지를 보라.

1. 1장에서 당신의 블로그에 다룰 생각들이 있다.
   - 아기의 성은 가족들마다 매우 개인적인 문제이다. 어떤 사회에서 어떤 성의 아이를 가지는 것은 매우 중요하다. 우리가 모든 사람에게 그들의 아이의 성을 선택할 기회를 주어야만 한다는 것을 의미합니까?
   - 간성환자들은 그들이 자신의 질환에 대하여 말한다면 자주 차별을 받는다고 말한다. 이 정보는 개인적인 것인가요 아니면 공공의 문제입니까?
   - 수 년 전에는 아이에게 포경수술이 행해져왔고, 실수도 있었다. 그의 음경은 제거되었다. 의사는 아이를 외부적으로 여성을 만들기 위하여 외과수술을 했고, 그를 집으로 데려가서 여자로 기르라고 부모들에게 말했다. 당신은 이것이 옳다고 생각합니까? 이것이 Maria Patino에게 왜 행해져야 합니까?
   - 법은 실질적으로 이러한 개인적인 결정에 관련되어야 합니까?
   - 이 장을 읽었을 때 생각이 났던 다른 질문과 견해를 다루어라.

온라인자료

시험을 준비 중인가? 예비시험을 위해 academic.cengage.com/login에 로그인하고, 개인의 학습 계획을 세우고, CengageNow's Study Tools에 효과 측정 시험(post-test)을 보는 것이 여러분의 이해 정도를 평가하는데 도움이 될 것이다.

만약 교사가 내준 과제라면, 이번 장에 해당하는 사례 A와 법적 활동에 대한 조명, 즉 "Sex Selection(성선택)"과 "Lie Detector Testing(거짓말탐지기검사)" 라는 제목으로 CengageNow 자료를 검색해서 해답을 찾으면 된다.

***Phil* 박사(CBS), 2007년 1월 16일**

Phil 박사 쇼에서 안드로젠불감증 아이

Kayleigh의 부모님은 그녀를 필박사쇼에 데리고 갔고, 안드로젠불감증으로 진단을 받았으며 현재 4살이다. Kayleigh는 Maria Patino처럼 같은 증후군을 가지고 있어서 여성처럼 보이지만 XY 성염색체를 가지고 있다.

그녀의 어머니는 "내가 매일 Kayleigh에게 그녀가 여자라는 것을 매일 강조하는 중이었고, 내가 그녀에게 남자가 아니라 여자라는 것에 대하여 말했다면, 그녀는 울고불고 난리를 쳤을 것이다."라고 말했다. 그녀는 울면서 그녀가 남자라고 말한다. 또한 Kayleigh는 서서 용변보기를 원했다.

온라인상에서 이 에피소드의 하이라이트를 보려면 academic.cengage.com/biology/yashon/hgs1로 접속하라.

질문:
당신은 어린아이가 여성 또는 남성인지를 이해하는 것이 가능하다고 생각하는가?

PHOTO GALLERY
Santhi Soundarajan, 안드로젠불감증후군(AIS) 때문에 성별 검사에 실패한 인도 마라토너.
© AP Photo/M. Lakshman

***USA Today*, 2006년 12월19일**

성검사에서 떨어진 후에 실격한 여성 육상선수

인도의 육상선수인 Santhi Soundarajan은 그녀의 성검사가 비정상으로 나왔을 때 2006년 아시안게임 800미터 경기에서 딴 그녀의 메달을 박탈당했다. 그녀가 비정상적인 염색체를 가진 것으로 보인다고 보도되었다. 공식근무원은 이 검사에서 허락하는 것보다 더 많은 Y 염색체 결과가 나왔다고 말했다. 운동선수들은 성검사를 요구받지는 않으나, 그렇게 하도록 요청될지 모른다.

온라인상에서 이 기사를 보려면 academic.cengage.com/biology/yashon/hgs1로 접속하라.

질문:
이 질환이 Maria Patino가 가지는 안드로젠불감증후군(AIS)이라면 Santhi는 여성선수로서 계속 할 수 있어야만 하는가?

***뉴욕타임즈*, 2007년 5월13일**

유전검사 + 낙태=????

Amy Harmon

이 기사는 일반적으로 유전검사가 낙태의 숫자를 증가시킬 뿐만 아니라 아이의 성을 선택하기 위한 성선택의 사용과 인구에서 여성의 퍼센트지에 대한 성선택의 효과에 대하여 토론한다. 낙태 합법화를 찬성하는 생식건강기술과제의 책임자는 그녀의 직원들은 성선택을 위한 산전검사를 추전 해야 되는지를 최근에 토론할 때, 그들은 이것이 도덕적으로 매우 혐오스럽지만, 금지할 수는 없다는 것을 알았다.

온라인상에서 이 기사를 보려면 academic.cengage.com/biology/yashon/hgs1로 접속하라.

질문:
당신은 이 과제의 직원들의 의견에 동의하는가?

CBC 뉴스, 2007년 5월 18일

6주 성결정 검사를 사는 캐나다인

6주 때 태아의 성을 결정할 수 있는 새로운 집에서 하는 검사는 캐나다인에게는 아주 일반적이다. 어머니의 혈액을 요구하는 이 검사는 남성 DNA가 존재하는지를 결정할 수 있다.

검사회사인 DNA Worldwide는 검사결과가 4–6일안에 빨리 나온다고 말했다. 이 회사는 부부가 성선택과 낙태를 시행하는 나라에 이 검사를 보내는 것에 대한 반대의 가능성을 연구했다.

온라인상에서 이 기사를 보려면 academic.cengage.com/biology/yashon/hgs1로 접속하라.

질문:

이 검사가 전 세계적으로 사용된다면 당신은 많은 사람들이 그들의 아이의 성을 결정하기 위해서 사용할 것이라고 생각하는가?

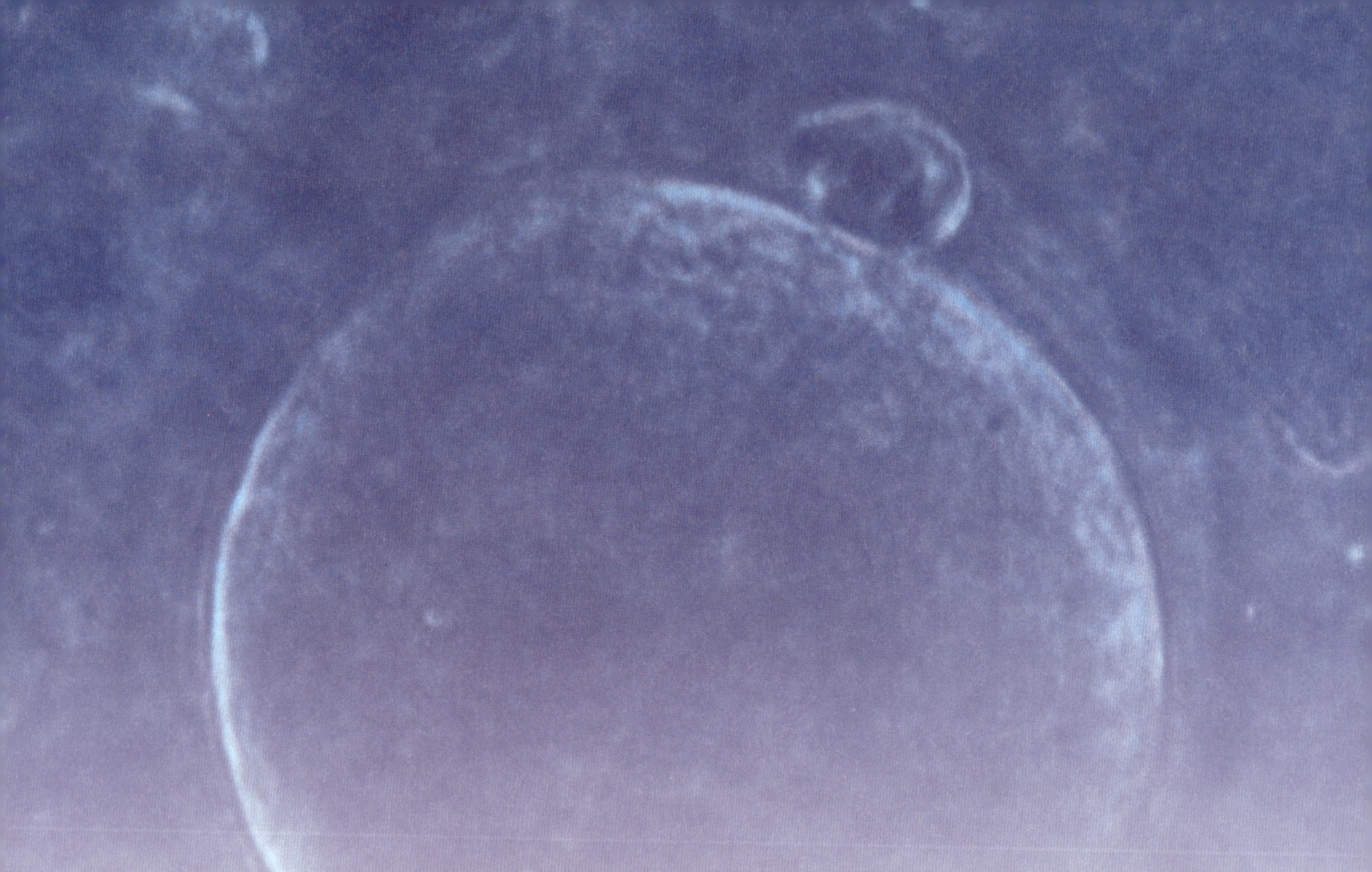

2 보조생식기술

핵심 포인트

- 정자와 난자세포가 특화된 기관에서 형성된다.
- 남성과 여성은 다른 생식기관을 가진다.
- 불임은 많은 세계나라에서 중요한 문제이다.
- 의학적 기술은 불임사람들에게 도움을 줄 수 있다.
- 법적사례들은 냉동배아가 어떻게 처리되어야 하는지를 결정하는 중이다.

Richard G. Rawlins, Ph.D./Custom Medical Stock

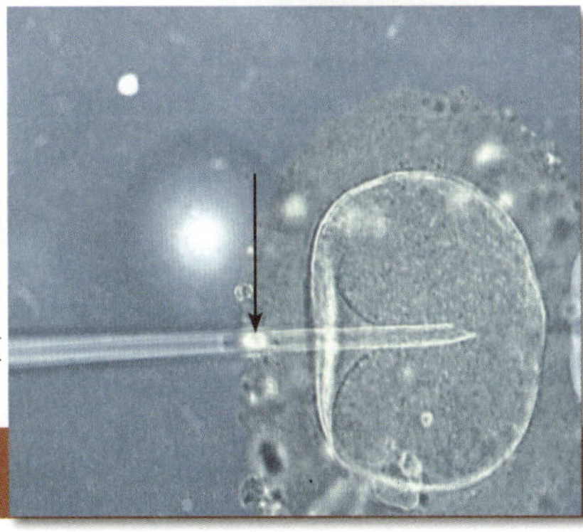

© Zephyr/Photo Researchers, Inc.

사례 A 부부는 임신촉진 치료를 고려한다

Brian과 Laura는 10년 동안 결혼생활을 해왔다. 그들은 결혼한 지 5년 동안 둘 다 매우 바빴기 때문에 아이를 가지는 것에 대해서는 정말로 생각하지도 못했다. Laura는 변호사였고, Brian은 석사학위를 마치는 중이었다.

그러나, Laura의 언니가 임신을 하고 나서 그들도 임신에 대하여 생각하기 시작했다. 그들은 임신하기가 싶다고 생각했다. 하지만, 이번 경우에는 그렇지가 않았다. 임신하기 위하여 1년 동안 노력한 후에 Laura의 의사와 상담하기로 결정했다. 그 부부는 산부인과 의사인 Franco 박사와 상담하기 전에 불임부부를 도와주는 새로운 기술에 대한 텔레비전 쇼를 보았다. Laura와 Brian은 5백만 명의 부부가 불임이라는 사실에 놀랐고, 그들을 돕기위한 병원들이 모든 나라에 특화되어 있었다. 비싼 시술이긴 하지만 정상적인 방법으로 임신이 되지 않는다면 어떻게 해야 하는지 궁금했다.

Brian은 입양해야 하고, 검사와 시술을 하지 말아야 한다고 생각했다. Laura는 이에 반대했고, 그녀는 유전학과 관련된 아이를 원했다.

Brian과 Laura의 상황을 읽으면서 여러 가지 질문들이 떠오른다. 우리가 이 질문들을 제시하기 전에 임신 뒤에 자리 잡고 있는 생물학에 대해서 살펴보자.

2.1 정자와 난자가 어떻게 만들어지는가?

"생물학 기초: 세포와 세포구조"에서 토론했던 것처럼 모든 사람은 정자와 난자(**난모세포** (oocyte)로 불림)의 융합에 의해 생산되는 접합체 즉, 하나의 세포로서 삶을 시작한다. 이 두 생식세포는 각각의 성생식샘에서 생산된다.

남성의 **고환들** (testes)은 **정자** (sperm)와 **안드로겐** (androgen)이라고 명명되는 남성호르몬을 생산한다. 여성의 **난소들** (ovaries)은 **난자** (egg)와 **에스트로겐** (estrogen)이라고 알려진 여성호르몬을 생산한다. 정자와 난자세포는 3장에서 토론할 **감수분열** (meiosis)이라는 과정에 의해서 생산된다.

2.1 요점

- 정자는 남성의 고환에서 일어나는 감수분열에 의해서 생산된다.
- 난자는 여성의 난소에서 일어나는 감수분열에 의해서 생산된다.

2.2 남성 생식계는 어떠한 기관들로 구성되는가?

다음 페이지에 나오는 그림을 보라. 고환 (1)은 남성 배아발달 동안에 복강에서 형성된다. 태어나기 전에 고환은 음낭 (2)안으로 내려오고, 피부가 밖으로 위치한다. 남성 생식계는 다음을 포함한다.

- 체외로 배출시키는 도관계
- 정자의 생존과 운동성을 유지시키는 액체를 분비하는 3가지 분비샘
- 음경 (3)

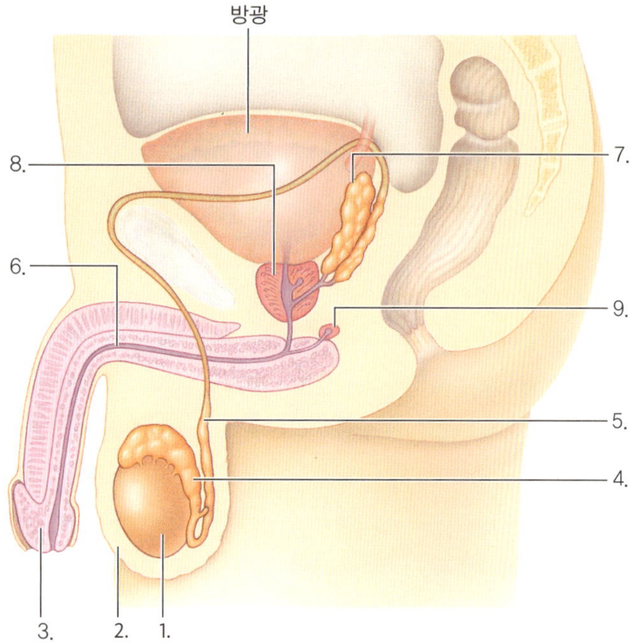

고환은 단단하게 꼬여있는 **세정관** (seminiferous tubules)을 포함한다. 정관에서 정자는 **정자생성과정** (spermatogenesis)에 의해서 생산된다. 정자가 형성된 후에 정자는 남성 생식계를 통하여 단계별로 이동한다. 첫 번째 단계에서 정자는 **부고환** (epididymis) (4)에 저장되기 위하여 이동한다.

두 번째 단계에서 남성은 성적인 흥분이 될 때 정자는 부고환에서 **정관** (vas deferens) (5) 이라는 연결관으로 이동한다. 정관벽은 반복적으로 수축하는 근육이 둘러싸고 있어서 정자를 앞으로 이동시킨다. 마지막 단계에서 정자는 근수축에 의해서 **요도** (urethra) (6)를 통하여 나아가서, 체외로 나가게 된다.

정자는 도관계를 통하여 이동할 때, 분비물이 샘들로부터 첨가된다. **정낭** (seminal vesicle) (7)은 정자의 이동을 위하여 에너지원으로 작용하는 당의 한 종류인 **과당** (fructose)과 여성생식계의수축을 자극시키는 국소적 화학전달자인 **프로스타글란딘** (prostaglandin)을 제공한다. **전립선**(prostate gland) (8)은 산성질분비물을 중화 시키기 위하여 우유빛, 알칼리성 액체를 분비한다. **요도구선** (bulbourethral glands) (9)은 성교 동안에 윤활작용을 도와주는 점액 같은 물질을 분비한다. 종합해보면, 정자와 이러한 다양한 분비물은 정액을 구성한다. 정액은 95%의 분비물과 5% 정자의 혼합물이다(표 2.1). 정관을 제거하고 입구를 닫는 **정관절제** (vasectomy)수술 이후에 3가지 분비샘의 분비물은 사정액에 들어가지만, 정자는 존재하지 않는다.

오른쪽 그림에서 보이는 것처럼, 정자생성과정은 정관에서 일어난다. 정세포는

표 2.1 남성 생식계

구성	기능
고환	정자와 남성 성스테로이드를 생산한다.
부고환	정자를 저장한다.
정관	정자를 요도로 이동하게 한다.
전립선	정자에게 영양분을 공급하는 정액을 생산한다.
요도	정자를 외부로 나가게 한다.
음경	성교기관
음낭	몸으로부터 떨어져 있는 고환을 잡고 있다.

세포분열에 의해서 나누어지고, **정모세포** (spermatocyte) (46개 염색체를 가짐)를 형성한다. 이 세포들은 감수분열을 거쳐서 중간단계의 세포인 **정세포** (spermatid)가 된다. 정세포는 23개의 염색체를 가진다. 그러나, 아직까지 정자가 아니고, 꼬리도 없다. 정세포는 구조적 변화를 거치면서 꼬리를 가진 성숙한 정자가 된다.

2.2 요점

- 남성 생식계의 주요 부분은 고환, 요도, 음경이다.

2.3 여성 생식계는 어떠한 기관들로 구성되는가?

다음 페이지의 그림을 보라. 여성 생식샘은 복강에 위치한 약 1.5인치(3cm)인 난형모양의 한 쌍의 난소 (1)이다. 각 난소는 **난자생성과정** (oogenesis)에서 난자를 생성한다. 난소의 바깥쪽에는 **나팔관** (fallopian tube) (2)이 있다. 나팔관은 난소를 부분적으로 둘러싸며, 손가락모양의 돌출된 부분을 가진고 있다. 난자가 난소로부터 방출된 후에 수정은 나팔관에서 일어난다. 수정된 난자(지금은 접합체임)

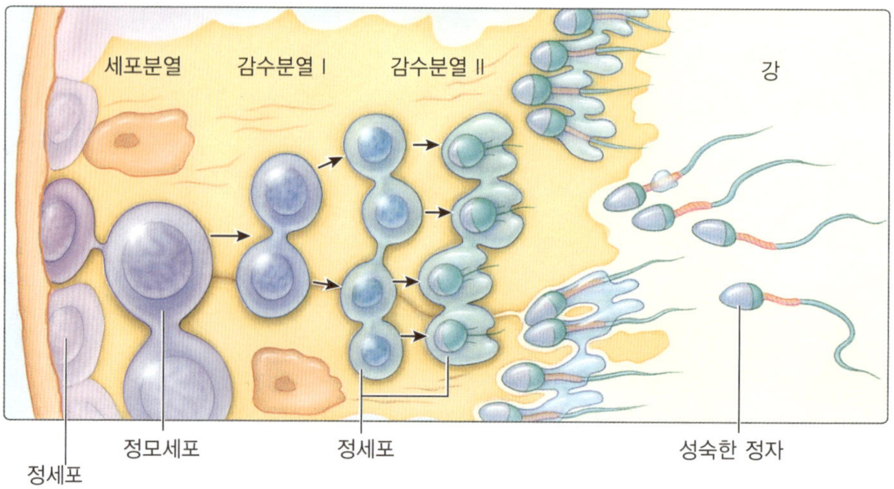

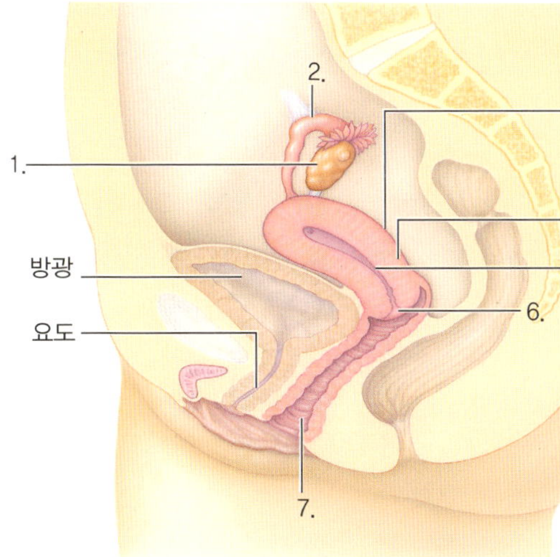

구성	기능
난소	난자와 여성 성스테로이드.를 생산한다.
나팔관	정자를 난자로, 난자를 자궁으로 이동시킨다.
자궁	배아와 태아를 받치고 있다.
질	정자를 받아들일 수 있고; 분만통로

표 2.2 여성 생식계

는 자궁 (3)안으로 이동한다.

나팔관은 주먹만한 길이(길이 3인치(in) [7.5 cm], 넓이 2인치(in) [5cm])를 가지며, 쑥 들어간 배모양의 근육기관인 **자궁 (uterus)** 안으로 열려있다. 자궁은 **자궁근층 (myometrium)** (4)이라는 두꺼운 근육외층과 **자궁내막 (endometrium)** (5) 이라고 불리는 안쪽의 조직층으로 구성되어 있다.

자궁내막의 가장 안쪽의 층은 수정이 일어나지 않고 다음 월경주기가 다시 시작된다면 월경 때에는 벗겨진다. 자궁의 더 아래 쪽 목부위인 **자궁경부 (cervix)** (6)는 **질 (vagina)** (7)안으로 열려있다. 질은 성교 동안에 음경을 받고, 산도로서 작용한다. 질은 요도 뒤에서 체외로 열린다(표 2.2).

난자생산(난자생성과정)은 난소에서 일어난다. 아래 그림에서 보이는 것처럼, 난소는 수 100개의 **난포 (follicle)** (1)를 포함한다. 각각의 난포는 난포세포의 외층으로 둘러싸여 있는 발달하는 난자로 이루어져 있다. 난원세포(46개 염색체를 가진)는 여성의 배아발달 3개월에 감수분열을 시작하고, 그리고 나서 멈춘다. 이 상태에서 난원세포들은 난모세포로 불리며, 난소로부터 방출되기 전까지 감수분열 상태로 멈추어져 있다. 감수분열은 난모세포가 수정이 된 후에야 완료가 된다. 이것은 여성이 일생동안 공급할 난자를 난소에 가지고 태

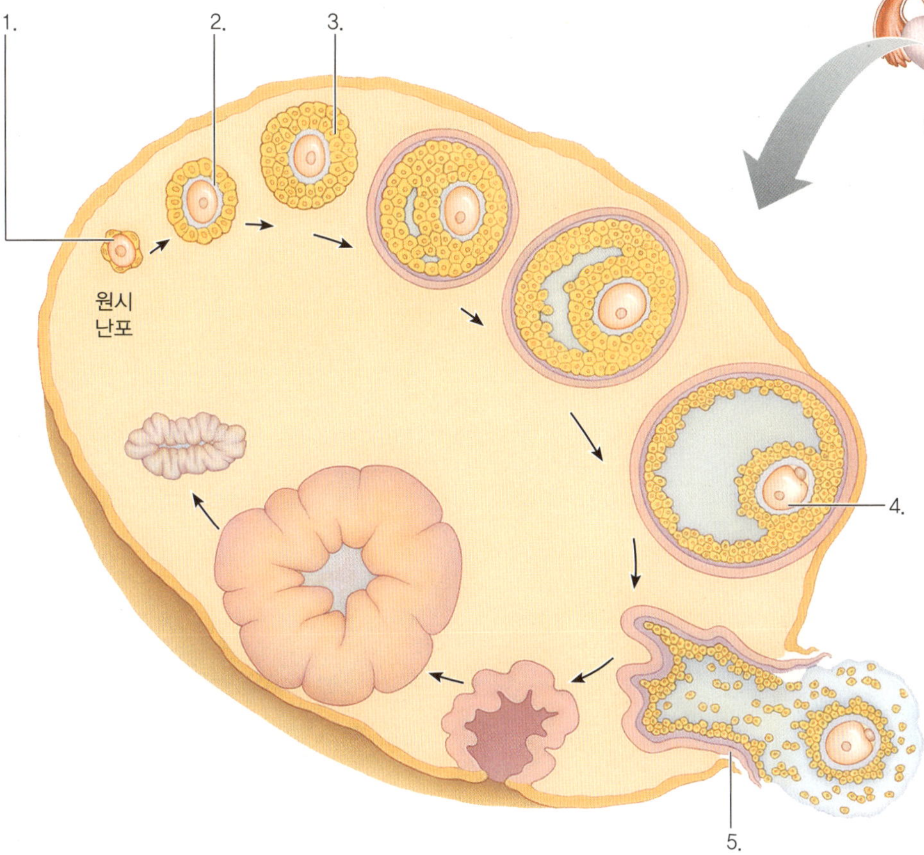

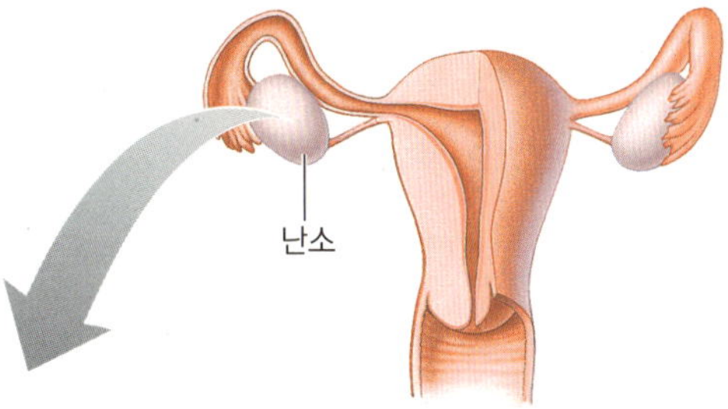

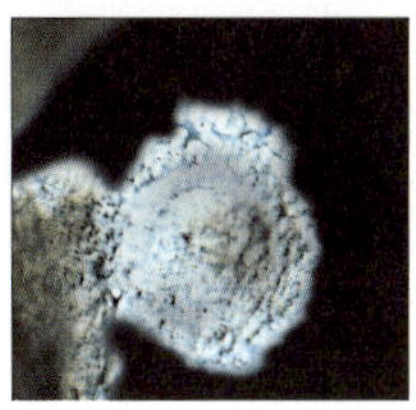

어난다는 것을 의미한다.

사춘기에 2차 난모세포 (4) 라고 불리는 난자는 난포 (5)로부터 방출되는데, 이 과정을 배란이라고 한다. 여성의 생식기간을 넘어서 약 400–500개의 난모세포는 난소로부터 방출되고, 난관으로 이동한다.

난자가 수정된다면 난자 안으로 들어간 정자의 활동으로 감수분열이 완성된다. 정자와 난자 핵이 융합되었을 때 46개의 염색체를 운반하는 이배체인 접합체가 형성된다.

2.3 요점

- 여성 생식계의 주요 부분은 난소, 나팔관, 자궁이다.

2.4 불임은 일반적인 문제인가?

본질적으로 2가지 사항은 성공적인 임신을 위해서 필요하다. 건강한 정자와 난자, 이 밖에도 수정을 위한 장소(나팔관)와 태아가 자라는 곳(자궁)이 필요하다.

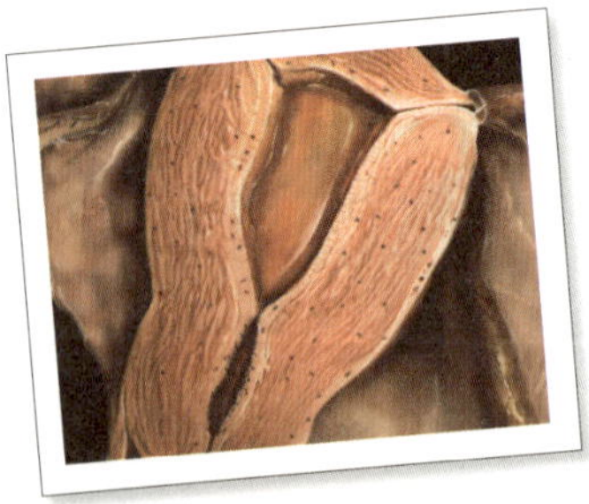

PHOTO GALLERY
정상인의 자궁.

이 구성성분 중에서 어느 하나가 누락되거나 적합한 기능을 하지 못한다면 불임이 생길 것이다. 일반적으로 의사는 부부가 1년 동안 임신하기 위해서 노력한 후에도 임신하지 못하면 불임으로 진단한다. Brian과 Laura의 사례에서 나타난 문제는 명확하지는 않지만, 불임의 문제가 있는 것처럼 보인다. 그들은 이제 혼자가 아니다. 미국에서는 수많은 불임부부들의 숫자가 6쌍의 부부 중에서 1명이 될 정도로 지난 10년 동안 크게 증가해왔다. 불임의 40%는 여성이 불임이고, 남성의 40%는 불임이다. 나머지 20%는 원인이 불분명하다.

불임은 연령이 증가함에 따라서 더 일반적이다. 30대 후반 부부의 28%가 불임이다. 아래 그래프에서 보이는 것처럼 연령과 관련이 있는 불임의 이유들에 대하여 3장에서 토론한다.

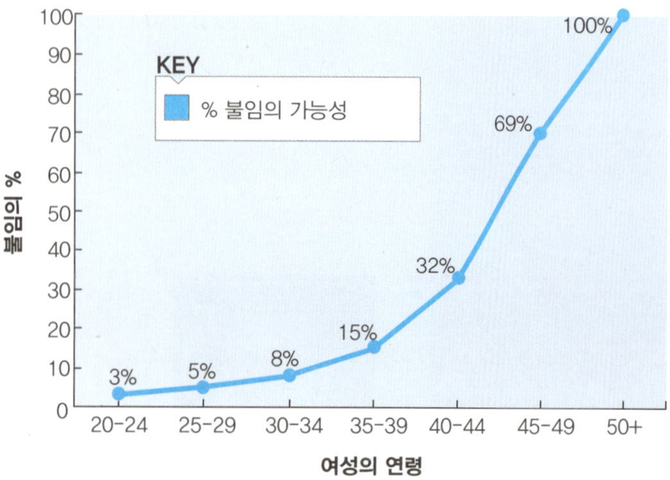

불임은 2가지 유형이 있다. 1차와 2차 불임이다. 부부가 처음으로 임신을 시도할때 임신할 수 없다면 1차 불임이라고 얘기한다. 하지만, 부부가 하나의 아이가 있고, 2번째 임신에 문제가 있다면 2차 불임으로 생각된다. 이것의 원인은 정확히 설명할 수 가 없다. 어떤 경우에 연령이 중요한 인자일지도 모른다. 토론은 남성과 여성에 있는 1차 불임에 초점을 맞출 것이다.

여성에서 불임의 원인은 무엇인가?

임신에 필요한 4가지 경우중의 3가지는 여성생식과정과 관련이 있다: 난자, 나팔관, 자궁(4번째로 기능이 있는 정자). 아래에 보는 그래프처럼 배란의 호르몬 조절은 여성에서 가장 일반적인 불임의 원인이다. 배란은 여성호르몬인 에스트로젠과 프로게스테론, 호르몬 상호작용의 수준에 좌우된다.

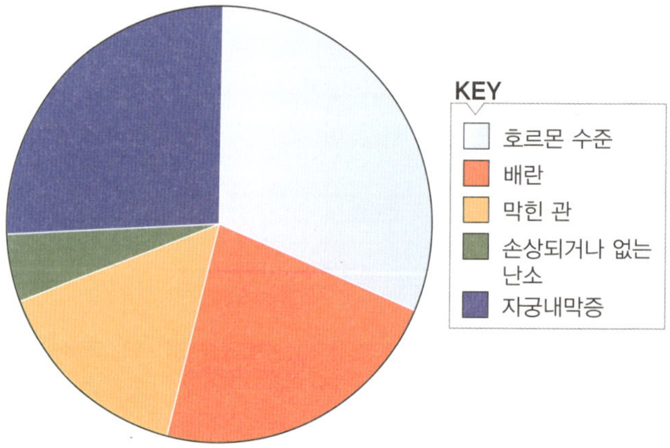

정자는 여성의 몸에서 여러 날 동안 살 수 있다. 하지만, 난자는 배란 후에 바로 수정되어야만 한다. 새로이 배란된 난자와 정자가 동시에 나팔관에 존재하지 않는다면 임신은 일어나지 않을 것이다. 그러므로, 배란과 배란시간은 매우 중요하다. 여러 가지 문제점들이 배란에 영향을 주거나 방해할 수 있다.

- **호르몬수준.**. 난소는 에스트로젠이 없거나, 부족하면 난자를 방출하지 않을 것이다. 일반적으로 에스트로젠 수준은 여성주기의 첫 번째 단계 동안에 올라간다. 에스트로젠 수준이 최고로 올라갔을 때 배란은 촉진되고 **황체호르몬 (luteinizing hormone; LH)**이 올라간다(황체호르몬의 존재에 대한 가정 배란검사는 여성이 배란할 때를 결정할 수 있다). 에스트로젠이 너무 낮고 불규칙하다면 배란은 영향을 받을 수 있다. 호르몬 문제는 배란이 발생하지 않는 모든 경우의 50%에서 일어난다.
- **부재 또는 손상받은 난소.** 난소의 외과적 제거 또는 다른 외과적 수술(염증, 방사선 또는 감염)에 의한 난소의 손상은 불임의 원인이 된다. 또한 난소낭종 또는 감염은 난소성숙 또는 방출을 막을 수 있다. 난소가 없다면 어떠한 난소도 생산될 수 없다. 일부 유전질환들은 난소가 없는 여자아이를 태어나게 한다.

• **미성숙폐경기**. 드물지만, 일부 여성은 월경을 멈추고, 젊은 나이에 폐경기에 들어간다. 연구자들은 이러한 일은 지나친 운동을 하는 여성과 오랫동안 낮은 몸무게를 가진 여성에게서 일어난다고 생각한다. 이것은 Mario Patino의 질환이 초기에 발견되지 않은 이유일는지 모른다(1장을 보라). 그녀는 완전안드로젠불감증(CAI)이었기 때문에 불임이었다는 사실을 상기하라.

관련되지만, 원상태로 되돌릴 수 있는 질환인 **2차 무월경** (secondary amenorrhea)은 스트레스, 낮은 몸무게, 영양, 지나친 물리적 상태를 포함한 다양한 인자들에 의해서 발생한다.

불임의 또 다른 원인인 나팔관 차단은 모든 사례의 15%에서 나타난다. 이 관이 막히면 정자와 난자는 연결될 수 없다.

성접촉에 의한 세균과 바이러스 감염은 염증, 상처, 나팔관 폐쇄를 일으킨다. 맹장염, 결장염과 같은 장질환은 관련이 없는 질환처럼 보이지만, 복강의 염증을 일으켜서 나팔관이 폐쇄된다. 이전의 외과수술은 유착이라고 알려진 상처조직의 형성으로 나팔관을 통한 난자의 이동을 막고 결국 불임을 일으킨다.

이전 페이지의 그래프에서 보이는 것처럼 자궁문제들은 불임을 일으킬 수 있다. 여성의 자궁이 제거되거나 없이 태어나는 경우라면 그녀는 아이를 출산할 수 없을 것이다. 불임 사례의 10%가 자궁내부선의 문제인 자궁내막염에 의해서 발생한다. 또한 자궁내막의 가장 안쪽 층이 각각의 월경주기에서 적합하게 형성되지 않는다면 배아는 착상할 수 없고, 태아는 자궁벽으로부터 떨어질 수 있다. 이 문제는 많은 유산의 원인이 된다.

수치로 따져보기

610만
미국에서 불임인 남성과 여성의 수

6명 당 1명
미국에서 불임인 부부의 수

850 피트
사람 고환에 있는 세정관의 길이

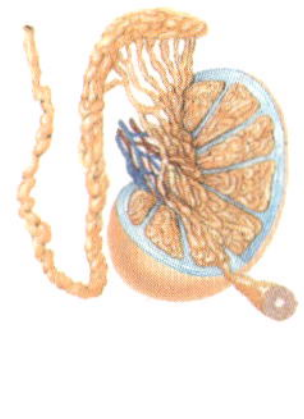

수백만 개
하루에 정소에서 성숙하는 정자의 수

사정당 2천만 개 이하의 정자
남성에서 불임을 암시하는 정자수준

70%
임신하고자 하는 30–35세 여성이 체외수정을 사용하는 퍼센트

62%
임신하고자 하는 40~44세 여성이 체외수정을 사용하는 퍼센트

14%
임신하고자 하는 44세 이상 여성이 체외수정을 사용하는 퍼센트

30%
임신 대리모의 퍼센트

만, 알코올이 원인일지 모른다. 또한 고환손상과 불강하 고환은 불임의 원인일 수 있다.

• **낮은 정자운동성**. 정자가 너무 느리게 운동할 때 수정을 위하여 제시간에 난자에 도달할 수 없다. 때로는 정자가 기형이거나, 여분의 꼬리를 가지는 또는 정해진 방법으로 난자를 향하여 헤엄치지 못한다. 그 결과 낮은 정자 수와 관련된 결과와 유사하다.

• **발기불능**. 음경이 충분한 혈액공급을 받을 수 없다면 음경이 발기하지 않고, **발기부전** (erectile dysfunction; ED)을 일으킨다. 발기불능의 원인은 감정적, 물리적(호르몬) 또는 약물과 관련될 수 있다. 또한 고혈압과 당뇨병과 같은 어떤 질환들은 발기이상을 일으킬 수 있다.

• **정자형성의 부재**. **아스페르미아**(aspermia)의 원인은 외과수술(정관절제수술), 손상, 약, 불강하 고환이나 무고환과 같은 선천결함이 포함된다.

PHOTO GALLERY
정관절제술은 불임의 한 원인이다. 이시술은 원래의 상태로 되돌릴 수 있다.
© SPL/Photo Researchers, Inc.

남성에서 불임의 원인은 무엇인가?

남성 생식계에서 정자와 정자형성의 문제는 불임의 주요 원인이다. 오른쪽 그래프에서 보이는 것처럼 낮은 정자 수는 남성불임의 가장 보편적인 원인이다. 남성불임은 구조적, 기능적 문제 중 어느 하나에 의해서 일어날지 모른다.

• **낮은 정자수**. 너무 작은 정자수(사정시 2천만 개 이하)로는 정자가 나팔관을 헤엄쳐서 난자와 만나기는 어렵다. 낮은 정자 수는 환경에 있는 화학물질 또는 방사선 노출, 꽉 조여 있는 속옷, 마리화나와 같은 마약, 홍역, 당뇨병과 같은 다른 질환, 납노출, 살충제 노출, 비

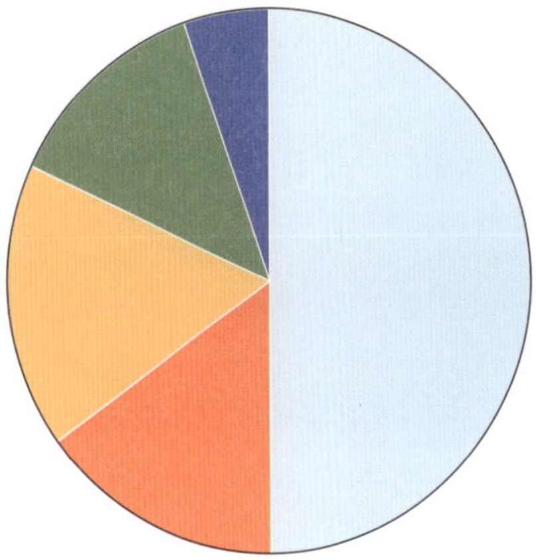

남성과 여성에서 불임에 영향을 주는 다른 인자는 무엇인가?

개인적 습관과 환경인자들은 부부가 아이를 가질 기회에 영향을 줄 수 있다. 예를 들어, 흡연은 남성의 정자 수를 낮추고, 여성의 유산과 저체중아 출산의 위험을 증가시킨다. 남성과 여성의 흡연은 전체적으로 1/3까지 임신의 기회를 낮춘다. 과체중 또는 저체중인 여성은 자주 임신하기가 어렵다.

화학물질, 해충제, 방사선의 노출과 같은 환경인자들은 불임에 영향을 준다. 예를 들어, 한 연구에서는 임신 전 혼합 또는 응용 해충제를 사용했던 농장에 사는 여성이 이러한 화학물질에 노출되지 않은 여성보다 불임일 확률이 27배 높았다. 납, 에틸렌 옥사이드(외과기구 소독을 위해 사용), 방사선과 같은 다른 환경물질은 불임에 부정적인 영향을 주는 것으로 나타난다.

연령과 불임의 관계는 미국의 많은 사람들이 새로이 중요하게 여기는 사항이다..다른 공업 국가들은 결혼과 임신을 교육과 직업목표가 달성될 때까지 미룬다. 이러한 과정은 불행하게도 아기를 가지려고 할 때, 여성의 나이를 많아지게 한다. 연령은 감소된 임신과 연관이 있다. 우리가 3장에서 토론할 것처럼 증가된 산모의 나이는 염색체이상의 아이를 가질 위험을 증가시키는 것과 관련이 있다. 일단 여성이 42세가 되면 자신의 난자로 아기를 가질 확률은 10% 이하가 된다.

1960년대와 1970년대의 "성혁명" 동안에 임질, 클라미디아증과 같은 성병을 치료받지 못해서 불임의 확률이 높아졌다. 이 경향은 1980년대 후천성면역결핍증후군이 나타난 이후로 바뀌는 것처럼 보였다. 이 시대에는 후천성면역결핍증후군과 성병을 예방하는 피임(콘돔)의 방법들을 일반적으로 사용하였다.

또 다른 사회적 인자는 아이를 입양하고자 하는 부부의 어려움(향상된 출산조절과 합법적인 낙태의 결과)은 불임에 대한 의학적 답의 요구를 증가시켰다. 답의 복잡성과 높은 비용에도 불구하고. 우리는 우리 자신의 유전학을 더 많이 알게 되었다. 부부는 자신의 유전자 아이들을 가지는 것에 대하여 이전보다 더 많이 결심하게 되었다.

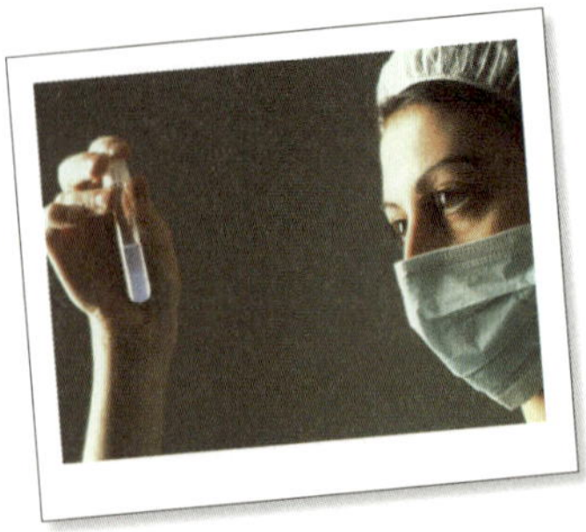

PHOTO GALLERY
의사는 정액주입과정에서 기증자에게서 또는 남편의 정자를 여성의 자궁안으로 삽입한다.
© Mauro Fermariello/Photo Researchers, Inc.

2.4 요점

- **난자나 정자 형성 또는 자궁에 많은 문제점이 있다면 불임이 나타날 수 있다.**
- **불임은 미국에서 심각한 문제이다.**
- **부부 중에 남성이나 여성이 불임일 수 있다.**
- **여성 불임은 연령에 따라서 증가한다.**
- **가장 보편적인 여성 불임의 형태는 호르몬 불균형이다.**

2.5 보조생식기술(ART)이 불임문제에 어떠한 도움이 되는가?

지난 10년 동안 불임이 증가했기 때문에 불임부부들을 치료하기 위한 의학적 전문분야가 생겨났다. 많은 주요 의학센터들이 임신클리닉을 제공하고, 대부분의 도시에서는 독립적인 프로그램이 있다.

이 장은 보조생식기술(ART)에 사용되는 가장 일반적인 3가지 방법들을 자세하게 살펴볼 것이다.

- 생식세포의 기증
- 체외수정 (IVF)
- 대리모 시술

대부분의 임신전문가들은 여성과 남성의 호르몬 수준을 먼저 분석한다. 호르몬 수준이 낮다면 의사는 배란을 자극시키는 여성호르몬(에스트로젠) 또는 정자생산을 자극시키는 남성 테스토스테론을 준다.

호르몬 치료가 수정에 도움이 되지 않는다면 더 많은 복잡한 절차가 실시된다. 이 절차 중의 하나가 생식세포 기증이다. 부부가 정자, 난자 또는 둘 다 생산하지 못한다면 정자와 난자의 기증자를 알아보아야 한다.

보조생식기술의 하나인 정자 기증은 거의 50년 동안 광범위하게 사용되어 왔다. 정자는 아는 사람이나 익명의 기증자로부터 기증을 받고, 나중에 사용하기 위하여 즉시 액화질소에 얼린다. 미국과 전 세계의 많은 정자은행들은 자격이 있는 기증자로부터 정자를 제공받는다. 웹사이트는 부부, 의사, 여성에게 그들이 원하는 기증자의 특징을 선택할 수 있고, 인공수정을 위해 그들이 선택한 정자를 보내준다(■ 그림 2.1). 정자는 배란 시 여성의 자궁 안에 놓여지고, 난자가 수정이 되면, 임신이 된 것이다. 정자 기증은 낮은 정자 수, 낮은 정자 활동성, 아스페르미아인 사람들에 의해서 이용된다.

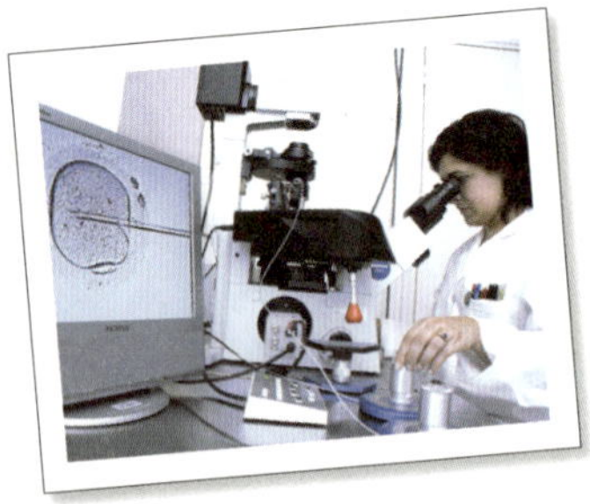

PHOTO GALLERY
배양기와 검사기기를 갖춘 체외수정 검사실.
© AJP/Hopamerican/Photo Researchers, Inc.

낮은 정자 수를 가진 남성을 위해서 여러 번의 사정으로부터 얻어진 정자는 모아져서 **체외수정**(*in vitro* fertilization, IVF)의 기회를 증가시킨다. 도관이 막힌 남성을 위하여 미세적 외과시술은 정자를 부고환 또는 고환으로부터 회수할 수 있다.

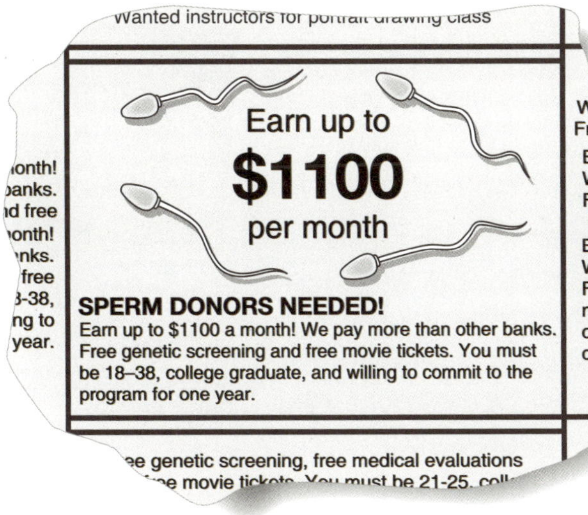

■ 그림 2.1 정자 기증자에 대한 광고
웹사이트 www.cryobank.com 나와 있는 이 광고는 성공적으로 정자를 제공하는 기증자에게 특별한 선물을 준다.

■ 그림 2.2 난자 기증자에 대한 광고
본 광고는 1999년 12월 터프대학교 일간신문에 실린 것이다. 난자 기증자에 대한 비용은 그 이후로 엄청나게 증가하였다.

난자를 생산하지 못하는 여성은 난자기증자의 사용을 선택할 수 있다(■ 그림 2.2). 난자기증은 난자회수의 절차가 시간이 많이 들고, 외과수술이 필요하기 때문에 더 어렵다. 얼린 난자와 관련된 문제들 때문에 일반적으로 회수된 후에 즉시 체외수정에 사용된다.

불임부부에게 난자를 제공한 기증자는 배란을 자극하기 위하여 호르몬 주사를 맞아야 하고, 외과적 시술(**복강경검사**, laparoscopy)을 받아야한다. 기술자는 현미경에서 수정에 사용될 난자가 너무 어리거나 나이가 든 것을 제거하는 난자분류를 한다. 즉시 수정되지 않는 난자는 나중에 사용되거나 다른 여성에게 기증되기 위하여 액체 질소에 얼린다. 얼린 난자가 다소 성공적이긴 하지만, 자주 실시되지는 않는다. 그러나 어떤 경우에는 선택적으로 행해진다. 예를 들어, 앞으로 아기를 갖고 싶지만, 화학치료를 받고 있는 여성은 그들 자신의 난자를 얼린다.

난자는 기증된 난자, 회수된 후에 체외수정을 위해서 사용되고, 기증된 정자, 부부 자신의 정자와 난자도 사용될 수 있다(■ 그림 2.3).

기술자는 난자와 정자를 실험실 접시에 놓고 정자가 난자(일반적으로 하나이상)를 향해 헤엄치는지를 살펴보고 수정시킨다. 새로

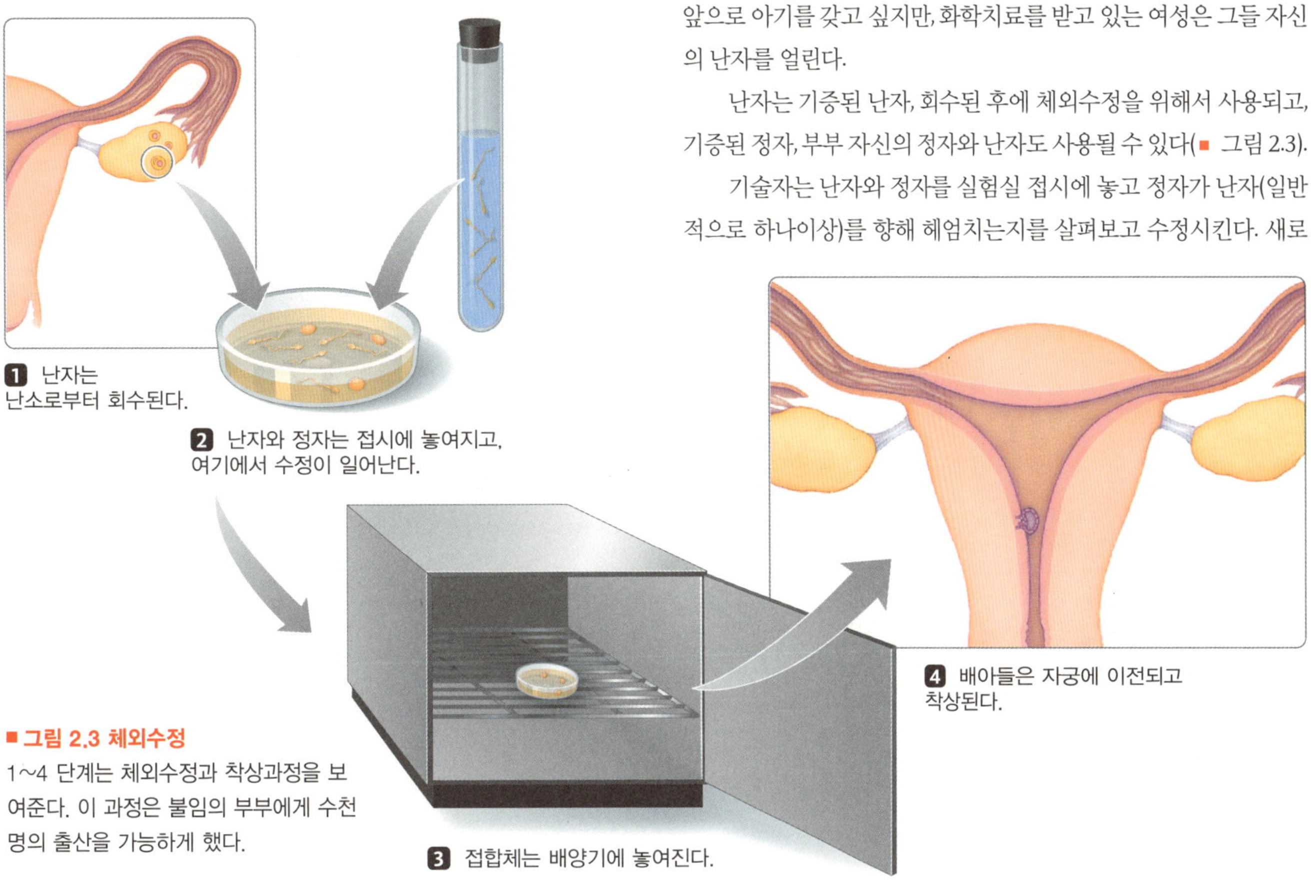

■ 그림 2.3 체외수정
1~4 단계는 체외수정과 착상과정을 보여준다. 이 과정은 불임의 부부에게 수천 명의 출산을 가능하게 했다.

이 형성된 접합체가 들어있는 접시는 수정 후에 자궁에 놓일 때까지 배양기에 있게 된다. 3 또는 4개의 배아가 자주 착상의 기회를 올리기 위해서 자궁에 옮겨진다.

대리모는 여성이 자궁이 없거나 기능을 못해서 태아를 출산할 수 없을 때 사용될 수 있다. 어떤 여성은 태반에 의한 자궁벽에 의해서 유전적으로 관련이 없는 태아를 산모나 태아의 손상이 없이 출산할 수 있다.

대리모 시술(surrogacy)은 2가지 유형이 있다. 난자 기증자의 대리모 시술에서는 대리모가 인공수정에 의해 수정되는 난자를 제공한다. 정자는 불임부부의 남성 정자를 사용한다. 대리모는 출산하기 위한 배아를 임신한다. 임신대리모 시술은 대리모가 배아를 임신하기는 하지만, 난자와 정자는 불임과 관련이 없는 두 다른 부부로부터 온다.

PHOTO GALLERY
체외수정시, 정자는 정자의 여행거리를 줄여주는 배양접시에서 난자를 향해 간다.
© LENNART NILSSON

친척 또는 친구의 지원자는 자주 불임부부를 위하여 아기를 임신한다. 다른 경우에서 대리모는 비용이 지불된 모르는 사람(■ 그림 2.4)이다. 이 경우에는 계약이 성립되고(Section 2.6을 보라), 계약서에 기입된 내용에 의하여 대리모는 출산 이후에 아이를 불임부부에게 준다.

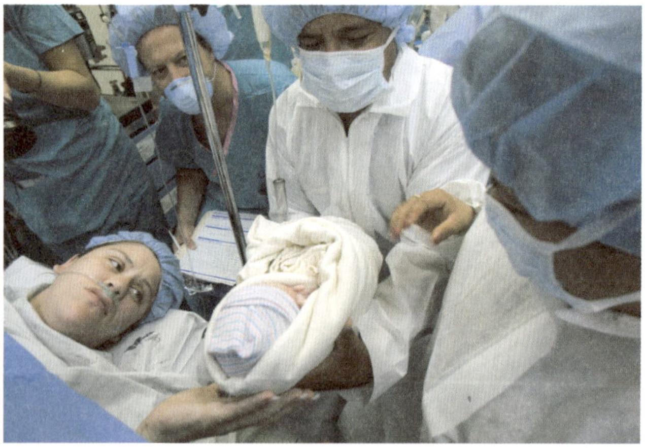

© AP Photo/David Cruz

■ **그림 2.4 대리모**
대리모인 Teresa Anderson은 Luisa와 Enrique Gonzalez을 위해 임신했던 5명 중의 하나를 출산한 후에 보이고 있다. 5명은 모두 남자아이들이고 2005년4월 25일에 태어났다. 그들의 이름은 Enrique, Jorge, Gabriel, Victor, Javier이다.

많은 보조생식기술의 조합들이 표 2.3에서 보는 것처럼 사용될 수 있다. 한 법적 사례(Buzzanca v. Buzzanca)의 경우에서, 조합된 기술에 의해 5명의 부모를 가진 여자아이가 생산되었다. 계약서는 정자 기증자, 난자 기증자(둘 다 익명), 대리모(임신모체)에 의해서 작성되었다. 어린 여자아이를 얻기 위해 계약한 부부, 난자 기증자, 정자 기증자, 대리모는 5명의 부모이다. 이 사건은 아이에 대하여 계약한 부부가 이혼했을 때 법원에 소송이 제기되었다.

2.5 요점

- **체외수정(IVF)은 보편적으로 사용되는 불임치료법이고, 정자와 난자는 실험접시에서 결합하고, 배아는 생산된다.**

사례 A 질문

이제 우리는 불임에 대하여 더 많이 알며, Brian과 Laura가 직면하고 있는 문제점에 대하여 살펴보자.

1. Franco 박사는 Brian과 Laura에 대하여 어떠한 검사를 실시했는가?
2. Brian과 Laura의 문제를 해결할 수 있는 4가지 사항에 대하여 나열하라.
3. Brian과 Laura는 무엇을 해야 한다고 생각하는가? 왜?
4. 새로운 기술을 사용하는 3가지 이유에 대하여 나열하라.
5. 입양을 위한 3가지 믿을 수 있는 이유를 적어라.
6. 당신은 불임을 경험한 사람을 아는가? 당신은 불임문제를 가진 부부를 하나 이상 아는가? 그렇다면, 얼마나 많은가? 그들이 자신의 이야기를 당신에게 한다면 이것에 대하여 적어보라.
7. 보조생식기술이 지난 10년 동안 아주 중요하게 사용된 2가지 이유를 나열하라.

표 2.3 아이를 만드는 새로운 방법

인공수정과 배아전달

1. 아버지는 불임이고, 어머니는 기증자에 의해서 수정되면 아이를 임신한다.

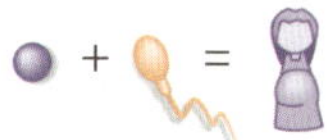

2. 어머니는 불임이지만 아이를 임신할 수 있다. 기증자 난자는 체외수정에 의해서 아버지의 정자와 수정한다. 배아는 전달되고, 어머니는 아이를 임신한다.

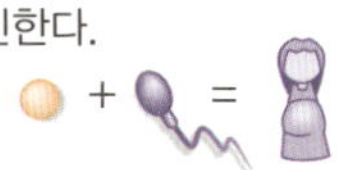

3. 어머니는 불임이고 아이를 임신할 수 없다. 기증자의 난자는 아버지의 정자와 수정되고, 기증자는 아이를 임신한다.

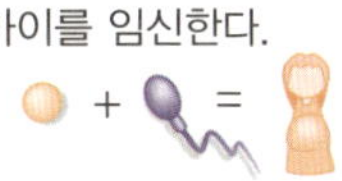

4. 부모 둘 다 불임이지만, 어머니는 아이를 임신할 수 있다.

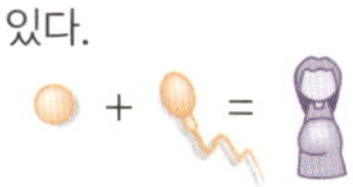

체외수정 (IVF)

1. 어머니는 생식력은 있지만, 임신할 수 없다. 어머니의 난자와 아버지의 정자는 실험실에서 합쳐진다. 배아는 어머니의 자궁에 놓여진다.

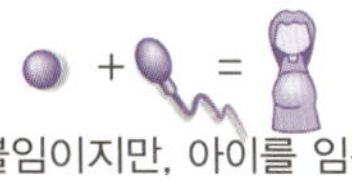

2. 어머니는 불임이지만, 아이를 임신할 수 있다. 기증자로부터의 난자는 아버지의 정자와 합쳐지고, 어머니에게 착상된다.

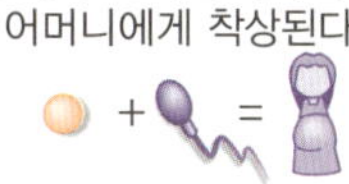

3. 아버지는 불임이고 어머니는 생식력이 있다. 하지만 임신할 수 없다. 어머니의 난자는 기증자의 정자와 합쳐진다.

4. 부모 둘 다 불임이지만 어머니는 아이를 임신할 수 있다. 기증자의 난자와 정자는 실험실에서 합쳐진다(왼쪽 칼럼의 4번을 보라).

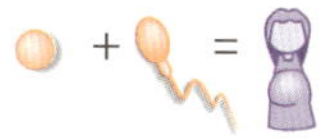

5. 어머니는 불임이고 아이를 임신할 수 없다. 기증자의 난자와 아버지의 정자가 합쳐진다. 배아는 기증자에 전달된다 (왼쪽 칼럼에 2번을 보라).

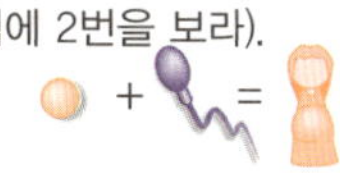

6. 부모 둘 다 생식력이 있지만 아이를 임신할 수 없다. 어머니의 난자와 아버지의 정자는 합쳐진다. 배아는 기증자에게 전달된다.

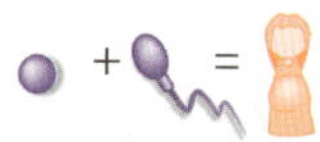

7. 아버지는 불임이고, 어머니는 생식력이 있지만, 아이를 임신할 수 없다. 어머니의 난자는 기증자의 정자와 합쳐진다. 배아는 대리모에게 전달된다.

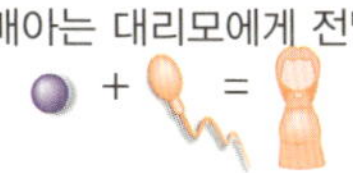

KEY

사례 B 혼자 아이를 키우는 엄마는 아빠가 필요하다

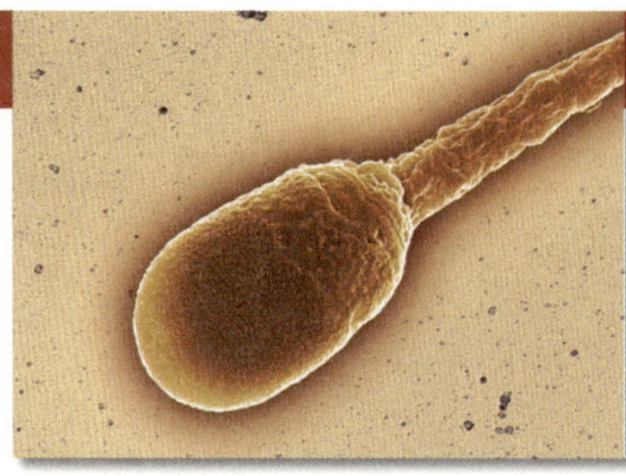

© SPL/Photo Researchers, Inc.

Jan Moppet는 아이를 원했지만, 그녀가 결혼하고 싶은 사람은 발견하지 못했다. 그녀가 35살이 되었을 때, 의사는 더 나이가 들기 전에 아이를 가질 것을 신중하게 생각하는 것이 좋다고 권유했다.

Ingram 박사는 정자은행에서 제공되는 정자를 이용하여 그녀가 인공수정을 하라고 제안했다. 이 시술에서 기증자의 정자는 여성 안에 놓여지고, 임신이 된다. 이것은 Jan이 원했던 것과 거의 같았다.

그녀는 1년 후에 이 시술을 받았고, Alex라고 부르는 여자아이를 얻었다. Jan은 최근에 미래에 어떠한 일이 생길 지 생각하게 되었다.

1. Jan은 그녀의 정자 기증자를 선택할 때 어떠한 특징을 선택해야만 하는가?
2. Jan은 정자 기증자인 아버지에 대하여 Alex에게 말해야만 하는가?
   a. 예라면 이유와 시기는?
   b. 아니라면, 이유는?
3. Alex가 18살이 되었을 때 아버지를 찾고 싶다면 허락을 받아야만 하는가?
4. 당신이 그녀로부터 아버지를 찾아줄 것을 요청받은 변호사다. 당신 그녀를 대신해서 해야 할 5가지 논쟁을 나열하라.
5. 당신이 정자 기증자라면 Alex가 당신의 존재를 발견하면 안 되는 이유를 나열하라.
6. Alex가 학교에 들어간다면 그녀에게 어떠한 일이 벌어지겠는가?
7. Alex의 아빠가 유전자구성에 어떻게 알려져 있는가? 그녀는 아버지로부터 물려받거나 그녀의 아이들에게 줄 수 있는 유전질환을 가질 수 있는가?

2.6 보조생식기술과 관련된 법적, 윤리적 사안

많은 사안이 새로운 보조생식기술의 사용과 함께 나타난다. 그것들 중에 일부분을 여기에서 토론할 것이다.

배아의 수는 체외수정 동안에 생산될 수 있다. 이 배아들은 여성의 자궁에 놓이거나 나중에 사용되기 위해 얼려진다. 10년 정도 된 냉동배아로부터 임신은 성공적이다. 중요한 문제는 어떠한 사람도 사용하고 싶지 않은 냉동배아를 어떻게 하는가에 있다.

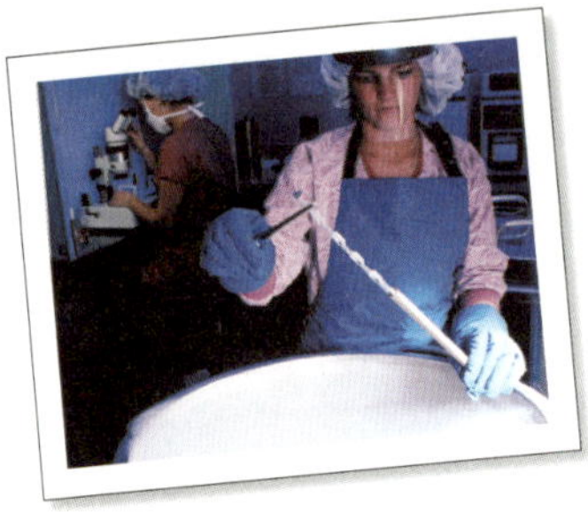

PHOTO GALLERY
정자와 배아는 영하 180℃의 극저온 탱크에 저장된다.

RESEARCHERS, INC.

여러 배아들이 한 번에 자궁에 놓일 때 여러 아이의 출산 기회를 증가시킨다. 다수의 출산 수는 보조생식기술에 의해서 지난 10년 동안 크게 증가하였다.

정자와 난자의 기증자들을 포함한 상황에서 기증자의 부성 또는 모성의 권리에 대한 질문이 나타난다. 많은 법적 사례들이 이 사안을 대변해 준다.

다음 표는 시술들에 의한 윤리적, 법적 문제들을 일부 나열한 것이다.

질문	질문을 판단하는 방법	관련된 사례 또는 법적 사안
남아있는 배아는 어떻게 해야 하는가?	이 질문은 불임병원과 배아의 부모에 의해서 일반적으로 결정된다.	영국의 법은 요청되지 않은 배아는 5년 이후에 폐기하도록 한다.
정자와 난자 기증자는 아이들에 대하여 아버지의 권리를 가져야 하는가?	이 질문은 기증자가 소송을 원한다면 일반적으로 법정에서 결정된다.	개인 소송은 미국과 영국에서 있었고, 대부분의 경우에 아이를 양육했던 부모가 아이에 대한 권리를 유지한다.
부부가 이혼한다면 누가 냉동 배아의 권리권을 얻는가?	이 질문은 부부가 소송을 원한다면 일반적으로 법정에서 해결된다법적 관점에서의 조명: Davis v. Davis 참고.	대부분의 소송은 모델로서 Davis v. Davis를 인용해왔고(법적 관점에서의 조명 참고), 어떠한 사람도 부모가 될 수 없다는 것으로 결정되었다. 어떤 경우는 배아를 제거하라는 결정이 있었다.
정자와 난자 기증자는 그들의 기여에 대한 금전적 보상을 받아야 하는가?	미국에서는 그들이 금전적 보상을 받는다. 정자 기증자는 여러 번 기증을 하고, 매번 보상을 받는다. 난자 기증자는 난자 회수의 어려운 과정 때문에 더 많은 보상을 받는다.	어떠한 법적 소송도 이 사안보다 진행되지는 않았다. 그러나, 각 정자은행과 임신병원은 이것을 다르게 처리한다.
대리모와의 계약이 합법적인가?	이 법적 문제는 각 주의 기본적인 개념에 의해서 다루어진다. 뉴저지 주의 한 경우(In re Baby M)는 '아니요'라고 대답했다. 뉴저지는 아직도 이 계약서를 받아들이지 않는다. 하지만 다른 주에서는 받아들인다.	많은 소송에서 대리모는 임신한 아이를 계속 유지하고 싶어 했다. 그러나, 법정은 임신 대리모시술에서는 계약서를 옹호했다.
대리모 시술은 보상받아야 하는가?	돈의 액수가 계약서에 나타나 있다면 이것은 법적인 효력이 있다.	어떤 사람은 대리모에 대한 보상이 아기를 매매하는 것과 같다고 느낀다. 그러나, 최근에는 임신 대리모시술을 하는 여성의 숫자는 증가했다.

Davis v. Davis (842 S.W. 2d 588 (Tennessee Ct. of Appeals 1993))

Junior와 Mary Sue Davis는 결혼한 동안에 체외수정을 하기 위해서 불임병원에 갔었다. Mary Sue의 난자와 Junior의 정자는 9개의 배아를 생산하기 위해서 실험실에서 수정되었다. 이것들 중에 2개가 Mary Sue의 자궁에 착상되었고, 7개는 얼렸다. 2개의 착상된 배아는 임신하지 못했다. Davis 부부는 다시 시도해서 추가로 배아를 착상하기로 계획했다. 그러나, 그들은 이것을 하기 전에 부부간의 불화가 악화되었고, 결국 이혼하기로 결정했다. Junior와 Mary Sue는 이혼법원(테네시에 거주함)에 이전에 판결한 적이 없는 재판을 요청했다. 각자 이혼해결의 일부분으로서 배아를 요구한 것이다.

Junior는 배아를 없애기를 원했다. Mary Sue는 배아를 착상하고 싶었고, 아이를 갖기를 원했다. 그녀는 착상을 진행하려고 하는 그녀의 권리보호에서 '배아가 전형적인 재산이 아닌 잠재적인 인간생활의 예'라고 주장했다. 그러나, 배아가 재산으로서 간주된다면 그녀는 테네시이혼법 테두리에서 배아의 성격을 말해야만 한다 Mary Sue는 아기가 태어날 때 Junior가 양육비를 지급해야 한다는 반대주장도 했다.

Junior의 변호사는 그가 부모가 되도록 강요를 받지 말아야 한다고 주장했다: 이것은 헌법에 나와 있는 그의 권리였고, 배아는 사람이 아니다. 그러므로, 아이로서 간주될 수 없다.

법원은 배아가 재산, 아이 아니면 둘 다 아닌지를 결정해야만 했다. 배아가 재산으로서 생각된다면 대부분의 이혼법이 다루듯이 배아를 나누어야 한다. 배아가 아이로서 생각된다면 양육권은 부여되어야 한다.

소송법원은 '생체 외 아이'로서 배아의 양육권을 Mary Sue에게 부여했고, 그녀가 배아를 착상하도록 허락했다. Junior는 이 판결에 대하여 테네시의 상고법원에 항소했다.

결과:

소송법원:
양육권을 부여하는 이번 판결은 Mary Sue가 아이를 착상을 통하여 임신할 기회를 허락하는 것이라고 하였다. 또한 법원은 배아가 인간생활의 사례라고 판결했다. 그러므로, 배아는 생명에 대한 권리를 갖는다. 법원은 냉동된 배아를 전배아로서 간주하는 용어를 사용했다.

상고법원:
주상고법원은 '생명에 대한 권리'라는 논리를 반대했다. 이 결정은 소송법원의 판결이 낙태를 허락하는 테네시법과 일치하지 않는다는 사실에 근거한 것이다. Junior는 아버지가 되지 않을 권리를 가지고 있고, Mary와 함께 배아의 통제권을 부여 받는다고 판결했다. 법원은 Davis부부는 냉동된 배아에 대한 지분을 공유한 것을 지지했다.

테네시 대법원:
주대법원은 냉동된 배아는 사람이나 재산이 아니지만, 인간생명에 대한 배아의 잠재성 때문에 특별히 존중을 받아야 한다고 결정했다. 주요 사안이 헌법의 개인적인 권리라고 느껴졌다. 사람이 아기를 낳을 권리를 갖는다면 아기를 낳지 않을 권리도 있다. Junior는 그의 아버지 위치를 넘어선 통제권은 가지지 않는다. 부모가 되기를 원하지 않는 점 때문에 Junior에게 재산, 감정, 법적인 책임을 부여한다. 그러므로, 법원은 배아를 Junior에게 지급하도록 판정했다.

질문:

1. 당신의 입장에서 법원은 누구에게 배아를 지급해야 하는가? 이유는?
2. 배우자가 배아를 지급받지 못한다면 그들에게 어떤 일이 일어날 것인가? 양쪽 측면에서 주장해라.
3. 당신은 어느 변호사의 의견에 찬성하는가? 3가지 이유를 나열하라.
4. 호주에서 부부가 비행기사고로 사망했을 때, 2개의 냉동배아가 남았다. 부부는 수 백만 달러의 유산을 남겼다. 많은 여성들은 아이가 이 돈을 유산으로 받을 것으로 생각했기 때문에 이 배아를 착상받기를 원했다. 호주법원은 어떠한 사람도 이 배아를 받을 수 없다고 판결했다. 당신은 이 판결에 동의하는가? 타당한 이유나 그렇지 않은 이유는?
5. 손상으로부터 인간배아를 보호해야 할 의무가 있는가? 그렇다면 누가 이 배아를 보호해야 하는가? 그렇지 않다면 이유는?
6. 요청을 받지 않는 냉동배아들은 어떻게 해야 하는가?
7. 체외수정을 하는 부부의 계약서는 어떠한 사항들이 들어가야 하는가? 가능성이 있는 선택사항을 나열하라.
8. David 부부는 임신을 하기 위하여 많은 시도를 한 후에 체외수정 이외에 무엇을 시도했는가? 가능성 있는 선택사항을 찾아보라.

★ 주요점 10개

1. **정자는 남성의 고환에서 감수분열에 의하여 생산된다.** [2.1]
   ▮ 각각의 정모세포에서 4개의 정자가 만들어진다.

2. **난자는 여성의 난소에서 감수분열에 의하여 생산된다.** [2.1]
   ▮ 각각의 난모세포에서 4개의 난자가 만들어진다.

3. **남성 생식계의 주요 부분은 고환, 요도, 음경이다.** [2.2]
   ▮ 고환과 음경은 외부에 있고 요도는 내부에 있다.

4. **여성 생식계의 주요 부분은 난소, 나팔관, 자궁이다.** [2.3]
   ▮ 여성 생식계의 모든 주요 부분은 내부에 있다.

5. **난자와 정자 형성 또는 자궁에 문제가 있거나 불임이 된다.** [2.4]
   ▮ 난자와 정자는 태아를 형성하기 위하여 필요하다. 어느 하나 결핍되거나 불완전하면 남성 또는 여성은 의학적 도움이 없이 아이를 출산할 수 없다.

6. **불임은 미국에서 심각한 문제이다.** [2.4]
   ▮ 불임에는 환경적, 유전적인 많은 원인이 있다.

7. **부부 중에 남성 또는 여성이 불임일 수 있다.** [2.4]
   ▮ 많은 통계들은 불임부부의 숫자에 대하여 제시한다. 원인들은 의학적 검사에 의해서 결정될 수 있다.

8. **여성의 불임은 연령에 따라서 증가한다.** [2.4]
   ▮ 여성이 나이가 들 때 그녀의 난소는 닫기 시작하고 생존 가능한 난자생산에 문제가 생긴다.

9. **여성불임의 가장 보편적인 형태는 호르몬 불균형이다.** [2.4]
   ▮ 여성의 에스트로젠과 남성의 테스토스테론은 난자와 정자 생산에 문제를 일으킬 수 있다.

10. **체외수정(IVF)은 일반적으로 불임치료에 사용되며, 실험실에서 정자와 난자를 결합시킨 후에 배아가 나타난다.** [2.5]
    ▮ 체외수정은 미국에서 처음 시작되었고, 거의 30년 동안 시행되었다.

핵심용어

감수분열 meiosis (p. 21)
고환 testes (p. 21)
과당 fructose (p. 22)
나팔관 fallopian tubes (p. 22)
난모세포 oocytes (p. 21)
난소 ovaries (p. 21)
난자 egg (p. 21)
난자생성과정 oogenesis (p. 22)
난포 follicles (p. 23)
대리모시술 surrogacy (p. 28)
아스페르미아 aspermia (p. 25)
발기부전 erectile dysfunction (p. 25)
복강경검사 laparoscopy (p. 27)
부고환 epididymis (p. 22)
세정관 seminiferous tubules (p. 22)
안드로젠 androgens (p. 21)
에스트로겐 estrogens (p. 21)
요도 urethra (p. 22)
요도구선 bulbourethral glands (p. 22)
자궁 uterus (p. 23)
자궁경부 cervix (p. 23)
자궁근층 myometrium (p. 23)
자궁내막 endometrium (p. 23)
전립선 prostate gland (p. 22)
정관 vas deferens (p. 22)
정관절제 vasectomy (p. 22)
정낭 seminal vesicles (p. 22)
정모세포 spermatocytes (p. 22)
정세포 spermatids (p. 22)
정자 sperm (p. 21)
정자생성과정 spermatogenesis (p. 22)
질 vagina (p. 23)
체외수정 in vitro fertilization (IVF) (p. 26)
프로스타글란딘 prostaglandins (p. 22)
황체호르몬 luteinizing hormone (p. 24)
2차 무월경 secondary amenorrhea (p. 25)

온라인자료

시험을 준비 중인가? 예비시험을 위해 academic.cengage.com/login에 로그인하고, 개인의 학습 계획을 세우고, CengageNow's Study Tools에서 효과 측정 시험(post-test)을 보는 것이 여러분의 이해 정도를 평가하는데 도움이 될 것이다.

만약 교사가 내준 과제라면, 이번 장에 해당하는 사례 A와 법적 활동에 대한 조명, 즉 "Fertility Treatment(불임치료)"와 "Custody of IVF Embryos(시험관 배자의 양육권)"이라는 제목으로 CengageNow 자료를 검색해서 해답을 찾으면 된다.

여러분이라면 이럴 때 어떻게 할까?

1. 당신이 어떤 사람을 당신의 대리모로 선택할 필요가 있었다.
2. 친구가 당신에게 그녀의 아기를 위해서 정자를 기증하라고 요청했다.
3. 친구가 당신에게 그녀와 그녀의 남편 아기를 위해서 난자를 기증하라고 요청했다.
4. 당신은 입법자로서 모든 포기된 냉동배아를 제거하는 법에 투표하도록 요청을 받았다.
5. 당신은 불임전문가이고, 5명을 임신한 부부와 상담하고 있는 중이다.

복습문제

1. 여성 불임문제와 각각의 원인에 대한 모든 사항을 나열한 다음 표를 채우시오.

불임문제	원인 1	원인 2

2. 남성 불임문제와 각각의 원인에 대한 모든 사항을 나열한 다음 표를 채우시오

불임문제	원인 1	원인 2

3. 이전 표로 되돌아가서 보조생식기술이 불임을 치료하는데 성공적이라는 것을 묘사하는 각각에 대한 문제점을 토론하라.
4. 대리모시술의 2가지 유형 중에 더 물리적인 문제가 있는 것은?
5. 정관수술 후에 남성이 아이를 갖고 싶어 한다. 어떻게 할 수 있는가? 이 주제를 찾아보라.
6. 남성이 정자가 부족하거나 없을 때 어떻게 부르는가?
7. 의사가 첫 번째 기회로 호르몬에 의한 불임을 왜 치료하는가?
8. 아기를 가지기 위해서 필요한 주요 3가지 사항은 무엇인가?
9. 불임을 일으킬 수 있는 3가지 첨가인자를 나열하라.
10. 불임의 환경적인 원인은 무엇인가?

응용문제

1. 당신은 미래에 더 많은 의사가 보조생식기술을 전문화할 것이라고 생각하는가? 타당한 이유나 그렇지 않은 이유는?
2. 미래에 보조생식이 증가한다면 당신은 이것이 입양에 어떠한 효과가 있을 것으로 생각하는가? 낙태에 대해서는?
3. 대리모시술의 2가지 유형 중에서 더 많은 법적인 문제를 갖는 것은?
4. 보조생식기술의 다른 방법들을 조사하라. 그것들을 쓰고, 얼마나 자주 사용되는지를 토론하라.
5. 이 장에 나와 있는 '수치로 따져보기' 양상을 넓혀라. 보조생식기술이 얼마나 성공적인지 조사하라. 보조생식기술은 체외수정, 대리모시술, 정자 기증 사용, 난자 기증 사용이 있다. 성공적의 의미는 아기가 태어나는 것을 의미한다.
6. 연구는 난자의 나이가 여성의 나이보다 더 중요하고, 더 나이든 여성은 체외수정에 의해서 수정되거나, 기증받은 난자나 냉동난자를 착상함에 의해서 아이를 얻을 수 있다는 것을 보여주었다. 이것은 여성이 폐경 이후에도 아이를 가질 수 있을 정도로 아이를 가질 수 있는 기간이 길어지게 한다. 당신이 55세 이상의 여성이 아이를 갖는다면 앞으로 어떤 문제가 있는지 나열하라.
7. 남성이 60살 이후에 아버지가 되었는지 조사하라. 당신은 남성이 같은 나이의 여성보다 더 나이든 연령에 아이를 갖는 것이 더 보편적이라고 생각하는가? 사회가 이것을 용납하는 이유는?
8. 난소이식은 여성 불임을 치료하는 하나의 방법이다. 당신은 재판관으로서 여성이 난소이식을 받았고, 아이를 가졌으며, 기증자에 의해서 그녀가 아이의 유전적 어머니라는 것과 양육권 또는 방문권에 대한 소송에 직면해 있는데 어떻게 판단할 것인가?

대중 매체에서

Jodie Foster의 아기

Steve Sailer

할리우드 배우인 Jodie Foster는 1998년에 완전한 정자 기증자를 찾았고, 기나긴 시간 이후에 그녀는 키가 크고, 갈색 눈과 머리를 가지고, 잘생긴 IQ가 160인 과학자의 생식세포와 임신했다고 자랑스럽게 발표했다. 이 결과로 그녀는 매우 기뻐했고, 2002년에 두 번째 아이를 갖기 위해서 같은 병원에 다시 갔다.

온라인상에서 이 기사를 보려면 academic.cengage.com/biology/yashon/hgs1로 접속하라.

질문:

1. 당신은 유명인사가 정자기증과 같은 문제에 영향을 준다고 생각하는가?
2. 정자 또는 난자 기증한 다른 유명 인사들을 조사해서 찾아보라.

***뉴욕타임즈*, 2005년 11월 20일**

안녕하세요, 저는 당신의 언니입니다. 우리의 아버지는 기증자 150입니다.

Amy Harmon

기증자형제자매등록소는 정자 기증의 결과로 가진 아이가 생물학적인 아버지를 알기를 원했던 여성에 의해서 최근에 만들어진 웹사이트이다. 그녀는 그의 신원을 발견할 수 없을 때 기증자에 의해 생긴 다른 아이들을 찾자는 생각이 떠올랐다. 이 웹사이트는 그녀의 4명 형제자매들의 위치가 있고 다른 사람들이 그들의 형제자매를 찾을 수 있게 도와준다.

온라인상에서 이 기사를 보려면 academic.cengage.com/biology/yashon/hgs1로 접속하라.

질문:

1. 한 소년이 그의 아버지의 위치를 알기 위하여 웹사이트를 사용했다. 당신은 이 방법이 옳은 것이라고 생각하는가? 타당한 이유나 그렇지 않은 이유는?
2. 이 아이들이 서로를 발견하면서 어떠한 문제점들이 생겨날 것인가?

***The Sunday Times*, 2007년 2월18일**

안녕하세요. 저는 기증자 150입니다. 당신은 나의 딸입니다.

Tony Allen–Mills

Jeffrey Harrison 또는 캘리포니아 냉동은행의 기증자 150은 기증자 형제자매등록소를 발견했고, 그가 영광스럽게 박사학위를 가지고 있는 작가라고 말한 후 거의 20년 동안 그의 유전적 자손 3명과 연락을 했다. 그의 아이들의 중의 하나인 Ryann McQuilton은 그의 강아지와 함께 차 밖으로 나가서 사는 것을 알지 못하기 때문에 그와 만나는 것이 불안하게 기다려졌다.

온라인상에서 이 기사를 보려면 academic.cengage.com/biology/yashon/hgs1로 접속하라 .

질문

1. 당신은 이 비밀이 탄로 나는 것에 대하여 어떻게 느끼는가?
2. 당신이 Ryann이라면 당신은 정자기증자를 만나러 가겠는가? 왜 또는 왜 그렇지 않은가?

장미 빛 또는 우울한: 이 아이가 아들인가 아니면 딸인가?

Acu–Gen Biolab은 아기성메토시장과 정보 사이트를 시작한다.

보스턴에 위치한 ACU–Gen은 산모의 혈액을 사용하여 태아의 성을 알기 위한 가정검사를 발전시켰다. 란셋과 여과지는 이 검사키트 안에 포함되어 있다. 여성은 그녀의 피부를 찌르고, 혈액을 여과지 흡착시키면 된다. 여과지는 분석을 위하여 회사에 전달된다. ACU–Gen은 99.9%의 정확성을 주장한다. 부모들은 초음파검사를 기다릴 필요 없이 아이의 성을 알 수 있는데 작은 비용을 지불한다.

온라인상에서 Acu–Gen의 가정검사생산품에 더 많은 것을 보려면 academic.cengage.com/biology/yashon/hgs1로 접속하라.

질문:

1. 당신 많은 사람들이 성선택의 형태로서 이것을 사용할 것이라고 생각하는가? 왜 또는 왜 그렇지 않은가?
2. 이것은 아마도 태아의 정보를 알고 싶어 하는 여성을 위한 많은 가정검사 중의 제일 첫 번째이다. 출산을 앞 둔 산모는 다른 어떠한 검사를 받고 싶어 하는가? 이것은 어떠한 결과를 일으키는가?

3 염색체 수의 변화

핵심 포인트

- 염색체는 단백질을 만드는 DNA로 구성되어 있다.
- 염색체 수는 개체에 따라 다양하다. 대부분의 사람은 46개의 염색체를 가지고 있다.
- 태아기에서 염색체의 수를 결정하는데에는 몇 종류의 다른 검사 방법이 사용된다.
- 여분의 염색체는 태아에게 영향을 준다.
- 법적 소송이 유전 검사와 관련한 문제에 의해 생길 수 있다.

Jeff Greenberg/PhotoEdit

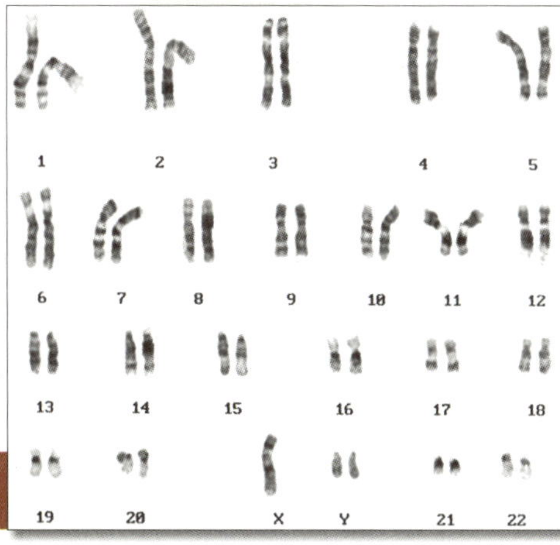

Courtesy of Ifti Ahmed

사례 A 임산부에게 걱정되는 결과들

Martha Lawrence는 병원의 사람유전검사실에 가는 것에 대하여 걱정을 하고 있었다. 그녀의 의사는 그녀가 41세에 예상하지 못한 임신을 했고, 이 나이는 특히 Down 증후군과 같은 염색체 이상이 있는 아이를 가질 확률이 있어 유전 검사를 권했다. 그녀는 임신 18주였고, 만약 그녀가 낙태를 원한다면 양막천자에 의한 결과를 얻는데 7-14일 정도 소요되므로 시간적인 여유가 별로 없었다. 35세가 넘은 여성은 나이가 적은 여성보다 염색체 이상이 있는 아이를 가질 확률이 높다.

Martha는 두 명의 정상적인 아이가 있으며, 현재 13살, 17살이다. 유전 상담자(counselor) Gould 박사는 Martha에게 태아의 염색체를 검사하는 양막천자(태아 주위의 액체나 세포를 모으는)를 권했다.

검사 결과는 태아가 염색체 21번을 추가로 가지고 있지 않아 Down 증후군은 아니었다. 그러나 분석결과는 여분의 Y 염색체를 가지고 있는(XY 대신에 XYY) Jacobs 증후군이였다. 이러한 증상은 매우 흔하며, 미국에서 매일 5-10명의 남자들이 XXY의 염색체를 가지고 태어난다.

위의 경우를 읽으면 몇 개의 질문이 생긴다. 우리가 이러한 질문에 답하기 전에 세포분열에 있어서 어떠한 잘못이 염색체 이상을 야기 하는지 살펴보자.

3.1 염색체란 무엇인가?

"생물 기초: 세포 및 세포의 구조"에서 논의한 것과 같이 염색체는 유전 정보를 운반하는 세포의 핵 안에 있는 실과 같은 구조이다 (■ 그림 3.1).

사람은 46개의 염색체가 있으며, 성염색체로 불리는 2개의 염색체가 있다. 1장에서 언급한 바와 같이 이것은 X와 Y이다. 그림 3.1과 같이 염색체는 3개의 중요한 부분을 가지고 있다: (1) 동원체, (2) 단완 (p arm), (3) 장완 (q arm). 염색체의 양쪽 끝에는 **종말체** (**telomeres**)라고 불리는 특수한 부분이 있다. 종말체는 염색체 끼리 결합하는 것을 방지하고, 노화에 관여한다.

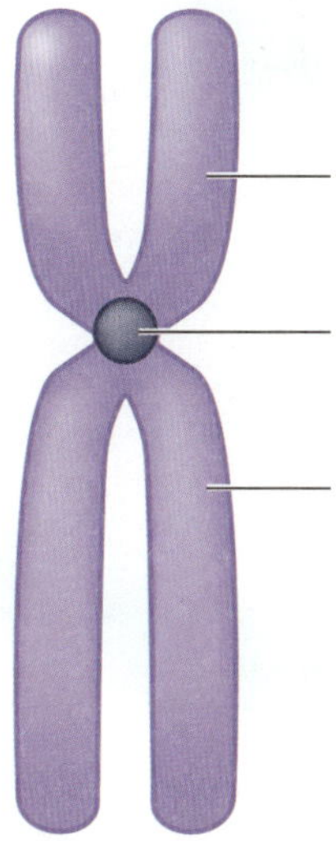

■ **그림 3.1 염색체의 구조**
염색체는 동원체와 2개의 팔이 있다 (단완(p arm), 장완(q arm)).

3.1 요점

- **사람에서 정상 염색체 수는 46이다.**

3.2 염색체의 수를 변화시키는 것은 무엇인가?

난자와 정자 (배우자)는 **감수분열** (meiosis)이라는 세포분열에 의해 난소와 정소에서 생산된다. 세포는 각 염색체 (각 부모로부터 1개씩)의 두 배수를 포함하는 전부 46개의 염색체로 부터 감수분열이 시작된다. 감수분열 동안 모든 염색체 쌍은 염색체를 23개 가지는 반수체 세포를 만들기 위해 각각 분리된다. 감수분열은 아래에 보여주는 것과 같이 감수분열 I과 II에 의해 두 번의 세포분열에 의해 염색체 수의 감소가 일어난다.

감수분열 I

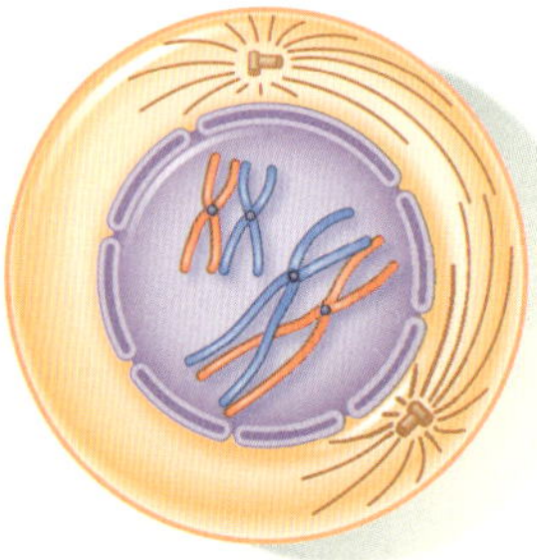

세포는 감수분열이 시작되기 전에, 염색체를 두 배로 만든다. 감수분열이 시작되면 염색체는 꼬이고 짧아져서 현미경으로 관찰이 가능해 진다. 각각의 염색체는 짝을 가지고 있으며, 두 염색체는 **전기 I**에서 염색체의 일부를 교환(교차) 한다.

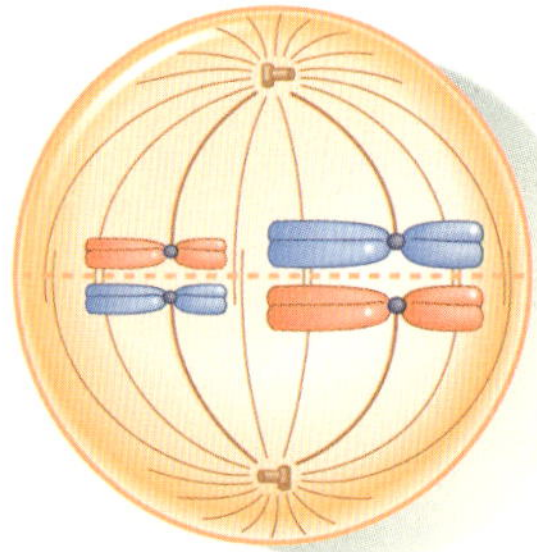

염색체 쌍은 세포의 중간에 나열되고, 방추사는 각 염색체의 동원체에 연결된다. 이 단계가 세포분열 **중기 I**이다.

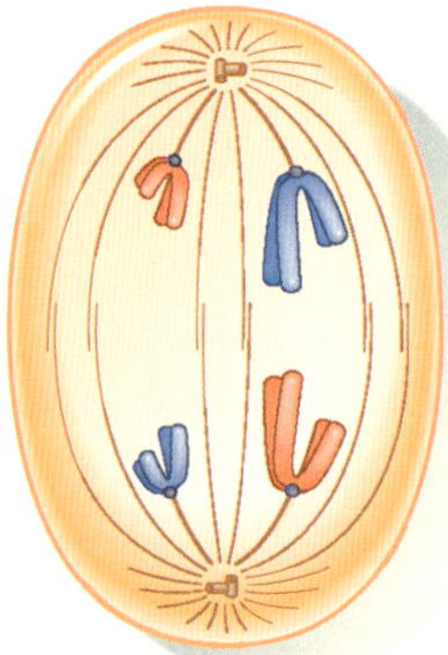

각각의 상동 염색체는 분리되고 세포의 반대쪽으로 이동한다. 이 단계가 세포분열 **후기 I**이다.

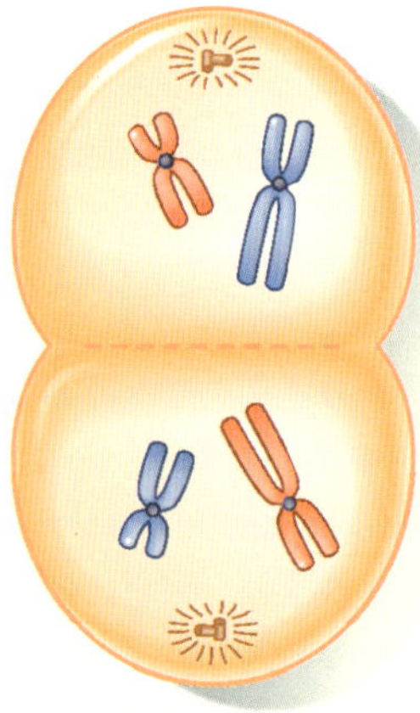

각 염색체가 세포의 반대 극에 도달하면 염색체는 다시 풀어지기 시작한다. 이 단계가 세포분열 **말기 I**이다. 세포질이 분리되고, 2개의 세포가 만들어 진다. 이 세포는 원래 세포 염색체수의 반을 가지고 있어 홑배수체 세포라고 한다.

감수분열 II

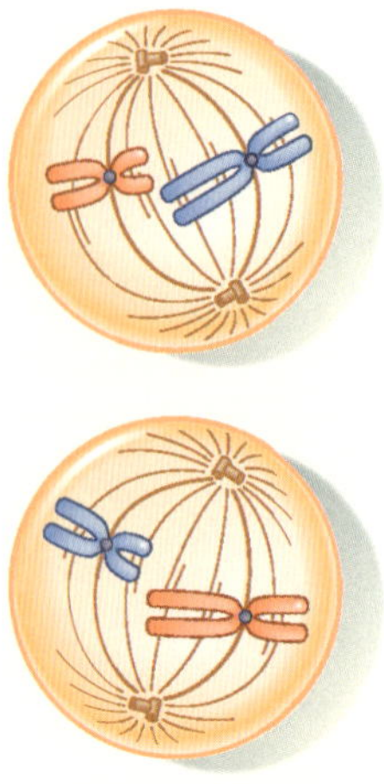

2개의 세포가 감수분열 I 동안에 만들어 졌다. **전기 II**에서 이러한 세포의 염색체는 꼬이고 세포의 중심을 향해 이동한다.

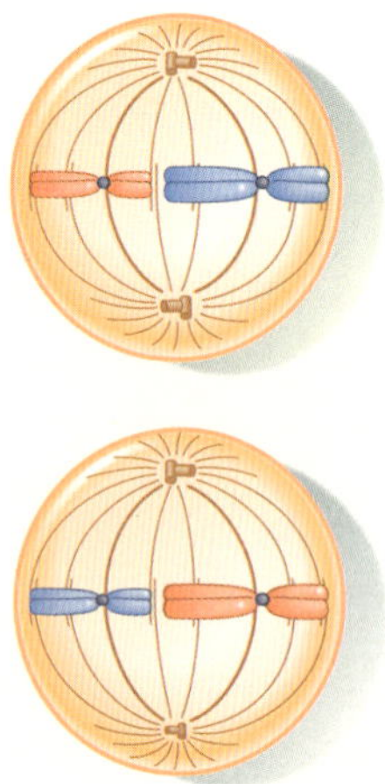

각 세포에서 23개 염색체의 동원체에 방추사가 연결된다. 이 시기가 **중기 II**이다.

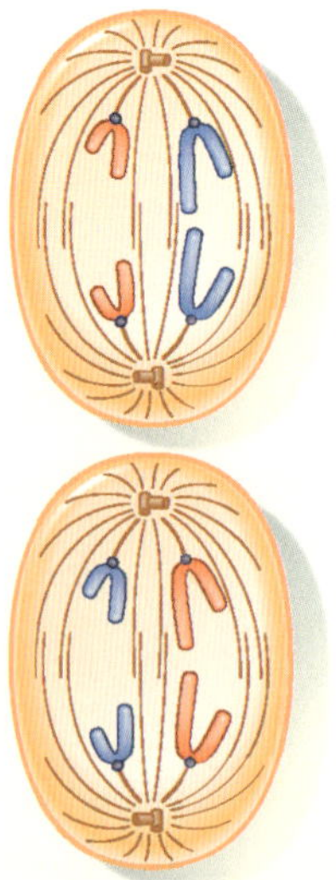

각 동원체는 분리되고 새롭게 만들어 진 염색체는(딸 염색분체라 한다) 세포의 양쪽 끝으로 이동한다. 이 시기가 **후기 II**이다.

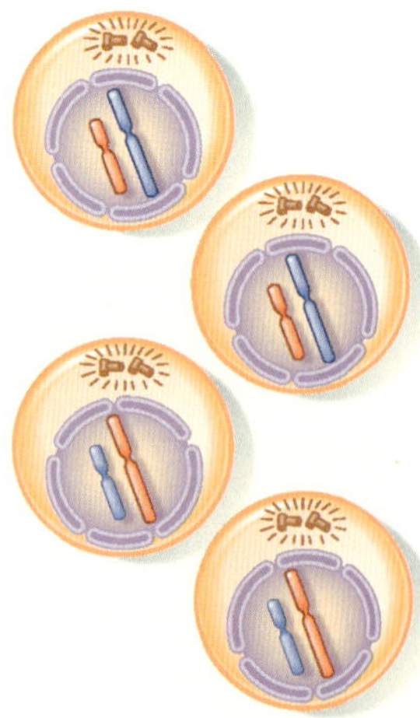

마지막으로 염색체는 풀리고 핵막이 다시 만들어 진다. 이 시기가 **말기 II**이다. 세포질이 분리된 후에 결과적으로 염색체의 수가 반인 4개의 세포가 남게 된다. 감수분열이 이제 완료 된다.

감수분열 I에서 세포분열은 **상동염색체 쌍**(**homologous chromosome pair**)의 수를 나눈다. 감수분열 II에서는 동원체가 분리되고 딸 염색분체가 딸 세포에 분포하는 염색체가 된다.

아래 표 3.1은 감수분열에서 일어나는 것을 정리하고 있다.

표 3.1 감수분열

단계	특징
간기 I	염색체 복제
전기 I	염색체 즉 상동염색체 쌍이 관찰된다. 염색분체 교차(조합)이 일어난다.
중기 I	짝을 이룬 염색체가 세포의 중앙에 정렬한다.
후기 I	각 염색체 쌍의 각각이 세포의 반대 극으로 이동한다.
말기 I	염색체가 풀리고 핵이 형성된다.
세포질분리	세포질이 분리되고 2개의 세포가 형성된다.
전기 II	염색체가 다시 꼬인다.
중기 II	쌍을 이루는 염색체가 세포의 중간에 나열한다.
후기 II	동원체 분리되고 딸 염색체가 양쪽으로 이동한다.
말기 II	염색체가 풀리고, 핵막이 생기고 감수분열이 종료된다.
세포질분리	세포질이 분리되고 4개의 세포가 형성된다.

정상적인 감수분열로 생기는 배우자는 23개의 염색체를 가지고 있다. 하지만 두 번의 세포분열 동안에 낮은 비율로 염색체가 정확히 분리되지 않을 수 있다(■ 그림 3.2). 이러한 현상을 **비분리염색체**(**nondisjun-ction**)라고 하며, 일부 배우자는 특별한 염색체를 2개를 가지고 다른 배우자는 그 염색체 하나도 가지지 못하게 된다. 염색체 수에 이상이 있는 배우자가 수정되게 되면 그 결과로 생기는 접합자는 염색체 수의 이상이 된다. 1개 혹은 적은 수의 염색체 이상이 연관된 염색체의 수적 변화를 **비정배수**(**aneuploidy**)라고 한다. 관련된 염색체에 따라 비정배수의 증상은 생활에 영향을 미치지 않는 증상에서부터 치명적이거나 혹은 치사까지 다양하다. 감수분열 동안에 2개의 Y 염색체가 있는 정자가 생기는 오류는 Martha Lawrence의 태아에서 일어난 것이다. 비정배수는 초기 유산의 중요 원인이다. 모든 임신의 약 5%가 비정배수이다. 또한 비정배수는 정신지체 및 발달장애의 중요 원인이며, 수백만 가족에게 사회, 정신, 경제적인 부담을 준다.

3.2 요점

- **감수분열은 정자 및 난자의 형성에 관여 한다.**
- **감수분열에서 한 쌍의 염색체는 서로 분리되어 홑배수체의 염색체를 가지는 배우자를 형성 한다.**
- **대부분의 비정배수는 감수분열에서 잘못된 결과이다.**

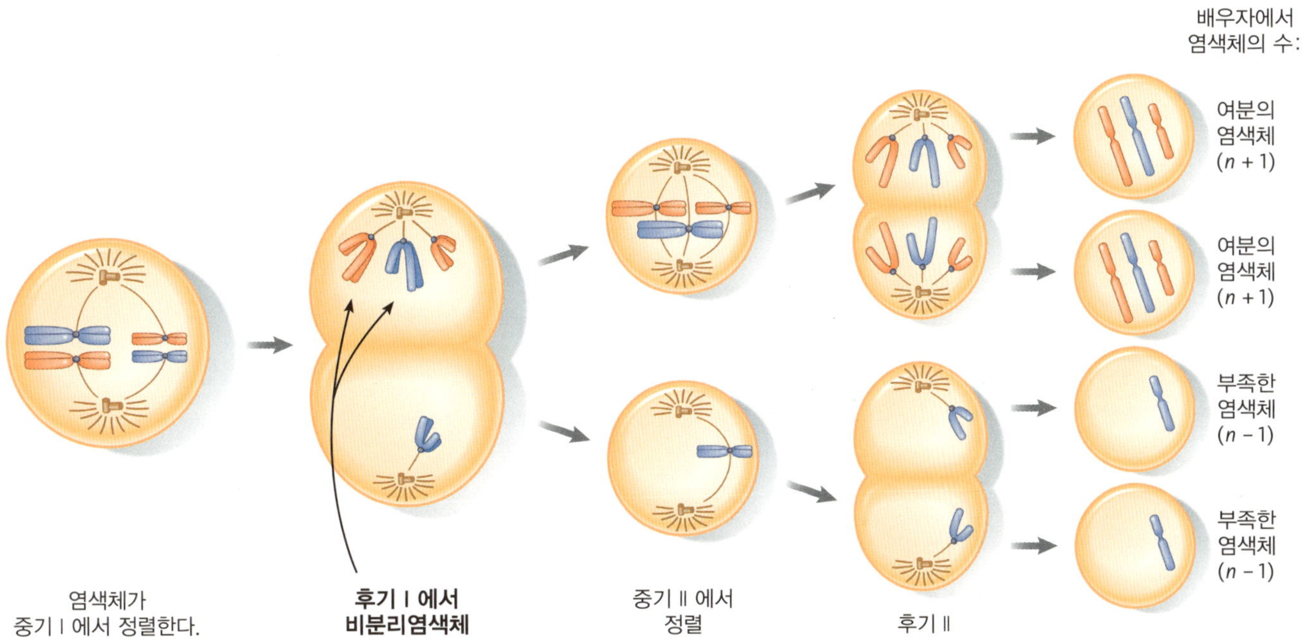

■ **그림 3.2 비분리염색체**
비분리염색체는 배우자(정자 및 난자)가 이상 염색체를 수를 가지게 되는 원인이 된다.

3.3 우리는 태아에서 염색체 이상을 발견 할 수 있는가?

Martha Lawrence의 나이 때문에 그녀의 유전상담자는 태아의 염색체를 분석하고 이상을 조사하는 **양막천자** (amniocentesis)라는 검사를 권유하였다. 아래 그림은 자궁에서 자라고 있는 태아와 분석을 위해 시료를 얻기 위한 양막천자 방법을 보여 주고 있다.

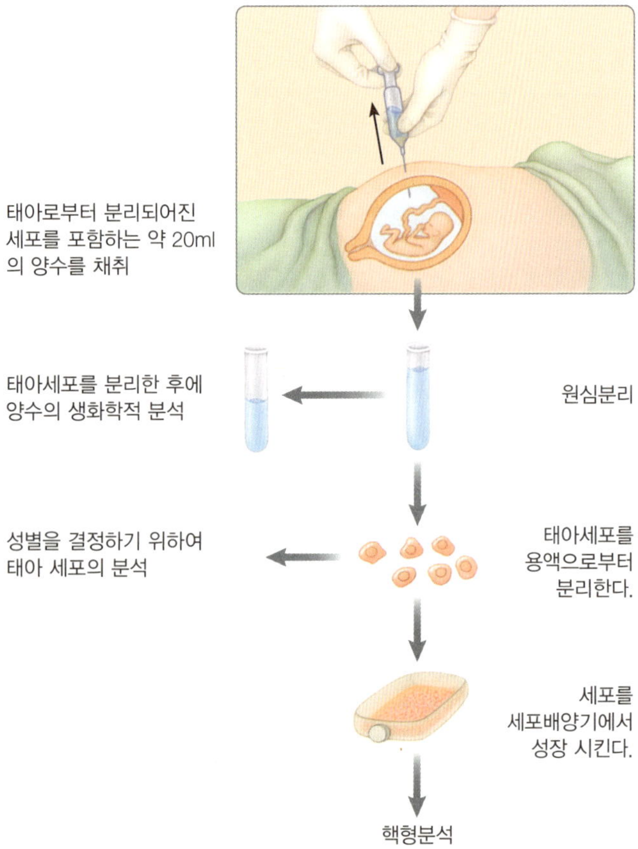

어떻게 양막천자가 작용하는가?

양막천자는 분석에 사용하는 태아 세포와 양수를 채취하기 위하여 일반적으로 사용한다. 비정배수, 다른 염색체 이상 그리고 생화학적 질병은 양막천자로 발견 할 수 있다. 그리고 태아의 성별도 양막천자로 확인할 수 있다.

양막천자 동안에 태아 및 태만을 초음파로 위치를 확인한다. 의사는 음파를 사용하여 태아의 그림을 만드는 초음파 기계로 태만에서 태아의 위치를 파악할 수 있다 (위의 그림 참조). 주사 바늘을 배와 자궁벽 (태반과 태아를 피해서)을 따라서 태아 주위의 양막 속으로 넣는다. **양수** (Amniotic fluid)라고 하는 태아 주위에 있는 액체를 채취한다. 양수는 태아의 뇨, 물, 태아로부터 떨어진 세포로 구성되어 있다. 양수 및 세포는 태아의 유전 형질을 반영하고 있다.

세포를 액체로부터 분리하고 며칠 동안 실험실에서 성장시킨 후 세포를 파괴하여 염색체를 슬라이드에 펼친 다음 하나 혹은 몇 가지 염색 물질로 염색한다. 사진기가 부착되어 있는 현미경에서 염색체 사진 자료를 디지털화 및 핵형분석 할 수 있는 컴퓨터로 보낸다. **핵형** (karyotype)에서 1–22 염색체 (상염색체)는 아래에서 보여주는 것과 같이 짝으로 구성된다. 성염색체는 일반적으로 상염색체와 분리하여 둔다.

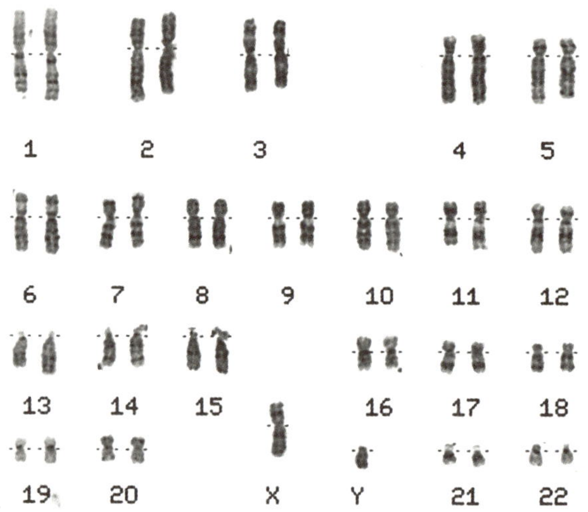

Courtesy of Ifti Ahmed

양막천자는 일반적으로 임신 16주 전후에 실시한다. 검사 및 분석은 일반적으로 7–14일 소요된다. 양막천자는 위험성을 동반한다. 양막천자는 0.06% (1,600명당 1명)의 유산 위험이 있기 때문에 일반적으로 검사는 어떤 특정한 조건에서만 실시한다.

- 산모가 35세 이상일 경우 염색체 이상이 있는 아이를 가질 위험은 매우 높아진다. 41세인 martha Lawrence는 양막천자를 해야 하는 후보자이다.
- 염색체 이상이 있는 아이를 가진 산모는 재발률이 1–2%이다.
- 부모 중에 염색체 구조이상을 하나 혹은 그 이상 가진 경우 태아의 염색체 수 이상을 야기할 수 있다.
- 산모가 X 염색체에 있는 유전자의 이상에 의한 유전 질환의 보균자 일 경우.
- 부모가 설명할 수 없는 불임 혹은 수차례 유산 경험이 있는 경우.

비정배수를 위한 다른 검사는 있는가?

융모막융모표본추출 (Chorionic villus sampling, CVS)라고 하는 산전 염색체 분석법은 임신 초기에 시행 할 수 있다 (10–12주, 양막천자의 경우는 16주). CVS에 의해 채취된 세포는 빨리 자라기 때문에 검사 결과를 수 시간 혹은 수일 내에 얻을 수 있다. 양막천자의 경우 검사 결과를 알기 위하여 태아 세포를 실험실에서 며칠 동안 배양해야 한다. CVS 검사를 위한 도면은 다음 페이지에서 보여주고 있다.

CVS에서 잘 굽어지는 카테타(도관)를 초음파의 유도 하에 질을 통해 자궁속의 배 쪽으로 삽입한다.

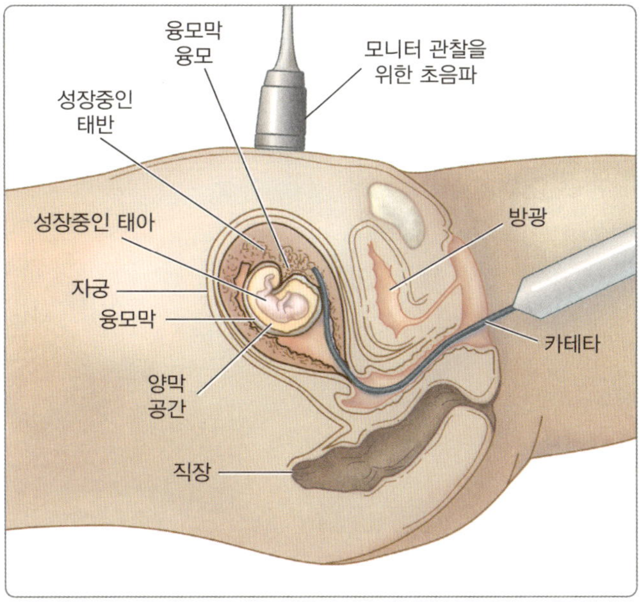

융모막 융모세포 (태만의 일부를 형성하는 태아 세포)를 흡입에 의해 채취하고 즉시 분석한다. CVS 검사는 임신 3개월 안에 결과를 얻을 수 있기 때문에 양막천자보다 확실한 장점이 있다. CVS와 양막천자는 산전 진단을 위하여 DNA 재조합 기술과 같이 사용할 수 있다. 유전 질환의 산전 진단을 위한 DNA 재조합 기술의 사용은 6장에 논의하고 있다.

양막천자와 같이 CVS 검사에도 위험이 있다. CVS 검사를 받은 사람은 월경통, 감염 그리고 유산이 있을 수 있다. CVS 검사와 관련된 유산은 1-2% 이다 (100명당 1명에서 50명당 1명).

다른 염색체 변이는?

Martha Lawrence의 태아에서 XYY를 가지는 것과 더불어 다른 출생시의 이상이 염색체의 수 혹은 구조 이상에 의해 야기 된다. 이러한 변화는 1개의 세포에 전 염색체가 추가로 (46개의 염색체 대신에 69개 혹은 92개의 염색체가 있는 세포) 있는 경우로 **다배수** (**polyploidy**)라고 한다. 각각 염색체의 증가 혹은 감소 (비정배수); 혹은 각각 염색체에서 구조적 이상.

다음의 그림은 염색체에서 발견되는 몇 가지 구조이상을 보여주고 있다.

염색체의 구조 변화

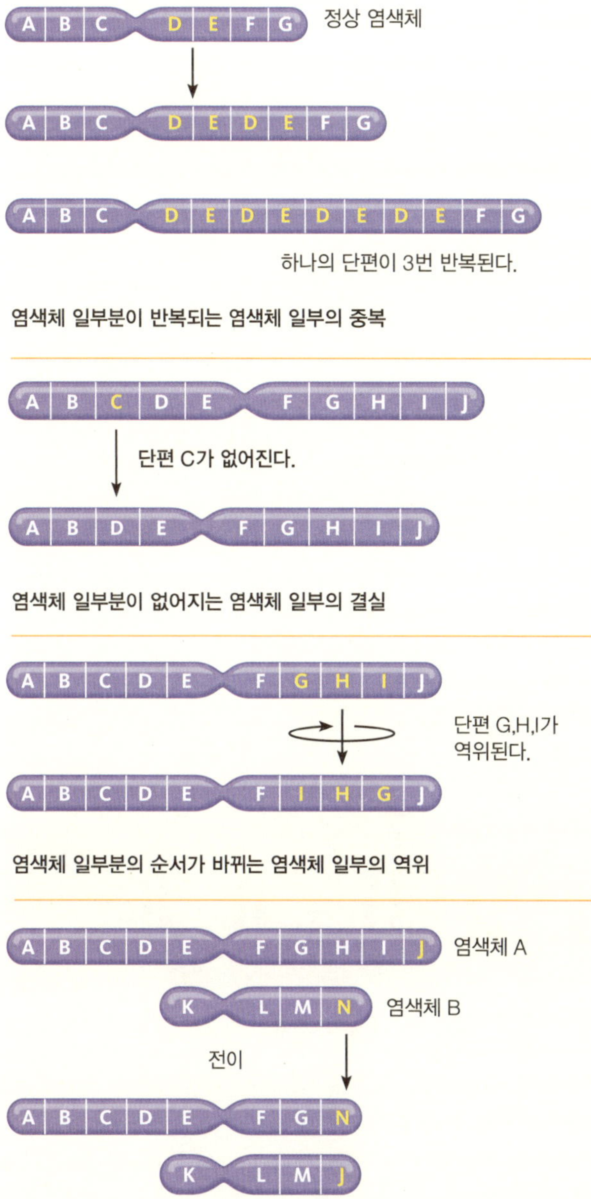

염색체 일부분이 반복되는 염색체 일부의 중복

염색체 일부분이 없어지는 염색체 일부의 결실

염색체 일부분의 순서가 바뀌는 염색체 일부의 역위

염색체의 일부분이 서로 바뀌는 염색체 일부분의 전이

세포에서 염색체의 두배수체 (diploid, $2n$ 혹은 46) 그리고 배우자에서 홑배수체 (haploid, n 혹은 23)는 정상 혹은 **정배수** (**euploid**)라고 한다. 관계된 용어 비정배수는 정상이 아님을 의미한다 (a는 없음을 의미한다). 가장 간단한 형태의 비정배수가 1개의 염색체가 늘어나거나 줄어드는 경우이다. 하나의 염색체가 늘어난 경우가 **세염색체증** (**trisomy**)로 알려져 있다 ($2n$+1 혹은 47 염색체라고 적는다). 1개의 염색체가 줄어든 경우가 **홑염색체** (**monosomy**)로 알려져 있다 ($2n$-1 혹은 45 염색체라고 적는다).

사람에서 가장 흔한 세염색체증 및 홑염색체의 원인은 감수분열에서 염색체가 정확히 분리되지 않는 비분리염색체이다. 감수분열은 두 번의 세포분열이 있고 비분리염색체는 첫 번째 혹은 두 번째 세포 분열에서 일어 날 수 있다.

3.3 요점

- 임신동안에 비정배수를 검사할 수 있는 2가지 검사는 양막천자와 융모막융모표본추출이다.
- 염색체가 하나 많은 세염색체증은 태아에게 치명적이다.
- 염색체가 하나 부족한 홑염색체는 태아에게 치명적일 수 있다.

3.4 홑염색체 및 세염색체증의 영향은 무엇인가?

아래에서 우리는 상염색체 (1-22)가 연관된 홑염색체 및 세염색체증의 증상을 검사하고자 한다. 그리고 우리는 성염색체 (X 및 Y)가 연관된 홑염색체 및 세염색체증에 대해 고려하고자 한다.

상염색체가 관련된 홑염색체는 치명적이고 임신 초기에 유산된다. 이것은 하나의 염색체가 없어져 그 염색체에 있는 모든 유전자가 없어졌기 때문에 일어난다. 상염색체가 연관된 세염색체증도 역시 초기발생에서 태아 사망의 원인이 된다. 몇 개의 상염색체가 연관되어 있는 세염색체증만이 생존 할 수 있다 (세염색체증 8, 13, 18, 21). 세염색체증 *21* (Down 증후군)은 성인까지 살 수 있는 유일한 상염색체가 연관되어 있는 세염색체증이다.

다음의 진료기록은 가장 일반적인 세염색체증 및 그들의 핵형 분석을 보여 주고 있다:

상염색체 연관 세염색체증

핵형

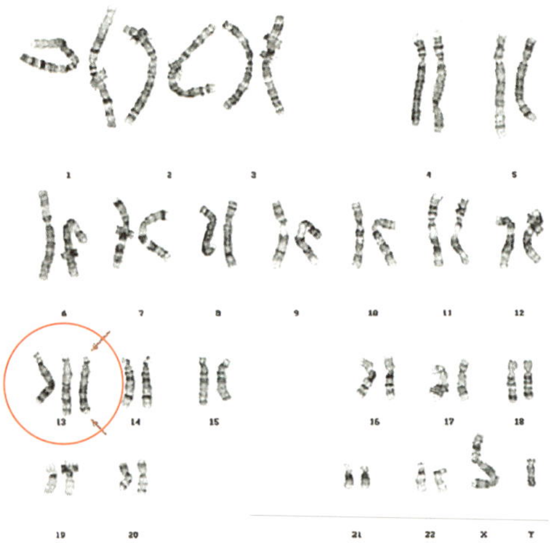

Courtesy, University of Wisconsin

이름

세염색체증 13: Patau 증후군(47, +13)

염색체 수	발병율	생존
47, 13번이 3개	신생아 1/15,000명	1-2개월

증상

세염색체증 13은 얼굴 형태이상, 눈 이상, 여분의 손가락 혹은 발가락, 크게 삐어져 나온 뒤꿈치를 가진다. 내면적으로 선천적 심장 이상 뿐만 아니라 뇌와 신경계 심각한 결함이 있다.

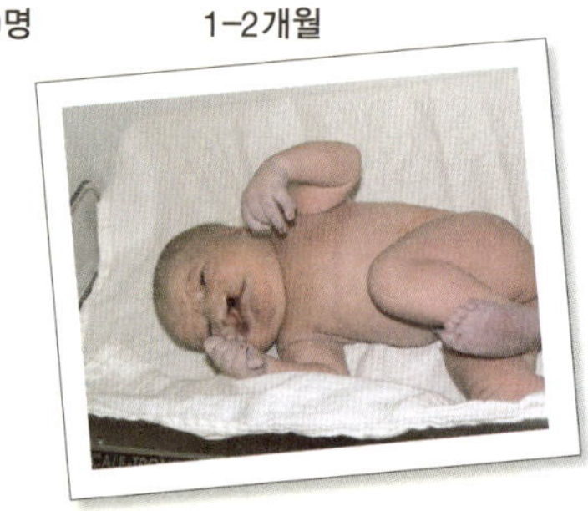

PHOTO GALLERY
세염색체증 13
Courtesy, Mike and Judie Grabski

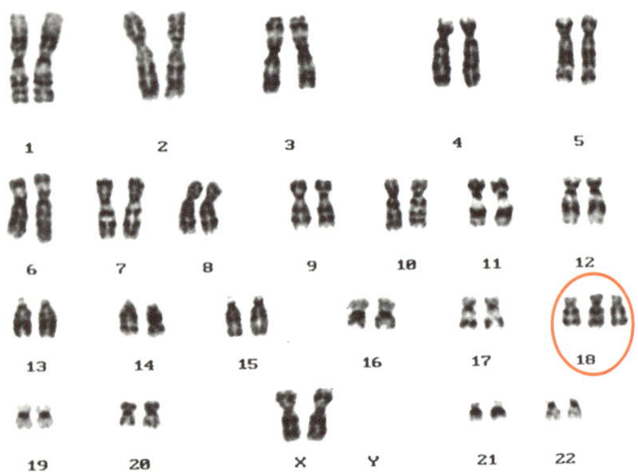

Courtesy of Ifti Ahmed

이름

세염색체증 18: Edwards 증후군(47, +18)

염색체 수	발병률	생존
47, 18번이 3개	신생아 1/11,000명, 80%가 여자	2-4개월

증상

분만시에 태아가 작고, 성장이 늦고, 정신지체가 있다. 둘째 및 다섯 번째 손가락을 각각 세 번째와 네 번째 손가락 위에 겹쳐서 주먹을 쥐고 있고, 기형적인 발 모양 역시 특징적이다. 심장 이상은 거의 항상 나타나며, 심장 기능 정지 및 폐렴이 주요 사망원인이다.

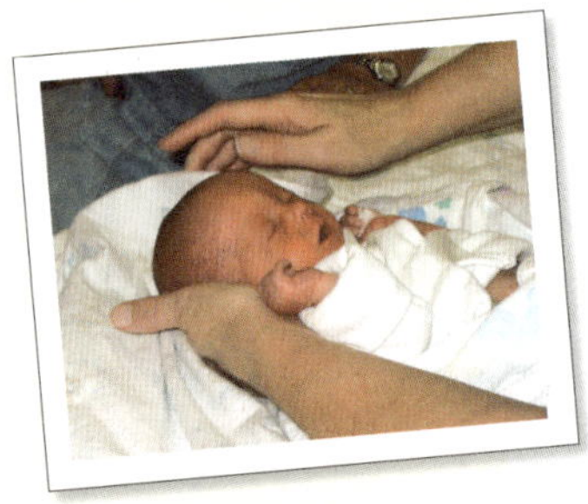

PHOTO GALLERY
세염색체증 18
Courtesy, Mike & Judy Grabski

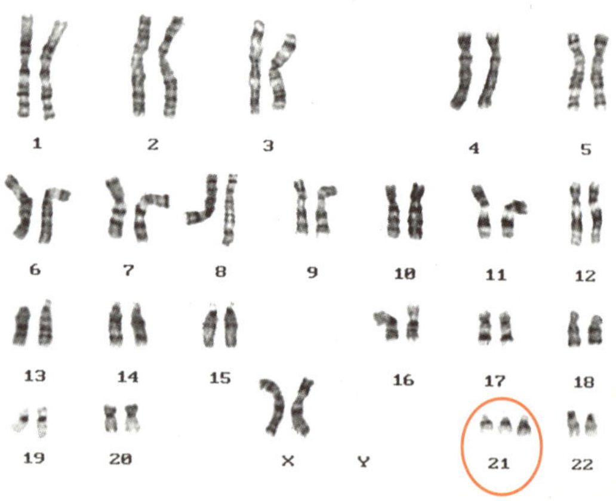

© 1997 Hironao Numabe, M.D., Tokyo Medical University

이름

세염색체증 21: Down 증후군(47, +21)

염색체 수	발병률	생존
47, 21번이 3개	신생아 1/800명, 산모의 나이에 따라 변화	50세까지

증상

Down 증후군은 미국에서 소아기 정신지체 및 심장 이상의 주요 원인이다. 발병인은 일반적으로 넓고 평평한 두개골을 가진다; 눈꺼풀 가장자리의 주름, 홍체의 점. 발병인은 주름이 잡히고 큰 혀를 가지고 있어 입을 부분적으로 열고 있다. 생리적 성장, 행동, 그리고 정신발달이 늦으며 Down 증후군의 약 40%는 선천적 심장 이상이 있다. 이러한 결함에 불구하고 많은 발병자는 생존하여 자식을 가질 수 있다.

PHOTO GALLERY
Down 증후군의 아이
© Lauren Shear/Photo Researchers, Inc.

세염색체증를 위한 중요 위험요소는 무엇인가?

Down 증후군 및 상염색체 비정배수의 다른 형태에서 유일하게 알려진 위험요소는 산모의 나이 이다 (■ 그림 3.3). 젊은 산모는 나이가 많은 산모에 비해 Down 증후군이 있는 아기를 가질 확률이 낮다. 하지만 유전상담자가 Martha Law-rence에게 양막천자 검사를 추천한 것과 같이 발병 위험은 35세 이후에 급격히 증가한다. 산모가 20세 일 때 Down 증후군이 있는 아기를 가질 위험은 2,000명당 1명 (0.05%)이다. 산모가 35세 일 때 위험은 111명당 1명 (0.9%)으로 증가한다. 산모가 45세 일 때는 신생아 33명당 1명(3%) 세염색체증 21을 가진다. 아버지의 나이도 상염색체 세염색체증의 요소로 제안되었으나, 정확한 증거는 발견되어 있지 않다.

산모의 나이가 왜 위험요소인가?

산모의 나이가 왜 비정배수의 위험을 증가시키는지는 아무도 모른다. 하나의 생각은 오래된 난자는 비분리염색체가 보다 자주 일어난다는 것이다. 여자 태아의 경우 난자는 그 아이가 태어나기 훨씬 전에 감수분열을 시작한다. 이들 난자는 감수분열 I로 들어간 다음 정지 된다. 성성숙이 되면서 시작된 호르몬 자극 아래에서 1달에 1개의 난자가 감수분열 I을 끝내고 감수분열 II로 들어간다. 감수분열의 마지막 단계는 난자가 수정 될 때까지 완전히 이루어지지 않는다. 젊은 여자는 비정배수 아이를 가질 위험이 낮고 그리고 그들의 난자는 15–25년 동안의 감수분열 I 단계를 가진다. 40세에 배란된 난자는 40년 이상 동안 감수분열 I의 단계를 가진다. 이러한 기간 동안 세포 안에서 의 일어나는 일 혹은 환경물질들이 난자의 비분리염색체에 영향을 줄 것으로 생각된다.

다른 설명은 모성선택 (maternal selection)이라는 과정이다. 이러한 생각에 따르면, 자궁과 착상된 수정난 사이의 상호작용은 이상 염색체를 가지는 수정난은 정상적으로 자연 유산을 유도한다. 산모의 나이와 같이 모성선택은 염색체 이상이 있는 수정난이 착상되고 분화가 되기 때문에 설득력이 약할 수도 있다. 보다 많은 연구가 이러한 기전을 명확히 하기 위해 필요하다.

PHOTO GALLERY
Down 증후군의 성인
© Lauren Shear/Photo Researchers, Inc.

비정배수는 성 염색체에 영향이 있는가?

X 및 Y 염색체가 관련하고 있는 비정배수는 상염색체 비정배수보다 일반적이다. 상염색체가 관련하고 있는 홑염색체는 항상 치사가 되고, 성 염색체의 홑염색체는 그렇지 않다. X 염색체가 관련하고 있는 홑염색체인 Turner 증후군 (45, X)은 1만 명의 여자 신생아 중에 1명이 생긴다. 1만 명의 여자 신생아 중에 1명이 45, X인 것은 45, X로 만들어 지는 수정난의 대부분이 유산되기 때문에 극히 일부분이다. 반면에 Y 염색체의 홑염색체 (45, Y)은 이러한 염색체를 가진 신생아가 보고되지 않았기 때문에 항상 유산이 된다.

성염색체가 관련이 있는 다른 비정배수는 Klinefelter 증후군 (47,XXY), Jacobs 증후군 (47, XYY), Martha Lawrence의 태아에서와 같은 것이 있다. 이러한 것은 아래에서 요약하고 있다.

3.4 요점

- Down 증후군 (세염색체증 21)은 성인까지 살 수 있다.

수치로 따져보기

2명 당 1명
비정배수인 임신의 수

170명 당 1명
일부 비정배수 세포를 가지는 신생아의 수

5–7%
비정배수가 원인으로 유아의 사망률

0.3–1 온스 (10–30 ml)
양막천자에서 채취되는 양수의 양

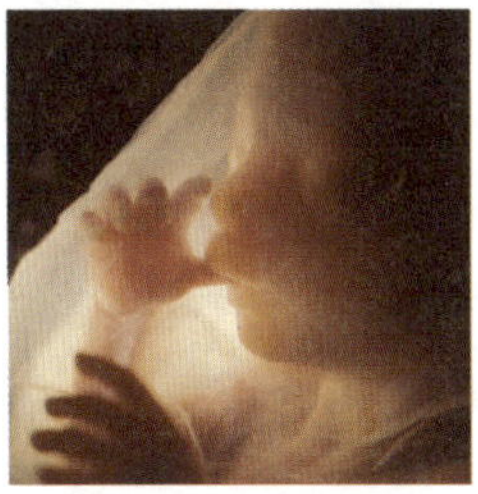

© Vicki Beaver

100 + 점점 증가
양막천자에 의해 진단되는 유전질환의 수

80%
18번째 염색체의 세염색체증을 가진 여자아이가 태어날 확률

40%
심장 이상을 동반하는 Down 증후군의 아이의 확률

1,000명 당 1명
XYY 핵형을 가진 남자 아이가 수

2,000명 당 1명
산모의 나이가 20세 미만일 때 Down 증후군이 있는 아이의 가질 확률

33명 당 1명
산모의 나이가 45세일 때 Down 증후군이 있는 아이의 가질 확률

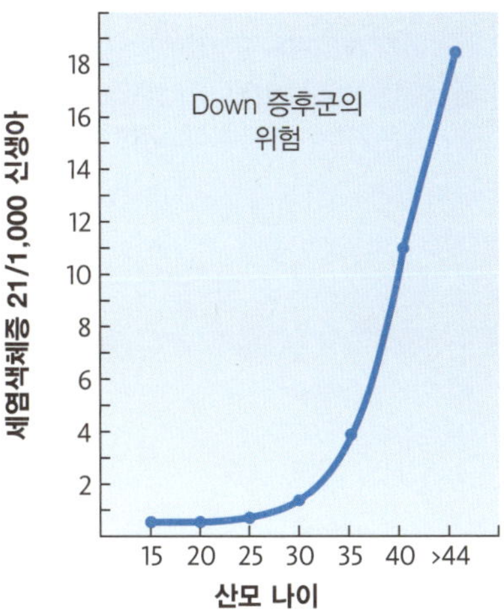

■ 그림 3.3 산모 나이 및 Down 증후군
Down 증후군을 가지는 아이가 태어날 확률은 산모의 나이가 증가 할수록 증가한다.

성 염색체

핵형

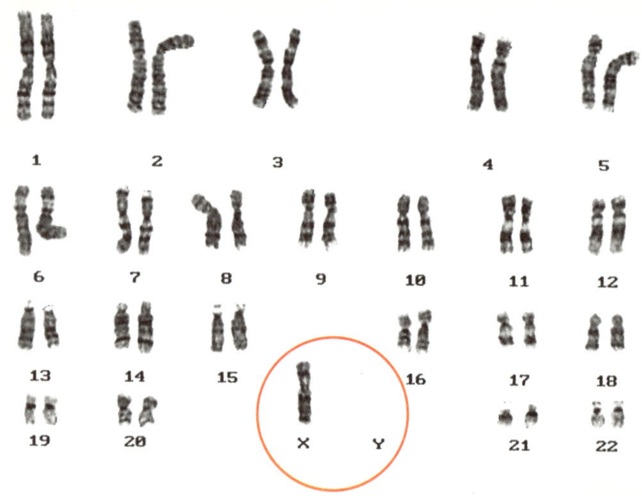

이름

Turner 증후군(45, X)

염색체 수

45, X 염색체 1개 부족

수명

어른까지

PHOTO GALLERY
Turner 증후군의 아이
UNC Medical Illustration and Photography

증상

Turner 증후군을 가지고 태어난 아기는 항상 여자이고 어른까지 살 수 있다. 키가 작고 미 발달된 난소와 함께 넓은 가슴이 특징이다. 태어날 때 손과 발의 종창이 현저하나 이러한 증상은 유아기에 없어진다. 많은 환자에서 대동맥이 좁아져 있다. 환자들은 정상 지능이다.

발생빈도

모든 착상의 1%는 45, X로 추측되고 있고, 모든 45,X 수정란의 95–99%는 태어나기 전에 죽는다. Turner 증후군은 10,000명의 여자 중에 1명의 빈도로 발생한다.

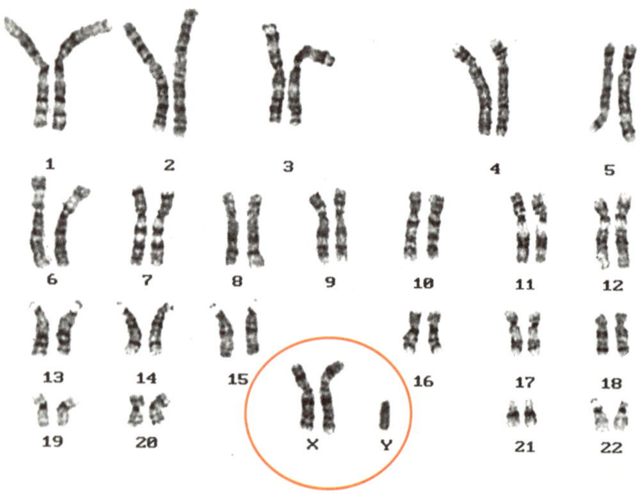

이름

Klinefelter 증후군(47, XXY)

염색체 수

47, 여분의 X 염색체

수명

어른까지

증상

증상의 특징은 성성숙까지 시작되지 않는다. 발병 개체는 남자이고 일반적으로 불임이다. Klinefelter 증후군 환자의 일부는 학습장애와 가벼운 정신지체가 있다. Klinefelter 증후군이 있는 많은 사람은 모자이크이다. 이것은 일부 세포들이 XY 염색체 조합 그리고 일부 세포들은 XXY 염색체 조합을 가지고 있음을 의미한다. 이러한 사람들은 증상이 약하다.

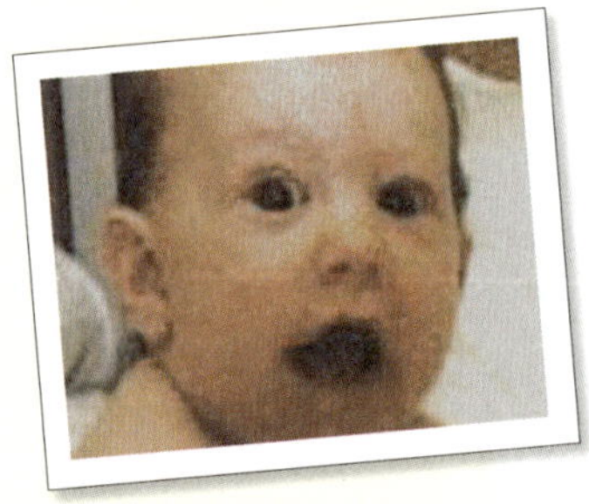

PHOTO GALLERY
Klinefelter 증후군의 아이(XXY)
Stefan Schwarz.

발생빈도

1,000명의 남자 중에 1명

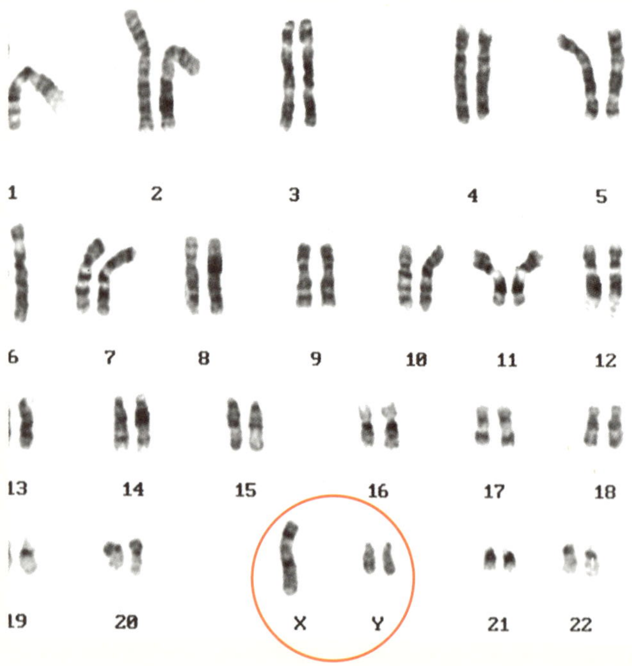

이름

XYY증후군(47, XYY)

염색체 수

47, 여분의 Y 염색체

수명

어른까지

증상

질병이 있는 사람은 평균보다 키가 크고 저 체중이며, 성격장애가 있고, 정신지체의 일종이 있을 수도 있다. 일부는 학습 장애가 있고, 일부는 매우 가벼운 증상을 가진다. 질병이 있는 사람은 사춘기에 심한 여드름이 종종 있고, 행동 장애가 있을 수도 있다.

발생빈도

1,000명의 남자 중에 1명
(일반 인구에서 남자의 약 0.1%)

3.5 유전적 위험을 측정 할 수 있는 방법이 있는가?

PHOTO GALLERY
Turner 증후군의 성인
@ Lew Stamp/Akron Beacon Journal

유전적 검사의 결과를 이해하는 것과, 그것이 가족에 대해 의미하는 것 그리고 현재와 미래의 아이들은 압도적인 책임 일 수 있다. 다행하게도 **유전 상담가**(genetic counselor)로 불리는 건강 전문가는 개인 혹은 가족에게 유전 검사 결과가 무엇을 의미하는지 이해하는 것을 도와준다. 유전 상담가에 의해 제공되는 정보는 다음의 것을 포함한다:

- 진단, 병의 진행, 병의 관리 그리고 유전 질환의 가능한 처치를 포함하는 의학적인 측면
- 유전이 질병에 어떻게 관여하는지 그리고 이러한 질병이 있는 아이를 가질 위험
- 재발 위험에 대한 처리 대안
- 발병한 가족이 질병에 어떻게 적응하는지 혹은 재발 위험의 관리

유전 상담자는 간접적인 방법으로 이러한 목표를 달성한다. 유전 상담자는 개인 혹은 가족에게 가능한 한 모든 정보를 제공하고 개인 혹은 가족은 그들 자신의 문화, 종교 및 도덕적 신념에 따라 그들에게 가장 적합한 결정을 할 수 있다.

어떤 사람이 유전 상담자 인가?

유전 상담자는 의학유전학, 심리학, 그리고 상담 분야에 특별한 훈련을 한 건강관리 전문가이다. 유전 상담자는 일반적으로 유전질환이 있거나 혹은 유전성 질환의 위험이 있는 사람과 가족을 지원하고 정보를 제공하는 건강관리팀의 일부로 일을 한다. 유전 상담자는 가족들의 위험을 결정하고, 가족의 상태를 조사하고, 질병에 관한 정보를 해석하고, 유전양식과 재발 위험을 분석하고, 가족과 함께 가능한 결정에 대하여 세밀히 검토 한다.

왜 사람들은 유전 상담자에게 가는가?

사람들은 유전 질환, 암, 선천적 이상, 발달 장애의 가족력이 있으면 유전 상담자를 만나기를 요청한다. 특별한 유전 조건이 자주 발생하는 특별한 인종의 사람과 35세 이상의 여자는 유전 혹은 염색체 이상에 대해 증가된 위험과 그들에게 가능한 유전 검사를 가르쳐 주는 유전 상담자를 만난다.

상담은 특별히 몇 개 그룹의 사람들에게 추천된다:

- 35세 이후에 임신을 하거나 임신을 계획하고 있는 여성
- 정신지체, 유전 질환, 선천 기형이 있는 아이가 있는 부부
- 자신의 인종에서 다발하는 유전 질환에 대한 검사 혹은 정보를 원하는 부부
- 사촌 간 혹은 다른 근친 혼인을 한 부부
- 방사선 피폭, 약물, 화학물질, 감염, 또는 마약들을 포함하는 임신에 위험을 불러일으킬 수도 있는 직업, 생활방식, 또는 병력을 가진 사람들
- 두 번 혹은 그 이상의 유산 경험이 있거나 유아기에 죽은 아이가 있는 여자
- 일반적인 신생아 검사에 의해서 진단된 유전 질환을 가진 유아를 가진 부부
- 유전 질환 혹은 선천 이상 있거나 혹은 의심이 되는 사람

어떻게 유전 상담이 기능을 하는가?

대부분의 사람들은 산전 진단 후 혹은 유전 질환이 있는 아이의 출생 후에 유전 상담자를 찾는다. 사람들은 그들이 이미 보균자 이거나 보균자일 위험 요소를 결정하기 위해 유전 상담자를 찾는다. 상담자는 일

사례 A 질문

이제 우리는 염색체 이상에 대한 기본 정보와 어떻게 그들이 일어나는지 이해하고 있으므로, Martha Lawrence의 상황에서 제기된 문제점들을 살펴보자. XYY 아이의 사실을 둘러싸고 있는 불확실성은 Martha의 경우와 같이 Gould 박사의 고민을 설명하고 있다.

1. Gould 박사가 양막천자에서 얻은 핵형에 따라 Martha가 가지고 있는 5가지 경우를 나열하시오.
2. 당신은 이러한 상황에서 가장 적합한 선택은 무엇이라고 생각하는가?
3. 다른 사람이 왜 당신의 선택에 동의하지 않을 수 있는지 3가지 이유를 제시하시오.
4. 당신이 다른 비정배수 질환에 대하여 알고 있다면 만약 진단이 Dowm 증후군이라면 당신의 결정을 바꾸겠는가? 바꾸는 이유 혹은 바꾸지 않는 이유는?

Martha의 양막천자의 결과를 분석하는 동안 Gould 박사는 몇 가지 의문이 있었다.

5. Martha는 기본적으로 그의 나이와 세염색체증 21이 있는 아이를 가질 경우에 대해 염려하고 있었다는 것을 생각해야 한다. Gould 박사는 이상 XYY 핵형에 대해 Martha에게 알려야 하는가? 왜 그런지 왜 그렇지 않은지?
6. Gould 박사가 검사 결과에 대하여 Martha에게 말하기 전에 Martha의 남편에게 말하는 것을 고려하였다. Gould 박사는 그렇게 해야 하는가?

사례 B 검사 결과가 의사를 걱정하게 한다

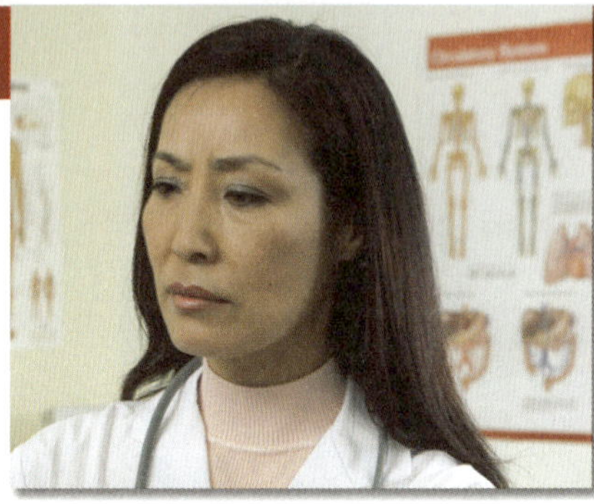

Martha lawrence의 경우는 정말로 Gould 박사를 생각하게 한다. Gould 박사는 그녀의 진료에서 법적 측면을 아주 많이 가르쳐 준 1996년의 환자를 기억한다. 이환자는 Donna Slotin이다. 그녀는 A.J라는 아들을 출산하였다. 그 당시 Donna는 31살 이였고, 고위험 임신에 대하여 고려하지 않았다. 그러나, A.J는 심각한 정신 지체와 다른 신체 결함을 가지는 유전 질환으로 태어났다. 출생과 진단 후에 변호사는 Gould 박사에게 전화를 했고, Donna가 양막천자를 받지 않았기 때문에 Gould 박사를 고소할 예정이라고 말을 했다.

1. Gould 박사가 첫 번째로 해야 하는 일은 무엇인가?
2. Slotin의 변호사는 무엇을 주장하고 있는가?
3. Gould 박사의 변호사는 무엇을 주장하고 있는가?
4. 당신은 고소를 피하기 위해 무엇을 해야 한다고 생각 하는가?

반적으로 가족관계, 의무 기록 및 가계도를 작성하는 것을 시작한다.

가계도는 가족 구성원을 대신하는 기호를 사용하여 만든 그림으로 가족의 유전 기록을 보여 준다 (가계도는 4장에서 논의 할 예정이다). 상담자는 생물학의 기본 개념과 어떻게 질환이 유전되는지를 설명한다.

부부가 아이를 가지기 전에 정보를 찾을 때는 부부와 그들 가족의 혈액 검사는 위험여부를 결정하는 것을 돕는 가계 분석과 함께 사용된다. 만약 형질이 유전적으로 결정되는 것으로 발견되면 상담자는 질병을 있는 아이를 가질 위험도를 설명하는 위험평가윤곽 (risk assessment profile)을 구성한다.

부부와 개인이 어떻게 유전자와 유전자 산물이 유전 질환에 관계하는 지 이해하는 것을 돕기 위해 유전 상담자는 다양한 가르치는 기술을 사용한다. 그들은 개인 혹은 부부가 정보에 의한 결정을 할 수 있도록 정보를 공유한다.

유전 상담의 미래는 무엇인가?

인간 유전체 프로젝트 (HGP)의 정보에 따라 의료 치료가 변하고, 유전 검사에 의해 진단 할 수 있는 유전 질환의 수가 눈부시게 증가하여, 유전 상담자의 역할은 더욱 중요해지고 있다. HGP의 결과는 생식 위험에서부터 암, 당뇨, 심혈관 질환과 같은 성인 질환까지 유전 상담의 중점이 변하고 있다. 상담자에게 제공된 정보는 위험이 있는 개인이 질환의 충격을 줄일 수 있도록 생활 습관을 적응하게 하고, 아이를 가지는 것에 대해 결정하게 하고, 그들 혹은 그들의 자식이 인생에서 필요하게 될 의료 치료에 대한 계획을 세우게 한다.

3.5 요점

- **산모의 나이에 따라 비정배수가 있는 아이를 가질 확률은 증가하고, 산모는 유전 상담자로부터 도움을 받을 수 있다.**

3.6 염색체 이상과 연관된 법적 그리고 도덕적 문제는 무엇인가?

미국 법제도에서 Martha Lawrence는 그녀가 양막천자를 받지 않았고 나중에 유전 질환이 있는 아이가 태어났다면 Gould 박사를 고소할 수 있다. 2개의 가능한 법적 경우 (scenario)가 있다: **잘못된 출생에 대한 소송** (wrongful birth suit) 혹은 잘못된 인생에 대한 소송 (wrongful life suit). 두 형태의 소송은 의사 혹은 유전 상담자의 행동 혹은 게으름 때문에 출생 혹은 출생한 아이의 인생이 잘못된 것에 대한 생각에 기초한다.

47페이지의 차트는 2개의 법적 소송의 차이점을 설명하고 있다. 이런 경우의 결과는 2가지 질문에 기초한다.

1. 이러한 질환의 진단이 유산을 시킬 수 있는 시간 안에 이루어 졌는가?
2. 질환이 해당자가 유산을 원할 만큼 충분히 심각하였는가?

대부분의 법정은 2가지 이유로 잘못된 출생에 대한 소송을 허용한다. Roe v. Wade는 여자에게 아이를 낳는 선택을 주었고, 의사는 의료사고보험을 가지고 있어 경제적인 보상은 문제가 되지 않았다. 그러나 단지 5개 주만이 법정에서 사람이 태어날 수 없다는 것을 선언하는 것이 불편하다는 이유로 잘못된 삶에 대한 소송을 허용하고 있다. 잘못된 삶에 대한 소송의 예로 "Spotlight on Law: Becker v. Schwartz"가 심문 되었다.

잘못된 삶과 잘못된 출생에 대한 소송은 이러한 경우에 의사가 상처의 원인 (선천 이상)이 되는 아무 것도 하지 않았기 때문에 의료사고 소송과는 다르다. 의료사고 소송에서 의사는 환자에게 해를 주었기 때문에 의료사고 (나쁜 행위)로 고발 된다.

몇몇 다른 유형의 사례들은 이러한 유형의 소송들로부터 진화

잘못된 출생 사례	잘못된 인생의 사례
그 부모들은 의사를 고소한다.	그 아이는 의사를 고소한다.
부모들은 의사의 나태함이 태아 검사를 하는 것을 가능하게 하지 않았기 때문에, 그들이 그 아기를 가져야만 할지 어떨지에 대해 정보에 근거한 결정을 할 수 없었다고 주장한다.	그 아이는 그 의사에 의한 부적절한 충고 때문에, 그 또는 그녀가 고통과 괴로움에 시달리는 삶 속으로 태어났다고 주장한다.
만약 그 어머니가 자신의 아이가 이러한 질병에 걸렸다는 것을 알았다면 그녀가 그 아이를 낙태했었을 것이라고 말해야만 하기 때문에, Roe v. Wade 사건과 같은 유형의 사례는 합법적으로 미국에서 낙태를 허용하는 경우에 의존하고 있다.	이러한 유형의 사례는 또한 유사한 이유들로 Roe v. Wade 사건에 의존한다.
다음을 포함하는 어떤 소송들에 대한 이유: 의사는 그 검사나 아이가 가지는 어떤 위험에 대해 부모들에게 말하는 것을 소홀히 했다; 그 의사 또는 연구실은 그 결과를 뒤바꾸었고, 부정확하게 검사를 했거나, 또는 잘못된 검사를 했다; 또는 그 의사는 의도적으로 그 부모들에게 말하지 않기로 결정했다.	이러한 소송들에 대한 이유들은 잘못된 인생에 대한 소송들과 같다.

되었다:

- 잘못된 수정: (외과적 또는 화학적) 피임방법들이 작동하지 않았을 때.
- 잘못된 임신: 유산이 완료되지 않았고 그 어머니가 의학적 문제를 가지고 있을 때.

Martha Lawrence는 XYY 핵형에 대한 어떤 흥미로운 법적 측면에 대해 읽기를 원할지도 모른다. 초기의 조사에서, XYY 핵형을 가지는 사람들은 여분의 Y 염색체와 관련된 공격적인 행동 성향을 가진다는 것을 발견했다. 결과적으로, 이것은 어떤 유형의 폭력적인 행동은 유전적으로 결정된다는 것을 의미할 수 있을지도 모른다. 사실, XYY 핵형은 형사재판 있어서 몇몇 경우 법적 방어도구(아직까지 성공적은 아니지만)로써 사용되어져 왔다 (예를 들어, People v. Tanner [1970], 13 Cal. App.3d.를 볼 것).

이러한 재판들과 XYY 핵형을 가지고 있는 아이들에 대한 차후의 연구에서 제기된 질문은: 우리는 XYY 질환과 범죄적 행동 사이에 직접적인 연결고리를 발견할 수 있는가? 오늘날의 과학적 지식을 사용하여 보았을 때, 이러한 연결을 지지하는 강력한 증거가 없는 것으로 보인다. 사실, XYY 핵형을 가지고 있는 대부분의 남성이 사회적으로 정상적인 삶을 살고 있다.

미국에서는 반사회적 행동과 XYY 핵형 사이의 관계에 대한 장기적인 연구가 중단되었다. 연구자들은 잠재적인 행동 문제를 가진 아이들을 밝혀내는 것이, 부모들로 하여금 그들을 다르게 대우하게 하고, 자기 충족적 예언으로써 행동 문제를 유발하게 할 수도 있다는 것을 우려했다. XYY 질환을 둘러싸고 있는 불확실성이 Martha Lawrence의 사례에 대한 Gould 박사의 고민을 나타내고 있고, Martha의 결정을 더욱 더 어렵게 만들지도 모른다.

3.6 요점

- **부정확한 출생 전 진단으로 잘못된 인생과 잘못된 출생에 대한 소송이 생길 수 있다.**

Becker v. Schwartz
(386 N.E.2d 807 (NY 1978))

다음의 사례는 만약 Gould 박사가 XYY 질환에 대해 Lawrence 부인에게 말하는 것에 실패했다면 Lawrence 부인의 아이가 그 의사에 대해 고소할 수도 있는 소송의 유형이다: 잘못된 인생에 대한 사례.

Delores Becker는 37살에 임신을 했다. 그녀의 임신 전체 기간 동안 그녀를 진료했던 의사는, 양막천자 검사법과 Down 증후군을 가진 아기가 태어날 위험이 증가한다는 것에 대해 그녀에게 말하지 않았다. 그녀의 아들은 Down 증후군을 가지고 태어났다. 그것이 1978년이라는 것을 감안한다 할지라도, 양막천자는 이미 사용되어지고 있었다.

Becker 가족은 그들의 아들을 대신해서 잘못된 인생에 대한 소송을 냈고, 그 결과로 발생한 Becker v. Schwartz 사례는 결과적으로 뉴욕의 최고 사법기구인 뉴욕 항소법원에서 진행되었다. Delores Becker는 만약 그녀가 그녀의 아들의 상태에 대해 알았다면, 낙태를 했을 것이라고 증언했다. 그녀는 의사의 실수로 인해, 아들의 정신 지체에 대해 그가 태어날 때까지 알 수가 없었다.

결과:

법원은 질병 없이 태어날 권리를 가진 사람은 아무도 없다는 이유로 그 소송을 기각했다. 2,500 달러에 합의에 도달했고, 그 아기를 입양시키려는 계획은 포기되었다. 후에 그 사례에 대해 분석한 어떤 변호사들은, Becker 가족이 만약 더 상위의 법정에 갔더라면 더 많은 합의금을 받을 수 있었을 거라고 생각했다.

질문:

1. 이 소송에 대한 근거는 무엇인가?
2. 여러분은 그 법정의 판결이 정확했다고 생각하는가?
3. 여러분은 배심원단이 그들의 아들에 대한 양육과 "손실"에 대해 주어야 했을지도 모르는 보상금의 금액이 얼마여야 한다고 생각하는가?
4. 여러분이 Down 증후군에 대해 아는 것은 무엇이며, 그 부모들이 소송 없이 그 아이를 키워야만 한다고 생각하는가? 왜 또는 왜 그렇지 않은가?

★ 주요점 10개

1. 인간의 정상 염색체 숫자는 46개이다. [3.1]
   ▮ 성염색체(XX 또는 XY)를 포함하는 23 쌍의 염색체가 있다.

2. 감수분열은 정자와 난자의 형성과 관련이 있다. [3.1]
   ▮ 난자와 정자는 홑배수체의 염색체를 가진다.

3. 감수분열에서, 염색체 쌍은 홑배수체의 염색체를 포함하는 배우자(정자, 난자)를 형성하기 위해 서로 분리된다. [3.2]
   ▮ 만약 염색체가 정확히 분리되지 않으면, 비정배수가 발생한다.

4. 대부분의 비정배수는 감수분열에서의 실수의 결과이다. [3.2]
   ▮ 비정배수는 홑염색체 또는 세염색체증을 야기할 수 있다.

5. 임신기간 동안 양막천자와 융모막융모표본추출라는 2가지 검사로 비정배수의 여부를 알아낼 수 있다. [3.3]
   ▮ 이들 각각의 검사는 위험과 이익이 수반된다.

6. 세염색체증이라 불리는 질환에서 여분의 염색체는 태아에게 치명적일 수 있다. [3.3]
   ▮ 태아에 대한 위험은 어떤 염색체가 관련되었는지에 달려있다.

7. 홑염색체라 불리는 질환에서 없어진 염색체는 태아에 치명적일 수도 있다. [3.3]
   ▮ 염색체가 없어졌을 때, 그 염색체상의 모든 유전자 또한 없어지기 때문이다.

8. Down 증후군(세염색체증 21)을 가진 사람들은 어른이 될 때까지 살 수 있다. [3.4]
   ▮ Down 증후군을 가진 사람들은 많은 심각한 증상들을 가지고 있다.

9. 여성이 나이가 많을수록, 비정배수를 가지는 아이를 가질 위험이 증가할 것이고 그 여성은 유전 상담가에게 도움을 받을 수 있다. [3.5]
   ▮ 35세가 넘은 여성은 임신 시에 양막천자를 받도록 권고된다.

10. 부정확한 태아 검사는 잘못된 인생과 잘못된 출생에 대한 소송을 가져올 수 있다. [3.6]
    ▮ 검사에 대한 문제는 연구실에서의 문제에 기인할 수도 있다.

핵심용어

감수분열 meiosis (p. 38)
다배수 polyploidy (p. 41)
말기 I telophase I (p. 38)
말기 II telophase II (p. 38)
비분리염색체 nondisjunction (p. 39)
비정배수 aneuploidy (p. 39)
상동염색체 쌍 homologous chromosome pair (p. 39)
세염색체증 trisomy (p. 41)
양막천자 aminocentesis (p. 40)
양수 amniotic fluid (p. 40)
유전 상담가 genetic counselor (p. 45)
융모막융모표본추출 chorionic villus sampling (CVS) (p. 40)
잘못된 인생에 대한 소송 wrongful life suit (p. 46)
잘못된 출생에 대한 소송 wrongful birth suit (p. 46)
전기 I prophase I (p. 38)
전기 II prophase II (p. 38)
정배수 euploid (p. 41)
종말체 telomeres (p. 37)
중기 I metaphase I (p. 38)
중기 II metaphase II (p. 38)
핵형 karyotype (p. 40)
홑염색체 monosomy (p. 41)
후기 I anaphase I (p. 38)
후기 II anaphase II (p. 38)

온라인자료

시험을 준비 중인가? 예비시험을 위해 academic.cengage.com/login에 로그인하고, 개인의 학습 계획을 세우고, CengageNow's Study Tools에서 효과 측정 시험(post-test)을 보는 것이 여러분의 이해 정도를 평가하는데 도움이 될 것이다.

만약 교사가 내준 과제라면, 이번 장에 해당하는 사례 A와 법적 활동에 대한 조명, 즉 "Results Worry Pregnant Woman"과 "Becker v. Schwartz"라는 제목으로 CengageNow 자료를 검색해서 해답을 찾으면 된다.

복습문제

1. 감수분열의 어떤 시기에 염색체 분체 이상이 가장 많이 발생할 것 같은가?
2. 감수분열이 왜 그렇게 중요한가?
3. 신생아에 대한 핵형은 매우 자주 수행되지 않는다. 왜 그런 경우라고 생각하는가?
4. 큰 염색체가 관련되는 세염색체증이 작은 염색체가 관련되는 것보다 반드시 더 심각할 것인가? 왜 또는 왜 그렇지 않은가?
5. 얼마나 자주 다른 염색체에서 세염색체증이 발생하는지에 대해 연구해 보고 여러분의 결과를 보고하라.
6. 감수분열의 단계들은 무엇인가?
7. 왜 비분리염색체 현상이 발생하는가?
8. 양막천자에 있어서의 위험요소는 무엇인가?
9. 세염색체증의 유형 3가지를 열거해 보라.
10. 유전 상담가가 필요한 사람은 누구일까?

여러분이라면 이럴 때 어떻게 할까?

1. 여러분이 Martha Lawrence였다면 어떻게 하겠는가? (사례 A를 볼 것.)
2. 여러분의 딸이 Down 증후군을 가졌다면, 아이를 원하겠는가?
3. 여러분이 잘못된 출생에 대해 비난받는 의사를 변호하는 변호사라면, 여러분이 펼칠 주장은 무엇인가?
4. 여러분이 Gould 박사라면 Martha Lawrence가 정신적으로 불안정하다고 생각하겠는가? (사례 A를 볼 것.)
5. 여러분이 입법부의 일원이라면, 모든 임산부가 양막천자를 받을 수 있도록 요구하는 법안에 대한 투표를 하겠는가?
6. 여러분이 의사라면, 그녀가 비록 42세라도 양막천자를 거절하겠는가?
7. 여러분이 양막천자를 고려하는 임산부이고, 양막천자로 인해 유산될 확률이 0.01%라는 것을 알고 있다면 어떻게 하겠는가?
8. 여러분이 양막천자로 인해 유산될 확률이 0.01%라는 것을 자신의 환자에게 말할지 어떨지에 대해 고려하는 의사라면, 어떻게 하겠는가?

응용문제

1. 만약 35세보다 어린 여성이라면, 유전적 질환에 대한 모체의 위험 요소가 낮기 때문에 의사는 보통 태아 검사를 권하지 않는다. 이러한 주제에 대한 연구를 하고 왜 이러한 실행이 미래에 변화할 수도 있는지에 대해 논하라.
2. 양막천자를 하는 동안, 양수를 뽑아내기 위해 매우 긴 바늘이 사용된다. 양막천자에 사용되는 바늘의 사진을 찾아보고, 어떻게 이 검사에 대해 임산부를 놀라게 하지 않으면서 논의할 수 있는지에 대해 논하라.
3. 때때로 아기는 태아 검사를 하는 동안 피해를 입을 수 있다. 의사는 그 부모와 이러한 가능성에 대해 의논할 필요가 있을까? 왜 또는 왜 그렇지 않은가?
4. 분명하게, 어떤 염색체의 이상은 다른 염색체의 이상보다 심각하다. X 염색체의 홑염색체와 다른 염색체의 홑염색체와 사이의 다른 점은 무엇인가?
5. 염색체의 이상을 진단하는 의사가 그 질환의 원인이 아니라는 것은 매우 분명해 보인다. 여전히 몇몇의 의사는 이 아이들의 부모에 의해 고소당하고 있지만 말이다. 이것은 윤리적인가?
6. 모든 염색체를 3배수 가지는 수정란이 있을 때, 세염색체증이라 불리는 염색체의 이상이 나타난다(69 염색체). 여러분은 여분의 염색체 쌍이 어디로부터 온다고 생각하는가? 힌트: 많은 세염색체증 수정란은 XYY 성염색체 쌍을 가지고 있다. 여러분은 이들 수정란이 생존할 것이라고 생각하는가? 왜 또는 왜 그렇지 않은가?
7. 양막천자는 대략 임신 16주가 될 때까지 수행할 수 없다. 의사가 16주까지 기다리는 1가지 이유는 획득된 세포가 산모로부터가 아니고 태아로부터 라는 것을 확실히 하기 위해서이다. 분명하게, 만약 획득된 세포의 핵형이 Y 염색체를 보인다면, 그 세포는 태아로부터 온 것이다. 왜 그런가?
8. 산모가 여러분에게 와서 임신 12주에 검사를 해달라고 요구한다. 그 결과 세포가 2개의 X 염색체를 가지는 것으로 보인다. 만약 획득된 세포가 산모 또는 태아에 속한 것이라면, 여러분은 어떻게 알아낼 것인가?
9. 왜 어떤 사람들은 12주처럼 이른 시기에 양막천자를 원하는가?
10. "수치로 따져보기" 표에 대한 연장이다. 조사 후에 아래 표를 채우시오.

매년 얼마나 많은 양막천자가 수행되는가?	
최근 일 년 동안 얼마나 많은 Down 증후군을 가진 아기가 태어났는가?	
10년 전에는 얼마나 많은 Down 증후군을 가진 아기가 태어났는가?	

KETV.com, 2007년 5월

연구: Down 증후군 검사가 모든 연령의 산모에게 유용하다

초음파를 사용한 태아의 목덜미 반투명 두께측정(a nuchal translucency ultrasound)과 산모로부터 혈액을 채취하여 검사하는 2가지의 특별한 검사법으로 Down 증후군에 대해 검사할 수 있다. 이러한 검사법을 사용하여 연령에 관계없이 모든 임산부를 검사하기 위한 움직임이 일고 있다. 태아의 목덜미 반투명 두께 검사법(nuchal translucency screening test)은 발달중인 태아의 목의 뒤쪽에 있는 조직안의 투명한 공간을 측정하기 위해 초음파를 사용하고, 혈액검사로는 2가지 단백질의 양을 알 수 있다.

그 2가지 검사는 만약 태아가 Down 증후군을 가진다면, 양막천자를 해야만 하는 지 어떤지 결정하기 위한 계산을 하기위해 컴퓨터 프로그램에 함께 사용된다.

온라인상에서 이 기사를 보려면 academic.cengage.com/biology/yashon/hgs1로 접속하라.

질문:

1. 만약 더 많은 여성들이 이러한 방법으로 검사받는다면, 여러분이 예상하는 문제들은 무엇인가?
2. 초음파 검사는 이미 태아 검사에서 일상적으로 사용되어지고 있다, 그래서 의사들은 이러한 새로운 검사를 하기위해 특별히 훈련을 받아야만 하는가?

***Science*, 1973년 1월 12일**

XYY 유전형의 행동 양상

하나의 유전학적 연구가 하버드의 아동 심리학자인 Stanley Walzer와 하버드 의과대학의 유전학자인 Park Gerald에 의해 수행되었다. 1968년에, 그들은 보스턴 여성병원에서 태어난 모든 남자아기들을 검사하고 XYY 또는 XXY와 같은 비정상적인 핵형을 가지는 아기들의 발달을 연구하고 계속 관찰하였다. 그 연구는 정신 건강 국립 연구소의 범죄와 비행 연구 센터로부터 자금의 지원을 받았다.

출처: Ernest B. Cook, "XYY 유전형의 행동 증후군," *Science*, vol. 179, pp.139–150, January 12, 1973.

질문:

1. 여러분이 알 수 있는 이 연구가 가지는 문제들은 무엇인가?
2. 이 연구에 대하여 조사 하고, 왜 이 연구가 중단되었는지에 대해 알아보라.

Law & Order: SVU(USA Network)

"권한(Competence)," 2002년 5월 10일

"시계(Clock)," 2006년 9월 26일

법과 질서(Law and order)가 문제를 일으키다

첫 번째 에피소드에서, 강간을 당한 Down 증후군을 가진 한 여성이 그로 인해 생긴 그녀의 아기를 계속 갖기를 원하지만, 그녀의 어머니가 반대한다. 두 번째 에피소드에서는, 그녀의 실제 나이보다 어려보이는 Turner 증후군을 가진 한 여성이 그녀의 남자친구와 달아나기 위해 가짜 납치극을 벌인다.

온라인상에서 에피소드와 줄거리를 내려받으려면 academic.cengage.com/biology/yashon/hgs1로 접속하라.

질문:

1. 이러한 주제가 TV 드라마에서 다뤄져야만 하는가?
2. 이들 2개의 에피소드는 유전적 질환을 가진 사람들의 권한에 대한 것이다. 권한이 있는 사람은 누가 결정하는가?

4 유전자는 한 세대에서 다음 세대로 어떻게 전달되는가?

핵심 포인트

- 유전자는 한 세대에서 다음 세대로 전달된다.
- 형질은 예측할 수 있는 법칙에 의해 유전된다.
- 우성, 열성, X-연관 형질에 관련된 유전 질환은 여러 법칙에 의해 나타난다.

© catchlightisual Service/Alamy

사례 A 어떤 가족의 딜레마

앨런 프랭클린(Alan Franklin, 17)은 그의 어머니에 대한 기억이 희미하다; 그가 5살이 되기도 전에 그녀는 생을 마감하였다. 그러나 그의 형 존(John)은 그녀에 대한 얘기를 해주지 않았다. 그의 어머니는 아주 오랫동안 앓아왔다; 그녀는 비틀거리며 걸었고 발작을 일으키기도 했는데, 결국 자리에 눕게 되었다. 존은 동생에게 어머니가 **헌팅톤병(Huntington disease, HD)**이라고 말해 주었다.

헌팅톤병은 돌연변이 유전자로 인해 발병된다. 이러한 돌연변이 유전자를 오직 한 카피만 갖고 있는 사람일지라도 질환에 걸리게 된다. 헌팅톤 유전자를 보유하고 있는 대부분의 사람들은 30~50세 사이에 증상이 나타나기 시작하며, 다른 사람의 간병을 필요로 할 만큼 근육과 정신을 조절하는 능력이 서서히 쇠약해진다. 이 질환은 치명적이지만, 병의 진행이 10~20년 동안 천천히 진행될 수도 있다.

앨런은 착한 학생이고 장래의 꿈은 공군 조종사가 되는 것이다. 하지만 그는 자신이 혹시라도 헌팅톤병에 걸릴 것을 염려하고 있다. 최근에 그는 생물학 수업을 통해 헌팅톤병은 유전되며 이 질환에 걸릴 위험이 있는 지를 검사할 수 있다는 것을 배우게 되었다.

프랭클린 가족에는 세 자녀가 있다. 앨런의 누나인 메리 프랭클린(Mary Franklin)은 다음 6월에 밥 윌슨(Bob Wilson)과 결혼할 예정이다. 존(John)의 부인인 에밀리(Emily, 법적으로 앨런의 형수)는 임신 중이고, 그들은 이미 두 살배기 아들인 마태(Matthew)를 두고 있다.

앨런은 생물학 선생님에게 헌팅톤병의 발병 유무를 알아낼 수 있는 더 많은 정보에 대한 질문을 하였고, 그녀는 그에게 가까이에 위치한 병원의 유전상담사인 마르타 라이트(Ms. Marta Wright)를 소개시켜 주었다. 그리고 그녀는 그가 아버지의 허락을 받아 상담사를 방문할 것을 제안하였다.

앨런의 아버지는 앨런이 유전상담사를 만나도록 용기를 주었다. 첫 번째 상담에서 유전상담사인 마르타 라이트씨는 앨런 가족에 대한 가계도를 만들었다.

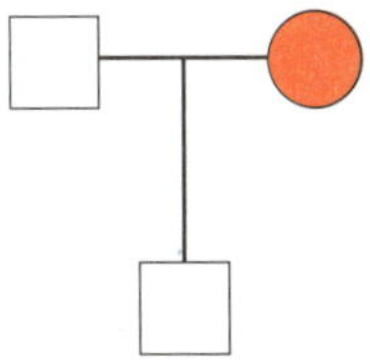

그림에서 보이는 가계도에서 네모로 표시된 기호는 그의 아버지이고, 헌팅톤병을 가진 어머니는 동그라미로 채색된 기호이며, 이러한 기호 아래에 있는 네모는 앨런 자신이라고 그녀는 설명해 주었다. 상담사는 앨런에게 그의 어머니가 헌팅톤 유전자를 가졌기 때문에, 앨런도 이 질환에 걸릴 확률이 50%라고 말해 주었다. 만일 앨런이 헌팅톤 유전자를 갖고 있다면, 그는 중년의 나이에 증상을 보이기 시작할 것이다.

유전상담사인 라이트는 앨런에게 헌팅톤을 일으키는 돌연변이 유전자를 갖고 있는지 검사해 보자고 하였다. 만일 검사에게 헌팅톤 유전자가 나타난다면, 아마도 그는 공군에 지원하지 않을 것이고, 공군 조종사가 되려는 그의 꿈은 실현되지 못할 것이다.

앨런과 같은 사례를 접하게 되면 여러 가지 질문이 떠오른다. 이러한 질문에 답하기 전에 헌팅톤병을 포함한 유전 형질이 한 세대에서 다음 세대로 어떻게 전달되는지를 알아보기로 하자.

4.1 유전자는 부모로부터 자식에게 어떻게 전달되는가?

1800년 대 중반, 유럽의 수도승이었던 그레고어 멘델(Gregor Mendel)의 연구 덕분에, 우리는 인간을 포함한 모든 동물과 식물에서 유전자가 어떻게 부모로부터 자식에게 전달되는지를 알게 되었다. 멘델은 식물의 키, 꽃 색깔과 같이 형질(trait)이라고 부르는 서로 다른 특징을 가진 완두콩을 선택하여 실험에 이용하였다.

키가 큰 완두콩과 키가 작은 완두콩의 교배를 통해, 멘델은 부모와 자식 간에 어떠한 차이가 나타나는지를 알아보고자 하였다. 유전학자들은 각각의 형질을 표시하기 위한 기호로서 문자를 사용하며, 이 경우에 키가 큰 완두콩은 T, 키가 작은 완두콩은 t로 표시한다. 그 자신의 연구 결과, 멘델은 형질이라는 것이 부모로 부터 자식으로 전달될 때, 어떤 특정한 패턴을 보이는 것을 관찰하였다. 예를 들면 키작음(shortness)과 같은 몇몇 형질은 첫 번째 세대의 자식에서는 사라졌다가, 다음 세대에서는 1/4의 비율(키가 큰 완두콩과 키가 작은 완두콩의 비율은 3:1)로 다시 나타났다. 그는 첫 번째 세대의 자식에서 나타나는 형질을 **우성** (dominant), 첫 번째 세대에서는 사라졌다가 다음 세대에서 다시 나타나는 형질을 **열성** (recessive) 형질이라고 불렀다.

오늘날 우리는 멘델의 연구를 통하여 형질이 어떻게 유전되는지, 얼마나 정확하게 유전되는지, 또한 인간에게서도 완두콩과 마찬가지로 똑같은 패턴으로 나타난다는 것을 알고 그는 형질이라는 것은 "인자(factor)"에 의해 한 세대에서 다음 세대로 전달된다고 예측하였다. 그러한 인자를 우리는 오늘날 유전자(gene)라고 부른다. 각각의 부모는 형질로 나타나는 유전자를 한 쌍(2개) 갖고 있지만, 감수분열을 통해 유전자를 포함한 염색체가 분리됨으로써 오직 1개의 유전자만 자식에게 전달한다.

한 쌍의 유전자는 서로 다를 수 있다. 각각의 부모는 식물의 키를 결정짓는 한 쌍의 유전자를 갖고 있으며, 이 유전자는 2개의 버전(version)을 갖고 있다. 한 유전자는 키가 큰 식물을 만들고, 다른 유전자는 키가 작은 식물을 만든다(■ 그림 4.1). 우리는 이러한 유전자의 변이를 **대립유전자** (alleles)라고 부르는데, 대립유전자 2개가 동일(*TT* 혹은 *tt*)하면 **동형접합자** (homozygous), 대립유전자 2개가 서로 다르면(*Tt*) **이형접합자** (homozygous)라고 한다.

■ **그림 4.1 서로 다른 식물의 키**
이 완두콩들은 멘델이 실험에 사용했던 것과 유사하다. 하나(a)는 키고 크고, 다른 것(b)은 키가 작다.

기호를 사용하여 멘델의 실험을 살펴보면, 첫 번째 교배에서 다음과 같은 결과를 알 수 있다.

TT × *tt* (양쪽 부모 모두 동형접합자)
Tt (모든 자식은 이형접합자)

아울러 멘델은 생물체의 외형(키가 크거나 혹은 작거나)은 유전적 조성에 따라 서로 달라질 수 있을 것이라고 결론지었다. 생물체의 외형 혹은 우리가 겉으로 관찰할 수 있는 것을 **표현형** (phenotype), 그리고 생물체의 유전적 조성을 **유전자형** (genotype)이라고 부른다. 따라서 *TT*, *Tt*, *tt*는 유전자형이고, 키가 크거나 작다고 하는 것은 표현형이다. 생물체는 동일한 표현형을 갖고 있지만, 그러나 유전자형은 서로 다를 수 있다(■ 그림 4.2). 예를 들면, 큰 키는 우성 형질이기 때문에, 키가 큰 완두콩은 동형접합자(*TT*)이거나 이형접합자(*Tt*)일 수 있다.

멘델은 현대 유전학의 기초를 세웠기 때문에 그 이름이 아직도 기억되고 있다:

■ **그림 4.2 대립유전자의 선별**
완두콩을 교배시켰을 때, 두 번째 세대에서 3개는 키가 큰 완두콩이었고, 1개는 키가 작은 완두콩이었다. 키가 작은 완두콩은 어디로부터 온 것일까?

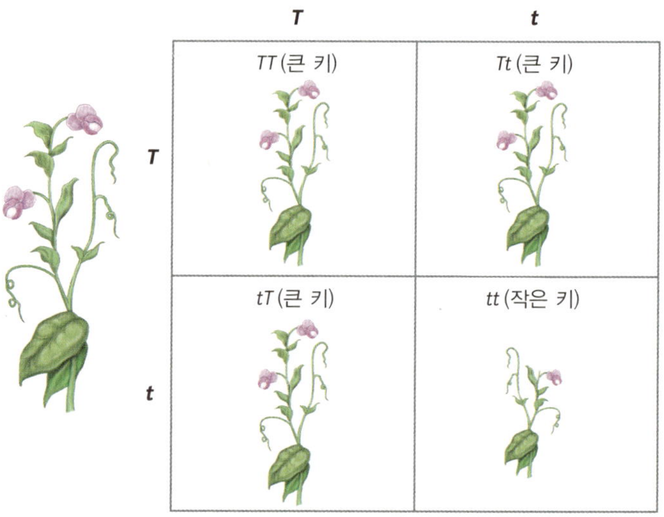

1. 각 유전자의 카피 2개는 감수분열을 통해 난자와 정자가 만들어짐으로써 서로 분리된다. 그 결과, 카피 1개는 난자 혹은 정자에 포함되어 자식에게 전달되며, 이를 **분리의 법칙** (law of segregation)이라고 부른다.
2. 한 유전자 쌍의 각각은 다른 유전자 쌍과는 독립적으로 접합자(gametes)로 분리되므로, 한 접합자는 부모의 유전자가 서로 조합된 형태로 나타날 수 있다. 이를 **독립의 법칙** (law of independent assortment)이라고 부른다.

멘델의 법칙은 오늘날까지 생물체 실험, 예를 들면, 초파리, 흰 쥐, 식물의 유전학 연구에 이용되고 있다. 또한 어떤 가족의 유전질환에 대해 상담해 주는 라이트(Ms. Wright)에 의해서도 매일 이용되고 있다.

멘델의 발견은 인간의 형질에 어떻게 적용되는가?

멘델의 2가지 법칙을 인간의 형질에 어떻게 적용하는지를 설명하기 위해, 알비노증(albinism, 백색증)을 일으키는 형질의 유전 양식에 관해 알아보기로 하자. 아래 그림은 알비노증을 앓고 있는 사람의 사진이다.

Rick Guidotti/Positive Images

이 경우, 대립유전자는 *A*, *a*로 표시하기로 한다. *A*는 색소 형성(색깔)을 결정하는 우성 대립유전자이고, *a*는 색소 형성을 결정하는 유전자가 결핍된 열성 대립유전자이다. 알비노증 환자는 2개의 열성 대립유전자(*aa*) 카피를 갖고 있기 때문에 색소를 만들 수가 없다; 그들은 창백하고 하얀 피부, 하얀 머리털, 색깔이 없는 눈을 갖고 있다(왼쪽의 사진을 보라).

적어도 1개의 우성 대립유전자(*Aa* 혹은 *AA*)를 갖고 있는 사람이라면 피부, 머리털, 눈의 색깔을 나타내기 위한 충분한 색소를 만들 수가 있다.

멘델의 법칙을 인간에 어떻게 적용하는지를 설명하기 위해, 정상적으로 색소 형성을 하는 이형접합자(*Aa*)인 부모와 함께 시작해 보기로 하자(■ 그림 4.3).

$$Aa \times Aa$$

감수분열을 통하여 서로 분리되어 부모로부터 전달된 우성(*A*)과 열성(*a*) 대립유전자는 서로 다른 접합자를 만든다. 각각의 부모는 타입이 다른 2개의 접합자(1개는 *A*, 다른 것은 *a*)를 생산할 수 있기 때문에, 수정 시에 접합자가 무작위로 선택되면 자식 중에서 다음과 같이 4개의 가능한 대립유전자의 조합을 생산할 수 있다.

$$AA, Aa, aA, aa$$

멘델은 식물을 이용하여 짧은 기간 동안에 수많은 실험을 할 수 있었다. 물론 인간을 이용하여 이러한 실험을 할 수는 없다. 그러나 만일 어떤 부모가 충분한 수의 아이(20명에서 30명 정도)를 갖게 된다면, 멘델이 예측한 것처럼 정상과 알비노증의 비율이 3:1에 근접하게 나타난다는 것을 알게 될 것이다.

만일 양쪽 부모가 모두 이형접합자(*Aa*)라면, 아이의 75%는 정상적으로 색소를 만들 것이고, 25%는 알비노증에 걸리게 된다(3:1의 비율).

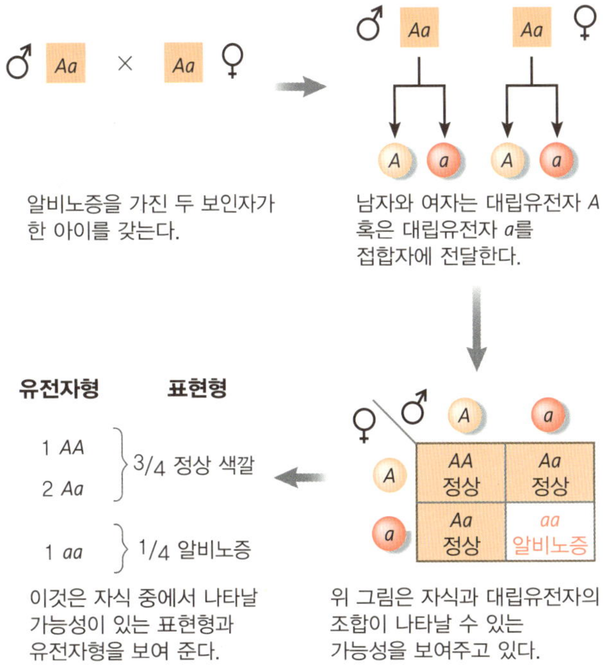

■ 그림 4.3 인간 알비노증 대립유전자의 분리

인체유전학에서 형질의 유전은 어떻게 연구하는가?

인간 형질의 유전을 연구하기 위해, 유전상담사는 상세한 가족력을 필요로 하며, 이 같은 가족력은 **가계도**(pedigree)라고 하는 도표를 만드는데 이용된다. 가계도를 통하여 정상인 가족 구성원과 질환에 걸린 가족 구성원 모두를 확인할 수 있다(■ 그림 4.4). 인터뷰 뿐만 아니라 상담자는 편지나, 일기. 사진, 가족력 등을 이용해 정보를 모을 수 있고, 이를 통해 가계도를 만들게 된다.

로마 숫자(■ 그림 4.5)는 각각의 세대를 가리키는데 이용된다.

■ 그림 4.4 가계도 1의 예시

이 가계도는 두 세대를 보여 주고 있다. 빨간 색은 유전적 질환을 갖고 있는 것이며 빈 칸은 정상을 의미한다.

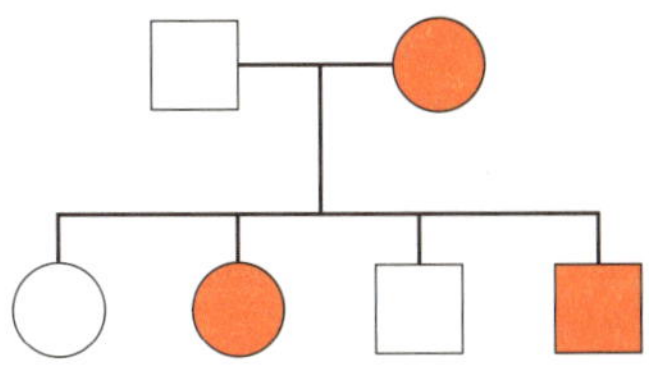

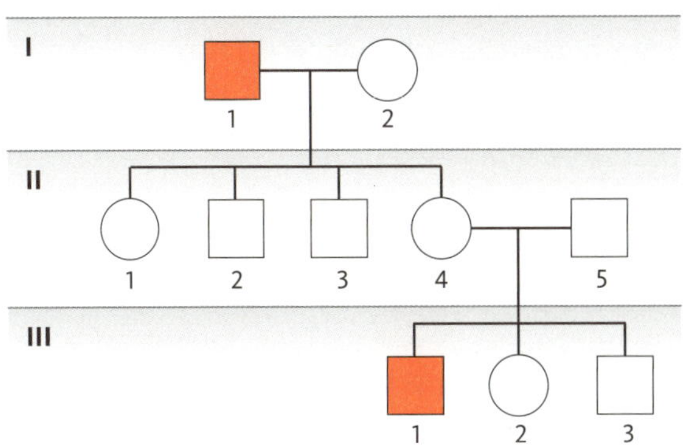

■ 그림 4.5 가계도 2의 예시

이 가계도는 세 세대(I, II, III으로 표시)를 보여 주고 있다.

아래의 기호는 가계도 작성에 이용된다.

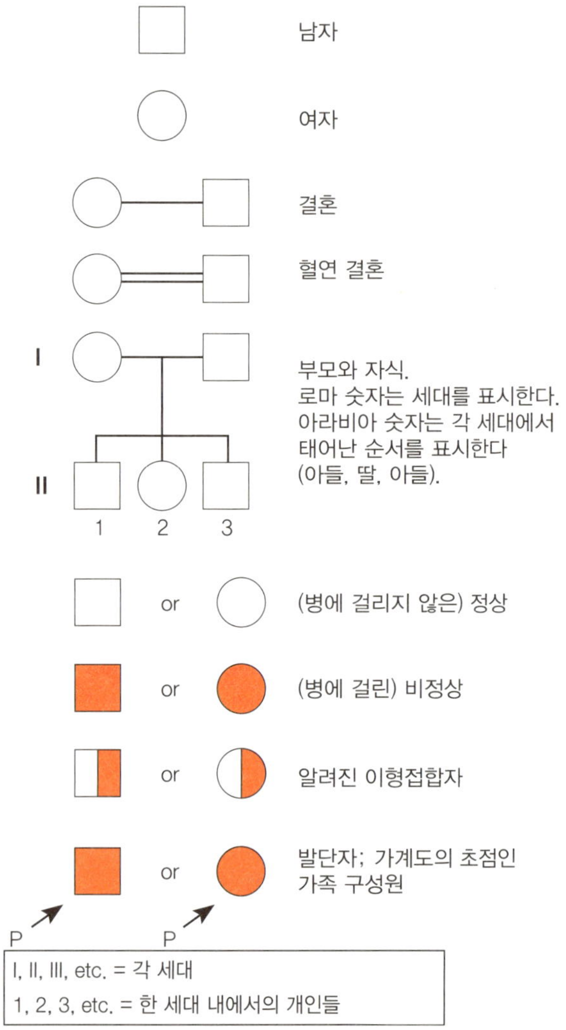

어떤 가족이 상담을 요청했을 때, 가계도는 흔히 확인된 유전 질환을 갖고 있는 가족의 구성원을 기준으로 만들어진다(■ 그림 4.6). 앨런의 경우, 그는 라이트에게 가계도를 작성해줄 것을 요청했다. 가계도가 완성되면 앨런은 가계도의 초점인 **발단자** (proband)가 된다. 그는 화살표와 *P*로 표시되어 있다.

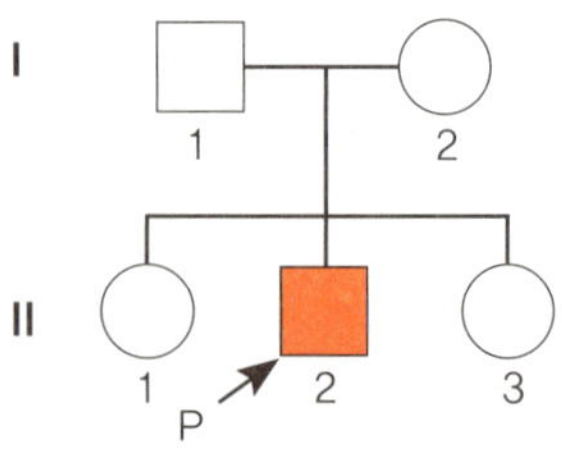

■ 그림 4.6 발단자를 표시한 가계도 이 가계도는 두 세대를 보여주고 있다. 화살표와 *P*는 발단자를 표시한다.

아래 그림에서는 가계도에 이용된 다른 기호들이 표시되어 있다:

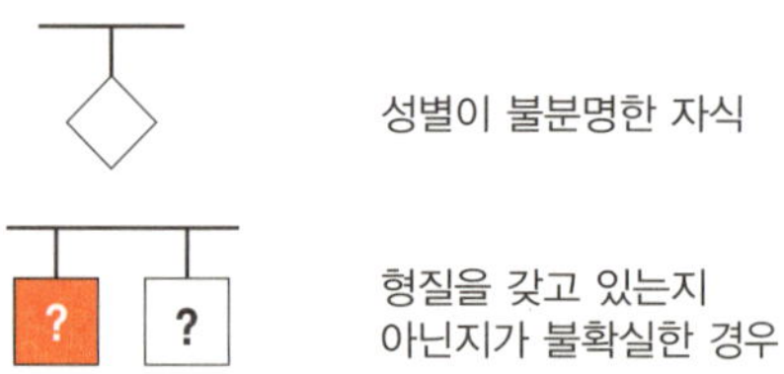

가계도를 만들기 위해 정보를 수집하는 것이 언제나 쉬운 일만은 아니다. 왜냐하면 먼 거리의 친척에 관한 정보는 흔히 완전하지 못하고, 의학적 상태에 대한 기억이 오랜 시간을 거치면서 잊혀 질 수 있기 때문이다. 또한 가족의 구성원들은 때때로 비정상적 질환을 가졌던 친척에 대해서 말하기를 꺼린다.

아래에 있는 2개의 가계도를 살펴보자. 하나는 앨런의 가계도(유전상담사인 라이트에 의해 작성됨)이고, 다른 하나는 알비노증을 앓고 있는 경우이다. 여러분들이 보기에 어떤 차이가 있는가?

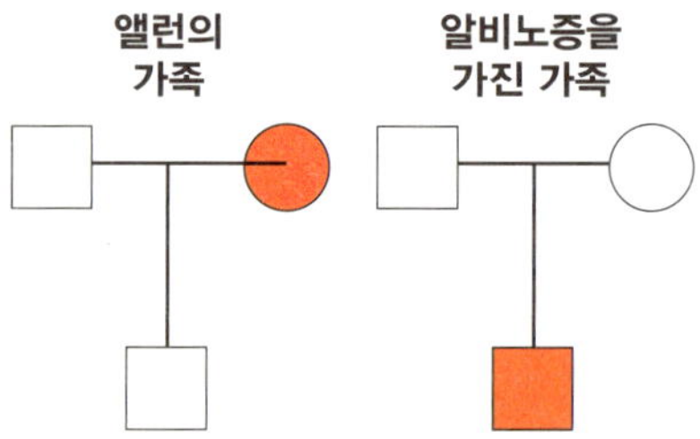

4.1 요점

- 한 쌍의 유전자는 다른 유전자 쌍들과는 독립적으로 분리되어 접합자(gametes)로 전달된다. 따라서 모든 접합자들은 서로 다른 유전자의 조합으로 이루어진다.
- 1800년대 중반에 살았던 수도승 그레고어 멘델은 유전학의 아버지였다.
- 멘델은 식물을 이용하여 실험했지만, 그가 이룩한 유전 법칙은 오늘날에도 여전히 인간의 유전학을 연구하는데 이용되고 있다.

4.2 가계도를 연구함으로써 우리는 무엇을 배울 수 있는가?

가계도를 분석해보면, 현재 어떤 가족이 갖고 있는 형질이 우성으로 유전되는 패턴인지, 아니면 열성으로 유전되는 패턴인지를 판단할 수 있다. 그러므로 가계도는 몇몇 상황에서 다음과 같은 유전적 위험을 예측하는데 이용될 수 있다.

- 태아의 유전 질환의 위험
- 성인기 발병되는 유전 질환의 위험
- 미래의 자식에서 나타날 수 있는 유전 질환의 위험

멘델의 연구를 근거로 우리는 인간이 갖고 있는 형질의 유전 패턴이 뚜렷한 몇몇 방식을 통하여 유전될 수 있다는 것을 알고 있다. 형질이 유전되는 패턴과 그 결과 야기되는 유전적 위험의 차이점을 이해하기 위해서, 유전 패턴이 나타날 수 있는 3가지 가능성, **상염색체 열성** (autosomal recessive), **상염색체 우성** (autosomal dominant), 그리고 **X-연관 열성** (X-linked recessive)에 대하여 설명하고자 한다. 상염색체 형질은 염색체 1번-22번에 포함되어 있고, X-연관 형질은 X 염색체에 들어 있다.

상염색체 열성 형질은 어떻게 유전되는가?

가계도를 살펴보면, 여러 세대에 걸쳐 유전 질환에 걸린 사람들과 걸리지 않은 사람들이 있다는 것을 알 수 있다. 따라서 가계도를 통하여 어떤 가족이 갖고 있는 형질이 열성 유전의 패턴을 보이는지 혹은 아닌지를 판단할 수 있다. 알비노증과 같은 열성 형질이 포함된 가계도는 몇몇 뚜렷한 특징을 나타낸다.

- 질환에 걸리지 않은 부모에게서도 질환을 가진 아이가 태어날 수 있다.

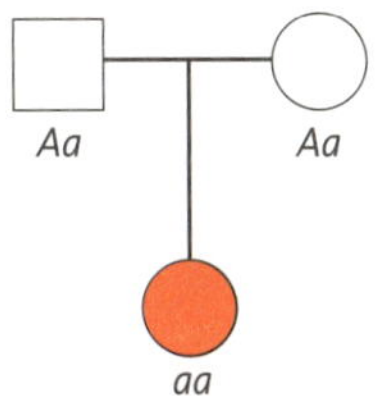

- 질환에 걸린 부모로부터 태어난 아이는 모두 질환을 갖는다.

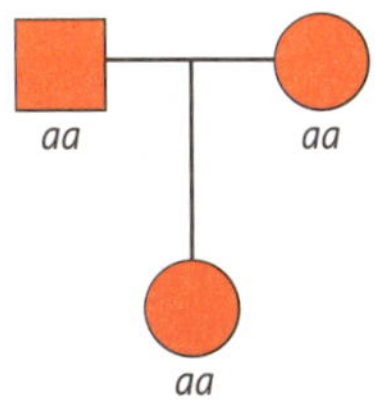

- 2개의 이형접합자가 만난 경우(보인자), 질환을 갖지 않은 아이가 태어날 확률은 75%이고, 질환에 걸릴 아이가 태어날 위험성은 25%이다.
- 남자 아이와 여자 아이는 똑같은 정도로 질환에 걸린다. 게다가 남자나 여자의 양쪽 부모 모두, 아이에게 질환이 나타날 유전자를 전달할 것이다.

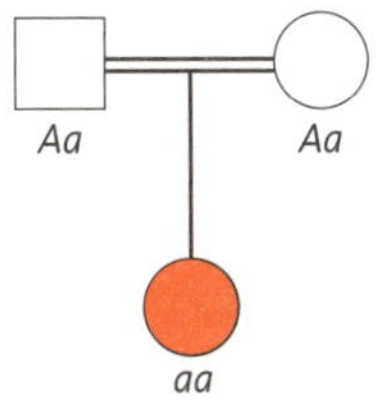

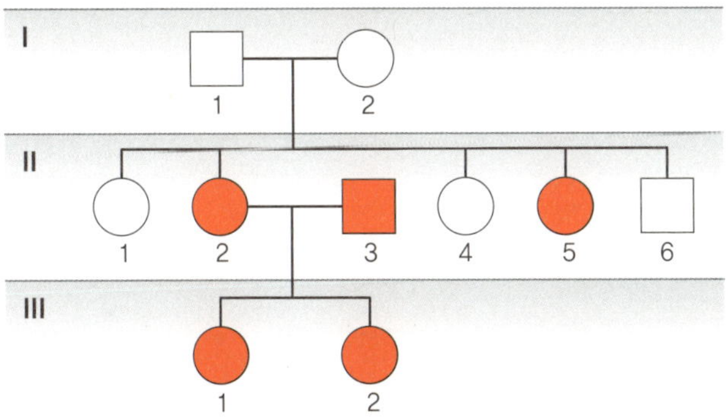

■ **그림 4.7 상염색체 열성 가계도**
이 가계도에는 상염색체 열성 형질을 가진 어떤 한 가족이 세 세대에 걸쳐 나타나 있다.

표 4.1 상염색체 열성 유전적 질환의 예

형질	표현형
낭포성섬유증(CF)	점액이 과잉 생산되어 분비선이나 폐의 기도를 막음
페닐케톤뇨증(PKU)	체내에 페닐알라닌이 과잉 축적되어 정신 지체를 일으킴
겸상적혈구빈혈증(SCA)	비정상적인 헤모글로빈을 가져 혈액의 흐름이 방해 받음
색소성 건피증(XP)	DNA 복구효소가 결핍되어 빛에 민감하므로 피부암 발생률이 높음
테이색스병(TSD)	신경세포의 대사에 문제가 생겨 유아시기에 사망

- 가계도에 나타난 바와 같이, 질환이 나타나지 않은 부모(이형접합자)에게서도 질환에 걸린 아이(동형접합자)가 태어날수 있다. 이를 **혈연** (consanguinity)이라고 부르며, 부모 사이에 이중선으로 표시되어 있다.

상염색체 열성 형질이 유전되는 패턴을 나타내는 가계도가 ■ 그림 4.7에 나타나 있다. 표 4.1은 상염색체 열성과 관련된 유전적 질환의 목록이다.

몇몇 열성 형질, 가령 예를 들면 머리털, 눈동자 색깔과 같은 경우에는 상대적으로 심하지 않은 유전 질환이다. 하지만 어떤 질환들은 생명을 위협할 수 있는데, 낭포성섬유증 혹은 겸상적혈구빈혈증과 같은 경우에는 치명적인 유전 질환을 일으킬 수 있다. 아래에서 설명한 것과 같이, 인체에서 중요한 단백질이 부적절하게 생산되거나 거의 생산되지 않게 되면 유전 질환이 나타나게 된다. 예를 들면 멜라닌(melanin) 또는 색소(pigment)를 만드는 단백질에 문제가 발생하면 알비노증이 나타난다.

1. **알비노증**(A = 정상 색깔, a = 알비노증): 알비노증은 피부, 머리털, 그리고/또는 눈의 색소침착(pigmentation)이 결핍된 유전 질환이다. 정상인에 있어서 멜라닌은 피부, 머리털, 눈에 존재하는 세포 내(멜라닌 세포)에서 색소 입자로 발견된다. 알비노증 환자의 경우, 멜라닌 세포는 존재하지만 멜라닌을 만들지 못하기 때문에 색소 입자를 갖고 있지 않다.

   알비노증 중에서 공통된 한 가지 타입은 전신성 알비노증 타입 I(oculocutaneous albinism type I, OCA I)이라고 부르는데, 머리털, 피부, 눈에 색소를 갖고 있지 않다. 또한 시력이 낮고, 밝은 빛에 민감하며 눈 떨림 현상이 나타난다

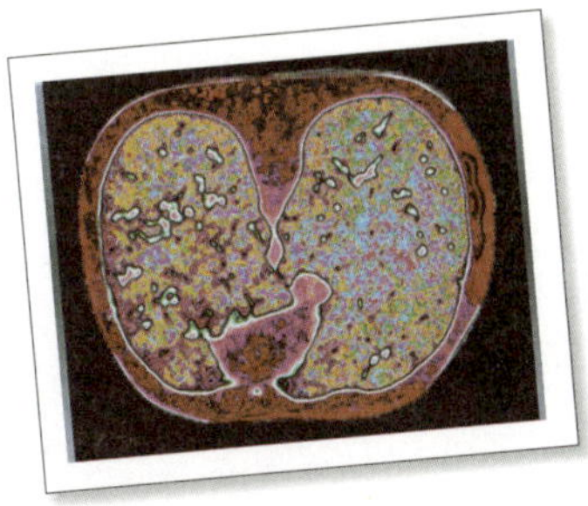

PHOTO GALLERY
섬유성낭포증 환자의 폐는 기도가 막혀있는 것이 분명하게 보인다.
© JAMES CAVALLINI/PHOTO RESEARCHERS, INC.

2. **낭포성섬유증**(C = 정상, c = 낭포성섬유증): 다른 상염색체 열성 유전에는 낭포성섬유증(cystic fibrosis, CF)이 있다. 이 질환은 점액과 소화효소를 생산하는 분비선이 제대로 작용하지 않음으로서, 많은 필수적인 기능을 갖는 분비선에 문제가 발생하게 된다. 낭포성섬유증에 걸리게 되면, 폐에서 두터운 점액이 생산되어 기도가 막힌다. 따라서 대부분의 낭포성섬유증 환자는 인체 내의 기도 등이 폐쇄되는 폐질환으로 발전되고, 감염이 되기 쉬워 조기 사망에 이르게 된다.

PHOTO GALLERY
겸상적혈구빈혈증 환자의 적혈구 세포가 매우 다양하게 나타나는 것이 관찰된다.
© Eye of Science/Photo Researchers, Inc.

섬유성낭포증의 유전자와 여기에서 발현되는 단백질(CFTR)은 그동안 잘 연구되어져 왔고, 이제 유전자 치료 등 새로운 치료법의 개발에 활용되고 있다. 그 내용은 제9장에서 논의될 것이다.

3. **겸상적혈구빈혈증**(S = 정상 적혈구, s = 낫 모양 세포): 지중해 주변의 저지대인 서아프리카의 일부에서 태어난 조상을 가진 사람들, 혹은 인도 아대륙의 몇몇 지역에 사는 사람들은 겸상적혈구빈혈증(sickle cell anemia, SCA)이라고 부르는 유전 질환이 높은 빈도로 발생한다(■ 그림 4.8). 겸상적혈구빈혈증은 비정상적인 헤모글로빈(적혈구 세포에 들어 있는 단백질)이 생산되는 열성 유전 질환이다. 헤모글로빈은 폐로부터 산소를 신체의 각 조직으로 수송해 준다. 겸상적혈구빈혈증은 비정상적인 헤모글로빈 분자가 적혈구세포를 초승달 모양(crescent) 또는 낫 모양(sickle-shaped)의 세포로 변형시킴으로써 일어난다(■ 그림 4.9).

변형된 세포들은 체내에서 순환될 때, 손상되기 쉬울 뿐만 아니라 부서지기 쉽다. 이처럼 망가진 세포들을 대체할 새로운 적혈구가 빨리 생산되지 않기 때문에, 빈혈증이 일어나고, 또한 혈액으로 산소를 운반하는 능력이 감소하게 된다.

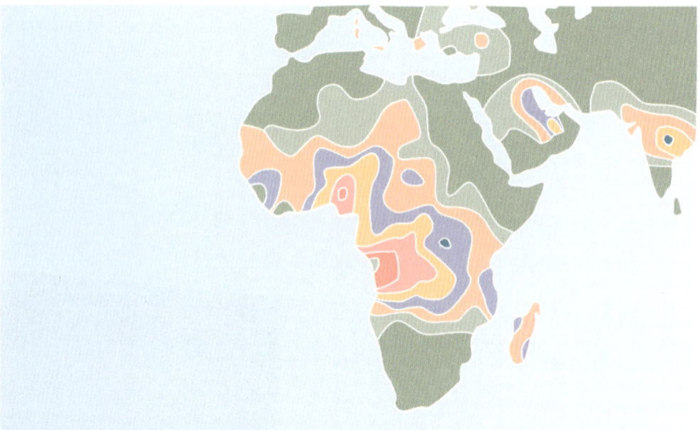

■ **그림 4.8 겸상적혈구빈혈증이 분포된 지리적 위치**
아프리카와 중동 지역에서의 겸상적혈구빈혈증의 분포가 퍼센트(%)로 나타나 있다.

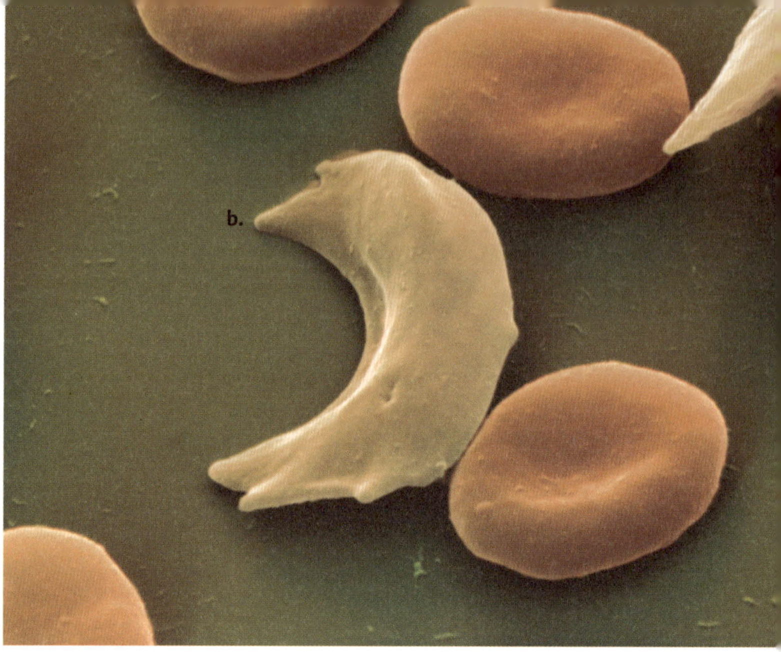

© Eye of Science/Photo Researchers, Inc.

■ **그림 4.9 정상 적혈구와 낫 모양 세포**
(a) 정상 적혈구 세포, (b) 낫 모양의 적혈구 세포

겸상적혈구빈혈증에 걸린 사람은 순환계에 과부하가 걸리기 때문에 심부전증으로 발전될 수 있고, 쉽게 피로를 느낀다. 변형된 혈액세포들에 의해 작은 혈관과 모세관 혈관을 막히게 되고, 이 상태가 지속되면 산소 공급이 감소된다. 이에 따라 체내에서의 산소양이 떨어지므로 더 많은 적혈구 세포가 변형되고, 동시에 혈관이 막히게 되어 극심한 고통을 일으킨다. 겸상적혈구빈혈증이 퍼진 몇몇 지역에서는 피부에 궤양과 염증이 나타나기도 한다. 또한 뇌에서 혈관이 막히게 되면 뇌졸중과 마비를 일으킬 수 있다.

상염색체 우성 형질은 어떻게 유전되는가?

우성으로 유전되는 질환에 있어서, 돌연변이 대립유전자의 카피 1개를 갖는 사람은 이형접합자(*Aa*)를 가진 상태가 된다. 단지, 아주 드문 경우에 우성 유전 질환은 동형접합자(*AA*) 상태로 나타나기도 한다. 그 결과 모두 결함이 있는 단백질이 존재하기 때문에, 동형접합자는 이른 나이에 사망한다. 한편 영향을 받지 않은(unaffected) 사람은 2개의 열성 대립유전자(*aa*)를 갖고 있다.

우성으로 유전되는 가계도를 보면 몇몇 뚜렷한 특징을 볼 수 있다.

- 질환에 걸린 모든 사람들의 부모 중에서 적어도 한 사람은 정상일 것이다.

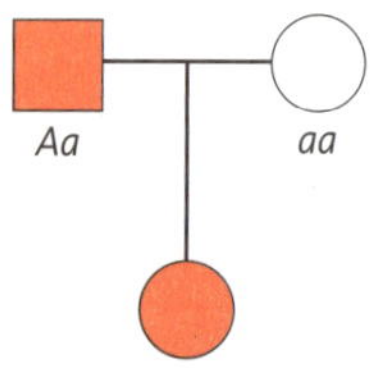

- 질환에 걸린 사람들의 대부분은 이형접합자(*Aa*)이고, 질환에 걸리

지 않은 파트너는 열성 동형접합자(*aa*)를 갖고 있기 때문에, 태어날 아이의 50%는 질환에 걸리게 된다.

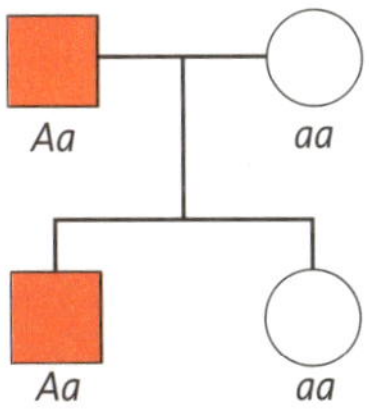

- 남자와 여자 모두 똑같은 정도로 질환에 걸린다.
- 부모 모두 질환을 갖고 있다 할 지라도, 정상인 아이가 태어날 수 있다. 왜냐하면 질환에 걸린 사람들의 대부분은 이형접합자이기 때문이다.

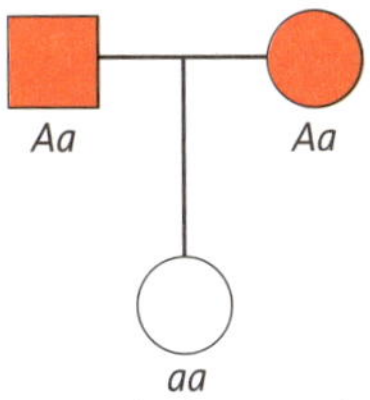

- 우성 유전 질환에서 대부분의 경우, 우성 동형접합자(*AA*)를 가진 사람이 이형접합자인 사람(*Aa*)보다 더욱 치명적이라서, 출생 이전에 또는 어린 시절에 사망한다. 그 이유는 아마 오직 결함이 있는 단백질만이 신체 내에서 생산되기 때문일 것이다.

상염색체 우성 형질의 유전을 보여주는 가계도가 ■ 그림 4.10에 나타나 있다.

표 4.2는 몇몇 상염색체 우성에 대한 유전 질환의 목록이다. 아래에 설명하고 있는 유전 질환은 우성 형질로 유전된다.

1. **신경섬유종증**(N = 신경섬유종증, *n* = 정상): 보통 흔하게 나타나는 상염색체 우성 유전은 타입 I(type I)인 신경섬유종증(neurofibromatosis, NF)이다. 이 돌연변이 유전자는 몇 가지의 다른 표현형을 나타낸다. 어떤 경우, 이 질환에 걸린 사람(*Nn*)은 *밀크커피색반점(café au lait spots)*이라고 부르는 착색된 점(spot)만 피부에 생긴다(■ 그림 4.11). 다른 경우에는 신경계(그림 4.12)에 양성 종양을 갖는데, 이 종양이 성장하여 신경을 압박함으로써

표 4.2 상염색체 우성 유전 질환의 예

형질	표현형
연골무형성증 (achondroplasia)	비정상적인 성장과 관련된 왜소증
단지증 (brachydactyly)	짧은 손가락을 가진 기형인 손
가족성 고지혈증 (familial hypercholesterolemia)	콜레스테롤 수준이 상승하는 심혈관계 질환
마판 증후군 (Marfan syndrome)	연골조직 질환, 박리성 대동맥류
포르피린증 (porphyria)	포르피린의 대사 이상, 환각 또는 편집증과 같은 지적 장애

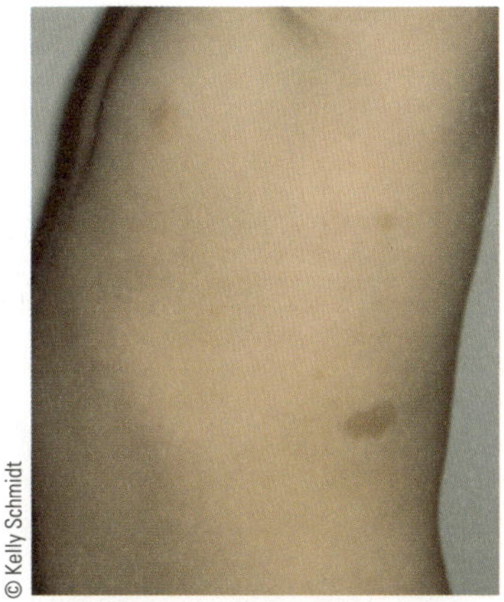

© Kelly Schmidt

■ **그림 4.11 신경섬유종증 및 밀크커피색반점**
이 아이의 피부에는 신경섬유종증 증상 중 하나인 밀크커피색반점이 있다.

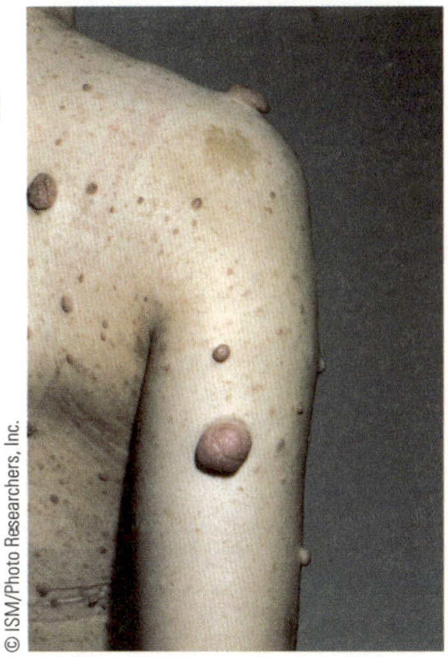

© ISM/Photo Researchers, Inc.

■ **그림 4.12 신경섬유종증 및 종양**
이 여자는 신경섬유종증 질환을 갖고 있으며, 피부에서 종양이 자라는 것이 관찰된다.

■ **그림 4.10 상염색체 우성의 가계도**
이 가계도는 네 세대에 걸친 한 가족의 상염색체 우성 형질을 보여준다. 대각선으로 빗금 친 기호는 사망한 경우이다.

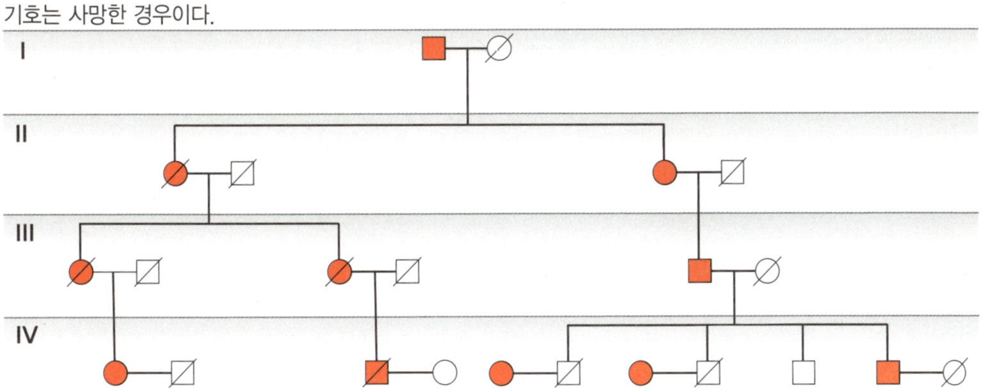

장님을 만들거나 또는 신체의 어떤 부분에서 마비를 일으킨다. 많은 경우는 아니지만, 이러한 종양이 얼굴이나 신체의 다른 부분을 기형으로 만들 수도 있다.

신경섬유종증(NF)이 상염색체 우성 유전이라고 할지라도, 종종 정상인 부모에게서 태어날 수 있다. 이러한 이유는 신경섬유종증 유전자인 NF1이 정상인 대립유전자를 돌연변이 대립유전자로 돌연변이 시키기 때문에 발생하며, NF1 유전자는 돌연변이율이 매우 높은 유전자이다. 이 같은 돌연변이로 인해 부모 한 쪽의 정상인 대립유전자가 변하게 되면, 아이에게서 신경섬유종증(NF)이 나타난다. 왜 이 유전자에서 돌연변이가 높은 비율로 발생하는지에 대한 이유는 정확하게 밝혀지지 않아 현재 연구가 진행중이다.

2. **헌팅톤병**(H = 헌팅톤병, h = 정상): 헌팅톤병(HD)에 걸리면 뇌의 특정한 영역에서 세포가 파괴된다. 헌팅톤병의 증상은 서서히 나타나는데, 보통 30~50세 나이에 발병한다. 헌팅톤병이 이와같이 중년에 나타나기 때문에, 앨런의 어머니와 같이 헌팅톤병에 걸린 사람들이라도 아이를 가질수 있고, 유전질환은 계속해서 유전될 수 밖에 없다.

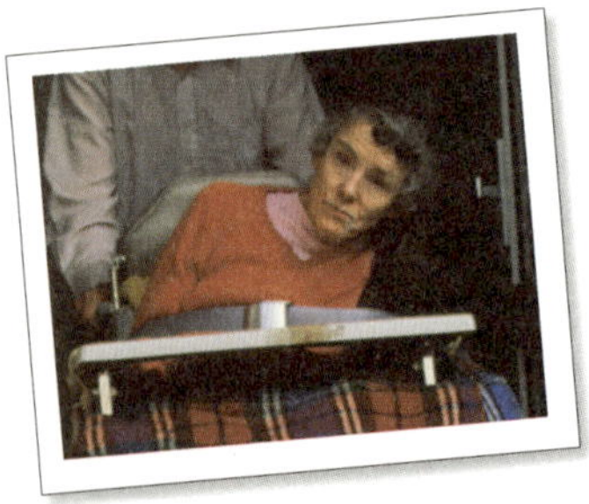

PHOTO GALLERY
헌팅톤병은 동작을 조절하기 어렵게 한다.

헌팅톤병의 초기 증상은 짜증을 잘 내고 매사에 흥미를 느끼지 않는다. 그러다가 팔과 다리가 제멋대로 빠르게 움직이고, 이러한 동작이 더욱 빈번해진다. 이 질환은 시간이 흐를수록 더욱 악화되어 말이 어눌해지고, 식사를 제대로 하지 못하거나 삼키지도 못하게 된다. 증상이 더 심해지면, 정신적·신체적으로 그들 자신을 조절할 수가 없다. 헌팅톤병을 치료할 방법은 없고, 이 질환에 걸린 사람들의 대부분은 초기 증상이 나타난 이후 10~25년 이내에 폐렴, 기도폐쇄와 같은 합병증으로 인해 사망한다.

헌팅톤병이 진행됨에 따라, 뇌에 있는 특정 부분의 세포들이 죽는다. 왜냐하면 **헌팅틴 (hungtingtin)**이라고 부르는 결함을 가진 단백질이 세포들 안에 축적되기 때문이다(■ 그림 4.13). 왜 이러한 단백질이 축적되는지, 그 세포들을 어떻게 죽일 수 있는지에 대해서는 여전히 밝혀지지 않고 있다.

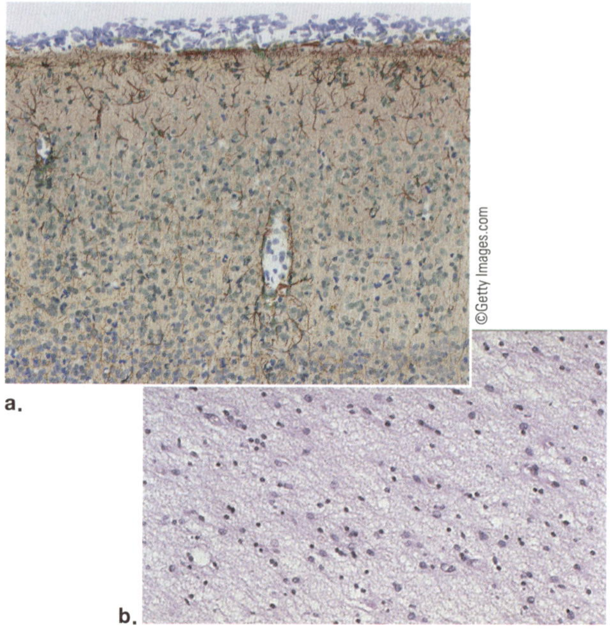

a.
b.

■ **그림 4.13 헌팅톤 환자의 뇌세포**
인간 뇌세포의 현미경 사진. (a) 조밀한 클러스터를 보이는 정상적인 뇌(핵은 염색된 파란 색), (b) 헌팅톤 환자의 뇌세포; 세포가 거의 없다. 왜냐하면 결함 있는 단백질 헌팅틴이 축적되어 세포가 죽었기 때문이다.

헌팅톤병은 우성 형질로 유전되기 때문에, 이 질환(H = 헌팅톤 대립유전자, h = 정상 대립유전자)이 발병하는 데에는 돌연변이 유전자가 오직 한 카피만 필요하다. 헌팅톤병에 걸린 사람들은 이형접합자(Hh)가 대부분이고, 태어날 아이의 50%는 이 질환에 걸릴 확률을 갖는다.

가계도 분석과 성인-시작 질환

우리가 이번 장에서 배운 많은 유전 질환들은 태어나자마자 곧바로 표현형으로 나타났다. 그러나 헌팅톤(HD)과 같은 몇몇 유전 질환은 인생의 늦은 시기에 발병하므로 **성인-시작 질환 (adult-onset disorders)**이라고 부른다. 헌팅톤의 증상은 30~50세 사이에 나타난다. 따라서 이 질환에 걸린 사람들은 이미 아이를 가졌을 것이고, 그 아이는 50%

사례 A 질문

지금 우리는 헌팅톤병과 다른 유전 질환들이 어떻게 유전되는지를 알고 있다. 따라서 앨런과 앨런의 다른 가족의 경우에서 제기될 다음과 같은 사안에 대해 생각해 보기로 하자.

1. 여러분들은 지금 헌팅톤병에 대해서 알고 있다. 앨런은 헌팅톤병의 진단을 위한 검사를 받아야할 만큼 아주 위험한가?
2. 만일 앨런이 검사를 받는다면, 유전상담사나 의사는 검사결과에 대하여 다른 형제들에게 말해 주어야만 할까?
3. 비록 앨런이 17세이지만, 아버지의 동의 없이 검사를 받을 수 있을까? 동의가 필요한지 아닌지에 대하여 3가지 이유를 들어 설명하시오.
4. 앨런의 아버지가 검사를 허락하지 않는다면, 어떤 일이 일어날 수 있을까?
5. 여러분들은 지금 헌팅톤 병의 증상이 언제 처음으로 나타나는지를 알고 있고, 검사 결과는 앨런이 공군사관학교에 지원할 것인지 아닌지를 결정하는데 영향을 미칠 것이다. 검사를 해야 하나? 아니면 하지 말아야 하나?

비율로 헌팅톤병에 걸릴 위험성을 갖게 된다.

성인이 다 되어서야 나타나는 유전 질환이 또 있는데, 그 중의 하나가 다낭신(polycystric kidney disease, ADPKD)이다. 이 질환은 600명당 한 명꼴에서 1,000명당 한 명꼴 정도로 매우 흔하게 발병하는 질환이다. 다낭신은 헌팅톤과 같이 상염색체 우성 형질로 유전된다. 증상은 중년에 신부전증으로 나타나기 시작하여 60세 이전에 사망할 수 있다. 신장에서 낭포(cysts)가 형성되지만, 처음에는 아주 미약한 증상을 보이며 두통을 자주 일으키고 혈압이 상승한다.

성인-시작 질환은 가계도 분석에서 다음과 같은 문제점이 나타날 수 있다. 어떤 가족의 구성원들이 너무 어려서 아무런 증상을 보이지 않는 경우도 있지만, 가계도에서는 그들을 정상으로 표시하여 가계도를 작성하고 분석하는 것이다. 그러나 만일 그들이 돌연변이 대립유전자를 가졌다면, 인생의 중반기에서나 증상이 나타나기 시작할 것이며, 이러한 질환으로부터 가족 구성원들의 위험을 예측하기 위해서는, 그 전에 반드시 유전 검사를 받아야만 한다.

4.2 요점

- 가계도는 가족의 내력을 연구하는데 이용되며, 이를 통하여 유전 질환에 있어서의 유전적 패턴을 정확하게 확인할 수 있다.
- 흔히, 가계도를 통하여 형질이 어떻게 유전되는지를 판단할 수 있다.
- 알비노증과 같은 열성 형질의 경우, 양쪽 부모 모두 질환에 걸리지 않았을지라도 자식에게서는 증상이 나타날 수 있다. 왜냐하면 돌연변이 유전자의 카피 2개(aa)가 발현되기 때문이다.
- 우성형질 있어서는 돌연변이 우성 대립유전자의 카피 1개를 갖는 이형접합자(Aa)인 사람이라도 유전질환에 걸린다.

4.3 X-연관 열성 형질은 어떻게 유전되는가?

여자는 X 염색체를 2개 갖고 있기 때문에, X 염색체를 전달하는 어떤 유전자에 대해서 이형접합자(*Aa*) 또는 동형접합자(*aa*)일 수 있다. 이와 반대로 남자는 오직 1개의 X 염색체와 1개의 Y 염색체를 갖고 있다. Y 염색체는 X 염색체와는 달리 동일한 유전자를 갖고 있지 않을 뿐만 아니라, Y 염색체에는 매우 적은 수의 유전자만이 존재한다. X 염색체 상에 있는 유전자를 **X-연관(X-linked)**, Y 염색체 상에 있는 유전자를 **Y-연관(X-linked)**이라고 부른다.

이와 같은 염색체의 차이로 인해, 남자의 X 염색체에 열성 유전질환을 일으키는 돌연변이 유전자가 포함되면, 정상인 유전자를 전달할 수가 없다. 반면 여자의 경우, 열성 대립유전자의 발현은 다른 우성 대립유전자에 의해 감추어지게 된다. 이처럼 X-연관 열성 유전자가 항상 남자에게서 발현되기 때문에, 남자는 X-연관 열성 유전질환에 있어서 여자보다 훨씬 더 많이 걸리게 된다.

$X^{*}X$: 여성
$X^{*}Y$: 남성
X^{*}: 열성 돌연변이 대립형질

남자는 동형접합자가 될 수 없기 때문에, 혹은 X 염색체 상에 있는 유전자에 대해 이형접합자이기 때문에, X 염색체 상에 있는 모든 유전자를 **반접합자 (hemizygous)**라고 한다.

남자는 딸에게 X 염색체를 물려주고, 아들에게는 Y 염색체를 물려준다. 그들은 아들에게 X 염색체를 결코 물려주지 않는다. 여자는 딸이나 아들 모두에게 X 염색체를 물려준다(1장에 나오는 X 그리고 Y 염색체를 참조).

아래에 보이는 가계도에 X-연관 열성 형질에 대한 유전 패턴이 뚜렷하게 나타나 있다.

- 반접합자(X*Y) 남자와 동형접합자(X*X*) 여자인 경우에는 유전 질환에 걸리게 된다.
- 이러한 질환은 여자보다는 남자에게서 훨씬 더 많이 나타난다. 매우 드문 형질의 경우에 있어서도, 남자가 거의 전적으로 유전 질환에 걸린다.
- 모계로부터 돌연변이 대립유전자를 물려받은 남자(X*Y)의 경우, 아들에게는 이러한 돌연변이 대립유전자를 물려주지 않고, 그들의 모든 딸들에게는 물려준다.

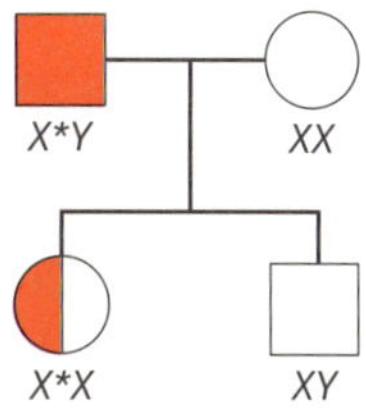

- 질환에 걸린 남자의 딸들은 보통 이형접합자이거나 혹은 보인자이다. 그러나 이형접합자인 여

수치로 따져보기

37,000명 당 1명
백인 부모에 의해 미국에서 태어난 알비노증 아이의 수.

15,000명 당 1명
아프리카계 미국인 부모에 의해 미국에서 태어난 알비노증 아이의 수

22명 당 1명
호피(Hopi) 족 부모에 의해 미국에서 태어난 알비노증 아이의 수

22명 당 1명
백인 집단에서 낭포성섬유증 대립유전자의 보인자 빈도

18,000명 당 1명
아프리카계 미국인 집단에서 낭포성섬유증 유전자의 보인자 빈도

90,000명 당 1명
아시아계 미국인 집단에서 낭포성섬유증 유전자의 보인자 빈도

10,000명 당 1명
미국에서 헌팅톤 환자의 수

10,000명 당 1명
혈우병으로 태어난 남자 아이의 수

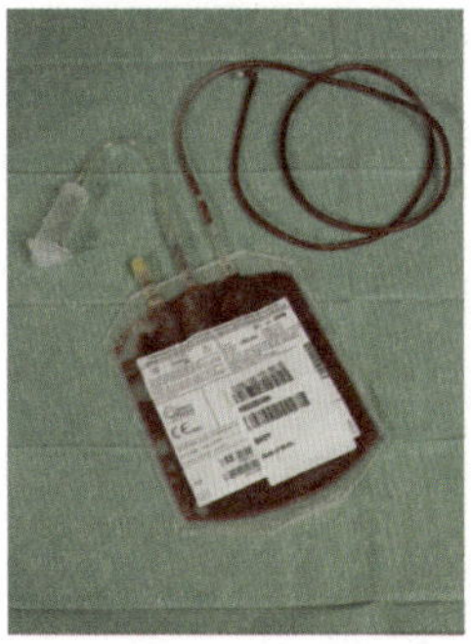
© TekImage/Photo Researchers, Inc.

1억명 당 1명
혈우병으로 태어난 여자 아이의 수

자에게서 태어난 아들들은 열성유전자를 물려받을 위험성이 50%나 된다.

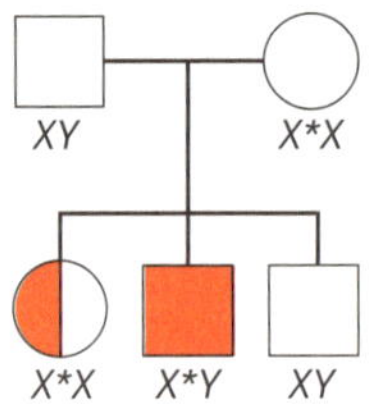

표 4.3 X-연관 열성 유전 질환의 예	
형질	**표현형**
적녹색맹 (red-green colorblindness)	적색과 녹색의 구별이 어려움
혈우병A (hemophilia A)	혈액 응고 장애
레쉬나이한 증후군 (Lesch-Nyhan syndrome)	HGPRT 단백질의 결핍, 정신 지체와 자해 증상이 나타남
근위축증 (muscular dystrophy)	듀센형, 진행성 근육쇠약증

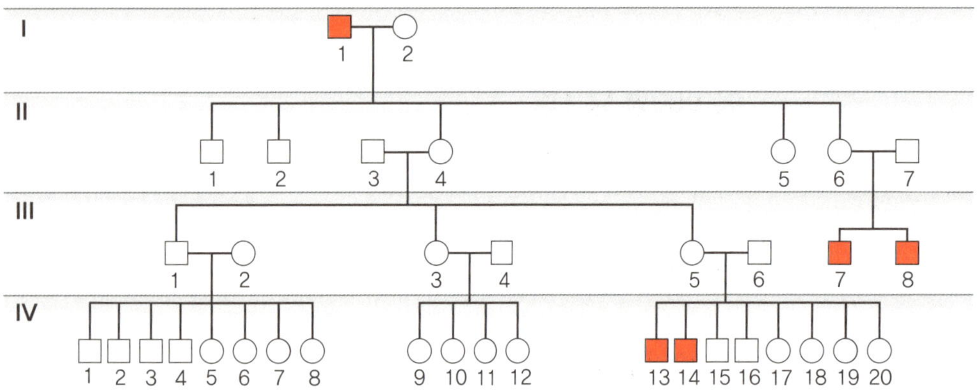

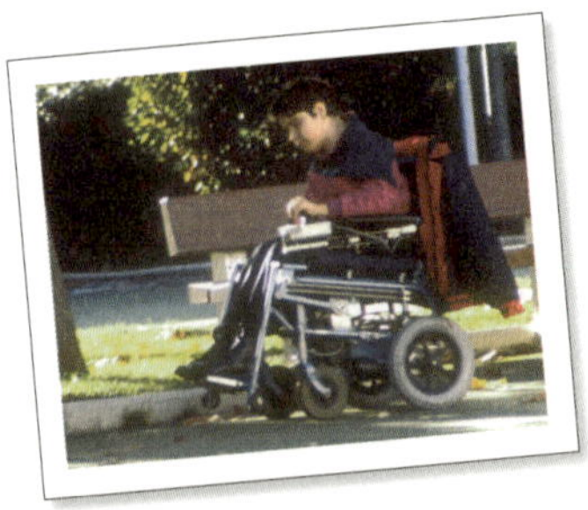

PHOTO GALLERY
이 소년은 근위축증(DMD)을 앓고 있다.
© Index Stock Imagery/Photolibrary

유전학자들은 적녹색맹, 근위축증, 혈우병을 포함하여 850개 이상의 X-연관 열성 형질에 관한 자료를 확보해 왔다. 표 4.3에서는 몇몇 X-연관 열성 유전질환을 소개하였다. 아래의 가계도에서는 X-연관 질환의 유전 패턴을 보여 주고 있다.

아래에 설명한 유전 질환은 성(sex)과 연관된 형질이 유전되는 것이다.

1. **근위축증**(X^M = 정상, X^m = 근위축증): 근위축증 중에서 가장 일반적인 타입은 3,500명 남자 중에 1명꼴로 발병하는 듀센형 근위축증(duchenne muscular dystrophy, DMD)이다. 근위축증(DMD)에 걸린 남아라도 태어났을 때에는 건강한 것처럼 보이지만, 1~6세 사이에 증상이 나타나기 시작한다. 근위축증의 처음 증상 중의 하나는 근육이 점점 쇠약해지는 것이다. 이 질환은 급속하게 진행되며, 근위축증에 걸린 사람들은 근육이 퇴화되기 때문에 12세 이전에 휠체어(wheelchair)를 사용해야만 한다. 또한 호흡기 계통이 감염되거나 심부전이 일어나므로, 대개는 20세 이전에 사망한다.

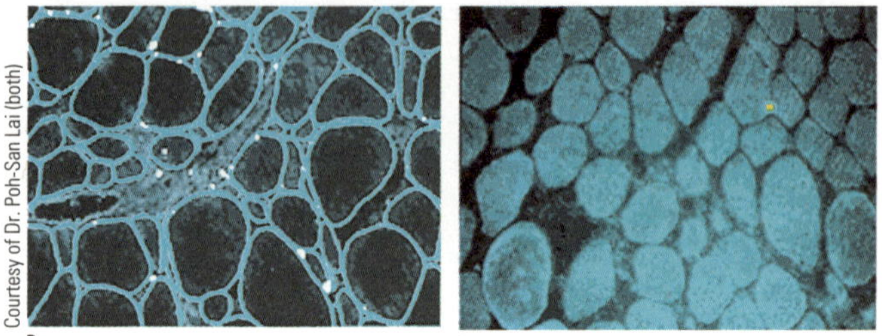

Courtesy of Dr. Poh-San Lai (both)

a. b.

■ **그림 4.14 근위축증 환자의 세포**

디스트로핀(DMD를 코드하는 단백질). (a) 세포막에 디스트로핀이 있는 정상 세포, (b) 근위축증을 가진 아이의 세포. 세포막에 디스트로핀이 존재하지 않는다.

근위축증 유전자는 X 염색체 말단 가까이에 위치하고 *디스트로핀(dystrophin)*이라고 부르는 단백질을 코드한다. **디스트로핀**은 근육수축이 일어나는 동안 근육세포의 세포막이 깨지는 것을 막는 역할을 한다(■그림 4.14). 그러므로 디스트로핀이 존재하지 않거나 결함이 있으면, 근육세포들은 깨지게 되어 결국은 죽는다.

X-연관 근위축증에는 2가지 형태가 있다. 듀센형 근위축증(DMD)은 더욱 심각한 형태이며, 근육 조직 내에 디스트로핀이 거의 존재하지 않는다. 그러나 덜 심각한 형태인 *베커형 근위축증(Becker muscular dystrophy, BDM)*의 경우, 디스트로핀의 양이 적지만 부분적으로 기능을 한다. 그 결과, 베커형 근위축증(BMD)의 소년은 더 늦은 나이에 증상이 나타나고 증상도 중증은 아니며, 듀센형 근위축증(DMD)보다 더 오래 살 수 있다. 이러한 두 질환은 동일한 유전자 내에서 서로 다른 돌연변이로 인해 발병한다.

2. **혈우병**(X^H = 정상, X^h = 혈우병): 혈액 응고인자의 결핍과 관련된 X-연관 질환 중의 하나는 혈우병 A라고 알려진 열성 유전질환이다. 혈우병 A에서는 **인자 VIII (factor VIII)**이라고 부르는 혈액 응고인자가 없거나 혹은 감소된 양으로 존재한다. 이러한 유전 질환에 걸리게 되면 혈액 응고가 되지 않는다. 그 결과, 이 질환을 가진 사람들은 조금만 베이거나 혹은 타박상으로 생긴 출혈에도 사망에 이를 만큼 위험해진다.

혈우병 A는 거의 대부분 X 염색체와 연관된 혈우병이다. 여자의 경우에는 오직 열성유전자에 대해 동형접합자 유전자(X^hX^h)*일 때만 영향을 받는다. 따라서 여자에게서 혈우병 A가 발병하는 경우는 거의 없다. 왜냐하면 혈우병 A는 이형접합자인 여자와 혈우병인 남자가 딸을 가졌을 때만 오직 나타나기 때문이며, 이 경우에 딸에게서 혈우병이 걸릴 위험은 50% 정도이다.

최근까지 혈우병에 걸린 남자가 생식능력을 가진 나이에 이르도록 살아남은 경우는 거의 드물었다.

이전에 혈우병의 치료는 많은 공여자로부터 혈청을 수집한 후, 이러한 혈청에서 응고인자를 추출하여 농축한 주사를 통하여 행해졌다. 1980년대 초반에서 중반까지, 몇몇 혈액 응고 조제물이 에이즈(AIDS)를 일으키는 HIV에 감염되기도 했었다. 그 결과, 혈우병에 걸린 모든 환자(남자)들의 약 절반 정도가 HIV에 감염되었다. 따라서 많은 혈우병 환자들이 에이즈로 진행되었고, 바이러스와 다른 질병원으로부터 오염된 제품으로 치료를 받은 나머지 사망하기도 하였다.

오늘날에는 이러한 오염을 피하기 위해, 재조합 DNA 기술을 이용한 혈액응고 제품이 개발되어 사용되고 있다(■ 그림 4.15).

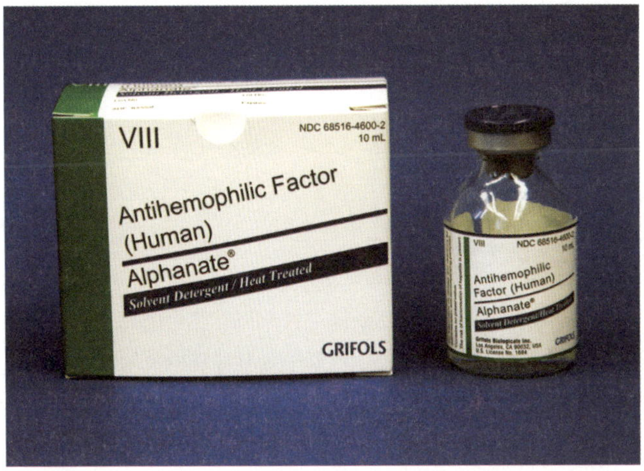

© Susan Van Etten

■ **그림 4.15 혈우병 치료에 사용되는 약품인 인자 VIII의 바이알(vial)** 혈우병 환자의 혈액을 응고시킬 수 있는 인자 VIII 또는 IX(Factor VIII 또는 IX). 이러한 약품은 대부분 재조합 DNA 기술을 통해 생산된다(6장 참조).

4.3 요점

- X 염색체에 포함된 돌연변이 유전자로 인해 발병하는 혈우병과 같은 X-연관 형질은, 여자보다는 남자가 훨씬 더 자주 걸리게 된다.
- 수많은 형질들이 우성, 열성, X-연관 유전자를 통하여 유전된다.

*X^h = 혈우병 유전자(hemophilia gene).

사례 B 프랭클린 가족은 더 많은 것을 알게 되었다

© Michelle Del Guercio/Photo Researchers, Inc.

지금 앨런은 그의 미래에 관하여 깊은 고민에 빠졌다. 유전상담사가 그에게 헌팅톤 검사에 관하여 알려주었기 때문에, 그는 그의 아버지의 동의서가 필요한지를 생각하고 있다.

앨런은 그의 형제들에게 말하기를 결심했고, 메리(Mary)에게 처음으로 얘기를 꺼냈다. 그녀는 그녀의 약혼자에게 헌팅톤 검사에 대하여 설명하고자 했다. 그녀의 약혼자 밥(Bob) 역시 검사를 하는 것이 좋겠다고 생각했고, 검사 결과가 양성이라면 둘 사이에 어떤 아이도 갖지 않을 것을 명시한 혼전합의서에 서명하자고 제안했다.

존(John)은 그 자신은 물론 임신 중인 그의 아내의 태아도 헌팅톤 검사를 받기 원했다. 그는 태아가 헌팅톤 유전자를 갖고 있다면 유산을 시켜야 한다고 생각하고 있다. 그는 여전히 그의 어머니를 기억하고 있고, 이에 대하여 그의 아내 역시 동의하였다.

형제들의 결단이 있은 후, 유전 상담사는 다음과 같이 앨런 가족의 가계도를 작성하였다.

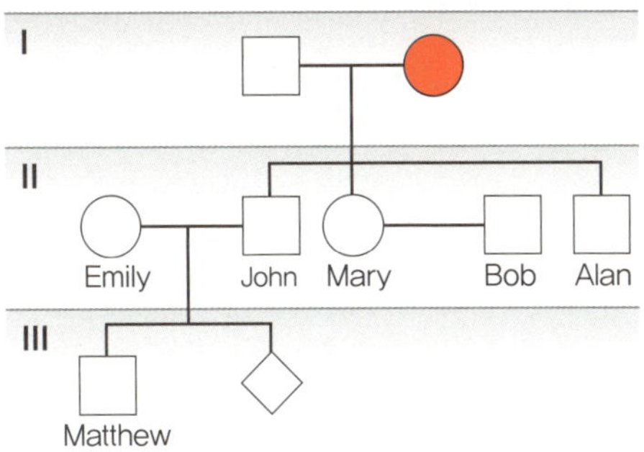

앨런은 헌팅톤 검사를 받을 것인지를 고민 중이다.

1. 여러분들은 앨런이 헌팅톤 검사를 받아야만 한다고 생각하는가? 이에 대한 의견 세 가지를 주시오.
2. 앨런의 검사 결과가 양성으로 나타나면, 무슨 일이 일어날 수 있을까? 몇 가지 가능성에 대하여 설명하시오.
3. 여러분들은 헌팅톤 병이 얼마나 심각한 병이라는 것을 알고 있다. 이것이 앨런 가족을 위한 건강보험 보장에 영향을 미치는 것에 대해서 여러분들은 어떻게 생각하는가?
4. 3장에서 나온 마르타 로렌스(Marta Lawrence)의 경우를 기억해보자. 그녀의 의사는 양수검사에 관하여 마르타에게 얘기를 해야 되는 것이지 말아야 되는 것인지에 관하여 고민 했었다. 여기에서 나온 헌팅톤 검사는 앨런은 물론 가족 전체에게 영향을 주게 된다. 만일 검사 결과가 나머지 다른 가족이 아닌 앨런에게만 통보된다면, 어떤 일들이 벌어질 수 있을까? 이 상황에서 나올 수 있는 사안해 대하여 세 가지 정도로 설명하시오.

4.4 우성 및 열성 유전 질환과 관련된 법적, 윤리적인 쟁점은 무엇인가?

앨런 가족의 딜레마를 읽은 사람들의 질문 중의 하나가 "만일 헌팅톤 검사를 한다면, 누가 검사결과를 볼 수 있는가?"라는 것이었다. 앨런은 그의 유전적 상태를 알기 위한 검사를 하길 원했지만, 그의 미래의 고용주도 그의 상태를 알 수 있지 않을까?

법적으로, 진료 기록과 검사 결과는 비밀이고, 의사가 환자에게 비밀을 지키는 것은 의사가 갖고 있는 환자의 자료에 대하여 의사를 신뢰하도록 하는 법적 원칙이다. 이 같은 법적 원칙으로 인해, 환자는 의사에게 자신의 개인적 질환에 대한 관심을 안심하고 의사에게 얘기할 수 있는 믿음을 갖게 된다. 이러한 법은 1996년에 통과되었고, 개인적 권리를 보장 받을 수 있게 되었다. 이 법을 '건강 보험 양도 및 책임에 관한 법안(Health Insurance Portability and Accountability Act)' 혹은 'HIPAA'라고 부르며, 개인의 진료 기록과 다른 사적인 건강 정보를 보호하기 위해 국가 차원에서 제정되었다.

HIPAA:

- HIPAA는 환자에게 그들의 건강 정보를 관리하는 능력을 부여한다.
- HIPAA는 오직 사용처가 분명할 경우에만 건강기록을 보도록 허락한다.
- HIPAA는 사적인 건강 정보를 보호한다.
- HIPAA는 환자의 사적 권리가 침해를 당하게 되면, 민형사 책임을 물을 수 있다.
- HIPAA는 공중 건강을 보호할 경우에만 특별한 예외를 허락한다.

앨런이 검사결과에 대하여 그의 의사와 얘기를 한다면, 가족 보험회사에서 그 내용을 알 수 있을지도 모른다. 따라서 건강보험을 신청할 때, 환자는 보험회사가 그들의 진료 기록을 보는 것을 허락하도록 하는 포기각서에 서명을 하도록 요구 받을 것이다. 우리들이 생각했을 때, 앨런의 가족은 포기각서에 서명을 해야만 했을 것이다.

보험회사와 고용주가 진료기록에 접근할 수 있는 여러 이유가 있으며, 여기에 몇 가지를 소개한다.

- 측정 질환에 대한 통계치를 작성하고자 할 때
- 전체적으로 의료 인구를 도울 수 있는 의학 연구에 대한 정보를 갖고 싶을 때
- 질병으로부터 직원을 보호할 의료정보를 찾고 싶을 때
- 더 낮은 건강보험료를 지불하기 위한 의료정보를 알고 싶을 때
- 건강상태를 잘 모르는 어떤 직원을 채용할지 안 할지를 결정할 때
- 개인 혹은 회사에 대한 보험료를 결정하기 위하여

이 중 몇몇은 비밀 보장과는 거리가 먼 것처럼 보이지만, 보험회사는 과거와 현재의 환자의 질환을 알 필요가 있다.

아래 도표는 사적인 의료 정보에 대한 윤리적 및 법적인 몇몇 문제점들을 요약한 것이다.

질문	질문을 판단하는 방법	관련된 사례 또는 법적 사안
HIPAA 법 안에서 최소한 무엇을 보호 받을까?	주법(state law)은 HIPAA 법 안에서 보호를 받을 수 있는 나이에 대한 지침을 정한다. 그러나 많은 주(state)에서 10대는 사생활이 보장된다.	많은 주(state)에서, 나이와 상관없이 임신한 여성은 HIPAA 법의 보호를 받으며, 자신의 진료 결정을 스스로 내릴 수 있다.
진료 기록이 허락도 없이 유출된다면, 소송을 제기할 수 있을까?	그렇다. HIPAA 법이 통과되기 전에는 흔하게 일어나는 일이었다. 그러나 현재 이와 같은 일은 거의 일어나지 않는다. 보통 이러한 문제점들은 고용주와 중재 기관이 합의를 보게 된다.	몇몇 주에서는 판결 승소자에 대한 보상금 지급 액수를 법률적으로 제한한다.
고용주는 고용인 혹은 예비고용인이 헌팅톤병과 같은 유전 질환을 검사받도록 지시를 내릴 수 있을까?	그 질환이 고용과 직접적으로 관련되어 있다면, 검사를 지시할 수 있다. 헌팅톤 병과 같은 경우는 아마 해당되지 않을 것이다.	EEOC v. Burlington N. Santa Fe Railway Co., 5장에서 다룬다. 이 회사는 고용인에게 수근관 증후군(Carpal tunnel syndrome) 유전질환을 검사받도록 시도하고 있다(5장 참조).
만일 여러분들이 헌팅톤병과 같은 유전 질환 검사에서 양성으로 판정된다면, 보험회사는 여러분들의 보험금을 깎을 수 있을까?	Kennedy/Castlebaum 법에 특별히 명시되어 있기 때문에, 이러한 일은 일어나지 않는다. 게다가 2008년도에 유전 정보 비차별 법(Genetic Information Nondiscrimination Act, GINA)이 상원 및 하원의회에서 통과되었다. 이 법안은 차별을 방지할 것이다.	2008년 5월 21일, 미대통령 조지 부쉬는 GINA를 법으로 서명하였다. 바라건대, 이 법을 통하여 유전 질환 검사로부터 개인의 사생활을 더 많이 보호될 것이다.

Tarasoff v. Regents of the University of California (551 P.2d 334 (Cal. 1976))

앨런의 사례에서와 같이 의사가 가족 중에서 다른 구성원에 해당되는 정보를 가졌을 때, 이 정보를 밝힐 의무가 있을까? 진료 기록을 비밀로 해야 할지에 대한 질문은 법조계에서 중대한 사안이다. 우리는 HIPAA 법의 저촉을 받는 의사를 방문할 때마다, 개인동의서에 서명을 한다. 다음과 같은 경우는 이와 같은 문제에 직접 해당된다. 캘리포니아 대학병원에 고용된 심리학자인 로렌스 모어 박사는 외래 환자인 프로제니 포다(Prosenjit Poddar)를 진료하였다. 1969년, 포다는 옛 여자 친구인 타라소프(Tatiana Tarasoff)가 휴가에서 돌아오면, 그녀를 살해할 계획이라는 비밀을 모어 박사에게 털어 놓았다.

모어 박사는 포다가 실제로 타라소프를 살해할 것이라는 확신은 하지 않았다. 그러나 그는 타라소프가 안전하길 원했기 때문에 그 사실을 대학 경찰에 알렸고 경찰은 포다를 심문했다. 그러나 포다는 이성적으로 보였고, 여자친구를 살해할 것이라는 계획을 부인했기 때문에 석방되었다. 얼마 되지 않아, 그는 모어 박사에게서의 치료를 중단했다.

3 개월 후에 포다는 타라소프를 살해하였다.

타라소프의 부모는 모어 박사가 "경고를 해야 할 의무"를 타라소프에게 행해야만 했고, 딸에게 그 사실을 알렸다면 살릴 수 있었다고 생각하여 캘리포니아 대학에 소송을 제기하였다.

결과:

공판 과정:

공판은 캘리포니아 대학(피고)에서 진행되었으며 경고를 해야 할 의무는 없는 것으로 판결이 났지만, 타라소프의 부모는 이러한 결정에 대하여 항소하였다.

캘리포니아 대법원의 판결:

주 대법원에서 위와 같은 하급법원의 결정이 뒤집혀 졌다. 주 대법원은 비밀보장에 위배되더라도 치료사는 난폭한 환자로부터 제3자를 보호하기 위한 행동을 취하는 것이 의무라고 판시하였다. 대법원은 모어 박사에게 타라소프가 자신의 환자가 아니라는 이유로 법적 책임을 피할 수 없다는 판결을 내렸다; 그는 그녀에게 경고를 했었어야만 했다.

이와 같이 치료사는 어떤 환자가 다른 사람에게 심각한 위험을 준다고 판단했을 때, 그러한 위험으로부터 피해자라고 생각되는 사람을 보호하기 위하여 합리적인 보호권을 사용할 의무를 가졌다. 그러나 의사는 비밀을 깨지 전에, 피해를 입힐 사람이나 혹은 피해를 입게 될 양쪽 모두와 특별한 관계를 가져야만 한다. 피해를 입게 될 사람을 확인하고, 피해를 진지하게 예견해야만 한다. 대법원에서는 "공공의 위험이 시작되는 곳에서, 사생활은 끝난 것이다."라고 판결하였다.

법률:

어떤 주에서는 위험이 존재할 때 한해 공개해도 좋다는 조건하에 법률을 통과시켰다. 그들은 의사나 치료자가 위험해질 수 있는 희생자를 보호하기 위해서는 합리적 결정을 내릴 수 있는 권한을 가져야 한다고 말한다.

질문:

1. 여러분들은 캘리포니아 대법원의 결정에 동의하는가? 왜 동의하는가? 아니면 왜 동의하지 않는가?
2. 타라소프 부모는 딸의 희생에 대해 캘리포니아 대학으로부터 금전적인 보상을 청구하였다. 여러분들이 판단하기에 타당한 주장일까? 어째서 타당한 주장일까? 아니면 왜 타당한 주장이 아닐까?
3. 모어 박사는 타라소프를 보호하기 위하여 충분한 행동을 취했을까?
4. 만일 그렇지 않다면, 그는 어떤 다른 행동을 취해야 했을까?
5. 이와 같은 판결은 의학의 미래에 무슨 의미를 던지는 것일까?
6. 캘리포니아 대법원의 결정은 의사의 파트너가 HIV를 가졌다고 배우자에게 말할지 안할지를 고민하는 경우에 해당되는 것으로 인용되어 왔다. 타라소프의 경우, 이 상황에 해당되는 것일까?
7. 타라소프의 경우, 앨런의 상황에도 해당되는 것일까? 왜 그럴까?
8. 만약 여러분들이 타라소프의 변호사라면, 배심제를 원하는가? 아니면 단독 배심제를 원하는가? 왜?
9. 어떤 여자가 유전 검사를 받고나서 그녀 자신이 열성형질인 낭포성섬유증(CF) 유전자를 가졌다는 것을 알게 되었다. 의사는 약혼자에게 그 사실을 알려야 할까? 왜 알려야 할까? 왜 알리면 안 될까?
10. 위 9번과 같은 질문에서, 타라소프와 같은 경우의 판결은 어떠한 논쟁으로 이어질 수 있을까?

★ 주요점 10개

1. 각 유전자에서 오직 카피 1개가 정자 혹은 난자에 존재하여 자식들에게 물려준다. [4.1]
   ▮ 정자와 난자가 조합을 이룰 때, 염색체의 수는 46개가 된다.

2. 1쌍의 유전자는 다른 유전자 쌍들과는 독립적으로 분리되어 접합자(gametes)로 전달되며, 따라서 모든 접합자들은 서로 다른 유전자의 조합으로 이루어진다. [4.1]
   ▮ 유전자 1쌍 중에서 오직 1개가 난자 혹은 정자로 전달된다.

3. 1800년에 살았던 수도승 그리고어 멘델(Gregor Mendel)은 유전학의 아버지였다. [4.1]
   ▮ 멘델은 큰 키와 작은 키를 가진 완두콩으로 그의 연구를 수행하였다.

4. 멘델은 식물을 이용하여 실험했지만, 그가 이룩한 유전 법칙은 오늘날에도 여전히 인간의 유전학을 연구하는데 이용되고 있다. [4.1]
   ▮ 인간의 형질은 완두콩의 형질과 동일한 방법으로 유전된다.

5. 가계도는 가족의 내력을 연구하는데 이용하며, 이를 통하여 유전질환에 있어서의 유전적 패턴을 뚜렷하게 알 수 있다. [4.2]
   ▮ 누구라도 자신의 가족의 가계도를 작성할 수 있다.

6. 가계도를 통하여 형질이 어떻게 유전되는지를 판단할 수 있다. [4.2]
   ▮ 유전상담사는 가계도를 이용하여 어떤 커플이 가질 아이의 유전질환을 정확하게 판단할 수 있다.

7. 알비노증과 같은 열성 형질의 경우, 양쪽 부모 모두 영향을 받지 않았을지라도 자식에서는 증상이 나타날 수 있다. [4.2]
   ▮ 유전질환이 나타나려면 돌연변이 유전자의 카피 2개가 필요하다.

8. 우성형질 있어서 돌연변이 우성 대립유전자의 카피 1개를 갖는 이형접합자(*Aa*)인 사람도 유전질환을 갖게 된다. [4.2]
   ▮ 만일 어떤 사람이 우성 대립유전자 1개를 갖고 있다면, 그들의 자식은 그 유전자를 물려받을 위험이 50%가 된다.

9. X 염색체에 포함된 돌연변이 유전자로 인해 발병하는 혈우병과 같은 X-연관 형질은, 여자보다는 남자가 훨씬 더 자주 갖게 된다. [4.3]
   ▮ 이와 같은 방식으로 유전되는 형질 중의 하나가 혈우병이다.

10. 수많은 형질들이 우성, 열성, X-연관 유전자를 통하여 유전된다. [4.3]
    ▮ 이러한 형질들은 가족마다 다르며, 이는 가계도를 통하여 추적할 수 있다.

핵심용어

X-연관 열성 X-linked recessive (p. 56)
X-연관 X-linked (p. 61)
Y-연관 Y-linked (p. 61)
가계도 pedigree (p. 55)
겸상적혈구빈혈증 sickle cell anemia (p. 58)
근위축증 muscular dystrophy (p. 62)
낭포성섬유증 cystic fibrosis (p. 58)
CFTR (p. 58)
대립유전자 alleles (p. 54)
독립의 법칙 law of independent assortment (p. 54)
동형접합자 homozygous (p. 54)
디스트로핀 dystrophin (p. 62)
반접합자 hemizygous (p. 61)
발단자 proband (p. 56)
분리의 법칙 law of segregation (p. 54)
상염색체 열성 autosomal recessive (p. 56)
상염색체 우성 autosomal dominant (p. 56)
성인-시작 질환 adult-onset disorder (p. 60)
신경섬유종증 neurofibromatosis (p. 59)
알비노증 albinism (p. 57)
열성 recessive (p. 54)
우성 dominant (p. 54)
유전자형 genotype (p. 54)
이형접합자 heterozygous (p. 54)
인자 VIII factor VIII (p. 62)
표현형 phenotype (p. 54)
헌팅톤병 Huntington disease (p. 53)
헌팅틴 hungtingtin (p. 60)
혈연 consanguinity (p. 57)
혈우병 hemophilia (p. 62)

온라인자료

시험을 준비 중인가? 예비시험을 위해 academic.cengage.com/login에 로그인하고, 개인의 학습 계획을 세우고, CengageNow' s Study Tools에서 효과 측정 시험(post-test)을 보는 것이 여러분의 이해 정도를 평가하는데 도움이 될 것이다.

만약 교사가 내준 과제라면, 이번 장에 해당하는 사례 A와 법적 활동에 대한 조명, 즉 "A Family's Dilemma(어떤 가족의 딜레마)"와 "Confidentiality of Genetic Information(유전적 정보의 비밀보장)"라는 제목으로 CengageNow 자료를 검색해서 해답을 찾으면 된다.

복습문제

1. 멘델이 완두콩으로 연구할 당시, 그는 유전자나 염색체에 관해서 알지 못했었다. 어떻게 멘델은 그러한 형질들이 유전된다는 것을 이해하게 되었을까? 오늘날 의사들도 이 방법을 이용한다. 언제 이용할까?
2. 분리의 법칙은 세포의 어떤 활동을 설명하는 것일까?
3. 인간의 몇몇 열성 형질에서는, 멘델이 완두콩 실험에서 밝힌 것과 같은 동일한 법칙이 적용된다. 이는 유전 질환에 걸린 아이의 부모가 유전 상담사의 설명을 이해하는 데 도움이 될까? 아니면 더욱 어렵게 할까?

4. 우성 형질이 열성 형질보다 얼마큼 더 자주 나타날까? 그 이유를 설명하시오.
5. 이 장에서 논의한 유전 질환을 선택하여 다음 도표를 완성하시오.

유전 질환	우성, 열성 또는 X-연관?	이 유전자는 어떤 염색체에 존재하는가?	어떤 집단이 이 질환을 갖는 경향이 있는가?	이 질환을 밝히는 검사가 있는가?

6. 반접합자(hemizygous)이란 무슨 뜻인가?
7. 근육에서 디스트로핀(dystrophin)의 연구는 어떻게 진행되고 있는가?
8. 듀센형 근위축증을 일으키는 디스트로핀 유전자가 잘못되면 무슨 일이 일어날까?
9. 성(sex)과 관련된 형질들 중에서, 왜 남자가 여자보다 더 많은 영향을 받는지에 관하여 설명하시오.
10. 왜 혈우병 환자들이 80년대에 HIV에 의해 감염되었을까?

응용문제

1. 이 장에서는 멘델이 언급되었지만, 유전학의 초창기 연구에서 다른 과학자들의 역할도 마찬가지로 중요하였다. 그 과학자들 중에서 두 사람을 조사하고 그들의 공헌도를 짧은 단락으로 서술하시오.
2. 알비노증 환자가 전 일생에 걸쳐 가질 수 있는 어려움을 조사하여 짧은 보고서를 작성하시오.
3. 유럽 왕실을 가계도를 보고, 그것을 한 번 그려보시오. 왜 특정한 형질(혈우병 또는 기타)이 그렇게 자주 나타날까?
4. 여러분 자신의 가계도를 작성하여 몇 세대에 걸친 한 가지 형질에 대해 추적해 보시오.
5. 이 장에서 다루지 않은 세 가지 유전 질환을 조사하여 다음의 도표를 완성하시오.
6. 유전학자들이 아미쉬(amish) 집단에서 듀센형 근위축증을 어떻게 연구하는지를 조사하고 생각해 보시오.
7. 수치를 보면, 얼마나 많은 낭포성섬유증(CF)이 특정 집단에 존재하는지를 알 수 있을 것이다. 낭포성섬유증(CF)을 갖고 태어나는 아이의 수를 줄이기 위해서, 이 정보를 어떻게 이용할 수 있을까?
8. 오늘날 여러분들은 완두콩의 큰 키가 어떻게 유전된다는 것을 알고 있다. 이는 인간에게서도 똑같이 일어난다고 생각하는가? 그 대답에 관하여 설명하시오.오른 쪽에 있는 가계도에서는, 유전자가 어떻게 유전되는지를 보여주고 있다. 이것은 우성, 열성, 혹은 X-연관 열성 중에서 어느 것인가? 어떻게 설명할 수 있을까?

유전 질환	우성, 열성 또는 X-연관?	이 유전자는 어떤 염색체에 존재하는가?	어떤 집단이 이 질환을 갖는 경향이 있는가?	이 질환을 밝히는 검사가 있는가?

9. 오른 쪽에 있는 가계도에서는, 유전자가 어떻게 유전되는지를 보여주고 있다. 이것은 우성, 열성, 혹은 X-연관 열성 중에서 어느 것인가? 어떻게 설명할 수 있을까?

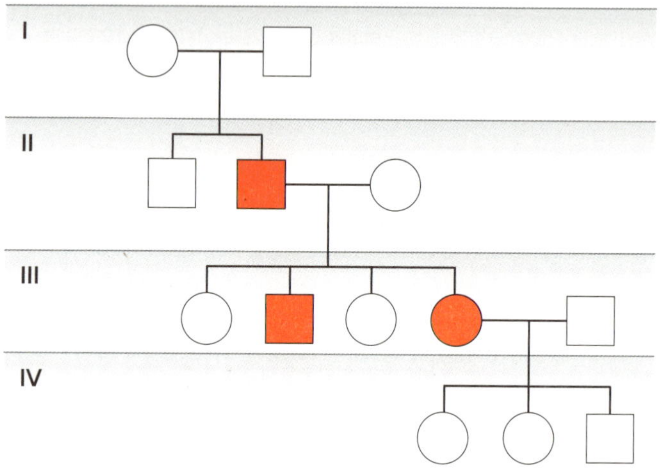

쓰면서 배우기

우리는 1장에서, 같은 반 친구들이나 혹은 우리의 주제에 흥미를 갖고 있는 다른 사람들과 함께 블로그(blog)를 시작하자고 제안하였다. 지금은 여러분들의 블로그를 다시 방문할 때이고 겸상적혈구빈혈증 검사와 같은 몇몇 사안에 대하여 숙고할 때이다. 다른 사람의 이메일(E-mail)에 관심을 갖고 그들의 얘기를 들어야 할지도 모른다.

여기에 여러분들의 블로그에서 다룰 몇 개의 아이디어가 있다.

- 겸상적혈구빈혈증과 같은 단일 유전자의 결함이, 염색체가 부가되거나 또는 소실되는 것보다도 더욱 심각할까?
- 3장에서 나온 로렌스(Ms. Lawrence)의 경우, 조기 검사를 제안하였다. 그리고 이러한 절차가 앨런의 가족에게는 도움이 되었다. 어떻게?
- 법은 개인의 결정을 실제로 받아들어야만 할까?
- 여러분들이 이번 장에서 배운 것을 생각나는 대로 의견을 주거나 다른 질문을 생각해 보시오.

여러분이라면 이럴 때 어떻게 할까?

1. 앨런의 경우라면?(참고. 사례 A, 사례 B)
2. 메리의 경우라면?(참고. 사례 B)
3. 이 가족의 구성원(사례 A, 사례 B)이 건강보험에 가입할 수 있을지를 결정하는 위원회에 속한다면?
4. 태어나지 않은 태아에 관해 에밀리(참고. 사례 B)에게 조언을 해주는 유전 상담사의 경우라면?
5. 혼인증명서를 신청하고자하는 모든 커플이 낭포성섬유증(CF)의 보인자인지를 검사하도록 하는 법률안에 투표를 하는 입법부의 구성원이라면? 왜?
6. 유전 검사에서 헌팅톤 양성으로 판명된 사람과 상담을 하도록 요청을 받는다면?

대중 매체에서

***뉴욕 타임스*, 2008년 6월 8일**

알비노증 환자들, 오래된 차별, 탄자니아에서 죽음의 위협

제프리 게틀맨(Jeffrey Gettlean)

사하라사막 이남의 아프리카에서, 알비노증 환자들이 수년 동안 차별을 받아왔다. 그리고 최근에 알비노증은 탄자니아에서 더욱 더 치명적인 질환이 되어 버렸다.

성인들과 아이들을 포함한 19명의 알비노증 환자들이 올해에 사망했고, 그들의 신체 일부는 팔렸다. 탄자니아에서는 3,000명 중에 1명꼴로 알비노증에 걸린다. 마녀 의사들은 사람들이 부자가 되도록 돕는 마법의 독약을 만들기 위해 그들의 피부, 뼈, 내부 장기들을 팔고 있는 중이다.

게다가, 몇몇 아프리카 나라에서는 알비노증 환자가 마법의 힘을 갖고 있다고 믿고 있으므로, 그들의 머리카락은 시장에서 높은 가격으로 팔려 왔다. 어부는 이 머리카락으로 인해 물고기가 더 많이 잡힌다는 믿음 속에서 그것으로 그물을 만들기도 한다.

온라인상에서 이 기사와 관련된 비디오를 보려면 academic.cengage.com/biology/yashon/hgs1로 접속하라.

질문:

1. 생명에 위협을 느끼는 알비노증 환자를 보호하기 위해서 어떠한 시도를 해야 할까?
2. 이 집단을 교육시키고 알비노증이 어떻게 유전되는지를 이해시키기 위한 어떤 아이디어를 갖고 있는가?

***인터 프레스 서비스 뉴스 에이전시*, 2006년 7월 2일**

알비노증에 대한 타부를 깨다

나이지리아 정부는 60만명에 달하는 알비노증 시민들의 문제를 체계화하기 위한 정부기관을 설치한다는 계획을 발표하였다. 이 나라에서 알비노증에 걸린 사람들은 남비아(Nambia)와 다른 사하라사막 이남 나라들의 알비노증 환자들과 비슷한 문제점들을 갖고 있다.

많은 도전에 직면한 채, 알비노증에 걸린 사람들을 위한 이 정부기관은 더 나은 상황을 만들기 위해 다양한 계획을 수립하고 있다.

지도자들, 각 부족의 지도자들, 그리고 위원들은 교회를 방문하여 모자, 크림, 선글라스를 사용하여 알비노증에 걸린 사람들을 돕자고 호소하였다. 개인 회사인 남비아 알비노증 신용 협회(Nambis Albinism Association Trust)의 의장 요셉 디온무파(Joseph Ndionmupya)는 이러한 일을 계속 진행할 것이라고 발표하였다.

온라인상에서 이 기사를 보려면 academic.cengage.com/biology/yashon/hgs1로 접속하라.

질문:

1. 이와 같은 행동 방식이 사람들의 생각을 변화시키기에 충분하다고 생각하는가?
2. 알비노증에 걸린 사람들에 대한 차별은 미국과 다른 나라에서도 일어나는가?
3. 이 기사는 알비노증 환자들을 보호하려는 진행상황을 어떻게 보여주고 있는가?

생물학의 기본: DNA

Robert Brocksmith/Photo Researchers, Inc.

BB2.1 DNA가 유전정보를 전달하는 증거는 무엇인가?

20세기 초반, 생물학자들은 유전 정보를 전달하는 염색체를 발견하였다. 현미경을 이용하여 관찰된 염색체의 행동은 멘델에 의해 기술된 한 세대에서 다음 세대로 전달되는 유전자의 움직임과 유사하였다. 그 후, 생물학자들은 유전 정보를 전달하는 화학 성분을 찾아내었다. 이와 같은 성분은 2개의 중요한 생물 분자, 즉 단백질과 DNA(deoxyribonucleic acid)로 밝혀졌다.

DNA가 유전 정보를 전달한다는 증거는 예상치 않은 일로 인해 알려지게 되었다. 1920년대, 아래 사진에서 보이는 것처럼, ***폐렴구균*** (***streptococcus pneumonia***e)이라고 부르는 박테리아에 의해 발생하는 폐렴(pneumonia)의 한 형태가 밝혀졌다:

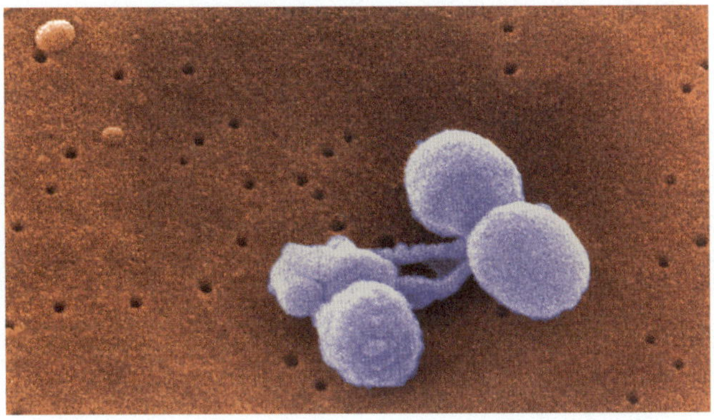
Dr. Richard Facklam/CDC Photo Library

프레드릭 그리피스(Frederick Griffith)는 동일한 균주 중에서 서로 계통이 다른 2개의 균주를 연구하였다. 한 균주(S 균주)를 생쥐에 주사했더니 폐렴이 발생했고, 이 균주의 세포는 캡슐에 둘러싸여 있었다. 다른 균주(R 균주)는 캡슐에 둘러싸여 있지도 않았고, 생쥐에 주사했을 때 폐렴을 일으키지도 않았다. 그리피스(Griffith)는 캡슐 때문에 폐렴이 생기는 것인지를 의심하기 시작했고, 영리한 실험 방법을 고안해냈다. 그는 열처리를 하여 S 균주를 죽이고 나서 살아있는 R 균주와 혼합하였다. 그리고 이러한 혼합물을 생쥐에게 주사했더니 폐렴이 발생되어 생쥐들은 모두 죽고 말았다.

A. C. Barrington Brown © 1968 J. D. Watson

1953년의 사진

Pierre Perrin/CORBIS

1993년의 사진

그리피스는 살아있는 R 균주와 S 균주를 혼합하면, R 균주가 S 균주와 유사한 캡슐을 만들 수 있다는 결론에 도달하였다. 즉, 죽은 S 균주로부터 살아있는 R 균주로 유전 정보가 전달되어 캡슐을 만들게 됨으로써 결국 폐렴을 일으킨 것이다.

1940년대에 오즈월드 에이버리(Oswald Avery), 콜린 맥레오드(Colin MacLeod) 그리고 맥클린 맥커티(Maclyn McCarrty는 열처리된 죽은 S 균주로부터 특정한 생물분자들(DNA, RNA, 단백질)을 분리 정제하였다. 그들은 이러한 생물분자들 중에서 어떤 것이 R 균주로 하여금 캡슐을 만들도록 하는 것인지를 알아내기 위한 실험을 수행하였고, 마침내 오직 DNA만이 형질전환(transformation)을 시킬 수 있다는 것을 알게 되었다. 이 실험 결과를 통하여 DNA가 유전 정보의 전달자이고 DNA는 한 균주에서 다른 균주로 유전물질을 전달한다는 것이 명백하게 밝혀지게 되었다.

DNA가 유전정보를 전달한다는 발견은 DNA의 구조를 알아내려는 노력에 더욱 불을 붙이기 시작했다. 1940년대 중반부터 1953년도까지 여러 연구실에서 DNA 구조에 대한 미스터리를 풀기 위해 중대한 실험들이 진행되었다. 1953년, 이러한 노력 끝에 DNA 구조에 대한 모델이 제임스 왓슨(James Watson)과 프랜시스 크릭(Francis Crick)에 의해 완성되었다. 아래의 그림에서는 DNA 구조를 보여 준다.

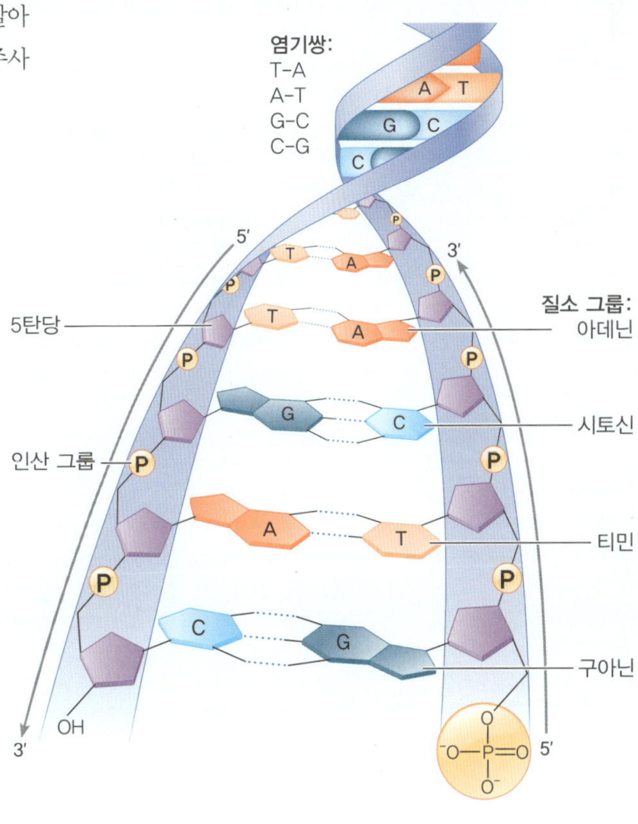

BB2.2 DNA의 화학적 구성단위는 무엇인가?

왓슨과 크릭이 함께 연구를 시작할 당시, 이미 2가지 타입의 핵산, 디옥시리보핵산(deoxyribonucleic acid, DNA) 그리고 리보핵산(ribonucleic acid, RNA)을 포함하고 있는 유기물이 이미 밝혀졌었다. 양쪽 모두 뉴클레오티드(nucleotides)라고 알려진 구성단위로 이루어졌는데, DNA는 핵에서 RNA는 핵과 세포질에서 발견되었다.

아래 그림은 DNA와 RNA의 뉴클레오티드를 보여 주며, 이들이 연결되어 폴리뉴클레오티드(polynucleotides)를 형성한다. 1개의 뉴클레오티드는 3가지 성분을 포함하고 있다.

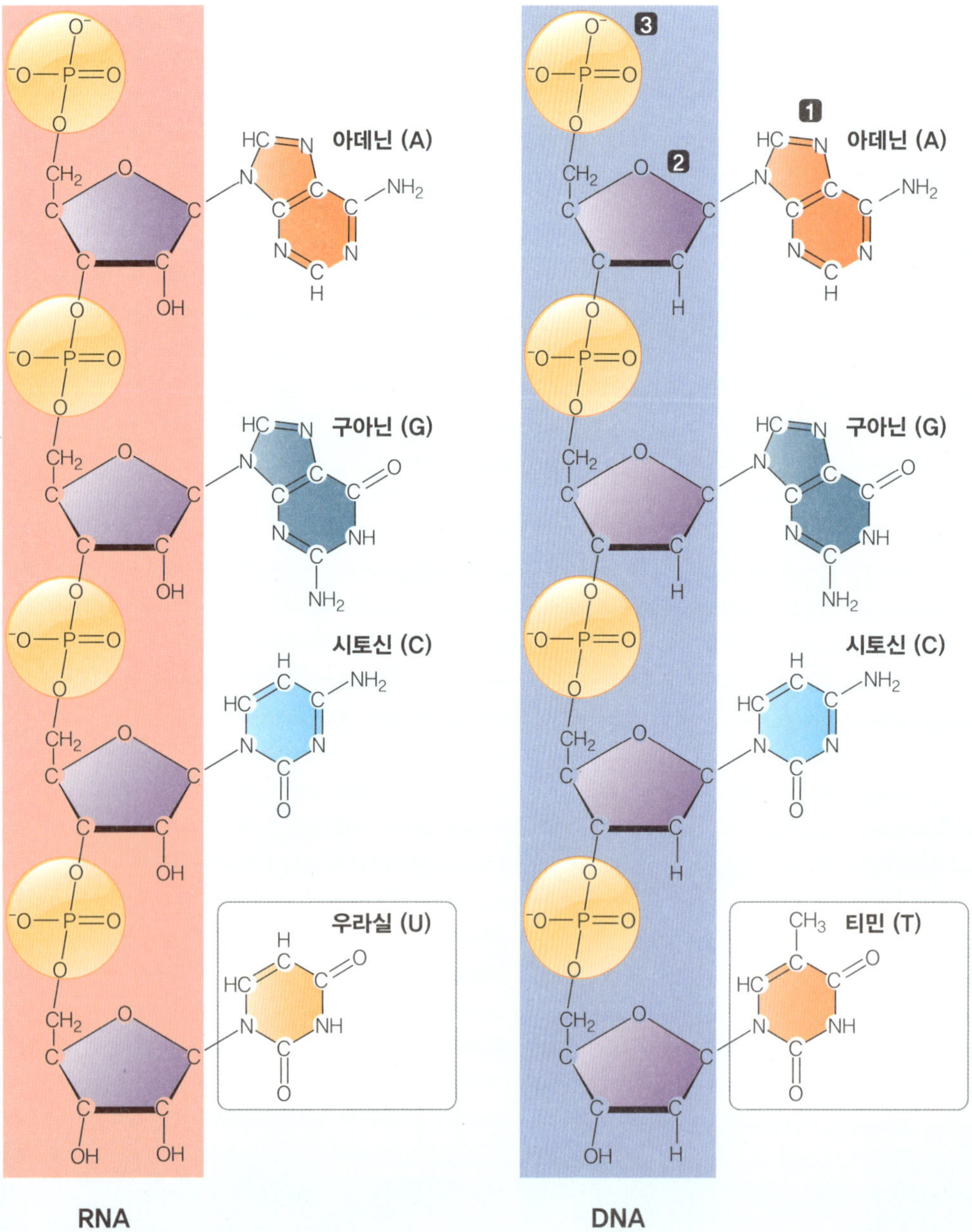

1. 질소를포함하는염기에는퓨린(purines)과피리미딘(pyrimidine)의 2가지 타입이 있다. 퓨린 염기는 아데닌(A)과 구아닌(G)이고 DNA와 RNA 양쪽 모두에서 발견된다. 피리미딘 염기는 티민(T)인데, 이는 오직 DNA에서만 발견되고, 우라실(U)은 오직 RNA에서만 발견된다. 시토신(C)은 DNA와 RNA 양쪽 모두에서 발견된다. RNA는 4개의 염기(A, G, U, C)를, DNA는 4개의 염기(A, G, T, C)를 갖고 있다.
2. RNA는 리보스(ribose), DNA는 디옥시리보스(deoxyribose)라는 당(sugar)을 포함한다. 두 당의 차이점은 단일의 산소 원자가 리보스에는 존재하지만, 디옥시리보스에는 없다.
3. 인산 그룹(phosphate group)은 강한 산성을 띄며, 이것이 DNA와 RNA를 핵산으로 부르는 이유이다.

뉴클레오티드의 성분은 화학적으로 당에 염기가 결합된 것이며, 이는 인산 그룹에 의해 차례차례 연결된다. 왼쪽에 보이는 것처럼, 뉴클레오티드는 인산 그룹에 의해 연결됨으로써 사슬처럼 이어질 수 있다. 이와 같이 1개의 뉴클레오티드의 인산 그룹이 다른 뉴클레오티드를 계속 연결시킴으로써 폴리뉴클레오티드를 형성한다.

BB2.3 DNA 분자들은 어떠한 구조인가?

아래 그림에서 보는 것처럼, DNA는 뉴클레오티드가 연결된 2개의 가닥을 포함하며, 그 가닥은 사다리와 닮은 분자로 이루어져 있다. DNA 분자 내에서, 한 가닥에 있는 퓨린 염기는 다른 가닥에 있는 피리미딘 염기와 언제나 쌍을 이룬다. 더 자세하게 설명하면, 한 가닥에 있는 A는 반대편 가닥에 있는 T, 그리고 한 가닥에 있는 C는 반대편 가닥에 있는 G와 언제나 쌍을 이룬다. 이와 같은 쌍을 통하여, 염기 구성에 있어서 DNA의 두 가닥은 서로 상보적(complementary)으로 된다. 따라서 만일 한 가닥이 A C G T C라는 염기서열을 가지면, 다른 가닥은 T G C A G가 되어야만 한다.

왓슨과 크릭의 모델은 중요한 3가지 특성을 갖고 있다.

1. 유전정보는 DNA에 있는 염기배열에 저장된다.
2. 이 모델을 통하여 돌연변이가 생기는 이유를 분자 수준에서 설명할 수 있다. 유전정보는 DNA에서 염기 가닥으로 저장될 수 있다. 즉 한 유전자에서 염기의 순서나 수에 변화가 일어나게 되면, 유전 질환을 일으킬지 모르는 돌연변이가 나타날 수 있는 것이다.
3. DNA 이중 가닥을 이루는 상보적인 염기서열은, 세포가 분열하기 전에 어떻게 DNA 복제가 일어나는지를 설명해 준다. DNA가 복제될 때, 한 가닥은 반대편 가닥과 염기배열을 재구성하기 위한 주형으로 이용될 수 있다.

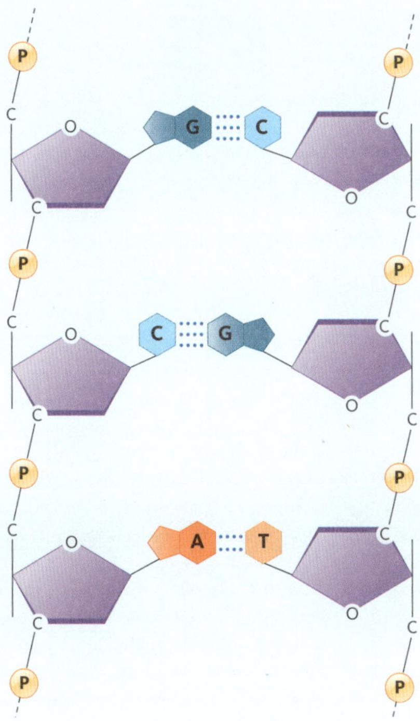

Science Source/Science Photo Library/Photo Researchers

■ **그림 BB2.1**
DNA 구조를 연구했던 로잘린드 프랭클린(Rosalind Franklin).

왓슨과 크릭이 그들의 DNA 모델을 만들 당시, 로잘린드 프랭클린(그림 BB2.1)은 그녀가 x-선 회절(x-ray diffraction)을 이용하여 밝힌 DNA 영상 정보를 그들에게 제공하였다. 아래 사진은 프랭클린에 의해 밝혀진 영상이다.

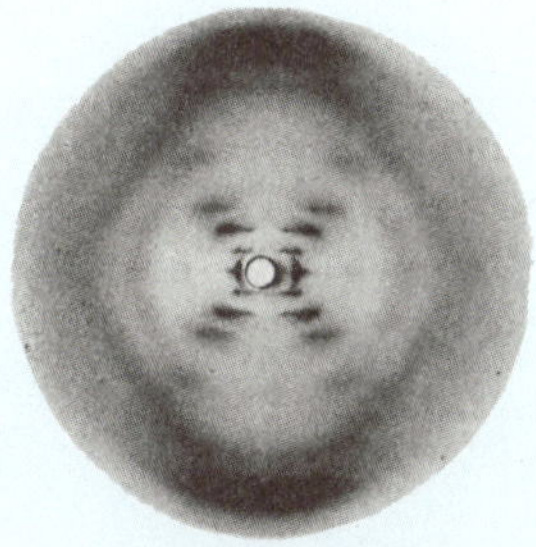

Science Photo Library/Photo Researchers

프랭클린의 사진을 관찰한 후에, 왓슨과 크릭은 DNA의 뉴클레오티드 가닥이 아래와 같이 이중나선(double helix)으로 이루어져 있다고 판단하였다.

BB2.4 염색체에서 DNA는 어떤 형태를 취하고 있는가?

기다란 DNA 분자는 고리처럼 감겨있으며 단백질과 함께 염색체를 형성한다. 인간 염색체 46개에 포함된 DNA의 전체 길이는 약 6 ft(1.8m) 정도이다. 한 세포 안의 핵 내에 이러한 DNA를 모두 채우기 위해서, DNA는 몇 번이고 되풀이해서 접혀져야만 한다. 오른 쪽의 그림은 이것이 어떻게 가능한지를 보여 주고 있다. 여기에 설명을 더 해 보기로 한다:

첫 번째, DNA는 **뉴클레오솜** (nucleosome)을 형성하기 위해 단백질 무리(히스톤 중심부)의 외부 주위를 감싸고 있다(a). 이러한 뉴클레오솜이 짧은 DNA 가닥에 의해 연결된다(b). 뉴클레오솜이 얇은 원기둥을 형성하기 위하여 고리처럼 감긴다(c). 그런 다음, 원기둥들이 점점 더 두꺼운 섬유를 형성하기 위해 감기게 된다. 결국 환상 모양으로 되고 전자현미경을 통하여 염색체의 일부를 볼 수 있듯이 보플(솜털) 섬유처럼 보인다(d). 복제된 염색체의 현미경 사진 2장이 아래에 있다.

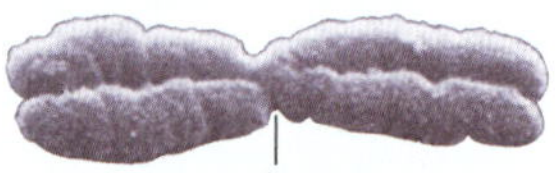

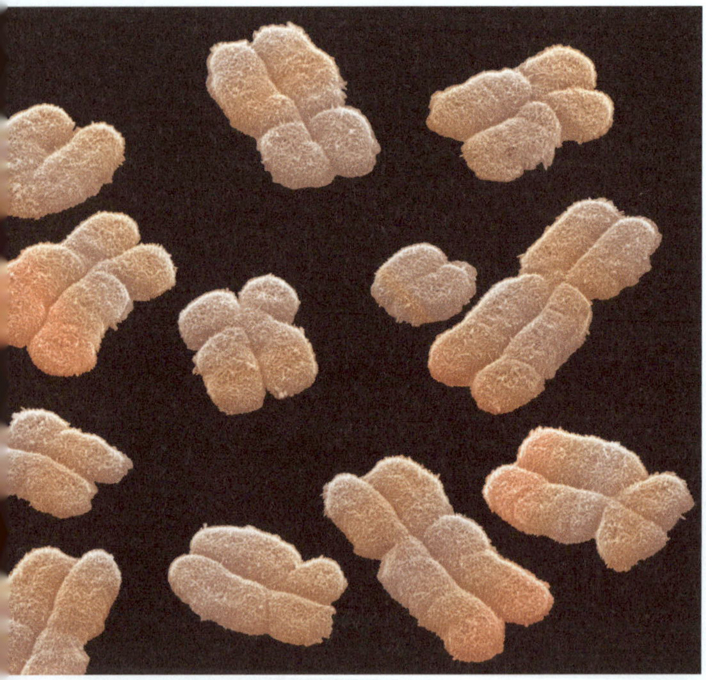

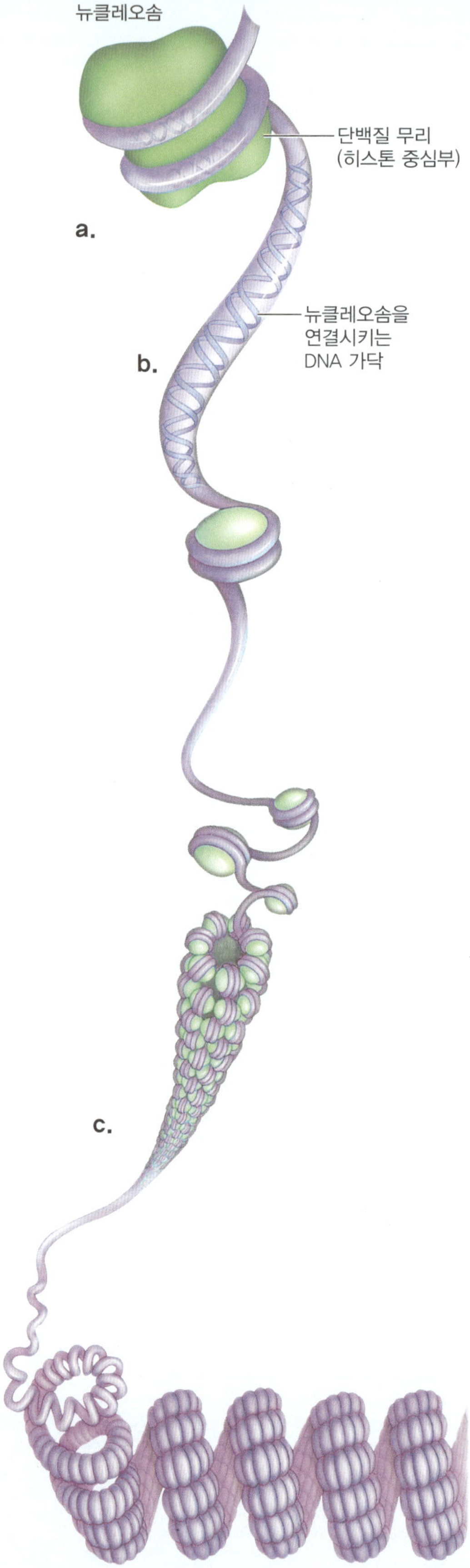

BB2.5 RNA 분자는 어떻게 구성되어 있는가?

핵산의 다른 형태인 RNA는 핵 내와 세포질에 분포되어 있다. RNA는 핵에 있는 유전 정보를 세포질로 운반하여 단백질 생산에 관여한다. 또한 리보솜의 구성요소이기도 한다(참고. "생물학의 기본: 세포와 세포구조").

RNA(아래에 나타난 것과 같이)는 DNA와 2가지 점에서 차이가 난다: RNA 있는 당은 리보스(디옥시리보스 대신에)이고, 티민 염기 대신에 우라실 염기를 포함하고 있다. 표 BB2.1에서는 RNA와 DNA의 차이점을 보여주고 있다.

왼쪽 그림에서 보이는 것처럼, RNA는 외가닥으로 상보적인 가닥을 갖지 않는다.

표 BB2.1 DNA와 RNA의 차이

	DNA	RNA
당	디옥시리보스	리보스
염기	아데닌	아데닌
	시토신	시토신
	구아닌	구아닌
	티민	우라실

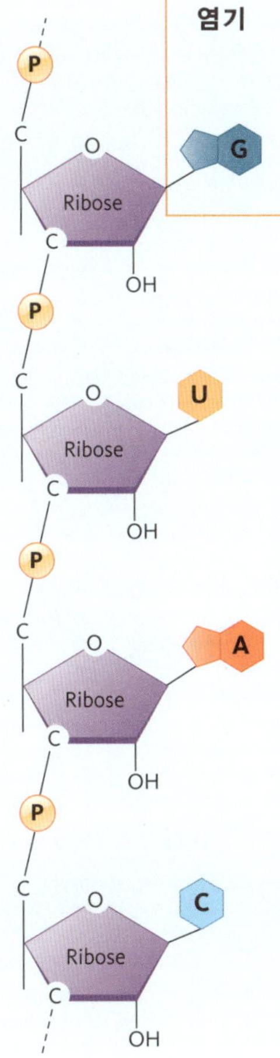

BB2.6 유전정보는 어떻게 DNA 분자에 전달되는가?

DNA는 오직 핵 내에서만 발견되며, 유전 정보의 창고와 같은 역할을 한다. DNA 모델을 근거로 왓슨과 크릭은 유전정보는 DNA 분자에 있는 염기서열에 의해 암호화된다고 주장하였다.

DNA에 포함된 정보의 양은 몇몇 바이러스가 갖는 수1000개의 뉴클레오티드로부터 인간, 심지어 식물이나 양서류조차 30억개 이상의 뉴클레오티드로 이루어질 만큼 다양한 범주에 이른다.

유전자는 전형적으로 몇 백에서 몇 천개의 뉴클레오티드로 구성되어 있다. 모든 유전자는 시작점과 종결점이 있으며, 이들은 특정한 염기서열로 이루어진다. 수 천개의 유전자를 포함할 수 있는 하나하나의 염색체 안에는 DNA 분자가 존재한다. 한 유전자 안에서 일부 염기배열에 변화가 일어나게 되면 돌연변이가 일어날 수 있다.

BB2.7 DNA의 두 가지 주된 기능은 무엇인가?

DNA는 세포 안에서 2가지의 주된 기능, (1) 자신을 복제하는 기능, (2) 생명에 필수적인 단백질 및 RNA의 정보를 전달하는 기능을 갖는다. 우선 여기에서는 DNA가 어떻게 자신을 복제하는지를 탐구하고자 한다. 5장에서, 우리는 DNA가 어떻게 단백질 정보를 암호화하는지, 단백질을 형성하는 과정은 어떻게 진행되는지에 대하여 알아볼 것이다. 그 다음 단원에서는 DNA의 구조와 특성을 이해함으로써, 어떻게 재조합 DNA 기술이 발전하게 되었는지, 의학과 범죄과학수사에서는 어떻게 활용되고 있는지, 그리고 끝으로 인간 게놈 프로젝트(Human Genome Project)에서는 어떻게 이용되고 있는지에 대하여 배우게 될 것이다.

BB2.8 DNA는 어떻게 복제되는가?

세포가 분열하기 시작할 때, 모든 세포는 그들의 DNA를 복제해야만 한다. 그래야만 딸세포는 염색체에 포함된 유전정보의 복제물을 틀림없이 전달받게 될 것이다. 감긴 DNA가 풀어질 때, 각 DNA의 절반은 주형 또는 새로운 상보적 가닥을 만들기 위한 본(pattern) 역할을 한다.

DNA 복제는 박테리아로부터 인간에 이르기까지 모든 살아 있는 생명체에서 일어난다. 복제가 일어나는 과정은 다음과 같다(다음 페이지의 그림 c).

1. DNA의 이중가닥 분자가 풀리면, DNA 분자는 **DNA 중합효소 (DNA polymerase)**의 작용을 받게 된다.
2. DNA 중합효소는 주형 가닥 DNA의 염기서열을 읽을 수 있으므로, 구가닥과 상보적인 가닥을 만들기 위해 뉴클레오티드(핵 내에 이미 존재함)를 서로서로 연결시킨다.
3. 새로 복제된 DNA 분자는 구가닥(복제된 주형가닥)과 새로운 가닥(구가닥에 상보적)을 포함한다.

염색체에 대하여 생각해 보면, 각각의 염색체는 한 끝에서 다른 한 쪽의 끝까지 1개의 이중가닥 DNA를 포함한다는 것이 기억날 것이다. DNA 복제가 완성되면, 각각의 염색체는 2개의 DNA 분자로 이루어진다. 이와 같은 2개의 DNA 분자는, 보통 동원체로 연결되는 **염색분체 (chromatid)**라고 하는 구조로서 현미경으로 관찰이 가능하다. 74페이지에 나와 있는 현미경사진을 보라.

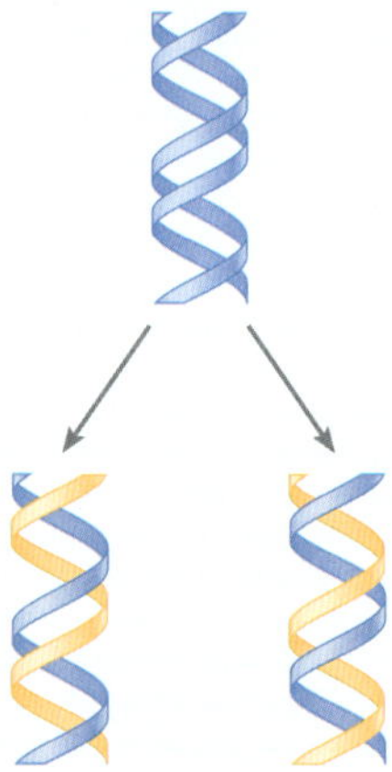

a. 복제되지 않은 DNA 분자(위) 그리고 복제된 DNA 분자(아래).

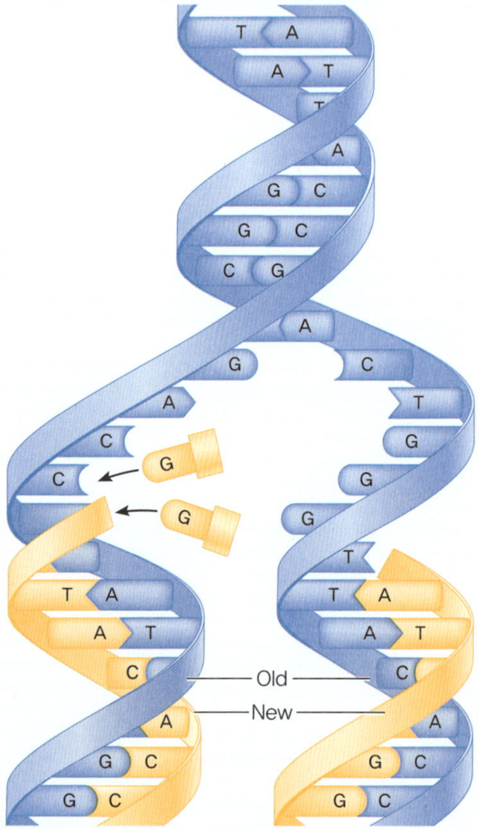

b. 복제가 일어날 때, 구가닥(파란색)은 상보적인 새로운 가닥(금색)을 합성하기 위한 주형으로 작용한다.

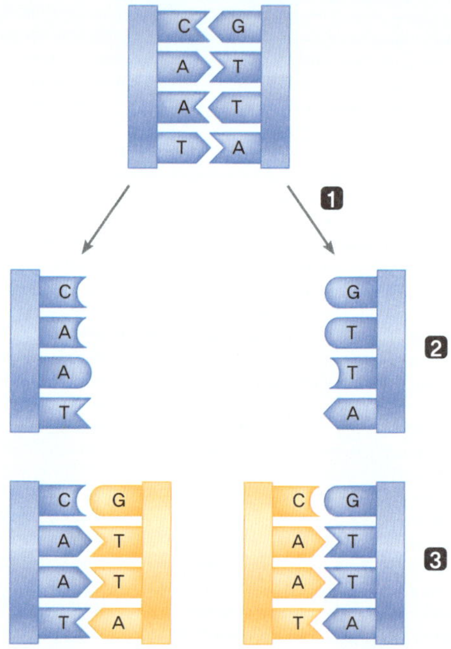

c. 복제가 일어날 때, (1) DNA 가닥이 풀린다. (2) 각각의 가닥은 복제를 하기 위한 주형으로서 작용한다. 새로운 가닥(금색)의 염기서열은 3에서 보이는 것처럼 주형 가닥과 상보적이다.

각 염색분체의 DNA는 한 줄은 새로 만들어진 것, 다른 한 줄은 이전의 것으로 구성되어 있다.

체세포분열이 일어날 때 중심소체가 분열하면서 각 염색분체는 따로 따로 분리되어 개개의 염색체가 된다.

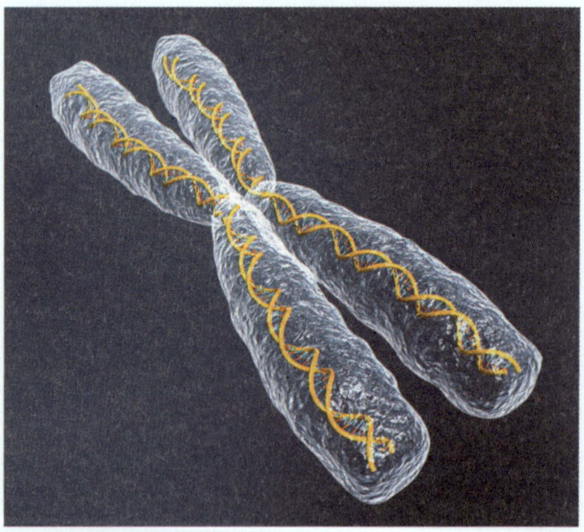

DNA 복제가 돌연변이를 일으킬 수 있는가?

DNA 복제는 완벽한 과정이 아니다. DNA 중합효소는 빠르게(인간의 경우, 1초당 약 20 염기) 움직이는데, 때때로 잘못된 염기가 새롭게 만들어진 가닥으로 삽입된다. 대부분의 경우에 DNA 중합효소는 실수를 발견하고 잘못된 염기를 복구시키지만, 가끔 실수가 발견되지 못하여 돌연변이가 일어난다.

돌연변이를 일으키는 물리적 혹은 화학적인 유발원에 DNA가 노출되었을 때, DNA는 손상을 받을 수 있다. 예를 들어, DNA가 자외선(UV)에 노출되면, 염기쌍에 변화가 일어날 수 있다. 대개 이러한 실수는 발견되고, 다음 페이지의 그림에 보이는 효소에 의해 복구될 수 있다. 만일 이러한 실수가 발견되지 않거나 적당하게 복구되면, 돌연변이라는 결과로 나타난다.

잘못된 DNA 염기가 복구되지 않는다면 어떤 일이 벌어지는가?

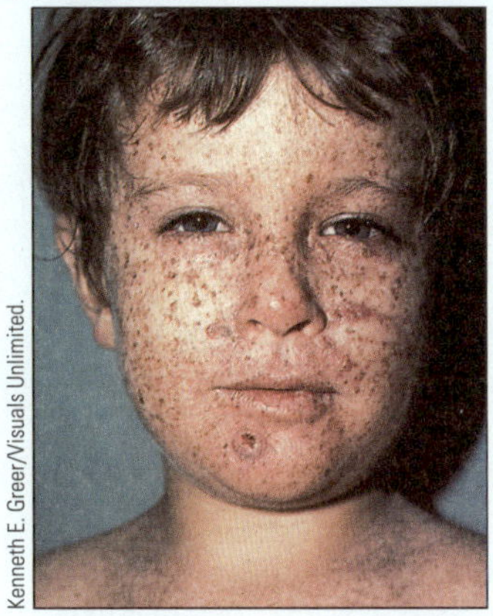

세포는 DNA 복구 시스템을 갖고 있다. 그러나 이러한 모든 체크포인트(checkpoint)를 갖고 있을 지라도, DNA 복제에서의 실수 또는 DNA 손상으로 인해 여전히 돌연변이가 일어날 수 있다. 만일 복구 시스템 자체의 유전자가 손상을 입었을 때, 이러한 일이 발생할 수 있다. DNA 복구 시스템에서 일어난 돌연변이의 결과로 생긴 유전 질환 중의 하나가 **색소성 건피증** (**xeroderma pigmentosum, XP**)이다. 색소성 건피증에 걸린 사람들은 자외선에 극도로 민감하여, 신체가 햇빛에 노출되었을 때, 이것이 피부암으로 진행된다. 색소성 건피증 환자의 약 절반 정도가 8세 이전까지 피부암으로 진행되고, 뇌암과 같은 다른 암으로 발전할 위험은 정상인보다 20배나 더 높다.

5장에서는 유전자 및 유전자의 활동이 유전 질환을 포함한 유전 형질과 얼마나 관련이 있는지에 초점을 맞추었다. 6장에서는 재조합 DNA 기술과 그것이 어떻게 생명공학에서 활용되고 있는지에 대하여 주안점을 두었다. 7장에서는 분자생물학이 유전 검사와 출산 전 진단에 얼마나 획기적으로 이바지 했는지를 생각해 보았다. 8장에서는 여러 분야에서 DNA 법의학의 적용과 방법에 대하여 논의하였다. 9장에서는 인간 게놈 프로젝트와 발견과 역사, 그리고 그것이 미래의 의학과 사회에 미칠 영향에 대하여 요약하였다.

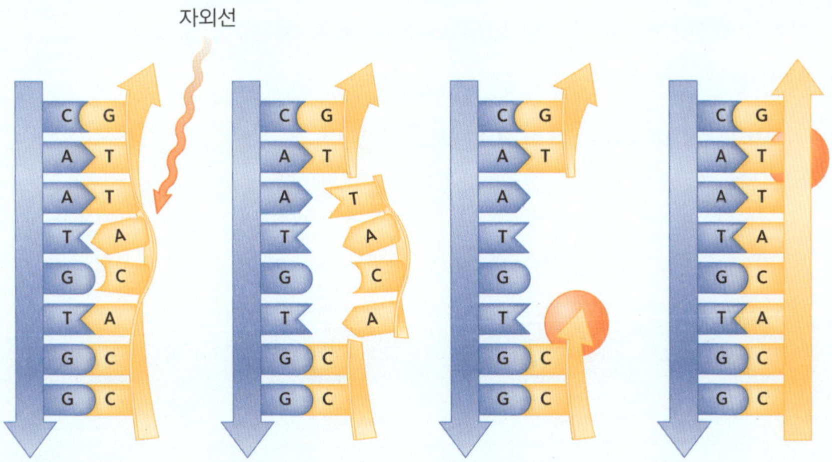

1 자외선에 의해 야기된 상해. **2** 효소에 의해 상해 제거. **3** DNA polymerase가 염기서열을 새롭게 창조. **4** 복구된 DNA.

용어사전

adenine(아데닌) 핵산에서 발견되는 질소를 포함하는 퓨린 염기

cytosine(시토신) 핵산에서 발견되는 질소를 포함하는 피리미딘 염기

deoxyribonucleic acid(DNA) 1차적으로 유전정보를 전달하는 폴리뉴클레오티드의 상반된 가닥을 구성하고 있는 분자

deoxyribose(디옥시리보스) DNA에서 발견되는 펜토스(pentose) 당

DNA polymerase(DNA 중합효소) 주형 DNA 가닥과 뉴클레오티드를 이용하여 DNA 합성을 촉매 하는 효소

gene regulation(유전자 조절) 유전자가 켜지고 꺼지는 과정

guanine(구아닌) 핵산에서 발견되는 질소를 포함하는 퓨린 염기

histone(히스톤) 뉴클레오솜을 형성하기 위해 DNA에 의해 둘러싸여진 단백질

nucleosome(뉴클레오솜) DNA가 단백질 주위를 감쌀 때에 형성되는 구조

nucleotide(뉴클레오티드) DNA 및 RNA의 기본 구성요소

phosphate group(인그룹) 화학적으로 4개의 산소분자에 결합된 인을 포함하고 있는 구성요소

purine(퓨린) 핵산에서 발견되는 이중 고리로 된 유기 염기의 군

pyrimidine(피리미딘) 핵산에서 발견되는 이중 고리로 된 유기 염기의 군

ribonucleic acid(RNA) 피리미딘 우라실과 리보스 당을 포함하는 핵산 분자

ribose(리보스) RNA에서 발견되는 펜토스(pentose) 당

Streptococcus pneumoniae 폐렴을 일으키는 박테리아의 종

thimine(티민) 핵산에서 발견되는 질소를 포함하는 피리미딘 염기

transformation(형질전환) 외부 세포에서 유래된 DNA에 의해 야기된 유전적 변화

uracil(우라실) 핵산에서 발견되는 질소를 포함하는 피리미딘 염기

xeroderma pigmentosum(색소성 건피증) DNA 복구에 문제가 생김으로서 발병되는 피부 질환

x-ray diffraction(x-선 회절) x-선을 이용하여 결정체의 구조를 연구하는 방법

5 DNA로 이루어진 유전자: 유전자는 단백질을 어떻게 암호화하는가

핵심 포인트

- 유전자는 단백질을 코드(암호화)하는 DNA로 이루어진다.
- 전사(transcription)를 통하여, 유전정보인 DNA가 전령 RNA(mRNA)로 복제된다.
- 해석이 일어나면서 DNA의 유전정보는 단백질의 아미노산 서열로 바뀌어진다.
- 번역(translation)을 통하여, 유전정보는 아미노산 서열로 바뀌게 된다.
- DNA에서 변화가 일어나면, 단백질에서도 변화가 나타날 수 있다.

사례 A 마르샤 존슨의 예상치 못한 검사 결과

마르샤 존슨(Marcia Johnson)은 산부인과 전문의에게 통상적인 건강진단 검사를 받을 예정이었다. 그녀는 방금 임신했다는 사실을 알게 되었고, 비타민을 처방받고 집으로 올 생각이었다. 대기실에서 간호사는 그녀에게 다가와 혈액 검사를 하기 위해 혈액이 필요하니 기꺼이 응할 수 있겠느냐고 물었다. 그 검사는 겸상 적혈구 빈혈증 검사였다. 간호사는 일리노이주 북부에 얼마나 많은 사람들이 이 유전 질환을 일으키는 돌연변이 유전자의 보인자인지를 밝히기 위한 연구를 하는 것이라고 설명했다. 마르샤는 "못할 거 없지?"라고 생각해서 동의서에 서명했고, 혈액을 채취하도록 허락했다. 그리고는 혈액 채취에 대한 생각은 까맣게 잊어버렸다.

2주일 후에 마르샤는 의사로부터 그녀가 정말로 겸상 적혈구 빈혈증 유전자를 가진 보인자라는 전화를 받게 되었다. 그녀는 충격을 받았다. 그러나 인터넷에서 이 질환에 대해 검색해 본 결과, 서아프리카가 조상인 사람들 중에서 보인자가 흔하게 나타난다는 것을 알게 되었다. 그녀의 의사는 걱정할 것 없다고 말했지만, 그녀는 남편인 마크(Mark)도 검사를 받도록 설득했다. 그래서 마크도 검사를 받았고, 그 역시 겸상 적혈구 빈혈증의 보인자인 것으로 밝혀졌다.

마크가 이러한 검사 결과를 알게 되던 날, 공교롭게도 그 날은 마르샤가 임신한 태아의 상태를 확인하기 위해 처음으로 초음파검사를 받던 날이었다. 그녀는 쌍둥이를 임신 중이었다! 마르샤와 마크는 겸상 적혈구 빈혈증에 대하여 인터넷을 통해 알고 있었기 때문에 매우 불안했고, 따라서 태아의 출산 전 진단을 받기로 의사와 약속하였다. 일주일 후에, 그들에게 겸상 적혈구 빈혈증의 검사 결과를 말해주기 위해 전화를 했던 의사가 한 유전 상담사를 추천해 주었다.

이 같은 사례를 읽고 나면, 여러 가지 질문들이 떠오른다. 우리가 이러한 질문을 다루기 전에, 유전자가 무엇인지, 그 유전자가 어떻게 작용하는지, 왜 돌연변이 유전자가 유전 질환이라는 결과를 가져오는지를 알아보기로 보자.

"생물학의 기본: 세포 및 세포의 구조"에서 DNA는 두 가지의 주된 기능을 갖고 있다는 것을 배웠다. 이 장에서 우리는 이 중에서 한 가지인, DNA가 단백질을 어떻게 암호화하는지에 대해서 배울 것이다.

5.1 유전자는 형질을 어떻게 조절하는가?

인체에 있는 수십 조 개의 세포(성숙한 적혈구 세포는 제외함) 하나하나는 1개의 핵을 갖고 있다. 핵 내부에는 우리를 인간으로 만드는 20,000~25,000개 유전자의 카피(복제물) 두 세트를 운반하는 46개의 염색체가 있다. 3장에서 배운 것처럼, 우리가 갖고 있는 유전자의 카피 중에서 하나는 어머니로부터, 나머지 다른 카피 하나는 아버지에게서 물려받는다는 것을 기억하라. 이 같은 유전자들은 양쪽 모두 같은 형질을 전달할 수도 있고, 아니면 서로 다른 형질을 전달할 수도 있다(이처럼 차이가 나는 형태를 **대립유전자** (allele)라고 한다).

유전자(유전자형, *Genotype*)는 DNA로 이루어진다. 전부는 아니지만, 대부분의 유전자는 **단백질** (protein)을 생산하기 위한 유전정보를 갖고 있다. 단백질이 갖고 있는 기능은 눈에 보이는 **표현형**(phenotype)으로 나타나며, 이것이 우리들을 이 세상에서 하나밖에 없는 존재로 만든다. 표현형의 한 가지 예는 낭포성섬유증(cystic fibrosis, ■ 그림 5.1)과 관련된 증상이다. 이 유전자의 정상 대립유전자는 염화 이온(chloride ion)의 세포 출입을 조절하는 세포막 단백질을 암호화한다. 그러나 이 유전자의 돌연변이 대립유전자는 기능을 하지 못하는 낭포성섬유증 단백질 산물(CFTR)을 생산한다. 그러므로 돌연변이 대립유전자의 카피 2개를 물려받은 사람은 세포막 단백질이 결핍되므로, 폐에 심각한 손상과 영양적 결함을 일으켜 생명을 위협하는 낭포성섬유증의 증세가 나타난다.

■ **그림 5.1 낭포성섬유증을 가진 아이**

이 아이는 천식환자가 사용하는 것과 유사한 기관지 확장제를 사용하고 있다. 그녀가 들이마시는 스프레이는 기도가 확장되도록 도와준다.

단백질이란 무엇인가?

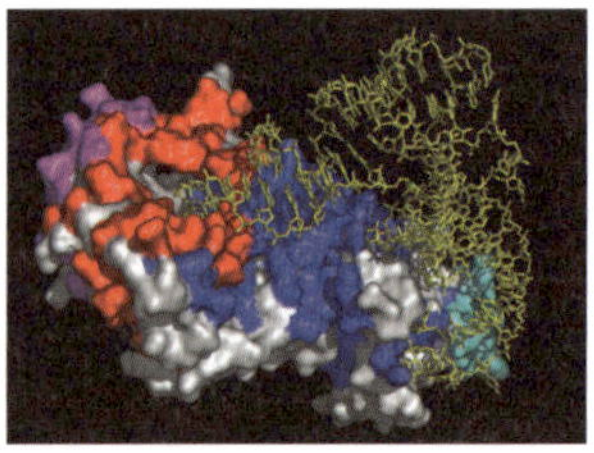

왼편 그림에서는 단백질의 3차 구조를 보여주고 있다. 단백질은 많은 형태를 취하고 있고, 또한 많은 기능을 갖고 있다. 이들은 구조(머리카락, 손톱)를 만들고, 효소(세포 안에서 화학 작용을 조절하는 단백질)로서 작용하여 화학적인 메신저(성장호르몬이나 인슐린 같은 호르몬)가 될 수 있다. 또한 수용체(빛, 냄새, 청각)와 분자의 수송체(겸상적혈구 빈혈증에서 변형된 헤모글로빈) 역할을 하기도 한다.

■ 그림 5.2에서와 같이, 단백질은 **아미노산** (amino acids)이라고 부르는 소단위로 구성되어 있다. 단백질에서 아미노산은 20개의 서로 다른 형태로 발견된다. 아미노산을 서로 다른 형태로 만드는 것은 분자의 뼈대에 붙어있는 화학기(R-기라고 부르는) 때문이다. 서로 다른 2개의 R-기가 모든 아미노산의 말단에서 발견되는데, 하나는 아미노기(NH_2)이고, 다른 하나는 카르복실기(COOH)이다. 아미노산 소단위들은 단백질을 형성하는 세포에 의해 화학적으로 함께 결합된다(■ 그림 5.3).

자연 상태에서 20개의 아미노산으로부터 만들 수 있는 다양한 단백질의 조합은 천문학적인 숫자가 된다. 예를 들어, 오직 5개의 아미노산으로 구성된 단백질 1개에는 20^5 또는 3,200,000개의 조합이 가능하다. 대부분의 단백질들은 수백 개의 아미노산으로 구성되므로 따라서 수백 만 개의 조합이 가능하다.

우리의 신체에 필요한 모든 단백질을 생산하기 위해서는, 20개의 아미노산 모두를 공급해 주어야만 한다. 이들 중 여러 아미노산은 우리 몸을 이루는 세포에서 만들 수 있지만, 나머지는 식사를 통해 공급해 주어야만 하며, 이들을 **필수아미노산** (essential amino acids)이라고 부른다(표 5.1). 그러므로 모든 필수아미노산을 적당하게 공급해 주기 위해서는 균형 잡힌 식사가 필요하다. 몇몇 식물들은 특정한 필수아미노산을 적게 포함하고 있으므로, 특히 채식주의자들은 식단을 짜는데 조심해야만 한다. 동물성 식품이나 유제품을 전혀 먹지 않는 완전 채식주의자들은 모든 필수아미노산을 포함한 균형 잡힌 식사를 함으로써 단백질 공급원을 보충해 주어야만 한다.

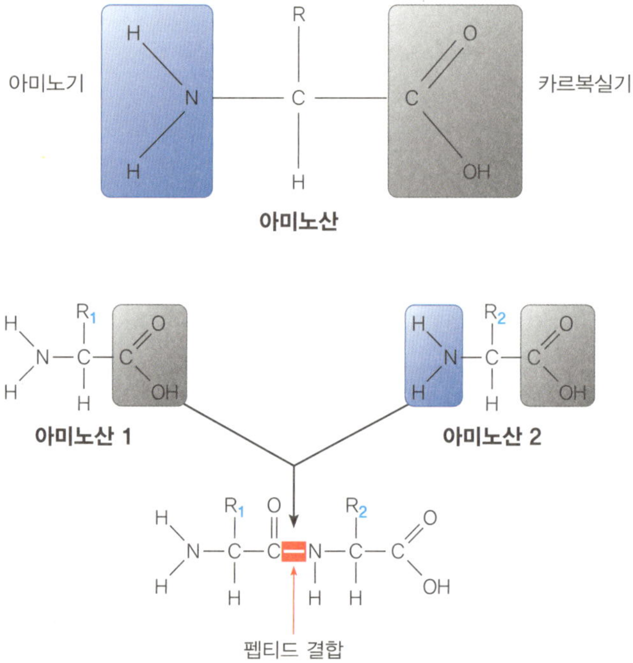

■ **그림 5.2 아미노산의 화학적 구조**

20개의 아미노산은 R-기의 화학적 특성에 따라 각각 차이가 난다. 한 아미노산의 아미노기와 다른 아미노산의 카르복실기 사이에 펩티드 결합이 형성된다.

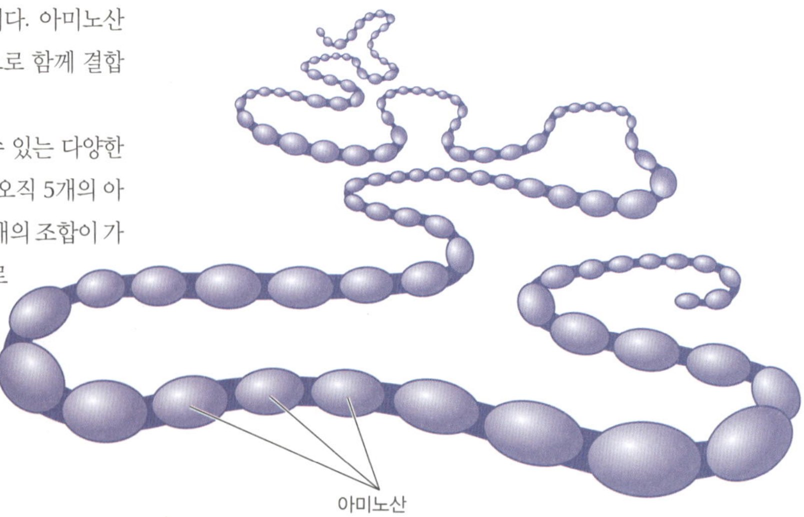

■ **그림 5.3 연결된 아미노산**

아미노산이 서로서로 연결되어 단백질을 만든다.

표 5.1 필수아미노산

우리가 생활하는 동안에, 신체는 여러 단계를 경유하여 20개의 아미노산 중에서 10개를 생산할 수 있다. 여기에 있는 나머지 10개는 외부로부터 공급되어야만 한다.

아미노산	약어
아르기닌	Arg
히스티딘	His
이소류신신	Ile
류신	Leu
라이신	Lys
메티오닌	Met
페닐알라닌	Phe
트레오닌	Thr
트립토판	Trp
발린	Val

고찰(discussion)에서 나중에 다루겠지만, 하나의 단백질이 만들어지고 나면, 아미노산의 배열에 따라 3차원의 구조로 접혀짐으로서 기능을 갖게 되고, 그 단백질의 표현형으로 나타난다.

DNA 정보는 어떻게 단백질로 전달되는가?

얼핏 생각하기에도, 20개의 아미노산에서 유래된 서로 다른 수십억 개의 정보가 어떻게 DNA로 전달될 수 있는지 상상조차 하기 어렵다. DNA가 단지 4개의 뉴클레오티드(A, T, C, G)를 포함하고 하나의 단백질에 20개의 아미노산이 존재한다면, 단지 4개의 뉴클레오티드가 어떻게 20개 아미노산의 모든 정보를 암호화 할 수 있을까? 그 해답은 아미노산 1개를 결정하는 정보를 전달하는 **코돈 (codon)**이라고 부르는 3개의 뉴클레오티드의 염기배열에 달려 있다. 그러한 아미노산은 하나의 단백질에서 특정한 위치로 들어간다. mRNA에서의 뉴클레오티드 순서가 DNA의 염기배열에 의해 결정되기 때문에, DNA 염기배열의 순서는 결과적으로 단백질의 아미노산 순서를 결정한다.

DNA 내에 있는 모든 염기배열이 단백질을 암호화하는 정보를 갖고 있는 것은 아니다. 아미노산 배열을 암호화하는 정보 이외에, DNA는 특정한 단백질을 언제, 그리고 얼마나 많이 생산할 지를 조절하는 정보를 전달한다. 세포 내에 핵을 갖고 있는 인간을 비롯한 다른 생물체에 있어서, 거의 모든 세포의 DNA는 핵 내에서(일부는 미토콘드리아) 발견되고, 거의 모든 단백질은 세포질 내에 있는 리보솜에서 대량으로 생산된다(참조 "생물학적 기초: 세포 및 세포구조").

DNA 내에서 암호화된 정보는 핵을 둘러싸고 있는 핵막을 통과하여 세포질로 전달되어야만 한다. 그런 다음, 리보솜(단백질 합성이 일어나는 세포소기관)으로 수송되어야만 한다. 염색체는 핵 안에 남아있지만, **전달 RNA (messenger RNA)** 혹은 **mRNA**라고 부르는 매개체에 의해 유전정보는 핵에서 세포질로 전달된다.

다음 페이지에서 나오는 것처럼, 유전자(DNA 염기배열)로부터 단백질로 정보가 전달되는 과정은 여러 단계를 거쳐서 진행 된다:

1. DNA → mRNA (전사(transcription))
2. mRNA → 단백질 (번역(translation))

5.1 요점

- 유전자는 단백질이라고 부르는 유전자 산물을 암호화한다.
- 단백질은 우리를 이 세상에서 하나밖에 없도록 존재하게 하는 표현형을 만든다.
- 단백질은 1개 이상의 아미노산 사슬로 구성되어 있다.

5.2 정보가 전달되는 첫 단계인 전사에서는 무슨 일이 일어나는가?

전사(transcription)라고 부르는 첫 단계에서, 유전자로부터 DNA 염기배열로 암호화된 정보는 전령 RNA(mRNA) 분자의 염기 배열로 카피된다. 전령 RNA는 DNA(참조. 생물학의 기본 DNA)와 유사하지만, 그러나 기능적인 면에서는 다르다.

아래의 내용을 읽으면서 다음 페이지에 나오는 그림을 참조하면 도움이 될 것이다:

가장 먼저 염색체 내에 있는 DNA의 한 가닥이 풀려서, RNA 분자를 만들기 위한 주형으로서 이용된다. 그런 다음에는 다음과 같은 과정을 거친다.

1. **RNA 중합효소**(polymerase)는 유전자가 시작되는 부분에서 특정한 뉴클레오티드 염기배열(**프로모터**라고 부름)에 결합한다.
2. 한 가닥 DNA 염기배열을 주형으로 사용하여, RNA 중합효소는 주형을 따라 이동한다. 이 때, RNA 분자들이 서로 연결됨으로써 mRNA가 만들어 진다.
3. 전사에 의해 생성된 RNA 분자는 유전자의 뉴클레오티드 염기배열과 정확하게 일치하지는 않는다. 그러나 핵산 분자의 염기쌍 법칙에 의해 *상보적 카피(complementary copies)*라고 부른다. DNA 전사에서 염기쌍 법칙은 한 가지 예외만 빼고는 DNA 복제에서와 동일하다. 즉 DNA 주형에서 A는 mRNA에서는 U와 결합한다. 예를 들면, 만일 DNA에서 카피된 뉴클레오티드 염기배열의 한 가닥이 C G G A T C A T이라면, mRNA에서의 상보적 염기 배열은 G C C U A G U A가 된다.
4. RNA 중합효소는 DNA 주형을 따라 이동하여 mRNA를 만들기 때문에, 결국 특정한 뉴클레오티드 염기배열(**종결서열(termination sequence)**이라고 부름)로 표지된 유전자의 말단에 다다른다. RNA 중합효소가 유전자 말단(**종결, termination**)에 도달하면, 이 중합효소는 DNA 가닥으로부터 제거되고 mRNA 분자가 방출된다. 그런 다음, 분리되었던 DNA 가닥은 이중가닥으로 재형성된다.

이러한 과정이 진행된 후, mRNA는 단백질 생산에 있어서 아미노산을 암호화하지 않는 염기배열을 제거하기 위해 공정(processing) 과정을 거친다.

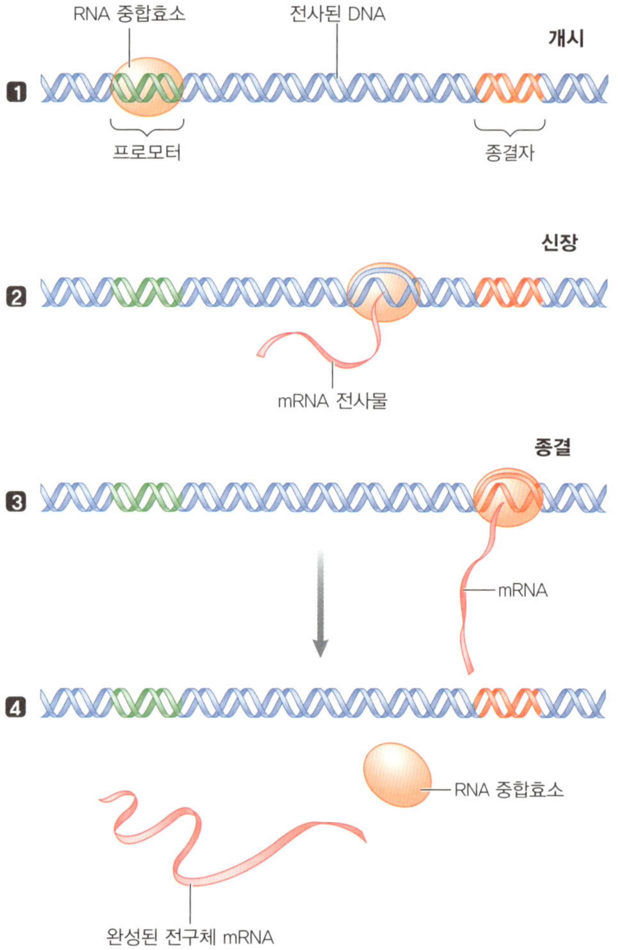

공정이 끝나면, mRNA는 핵막에 있는 핵공을 통과하여 세포질로 이동된다. 세포질에서는 mRNA에 포함된 정보를 근거로 단백질이 조립된다. 이와 같은 2차 과정을 **번역 (translation)**이라고 부른다.

5.2 요점

- **유전자의 DNA 염기배열은 전령 RNA(mRNA)의 뉴클레오티드 배열로 카피된다.**

5.3 정보 전달의 두 번째 단계인 번역에서는 무슨 일이 일어나는가?

mRNA 분자의 뉴클레오티드 배열은 단백질의 아미노산 순서에 따라 세포질에서 번역된다. mRNA에 있는 각각의 코돈은 단백질에서 1개의 아미노산을 암호화한다. 그러나 mRNA는 아미노산을 단백질로 직접 조립하지 않는다.

이러한 작업을 위해 **운반 RNA (transfer RNA, tRNA)**라는 다른 핵산 분자가 필요하다.

다음 단락에서와 같이, 운반 RNA(tRNA)는 번역에서 2가지 중요한 과업을 수행 한다: (1) tRNA는 1개의 특정 아미노산을 인식하고 결합한다. (2) tRNA는 아미노산을 암호화하는 mRNA 코돈을 인식한다.

tRNA의 말단 부분에는 특정 아미노산과 결합하는 영역을 갖고 있고, 다른 쪽에는 아미노산의 mRNA 코돈과 쌍을 이룰 수 있는 3개의 뉴클레오티드(**안티코돈**이라고 부름)로 구성된 세트를 갖고 있다.

단백질이 합성되는 동안, mRNA 코돈에 의해 정해진 아미노산은 화학적 결합에 의해 리보솜에서 서로 함께 연결된다.

아래 그림에서는 번역이 일어나는 과정을 설명해 주고 있다..

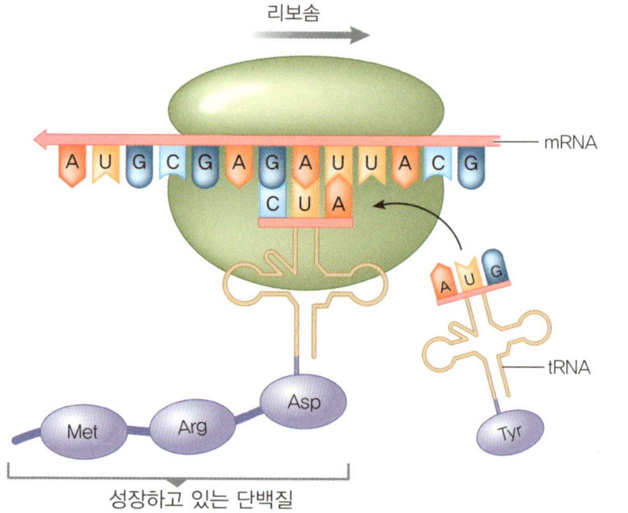

1. mRNA 분자가 리보솜 안으로 들어간다. 리보솜은 세포질 안에서 자유롭게 떠다니거나, 혹은 소포체(ER)("생물학 기초: 세포와 세포 구조" 보라)의 외 막에 붙어있는 세포소기관이라는 것을 생각해 보라! 단백질 합성은 리보솜에서 일어나고, 번역은 mRNA 분자의 특정 부분에서 시작된다. 첫 번째 코돈은 언제나 AUG이며, **개시코돈(start codon)**이라고 부른다(표 5.2). 인간의 모든 단백질에 있어서 개시코돈인 첫 번째 아미노산은 메티오닌(methionine)이라고 하는 아미노산이다.

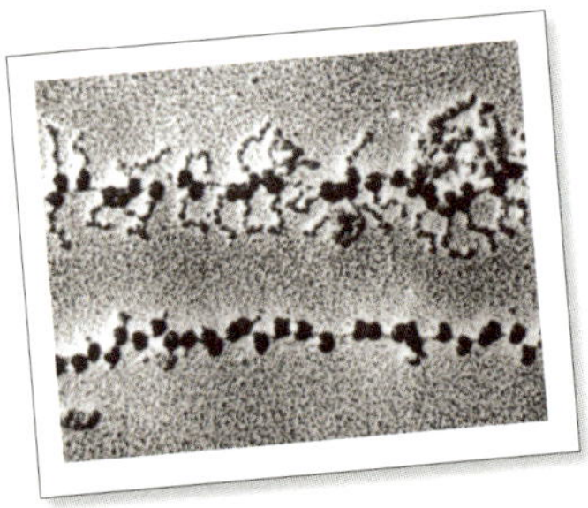

PHOTO GALLERY
DNA 해석을 보라. © Dr. Kiseleva and Dr. Donald Fawcett/ Visuals Unlimited

2. 두 번째 아미노산이 자리를 잡게 되면, 리보솜 내에 있는 효소가 첫 번째 아미노산(AUG)과 두 번째 아미노산 사이에서 화학적 결합(**펩티드 결합**이라고 부름)을 일으킨다. 이러한 결합이 일어나면 첫 번째 아미노산의 tRNA는 방출되어 리보솜으로부터 제거된다.
3. 그 다음에, 리보솜은 다음 코돈의 RNA를 향하여 이동한다. 이 과정이 반복됨으로써 아미노산이 계속 부가되고 단백질이 만들어진다.
4. 단백질 합성은 리보솜이 **종결코돈(stop codon)**에 도달할 때까지 계속된다. 종결코돈(UAA, UAG, UGA)은 아미노산을 암호화하지 않는다. 리보솜이 종결코돈에 도달하면, 리보솜은 mRNA로부터 떨어지고, 완성된 아미노산 사슬이 생기는데, 이는 우리가 단백질이라고 부르는 3차 구조로 접히게 된다.

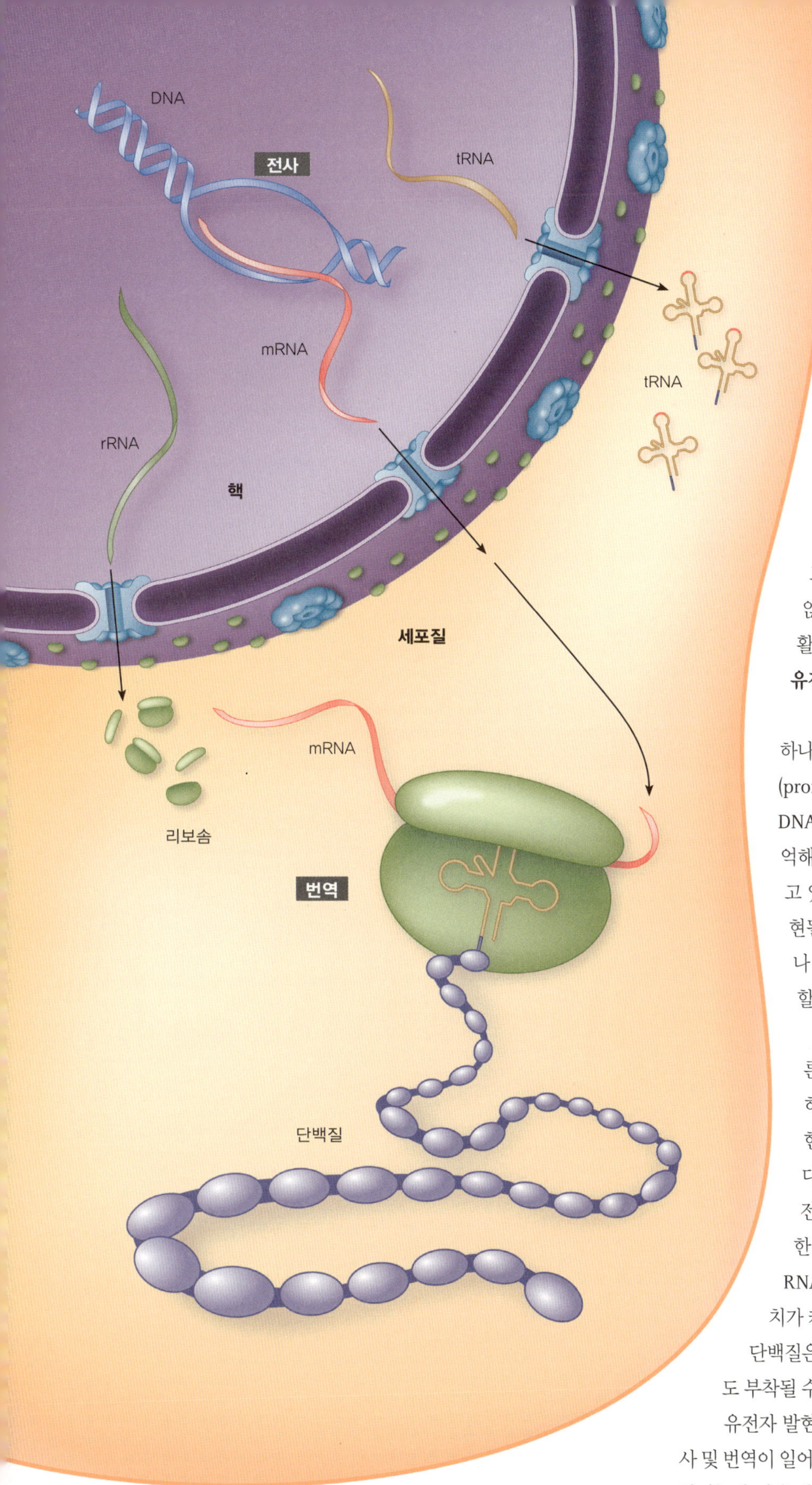

5.3 요점

- 세포질 내에서 mRNA 코돈에 의해 정해진 각각의 아미노산은 하나의 단백질을 형성하기 위해 다른 아미노산에 연결된다.

5.4 세포는 유전자를 켜고 끄는 방법을 알고 있는가?

염색체 하나하나는 우리를 살아있도록 만드는 20,000개의 유전자 중에서 수백 개씩을 전달한다. 그러나 모든 유전자가 모든 세포에서 발현하는 것은 아니다. 실제로 유전자의 대부분은 많은 시간동안 꺼져 있는 상태로 있다. 예를 들면, 간세포는 눈 색깔을 나타내는 유전자를 발현시키지 않고, 뇌세포는 음식을 소화시키는 단백질을 생산하지 않는다. 어떤 세포라도 유전자의 약 5-10% 정도만이 활동을 한다. 이렇게 유전자가 켜지고 꺼지는 현상을 **유전자 조절**(gene regulation)이라고 한다.

유전자 발현을 조절하는 가장 중요한 방법 중의 하나는, 유전자의 시작점에 존재하는 프로모터(promoter) 영역을 조절하는 것이다. 염색체 안에서 DNA가 히스톤 분자의 주위를 감싸고 있다는 것을 기억해보라! 만일 DNA가 히스톤 주위를 견고하게 감싸고 있다면, 이 영역에 존재하는 어떠한 유전자라도 발현될 수 없을 것이다. 만일 히스톤에 변형이 일어나거나 혹은 DNA가 부분적으로 풀린다면, 유전자는 활동할 수 있는 상태가 되어 발현될 수 있을 것이다.

세포는 호르몬, 영양분, 환경으로부터 유래한 다른 화학물질과 외부 신호를 받아드리고 처리한다. 흔히, 세포는 많은 활성 유전자가 변화함으로써 이러한 신호에 반응하여 많은 형태의 단백질을 생산한다. 유전자가 아닌 여러 형태의 DNA 염기배열이 유전자 발현에 관여하기도 한다. 여러분들이 전사에 관한 단원에서 배웠던 것처럼, 프로모터 염기배열은 RNA 중합효소와 같은 단백질이 결합하여 유전자 스위치가 켜지는 것을 허락하는 DNA 영역이다. 게다가, 조절 단백질은 **엔헨서**(enhancers)라고 하는 다른 염기배열에도 부착될 수 있기 때문에, 이로 인해 단백질 생산이 증가된다.

유전자 발현이 조절되는 과정은 여러 단계를 거친다. 이는 전사 및 번역이 일어나기 전이나, 일어나는 동안 그리고 끝난 후에도 조절되는데, 다음 페이지에 있는 그림을 보면 쉽게 이해가 된다. 화살표는 조절이 일어나는 단계를 보여 주고 있다.

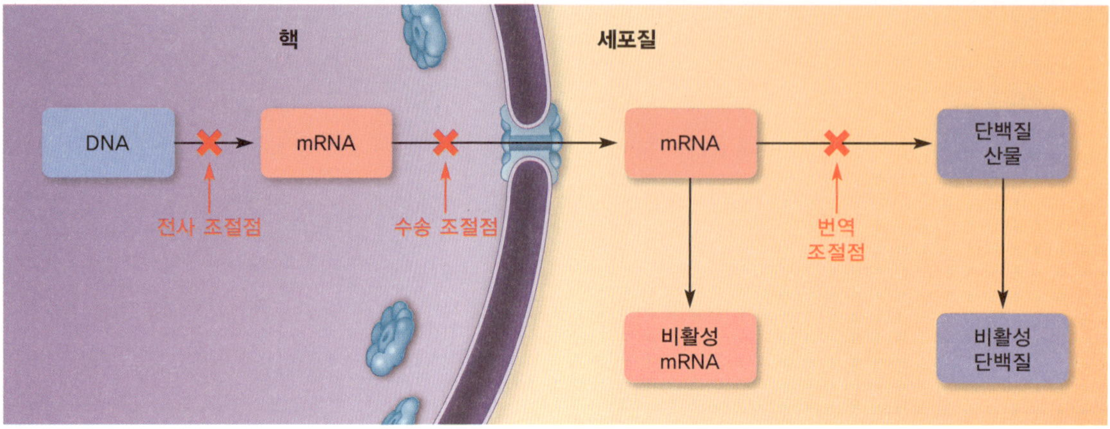

5.4 요점

- 프로모터 염기배열은 유전자를 켜거나 끈다.

5.5 돌연변이는 무엇이고 어떻게 유전자를 돌연변이로 만드는가?

유전자는 **돌연변이**(mutation)라고 하는 과정에 의해 변형될 수 있다. 돌연변이란 DNA 염기배열에 변화가 일어난 것을 말한다. 이는 정자와 난자를 포함하여 신체를 구성하는 어떤 세포에서도 일어날 수 있다. 돌연변이된 유전자들은 비정상적이거나 기능을 못하는 단백질을 생산한다. 혹은 어떤 경우에 단백질을 전혀 생산하지 못한다. 돌연변이는 유전자가 발현되는 순간과 유전자의 발현 수준에 영향을 미칠 수 있다. 반면에 몇몇 돌연변이는 아무런 변화를 일으키지도 않을 뿐만 아니라, 눈에 띄지도 않는다.

돌연변이는 세포 내에서 일어나며, DNA가 복제되는 동안 실수를 유발시키기도 한다. 환경적으로 돌연변이를 일으킬 수 있는

표 5.2 아미노산을 암호화하는 유전 코드

전령 RNA는 각각의 아미노산을 암호화한다.

아미노산	약어	mRNA 코돈
알라닌	Ala	GCA GCC GCG GCU
아르기닌	Arg	AGA AGG CGA CGC CGG CGU
아스파라긴	Asn	AAC AAU
아스파라긴산	Asp	GAC GAU
시스테인	Cys	UGC UGU
글루타민산	Glu	GAA GAG
글루타민	Gln	CAA CAG
히스티딘	His	GGA GGC GGG GGU
이소류신	Ile	AUA AUC AUU
류신	Leu	CUA CUC CUG CUU UUA UUG
라이신	Lys	AAA AAG
메티오닌	Met	AUG
페닐알라닌	Phe	UUC UUU
프롤린	Pro	CCA CCC CCG CCU
세린	Ser	AGC AGU UCA UCC UCG UCU
트레오닌	Thr	ACA ACC ACG ACU
트립토판	Trp	UGG
티로신	Tyr	UAC UAU
발린	Val	GUA GUC GUG GUU
종결코돈		UAA UAG UGA

코드철자 : A = 아데닌, C = 시토신, G = 구아닌, U = 우라실

* AUG : 유전자가 발현될 때, “시작”을 알리는 신호

방사능, 화학물질과 같은 요인을 **돌연변이유발원**(mutagens)이라고 부른다.

돌연변이가 일어났다는 것을 어떻게 알 수 있는가?

가족력에는 없는 유전 질환을 가진 누군가가 가족 중에서 태어난다면, 그 원인이 유전적인 것일까 아니면 비유전적인 것일까를 고민하게 된다. 예를 들면, 여성이 임신 기간 동안 술을 마시게 되면, 치명적인 결함, 성장 지연, 신경계 이상을 보이는 아이를 출산할 수도 있다. 이러한 증상은 비유전적 질환인 태아알코올 증후군(fetal alcohol syndrome)일 수 있지만, 윌리엄스증후군(William Syndrome)이나 누난증후군(Noonan syndrome)과 같은 몇몇 유전 질환에서 볼 수 있는 증상과도 비슷하다. 이와 같은 증상이 유전적 요인인지 혹은 비유전적인 요인에 의해 야기되는지를 결정하기 위해서는, 가계도(pedigree)를 통한 가족력을 조사해야만 하고, 필요하다면 유전 검사를 실시해야만 한다.

가계도 분석을 했을 때, 가족력에는 없는 유전 질환을 가진 누군가가 나타난다면, 흔히 돌연변이가 발생한 것으로 추측할 수 있다. 그러나 가족 내에서 상염색체 열성형질이 갑자기 나타난다면, 보통은 돌연변이가 언제 처음으로 발생했는지를 확인하기란 매우 어렵다. 열성 대립유전자는 눈으로 관찰되기 전까지 여러 세대를 통하여 전달될 수 있다. 새로운 대립유전자를 생성하는 돌연변이에 의해, 우리 주위에서 흔히 볼 수 있는 유전적 다양성이 나타난다. 이는 마르샤 존슨(Marcia Johnson)이 걱정하는 바와 같이, 우리의 표현형을 만드는 다른 형질과 마찬가지로, 겸상적혈구빈혈증(sickel cell anemia)과 같은 유전 질환에서 그 예를 찾아볼 수 있다.

수치로 따져보기

4 백만
박테리아 세포 1개에 포함된 염기쌍의 수

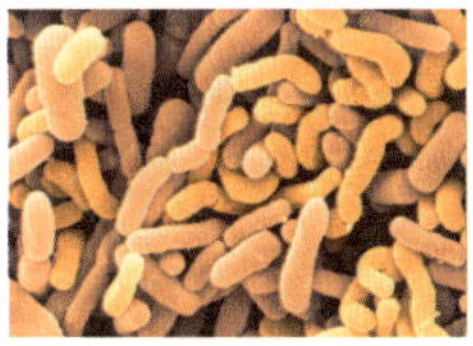

© Scimat/Photo Researchers, Inc.

32 억
인간 세포 1개에 포함된 염기쌍의 수

146
베타글로빈 분자에 포함된 아미노산의 수

1
겸상적혈구 빈혈증을 일으킬 수 있는 유전자에 포함된 잘못된 염기쌍의 수

5.5 요점

- 유전자는 돌연변이에 의해 변화될 수 있고, 이로 인해 단백질의 기능이 변화된다.
- 유전자의 돌연변이는 단백질에 포함된 아미노산 1개가 다른 아미노산으로 대체됨에 따라 일어날 수 있다.

5.6 변화된 유전자가 어떻게 유전질환을 일으키는가?

표 5.2에서 나와 있듯이, 많은 코돈의 염기배열이 얼마나 유사한지를 기억해보라. 유전자 내에서 DNA 배열에 오직 1 염기쌍만 달라진 돌연변이가 일어날지라도, 단백질을 구성하는 아미노산 1개를 변화시킬 수 있으므로 유전 질환을 일으킬 수 있다. 표 5.2에서처럼 글루타민산(Glu)을 이루는 코돈 중의 하나는 GAG이다. 만일 mRNA 코돈이 GUG로 바뀌는 돌연변이가 일어나게 되면, 글루타민산 대신에 아미노산 발린(Val)이 포함된 단백질이 될 것이다. 나중에 알게 되겠지만, 이러한 변화가 마크(Mark)와 마르샤 존슨(Marcia Johnson)이 물려받은 돌연변이된 겸상적혈구 빈혈증(sickel cell anemia)을 일으킨다.

변화된 단백질은 어떻게 유전질환을 일으키는가?

단백질이 합성되는 도중이나 합성이 일어난 후에, 단백질은 아미노산의 배열에 따라 3차 구조의 형태로 접혀진다. 이 같은 3차 구조의 형태는 결과적으로 단백질의 기능을 변화시킬 수 있는 DNA 염기 순서에 의해 결정된다(■ 그림 5.4).

몇몇 돌연변이는 단백질의 3차 구조를 변화시켜 유전 질환을 일으킨다. 예를 들면. 낭포성섬유증(cystic fibrosis, CF)과 알츠하이머(Alzheimer)는 단백질의 접힘(folding)에 결함이 생긴 것이다. 이러한 질환들의 경우를 보면, 결함으로 생긴 접힘이 단백질로 하여금 정상적인 기능을 하지 못하도록 방해한다. 또 다른 질환인 인간광우병, 즉 크로이츠펠트-야콥병(Creutzfeldt-Jakob disease, CJD)의 경우, 결함이 생긴 단백질의 접힘으로 인해 신체에 있는 단백질의 기능이 마비되어 비정상적인 표현형이 나타난다.

겸상적혈구 빈혈증에서는 어떤 단백질에 변화가 일어나는가?

4장에서 겸상적혈구 빈혈증은 상염색체 열성형질로 유전된다는 것을 배웠다. 이 질환을 앓는 사람들에게는 허약함, 복통, 신부전, 심부

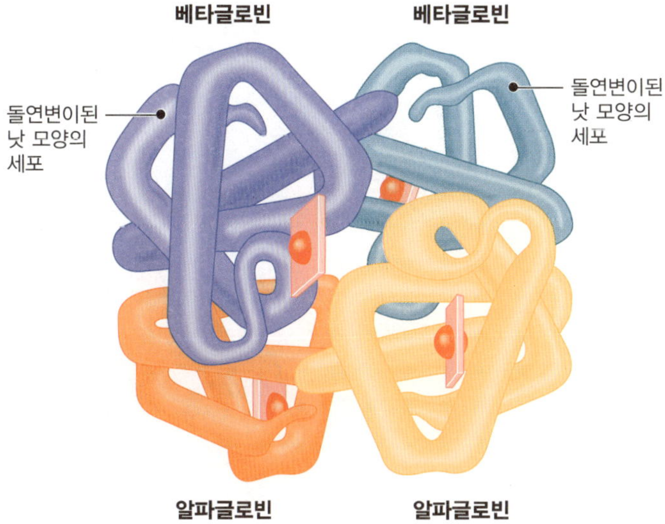

■ **그림 5.4 헤모글로빈 분자**
헤모글로빈 분자의 3차 구조 모형.

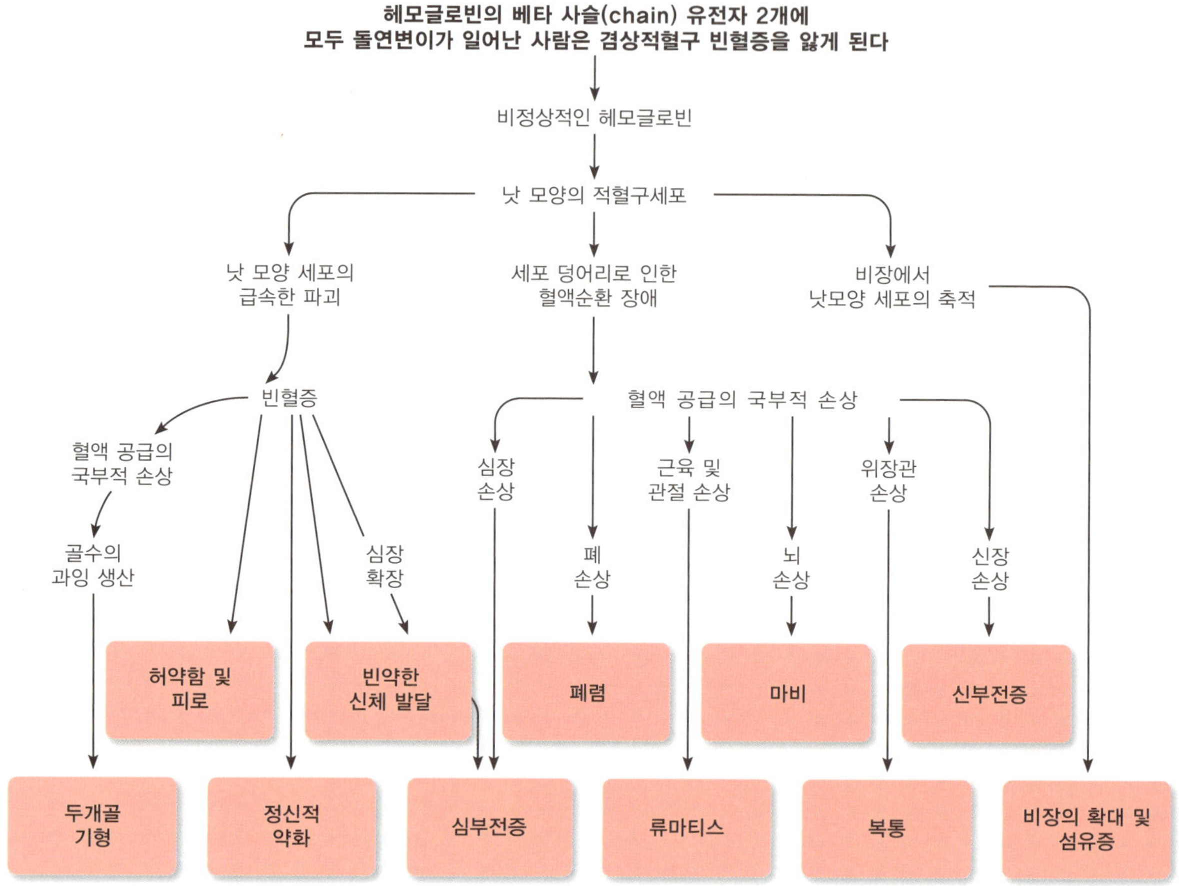

■ 그림 5.5 겸상적혈구 빈혈증의 증상

겸상적혈구 빈혈증은 DNA의 돌연변이로 인해 비정상적인 헤모글로빈이 생산됨으로써 나타나는 것이다. 분자, 세포, 조직에서 일어나는 돌연변이는 매우 다양한 증상을 일으킨다.

전 등과 같은 매우 다양한 증상이 나타남으로써, 일찍 치료를 받지 않으면 사망에 이를 수도 있다(■ 그림 5.5). 이와 같이 고통스러운 증상(■ 그림 5.6)은 혈액 내에서 산소를 운반하는 단백질인 **헤모글로빈**(**hemoglobin**)을 암호화하는 유전자에 돌연변이가 일어났기 때문에 나타난다.

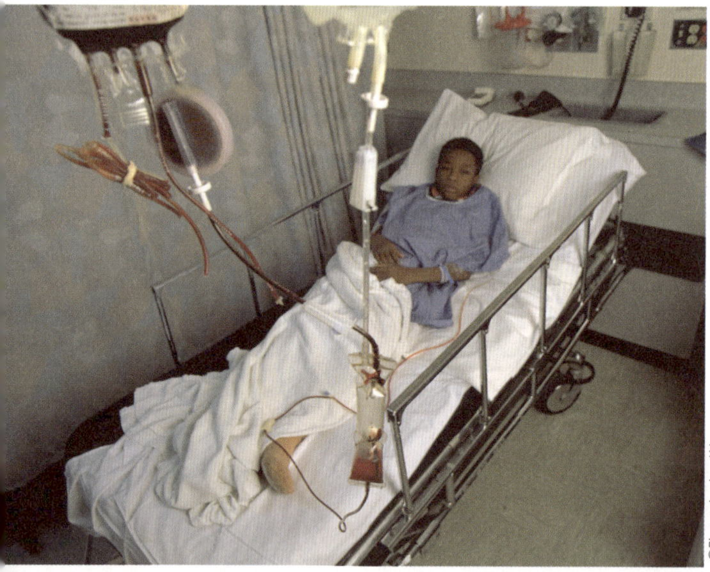

©Phototake, Inc./Alamy

■ 그림 5.6 겸상적혈구 빈혈증의 치료

이 어린이는 혈액수혈을 이용하여 겸상적혈구 빈혈증을 치료 중이다.

성인의 경우, 헤모글로빈 분자(HbA)는 **알파글로빈**(**alpha globin**)과 **베타글로빈**(**beta globin**)이라는 서로 다른 2개의 단백질로 이루어져 있다. 겸상적혈구 빈혈증을 일으키는 돌연변이는 헤모글로빈의 베타글로빈 성분에 영향을 미친다. 정상 베타글로빈과 겸상적혈구 빈혈증의 베타글로빈의 차이점은 그 단백질을 구성하는 146개의 아미노산 중에서 오직 1개만이 다르다는 것이다.

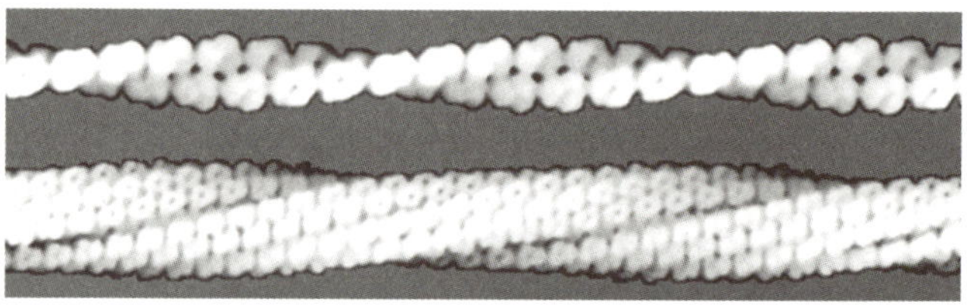

산소가 폐로부터 각 신체의 세포들로 수송된 후에, 돌연변이 베타글로빈 막대를 함께 포함하고 있는 헤모글로빈 분자는 세포 내에서 기다란 관 모양의 구조를 형성한다.

이러한 관(위에서 보이는)은 적혈구의 세포막을 비틀고 딱딱하게 만들어, 결국 세포를 낫 모양의 형상으로 일그러지게 만든다(■ 그

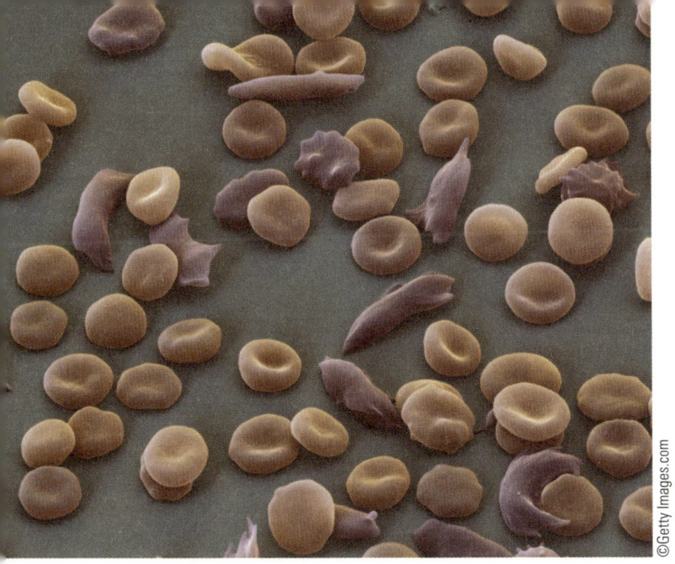

■ **그림 5.7 적혈구 세포**

정상 적혈구와 낫 모양 세포의 비교.

림 5.7). 이와 같이 변형된 혈액세포는 쉽게 부서지고, 더 이상 기능을 하지 못하게 된다. 적혈구세포가 손상을 입으면 혈액 내로 산소를 운반하는 능력을 잃게 되므로 빈혈증이 나타난다. 또한 낫 모양의 세포는 모세혈관을 비롯한 작은 혈관을 막아서, 이로 인해 고통이 수반되고 조직의 손상이 따르게 된다.

어떤 종류의 돌연변이가 겸상적혈구 빈혈증을 일으키는가?

정상적인 베타 글린빈의 mRNA 형태에서는 여섯 번째 아미노산이 코돈 GAG(글루타민산)를 포함하고 있다(■ 그림 5.8). DNA에서 오직 1개의 염기에 변화가 일어나는 것을 **점돌연변이**(point mutation)라고 하는데, 겸상적혈구 빈혈증의 경우에 mRNA의 코돈이 GAG에서 GUG로 바뀐다. 즉 여섯 번째 위치에 있는 글루타민산 대신에 베타글로빈의 돌연변이인 발린(Valine)이 차지하게 된 것이다(■ 그림 5.9). 이와 같이 아미노산 1개가 대체되면 베타글로빈은 다른 헤모글

정상 헤모글로빈	1	2	3	4	5	6	7	8
DNA	CAC	GTG	GAC	TGA	GGA	CTC	CTC	TTC
mRNA	GUG	CAC	CUG	ACU	CCU	GAG	GAG	AAG
Amino acid	Val	His	Leu	Thr	Pro	Glu	Glu	Lys
겸상적혈구 빈혈증의 헤모글로빈	**1**	**2**	**3**	**4**	**5**	**6**	**7**	**8**
DNA	CAC	GTG	GAC	TGA	GGA	CAC	CTC	TTC
mRNA	GUG	CAC	CUG	ACU	CCU	GUG	GAG	AAG
Amino acid	Val	His	Leu	Thr	Pro	Val	Glu	Lys

■ **그림 5.8 베타글로빈의 mRNA**

DNA는 mRNA를 암호화하고, 이에 상응하는 아미노산이 헤모글로빈 분자의 부분을 이룬다. 위쪽의 아미노산 배열은 정상 헤모글로빈의 아미노산 부분이고, 아래쪽의 아미노산 배열은 겸상적혈구 빈혈증 환자의 아미노산 배열을 나타낸 것이다.

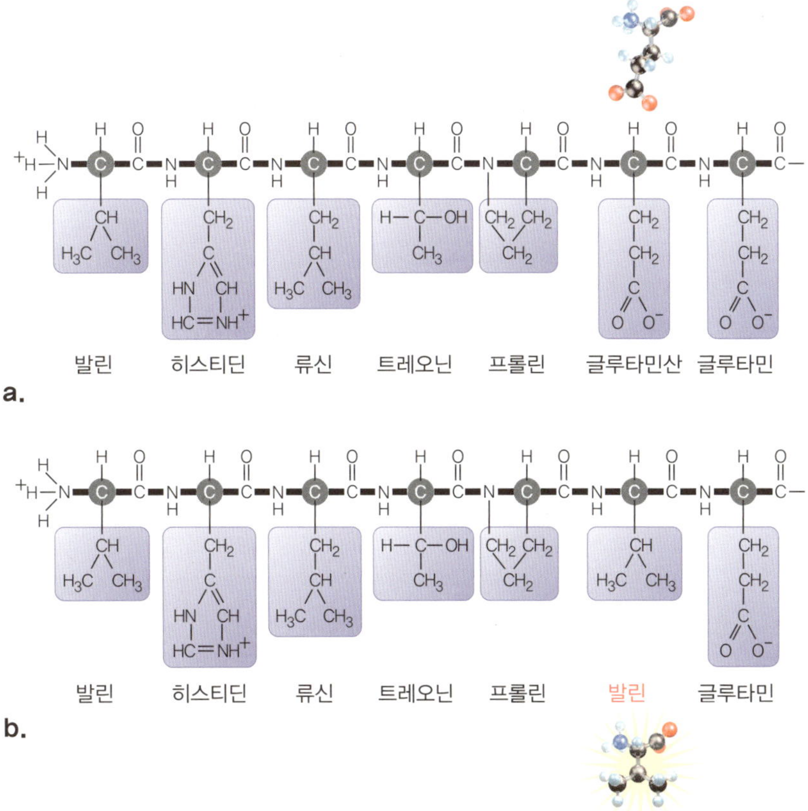

■ **그림 5.9 헤모글로빈 분자의 아미노산 사슬**

위쪽의 염기배열은 정상 헤모글로빈이고, 아래쪽의 염기배열은 겸상적혈구 빈혈증을 나타낸 것이다.

로빈 분자와 작용하여 섬유소 형태의 덩어리를 만든다.

간단하게 말하면, 겸상적혈구 빈혈증의 모든 증상은 베타글로빈 유전자를 구성하는 146개의 아미노산 중에서 오직 1개의 아미노산이 변성되기 때문이다. 그 이유는 베타글로빈 유전자 DNA에서 단지 1개의 염기쌍이 변화되었기 때문이다.

5.6 요점

- **잘못된 아미노산 배열을 갖고 있는 사람에게는 겸상적혈구 빈혈증과 같은 질환이 나타날 수 있다.**

어떻게 겸상적혈구 빈혈증을 치료해야 하는가?

유전 상담사는 존슨 가족에게 겸상적혈구 빈혈증에 적절한 치료를 받을 것을 권해야만 한다. 무엇보다도 가장 먼저, 그녀는 그림 5.4와 유사한 헤모글로빈 분자의 그림을 그들에게 보여줄 것이다. 그런 다음, 겸상적혈구 빈혈증에 있어서 베타글로빈 돌연변이 단백질의 형태를 구성하는데, 한 개 이상의 유전자가 관여한다는 것을 설명할 것이다.

모든 사람들은 서로 약간씩만 다른 3개의 베타글로빈 유전자를 갖고 있다. 발생 초기의 배아에서 베타글로빈 유전자는 활성을 갖고 있다. 이러한 베타글로빈은 배아 헤모글로빈(HbE)을 만들기 위해 알파글로빈과 결합한다. 태아로 발달하기 시작할 때, 배아의 베타글로

사례 A 질문

우리는 지금 단백질이 어떻게 만들어지고, 어떻게 돌연변이가 유전 질환(특히 겸상적혈구 빈혈증)을 일으키는지를 이해하게 되었다. 마르샤와 마크 존슨의 경우에 나타날 수 있는 몇몇 문제들에 대해 생각해 보기로 하자.

1. 마르샤는 그녀의 담당의사에게 전화하기 전에 무엇을 했었나?
2. 로렌스(lawrence)와 고울드(Gould) 박사의 사례(3장)를 통해 논의했던 것처럼, 유전 검사의 경우에서 의사의 역할로 인해 문제점이 생길 수 있다는 것을 알고 있다. 의사는 마르샤에게 그녀가 겸상적혈구 빈혈증의 보인자(이형접합자)라는 것을 얘기해 줄 의무가 있다고 생각하는가? 왜? 아니면 왜 없을까?
3. 의사는 마크에게 그가 겸상적혈구 빈혈증의 보인자라는 것을 얘기해 주어야만 했을까?
4. 겸상적혈구 빈혈증은 전체 염색체에는 영향을 미치지 않는다. 이것이 존슨 가족의 결정에 어떻게 반영될 것인가?

존슨 가족은 쌍둥이 태아의 유전진단 결과를 알고 있는 유전 상담사를 만났다. 쌍둥이 모두 여자아이였고, 겸상적혈구 빈혈증이었다. 그래서 지금 훨씬 더 많은 문제점들이 생겨났다.

5. 존슨 가족의 의견은 어떠할까?
6. 어떤 사람들은 겸상적혈구 빈혈증이 자신과 가족에게 어떠한 영향을 미치는지를 연구한다. 이러한 정보가 존슨 가족의 결정에 영향을 줄 수 있을까? 왜? 아니면 왜 아닐까?
7. 모든 임산부들은 그들의 태아로 하여금 겸상적혈구 빈혈증 진단을 받도록 해야 할까? 왜? 아니면 왜 아닐까?
8. 모든 사람들은 결혼 전이나 혹은 아이를 갖기 전에, 남자이든 혹은 여자이든 겸상적혈구 빈혈증 보인자인지 검사를 받아야만 할까? 아니면 왜 아닐까?

빈 유전자는 활동을 멈추고, 베타글로빈 유전자의 태아 버전(version)이 활동하기 시작하여 태아 헤모글로빈(HbF)을 형성한다. 출생 바로 전에, 태아 베타글로빈의 활동은 멈추고 성인 베타글로빈 유전자가 활동하기 시작하여, 성인 베타글로빈 유전자는 성인 헤모글로빈(HbA)을 생산하기 위해 알파글로빈 유전자와 결합한다. 베타글로빈 유전자의 이러한 활동 변화를 **유전자 스위칭 (gene switching)**이라고 부른다. 겸상적혈구 빈혈증을 일으키는 돌연변이는 오직 성인의 베타글로빈 유전자 버전에서만 발견되며, 배아나 태아의 베타글로빈 유전자에서는 존재하지 않는다.

최근에, 인도와 사우디아라비아에서 겸상적혈구 빈혈증을 가진 일부 사람들을 조사한 바, 출생 후에 활성화되는 태아 베타글로빈(HbF) 유전자가 자식 세대로 전달된다는 것이 밝혀졌다. 그들의 겸상적혈구 빈혈증 증상은 매우 경미했다. 이러한 발견으로 인해, 만일 베타글로빈 유전자의 태아 버전을 겸상적혈구 빈혈증 환자에 활용할 수 있다면, 이 질환의 증세를 완화시키기 위한 치료법이 가능할 것이라는 견해가 불꽃처럼 번지기 시작했다.

첫 번째의 시도는 류마티스와 다른 혈액 장애를 치료하기 위해 수산화요소(hydroxyurea)라고 하는 약제를 사용하는 것이었다. 환자들은 수산화요소로 치료를 받았고, 이 치료에 의해 태아 베타글로빈 유전자가 활성화되어 HbF가 생산되었다. 이와 같은 발견과 함께, 겸상적혈구 빈혈증의 치료제로 수산화요소에 관한 연구가 시작되었고, 결국 겸상적혈구 빈혈증의 치료에 사용된 최초의 약제가 되었으며, 미국연방의약청(Federal Drug Administration, FDA)의 승인을 받게 되었다.

불행하게도, 겸상적혈구 빈혈증 환자의 약 1/3에서는 수산화요소 치료법이 효과가 없었고, 태아의 베타글로빈 유전자가 활성화되는 경우에만 증상을 완화시켰는데, 그러나 고통과 생명을 위협하는 증상을 제거하지는 못했다. 한편 겸상적혈구 빈혈증 환자의 HbF 수준이 높으면 높을수록, 증상은 더욱 더 감소된다. 그러므로 현재 연구자들은 이 질환의 외과적 증상을 감소시키기 위해 HbF 수준을 충분하게 높일 수 있는 약제를 개발하기 위한 연구를 진행하고 있다.

5.7 다른 싱글-유전자는 어떠한 질환을 일으키는가?

우리가 4장과 이번 장의 초기에서 논의했던 다른 증상에는 낭포성섬유증(cystic fibrosis, CF)이 있다. 낭포성섬유증 유전자에서 대부분 공통적으로 나타나는 돌연변이는, 단백질이 만들어진 후와 단백질이 접히기 시작할 때에 단백질 생산에 변화가 일어나기 때문에 발생한다. 단백질이 접히는 과정에서 실수가 일어나면, 원형질막으로 삽입되기도 전에 파괴될 단백질이 생산된다.

그러나 이것은 4장에서 논의한 헌팅톤병(HD)의 경우와는 상황이 조금 다르다. 헌팅톤병에서의 돌연변이는 헌팅톤 유전자에 *삼핵산 반복서열(trinucleotide repeat expansion)*이라고 부르는 뉴클레오티드, 즉 CAG가 첨가된다. CAG 반복서열이 더 많이 존재하면 존재할수록, 이 증상은 더욱 더 빨리 나타나는 것으로 보인다. 헌팅톤병을 일으키는 유전자와 단백질(헌팅틴)은 분리되었지만, 하지만 이 단백질의 정확한 기능은 아직도 밝혀지지 않고 있다.

사례 B 존슨 가족의 다음 단계

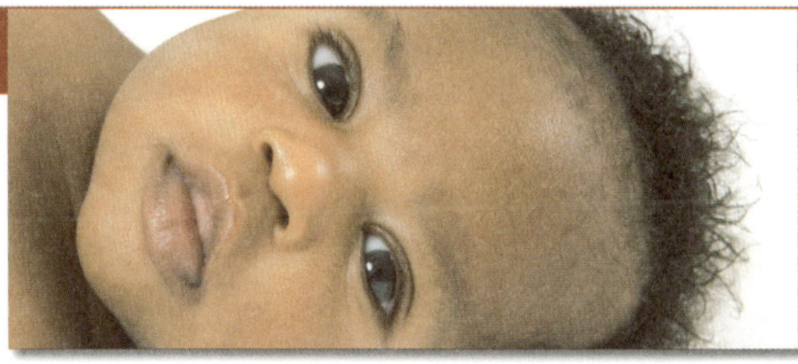
© Banana Stock/Jupiter Images

현재 쌍둥이는 15개월이 되었다. 출생 전에 이 쌍둥이가 겸상적혈구 빈혈증이라는 것을 알고 있었기 때문에, 존슨 가족과 의사들은 그들이 태어난 순간부터 특별한 치료법을 계획할 수 있었다. 쌍둥이는 건강했지만 존슨 가족은 그들의 증상을 조심스럽게 지켜보았다. 그들은 꽤 자주 의사와 병원을 방문하여 검사와 치료를 받았고, 15개월이 되었을 때 처음으로 수혈을 받았다. 존슨 가족이 가입한 보험으로 대부분의 의료비를 충당했지만, 여전히 많은 비용 때문에 부담이 되고 있다.

지금 마르샤는 다시 임신일지도 모른다고 생각하여 집에서 임신진단 테스트를 한 결과, 임신이라는 사실을 알게 되었고, 마르샤와 마크는 걱정을 하고 있다. 만일 이번 아이도 역시 겸상적혈구 빈혈증을 갖고 있다면 어떻게 할 것인가?

1. 마르샤가 할 수 있는 첫 번째 일은 무엇일까?
2. 만일 당신이 그녀의 담당의사라면, 그 녀에게 어떤 조언을 해줄 수 있을까?
3. 태어나지 않은 태아에게 무슨 일을 하고자 한다면, 어떤 법이 마르샤의 결정을 보호할 것인가?
4. 3장으로 되돌아가서 마르샤가 무슨 진단을 받았는지 목록을 작성해 보라.
5. 만일 그녀의 의사가 "걱정 마세요! 모든 일이 다 잘 될 것 입니다"라고 말한다면 어떤 일이 일어날 수 있을까?

5.7 요점

- 겸상적혈구 빈혈증과 다른 유전 질환의 경우, DNA 염기 1개에 실수가 일어났을 때, 비정상적인 단백질이 생산됨으로써 비정상적인 표현형이 나타낸다.

5.8 법과 윤리적인 이슈에는 무엇이 있는가?

4장의 법과 윤리 부분에서 우리는 이러한 이슈(issue)를 명확하게 다루었고, 법에서는 어떻게 해석하는지를 알 수 있었다. 10년보다 더 오래 전에, 건강 보험 양도 및 책임에 관한 법안(Health Insurance Portability & Accountability Act of 1996 혹은 HIPAA)이 통과되었다. 이 법은 환자의 진료기록을 철저하게 지켜줄 뿐만 아니라, 모든 환자는 이 법안에 대하여 서면으로 안내받도록 요구되고 있다.

HIPAA 법은 마르샤 존슨에게도 마찬가지로 적용된다. 그녀는 검사를 허락한다고 안내된 동의서에 서명했지만, 그러나 검사 결과로부터 무슨 일이 일어날지는 알 수 없었다. 그녀의 혈액을 채취한 간호사는, 동의서에 서명한 많은 사람들의 혈액 샘플을 모으는 중이었다. 그들이 서명한 동의서는 진단결과가 어떻게 사용될지를 규정한 HIPAA 법에 의해 요구된 것이었다.

이 경우의 다음 단계는 마르샤의 남편인 마크를 테스트하는 것이었다. 그렇다면 그의 사적인 권리는 어떻게 되는 것일까? 그의 의사는 연구를 목적을 하는 것이 아니라 그를 검사하고 싶었기 때문에 동의서 양식은 아마도 필요하지 않았을 것이다. 개인적인 진단은 HIPAA 법안의 범주 안에도 포함된다.

그러나 여기에서 흥미로운 문제점이 제기될 수 있다. 만일 마르샤가 그녀의 진단 결과에 대하여 다른 사람에게 알리길 원하지 않았더라면, 실험팀, 연구팀, 의사들은 그 결과를 공개할 수가 없다. 이는 마크와 다른 누구에게도 똑같이 적용된다. 사생활은 의료 치료에서 중요한 부분이다. 왜냐하면 대부분의 의사들은 환자를 위해 그들에게 믿음을 주길 원하고, 비록 환자가 그들의 친척일지라도 환자의 손을 떠난 정보를 철저하게 지켜 주어야만 하기 때문이다.

고용주들도 건강 및 유전에 대한 정보를 역시 원할지 모른다. 만일 마르샤와 마크가 보인자라는 상황이 보험회사와 고용주들에게 알려진다면, 그들은 재차 차별 대우를 받을지 모른다. 우리가 1장에서 논의했던 것처럼, 이는 심각한 문제로 번질 수 있고, 법에도 어긋나는 것이다.

다음 페이지에서는 이 같은 차별 대우에 대한 몇몇 윤리적 및 법적인 문제점들을 다루어 보았다.

질문	질문을 판단하는 방법	관련된 사례 또는 법적 사안
누군가 유전 검사를 위해 당신의 혈액을 채취한 경우, 그 실험결과를 연구목적으로 사용할 수 있을까?	어떤 사람의 혈액검사가 어떻게 사용되는지에 관한 정보는 그들이 서명한 동의서를 꼼꼼하게 읽어 보아야만 한다.	사람들은 자신의 정보를 스스로 밝힐 수도 있겠지만, HIPAA 조차 그 결과들을 익명으로 해줄 것을 요구하고 있다.
연구에 사용된 정보가 그것을 원하는 누군가에게 활용될 수 있나?	FDA 및 제약회사들은 많은 연구결과들이 비공개로 지켜지기를 요구하고 있으며, 이는 개인적으로 행해진 진단결과들을 포함하고 있다.	임상실험을 포함한 많은 법조항에는 부작용과 사망에 관한 내용들이 명시되어 있다. 연구에 대한 법률에서는 환자의 정보가 비공개로 지켜지기를 요구하고 있다.
마르샤는 마크가 그녀의 검사 결과를 알게 되기를 원하지 않는다면 어떻게 될까?	마르샤의 검사 결과는 그녀의 사적인 일에 속한다. 그 환자가 위험에 빠지지 않는다 할지라도, 의사들은 어느 누구에게도 이 정보를 줄 수가 없다.	4장에서 타라소프와 캘리포니아 주정부의 사례를 알아 보았다. 이 경우, 만일 세 번째 파티의 위험이 절박한 상황이었다면, 의사는 그 정보를 당연이 공유했었어야만 했다.

법적 관점에서의 조명

Norman-Bloodsaw v. Lawrence Berkeley Laboratory (135 F.3d 1260, 1269 (9th Cir. 1998))

AND

EEOC v. Burlington N. Santa Fe Railway Co., No. 02-C-0456 (E.D. Wis. 2002)

2000년, 클링턴 미국 대통령은 유전정보에 근거한 차별을 금지하는 대통령명령 13145에 서명했다. 2005년, 유전자정보차별금지법(Genetic Information Non discrimination Act, GINA)은 모든 고용주에게 확대되도록 고시되었고, 2008년 5월 21일 대통령 조지 부쉬에 의해 법률로서 서명되었다.

이 법이 제정된 것은 Norman-Bloodsaw v. Lawrence Berkeley Laboratory(135 F.3d 1260, 1269(9th Cir. 1998)) 및 EEOC v. Burlington N. Santa Fe Railway Co., No. 02-C-0456(E. D. Wis. 2002)와 같이 유전 검사에 의해 차별받아온 많은 폐해로 인한 결과 때문이었다.

로렌스버클리 국립연구소(Lawrence Berkeley National Laboratory)는 미국에서 가장 오래된 연구소이다. 이 연구소는 캘리포니아대학에 의해 운영되며, 인체유전학, 유방암, 천체물리학, 핵과학 등 여러 분야에 걸쳐 연구를 하고 있다. 그런데 이 연구소에서는 수년에 걸쳐 수 백 명의 고용인들이 채용되는 조건으로 혈액 샘플을 제공했었다.

어느 날, 행정보좌관인 베르티스 엘리스(Vertis Ellis)는 실수로 사무실로 배달된 그녀의 의료기록을 보게 되었다. 그녀는 29살 때 채용을 위해 의료검사를 받았는데, 그 의료기록에서 그녀는 그녀의 동의 없이 받게 된 매독 검사(syphilis test)의 결과를 발견하였다. 그녀는 이 검사에 관하여 물었고, 그 연구소의 책임자는 고용인들의 혈액 검사와 소변검사를 실시했었다고 인정하였다. 그들은 그러한 의료검사가 매독, 겸상적혈구 빈혈증, 임신 여부를 알아보기 위한 것이었으며, 미국 에너지국의 지침과 승인에 따른 것이라고 해명하였다. 에너지국의 고용인들은 의료검사를 중단할 것을 요청하였다. 엘리스도 다른 고용인의 어느 누구도 이러한 검사를 허락하지도 않았었고 검사결과도 모르고 있었다.

1995년 9월, Marya S. Norman-Bloodsaw, Ellis 그리고 다른 여섯 명의 고용인들은 미국 에너지국 장관을 상대로 연구소로 명명된 기관과 캘리포니아대학의 책임자를 피고로 집단소송을 제기했다. 이 고용인들은 그들의 동의나 서명 없이 의료검사가 이루어 졌고, 검사가 시행된 후에도 본인들에게 알리지 않았다고 주장하였다. 변호인단은 고용인들이 모든 의료검사에 서명했고 혈액검사는 그 중의 일부라고 반박하였다.

결과:

이 사례가 처음으로 접수된 샌프랜시스코에 있는 지방 법원에서는 이 사건을 기각하였으며, 판례는 다음과 같이 기록되었다. "이 소송에 포함된 3가지 검사는 고소인들이 서명했었던 포괄적인 의료검사의 일부로 수행되었다."

이러한 판결 있은 후에, 그 고용인들은 샌프랜시스코의 고등법원에 항소하였다. 항소장에는 이러한 사례에 있어서 다음과 같은 3가지 사실을 강조하고 있다.

1. 오직 흑인 고용인들만이 겸상적혈구빈혈증 검사를 받고 있다.
2. 오직 여성 고용인들만이 임신 검사를 받고 있다.
3. 이러한 의료검사의 결과를 비공개로 보존할 보호 장치가 없다.

제 9순회 항소법원은 질문하였다: 이러한 검사를 실시하는 정부의 관심은 무엇인가? 그리고 의료검사가 고용인의 업무능력에 영향을 미치지 않기 때문에, 정부는 검사결과에 관심이 없다는 것을 알게 되었다. 그런 다음, 그 법정은 오직 여성과 흑인 고용인들만이 검사의 일부(겸상적혈구빈혈증과 임신)를 받았기 때문에, 이는 성과 인종에 대한 차별이라고 판시하였다.

두 번째 사례는 EEOC v. Burlington N. Santa Fe Railway Co., No. 02-C-0456(E. D. Wis. 2002)의 경우이다.

벌링턴(Burlington Northern. Santa Fe Railway, BNSF) 회사의 고용인인 그레이 에이브리(Gray Avery)는 심각한 수근관 증후군(carpal tunnel syndrome) 때문에 일을 할 수가 없게 되었다. 이 증상은 팔목의 신경이 압박을 받아 감각이 없게 되고 손목의 근육이 약해지는 것이다. 그가 외과치료를 받고 직장으로 돌아갔을 때, 그는 혈액검사를 위해 7개의 유리병을 그의 혈액으로 채우라는 요구를 받았다. 그는 호기심이 나서 간호사인 그의 아내에게 이 검사가 무엇인지를 물어 보았다. 그녀는 그들이 왜 그렇게 많은 양의 혈액을 필요로 하는지 궁금하다고 했다. Gray는 작업장에서 친구들과의 대화를 통하여, 수근관 증후군을 앓고 있는 다른 고용인들도 그와 마찬가지로 많은 양의 혈액이 요구되었었다는 것을 알게 되었다.

그레이는 검사를 받으라고 회사에서 호출 받았지만, 고민 끝에 가지 않았다. 그는 다음 날, 혈액샘플을 제출하지 않았기 때문에 해고될 것이라는 통지서를 받았다. 그는 직업을 잃게 될까봐 두려워했고, 평등고용기회위원회(Equal employment Opportunity Commission, EEOC)와 그가 속했던 노동조합에 민원을 제출했다. EEOC는 고용주가 장애자를 차별하는 것을 막기 위해서 미국 장애인 법령(Amerians with Disabilities Act, ADA)을 조절하는 기관이다.

EEOC가 혈액검사에 대한 사안을 조사하기 시작했을 때, 그들은 회사가 수근관 증후군처럼 유전 질환인 유전성 말초신경질환(hereditary neuropathy with liability to pressure palsies, HNLPP)이라고 부르는 질환에 대한 유전 검사를 실시하고 있다는 것을 알게 되었다. 염색체 17번에 위치한 이 질환은 상염색체 우성으로 유전되며, 100,000명당 약 16명 정도로 발생한다. 또한 수근관 증후군과 같은 소인을 보인다. 조사가 끝난 뒤 2주 후에, EEOC는 고용인에 대한 유전 검사를 없애기 위해 그레이를 포함한 4명의 고용인을 대신하여 고소장을 제출했다.

EEOC는 그 회사가 직원 채용 시, 유전 검사를 근거를 했기 때문에 미국 장애인 법령(ADA)을 위반했다고 주장하였다. 고용주는 고용인들에게 그 의료검사가 직업과 관련이 있고, 작업에 필수적일 경우에만 의료검사를 받도록 요구했을 것이다. 미래의 장애를 예측할 수 있는 어떤 검사를 한다는 것은, 남녀에 관계없이 고용인들이 갖고 있는 현재의 능력은 별로 중요하지 않게 여기는 것이다.

벌링턴(Burlington) 회사는 최근에 고용인들 중에서 수근관 증후군의 발생이 증가했다고 주장하였다. 그 회사는 이러한 질환이 증가되는 것이 유전적 원인 때문인지를 알아보기 위한 검사라고 하였다. 또한 질환이 발생할 고용인을 구별하기 위하여 이와 같은 정보를 이용한 것이 아니라, 작업자가 보상을 받는데 있어서 고용인들의 허락을 받기 위해 이 정보를 이용한 것이라고 주장하였다. 만일 어떤 작업자가 그러한 유전 질환을 가졌다면, 이는 입사 전부터 이미 가진 병이었고, 수근관 증후군은 그 직업과 아무런 관계가 없기 때문에, 그 회사는 작업자에게 보상을 해 줄 필요가 없다는 것이었다.

결과:

이 경우는 최종적으로 재판 없이 합의되었고, 벌링턴(Burlington) 회사는 다음과 같은 사안에 대하여 동의하였다.

1. 유전 검사를 즉시 중단할 것.
2. 고용인들에게 합법적인 임금을 지불하고 그들에게 사과할 것.
3. 모든 검사 결과를 고용인들에게 알릴 것.
4. 얻게 된 모든 정보를 비밀리에 철저하게 지킬 것을 약속할 것.

질문:

1. 이와 같은 유사한 2개의 사례를 3가지 방법으로 열거하라.
2. 벌링턴(Burlington)에서, 그 회사는 고용인들을 도울 수 있는 무엇인가를 하는 것처럼 보였다. 이 사례에 대한 여러분들의 생각은 어떠한가? 예 또는 아니오로 답하시오. 그 이유는?
3. 노르만-블러드서(Norman-Bloodsaw)에서, 검사는 채용 시와 채용 후에 이루어졌다. 여기에는 어떠한 차이점이 있을까? 예 또는 아니오로 답하시오. 그 이유는?
4. 모든 사람들이 결혼허가증을 신청하기 전에 유전진단을 받도록 법으로 정해진다면, 이는 유전 질환을 가진 사람들을 차별하는 것일까? 만일 그렇다면, 이 2개의 사례에서 어느 쪽의 주장을 변호할 것인가? 그 이유는??
5. 이 두 가지의 사례를 다음의 표 안에서 비교해 보라.

사례	주정부 혹은 연방정부	유전 질환	주요 이슈
Burlington			
Norman-Bloodsaw			

6. 여러분들은 양 쪽 사례에서의 결과에 동의하나? 예 또는 아니오로 답하시오. 그 이유는?
7. 할 수만 있다면, 여러분들은 이 사례들을 어떻게 바꾸고 싶은가?

★ 주요점 10개

1. **모든 유전자는 단백질이라고 하는 유전자의 산물을 암호화한다.** [5.1].
   ▮ 수천가지 타입의 단백질이 존재한다.

2. **단백질은 우리가 이 세상에 하나만 존재하도록 표현형을 만든다.** [5.1].
   ▮ 모든 단백질은 신체 안에서 특정한 기능을 갖는다.

3. **단백질들은 하나 혹은 그 이상의 사슬로 구성된다.** [5.1].
   ▮ 하나의 단백질에는 수백 개의 아미노산이 존재할 수 있다.

4. **유전자의 DNA 염기서열은 전령 RNA(mRNA)의 뉴클레오티드 배열로 복제된다.** [5.2].
   ▮ mRNA는 DNA와 비슷하다.

5. **세포질에서, mRNA 코돈에 의해 정해진 모든 아미노산은 단백질을 구성하기 위해 다른 아미노산에 연결된다.** [5.3].
   ▮ 단백질이 정확하게 작용할 수 있도록, 아미노산은 정확한 순서로 연결된다.

6. **프로모터 염기배열은 유전자를 켜거나 혹은 끈다.** [5.4].
   ▮ 단백질은 세포막에 결합하여 유전자를 켜거나 혹은 끌 수 있다.

7. **유전자는 돌연변이로 인해 변화될 수 있고, 이 변화에 의해 그 유전자가 생산하는 단백질의 기능이 변한다.** [5.5].
   ▮ 이러한 단백질의 변화는 질환을 일으킬 수 있다.

8. **유전자에 돌연변이가 나타나면, 단백질을 구성하는 아미노산 1개가 다른 아미노산으로 대체될 수 있다.** [5.5].
   ▮ 이런 일이 일어난다면, 단백질은 정상적인 기능을 하지 못한다.

9. **잘못된 단백질은 겸상적혈구 빈혈증과 같은 질병을 유발시킬 수 있다.** [5.6].
   ▮ 대부분의 유전 질환은 아미노산 사슬이 1개만 변화하는 작은 변화에 의해서도 나타날 수 있다.

10. **겸상적혈구 빈혈증 그리고 다른 유전 질환에서도, DNA 배열에서 1개의 염기에만 실수가 일어나도 비정상적인 단백질과 이로 인한 비정상적인 표현형이 나타난다.** [5.7]
    ▮ 이는 유전 질환을 갖고 있는 사람의 신체에 많은 변화를 야기시킬 수 있다.

핵심용어

RNA 중합효소 RNA polymerase (p. 81)
개시코돈 start codon (p. 82)
단백질 protein (p. 79)
대립유전자 alleles (p. 79)
돌연변이 mutation (p. 84)
돌연변이유발원 mutagens (p. 85)
번역 translation (p. 82)
베타글로빈 beta globin (p. 86)
아미노산 amino acid (p. 80)
안티코돈 anticodon (p. 82)
알파글로빈 alpha globin (p. 86)
엔헨서 enhancer (p. 83)
운반 RNA transfer RNA (tRNA) (p. 82)
유전자 스위칭 gene switching (p. 88)
유전자 조절 gene regulation (p. 83)
전령 RNA messenger RNA (mRNA) (p. 81)
전사 transcription (p. 81)
점돌연변이 point mutation (p. 87)
종결서열 termination sequence (p. 81)
종결코돈 stop codon (p. 82)
코돈 codon (p. 81)
펩티드 결합 peptide bond (p. 82)
표현형 phenotype (p. 79)
프로모터 promoter (p. 81)
필수아미노산 essential amino acids (p. 80)
헤모글로빈 hemoglobin (p. 86)

복습문제

1. 코돈/아미노산 목록을 이용하여, 코돈 10개와 각각에 해당하는 아미노산의 목록을 작성하여 단백질을 만들어 보라.
2. 전사와 번역의 차이점은 무엇인가?
3. 왜 단백질 형성의 대부분은 소포체에서 일어날까?
4. 왜 돌연변이는 중요할까?
5. 많은 싱글-유전자의 결함에 있어서, 1개의 염기가 변화하면 결과가 달라질 수 있다. 어떻게 이 같은 일들이 일어나는지에 대한 과정을 설명하라.
6. 겸상적혈구 빈혈증에 있어서, 헤모글로빈 유전자의 어디에서 돌연변이가 발생하는가?
7. 반복배열이란 무엇이고, 그것들이 어떻게 질환을 일으키는가?
8. 무엇이 돌연변이를 일으킬까?
9. 여러분들의 할머니에게서 어떤 돌연변이가 일어났다면, 여러분들은 그 돌연변이를 물려받았을까? 여러분들의 대답을 설명하라.
10. 왜 우리는 소가 먹는 것과 똑같은 음식물을 섭취하면 살 수 없을까?

여러분이라면 이럴 때 어떻게 할까?

1. 여러분들이 주정부에 속한 입법부의 구성원이고, 모든 결혼한 부부들의 낫모양 세포 유전자 검사 여부에 대한 투표를 하고 있다.
2. 여러분들이 주정부에 속한 입법부의 구성원이고, 모든 커플들이 결혼증명서를 신청함에 있어서 낫모양 세포 유전자 검사를 받아야 한다는 투표를 하고 있다.
3. 여러분들이 마르샤와 마크 존슨이다(참고. 사례 A 및 사례 B).
4. 여러분들이 마르샤의 두 번째 임신동안 존슨 가족과 상담하는 유전상담사이다(참고. 사례 B).
5. 마르샤가 다시 임신하기 전에, 겸상적혈구 빈혈증을 가진 아이를 갖는 것을 막기 위한 방법을 찾아달라고 존슨가족이 여러분들에게 부탁하였다(참고. 사례 A)

응용문제

1. 이 장에서 우리는 겸상적혈구 빈혈증에 대하여 알아보았다. 만일 마르샤와 마크 존슨의 아이가 다른 유전 질환을 가졌다면, 그들의 결정은 더욱 더 어려웠을 것이다. 여러분들의 생각은 어떠한가? 또한 어떤 유전 질환이 있을까?
2. 태아가 온전한지를 검사할 기회가 주어졌을 때, 여러분들이 생각하기에 대부분의 사람들이 그것을 받아드릴 수 있을까? 왜? 아니면 왜 받아드리지 않는 것일까?
3. 겸상적혈구 빈혈증에 걸린 아이들을 키우는 부부들의 이야기를 연구하여 그 이야기를 요약해 보라.
4. 지난 10년 동안 겸상적혈구 빈혈증의 치료법이 바뀌어 왔는가?
5. 겸상적혈구 빈혈증의 보인자는 낫 모양 세포의 형질을 갖고 있다고 한다. 이것이 무엇인지 연구하여 요약해 보시오. 겸상적혈구 빈혈증의 유전자와 그 유전자의 부산물이 확인된 곳에서 3가지의 다른 질환을 찾아서 아래의 표를 채우시오.

표 5.2를 다시 보시오. mRNA 코돈의 일부가 많은 다양한 단백질을 만드는데 이용된다는 것을 알 수 있을 것이다. 아미노산으로 구성된 단백질 하나를 만드는데(중복없이), 얼마나 많은 코돈의 조합이 필요할 것인지를 예측해 보라.

6. 헌팅톤병에 있어서, 반복배열이 많으면 많을수록 증상이 더 일찍 나타난다. 여러분들이 알고 있는 반복배열에 관한 지식에 의해, 왜 이런 현상이 나타난다고 생각하는가?
7. 수산화요소(hydroxyurea)가 겸상적혈구 빈혈증의 치료에 이용된다면, 이 질환을 갖고 태어나 아이들을 치료할 수 있을까? 왜? 아니면 왜 안될까?

질환명	유전자가 발견된 염색체의 위치는?	단백질명은 무엇인가?	언제 발견되었는가?

온라인자료

시험을 준비 중인가? 예비시험을 위해 academic.cengage.com/login에 로그인하고, 개인의 학습 계획을 세우고, CengageNow's Study Tools에서 효과 측정 시험(post-test)을 보는 것이 여러분의 이해 정도를 평가하는데 도움이 될 것이다.

만약 교사가 내준 과제라면, 이번 장에 해당하는 사례 A와 법적 활동에 대한 조명, 즉 "Marcia Johnson"과 "Discrimination Based on Genetic Information(유전정보에 근거한 차별화)"라는 제목으로 CengageNow 자료를 검색해서 해답을 찾으면 된다.

대중 매체에서

토론토 스타 뉴스, 2007년 5월 28일

토론토의 극작가는 이해와 즐거움을 위하여 그녀의 경험을 이용한다.

니콜라스 데이비스(Nicholas Davis)

크리스티네 니콜 해리스(Christine Nicole Harris)는는 활동적인 아이였다. 그녀는 트랙 및 필드 경기, 피아노, 연극 활동, 발레를 했었다. 그러나 그녀는 성장하면서 변했다.

그녀는 나이가 들어가면서, 대부분의 육체적인 활동을 중단해야만 했다. 그녀가 10대가 되었을 때, 몸무게가 매우 줄어들었다.

이것은 그녀가 아기였을 때 진단받았던 질환 때문이었다. 그녀의 부모는 그녀가 태어나자마자 겸상적혈구 빈혈증에 걸렸다는 것을 알았다.

그들이 1970년대 후반에 자메이카로부터 여기에 왔을 때, 그들은 겸상적혈구 빈혈증에 관하여 들은 바도 없었다. 그들이 그녀를 가진 후에, 그들은 더 이상 아이를 갖지 않기를 결심하였다.

온라인상에서 이 기사를 보려면 academic.cengage.com/biology/yashon/hgs1로 접속하라.

질문:

1. 여러분들은 왜 크리스티네의 부모가 더 이상 아이를 갖지 않기로 결심했다고 생각하는가?
2. 크리스티네는 겸상적혈구 빈혈증이 있는 다른 사람들에게 하나의 모델 역할을 한다고 여겨진다. 그녀는 그녀의 이야기를 다른 사람과 함께 나눌 의무가 있다고 생각하는가?

샌프랜시스코 조사관, 2007년 11월 5일

병원들은 신생아를 통해 제대혈 은행을 시작할 것이다.

존 업톤(John Upton)

캘리포니아 병원들은 혈액질환 및 다른 질병의 치료를 돕기 위해, 줄기세포의 근원인 탯줄과 태반을 보관하는 제대혈 은행을 주정부의 승인과 함께 시작할 것이며, 제대혈은 기증받게 된다.

이와 같은 제대혈 은행은 캘리포니아 주정부의 관리 하에 있게 될 것이다. 이 은행은 겸상적혈구 빈혈증과 면역결핍증을 포함한 거의 70종이나 되는 질환을 가진 환자에 일치하는 제대혈을 찾기 위하여 이용될 수 있다.

온라인상에서 이 기사를 보려면 academic.cengage.com/biology/yashon/hgs1로 접속하라.

질문:

1. 어떤 부모들은 그들의 아기로부터 제대혈을 가져가는 것을 허락하지 않을지도 모른다. 여러분들의 생각은 어떠한가? 그 이유는?
2. 만일 출생 시에 모든 아기들의 제대혈이 기증되어야만 한다는 법이 통과된다면, 여러분들의 생각하기에 이에 대하여 사람들은 찬성을 할까? 아니면 반대를 할까? 그 이유는?

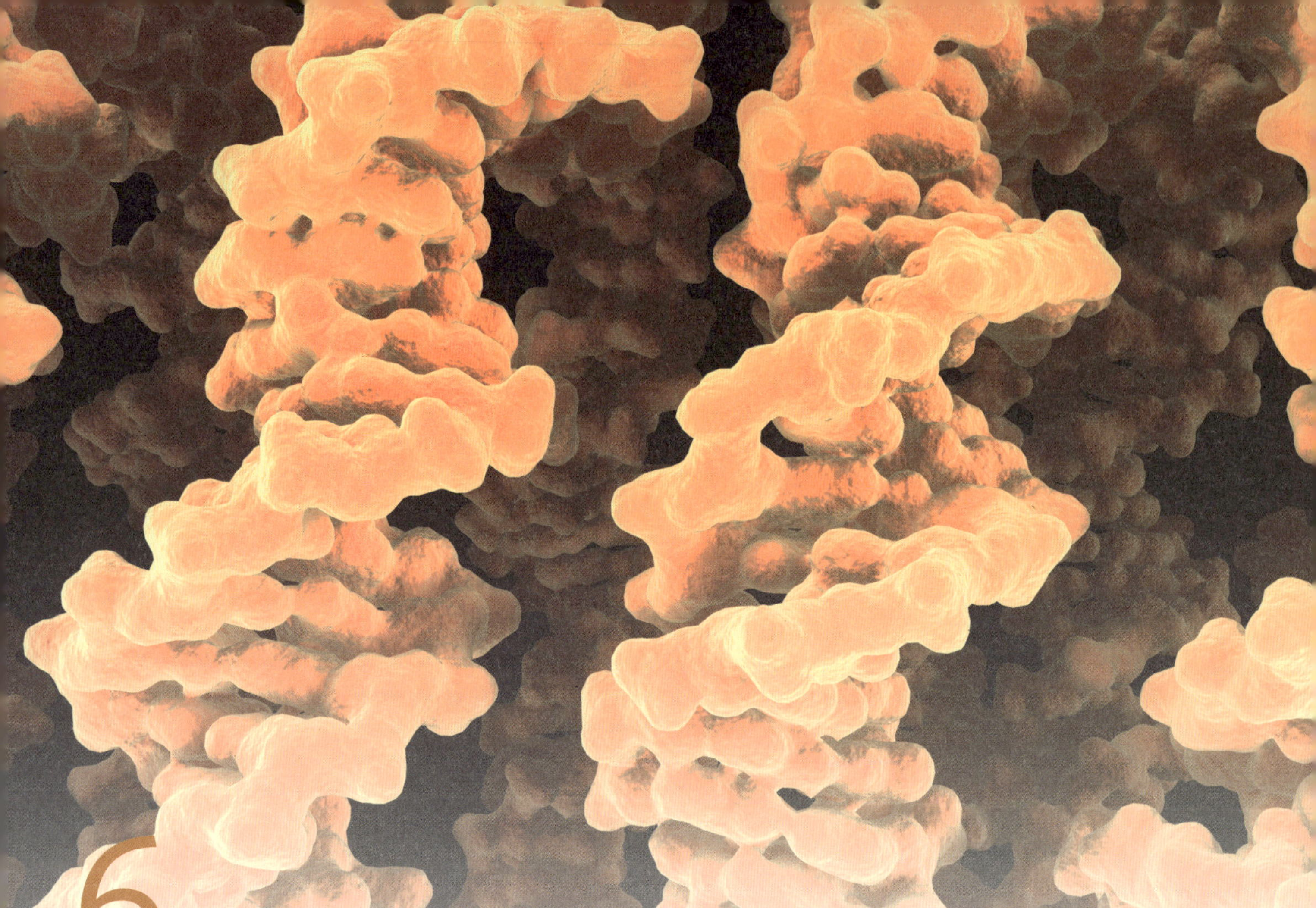

6 생물공학

★ 핵심 포인트

- 재조합 DNA 기술을 다른 생명체에서 기인한 DNA와 결합할 수 있다.
- 생물공학은 제품을 만들기위해 재조합 DNA를 사용한다.
- 미생물, 식물, 동물은 생물공학에 의해 조작(modify)될 수 있다.
- 유전자 변형 생명체는 지속적으로 논의되야한다.
- 사람 단백질은 질병치료의 목적으로 생물공학을 이용해 만들 수 있다.
- 많은 생물공학 발명이 특허화 되고 있다.

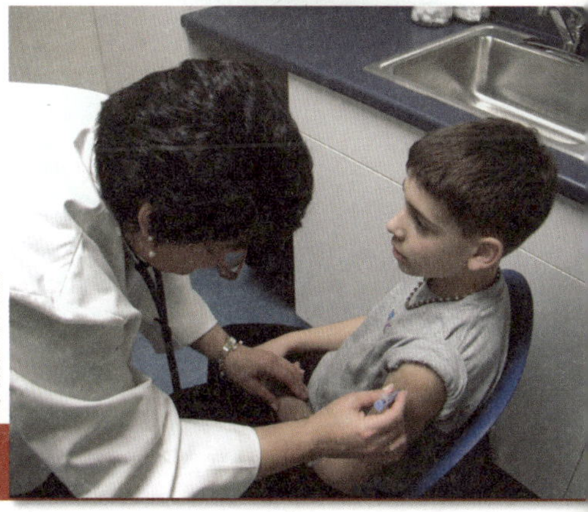

© Susan Van Etten

사례 A 크리스를 위한 키가 더 큰 아들

크리스(Chris Crowley)는 그의 10살 된 아들 마이크에게 주의를 기울였다. 마이크는 키가 작았으며, 그 나이또래에 비해 작은 것뿐 아니라 매우 작았다. 마이크는 학교에서 집으로 돌아와서 울기 시작했다. 몇몇 아이가 그를 웃음거리로 만들고 그를 주위에서 밀었다는 것이다. 이것이 처음은 아니었다.

크리스는 이런 일을 본인도 경험했다. 그의 최종 신장은 단지 1.6m였으며, 남자치고는 꽤 작은 편이었다. 10대 시절 동안 친구들은 그를 조롱했고 그는 이런 일을 아들인 마이크가 겪기를 원치 않았다.

크리스는 최근 마이크를 도와줄 수 있는 약물인 사람 성장 호르몬(human growth hormone, hGH)에 대한 자료를 읽었다. hGH는 요즘 재조합 DNA기술을 사용하여 만들기 때문에 보다 안전하고 보다 유용하였다. 사춘기이전에 이 약물을 주사받는 아이는 때로 12.7–15.2 cm가량 자란다. 운동선수 또한 어떠한 스포츠를 할 때 신장을 키우기 위해 hGH를 사용하기도 한다. 크리스는 만약 마이크가 몇 cm라도 더 클 수 있고 더 튼튼해질 수 있다면 이것이 마이크에게 자신감을 주고 더 나은 생활을 가능하게 할 것이라고 생각했다.

크리스가 마이크의 소아과의사인 산체스 박사에게 이런 문제를 얘기했을 때 마이크는 hGH 치료 대상자가 아니라고 말하는 것에 놀랐다. 그 이유는 마이크가 여전히 그 나이또래의 신장범위의 "정상" 범주 내에 있으며, 그 호르몬은 모든 아이들중 가장 작은 1–2% 에게만 사용된다는 것이었다. 의사는 마이크가 친구들보다 더 작을지라도 그는 여전히 정상 성인 신장 범위로 자랄 수 있다고 설명했다. 더욱이 이 약물의 부작용은 여전히 미지수였다. 크리스는 의사의 사무실에서 나오면서 혼란스럽고 의기소침해졌다.

이 사례를 읽었을 때 마음속으로 몇 가지 질문들이 생긴다. 우리는 이러한 질문들을 말하기 전에 생물공학과 DNA재조합이 무엇이며 어떻게 이들이 약물을 만들어서 사용하는지 살펴보도록 하자.

6.1 생물공학은 무엇인가?

생물공학 (Biotechnology)은 제품을 만들고 서비스하기위해 생물학적 시스템에 유전학적 기술을 결합한 것이다. 생물공학은 많이 사용되고 있는데 그중 하나는 의학적인 목적으로 사람성장호르몬인 hGH와 같은 인체 단백질을 만드는 것이다.

생물공학이 발달하기 전에 도살장의 동물들, 사람 시체 그리고 기부 받은 사람 혈액과 같은 다른 여러 가지 소스에서 가져온 인슐린, hGH, 혈액 응고 인자와 같은 단백질들이 질병을 치료하기위해 사용되어 왔다. 어떤 경우에는 이들 소스에서 가져온 단백질이 사람에게 주어졌을 때 심각하고 잠재적으로 치명적인 위험을 가져왔다.

1985년까지 성장에 문제를 가진 아이들은 사람시체에서 가져온 뇌하수체에서 성장호르몬을 추출하여 치료하였다. 이것은 공급의 제한이 있었으며 소수의 아이들만 치료할 수 있었다. 게다가 7000명의 아이들중 24명 이상에서 뇌가 수축되었다. 이것은 광우병을 일으키는 질병 유발 물질에 hGH가 오염됐기 때문이었다.

1985년 hGH는 생물공학기술을 사용하여 성공적으로 제조되었다. 유전학과 기술의 결합은 잠재적으로 성장호르몬의 양을 무제한으로 만들 수 있었으며 질병 유발 물질의 오염도 없었다. 사실 hGH는 현재 안전한 형태로 가능하기 때문에 미국 식품 의약청(FDA)은 이 호르몬을 치료할 수 있는 조건의 수를 늘려가고 있다. 이것은 현재 심각한 성장 결손을 가진 아이뿐 아니라보다 크리스의 아들과 같이 작은 키의 아이를 치료하는데 사용될 수 있다.

어떻게 생물공학이 사람 성장 호르몬을 만드는데 사용되는가?

재조합 DNA 기술 (recombinant DNA technology)이라고 불리는 방법을 사용하여 과학자들은 hGH gene을 사람 세포에서 박테리아 세포로 전달함으로써 **유전자변형 생물체** (transgenic organism, 유전자를 다른 종으로 옮기는 생물체)를 만들 수 있었다. 형질전환 박테리아 세포와 이러한 세포들의 자손은 의학적 목적으로 hGH를 회수하고 정제하는 공정을 거친다.

최근 한 연구진들이 성공적으로 소의 DNA에 hGH를 전달하였다. 이것은 소의 우유에서 hGH를 만들 수 있게 하며, 그 호르몬은 이후에 소의 우유에서 추출될 수 있다. 이것은 15마리의 형질전환 소들이 전세계에서 필요한 hGH를 만들 수 있을 것으로 추정된다. 다른 의학적으로 중요한 인체 단백질들이 동물 또는 식물들로 전달되고 있다. 거기에서 이 단백질들은 많은 양이 합성되고 질병을 치료하는데 사용되기 위해 추출된다.

6.1 요점

- **재조합 DNA 기술은 종간에 유전자를 전달하는데 사용될 수 있다.**

6.2 재조합 DNA 기술은 무엇인가?

재조합 DNA (Rcombinant DNA)는 둘 또는 그 이상의 다른 생물체 간으로부터 DNA의 조합을 하는 것을 말한다. 형질전환 생물체에서 hGH와 같은 인체단백질을 만들기 위해서는 몇 가지 단계가 필요하다. 이 단계는 재조합 DNA 기술의 일부분이다. 어떻게 이러한 과정들을 수행하는지 보기위해 그 단계들을 아래의 그림으로 설명하였다.

- DNA는 사람 세포들에서 추출된다.
- 사람 DNA는 특정 부위에서(1) DNA를 조각으로 자르는 **제한효소** (restriction enzyme)라고 불리는 단백질로 처리한다. 흔히 이러한 절단들은 "stickey end"라고 하는 단일가닥 부위의 overhang을 만든다.
- **플라스미드** (Plasmid)라고 불리는 원형 DNA분자 또한 동일한 제한 효소로 절단한다. (2) 많은 박테리아 종들이 이러한 작고 원형의 DNA를 가지고 있다. 과학자들은 재조합 DNA 기술에 사용되는 **벡터** (vector)라고 불리는 운반 물질을 만들기위해 플라스미드를 조작한다. 이 플라스미드는 박테리아 세포로 인체 DNA 단편을 삽입하여 운반할 것이다.
- 인체 DNA의 단편과 벡터라고 하는 플라스미드 DNA의 단편이 서로 섞이고 결합하여 **재조합 DNA 분자** (recombinant DNA molecule)를 형성한다.(3-4)
- 플라스미드는 세포벽을 따라 이동하여 박테리아 세포로 들어갈 수 있다. 일단 안에서는 스스로 복제한다. 만약 플라스미드 벡터가 삽입된 사람 유전자를 가지고 있다면 재조합 DNA 분자는 박테리아 세포로 운반될 수 있게 될 것이다. (5)
- 사람 유전자 카피가 삽입된 플라스미드 자체는 숙주 세포 내에서 어떠한 경우에는 그 박테리아 세포들이 사람 유전자를 발현하고 사람 단백질을 합성한다. 이것은 의학적 치료나 백신 또는 다른 목적들을 위해 회수되고 사용될 수 있다.

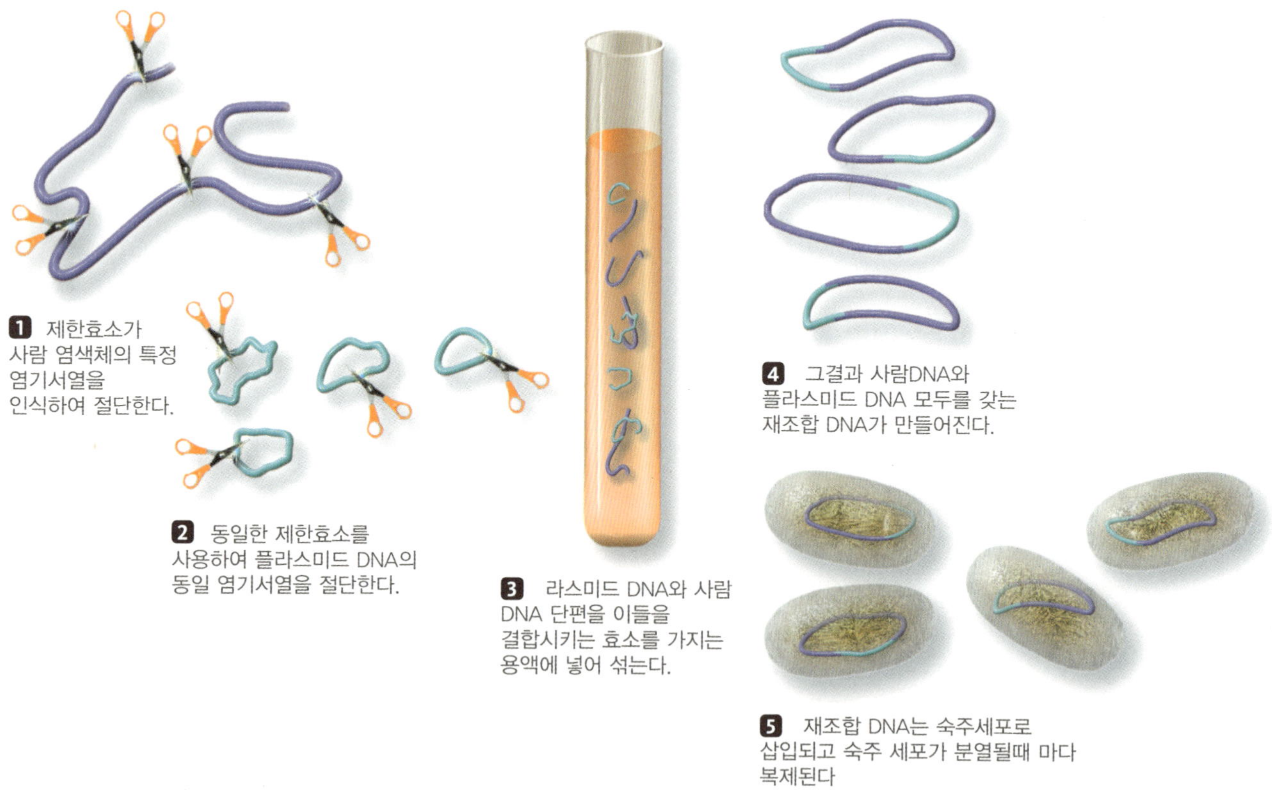

어떻게 제한효소와 벡터(enzymes and vector)가 작용하는가?

DNA와 유전자들은 제한효소를 사용하여 특수한 단편들로 절단될 수 있는 부위를 가지고 있다. 단백질인 제한효소는 박테리아의 특정 종들에서 분리되는데 이러한 단백질들은 DNA에 결합하여 *인식부위(recognition site)*라고 불리는 특정 염기서열을 발견할 때까지 DNA 분자를 따라 이동한다. 일단 특정 인식 부위에서 제한효소는 DNA의 양쪽 가닥을 자른다. 각 제한 효소는 특이적인 서로 다른 인식 부위를 가지고 있다. 1000개 이상의 다른 제한효소가 분리되었으며, 각각이 자신이 인식하고 절단하는 부위를 갖는다 (표 6.1).

사람 성장 호르몬을 만들기위해 인체 세포에서 DNA가 분리되고 제한효소로 절단하고 벡터와 결합된 후 박테리아 세포로 삽입된다. hGH유전자를 운반하는 이 박테리아는 동정되고 분리된 후 hGH 합성에 사용된다. 이 과정은 hGH뿐 아니라 인슐린과 혈액응고 인자와 같은 많은 의학적으로 중요한 단백질을 만드는데 사용된다.

표 6.1 제한효소

3개의 제한효소와 이들의 절단부위, 기원이 되는 생물체.

효소	절단 부위	유래한 세균
Eco RI	↓GAATTC CTTAAG↑	*Escherichia coli*
*Hind*III	↓AAGCTT TTCGAA↑	*Haemophilus influenzae*
Bam HI	↓GGATCC CCTAGG↑	*Bacillus amyloliquefaciens*

6.2 요점

- 재조합 DNA는 2개 또는 그이상의 다른 생물체의 DNA가 서로 결합했을 때 만들어진다.
- 제한효소는 DNA에 결합하고 특수한 DNA 염기서열을 인식한다.
- 제한효소는 특정 인식부위에서 DNA를 절단하고 단편을 형성한다.
- 생물공학은 약품들과 의학적 치료를 위해 재조합 DNA기술을 상업적으로 사용한다.

6.3 어떻게 생물공학이 다른 형질전환 동물과 식물을 만드는데 사용되는가?

hGH와 같이 의학적으로 중요한 단백질을 만들뿐 아니라 생물공학은 많은 다른 방법으로 사용된다. 새로운 특성을 갖는 **형질전환 농작물** (Transgenic crop)을 만드는 것도 그중 하나이다(■ 그림 6.1). 형질전환 농작물은 1996년 이후로 미국에서 재배되어 왔다. 다른 동물 또는 식물, 심지어는 효모나 박테리아에서 기원된 유전자들이 농작물로 전달된다. 1개 또는 그이상의 새로운 유전자들은 형질전환 식물에 **제초제** (herbicides) 또는 곤충, 바이러스 또는 곰팡이에 의한 질병에 대한 저항성 같은 독특한 특징을 제공한다. 제초제에 내성을 갖는 식물들은 현재 전 세계적으로 통용되며, 24개 이상의 나라들에서 많이 사용되고 있다. 작물의 영양적 가치를 높일 수 있도록 전환된 유전자들은 사람들의 영양 결핍이 되지 않도록 도우며 세계의 많은 부분에 퍼져 있다.

다음 단원의 위쪽의 그래프는 1996년과 2006년 사이에 미국에서 형질전환 작물들의 사용이 드라마틱하게 증가한 것을 보여준다.

사례 A 질문

지금 우리는 어떻게 재조합 DNA 기술이 작용하는지를 이해하고 마이크의 키가 작은 상태와 연관된 몇 가지 질문을 살펴보자.

1. 의사 방문 후 크리스는 hGH의 사용 없이 마이크의 키가 작은 상태를 다루기로 결심했다. 크리스가 마이크의 키가 작은 상태를 다루는 방법으로 4가지를 제시하시오.
2. 여러분은 크리스가 무엇을 해야 한다고 생각하는가?
3. 닥터 Sanchez가 마이크의 hGH 치료를 거절한게 옳은 일인가?
4. 부모들은 그들의 아이를 위한 모든 의학적 결정을 할 수 있어야 하는가?
5. 만약 닥터 Sanchez가 마이크에게 hGH를 허가한다면 어떤 일이 일어날까?
6. 마이크의 의견이 hGH 치료를 할지 안할지 결정하는데 포함되야 하는가?
7. 사람 성장 호르몬은 너무 작은 아이에게 낮은 농도의 hGH를 처리하는 것은 미국에서는 합법적이다. 만약 hGH가 다른 잠재적인 사용을 갖는다면 그에 대한 목적으로 사용할 수 있는가? 그런 이유 또는 그러지 말아야 할 이유는 무엇인가?
8. 운동 협회들은 hGH를 사용하는 운동선수들이 다른 이들에 비해 이익을 줄 수 있다는 것을 논의해왔다. 따라서 이러한 것은 금지 될 수 있다. 여러분의 생각은 어떤가?

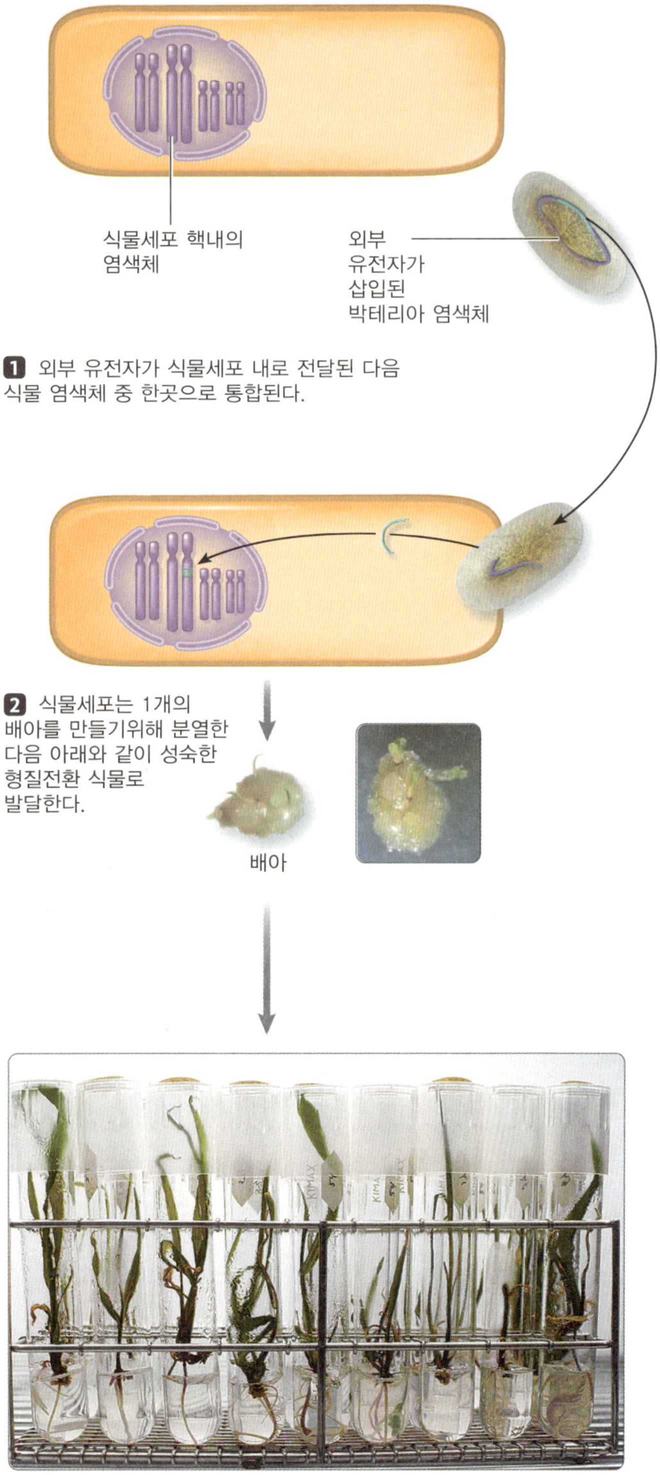

■ **그림 6.1 형질전환 식물을 만드는 방법**
유전자가 박테리아의 플라스미드로 통합되고 식물세포에 유전적 방법으로 전달된다. 이러한 식물들을 유전적으로 조작된 생물체라고 한다. 벌레와 제초제에 내성을 갖는 두 가지 특징이 이러한 방법으로 곡물에 전달되었다.

생산물들은 목화씨와 카놀라유 뿐 아니라 옥수수와 콩에서 만들어진 수확물들은 현재 형질전환 성분을 가지는 거의 모든 음식들에 대해 설명하고 있다.

일부 다른 형질전환 식물들과 동물들의 예는 바로 다음 페이지에서 차트로 보여주고 있다.

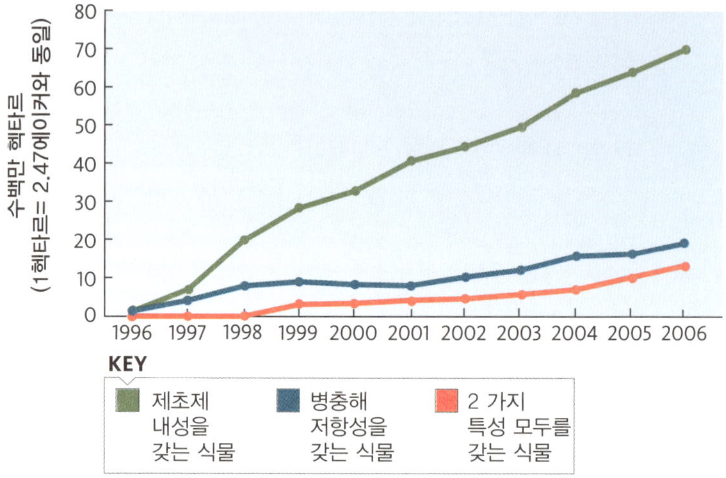

6.3 요점

- **형질전환 박테리아, 식물, 동물들은 재조합 DNA 기술로 만들어진다.**

6.4 형질전환 생물체는 안전한가?

형질전환 농작물의 발달과 사용은 미국, 유럽, 개발도상 아프리카 국가들을 포함한 많은 지역에서 논란이 되어왔다. 유전적으로 조작되어(genetically modified, GM) 흔히 GM으로 불리는 형질전환된 농작물의 안전성과 환경적 측면에 대한 많은 문제들이 제기되어 왔다. 몇몇 기관들과 운동단체들은 활발히 형질전환 농작물의 소개와 사용을 반대하고 있다. 형질전환 농작물에 대한 논쟁은 안전성, 표기, 농부들의 권리 등에 집중되었다. 형질전환 작물이 더 보편적이 되고 새로운 것들이 자라게 되면서 우리는 명백히 건강과 환경의 문제점을 인식할 필요가 있고 관련된 환경적 사회적인 이슈를 해결해야 한다.

우리는 이러한 형질전환 농작물의 위험성에 대해 무엇을 알고 있는가?

형질전환 작물들에서 만들어진 대부분의 음식은 형질전환된 유전자에 의해서 만들어지는 1개 또는 그 이상의 단백질을 가지고 있다. 형질전환 농작물에서 음식의 안전성을 밝히는 표준들이 많은 유럽 국가들에서 이루어지고 있으며 미국에서 발달되고 있다. 일반적으로 형질전환 농작물들은 형질전환에 의해 만들어지는 단백질들이 독성을 띄지 않고 일반 재배 방법에서 교배종보다 알레르기를 유발하지

PHOTO GALLERY
유전자변형식품인 향보존토마토(플레이보 세이보 토마토)는 잘 익을 때까지 줄기에 더 오랜 시간 매달려 있도록 하기 위해 개발된 것이다. 이런 토마토는 물러지지 않으면서도 신선하게 오래 보존할 수 있기에 장거리 무역에 적합하다. 그러나 아직 이런 토마토를 찾는 소비자들의 수는 적으며 (어떤 사람들은 일반 가게에서 구매하는 토마토와 맛이 별로 다를 바 없다고 생각한다) 때문에 그 상품은 진열대에서 제외되었다.

형질전환 식물들과 동물들

Photo courtesy of Professor Qing-Hu Ma, Institute of Botany, Chinese Academy of Sciences

형질전환 담배 식물(tobacco plants)들 또한 hGH 생산에 사용되고 있다. 형질전환 식물을 사용한 대부분의 일은 여전히 인체 단백질을 만드는 발달초기 단계이지만 곧 형질전환 식물들의 영역 또는 형질전환 동물들의 작은 무리가 의학적 치료에 사용되는 인체 단백질을 만들기 위해 실험실을 대치할 수 있을 것이다.

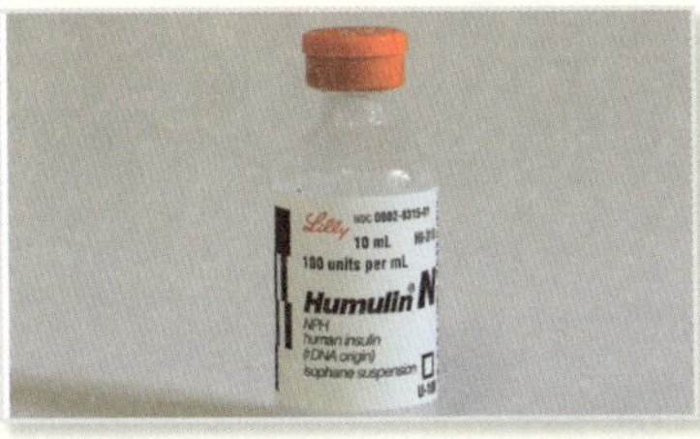

© Vicki Beaver

대부분 재조합 DNA 기술의 성공적인 사용 중 하나는 사람 인슐린(human insulin)의 합성이다. 당뇨병을 앓는 많은 사람들은 체내에 인슐린을 만들지 못하기 때문에 인슐린 단백질이 반드시 필요하다. 재조합 DNA를 사용하여 인슐린이 만들어지기 전에는 인슐린은 돼지와 소의 췌장에서 추출되었다. 당뇨를 가진 일부 사람들은 돼지와 소 인슐린에 대해 알레르기 반응을 가지고 있었다. 현재 재조합 사람 인슐린이 사용되면서 그러한 반응은 드물어졌다.

© Golden Rice Humanitarian Board

벼의 형질전환 종인 Golden rice는 수선화의 2가지 유전자, 박테리아의 1가지 유전자를 포함하고 있다. 이러한 첨가된 유전자들을 가진 벼 작물들은 베타카로틴을 합성하여 쌀을 금빛 색으로 바꾼다. 이러한 쌀을 먹으면 베타카로틴은 비타민 A로 전환된다. 많은 아시아국가에서는 비타민 A의 결핍을 가지고 있다. Golden rice는 현재 남동부 아시아에서 재배가 가능하다.

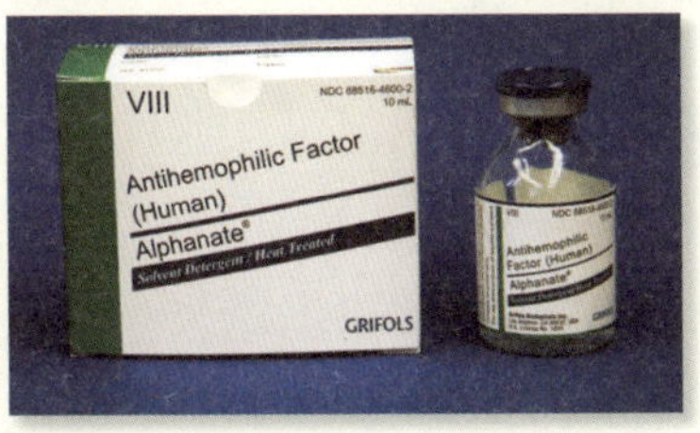

© Susan Van Etten

Factor VIII은 혈액 응고를 도와주는 단백질이다. 혈우병을 갖는 사람은 혈액에 이 인자가 없기 때문에 Factor VIII이 필요하다. 재조합 DNA기술은 사람 Factor VIII을 만드는데 사용되었고 혈우병을 갖는 사람들은 이 단백질을 얻기 위해 혈액 기증자를 사용할 필요가 없다. 1980년대로 돌아가면 혈우병을 가진 많은 사람들이 더러운 혈액 제품으로 인해 HIV에 노출되었다.

© Workbook Stock/ Jupiter Images

사람 조직형을 결정짓는 유전자 복합체(human tissue-typing gene complex)인 HLA는 대지 배아에 전달되어 왔다. 결과적으로 성장한 돼지들은 사람과 호환되는 기관을 가지게 된다. 이식이 필요한 이식 수여자에 이들 기관의 이식(이종이식)은 이식이 가능한 기관(organ)의 수를 늘릴 수 있다.

않는다면 안전하다고 여긴다.

예를 들어, 제초제 저항성 농작물이 그렇게 여겨진다. 바뀐 유전자에 의해 만들어지는 박테리아 단백질은 그 식물을 먹었을 때 우리 소화계에서 파괴된다. 생쥐를 가지고 한 연구에서 이러한 단백질은 매우 높은 농도에서도 독성을 가지지 않았다. 이 단백질은 어떠한 알려진 독소 또는 알레르기 유발물질과 유사성을 가진 아미노산이 없었다. 널리 사용된 10년 후에도 알려진 인체 건강에 대한 유해 요인이 없었다.

그러나 형질전환 작물과 관련된 몇몇 환경적 위험은 발견되었다. 이것은 교배에 의해 야생 식물들에 형질전환 유전자들이 전달되었다. 이것은 궁극적으로 생물다양성을 감소시키고 환경에 좋지 않은 영향을 미칠 가능성을 가질 수 있다.

이러한 문제와 형질전환 농작물과 관련된 다른 것들은 전통적 농작물의 사용에서 직면되는 것들과 동일하다. 심지어 전통적인 작물들과 다른 유전적 배경을 갖는 형질전환 작물들도 황경적인 영향은 매우 유사하다.

PHOTO GALLERY
곤충이 갉아먹은 목화나무와 곤충에 내성이 있는 형질전환식물.
© Agricultural Research Service/USDA.

유전자 전달 기술은 더 철학적이 되고 새로운 특징의 조합들은 발달될 수 있고 특수 관리 식물들이 요구된다. 예를 들어 식물들에서 제약 제품의 생산이 보편화 되면 이것은 그러한 식물들이 음식으로 공급되는 것을 초과하는지 지키기 위한 안전장치를 반전시키고 전달유전자들이 야생 식물들에 전달되지 않는지 확인할 필요가 있다.

사람들은 일반적으로 농작물과 동물들을 우리의 식량에 대한 필요에 따라 키우고 있는 식물들과 동물들의 다양성을 만들기 위해 1만년 이상 동안 교배종을 사용해서 농작물과 동물들을 조작해왔다. 생물공학은 단지 방법을 바꿀 뿐이고 이들 변화가 만들어지는 비율을 변화시킬 뿐이다. 이것은 유전자를 제공할 수 있는 범위 또한 늘어났다. 전통적 교배와 생물학적 기술, 사회적 문제들, 환경적인 이슈, 건강 안전장치, 대중의 인식에 의해 지속적인 발달을 하고 있는 식물들과 동물들은 연구, 검사, 공익 교육에 의해 제시되어야 한다.

6.4 요점

- **음식과 약물을 만드는데 형질전환 생물체를 발전시키고 사용하는데 안전장치가 요구된다.**

6.5 형질전환 생물체는 인간 질병을 연구하는데 사용될 수 있는가?

모든 사람 유전자들의 염기서열을 밝힌 **인간 유전체 프로젝트**(**Human Genome Project**; 9장에서 논의된)에서 얻은 정보는 식물과 다른 동물 유전체와 결합되었고 사람 유전체에서 발견된 많은 유전자들이 생쥐와 심지어는 초파리 (*Drosophila*)와 같은 다른 종에도 존재한다는 것을 보여주었다. 이들 유사성 때문에 동물들의 성장 세트는 사람 질병의 기전을 연구하고 이러한 질병을 치료하기위해 만들어진 약제를 검사하는데 사용되고 있다. 이러한 사람질병에 대한 동물 모델은 연구에 중요하다. **동물모델(animal model)** 없이는 새로운 약제 치료와 질병의 원인을 연구하는데 자주 어려움을 겪는다. 특수한 사람 질병의 모델은 사람 질병 유전자를 동물로 전달함으로써 만들 수 있다. 이러한 형질전환 동물 모델은 다음의 모두를 할 수 있다.

PHOTO GALLERY
유전자 변형으로 아무리 먹어도 살이 찌지 않는 생쥐.
© Courtesy Salih Wakil, Ph.D., Baylor College of Medicine

- 사람에서와 같은 증상을 반영하는 동물을 만들 수 있다.
- 질병의 발달과 진행 관정을 연구하는데 사용될 수 있다.
- 사람질병의 동물 모델을 치료하는데 희망적인인 약제를 발전시키는데 사용 된다.

결국 동물모델을 사용하여 이러한 정보와 약제 개선은 사람 질병을 치료하는데 사용될 것이다.

생쥐와 사람간의 밀접한 유전적 유사성 때문에 생쥐는 사람 질병의 동물모델로써 광범위하게 사용되어 왔다. 다음에서 이러한 일부 예들을 보여준다.

유전학적으로 조작된 생쥐

©Catherine Chalmers

Rhino mouse: **면역 결핍 상태를 연구하기위해 사용**

©Catherine Chalmers

curly tail mouse: **spinabifida와 같은 신경관 결손을 연구하는데 사용**

©Catherine Chalmers

obese mouse: **몸무게를 줄이는데 도움을 주는 물질을 연구하는데 사용**

헌팅톤병(Huntington disease, HD)형질전환 생쥐 모델은 태아의 유전적 결손 연구에 사용 된다.(4장에서 알란의 가족구성원들이 상염색체성 우성 형질로 유전되는 이 퇴행성 신경질환을 가지고 있었던 것을 돌이켜 보자) HD 생쥐(생쥐 DNA에 HD에 대한 사람 대립유전자를 삽입한)는 그 질병의 가장 초기 단계에서 뇌에 어떤 일이 일어나는지 이러한 것이 사람들에도 일어나는 게 가능 한지에 대한 연구를 하는데 사용된다. 게다가 HD 생쥐는 행동의 이상과 함께 뇌 구조의 변화를 연결하는데 사용된다.

이들 생쥐에 대한 연구는 몇몇 분자 기전이 질병의 초기 단계에 중요한 역할을 한다는 것을 밝혔다. 이들 모델 생물체들은 또한 뇌 손상을 되돌리거나 상태를 호전시키는 물질들을 동정하기위해 약물들을 선별하는데 사용되고 있다. 몇몇 후보 약제들은 동정되어 왔고 이것들은 지금 HD에 대한 실험적 치료들과 같은 사람 임상시험에서 사용되고 있다. 유사한 방법들이 다른 사람 유전 질환과 감염질환의 동물모델을 만드는데 사용되어 왔다.

6.5 요점

- **형질전환 동물들은 사람질병에 대한 동물모델을 만드는데 사용되어 왔다.**

사례 B 시험적인 딸기 재배

© Index Stockimagery/ Jupiter Images

1987년 반달족(vandals)이 파수꾼을 지나 캘리포니아에 있는 높은 담장을 올라가 암염(rock salt)과 제초제를 큰 딸기밭에 뿌렸다. 2000개 이상의 딸기 묘목들이 손상되었고 수백만 불의 손실을 입었다. 이것은 이 딸기가 유전적으로 조작된 박테리아로 처리되어왔다는 사실을 제외하고는 이상한 이야기인 것 같았다.

이 박테리아는 "ice-minus"라고 불리는 *Pseudomonas syringae* 계통으로 온도가 빙점 아래로 떨어졌을 때 잎이 얼지 않도록 딸기 식물의 잎에 뿌려왔다. 이 형질전환 박테리아 종의 사용은 딸기의 수확시기를 연장시키고 동결에 의한 식물 소실을 감소시켰다. 이 딸기 식물들과 딸기자체는 유전적으로 조작되지 않았다.

그 반달족들은 체포 되었으며 그들이 다시 이런 기회를 갖는다면 그러한 행동을 다시 할 것이라고 하였다.

1. 왜 이 사람들은 딸기농장을 파괴하기를 원했을까?
2. 이 박테리아 형태는 농부에게 유용한 것 같다; 우리는 작물의 수확을 증가시키고 음식 가격을 조절하는데 도움이 될 수 있는 것을 모두 하지 말아야 하는가? 그 이유와 그러지 않아야 할 이유는 무엇인가?
3. 과학자들은 반딧불에서 유전자를 이식하여 형질전환 옥수수를 만들어서 이 식물들이 반딧불 유전자를 발현하도록 만들었다. 여러분이 보기에 이러한 변화로 인해 옥수수 농부에게는 어떤 이득이 있다고 보는가?
4. Erwin Chargaff는 1976년 6월4일 Science 지에 "우리는 소수의 과학자들의 야망과 호기심을 충족시키기 위해 수백만 년의 진화에 대한 지혜를 거스르고 되돌리지 못하는 것에 대한 판단을 해야 하는가"라고 적었다. 이 주장에 대한 여러분의 생각은 무엇인가? 형질전환 생물체가 진화 과정을 변화시킬 수 있는가?

6.6 생물공학과 연관된 법적 윤리적 이슈는 무엇인가?

이 장에서 먼저 논의된 형질전환 동물과 식물에 대한 과학적이고 사회적인 문제에 덧붙여 법적이고 윤리적 이슈가 있다. 1가지는 이들 생물체와 분리된 유전자들의 특허이다.

새로운 발명의 특허화를 경정하고 있는 미국 특허청은 특허화될 수 있는 지에대한 룰을 가지고 있다. 특허화할 수 있는 어떠한 것들은 새로워야하고 드러나지 않아야 하고(not-obvious) 실용적이어야 한다. 이러한 법칙들은 또한 자연적으로 발생한 어떤 것도 특허화될 수 없다는 것이다. 그러나 1972년 <u>Diamond 대 Chakrabarty(447 U.S. 303(1980))</u>이라고 불리는 판례에서 법적 결정 후 모든 것이 변했다. Dr. Chakrabarty가 오일을 줄일 수 있는 박테리아 strain을 개발했다. 이렇게 하기위해 그는 다른 플라스미드를(박테리아에서 자연적으로 유전자를 운반하는 DNA 분자) 가지고 있는 박테리아 strain을 교잡했으며 결국 4개의 다른 플라스미드를 *Pseudomonas* bacteria의 단일 strain으로 넣었다. 각 플라스미드는 오일의 다른 구성 물질을 파괴하는 유전자를 운반했다. 한 strain에 이것을 모아두어 이들 박테리아는 많은 기름 유출에 사용될 수 있었다.

수치로 따져보기

1,3,500명 당 1명

hGH결핍인 아치들의 수.

60~70%

© Vicki Beaver

가게에서 일부 형질전환 식물 물질을 함유하는 음식의 백분율.

90%

생쥐에 존재하는 사람 질병 유전자의 백분율.

400

생물공학을 사용하여 현재 개발된 의학 제품의 수.

연간 $16,000

관절염인 한명의 환자가 생물공학 약품을 사용하는데 드는 비용.

500,000

비타민 A 결핍으로 매년 죽는 아이들의 수.

191

hGH에서 아미노산의 수.

처음에는 미국 특허청은 그 박테리아가 자연적으로 발생한다는 것을 근거로 이 특허를 거부했다. 그러나 Chakrabarty의 변호사의 논쟁으로 이 소송을 이겼다. 이들의 논쟁은 오늘날도 여전히 사용되며 1개의 박테리아 형태에 이들 4개의 플라스미드를 모두 가지고 있는 것은 자연에서 나타나는 *Pseudomonas*와 완전히 다르며 유일하다는 것이었다. 이 특허는 1972년에 이슈가 되었다.

이후의 경우에서 하버드 대학교는 아래의 사진에서 보이는 **발암유전자보유생쥐(Oncomouse)**라는 형질전환 생쥐의 일종에 대한 특허를 받았다. 이들 생쥐는 사람 **암유전자(oncogene)**를 자신의 DNA에 가지고 있다. (의학적 용어로 onco-는 "암"을 의미한다). 이 유전자를 가짐으로써 이 생쥐는 암에 좀 더 민감하고 이 생쥐에 암을 유발하는 화합물을 검사하는데 사용되어 질 수 있었다. 이러한 경우는 형질전환 동물이 특허를 받은 첫 번째였다.

© 2008 UC Regents

미국에서 발암유전자보유생쥐에 대한 특허는 1988년에 이슈화 되었다. 그러나 캐나다에서는 하버드 대학 대 캐나다(특허 위원회)경우 2002년까지 결정되지 않았다. 캐나다 법원은 포유동물에 대한 특허가 발부되지 않는다는 규칙이 있었다. 비록 재조합 박테리아 strain이 캐나다에서 특허가 났지만 형질전환 척추동물에 대한 특허가 발부된 적은 없다.

다음 차트는 형질전환 생물체들과 유전자들의 특허에 있어서 윤리적으로 법적인 문제를 보여준다.

6.6 요점

- 재조합 DNA 공학의 사용에 대한 많은 윤리적 문제들이 요구되고 있다.

질문	질문을 판단하는 방법	관련된 사례 또는 법적 사안
사람 DNA에서 발견된 유전자를 특허낼 수 있는가?	연구자들이 미국특허청에 특허를 요청하면 전문 특허 변리사가 각 경우를 결정한다.	생물공학 회사는 매일 유전자들을 발견하고 비록 이 유전자들이 자연적으로 발생했더라도 이것들에 대한 특허를 요청한다. 그들의 논쟁은 Chakrabarty에서 사용된 것과 비슷하며, 한 유전자가 분리되고 제거되는 것은 한 종의 DNA에서 자연적으로 발생하는 유전자보다는 다른 상황이라는 것이다.
사람 DNA에서 발견된 유전자의 부분을 특허낼 수 있는가?	그 유전자가 동정되지 않았거나 이 유전자의 용도가 알려져 있지 않다면 그러한 특허들 또한 허가된다.	세포와 그것의 DNA에서 제거될 때 한 부분은 자연 상태에서 발견되는 것과 다르며 생물공학 회사들은 DNA의 section에 대해 소유권을 가지며 이것을 사용하고자 하는 다른 회사에서 사용료를 받는다. 이들 중 일부는 아직 동정되지 않은 유전자의 단지 일부분이다.
재조합 DNA에서 사용된 방법이 특허화될 수 있는가?	방법 또는 과정은 만약 유용하고 독특하다면 특허가 될 수 있다.	그런 방법들이 특허가 될 때 다른 회사나 연구실은 그 특허의 소요자에게서 허가를 받거나 돈을 지불하지 않고 이 방법상의 과정을 사용할 수 없다.
동물, 식물, 사람의 유전체를 조작할 수 있는가?	이러한 윤리적 질문은 매일 요구되고 있다. 이것은 흔히 만들어진 생물체와 진화에 의해서 오는 생물체는 배우 다르다고 말하고 있다. 과학자들은 특히 개인적으로 소유한 생물공학 회사들은 대개 그들 자신의 일에 대한 자율권을 가지고 있다.	법률이 생물공학 연구실에서 할 수 있는 일을 조약으로 조절하고 일부는 미국보다 다른 나라에서 먼저 존재한다. 여기에서 1가지 중요한 질문은 누가 과학을 조절할 수 있는가? 하는 것이다.

The Asilomar Conference,
February 1975
Asilomar Conference Center,
Monterey Peninsula, CA

1970년대에 재조합 DNA는 초기단계였다. DNA의 구조 발견과 모든 살아 있는 생명체들이 같은 DNA를 갖고 있다는 부가적인 정보가 발견 된후 재조합 DNA의 아이디어는 의미가 있는 것 같았다. 그러나 일부 실험들은 과학자들이 문제를 일으킬지도 모른다는 생각을 가지게 만들었다.

아실로마 회의는 스탠포드의 Dr.Paul Berg와 다른 우수한 과학자들에 의해 소집되었다. Berg는 재조합 DNA기술을 발달시킨 첫 번째 사람 중 하나였으며, 1972년에 이 기술을 실험적으로 고안했다. 그는 원숭이 바이러스인 SV40의 DNA를 자르기 위해 제한효소를 사용했으며 그 후 람다(lamda) 박테리오파지로 알려진 다른 바이러스로 SV40 DNA의 단편을 결합시키기 위해 이 단원에서 논의된 것과 유사한 방법을 사용했다. 그 최종 단계 재조합된 유전물질이 숙주 세포로써 대장균으로 들어가 재조합 DNA 분자가 복제되도록 하는 것이었다. 그러나 이 마지막 단계는 완료되지 않았다.

Berg는 이 재조합 분자를 가지고 있는 숙주세포와 연계된 생물학적 위험을 우려하는 몇몇 동료 연구자들의 탄원 때문에 이 단계를 완료하지 않았다. SV40은 생쥐에서 cencerous tumor를 유발하는 것으로 알려져 있으며 E.coli가 사람 장관에서 발견되기 때문에 연구자들은 그 마지막 단계가 클론된 SV40 DNA가 주변으로 나와 연구실에서 일하는 사람들을 감염시켜서 암으로 진행될 수 있을까봐 두려워했다. Berg의 실험에 관심을 가진 연구원들의 그룹이 미국 국립과학원의 의장에게 이 새로운 기술 결과의 안정성을 연구하기를 위원회에 요청한다는 편지를 보냈다. 이 위원회는 1974년에 만나 국제회의가 그 이슈를 해결할 필요가 있다는 결정을 했으며 그 이후까지 과학자들은 재조합 DNA 기술이 관여되는 모든 실험들을 자발적으로 멈추어야 했다.

전체 회의는 1975년에 열렸다. 주요 목적은 재조합 DNA 기술에 의해 나타날 잠재적인 생물학적 위험을 알리기 위한 것이었다. 그것은 공청회를 개최하기위한 첫 번째 과학적 회의가운데 하나였다. 약 140여명의 전문가들의 그룹(생물학자들, 법률가들과 의사들뿐 아니라) 이 재조합 DNA 기술의 안전성을 확인하기 위한 자율적인 가이드라인을 만들기위해 회의에 참여했다. 이 가이드라인의 일부는 아래와 같다.

1. 재조합 DNA를 가지고 있는 생물체는 조심스럽게 다루어야 한다.
2. 이러한 견제 수준은 사람, 동물, 식물에 대한 생물체들의 위험성과 맞추어야 한다. 이들 위험성은 사람 질병을 일으키는데 대한 잠재성에 따라 낮은데서 높은 등급으로 매겨져야 한다.
3. 생리적 장벽이 형질전환 생물체가 나오는 것을 최소화하는데 사용되어져야 한다.
4. 실험의 다음 형태는 금지되었다.
   a. 인체에서 살 수 있는 어떠한 생명체의 사용
   b. 독극물을 만드는 유전자의 전달
   c. 사람, 동물, 식물에 위험한 물질의 합성

질문:

1. 회의에 참석한 많은 과학자들이 그들 자신의 가이드라인을 씀으로써 느꼈다. 그들은 무엇을 했는지를 조절하는 법률을 피했다. 어떻게 과학의 이익과 해에 대한 입법을 할 수 있는가?
2. 이 회의는 워터게이트 시점에 열렸으며 결국 닉슨대통령의 사퇴가 일어났다. 여러분은 이것이 회의의 중요성과 연관되었다고 생각하는가?
3. 과학자들은 그들 자신의 작업을 통제해야 하는가?
4. 줄기세포에 관한 논쟁이 뚜렷한 정치적 압도와 함께 이슈가 되고 있다. 여러분은 과학자들에 의해 쓰인 가이드라인이 그 논쟁을 없애거나 줄일 수 있다고 생각하는가?
5. 누가 과학을 조절해야하는가? 여러분의 대답에 대한 이유를 3가지 적어라.
6. Michael cricton에 의해 쓰인 The Andromeda strain이 1969년에 출판되었다. 이 책의 줄거리를 살펴보고 다음 질문에 대답하라: 이 소설책의 출판이 회의에 영향을 주었는가? 그 이유 또는 아닌 이유는 무엇인가?

★ 주요점 10개

1. 재조합 DNA 기술은 다른 종들 간의 유전자를 전달하는데 사용될 수 있다. [6.1]
   ▮ 일부 경우 전달된 유전자는 발현되어 단백 물질을 만들 수 있다.

2. 재조합 DNA는 2가지 다른 종류의 DNA 가 서로 결합되어 만들어 진다. [6.2]
   ▮ 이 단편들은 1개 또는 그 이상의 유전자들을 운반하는 DNA의 작은 부위가 될 수 있다.

3. 제한효소는 DNA를 단편으로 자르는데 사용된다. [6.2]
   ▮ 제한효소는 생물공학을 발달시키는 중요한 과학적 발전 중 하나였다.

4. 제한효소는 특정 DNA 염기서열을 인식한다.[6.2]
   ▮ 특수화된 이 효소들은 어떠한 DNA 분자에도 사용될 수 있다.

5. 생물공학은 재조합 DNA 기술을 약제를 만들고 의학 치료를 위한 기술로 상업적으로 사용하고 있다. [6.2]
   ▮ 생물공학은 수십억 불 산업이 되고 있다.

6. 특허화된 첫 번째 bacterial strain은 기름을 분해하는 것이었다. 이 사례는 특허 생명체의 혁신적 사건이다. [6.2]
   ▮ 기름을 먹는 박테리아가 우리 자연 주변에서 존재하더라도 이것들은 실험실에서 독특한 유전조합에 의해 만들어진 다른 종으로 변화되어 왔다.

7. 형질전환 박테리아, 식물, 동물들은 재조합 DNA 기술로 만들어질 수 있다. [6.3]
   ▮ 형질전환 생물체들은 농업, 산업, 의학 분야에 사용되고 있다.

8. 음식과 약제를 만들기 위해 형질전환 생물체를 발전시키고 사용하는데 안전장치가 필요하다. [6.4]
   ▮ 과학자들은 환경과 생물다양성에 대한 생물공학의 영향을 연구하고 있다.

9. 형질전환 동물들은 사람 질병을 연구하는데 동물모델을 사용하기 위해 형질전환 동물이 만들어지고 있다. [6.5]
   ▮ 사람 질병의 동물모델은 약제의 action이나 질병의 치료를 밝히는데 사용되고 있다.

10. 재조합 DNA 기술을 사용하는데 많은 윤리적 문제들이 요구되고 있다. [6.6]
    ▮ 형질전환 동물과 식물이 발달될 때 이것들은 유전학적으로 변형되고 확장되고 "man-made(사람에 의해 만들어진 것)"이라고 여겨져 왔다.

온라인자료

시험을 준비 중인가? 예비시험을 위해 academic.cengage.com/login에 로그인하고, 개인의 학습 계획을 세우고, CengageNow's Study Tools에서 효과 측정 시험(post-test)을 보는 것이 여러분의 이해 정도를 평가하는데 도움이 될 것이다.

만약 교사가 내준 과제라면, 이번 장에 해당하는 사례 B와 사회적 활동에 대한 조명, 즉 "strawberries on trial(GMO)"과 "The Asilomar Conference(아실로마 회의)"라는 제목으로 CengageNow 자료를 검색해서 해답을 찾으면 된다.

핵심용어

동물모델 animal models (p. 102)
발암유전자보유생쥐 Onco-mouse (p. 103)
벡터 vector (p. 97)
생물공학 biotechnology (p. 97)
암유전자 oncogene (p. 103)
유전자변형 생물체 transgenic organism (p. 98)
인간 유전체 프로젝트 Human Genome Project (p. 102)
재조합 DNA 기술 recombinant DNA technology (p. 98)
재조합 DNA 분자 recombinant DNA molecule (p. 98)
재조합 DNA recombinant DNA (p. 98)
제초제 herbicides (p. 99)
제한효소 restriction enzyme (p. 98)
초파리 Drosophila (p. 102)
플라스미드 plasmid (p. 98)
형질전환 농작물 transgenic crops (p. 99)

복습문제

1. 왜 재조합 DNA라고 불리는 기술이 이번 단원에서 논의되고 있는가?
2. 재조합 DNA를 만드는데 주요 단계들은 무엇인가?
3. 사람들은 오랜 시간 동안 교배종을 사용하여 식물을 유전적으로 조작하고 있다. 재조합 DNA를 사용하여 만든 식물과 이것은 어떻게 다른가?
4. 사람 질병을 연구하기 위한 동물모델의 중요성은 무엇인가?
5. 왜 재조합 DNA 작업에 *E.coli*가 사용되는가?
6. 응고 인자를 만들기위해 재조합 DNA를 사용하는 것은 혈우병에 걸린 수천 명의 사람들의 생명을 구한다고 말해왔다. 어떻게 이런 일이 가능한가?
7. 제한효소의 발견은 재조합 DNA 시대의 시작이었다. 왜 이 발견이 다른 소스에서 온 DNA를 재조합 DNA분자로 혼합하기 전에 필요했을까?
8. 벡터의 예를 들어라. 왜 그것을 벡터라고 하는가?
9. 재조합 DNA로 만들어진 음식이 마켓에 있는지에 대한 조사하고 알아내시오. 이들을 리스트화하라.
10. 왜 재조합 DNA 생물체의 특허가 시작하기 어려웠는지 설명하라.

응용문제

1. 많은 수의 사람들이 재조합 DNA 기술이 음식 생산과 다른 영역에서 사용되는데 반대하고 있다. 이 기술의 득과 실을 리스트화하라.
2. 일부 연구 그룹은 솔직히 재조합 DNA 기술을 반대해왔다. 그 이유를 논의하라.
3. 재조합 사람 인슐린이 발달하기 전에는 당뇨병을 앓는 사람은 소와 돼지에서 추출한 인슐린을 사용했다. 어떻게 이 인슐린이 만들어졌는가?
4. 일부 운동선수들은 hGH사용이 그들의 행동을 증가시키는데 동의했다. 그러나 최근 운동 경쟁자들은 이것의 사용을 금지하였다. 어떻게 관리들은 이 제품을 운동선수에게 사용할지를 결정할 수 있는가?
5. 많은 사람들은 제품이 발달하여 그것자체로 사람들이 더 기분이 좋아진다면, 그것이 가능하게 되야 한다고 믿는다. 여러분은 미용적 이유로 보톡스를 사용하는데 이것을 적용해서 생각하는가?
6. 제한효소의 발견의 역사를 조사하라.
7. 혈우병과 같은 방법으로 치료될 수 있는 3가지 조건들을 생각해보라. 그것들을 목록화하고 어떻게 재조합 DNA기술이 치료에 사용될 수 있는지 설명하라.

8. 만약 생물공학이 한 condition을 치료하는데 사용되어 진다면 그 condition이 유전되는 것인지는 문제가 되지 않는가?
9. 우리가 미래에 사용할 재조합 DNA 기술을 사실적으로 생각해 보라.

여러분이라면 이럴 때 어떻게 할까?

1. 당신이 형질전환 동물의 특허를 박탈하도록 하는 법에 투표하도록 요청받았다면?
2. 당신이 심각한 유전 상태를 가진 아이의 부모이고 이 상태를 개선하기위한 유전자 동정을 돕기 위해 실험실에서 앞으로 당신의 배아를 시험하도록 요청받는다면?
3. 당신이 형질전환 토마토를 시장에서 보았으며 그것의 맛에 대해 호기심이 생긴다면?
4. 당신이 형질전환 식품의 표기에 대한 투표를 요청받았다면?
5. 당신 지역의 식료품점이 "우리는 형질전환 식품을 취급하지 않는다."라는 표시를 건다면?

대중 매체에서

***오늘의 의학 뉴스*, 2007년 3월 31일**

Wyeth는 FDA(식품의약 안전청)의 승인을 받았다.

Wyeth제약은 미국 식품 안전청(FDA)이 유전자 재조합 혈액응고 인자인 인 BeneFIX HLA Coagulation Factor Ⅸ의 개량품을 승인했다고 발표했다. 이 제품의 개량은 환자에게 약제사용을 간단하게 하였다.

BeneFIX는 혈우병 B 유형의 환자에게 그들 자신의 혈액 응고인자가 충분하지 않을 때 혈액 응고인자Ⅸ를 넣어주거나 대치해줌으로써 출혈을 멈추게 하거나 방지한다.

새로운 형태의 BeneFIX는 환자들이 약제를 덜 사용할 수 있게 하고 따라서 전에 사용했던 양만큼 많이 주사할 필요가 없다. 게다가 일부 환자들은 약제를 준비할 때 주사가 필요 없을 것이다.

온라인상에서 이 기사를 보려면 academic.cengage.com/biology/yashon/hgs1로 접속하라.

질문:

1. 당신은 환자들이 이 약제의 새로운 개량으로 이익이 있을 것이라고 생각하는가? 어떻게 ?
2. 이 약제를 재가공함으로써 Wyeth는 BebeFIX에 대한 특허를 연장할 수 있다. 당신은 왜 FDA가 이 연장을 승인했다고 생각하는가?

***Wired*, 2007년 3월 22일**

생화학을 통한 더 나은 치아

Charles Graeber

한 유전적으로 가공된 구강청결제가 여러분을 다시는 충치가 없도록 만들 수 있다.

여러분 입에 있는 박테리아에 의해 만들어지는 산(acid)은 충치를 유발한다. 따라서 산이 없으며 충치도 없다. 유전적으로 가공된 박테리아 strain이 산 발생 유전자를 제거한 *Streptococcus*를 형성한다. 이 strain은 OraGen으로 특허화 되었다. 모든 박테리아는 이들을 활성화시키는데 다소의 당을 필요로 한다.

만약 승인된다면 이것은 다음과 같이 작용한다. 치기공사가 유전적으로 조작된 구강청결제를 당신의 이빨을 따라 주사위로 뿜어낼 것이다. 5분간 앉아있고 어떤 당분이 있는 사탕을 씹으면 새로운 박테리아가 활동할 것이고 이후는 그들에게 맡기면 된다.

온라인상에서 이 기사를 보려면 academic.cengage.com/biology/yashon/hgs1로 접속하라.

질문:

1. 당신은 이것이 치과산업에 어떻게 영향을 미칠 것이라고 생각하는가?
2. 당신은 OraGen을 사용하겠는가?

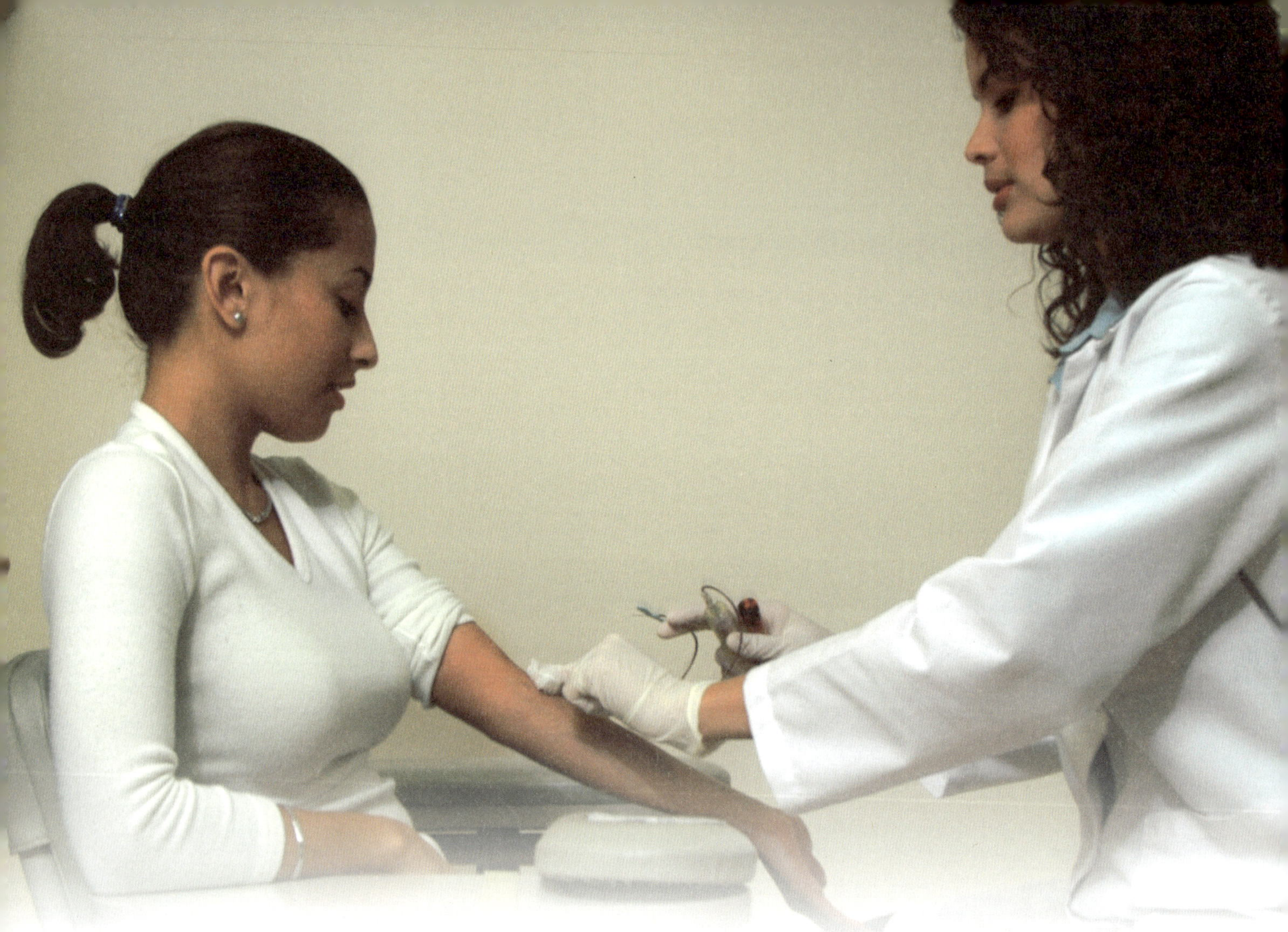

7 유전검사와 산전진단

핵심 포인트

- 많은 유형의 유전검사가 존재한다.
- 태아, 신생아, 성인 등에서 유전질환을 확인하기 위해 검사가 시행된다.
- 유전질환은 세포와 DNA로 분석된다.
- 페닐케톤뇨증(PKU)은 신생아로부터 혈액 검체를 채취하여 진단된다.
- 성인들도 많은 유전질환에 대해 검사 받을 수 있다.
- 유전정보를 얻기 위해 종종 대규모 그룹에서 검사가 시행된다.
- 몇몇 유전 질환들은 치료될 수 있다.
- 검사 결과가 종종 개인사생활에 관한 논쟁을 불러일으킨다.

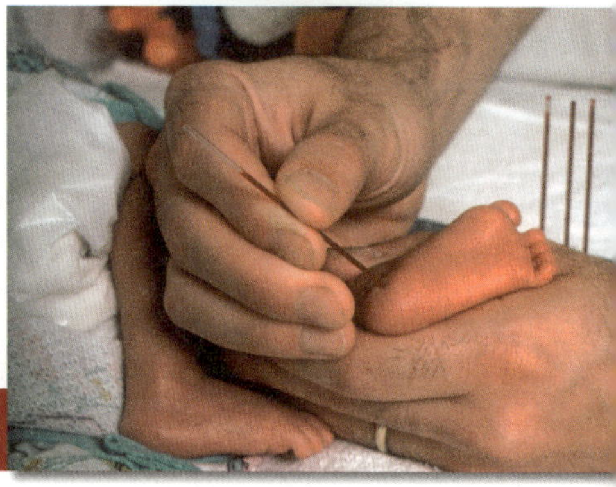

사례 A 병원이 아기들을 검사하다

Al과 Victoria는 30대 초반이고 그들의 첫 아이가 태어났을 때 결혼 5년차였다. Victoria의 임신은 완전히 정상적이었고, 출산 1주일 전까지 일을 계속하였다. 그녀는 더할 나위 없이 좋은 상태라고 이야기 했다. Al과 Victoria의 아들은 출산 시에 완전히 정상적인 것처럼 보였다.

며칠 후 그들은 아기를 집으로 데리고 갔는데, 담당의사가 전화를 걸어 그 아기는 몇 가지 검사를 더 해야 한다고 했고, 부모 (두 명) 모두 병원을 방문해 상담하기를 요청했다. 병원에서 의사는 아기의 혈액 검사 결과 페닐케톤뇨증(PKU)이라 불리는 유전질환에 걸렸다고 이야기 했다. 만약 그 아기가 특이 식이요법으로 치료하지 않으면 정신지체로 진행할 수 있다고 했다. Al과 Victoria는 PKU에 대해 들어본 적이 없었고, 그 소식을 듣고 그들은 혼란에 빠져다. 그들은 즉시 주위 가족들에게 전화해서 양측 가족 중에 극소수만이 PKU를 들어 봤고 가족 구성원 어느 누구도 그 유전질환에 걸렸던 사람이 없다는 것을 알았다. Al과 Victoria는 그들의 가족 중에 유전질환에 걸린 사람이 없는데 어떻게 그들의 아기가 걸리게 되었는지 의아하게 여겼다.

그들은 또 다른 의사와 방문 약속을 했고, 그러는 동안 PKU에 관한 자료를 읽기 시작했다.

이 사례를 보면 몇 가지 질문이 떠오를 것이다. 이들 질문에 답하기 전에, 우리는 유전검사가 무엇이고, 어떻게 유전검사가 유전질환을 진단하는데 사용될 수 있는지, 이 기술의 미래 전망에 대해 살펴보자.

7.1 유전검사란 무엇인가?

이 장에서는 어떤 사람이 유전질환에 걸렸거나 어떤 위험인자를 가지고 있는지를 알아 보기 위한 여러 방법들에 관해 논할 것이다. 이러한 방법들에 관련된 원리, 방법들을 살펴보기 전에, 유전검사와 유전자선별검사의 차이를 정의해보자. **유전검사** (Genetic testing)는 어떤 사람이 어떤 유전형을 가지고 있는지, 다른 말해서, 그 사람의 유전자가 어떤 것인지를 결정하는 것이다. 유전검사는 다음 그룹의 사람을 확인하는데 사용 된다:

1. 유전질환을 가지고 있거나 옮기는 사람
2. 유전질환을 가진 아이를 임신할 위험이 있는 사람
3. 약물이나 환경 인자에 유전적 민감성을 가지는 사람

유전자선별검사 (Genetic screening)는 개인보다는 큰 인구집단에서 시행된다. 유전자선별검사의 목적은 보다 제한적이고 다음 그룹의 사람들을 확인하는데 사용 된다:

1. 유전질환을 가지고 있거나 옮기는 사람
2. 유전질환을 가진 아이를 임신할 위험이 있는 사람

유전검사는 거의 대부분 개인 선택의 문제이고, 반면에 유전자선별검사는 법률에 의한 명령에 의한다. 다음의 상황과 같이 유전검사는 개인과 그들 가족의 삶에 심각한 영향력을 가진다:

1. 유전질환에 걸렸거나 위험인자를 가지고 있는 사람을 확인하는 것은 종종 다른 영향을 받거나 위험인자를 가지고 있는 또 다른 가족구성원을 발견하게 한다.
2. 몇몇 질환의 검사로 현재는 건강하지만 차후에 심각하고 치명적인 유전질환으로 발전할 수 있는 사람을 확인할 수 있다. 예를 들어 4장의 Alan 가족의 헌팅톤병 같은 질병이 치명적일 때, 이러한 정보는 종종 개인과 가족뿐만 아니라, 사회적으로 심각한 영향력을 가진다.
3. 유전검사의 결과는 검사 받은 사람의 아이나 손자에게 직접적인 영향력을 가지고 있다.

유전자 상담가는 유전검사를 받은 환자가 그 결과에 관해 결정을 내리는 것을 도와준다.

어떤 유형의 유전검사가 유용한가?

여러 가지 형태의 유전검사가 현재 사용되고 있다:

1. **산전 진단** - 낫적혈구 빈혈(겸상적혈구 빈혈) 검사와 같이 태아가 어떤 유전자를 가지고 있는지를 결정
2. **보인자 검사** - 낭성섬유증과 같은 유전질환의 병력을 가진 가족의 구성원을 검사해서 영향 받은 아이를 가질 확률(기회)을 결정한다.
3. **증상 전 검사** - 헌팅톤병이나 다낭 콩팥병(다낭성 신종)과 같이 중년에 질환으로 진행될 사람을 확인한다.

7.1 요점

- 유전검사는 어떤 사람이 어떤 유전형을 가지고 있는지를 결정한다.
- 유전검사는 태아, 신생아, 어린이, 성인 등에서 시행될 수 있다.

7.2 왜 산전 유전검사를 시행하는가?

산전 유전검사는 발달과정의 태아에서 출생결함이나 유전질환들을 검출하기 위해 사용된다. 200개 이상의 단일유전자 질환들이 산전검사에 의해 진단될 수 있다. 이들 몇 가지를 표 7.1에 기술하였다.

대부분의 경우, 가족력이나(산모의 나이 등) 몇 가지 다른 위험인자가 확인 되었을 때만 검사가 시행된다. 낫적혈구 빈혈과 같은 보통염색체 열성 질환의 가족력이 있다면, 임신하기 전에 부모가 그 질환의 이종접합 보인자인지를 결정하기 위해 검사를 받아야 한다. 만약 검사결과 부모 둘 다 보인자로 확인되면, 태아는 유전질환에 걸릴 25%의 확률을 가지게 된다.

초음파 (ultrasound)라고 알려진 기술을 사용하여 태아를 관찰하는 검사 방법이 태아의 건강상태에 관한 정보를 제공한다. 그러나 다운증후군(21번 세염색체증)과 같은 염색체 이상에 의해 야기되는 질환은 염색체 분석법이 영향 받은 태아의 상태를 확인하는데 가장 직접적인 방법이다. 다운증후군의 위험인자가 산모의 나이(3장)와 함께 극적으로 증가하고 있기 때문에, 산모 나이가 35세 이상인 경우 모든 임산부에게 태아 세포의 염색체 분석이 추천된다. 산전검사에서 유전질환의 확인을 위해 태아의 세포 검체를 요구하는데, **양수(양막)천자**나 **융모막융모표본추출** (chorionic villus sampling; CVS)를 통해 얻어진다.

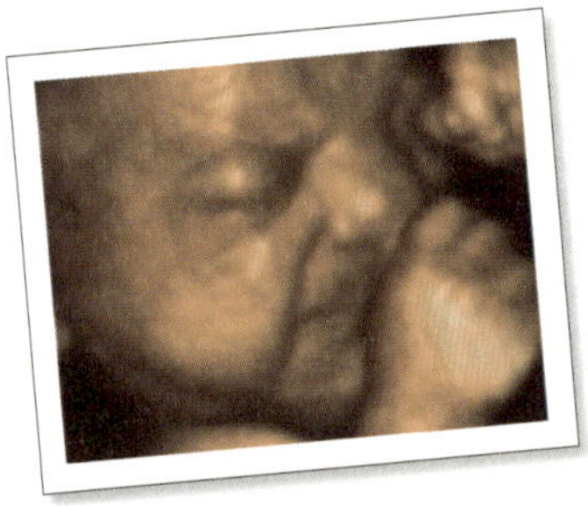

PHOTO GALLERY
새로운 3차원 초음파 기법이 태아의 얼굴 모양을 자세히 보여준다.
Dr. Benoit/Mona Lisa/PhotoTake

표 7.1 유전질환

질환	발생률	유전 양상
낭성섬유증	백인 3,300명 당 1명	보통염색체 열성
선천성 부신 증식	10,000명 당 1명	보통염색체 열성
뒤시엔느 근위축증	남성출생 3,500명 당 1명	X연관(의존) 열성
A형 혈우병	남성출생 8,500명 당 1명	X연관(의존) 열성
알파 & 베타 지중해빈혈증	다양하다	보통염색체 열성
헌팅톤 병	100,000명 당 4–7명	보통염색체 우성
다낭성 콩팥병	3,000명 당 1명	보통염색체 우성
낫적혈구 빈혈	아프리카계 미국흑인 400명 당 1명	보통염색체 열성
테이–삭스병	독일 · 폴란드 · 러시아계 유대인과 프랑스계 캐나다인 3,600명 당 1명, 일반사람 400,000명 당 1명	보통염색체 열성

초음파 검사는 어떻게 시행하는가?

초음파 검사방법이 아래 사진에서 보인다. 초음파 검사가 산전진단 시 유전질환 확인을 위해 사용된다. 13번 세염색체증, 18번 세염색체증과 덜 시행되지만 21번 세염색체증(다운증후군)등은 각기 독특한 신체적 특징을 가지고 있기 때문에 초음파 검사로 확인할 수 있다. 예를 들어, 다운증후군의 경우, 아이의 목 부위 피부가 두껍게 접혀있는 것을 초음파 검사로 확인할 수 있고, 양수천자를 통해 확진을 할 수 있다. 목 주름을 가진 태아의 초음파(빨간색으로 윤곽이 그려진) 이미지가 아래에 보여 진다.

초음파검사법

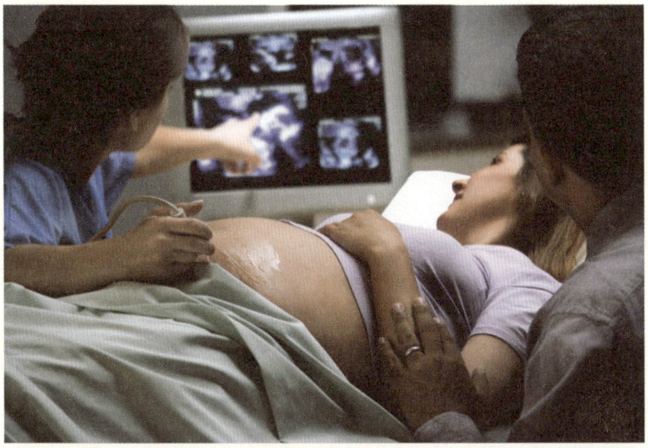

Jose Luis Peaez, Inc./Blend Images LLC

초음파검사법(초음파)은 원래 물아래 잠수함을 찾기 위해 군사적 목적으로 개발된 수중음파 탐지기법을 사용하는 비침습적 방법이다. **변환기(탐촉자)**를 자궁위 복부에 위치시킨다. 변환기는 높은 주파수 음파를 방출시킨다. 반사된 음파를 이미지로 전환시켜 스크린에 표시한다. 많은 여성들이 임신 동안에 초음파 검사를 일상적으로 해서 태아의 발달과정을 모니터하고 태아의 모양을 체크해서 어떤 문제점이 있는지를 확인한다.

또한 초음파는 태아의 성별을 확인하고 다태아 임신을 진단하는데 사용될 수 있다. 아래 초음파 사진에서 목 주름의 추가 피부가 빨간색으로 표시되었다.

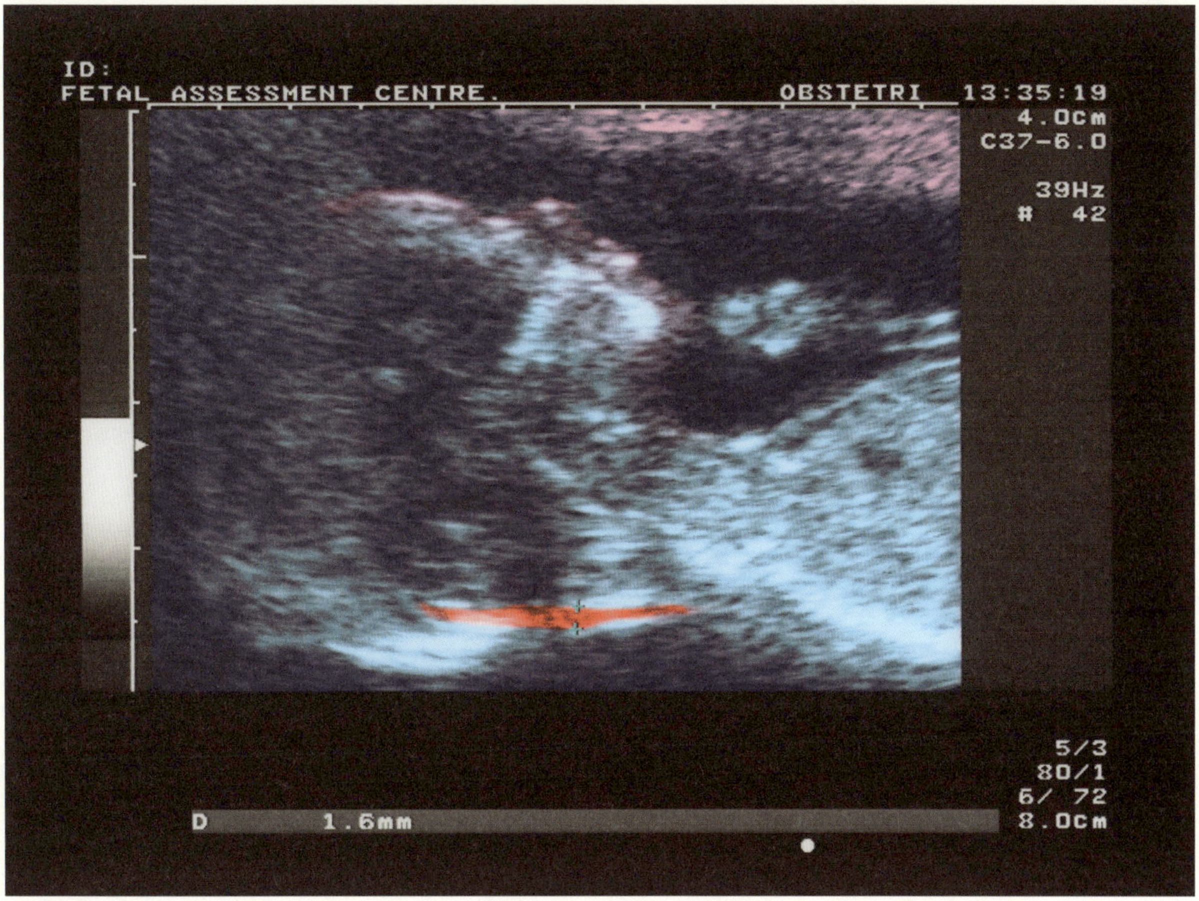

Science Photo Library/Photo Researchers

양수천자는 어떻게 시행되는가?

양수천자 방법이 아래 사진에 보여 지고 3장에서 간단하게 기술되었다. 100가지 이상의 질환들이 양수천자에 의해 진단될 수 있다. 이 방법에 의해 회수한 세포를 분석해서 생화학적 질환, 염색체 이상과 태아의 성별 등을 검사할 수 있다.

언제 양수천자를 사용하는가?

양수천자는 산모 감염과 자연유산의 확률이 약간 증가할 수 있는 위험요소를 가지고 있다. 이런 위험요소를 상쇄시키기 위해 양수천자는 보통 다음과 같은 상황에서만 실시된다:

1. *산모의 나이가 35세 이상인 경우.* 염색체 이상을 가진 아이를 임신할 위험인자가 35세 이후에 극적으로 증가하기 때문에, 양수천자는 35세 이상인 산모에게 추천된다. 대부분의 양수천자 기법은 나이 많은 산모들에게서 시행된다.
2. *가족 중에 염색체 이상을 가진 아이를 가진 경우.* 이런 경우 재발 위험도가 1-2% 이다.
3. *부모가 염색체 이상을 가진 경우.* 이 경우 아이에게 비정상적 핵형을 유발시킬 수 있고, 양수천자를 고려해야 한다.
4. *산모가 X연관(의존) 질환의 보인자인 경우.*

양수천자

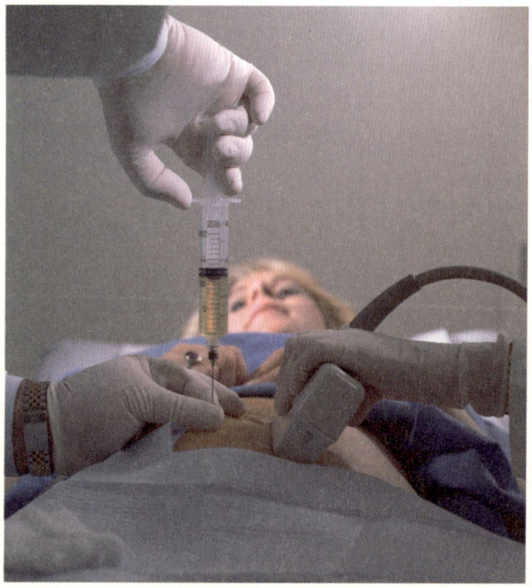

Yoav Levy/PhotoTake

3장에서 논의된바와 같이, 양수천자는 분석하기위해 태아세포를 얻는 방법이다. 첫 번째, 초음파로 태아와 태반의 위치를 확인하고, 복부와 자궁벽을 통해 주사침을(태반과 태아를 피해) 태아 주변의 양막주머니 안으로 삽입한다. 대략 10~30㎖의 액체를 채취한다. 양수는 태아의 피부로부터 탈락한 세포를 포함하는 태아의 소변이 대부분이다. 양수를 원심분리해서 이들 세포를 회수한다. 이들 세포를 배양해서 핵형검사를 하는데 사용한다 (3장 참조).

양수천자는 보통 임신 16주까지 시행되지 않는다. 이때까지는 검체채취를 할 만큼의 충분한 양수가 존재하기 않기 때문이다.

융모막융모표본추출(CVS)은 어떻게 시행되는가?

융모막융모표본추출 시술은 다음페이지에 보이고 3장에서 간단하게 기술되었다. 융모막융모표본추출(CVS)는 양수천자에 비해 여러 가지 장점이 있다:

1. 양수천자(16주)에 비해 융모막융모표본추출는 임신 초기(8주에서 10주)에 실시될 수 있다.
2. 태반 세포가 이미 분화하고 있기 때문에, 몇 시간 또는 며칠 안에 핵형 검사를 할 수 있다. 양수천자는 태아세포를 분화하도록 자극해서 실험실에서 수일동안 배양해야지만 핵형검사를 할 수 있다.

언제 CVS를 사용하는가?

융모막융모표본추출(CVS)는 양수천자에 비해 자연유산의 확률이 높기 때문에 덜 사용된다. CVS는 유전 질환의 초기 진단을 가능하게 해서, 임신초기 단계에서 임신중절 여부를 결정할 수 있어 산모의 위험을 낮출 수 있게 된다. CVS가 사용되는 조건은 양수천자의 경우와 유사하지만, 임신초기에 사용될 수 있기 때문에, 유전질환을 가진 아이를 임신했을 위험이 있는 부부들은 CVS를 선택한다.

산전 유전검사를 위한 덜 침습적인 방법이 있는가?

양수천자와 융모막융모표본추출는 0.5-2%의 유산시킬 위험을 가지고 있기 때문에, 연구자들은 산전검사로 덜 침습적인 새로운 방법을 개발하고자 했다. 이런 덜 침습적인 방법 중에 하나가 산모의 혈액으로부터 태아의 세포를 회수하는 것으로 이 방법은 산모와 태아 둘 모두에게 위험을 최소화한다.

여러 가지 유형의 태아세포들이 산모의 혈액순환 내로 들어가는데, 다음과 같다:

1. 태반세포

융모막융모표본추출(CVS)

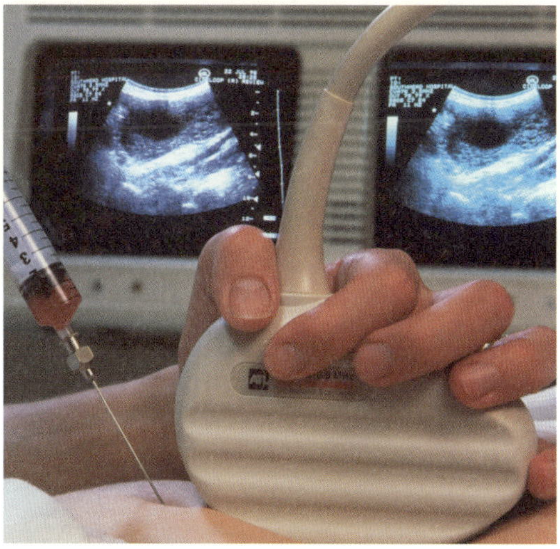

Saturn Stills/Photo Researchers

3장에서 토의한 바와 같이, 융모막융모표본추출(CVS) 시술동안에 초음파 이미지의 안내에 따라 유연한 카테터를 질 또는 복부를 통해 자궁 안으로 삽입한다.

융모막 융모 (chorionic villi)(태반의 일부를 형성하는 태아조직)을 흡입을 통해 채취한다. 충분한 검체를 채취해서 핵형검사, 생화학적 검사, 분자적 진단을 위한 DNA 추출 등에 사용한다.

2. 백혈구
3. 미성숙 유핵 적혈구

이들 세포들은 임신 6주에서 12주 사이에 검출가능한 양으로 혈액순환 내로 들어간다.

이런 방법이 가진 문제점은 산모세포 100,000개 당 1개만이 태아세포라는 것이다. 혈액검체로부터 충분한 양의 태아세포를 채취하는 것이 이 기법을 개발 중인 사람들이 직면한 미해결 과제의 하나이다. 이런 방식으로 태아세포를 채취해서 낫적혈구 빈혈과 염색체 이상을 포함해서 몇 가지 유전질환을 진단하는데 사용된다. 그러나 이 방법은 널리 채택되기 위해 보다 더 개발될 필요가 있다.

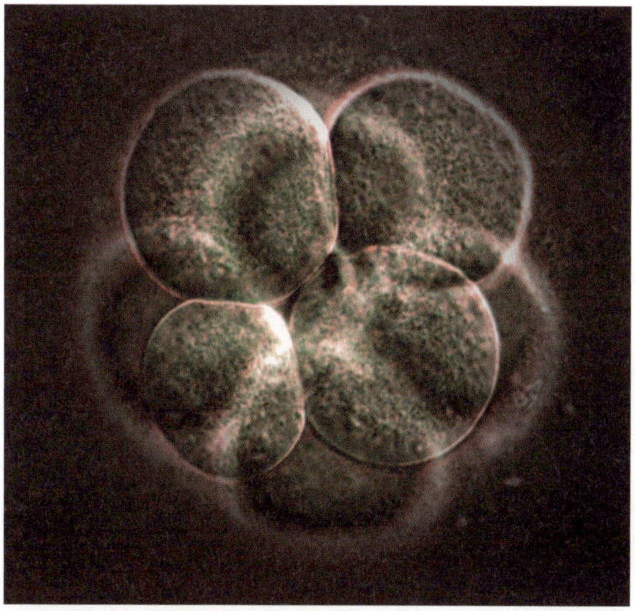

Anatomical Travelogue/Photo Researchers

■ 그림 7.1 발생(발달)하고 있는 수정란
6개에서 8개의 세포 단계에 있는 수정란.

산모에게 착상하기 전 수정란을 검사할 수 있는가?

1장에서, 우리는 성별 선택을 위해 착상전 유전진단(PGD)의 사용에 관해 토의했었다. 이 검사법을 수정란 발달과정의 초기 단계에서 유전 질환을 진단하기 위해 사용할 수 있다. 여기서 우리는 유전질환의 검출을 위해 PGD를 사용하는 것에 초점을 맞출 것이다.

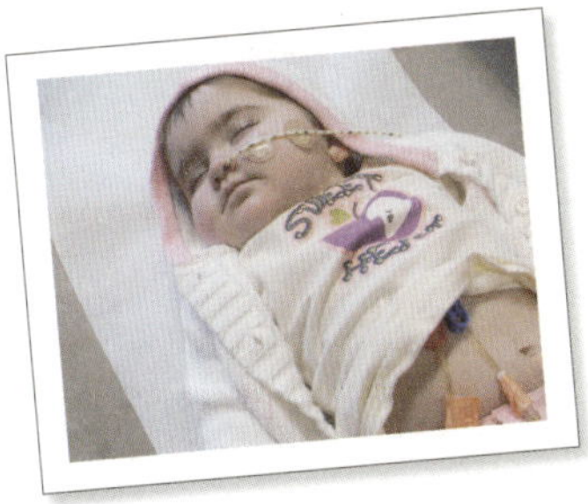

PHOTO GALLERY
테이-삭스병을 가진 아이로, 뇌와 신경이 서서히 쇠약해지다가 대략 2세가 되면 사망한다.
Seungjae Seo/The Minnesota Daily

PGD를 사용하기 전에, IVF(체외수정)을 시행해야 한다(2장 참조). 이 시술 동안에 난자를 채취해서 수정시킨 다음에 배양접시에서 수일 동안에 배양한다. 수정 3일째 날에, 수정란은 6개에서 8개의 세포들로 구성된다(■ 그림 7.1). PGD를 위해, 이들 세포들 중 하나, **난할구 (blastomere)**를 채취한다. (■ 그림 7.2).

이 세포로부터 DNA를 추출하고 DNA의 양을 증폭시키는 기법

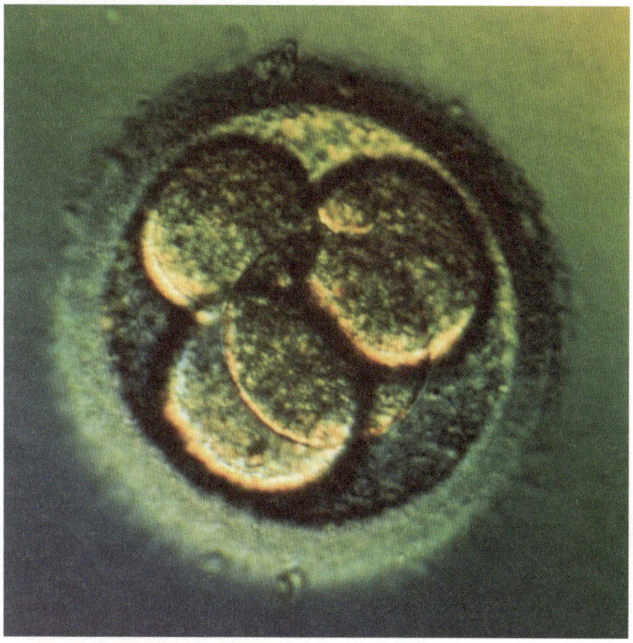

Dr. Yorgos Nikas/Photo Researchers

■ 그림 7.2 난할구(blastomere)
초기 수정란의 각 세포들은 난할구로 불린다. 수많은 난할구들이 여기에서 보여 진다.

을 사용해서, 그 수정란이 유전 질환을 가지고 있는지를 검사한다. 분할세포 검사는 많은 일반적인 보통염색체 열성(테이-삭스병)과 우성 질환, 근위축증과 혈우병을 포함하는 X연관(의존) 질환 등을 검사하는데 사용될 수 있다. 유전질환을 가지고 있지 않은 수정란을 산모의 자궁에 착상시켜 발육(발달)시킨다.

7.2 요점

- 산전 검사는 유전질환의 위험인자를 가지고 있을 때 태아의 유전질환을 검출하기 위해 실시한다.
- 착상전 유전진단(PGD)은 수정란을 산모에게 착상하기 전에 유전자 이상을 검출할 수 있게 한다.

7.3 어떻게 태아 세포를 분석하는가?

양수천자, 융모막융모 검체채취(CVS)와 착상전 유전진단(PGD)등에 의해 채취된 액체와 세포는 여러 다른 방법들, 즉, 핵형검사(3장), 생화학적 분석과 재조합 DNA 기법(6장) 등을 사용하여 분석할 수 있다. DNA 분석법이 가장 특이적이고 민감해서 현재 이용되는 방법이다.

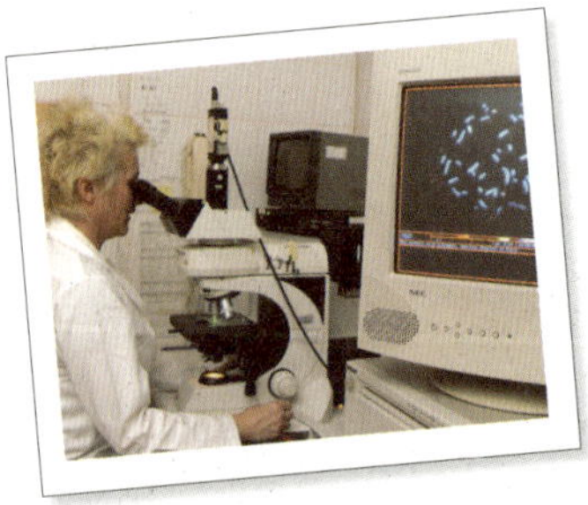

PHOTO GALLERY
핵형분석은 종이위에 염색체를 자르고 붙여서 실험실 기사가 수행해왔으나, 요즘은 컴퓨터에 의해 모두 시행된다.
Hop Americain/Photo Researchers

재조합 DNA 기법은 정확성, 민감성과 용이성 때문에 유전질환을 확인하는데 이용될 수 있고, 아직 해결해야할 수많은 법률적 도덕적 이슈들을 불러일으키는 개인이 가진 감수성을 확인하는데도 사용될 수 있다. 이들에 관해서는 이장의 후반부에서 논의 될 것이다.

7.3 요점

- 산전 검사는 여러 가지 기법을 사용해서 채취된 태아세포를 분석해서 태아의 유전자형을 결정할 수 있다.

7.4 어떻게 산전검사로 페닐케톤뇨증(PKU)을 진단할 수 있는가?

Al과 Victoria의 아기는 출생당시 페닐케톤뇨증(PKU) 검사를 받았다; 미국에서 태어나는 모든 신생아는 페닐케톤뇨증 검사를 받는다. 그러나 이 질환에 가족력이 있다면, 이 검사를 산전에 시행한다. 페닐케톤뇨증은 대사성 질환으로 모든 인종의 사람들에서 발병한다. 이 질환은 보통염색체 열성으로 유전된다; 따라서, 아이가 이 질환을 유전 받는 것은 양 부모가 이종접합보인자이어야 한다. 페닐케톤뇨증을 야기하는 유전자를 *PAH*라고 부르며 12번 염색체상에 위치한다. (■ 그림 7.3) 이런 조건을 가진 사람은 중요한 아미노산인 **페닐알라닌**(**phenylalanine**)을 또 다른 아미노산인 **티로신**(**tyrosine**)으로 전환시키지 못한다. 페닐알라닌을 티로신으로 전환시키는 효소를 **페닐알라닌 수산화효소**(**phenylalanine hydroxylase**; PAH)라 부른다. 페닐케톤뇨증(PKU)에서 *PAH* 유전자의 돌연변이가 그 효소를 불활성화시킨다. 그러므로 페닐알라닌이 분해될 수 없어 신체 조직에 축적되어 뇌와 다른 장기를 손상시킨다.

■ 그림 7.3 염색체 지도상 *PAH*
이 염색체 지도는 페닐케톤뇨증(PKU) 유전자의 위치를 보여준다(12q24.1로 표시).

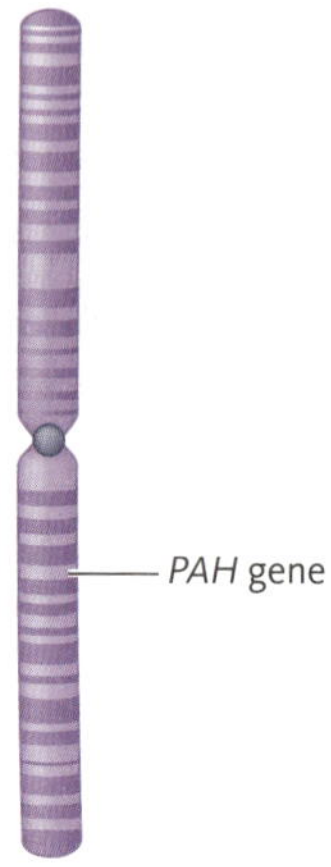

유전체 12

페닐케톤뇨증(PKU)은 유전질환이나, 또한 환경에 의한 질환이기도 하다. 만약 식단에서 페닐알라닌을 제거한다면 표현형은 정상이고 정신지체도 일어나지 않는다. 이것은 그런 상황에서 성공적 치료이다. 두뇌는 10대 초반까지 거의 성숙하기 때문에 PKU 동종접합자도 정상 식단으로 전환할 수 있다.

그러나, 페닐케톤뇨증(PKU)을 가진 여성이 임신을 하게 되면, 그녀는 PKU 식단을 매우 조심스럽게 따라야한다; 그렇지 않으면, 그 아이는 산모의 혈액내 과량의 페닐알라닌이 침투해서 태아에게 심각한 정신 지체를 유발할 수 있다.

페닐케톤뇨증(PKU)과 같은 유전질환을 위해 모든 사람을 검사할 수 있는가?

대규모의 유전검사가 항상 가능한 것은 아니다. Martha Johnson의 쌍둥이가 걸렸던(5장) 낫적혈구 빈혈과 같은 몇몇 질환들은 단 하나의 돌연변이가 항상 원인이어서 검사를 시행하는 것이 효율적이고 모든 병증(사례)을 밝혀내고 있다. 페닐케톤뇨증(PKU) 유전자에서 서로 다른 많은 돌연변이들이 확인되어 왔고, 이들 돌연변이 모두를 검사하는 것은 실용적이지 않다. 그러나 대부분의 주정부가 신생아들에 대해 PKU 검사를 하는데 이것은 DNA 분석에 기반을 둔 것이 아니라 단순한 혈액 검사를 택하고 있다. 이러한 검사는 *PAH* 유전자 자체를 분석하는 것이 아니라 아기의 혈액 내에서 페닐알라닌이 증가하는 것을 찾아내는 것이다. 사진은 출생 직후 아기로부터 혈액을 채취한 *Guthrie card*를 나타낸 것이다. 혈액을 카드에 옮긴 후 PKU 검사를 실시한다. 그 카드는 아이의 의료 기록 일부로서 보관된다.

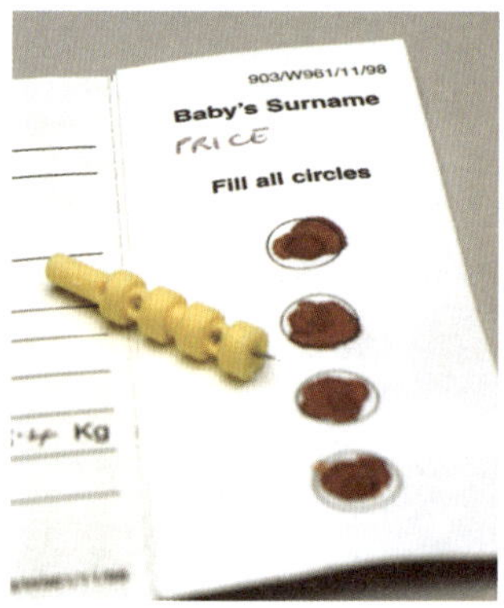

SSPL/Image Works

7.4 요점

- 페닐케톤뇨증(PKU)은 치료가 가능한 몇 안 되는 유전질환 중의 하나이다.

7.5 성인들도 유전질환들을 검사할 수 있는가?

Alan의 가족에서 보았던(4장) 헌팅톤병과 같은 몇 가지 질환들은 인생의 후반부에 나타나지만 증상이 나타나기 전에 일찍이 검사될 수 있다. 유방암의 유전적 소인(11장에서 논의된다) 또한 이 범주에 속한다. 이들 증상전 검사들은 질환으로 발전하기 전에 유전질환을 검출할 수 있다. Alan의 가족과 그들과 비슷한 다른 사람들이 이런 유형의 검사를 위한 후보군이 된다. 유전검사로 소위 성인-발병 질환의 수많은 질환들을 확인할 수 있다. 이들은 헌팅톤병(HD), 근육위축가쪽경화증(ALS), 다낭콩팥병(PCKD), 그 외 다른 질환들을 포함한다. 예를 들어, 1000명 당 약1명의 발생비율을 보이는 다낭콩팥병의 증상은 35세에서 50세 사이에서 나타난다. 이 질병은 한쪽 또는 양쪽 콩팥에 물혹(낭종)들을 형성하는 특징이 있다; 이들 물혹은 커지면서 서서히 콩팥을 파괴한다. 아래 사진은 정상 콩팥(좌측)과 다낭콩팥병(우측)을 보여준다.

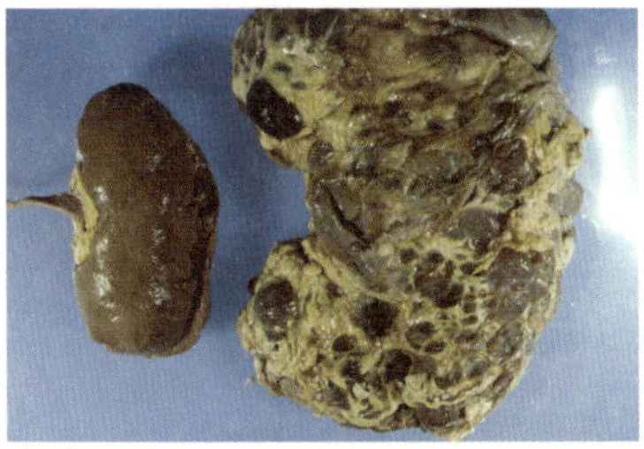

Arthur Glauberman/Science Photo Library —(represented by Photo Researchers)

다낭콩팥병의 치료법은 콩팥 투석과 정상 콩팥으로 이식하는 것이나, 많은 환자들이 이식이 가능한 시점이 되기 전에 일찍 사망한다. 다낭콩팥병은 우성 특징을 보이기 때문에 돌연변이 유전자의 이형접합체를 가진 사람은 병에 걸릴 것이다. 유전검사는 가족 구성원 중 돌연변이 대립유전자를 가진 사람과 이 질환으로 발병할 사람을 결정할 수 있다. 성인에서 발병하는 이들 질환들을 검사하는 것은 산전에 실시되거나 증상이 나타나기 이전(또는 이후)의 나이에 실시될 수 있다. 이런 질환의 특징을 검사할 지를 결정하는 것은 환자 자신에게 달려있다.

7.5 요점

- **성인들도 많은 유전질환에 대해 검사할 수 있다. 결혼 전에 남성 또는 여성 자신이 질환의 보인자 인지를 알아내기를 원하는 사람이 있다.**

7.6 유전자 선별검사 프로그램이란 무엇인가?

신생아들을 위한 몇몇 유전자 선별검사 프로그램들은 미국에서 법령에 의한다. 모든 주정부와 컬럼비아 특별구는 신생아들이 유전질환에 대해 검사를 받도록 한다. 선별검사 할 질환들의 수와 유형들은 주정부마다 상당히 다양하다. 이들 프로그램들은 1960년대에 페닐케톤뇨증(PKU) 선별검사로 시작되어 점차 모든 주정부와 유전질환 범위를 확장해가고 있다. Al과 Victoria의 아기는 그들이 사는 주정부의 선별검사 프로그램으로 검사되었던 것이다.

많은 주정부들은 단지 3-8개의 유전질환들만 선별검사 한다. 그러나 새로운 기법들을 사용하여, 실험실들이 단 하나의 혈액 검체로부터 30-50개의 대사성 질환들을 선별 검사할 수 있게 되었다. 각각의 주정부에서 요구되는 검사의 수는 아래 지도에서 보여 진다. 부모들은 그들이 속한 주정부 선별검사 프로그램에서 포함하고 있는 유전질환들이 어떤 것이 있는지를 알아야만 한다.

유전질환의 성인 보인자를 검출하기 위한 선별검사 프로그램이 있는가?

4장에서 논의된 바와 같이, 열성 유전자를 가지고 있는 사람은 유전질환이 발현되지 않을 수도 있다. 이들은 질환에 대해 이형접합자이고 보인자라 불린다. 페닐케톤뇨증(PKU)과 낫적혈구 빈혈 같은 어떤 열성 질환의 보인자들이 특정 인종 그룹에서 높은 빈도로 발견된다.

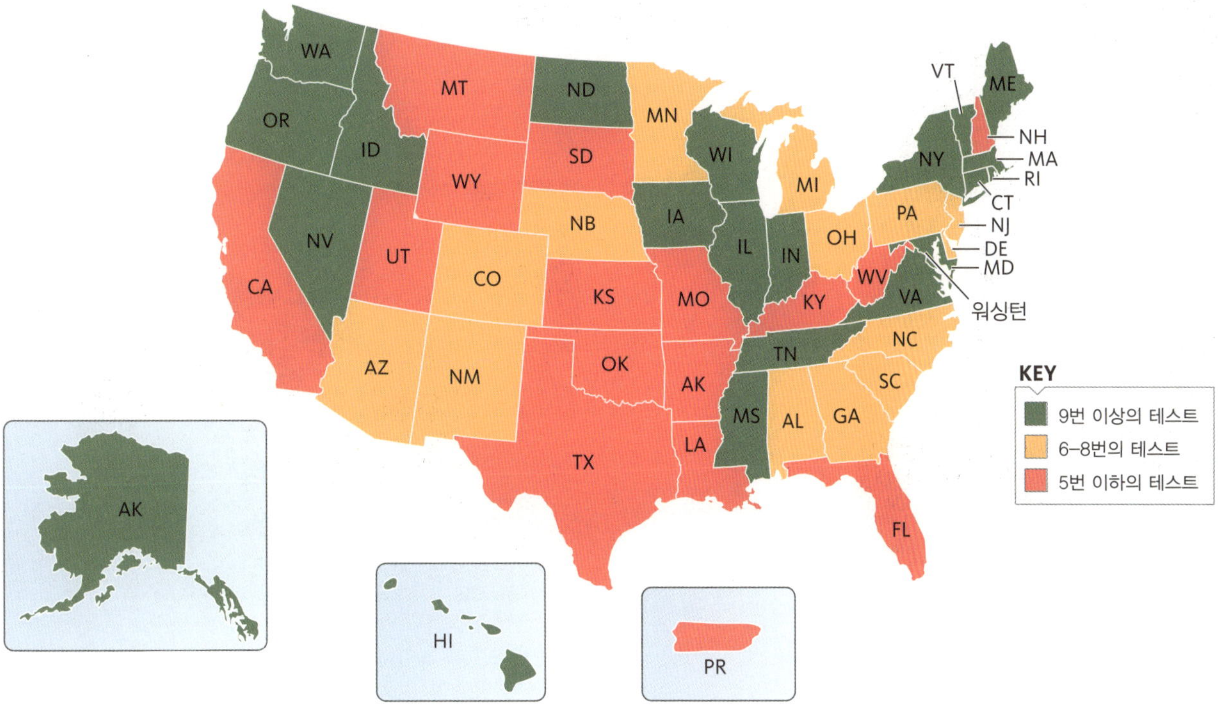

유전질환의 보인자를 위한 인구 선별검사는 다음과 같은 상황아래에서만 가능하다:

1. 그 질환이 특정 인구집단에서 주로 발생해야 한다. 예를 들어, 낫적혈구 보인자들은 아프리카계 미국 흑인에게 자주 발견된다. 그러나 Al과 Victoria의 아기에서 존재하던 질환인 페닐케톤뇨증(PKU)은 모든 인종 그룹들에 걸쳐 발병하며 보인자 검사에 적합하지 않다.
2. 보인자 검사가 가능하고 빠르며 비싸지 않아야 한다.
3. 이들 질환에 대한 선별검사는 위험 상황에 있는 커플에게 유전질환에 걸리지 않은 아이를 가질 여러 가지 선택권을 줘야만 한다.

현재 보인자 선별검사를 위한 강제 프로그램은 없지만; 이들 3가지 조건들에 해당하는 유전질환은 **테이-삭스병** (Tay-Sachs disease)으로, 360,000명 당 1명이 걸릴 수 있는 치명적인 보통염색체 열성의 특징을 보인다. 이 질병은 아기 세포의 리소솜(용해소체)에서의 질환과 관련된다("생물학 리뷰: 세포와 세포구조" 참조). 이 질환으로 정신 지체, 시각상실, 3-4세 나이에 사망할 수도 있다. 동유럽 조상의 유대인(독일·폴란드·러시아계의 유대인)에서, 이 질환의 빈도는 일반 인구집단 보다 거의 100배 이상이다(그림 7.4).

1970년대, 자발적 보인자 선별검사 프로그램이 미국의 독일·폴란드·러시아계의 유대인에서 시작되었다. 300,000명 이상의 사람들이 첫 10년 동안 선별검사를 받았고, 268쌍이 둘 다 보인자라고 확인되어 아직까지 아이를 가지지 않았다. 이 검사는 DNA 검사가 아니라 혈중 효소 수치를 검사하는 것이다. 이 간단한 혈액 검사는 여러 해 동안 효과적으로 사용되었다.

독일·폴란드·러시아계의 유대인 사회에서, 테이-삭스 선별검사 프로그램은 영향받은 아이를 가질 위험, 산전검사의 유용성, 생식의 선택권 등에 관한 정보를 제공하는 상담과 함께 한다. 이들 프로그램들은 자발적이지만, 몇몇 주정부들은 커플들이 테이-삭스 검사에 관한 정보를 제공받도록 요구한다. 선별검사 프로그램이 시작되기 전에, 미국에서 매년 50-100명의 어린이들이 테이-삭스 질병을 가지고 태어났다. 이 숫자는 선별검사 프로그램이 시작된 이후 매년 10명 이하로 감소하고 있다.

또 다른 인구집단 선별검사 프로그램이 미국 국회가 1972년 국가 낫적혈구 빈혈 통제 법령을 통과시키면서 시작되었다. 이 법은 낫적혈구 빈혈의 보인자를 확인하기 위한 선별검사 프로그램을 확립하도록 계획되었다 (■ 그림 7.5). 각 주정부는 선별검사 프로그램을 구축하기 위한

수치로 따져보기

2,600명 당 1명

아일랜드/스코틀랜드 출신 사람 중에서 페닐케톤뇨증(PKU)을 가진 아이가 출생하는 숫자

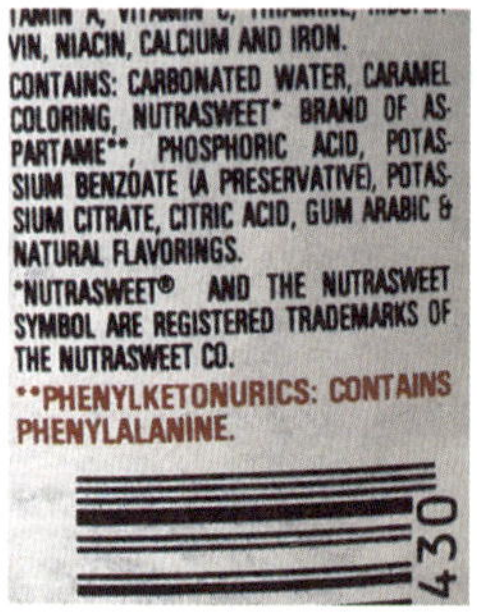

Mark Antman/Image Works

30,000명 당 1명

스웨덴에서 페닐케톤뇨증(PKU)을 가진 아이가 출생하는 숫자

10,000명 당 1명

미국에서 페닐케톤뇨증(PKU)을 가진 아이가 출생하는 숫자

2,600명 당 1명

터키에서 페닐케톤뇨증(PKU)을 가진 아이가 출생하는 숫자

150명 당 1명

양수천자 후에 유산하는 숫자

100명 당 1명

융모막 융모 검체채취(CVS) 후에 유산하는 숫자

100명 당 3명

산전 진단에 의해 발견된 유전질환 숫자

Masterfile

■ **그림 7.4 유대인 커플**

정통 유대인 사회 구성원들은 테이-삭스병의 유전검사와 보인자 상태 검사를 기꺼이 채택한다.

Masterfile

■ **그림 7.5 낫적혈구 빈혈 선별검사**

낫적혈구 빈혈의 보인자인지 여부를 알아내기 위해 가족들에서 검사가 실시될 수 있다.

사례 A 질문

이제 우리는 산전검사가 어떻게 왜 시행되는지 이해한다. Al과 Victoria의 사례에서 발생하는 논란 몇 가지를 살펴보자.

1. 왜 Al과 Victoria의 아기가 페닐케톤뇨증(PKU) 검사를 받았는가?
2. Al의 가족과 Victoria의 가족 모두 페닐케톤뇨증(PKU)의 가족력을 가지고 있지 않다. Al과 Victoria의 아기가 항상 검사 받아야만 하는가?
3. Al과 Victoria가 그들의 아이를 위한 이 검사를 거부할 권리를 가져야만 하는가? 왜 그런가 또는 왜 그렇지 않은가?
4. 법률에 관해 당신이 알고 있는 것에 기반을 두어서, Al과 Victoria가 그 병원을 고소할 권리를 가지는가?
5. 페닐케톤뇨증(PKU)은 치료 가능한 유전질환이다. 영향 받은 아이는 질환 증상의 많은 것들을 예방하는 엄격한 식이요법을 따라야만 한다. 이것이 아기를 검사하는 것에 대한 당신의 의견을 변화시키는가?
6. 모든 주정부에서 신생아들이 페닐케톤뇨증(PKU) 검사를 받는다; 몇몇 주정부는 신생아들에게 보다 광범위한 검사를 제공한다. Al과 Victoria는 이들 주정부 중에 하나에 살고 있다. 그들이 그 검사에 관해 통지를 받았어야만 했는가? 왜 그런가 또는 왜 그렇지 않은가?

기금을 받고 있다. 몇몇 주정부는 모든 아프리카계 미국 흑인 어린이들이 입학하기 전에 검사받도록 요구하는 강제 프로그램을 확립하였다; 다른 사람들은 혼인 허가서를 받기 전에 검사를 요구받는다. 프로 축구선수와 미 공군학교 지원자들에게 검사를 실시하는데, 이것은 보인자가 학교에 입학하는 것을 허락하지 않기 때문이다.

이 선별검사 프로그램은 예기치 못한 문제점들을 발생시켰다. 1981년, 낫적혈구 빈혈 보인자가 공군학교에 입학하는 것에 거부하는 공군 정책이 소송의 위협으로 철회(취소)되었다. 다른 사례에서, 들리는 바에 의하면 보인자들이 유전적 건강문제가 없음에도 불구하고 보험이나 고용에서 거부당했다.

몇몇 낫적혈구 빈혈 선별검사 프로그램들이 이형접합자로서 확인된 사람들에게 상담을 제공하지 않고 기록의 비밀유지를 하지 않는다고 비판받았다. 1970년대 후반에서 1980년대 초반에 이들 많은 선별검사 프로그램들이 축소되어 재조정되었고, 현재 극소수의 주정부에서 비강제적으로 성인들에 대해서 검사한다. 모든 50개 주정부와 컬럼비아 특별구는 낫적혈구 빈혈에 대해 신생아들을 선별검사하고 있다.

7.6 요점

- 유전 선별검사는 인구집단의 많은 사람들은 대상으로 한다.

표 7.2 유전질환의 치료

질환명	치료가 가능한가?	치료법
페닐케톤뇨증(PKU)	예	페닐알라닌이 낮은 식이요법
낫적혈구 빈혈	예	골수이식, 혈액수혈
혈우병	예	재조합 DNA 인자 VIII
낭성섬유증	예	흡입기, 항생제
다낭성 콩팥병	예	콩팥이식, 투석
테이-삭스병	아니오	
헌팅톤 병	아니오	
근위축증	아니오	
세염색체증 (다운증후군, 18번 세염색체증 등)	아니오	

7.7 어떤 유전질환들이 치료될 수 있는가?

우리가 논의했던 많은 질환들이 증상을 경감하는 치료를 하지만, 그 어떤 것도 완전한 치료법이 아니다. 다음 칼럼의 표 7.2는 몇 가지 질

사례 B 회사가 큰 파티를 열다

istockphoto.com

훌륭한 파티는 대성공이었다. Roland Smith 하원의원은 그의 주정부로 부터 의회에 선출된 이래로 많은 파티에 가보았지만 이번 파티가 최고였다. 치료법을 가지고 있지 않은 희귀 난치성 질병의 돌연변이 유전자를 검출하는 검사법을 개발한 거대 제약회사인, MegaGene에 의해 그 파티가 개최되었다.

마침내 저녁 끝 무렵에, MegaGene는 요점에 들어갔다. 회사 대표는 미국에서 태어나는 모든 아기들이 이 유전자 검사를 받도록 요구하는 그 회사가 입안한 법안을 Smith씨가 발기하는 것을 제의했다.

1. 왜 MegaGene은 이 파티를 개최했는가? 3가지 이유를 쓰라.
2. 왜 그 회사가 법안을 입안했는가? 2가지 이유를 쓰라.
3. 그런 법안을 발기하도록 요청 받았을 때 국회의원 Smith씨는 무엇을 해야 하는가?
4. 오늘날 병원에서 태어나는 모든 아기들은 법령에 의해 수십 가지 유전질환에 대해 검사받는다(상황은 주정부에 따라 다르다). 부모들은 이 검사를 거부할 권리를 가지는가? 왜 그런가 또는 왜 그렇지 않은가?
5. 지금부터 수 년 동안 사람 유전자 모두를 검사를 했을 때, 어떤 문제가 발생할 것으로 생각하는가?

환들과 가능한 치료에 대해 나열하였다.

7.7 요점

- 극소수의 유전질환이 치료될 수 있지만 완치되는 것은 아니다.

7.8 유전검사와 관련된 법률적 윤리적 논란들은 무엇인가?

유전검사와 선별검사의 사용으로 수많은 윤리적 법률적 문제점들이 야기되었다. 이들 검사기법들은 사람의 유전적 구성을 조사하고 기록하기 때문에, 개인 사생활이 대단히 중요하다. 연방 및 주정부 법령 둘 다 의료기록을 공개하지 않도록 하고 환자의 동의 없이 타인에게 내용을 누설하지 않도록 규정하고 있다.

이들 검사로부터 얻은 정보는 환자의 건강 보험, 고용 보장, 심지어 인생에도 영향을 미칠 수 있다. 예를 들어, 보험회사가 어떤 가족이 헌팅톤병 유전자를 가진 것을 알고, 그들의 보험가입을 허가하지 않을 수도 있다. 또 다른 예로, 어떤 사람이 헌팅톤병 유전자나 다낭성콩팥병 유전자를 가지고 있는 사람과 결혼하고자 한다면?

이들 질문들은 법정에서 또는 입법부에서 일대일로 개인적으로 다루어진다. 몇 가지 사례에서, 유전적 구성 때문에 누군가를 차별하는 것을 금지하는 법령이 통과되었다. 1970년대에, 많은 사람들이 낫적혈구 빈혈의 보인자라는 이유로 차별을 받아서, 많은 유전자 선별검사 법령들이 폐지되었다.

또 다른 수준에서, 특정 질환 유전자 검사를 개발하는 회사들이 연구 개발에 수백만 달러를 쓰고 있다. 이런 이유로, 그들은 가능한 많은 잠재 고객들에게 이 검사를 판매할 곳을 찾고 있다. 만약 그 회사의 유전자 검사가 신생아 선별검사 프로그램에서 사용된다면, 이것은 연구 개발에 사용된 돈을 회수하는 하가지 방법이 될 것이다.

다음 차트는 유전검사와 선별검사에서 윤리적 법률적 질문들 몇 가지에 역점을 두어 다루고 있다.

7.8 요점

- 유전검사는 그 결과가 은밀하게 보장되는 상황아래에서 실시되어야 한다.

질문	질문을 판단하는 방법	관련된 사례 또는 법적 사안
어떻게 검사결과가 사용되어야만 하는가?	법령이 정보의 사용을 통제하지만, 보험회사가 잠재 보험가입자에게 의료기록을 제출하는 것에 서명하도록 요청한다.	Kennedy-Kassebaum 법이 보험회사가 유전질환을 가진 환자
치료법이 없는 질환들을 검사해야 하는가?	(선별검사법에 의해 강제되는 것을 제외한) 이러한 검사는 유전상담가 또는 의사와 상의 후에 개인에 의해 결정된다.	종교적 도덕적 바탕에서 검사에서 제외되도록 부모들이 소송을 제기했다. 그러나 대부분의 부모들은 검사가 생기는 것을 모른다.
누가 검사 받아야 하는지를 정부가 결정해야 하는가?	1970년대 이래로, 미국 정부는 병원에서 태어나는 모든 신생아를 검사하도록 지시해 왔다. 집에서 태어나는 아이는 빠졌지만, 검사의 수는 증가하고 있다.	그런 방법들이 특허가 될 때 다른 회사나 연구실은 그 특허의 소요자에게서 허가를 받거나 돈을 지불하지 않고 이 방법상의 과정을 사용할 수 없다.
보험회사 또는 고용주가 그들의 종업원 또는 잠재 고객들의 유전검사를 요구하는 것을 허용해야 하는가?	이것은 소수의 사례에서만 발생해왔다. 논쟁은 보통 고객 또는 종업원 자신의 의지에 따른 것이어야 한다.	EEOC v. Burlington N. Santa Fe Railway Co.(5장, 법률 관점에서 조명 참조), 그 회사는 손목굴증후군의 원인 유전자에 대해 모든 종업원들이 검사하기를 원했다. 법원은 그 검사가 미국 장애인 법을 위반한다고 결정했고, 그 회사는 즉시 검사하는 것을 멈췄다.

Iceland and Its Genetic Code

이 스포트라이트는 아이슬란드에서 국가적으로 유전검사가 실시되는 것을 살펴볼 것이다. 1996년으로 돌아가서, 아이슬란드 과학자 Kari Stefansson은 사람 유전체에서 질병 유전자를 찾기 위한 deCODE genetics(암호해독 유전학)라 불리는 회사를 시작했다. 만약 그가 친밀하게 관련된 사람들의 거대 인구집단을 확인할 수 있다면, 질병과 관련된 어떤 유전적 차이들이 도드라지게 나타날 것이라고 하여 논리적인 것처럼 보였다.

아이슬란드는 대략 290,000명의 비교적 작고 동질적인 인구를 가지고 있다. 이민 온 사람이 거의 없었고, 떠난 사람도 거의 없었다. 아이슬란드는 아주 상세한 가족 기록(족보) 뿐만 아니라 1900년대 초기까지 거슬러 올라가는 포괄적인 건강 기록을 가지고 있다. 아래 사진은 아이슬란드 사람들의 사진이다.

Sigurdur J. Olafsson/Icelandic Photo Agency (IPA)

Stefansson은 만약 그가 아이슬란드의 모든 사람으로부터 DNA 검체뿐만 아니라 건강 기록과 가계도(족보)를 얻을 수 있다면, 질병 유전자를 보다 쉽게 확인할 수 있을 것이라 믿었다. 맨 처음에 그는 지원자들에게 그의 DNA 데이터베이스를 위해 검체를 제공할 것을 요구했다. 그러나 유전자 찾기 과정을 신속히 하기위한 의도로, 그는 아이디어를 가지고 아이슬란드 정부에 접근했다. 그는 정부가 나서서 아이슬란드 시민들에게 데이터베이스를 위해 그들의 DNA 검체를 제공하도록 요청할 것을 제안했다. 많은 토론 후에, 아이슬란드 국회에 의해 투표되어 1998년 12월 17일에 건강 부문 데이터베이스 법률이 작성되었다.

아이슬란드 정부에 950,000달러의 일회 요금을 지불하고, deCODE사는 아이슬란드 전체 인구의 가족력, 의료기록, 유전 정보에 완전히 접근할 수 있게 되었다. 법률에 따라서, deCODE사는 (1천만~2천만 달러의 비용으로) 인구 구성원들로부터 DNA 검체의 데이터베이스를 구축할 것이다. DNA 염기서열에서 차이들이 질병 연관 유전자를 찾는데 사용될 것이다. 그 대신, deCODE사는 그것을 운용하는 권한으로부터 파생된 모든 이익을 계속해서 받게 될 것이다.

의료 기록의 비밀을 보장하기 위해서, 그 법률은 deCODE사가 그 누구와도 의료 정보를 나누는 것을 금지시켰다. 그 대신 아이슬란드 사람들은 이 프로젝트로부터 개발되는 유전검사와 약물치료를 자유롭게 이용하도록 약속 받았다. deCODE사는 Merck, Roche Diagnostics, Hoffmann-La Roche를 포함한 여러 제약회사들과 신약 개발을 위한 계약을 체결하였다.

사회적 관점에서의 조명

[계속]

PHOTO GALLERY
아이슬란드에서 활동하고 있는 DE-CODE genetics(암호해독 유전학) 회사의 전경
Icelandic Photo Agency/Alamy Limited

다음은 deCODE사가 달성한 것들이다:

1. 1997년: 가족성 본태 떨림, 골관절염, 자간전증, 알츠하이머병, 파킨슨병, 류마티스관절염, 비만과 불안과 연관된 유전자의 위치를 밝혀냈다. 이들 질환의 다른 유전자들이 확인되지 않고 남아있다.
2. 2002년: 정신분열병, 일반 뇌졸중, 말초동맥 폐쇄 질병과 연관된 첫 번째 유전자를 발견했다.
3. 2003년: 말초동맥 폐쇄 질병, 뇌졸중, 정신분열병을 치료하기 위한 약물을 시험했다. 비만이 되기 쉬운 공통적 3개의 유전자를 분리했고, 심장발작을 예방하기 위한 DG031이라 불리는 약물의 첫 번째 임상시험을 시작했다.
4. 2004년: DG031의 2차 임상시험을 완료했다.
5. 2008년: DG031의 3차 임상시험을 시작했고 천식 예방 약물의 2차 임상시험을 시작했다.

deCODE사는 최근 'deCODEme'라 불리는 프로그램을 시작했다. 구강 안쪽 도말을 통해 제공된 검체를 사용해서, 이 온라인 서비스는 수많은 유전질환의 위험과 관련된 유전자 변이를 확인하기 위한 유전체 스캔(자세한 조사)을 제공한다. 유전체 스캔의 결과는 개인의 유전적 조상을 추적하는데도 사용될 수도 있으며, 유전체 스캔의 분석을 기반으로 유전체 데이터를 다른 사람과 비교하고, 누군가의 육체적 특성에 관해 예견하는데도 사용될 수 있다. 사람 유전체에 관한 보다 많은 정보를 사용가능하게 됨으로서, deCODEme는 선별 검사하는 유전질환의 범위와 제공하는 서비스 숫자를 확대할 계획을 가지고 있다.

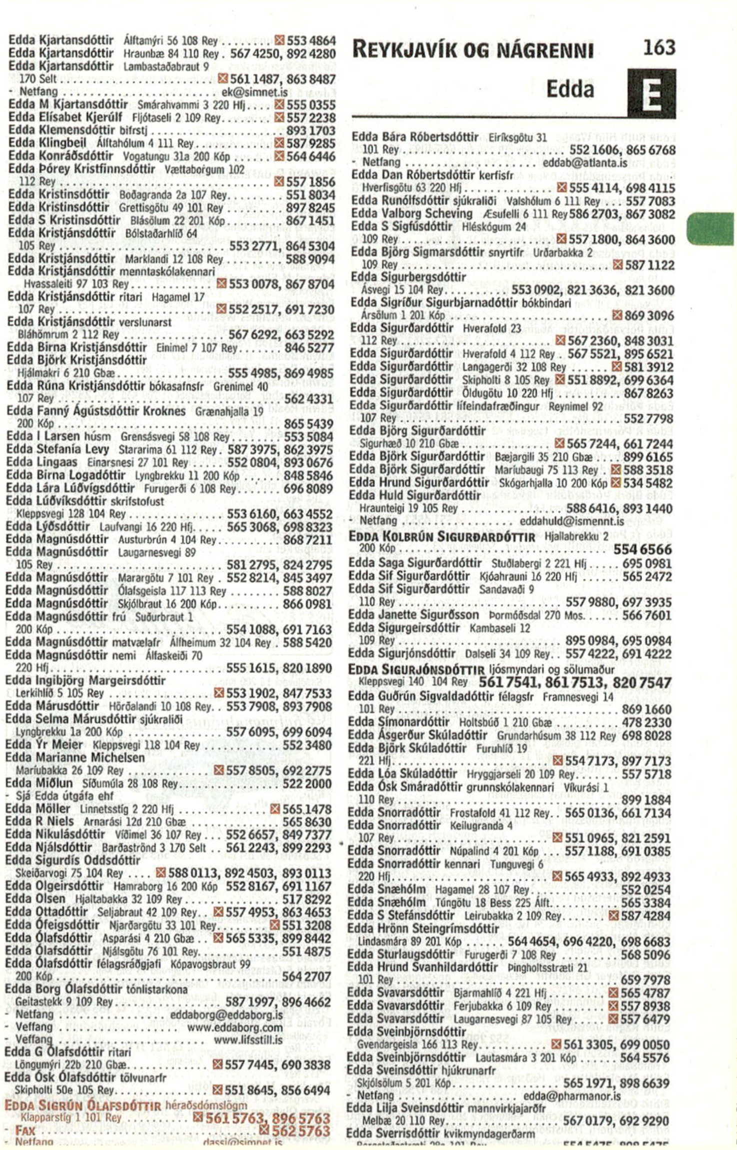

Edda Kjartansdóttir Álftamýri 56 108 Rey ... 553 4864
Edda Kjartansdóttir Hraunbæ 84 110 Rey . 567 4250, 892 4280
Edda Kjartansdóttir Lambastaðabraut 9
170 Selt ... 561 1487, 863 8487
- Netfang ... ek@simnet.is
Edda M Kjartansdóttir Smárahvammi 3 220 Hfj ... 555 0355
Edda Elísabet Kjerúlf Fljótaseli 2 109 Rey ... 557 2238
Edda Klemensdóttir bifrstj ... 893 1703
Edda Klingbeil Álftahólum 4 111 Rey ... 587 9285
Edda Konráðsdóttir Vogatungu 31a 200 Kóp ... 564 6446
Edda Þórey Kristfinnsdóttir Vættaborgum 102
112 Rey ... 557 1856
Edda Kristinsdóttir Boðagranda 2a 107 Rey ... 551 8034
Edda Kristinsdóttir Grettisgötu 49 101 Rey ... 897 8245
Edda S Kristinsdóttir Blásölum 22 201 Kóp ... 867 1451
Edda Kristjánsdóttir Bólstaðarhlíð 64
105 Rey ... 553 2771, 864 5304
Edda Kristjánsdóttir Marklandi 12 108 Rey ... 588 9094
Edda Kristjánsdóttir menntaskólakennari
Hvassaleiti 97 103 Rey ... 553 0078, 867 8704
Edda Kristjánsdóttir ritari Hagamel 17
107 Rey ... 552 2517, 691 7230
Edda Kristjánsdóttir verslunarst
Bláhömrum 2 112 Rey ... 567 6292, 663 5292
Edda Birna Kristjánsdóttir Einimel 7 107 Rey ... 846 5277
Edda Björk Kristjánsdóttir
Hjálmakri 6 210 Gbæ ... 555 4985, 869 4985
Edda Rúna Kristjánsdóttir bókasafnsfr Grenimel 40
107 Rey ... 562 4331
Edda Fanný Ágústsdóttir Kroknes Grænahjalla 19
200 Kóp ... 865 5439
Edda I Larsen húsm Grensásvegi 58 108 Rey ... 553 5084
Edda Stefanía Levy Stararima 61 112 Rey . 587 3975, 862 3975
Edda Lingaas Einarsnesi 27 101 Rey ... 552 0804, 893 0676
Edda Birna Logadóttir Lyngbrekku 11 200 Kóp ... 848 5846
Edda Lára Lúðvígsdóttir Furugerði 6 108 Rey ... 696 8089
Edda Lúðvíksdóttir skrifstofust
Kleppsvegi 128 104 Rey ... 553 6160, 663 4552
Edda Lýðsdóttir Laufvangi 16 220 Hfj ... 565 3068, 698 8323
Edda Magnúsdóttir Austurbrún 4 104 Rey ... 868 7211
Edda Magnúsdóttir Laugarnesvegi 89
105 Rey ... 581 2795, 824 2795
Edda Magnúsdóttir Marargötu 7 101 Rey . 552 8214, 845 3497
Edda Magnúsdóttir Ólafsgeisla 117 113 Rey ... 588 8027
Edda Magnúsdóttir Skjólbraut 16 200 Kóp ... 866 0981
Edda Magnúsdóttir frú Suðurbraut 1
200 Kóp ... 554 1088, 691 7163
Edda Magnúsdóttir matvælafr Álfheimum 32 104 Rey . 588 5420
Edda Magnúsdóttir nemi Álfaskeiði 70
220 Hfj ... 555 1615, 820 1890
Edda Ingibjörg Margeirsdóttir
Lerkihlíð 5 105 Rey ... 553 1902, 847 7533
Edda Márusdóttir Hörðalandi 10 108 Rey .. 553 7908, 893 7908
Edda Selma Márusdóttir sjúkraliði
Lyngbrekku 1a 200 Kóp ... 557 6095, 699 6094
Edda Ýr Meier Kleppsvegi 118 104 Rey ... 552 3480
Edda Marianne Michelsen
Maríubakka 26 109 Rey ... 557 8505, 692 2775
Edda Miðlun Síðumúla 28 108 Rey ... 522 2000
- Sjá Edda útgáfa ehf
Edda Möller Linnetsstíg 2 220 Hfj ... 565 1478
Edda R Niels Arnarási 12d 210 Gbæ ... 565 8630
Edda Nikulásdóttir Víðimel 36 107 Rey ... 552 6657, 849 7377
Edda Njálsdóttir Barðaströnd 3 170 Selt .. 561 2243, 899 2293
Edda Sigurdís Oddsdóttir
Skeiðarvogi 75 104 Rey ... 588 0113, 892 4503, 893 0113
Edda Olgeirsdóttir Hamraborg 16 200 Kóp 552 8167, 691 1167
Edda Olsen Hjaltabakka 32 109 Rey ... 517 8292
Edda Ottadóttir Seljabraut 42 109 Rey .. 557 4953, 863 4653
Edda Ófeigsdóttir Njarðargötu 33 101 Rey ... 551 3208
Edda Ólafsdóttir Asparási 4 210 Gbæ .. 565 5335, 899 8442
Edda Ólafsdóttir Njálsgötu 76 101 Rey ... 551 4875
Edda Ólafsdóttir félagsráðgjafi Kópavogsbraut 99
200 Kóp ... 564 2707
Edda Borg Ólafsdóttir tónlistarkona
Geitastekk 9 109 Rey ... 587 1997, 896 4662
- Netfang ... eddaborg@eddaborg.is
- Veffang ... www.eddaborg.com
- Veffang ... www.lifsstill.is
Edda G Ólafsdóttir ritari
Löngumýri 22b 210 Gbæ ... 557 7445, 690 3838
Edda Ósk Ólafsdóttir tölvunarfr
Skipholti 50e 105 Rey ... 551 8645, 856 6494
EDDA SIGRÚN ÓLAFSDÓTTIR héraðsdómslögm
Klapparstíg 1 101 Rey ... 561 5763, 896 5763
- FAX ... 562 5763

REYKJAVÍK OG NÁGRENNI 163

Edda E

Edda Bára Róbertsdóttir Eiríksgötu 31
101 Rey ... 552 1606, 865 6768
- Netfang ... eddab@atlanta.is
Edda Dan Róbertsdóttir kerfisfr
Hverfisgötu 63 220 Hfj ... 555 4114, 698 4115
Edda Runólfsdóttir sjúkraliði Valshólum 6 111 Rey ... 557 7083
Edda Valborg Scheving Æsufelli 6 111 Rey 586 2703, 867 3082
Edda S Sigfúsdóttir Hléskógum 24
109 Rey ... 557 1800, 864 3600
Edda Björg Sigmarsdóttir snyrtifr Urðarbakka 2
109 Rey ... 587 1122
Edda Sigurbergsdóttir
Ásvegi 15 104 Rey ... 553 0902, 821 3636, 821 3600
Edda Sigríður Sigurbjarnadóttir bókbindari
Ársölum 1 201 Kóp ... 869 3096
Edda Sigurðardóttir Hverafold 23
112 Rey ... 567 2360, 848 3031
Edda Sigurðardóttir Hverafold 4 112 Rey . 567 5521, 895 6521
Edda Sigurðardóttir Langagerði 32 108 Rey ... 581 3912
Edda Sigurðardóttir Skipholti 8 105 Rey 551 8892, 699 6364
Edda Sigurðardóttir Öldugötu 10 220 Hfj ... 867 8263
Edda Sigurðardóttir lífeindafræðingur Reynimel 92
107 Rey ... 552 7798
Edda Björg Sigurðardóttir
Sigurhæð 10 210 Gbæ ... 565 7244, 661 7244
Edda Björk Sigurðardóttir Bæjargili 35 210 Gbæ ... 899 6165
Edda Björk Sigurðardóttir Maríubaugi 75 113 Rey . 588 3518
Edda Hrund Sigurðardóttir Skógarhjalla 10 200 Kóp 534 5482
Edda Huld Sigurðardóttir
Hraunteigi 19 105 Rey ... 588 6416, 893 1440
- Netfang ... eddahuld@ismennt.is
EDDA KOLBRÚN SIGURÐARDÓTTIR Hjallabrekku 2
200 Kóp ... 554 6566
Edda Saga Sigurðardóttir Stuðlabergi 2 221 Hfj ... 695 0981
Edda Sif Sigurðardóttir Kjóahrauni 16 220 Hfj ... 565 2472
Edda Sif Sigurðardóttir Sandavaði 9
110 Rey ... 557 9880, 697 3935
Edda Janette Sigurðsson Þormóðsdal 270 Mos. ... 566 7601
Edda Sigurgeirsdóttir Kambaseli 12
109 Rey ... 895 0984, 695 0984
Edda Sigurjónsdóttir Dalseli 34 109 Rey .. 557 4222, 691 4222
EDDA SIGURJÓNSDÓTTIR ljósmyndari og sölumaður
Kleppsvegi 140 104 Rey 561 7541, 861 7513, 820 7547
Edda Guðrún Sigvaldadóttir félagsfr Framnesvegi 14
101 Rey ... 869 1660
Edda Símonardóttir Holtsbúð 1 210 Gbæ ... 478 2330
Edda Ásgerður Skúladóttir Grundarhúsum 38 112 Rey 698 8028
Edda Björk Skúladóttir Furuhlíð 19
221 Hfj ... 554 7173, 897 7173
Edda Lóa Skúladóttir Hryggjarseli 20 109 Rey ... 557 5718
Edda Ósk Smáradóttir grunnskólakennari Víkurási 1
110 Rey ... 899 1884
Edda Snorradóttir Frostafold 41 112 Rey .. 565 0136, 661 7134
Edda Snorradóttir Keilugranda 4
107 Rey ... 551 0965, 821 2591
Edda Snorradóttir Núpalind 4 201 Kóp ... 557 1188, 691 0385
Edda Snorradóttir kennari Tunguvegi 6
220 Hfj ... 565 4933, 892 4933
Edda Snæhólm Hagamel 28 107 Rey ... 552 0254
Edda Snæhólm Túngötu 18 Bess 225 Álft. ... 565 3384
Edda S Stefánsdóttir Leirubakka 2 109 Rey ... 587 4284
Edda Hrönn Steingrímsdóttir
Lindasmára 89 201 Kóp ... 564 4654, 696 4220, 698 6683
Edda Sturlaugsdóttir Furugerði 7 108 Rey ... 568 5096
Edda Hrund Svanhildardóttir Þingholtsstræti 21
101 Rey ... 659 7978
Edda Svavarsdóttir Bjarmahlíð 4 221 Hfj ... 565 4787
Edda Svavarsdóttir Ferjubakka 6 109 Rey ... 557 8938
Edda Svavarsdóttir Laugarnesvegi 87 105 Rey ... 557 6479
Edda Sveinbjörnsdóttir
Gvendargeisla 166 113 Rey ... 561 3305, 699 0050
Edda Sveinbjörnsdóttir Lautasmára 3 201 Kóp ... 564 5576
Edda Sveinsdóttir hjúkrunarfr
Skjólsölum 5 201 Kóp ... 565 1971, 898 6639
- Netfang ... edda@pharmanor.is
Edda Lilja Sveinsdóttir mannvirkjajarðfr
Melbæ 20 110 Rey ... 567 0179, 692 9290
Edda Sverrisdóttir kvikmyndagerðarm

Edda Sigurdardottir

질문:

1. 아이슬란드의 건강 부문 데이터베이스 법률 중에 흥미 있는 부분 중의 하나는 인구의 모든 구성원들이 동의했다고 추정한다는 것이다. 이것과 관련해 어떤 문제점들 있는가?
2. 아이슬란드 사람들은 그 검사에 참여하지 않을 권리를 가지고 있는가? 설명하라.
3. 왜 deCODE사가 그 데이터에 대한 독점권과 그런 정보로부터 수익을 취할 권리를 가지고 있는가? 찬반양론으로 토론하라.
4. deCODE사와 다른 회사들이 한 개인의 유전체 전부 또는 일부를 소유할 것인가? 설명하라.
5. deCODE사는 아이슬란드 사람들에게 무료 약물치료를 약속했다. 그 회사가 어떠한 예측할 수 없는 부작용에 대해서도 책임을 질 것인가? 설명하라.
6. 좌측그림은 아이슬란드 전화번호부의 한 페이지이다. 성과 이름이 똑같은 사람이 얼마나 많은지를 주목하라. 아이슬란드 사람의 유전학에 관해 이것이 말해주는 것이 무엇인가?

★ 주요점 10개

1. 유전검사는 사람이 어떤 유전형을 가지고 있는지를 결정한다. [7.1]
   ▮ 이 정보는 다양한 방식으로 사용된다.

2. 유전검사는 태아, 신생아, 어린이 그리고 성인에서 실시될 수 있다. [7.1]
   ▮ 보다 많은 검사들이 사용가능해지면서 보다 많은 사람들이 유전 질환에 대해 검사를 받을 수 있다.

3. 산전검사는 질환의 위험인자를 가지고 있을 때 태아에서 유전질환을 검출하기 위해 실시된다. [7.2]
   ▮ 보통 이런 산전검사는 임신 초기에 실시된다.

4. 착상전 유전 진단(PGD)으로 수정란이 산모의 자궁에 착상되기 전에 유전자 이상을 검출할 수 있다. [7.2]
   ▮ 이런 시술 후에 태어난 아이는 어떠한 부작용도 가지고 있지 않는다.

5. 산전진단으로 수많은 서로 다른 시술을 사용해서 회수한 세포들을 검사함으로서 태아의 유전형을 결정할 수 있다. [7.3]
   ▮ 이 시술은 보통 인증된 실험실에서 실시된다.

6. 페닐케톤뇨증(PKU)은 치료할 수 있는 극소수의 유전질환 중의 하나이다. [7.4]
   ▮ 치료법은 페닐알라닌 함량이 낮은 식이요법이다.

7. 성인들도 많은 유전질환에 대해 검사받을 수 있다. 결혼 전에 남녀가 질환의 보인자 인지 여부를 알기를 원하는 사람들이 검사 받는다. [7.5]
   ▮ 몇몇 유전질환들은 어떤 인종 그룹에서 높은 유병율을 보인다.

8. 유전자 선별검사는 어떤 인구집단에서 많은 사람들을 검사한다. [7.6]
   ▮ 선별검사는 어떤 질환 유무를 결정하기 위해 신생아들에서 종종 실시된다.

9. 소수의 유전질환이 치료될 수 있지만, 완치되는 것은 아니다. [7.7]
   ▮ 치료법이 없는 질환을 우리가 검사해야하는지에 관해 의문점이 존재한다.

10. 유전검사를 통해 얻어진 정보는 비밀이 보장이 되어야 한다. [7.8]
    ▮ 유전질환을 가진 사람들에 대한 차별이 발생할 수도 있기 때문이다.

핵심용어

난할구 blastomere (p. 113)
변환기(탐촉자) transducer (p. 111)
보인자 검사 carrier testing (p. 110)
산전 진단 prenatal diagnosis (p. 110)
양수(양막)천자 amniocentesis (p. 110)
유전검사 genetic testing (p. 109)
유전자 선별검사 genetic screening (p. 109)
융모막융모표본추출(CVS) chorionic villus sampling (CVS) (p. 110)
융모막 융모 chorionic villi (p. 113)
증상 전 검사 presymptomatic testing (p. 110)
초음파검사법 또는 초음파 ultrasonography, or ultrasound (p. 110)
테이-삭스병 Tay-Sachs disease (p. 116)
티로신 tyrosine (p. 114)
페닐알라닌 phenylalanine (p. 114)
페닐알라닌수산화효소 *PAH* (p. 114)

온라인자료

시험을 준비 중인가? 예비시험을 위해 academic.cengage.com/login에 로그인하고, 개인의 학습 계획을 세우고, CengageNow's Study Tools에서 효과 측정 시험(post-test)을 보는 것이 여러분의 이해 정도를 평가하는데 도움이 될 것이다.

만약 교사가 내준 과제라면, 이번 장에 해당하는 사례 B와 사회적 활동에 대한 조명, 즉 "Hospital Tests Babies(병원이 아기들을 검사하다)"와 "Iceland and Its Genetic Code(아이슬란드와 유전부호)"라는 제목으로 CengageNow 자료를 검색해서 해답을 찾으면 된다.

복습문제

1. 누가 유전질환에 대해 선별검사를 받아야 하는가?
2. 누가 유전질환에 대해 검사를 받아야 하는가?
3. 7.7에 나열된 질환들 중 하나를 가진 가족의 가계도를 간단히 그리고, 그 유전질환을 가지고 있는 사람을 표시하라.
4. 유전질환과 연관된 유전자들이 보다 많이 발견됨에 따라 유전검사에서 어떤 일들이 발생하겠는가?
5. 만약 부모가 그들의 아이를 출생 당시 검사하기를 원하지 않는다면, 어떤 법적 조치를 받게 되는가?
6. 검사와 선별검사의 차이점은 무엇인가?
7. 유전검사의 3가지 유형을 나열하시오.
8. 어떤 질환에 대해 산전 검사를 꼭 해야 하는가?
9. 어떤 것이 산전검사의 주요한 유형인가?
10. 착상전 유전 진단(PGD) 과정을 설명하라.

응용문제

1. 3장에서, 우리는 몇 가지 산전검사에 대해 논의했고, Martha Lawrences's 사례를 살펴보았다. 이 장을 읽고 나서, 그녀의 사례에 관한 당신의 답변에 변화가 있는가?
2. 당신이 살고 있는 곳의 선별검사 법을 조사하고 선별검사가 실시되고 있는 질환들을 나열하라.
3. 어떤 회사가 유전검사를 개발하기 위해 많은 돈을 투자 했을 때, 투자액을 회수하는 가장 좋은 방법은 무엇인가?
4. 태아에 관한 유전정보를 알기 원하는 임신부를 위해 개발된 새로운 검사법을 조사하라.
5. 최근에 불에 탄 아주 작은 뼛조각이 러시아 Yekaterinburg의 무덤에서 발견되었다. 그들은 러시아의 Czar Nicolas의 자손 2명으로 확인되었다. 그 자손들에 관해 조사하고 알아보라.
6. 이장에서 나열된 검사 각각에 관해 찬반양론은 무엇인가?

여러분이라면 이럴 때 어떻게 할까?

1. 당신의 가족에 내재된 유방암에 대한 유전검사가 있다는 것을 알았다면?
2. 당신의 신생아에게 유방암에 대한 유전검사를 받게 할 수 있다면?
3. 당신이 살고 있는 주정부가 모든 신생아로부터 DNA 검체를 채취해서 100개 이상의 질병에 대해 그 검체를 검사하고, DNA 데이터 은행에 그것들을 보관하고자 공무원을 요구하는 법령을 고려하고 있다면?
4. 미래에, 작은 회사가 착상전 유전 진단(PGD)을 쉽게 실시할 수 있는 ezPGD를 개발해서 의사들에게 팔기를 원하고, 당신이 그 프로젝트의 광고 책임자라면?
5. 당신과 당신의 연인이 내년에 결혼하기로 했는데, 새로운 주정부 법은 혼인허가서를 얻기 위해 모든 커플들이 낭성섬유증과 낫적혈구 빈혈에 대한 보인자 검사를 받아야 한다고 요구한다면?

대중 매체에서

***New York Times*, 2007년 4월 27일**

과학자들이 7개의 새로운 당뇨병 유전자를 확인하다

Nicholas Wade

미국 인구가 노령화되면서 당뇨병에 관한 연구도 증가하고 있다. 대학의 과학자들과 사설 회사들이 이 질병을 조절할 방법을 찾고 있다. 한 접근법은 새로운 유전자와 당뇨병 사이의 연관성을 밝혀내는 것이다.

중요한 당뇨병 웹사이트와 *뉴욕타임즈*는 제2형 당뇨병 환자에서 7개의 유전자 변이가 자주 발견된다는 것을 보도하였다. 이것은 제2형 당뇨병 위험인자들을 검사한 결과이다.

유전자를 발견했다고 보도한 회사 중의 하나는 deCODE genetics라는 회사로 아이슬란드 인구의 유전부호를 연구하고 있는 회사이다.

출처: http://www.nytimes.com/2007/04/27/us/27diabetes.html

질문:

1. 제2형 당뇨병과 연관된 보다 많은 유전자들이 발견된다면, 치료법의 발견이 보다 어렵게 될까? 왜 그런가 또는 왜 그렇지 않은가?
2. 당뇨병이 유전인자를 가지고 있다는 것을 우리는 이제 알고 있다. 이것이 우리로 하여금 우리가 원하는 모든 것을 먹는 것을 허용하겠는가?

Political Gateway, 2007년 4월 16일

크론병에 유전적 연관성이 발견되다

캐나다 과학자들이 크론병과 연관된 7개의 유전자를 확인하였다. 크론병은 염증성 창자 질환의 가장 일반적인 형태로, 유럽 혈통의 100,000명 당 100-150명이 걸렸다.

연구자들은 사람 유전체 전체에 대한 조사를 실시하여 7개의 유전자 중에 3개는 이미 알려졌던 것이고 4개가 크론병과 연관된 새로운 유전자라는 것을 밝혔다.

연구자들이 ATG16L1 유전자가 몸에서 세균을 파괴하고 처리하는 역할을 가지고 있다는 것을 밝혔다.

온라인상에서 이 기사를 보려면 academic.cengage.com/biology/yashon/hgs1로 접속하라.

질문:

1. 크론병에 관해 조사를 하고, 어떻게 이 질환의 유전자 구성요소가 치료를 어렵게 하는지 토의하라.

국립 사람 유전체 연구소, 2007년 4월 25일

미국 상원이 유전정보 차별금지법을 통과시켰다

유전정보 차별금지법은 누군가의 DNA로부터 얻은 유전정보에 기반을 두어서 고용이나 건강보험을 거부하는 것을 불법으로 규정한다. 법안의 주요 발기인인 Louise M. slaughter(D-NY) 하원의원은 유사한 법안을 12년 전에 소개 했었다. 낫적혈구 빈혈, 헌팅톤병, 다양한 형태의 암에 대한 가족력을 가진 사람을 차별하는 고용주들의 반복된 사례가 있어 왔다.

George W. Bush 대통령은 보험회사나 고용주들이 암이나 다른 질환에 관한 유전정보를 가지고 악용하는 것으로부터 미국인들을 보호하는 법안을 통과시키라고 의회를 재촉했다. 2008년 5월에 의회가 법안을 통과시켰고 조지 부시 대통령이 그 법령에 서명했다.

온라인상에서 이 기사를 보려면 academic.cengage.com/biology/yashon/hgs1로 접속하라.

질문:

1. 유전정보에 관한 1가지 흥미로운 것은 그것을 알기위한 유일한 방법이 유전검사를 받는 것이라는 사실이다. 만약 보험회사가 이 정보를 가지길 원한다면, 그들은 당신에게 유전검사를 받도록 요청하거나 보험 계약 범위 내의 위험으로부터 탈퇴하라고 하는 것이다. 이런 상황에서 당신은 유전검사를 받겠는가?
2. 차별은 잘못된 것이다. 당신은 회사들이 이런 차별을 하는 것을 금지하는 법이 필요하다고 생각하는가? 왜 그런가 또는 왜 그렇지 않은가?

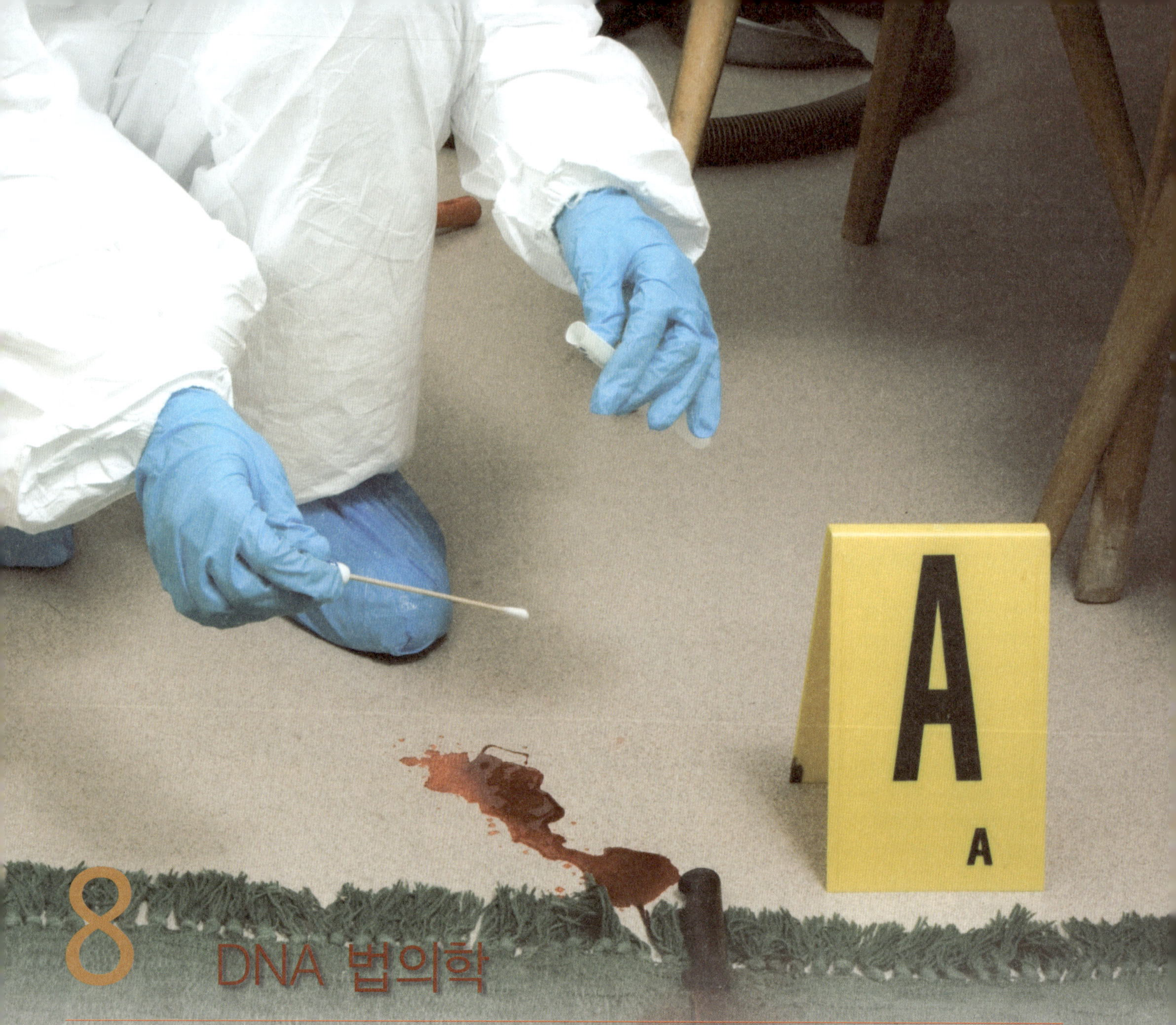

8 DNA 법의학

★ 핵심 포인트

- DNA 검사로 사람을 개인식별 할 수 있다.
- DNA 프로파일은 특화된 전문실험실에서 구성(연구)된다.
- DNA 프로파일은 법정에서 사용된다.
- DNA 검사에 의해 혈통(가계)이 결정될 수 있다.
- 사람은 DNA 검체를 경찰에 제공하는 것을 거부할 수도 있다.

Alamy Limited

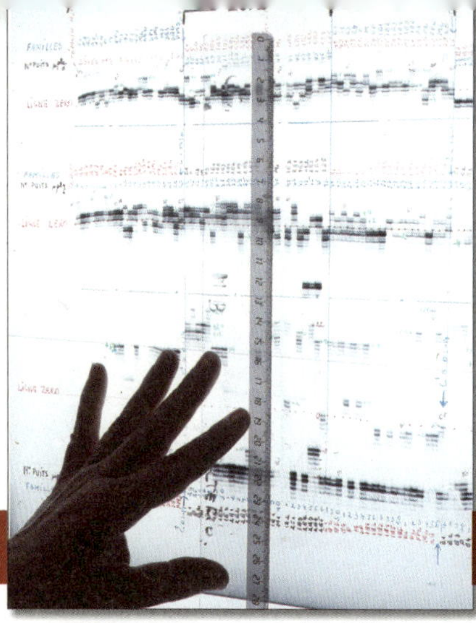

Phanie/Photo Researchers

사례 A DNA가 희생자를 두려워하게 하다

Margaret Sackler는 정말 두려웠다. William Bern이 그녀를 공격한지 5년이 지났고, 현재 그의 변호사가 제출했던 새로운 증거물로 인해 출옥을 요구하고 있다. 그녀는 그 증거를 정말 이해할 수 없었지만, 신문에서 그것에 관해 읽었다. 수많은 죄수들이 DNA 증거를 이용해서 출소되고 있었다.

Margaret는 그녀의 집근처 상점가 주차장에서 걷고 있었고, 어둡고 폐점시간에 가까워서 주위에 많은 사람이 있지는 않았다. 총을 가진 한 남성이 그녀에게 다가와서 돈과 귀금속을 요구했다. 그녀는 귀중품을 빼기지 않으려는 바보 같은 짓을 하지 말라고 들었기 때문에, 강도에게 모든 것을 주었다. 그러나 강도가 그녀를 때리기 시작했고, 그녀 역시 대항하여 싸우고, 할퀴며 강도를 때리기 시작했다. 강도의 혈액이 그녀에게 묻었고, 때마침 어떤 차가 지나가자 그 강도는 겁먹고 도망갔다. 그녀가 공격당할 때 지나가던 차가 없었다면 강도가 그녀에 무슨 짓을 하지 않았을까 생각한다. 그녀는 범인 확인을 위해 줄 세운 용의자의 열에서 강도를 알아봤고 재판에서 증언을 했다.

그녀는 강도의 눈을 분명히 봤지만, 강도는 마스크로 얼굴의 대부분을 덮은 상태였다. 그녀는 강도의 눈을 결코 잊을 수 없었다. 그 강도는 유죄가 판명되어 25년형을 선고받았기 때문에 그녀는 안심이 되었다.

그러나, William Bern는 항상 그가 무죄임을 주장하였고, 여러 DNA 사건들에 관해 듣게 되었을 때 그는 변호사에게 Margaret이 입고 있었던 블라우스에 묻은 혈흔을 검사하도록 요청하였다.

그것은 5년이나 지난 오래된 혈흔이었지만 중합효소연쇄반응(PCR)이라 불리는 DNA검사법으로 매우 적은양의 오래된 DNA임에도 불구하고 여전히 검사할 수 있었다.

Margaret은 그녀의 혈액 검체를 제공하도록 요청 받았고, 모든 검체들이 검사되었다. Bern의 DNA는 Margaret의 셔츠에 묻은 혈흔과 일치하지 않았고, 그는 석방되었다.

그 강도의 눈을 결코 잊지 않았기 때문에, Margaret은 그가 강도임을 확신했다.

이런 재판에 관해 읽을 때 몇 가지 의문점이 떠오른다. 우리가 이러한 의문점에 대해 이야기하기 전해 DNA 법의학 뒤에 있는 생물학을 살펴볼 필요가 있다.

8.1 어떻게 DNA 검사를 하는가?

1975년 영국 과학자 Alec Jeffreys박사가 지금 우리가 DNA 프로파일이라 부르는 것을 확보하는 방법을 처음으로 개발하여 이 방법을 이용하여 서로 다른 사람으로부터 확보한 프로파일을 비교하였다. 그는 이 방법을 **DNA 지문감정법 (DNA fingerprinting)**으로 불렀다. 이 방법이 개발되고 곧이어, 그는 북 잉글랜드에서 발생한 두 건의 살인사건을 해결하기 위해 이 방법을 사용하여 사건현장에서 발견된 검체와 수많은 용의자의 DNA 검체를 비교하였다 [법적 관점에서의 조명: Narborough 마을 살인사건(Spotlight on Law: Narborough Village Murders) 참조]. 이 경이로운 발견은 전 세계의 범죄 조사 과정에 혁명을 가져왔다.

PHOTO GALLERY
영국에서 RFLP 검사법을 최초로 개발했던 Alec Jeffreys 박사.
John Smock/AP Photos

8.1 요점

- DNA 법의학 검사는 1975년 영국에서 시작되었다.

8.2 DNA 프로파일이 무엇인가?

1980년대에, 연구자들은 **미세위성체 (minisatellites)**라 불리는 어떠한 DNA 서열의 길이에 다양성이 있음을 발견하였다. 미세위성체는 10~100 염기쌍의 반복되는 서열이다(생물학 기초: DNA 참조).

이것들은 모든 염색체 상에 많은 서로 다른 위치에 있으며 DNA 지문감정법에서 사용된다. 미세위성체의 한 반복단위의 예는 다음과 같다:

...CCTGACTTAGGATTGCCA...

다른, **단기 일렬 반복** (short tandem repeats; STRs)이라 불리는 보다 짧은 서열이 발견되었다. 이들은 보다 짧아서 단지 2~9 염기쌍 정도의 길이이다. STRs 클러스터들이 모든 사람의 염색체 상에 널리 분포되어 발견된다. 반복되는 수의 다양성이 DNA 프로파일을 얻는데 사용된다. 반복단위 TTCCC의 STR 예는 다음과 같다:

...TTCCCTTCCCTTCCCTTCCCTTC...

게다가, 'snips'라 발음되는 **단일 뉴클레오티드 다형성** (single nucleotide polymorphism; SNPs)이 발견되었다. 이들은 DNA서열에서 단지 하나의 염기만이 다르다. 이들은 단지 하나의 염기 차이로 구성되기 때문에 개개인 마다 특별하다. 인구집단 안에서 서로 다른 사람의 DNA 서열들 사이에 비교되는 SNP의 예는 다음과 같다:

...ATCGTCGAGCCTAAATA...
...ATCGTCGAGCCTAAATA...
...ATCGTCGAGCCTAAATA...
...ATCGTCGTGCCTAAATA...
...ATCGTCGAGCCTAAATA...
...ATCGTCGAGCCTAAATA...

이러한 DNA의 변이 각각은 DNA 프로파일을 생성해서 개인식별하는데 사용될 수 있다. 이들 프로파일들은 범죄사건, 친자 소송, 인류 진화의 연구, 신체일부의 확인 등 수많은 방식으로 응용된다. 비록 미세위성체의 사용과 함께 분석기법이 시작되었지만 STRs이 요즘 일상적으로 사용되고, *DNA 지문감정법 (DNA fingerprint)*이란 용어는 **DNA 프로파일**(DNA profile)이란 용어로 대체되었다.

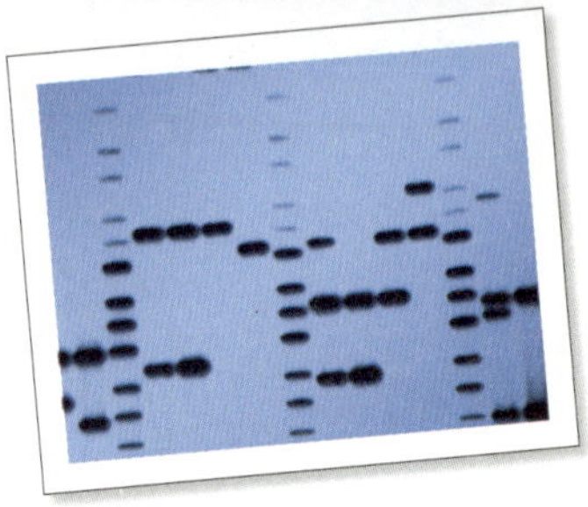

PHOTO GALLERY
RFLP 검사법으로 범죄현장에서 발견된 시료를 확인해서 용의자와 일치여부를 확인하는 것이 가능하게 되었다.
Martin Shields/Photo Researchers

DNA 프로파일은 어떻게 구성되는가?

DNA 프로파일은 수많은 방법들을 사용하여 구성될 수 있다. DNA 법의학에서 일반적으로 사용되는 2가지 방법들은 **제한효소 절편 길이 다형성** (restriction fragment length polymorphism; RFLP) **분석법과 중합효소 연쇄 반응** (polymerase chain reaction; PCR)이 있다.

제한효소 절편 길이 다형성(RFLP)기법은 어떻게 시행되는가?

RFLP 분석법은 상당히 많은 양의 혈액 또는 다른 생물학적 검체를 사용해서 시행된다. 다음의 단계들이 이러한 과정과 관련되어 있다 (아래 그림을 이용하여 따라하라):

1. 3개의 시료로부터 DNA를 추출한다.
2. 추출된 DNA를 제한효소를 사용하여 절편으로 절단한다(6장).
3. DNA 절편들을 아가로즈 젤상의 웰이라 불리는 작은 홈에 넣는다.
4. 액체에 잠긴 젤에 전류를 흘려보낸다. 전류는 DNA 절편을 젤의 구멍을 통해 이동시켜 절편의 크기에 따라 분리한다.
5. 젤을 따라 이동함으로써, DNA 절편의 혼합물이 크기에 따라 분리된다. 즉 작은 절편일수록 빠르게, 큰 절편일수록 느리게 이동한다.

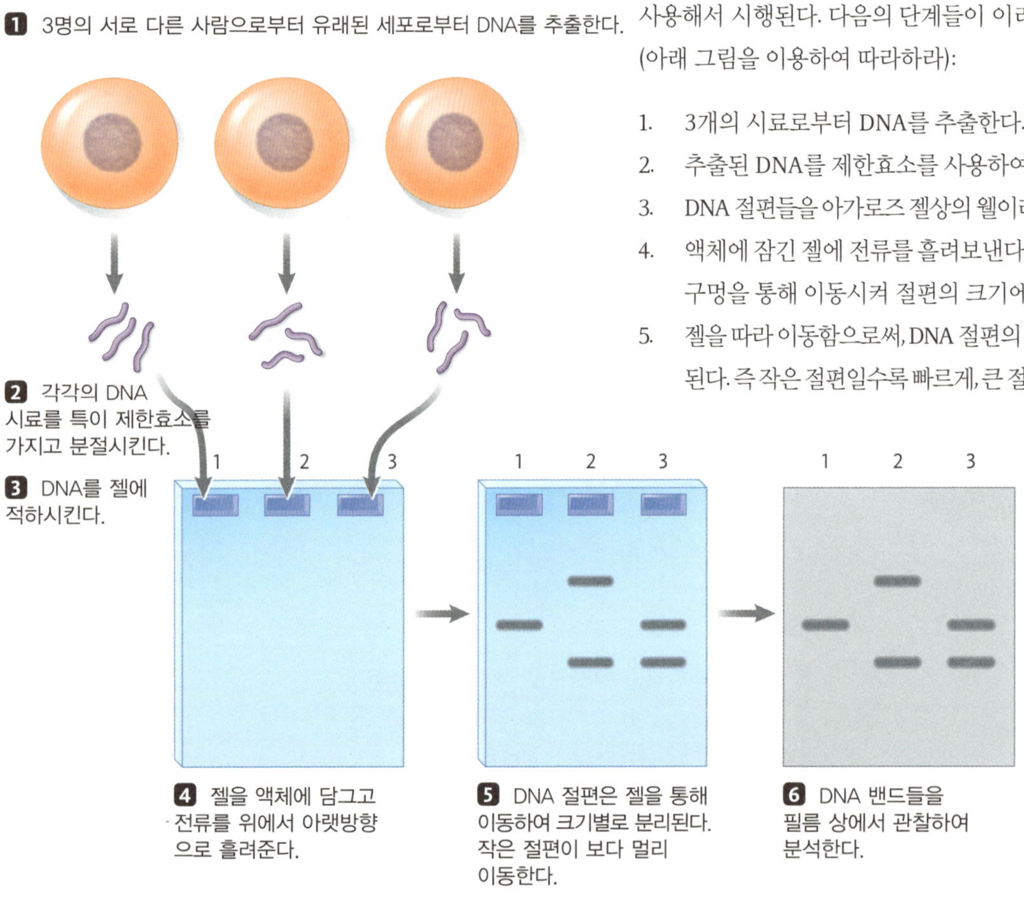

6. DNA 절편들의 결과적 패턴을 사진 촬영한다. 한 개인으로부터 얻어진 DNA 절편 패턴은 스캔하여 데이터베이스에 넣어 다른 사람으로부터 얻어진 패턴들과 비교한다.

PCR 기법이 어떻게 작동(시행)되는가?

PCR은 매우 적은 양의 DNA만으로도 프로파일을 만들 수 있는데, 이것은 세포내에서 DNA 복제와 유사한 방식으로 시행된다(생물학 기초: DNA 참조). PCR 과정 동안 DNA에 열을 가하고 식히는 과정을 거친다. 복제가 매 번 순환될 때 마다 DNA의 양은 두 배가 된다. 이러한 과정이 수십 번 반복되는 방식으로 하나의 DNA 절편이 수백만 개로 증폭될 수 있다. 다음의 단계들이 이러한 과정과 관련되어 있다(아래 그림을 이용하여 따라하라):

PHOTO GALLERY
PCR 검사법으로 소량의 DNA를 증폭할 수 있을 뿐만아니라 오래된 증거물도 검사(조사)하는 것이 가능해졌다.
Phanie/Photo Researchers

1. DNA를 시료로부터 추출하여 반응액에 넣는다.
2. DNA에 열을 가해서 이중가닥을 2개의 단일가닥으로 분리한다.
3. 반응액의 온도를 낮추고 **시발체** (primer)라 불리는 짧은 뉴클레오티드 서열을 DNA와 혼성화시킨다.

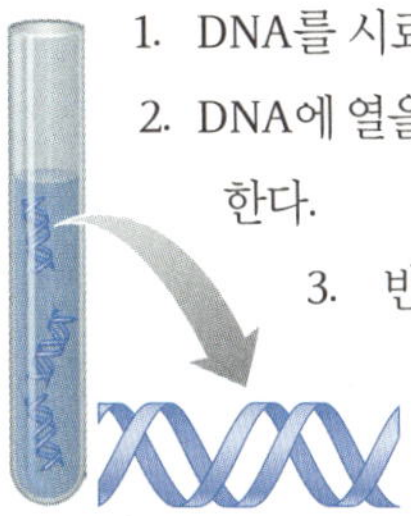

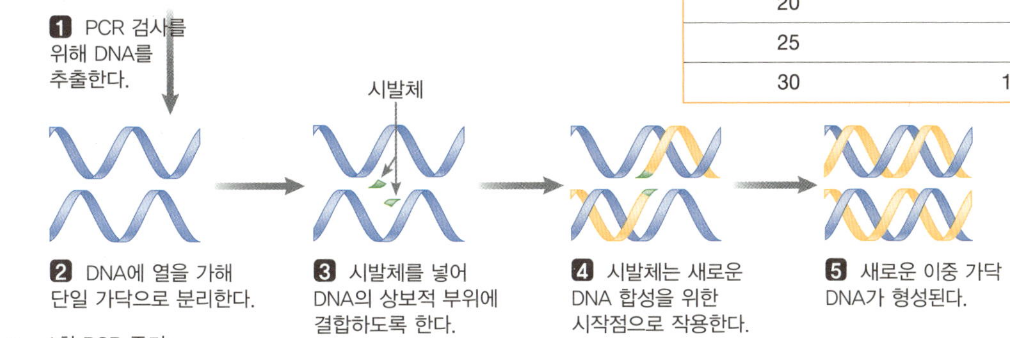

a. 1회 PCR 주기

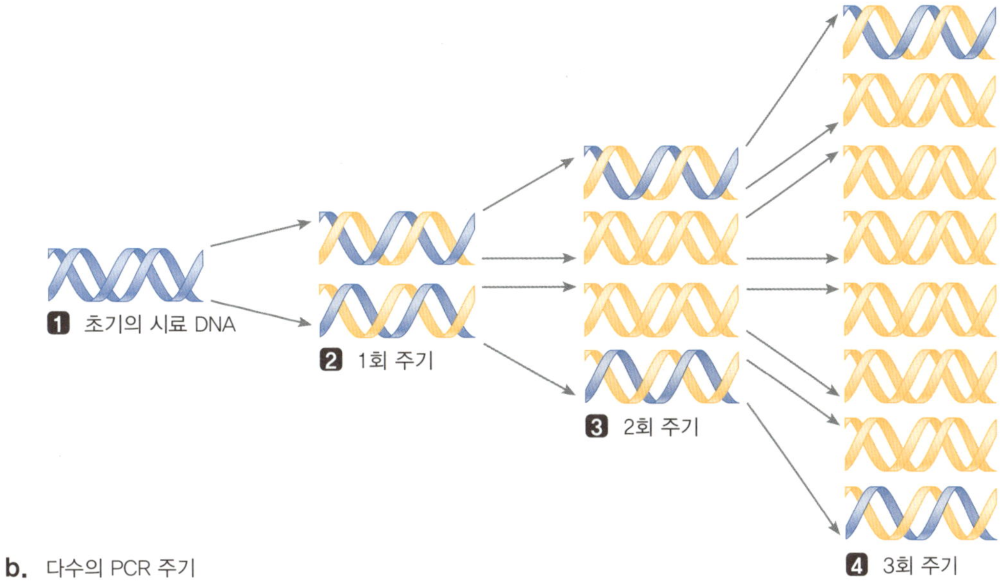

b. 다수의 PCR 주기

4. 시발체는 상보적 서열을 가진 단일가닥 DNA를 찾아 쌍을 이룬다. 이들 시발체는 새로운 DNA 가닥 합성의 시작점이 된다.
5. DNA 중합효소(DNA 복제와 관련된 효소)를 뉴클레오티드(C, A, T, G)와 함께 반응액에 첨가한다. DNA 중합효소는 이를 뉴클레오티드를 사용하여 단일 가닥 DNA 주형 각각으로부터 이중 가닥 DNA 분자를 합성한다.

이러한 단계들은 한번의 PCR 주기(사이클)를 구성한다. PCR 주기는 여러 번 반복 될 수 있어 각각의 PCR 주기마다 DNA의 양은 2배가 된다.

PCR은 아주 미량의 DNA로부터 수 시간 내에 수백만 배 증폭할 수 있는 강력한 기법이다.

표 8.1 PCR을 이용한 DNA의 증폭

주기	증폭되는 DNA 카피 수
0	1
1	2
5	32
10	1,024
15	32,768
20	1,048,576
25	33,544,432
30	1,073,741,824

DNA 프로파일을 만들기 위해 STRs는 어떻게 사용되는가?

각각의 STR은 2~9개의 뉴클레오티드로 구성된다. 어떤 STR의 각각의 대립유전자는 특별한 수로 반복되는 카피의 이들 뉴클레오티드를 포함한다. 예를 들어, 어떤 STR은 AGA 3개의 뉴클레오티드를 포함한다. 이 STR의 한쪽 대립유전자(allele 1)는 AGA 한 카피를 포함하고, 다른 대립유전자(allele 2)는 3개의 카피를 가지며 또 다른 대립유전자(allele 3)는 5개의 카피를 가진다. 예시는 다음과 같다:

대립유전자 1: ...AGA...
대립유전자 2: ...AGAAGAAGA...
대립유전자 3: ...AGAAGAAGAAGAAGA...

여러 개의 STR 대립유전자를 분석함으로써 이들 대립유전자의 특별한 조합이 어느 정도의 빈도로 인구집단에서 발견되는지를 알 수 있다. 서로 다른 인구집단은 이들 대립유전자에서 서로 다른 빈도를 가진다. 이런 분석은 일련의 단계들을 거쳐 시행 된다:

1. 한 인구집단으로부터 DNA 시료들을 분석하여 그 인구집단의 구성원들에서 어떠한 STR 대립유전자들이 존재하는지를 확립한다.
2. 그 결과들의 분석을 통해 한 인구집단에서 얼마나 자주 특별한 조합의 대립유전자들이 존재하는지를 보여줄 수 있다; 이 결과를 **인구집단 빈도수** (population frequency)라 한다(14장에서 보다 자세히 언급됨).
3. 각각의 STR 대립유전자들의 인구집단 빈도수를 함께 곱해서 대립유전자들의 이런 특별한 조합을 가지는 누군가가 분석되는 시료와 일치할 확률을 예측할 수 있다.

STR	대립유전자	인구집단에서 빈도수	계산된(결합된) 빈도수
A	1	1 in 25	
B	2	1 in 100	A1 × B2 (1 in 25 × 1 in 100) = 1 in 2500
C	3	1 in 320	A1 × B2 × C3 (1 in 25 × 1 in 100 × 1 in 320) = 1 in 800,000
D	4	1 in 75	A1 × B2 × C3 × D4 (1 in 25 × 1 in 100 × 1 in 320 × 1 in 75) = 1 in 60 million

계산된 빈도수를 보면, 보다 많은 대립유전자들을 분석할수록 인구집단에서 조합 빈도수는 작아(드물어)지는 것을 알 수 있다. 이러한 것들을 범죄 사건들에 어떻게 적용하는지는 이후의 토론에서 보여줄 것이다.

DNA 시료들은 어디에서 채취되는가?

PCR 덕택에 DNA 프로파일이 매우 소량의 DNA 시료들로부터 얻어질 수 있는데, 예를 들어 한 가닥의 모발, 타액을 발랐던 봉투의 접어 젖히는 부분, 칫솔, 담배꽁초, 우표 아래 부분에 묻은 건조된 타액 등 수많은 서로 다른 출처로부터 DNA 프로파일을 확보할 수 있다.

살인, 강간, 불법침입, 뺑소니 사고 등의 범죄로부터 확보된 증거물들이 사용될 수 있다. 또한 매우 오래된 DNA 시료로부터 DNA 프로파일을 확보할 수 있어서 법률 사건들에서 유용성이 매우 증가되고 있다. 사실상, 2400년 이상 된 미라로부터 DNA 프로파일을 확보할 수 있다.

8.2 요점

- 3가지 유형의 DNA 변이들이 DNA 프로파일링에 사용 된다; 미세위성체, 단기 일렬 반복(STRs), 단일 뉴클레오티드 다형성(SNPs).
- DNA 법의학에서 사용되는 2개의 일반적 방법은 제한효소 절편 길이 다형성(RFLP)과 중합효소 연쇄 반응(PCR)이다.
- 이러한 검사를 위한 DNA 시료들은 볼 안쪽 도말, 정액, 타액, 혈액 등 다양한 출처로부터 채취될 수 있다.
- 이러한 검사법 각각은 DNA를 분석해서 서로 다른 시료와 비교하기 위해 사용된다.

사례 A 질문

이제 우리는 DNA 프로파일이 어떻게 만들어지고 왜 사용되는지 이해하게 되었다. Margaret Sackler의 사례에서 제기된 논쟁점들을 살펴보도록 하자.

1. 만약 당신이 재판관이라면 William Bern에게 새로운 재판을 부여하겠는가? 왜 그렇게 하는가 또는 왜 그렇게 하지 않는가?
2. 만약 당신이 검사라면, DNA 증거를 사용하지 않은 것에 대해 어떤 논거를 제시하겠는가?
3. 만약 당신이 William의 변호사라면, DNA 증거가 제출되어 새로운 재판을 해야 함을 재판관에게 확신을 주기위해 어떤 논거를 제시하겠는가?
4. Margaret은 목격자이다. 목격자와 DNA 검사 중 어떤 것이 보다 신뢰할 만한가? 왜 그런가?
5. 이미 유죄가 확정된 사람에게 새로운 재판을 위해 DNA 검사가 사용되어야 하는가? 왜 그렇게 하는가 또는 왜 그렇게 하지 않은가?
6. 몇몇 사건의 경우에서, DNA 일치는 완벽하지 않고 60% 정도만 일치한다. 그것은 무엇을 의미하는가?

스키 마스크
Kimber Rey Solana/Shutterstock

혈액 한 방울
Dmitriy Aseev/Shutterstock

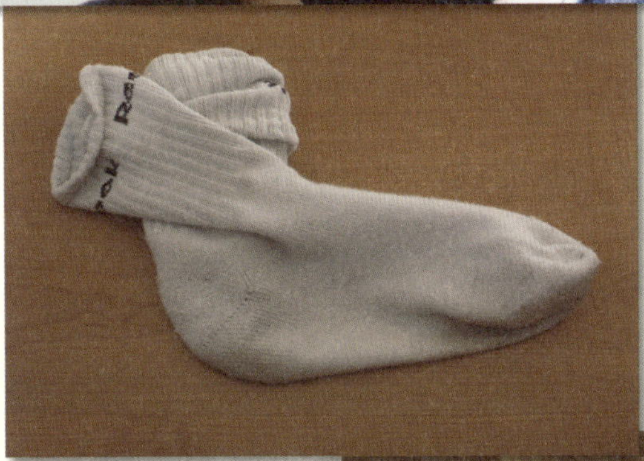

의류 조각
Tonis Valing/Shutterstock

모발 한 가닥
Jupiter Images

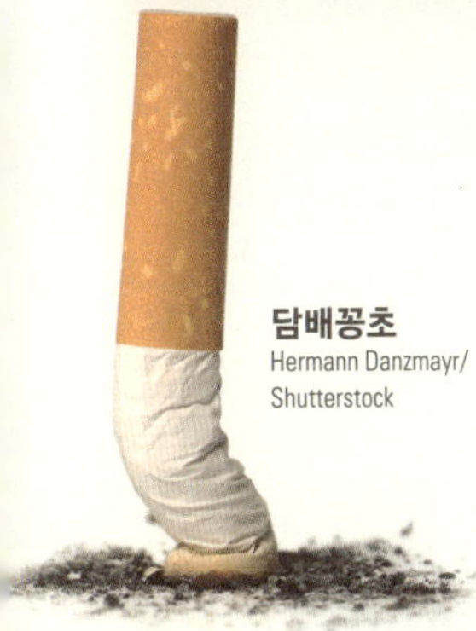

담배꽁초
Hermann Danzmayr/
Shutterstock

유골(뼈)
Zafon404/
Dreamstime LLC

우표
Fambros/Dreamstime LLC

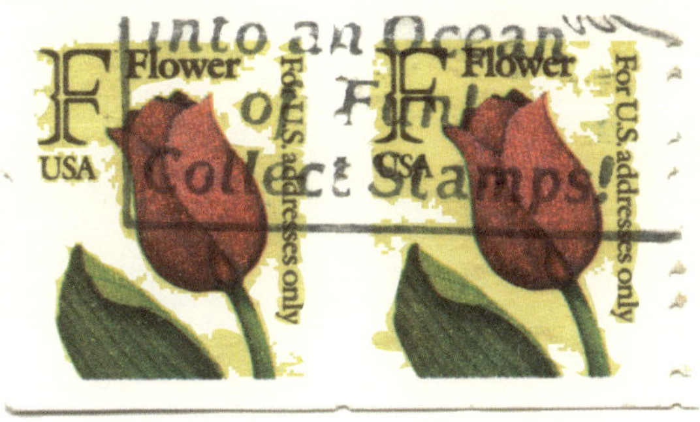

탄산수 캔
Feng Yu/Shutterstock

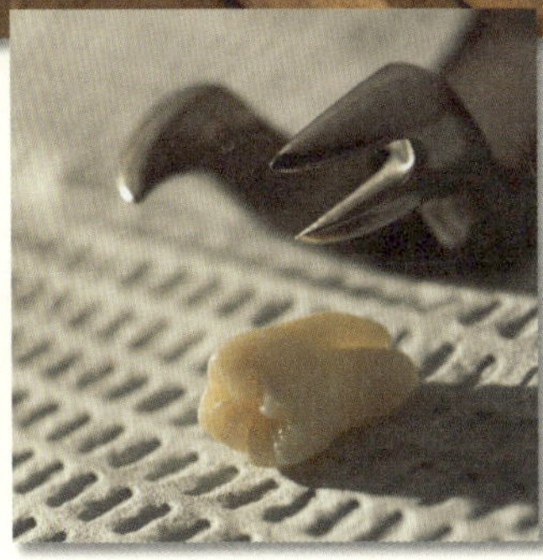

치아
Steve Cole/Getty Images

8.3 DNA 법의학이 언제 미국 법정에 도입되었는가?

1장에서 논의된 바와 같이 과학적 증거가 자동적으로 법정에서 채택되지는 않는다. Frye V. U.S.(법적 관점에서의 조명: 1장) 획기적인 사건에서 과학이 '쓸만한(좋은) 과학'이고 '쓸모없는(쓰레기 같은) 과학'이 아니라는 것을 결정하는 4개의 질문들이 제기되었다. 이런 테스트가 DNA 법의학에 적용되었고 Frye 테스트를 통과해서 법정에서 수용되었다.

DNA 법의학을 이용하기 시작한 첫 번째 범죄사건은 1983년도에 영국에서 시작되었다(법적 관점에서의 조명: Narborough 마을 살인). 이런 유형의 증거가 미국에 적용되기 까지는 몇 년이 걸렸다. DNA 증거가 법률시스템에 도입되어 사용되기 까지는 또 다른 과학적 방법을 통해 철저히 검증되었다. 각 주정부는 그 기법을 사용할 것인지를 자신들의 기준을 바탕으로 결정하였고, 일반 대중들은 여러 해 동안 DNA 법의학을 알지 못했다.

DNA 프로파일 허용을 시도한 첫 번째 미국의 사건은 People v. Castro, 545 N.Y.S.2d 985(S. Ct. 1989)이었다. Castro는 20세 된 여성과 그녀의 2살 된 딸을 살인했으며, 혈액이 Castro의 손목시계 줄에서 발견되었다.

법정은 DNA 개인식별 기법이 과학 공동체에서는 일반적으로 수용된다는 것을 결정하였다. 그러나 조사요원들은 단지 혈액이 피고의 것이 아니라는 것만을 보여줄 수 있고 그 혈액이 피해자(희생자)의 것이라는 것을 증명하지 못해 증거로 채택되지 않았다. 그러나 이것은 미국 법정에서 DNA 증거의 유일한 시작이었다.

수치로 따져보기

10,000
미국에서 매년 DNA 법의학을 사용하는 범죄 사건들의 숫자

artpartner-images.com/ Alamy Limited

75%
성범죄와 관련된 이들 사건의 백분율

20,000
미국에서 매년 DNA 법의학과 관련된 민사 사건의 숫자

100조 분의 1
두 명의 사람이 미국 유전자 데이터베이스(CODIS)에서 똑같은 13개의 대립유전자를 가질 확률

66억
지구상 인구의 수

DNA 프로파일이 법정에서 어떻게 사용되는가?

민법이나 형법에서 과학적 지식의 사용을 법의학이라 부른다. 법의학적 DNA 분석은 보통 주정부와 지역 경찰 범죄분석 실험실, 사설 실험실, 워싱턴 D.C.에 있는 연방수사국(FBI)에서 시행된다.

범죄 사건에서, DNA는 범죄현장에 남겨진 생물학적 시료(혈액, 조직, 모발, 피부 파편, 정액)들로부터 추출된다. 증거물로부터 확보된 DNA 프로파일과 사건관련 피해자나 용의자의 프로파일을 비교한다. 다음 그림은 이러한 비교를 보여준다.

미국에서 DNA 프로파일을 얻기 위해 대부분의 테스트는 13개 STRs 패널을 사용한다. 이 **통합 DNA 색인 시스템** (Combined DNA Index System; CODIS)이 경찰이나 다른 정부기관에서 DNA 프로파일을 비교하는데 사용한된다.

DNA 프로파일을 확보하기 위해 CODIS 패널의 STRs를 사용해서 DNA 시료를 검사한다. 범죄 사건의 경우, 만약 용의자의 프로파일이 증거물의 프로파일과 일치하지 않을 경우, 그 용의자는 범인이 아님이 명백해져 용의선상에서 제외된다. DNA 프로파일 결과의 약 30% 정도가 무죄인 사람을 용의선상에서 배제시키는 역할을 한다.

DNA 데이터베이스는 무엇인가?

FBI는 1998년에 기결수(유죄 입증된 범인)로부터 채취한 DNA 시료와 DNA 프로파일의 목록을 만들어 분류하기 시작했으며, 현재 그 데이터베이스는 1,700,000개 이상의 프로파일을 포함하고 있다. 많은 주에서 범죄인으로 체포된 사람으로부터 DNA 시료를 수집하여 데이터베이스에 DNA 프로파일을 입력하고 있다. 수많은 프로파일들이 축적됨에 따라, DNA 데이터베이스는 범죄사건을 해결하는데 중요한 도구가 되고 있다. 버지니아에서 3년 기간 동안 사건 현장 증거물로부터 확보한 DNA 프로파일과 버지니아 주 데이터베이스의 프로파일이 일치하여 용의자가 없는 범죄 사건을 해결한 것이 1,600건 이상 되었다.

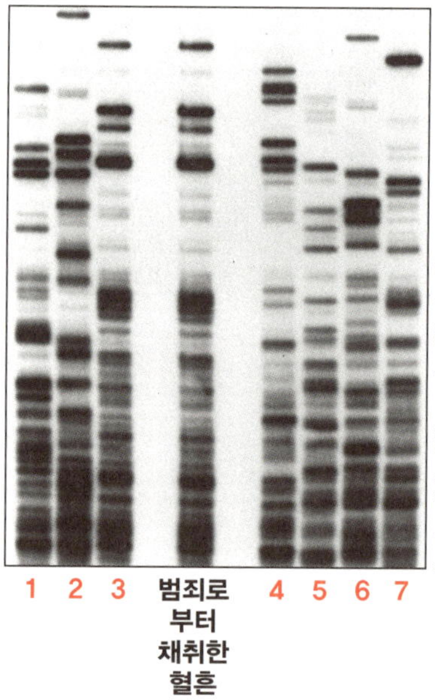

Courtesy, Cellmark Diagnostics, Abingdon, UK

8.3 요점

- DNA 법의학은 1989년에 미국 법정 시스템에 도입되었고 지금은 미국 내 모든 법정에서 사용되고 있다.

8.4 DNA 프로파일을 사용하는 다른 분야는 어떤 것이 있는가?

DNA 프로파일은 법정 밖에서도 많은 분야에서 이용된다. **생물역사가**(Biohistorian)은 유명인 또는 무명인의 무덤이 여러 번 이동했거나 새로운 무덤이 발견된 경우 그 사람들의 신체 또는 신체 일부를 정확하게 개인 식별하기 위해 DNA 분석법을 사용한다. 예를 들어, 러시아의 Czar Nicholas Ⅱ(■ 그림 8.1)와 그의 가족 구성원들이 1917년에 살해되어, 표식 되지 않은 무덤들에 매장되었다. 1991년에, 유골들이 러시아의 Yekaterinburg에서 발견되었고, Czar와 그의 가족들 일부의 유골로서 확인되었다. 2008년에 근처에서 발견된 뼈들이 그의 아이들 중 2명의 것으로 확인되어 모든 가족 구성원들의 찾을 수 있었다.

DNA 프로파일은 전쟁 중 사망한 군인들의 유골을 신원 확인하는데 사용될 뿐만 아니라, 미국에서 9.11 테러로 사망한 사람들을 개인식별하는데 이용되었다. 2005년 미국 남부의 허리케인 Katrina에 의한 재앙에서 많은 사망자들을 DNA 프로파일을 사용하여 개인식별할 수 있었다.

DNA 프로파일의 또 다른 중요한 사용 예는 친자확인이다. 부모, 아이로부터 채취한 시료를 일치시켜(맞춰) 봄으로서 친자를 100%의 정확성으로 확인할 수 있다. 이런 친자확인 검사에 DNA 프로파일을 이용함으로서 많은 아이들이 그들에게 필요한 아동 지원을 얻을 수 있게 한다. 다음 그림은 아버지, 어머니, 아이의 DNA를 비교한 친자확인 검사 사진이다:

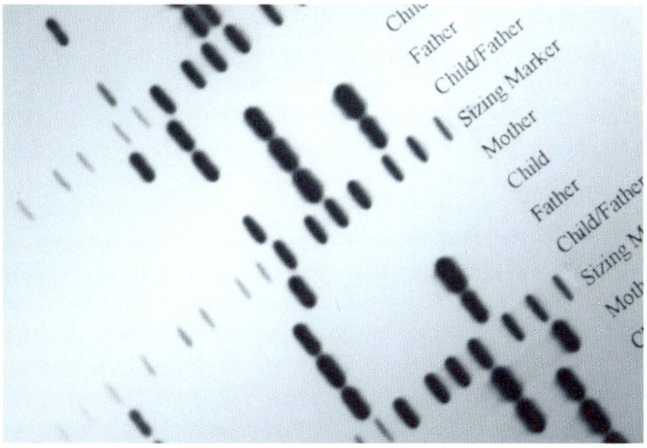

Martin Shields/Photo Researchers

DNA 프로파일을 사용하여 우리 조상의 기원을 추적할 수 있는가?

복잡한 친자확인이나 텔레비전의 범죄 드라마 등에서 법의학적 개인식별에 DNA를 활용하는 것이 알려지면서 각 개개인의 가계(혈통)를 추적하는데 DNA를 사용할 수 있을 것이라는 가능성이 제기되었다. 많은 회사들이 인터넷상에서 가계를 추적하는 유전학적 검사를 제공하고 있다. 2가지 유형의 검사가 일반적으로 제공되는데: 미토콘드리아 DNA 검사와 Y **염색체 검사법**(Y chromosome testing)이다.

Hulton Archive/Getty Images

■ 그림 8.1 러시아의 니콜라스 2세(Nicholas Ⅱ)
러시아 황제 니콜라스 2세(Czar Nicholas II)와 그의 가족들이 러시아 혁명동안 살해되었다. 수십 년 후에 그들의 유골이 DNA 법의학을 사용해서 확인되었다.

미토콘드리아는 세포의 세포질에서만 발견되고, 소량의 DNA를 포함하고 있다("생물학 리뷰: 세포와 세포구조" 참조). 난자(알)는 세포질을 가진 생식체이기 때문에, 미토콘드리아는 항상 모계로부터 자손들에게로 전달된다(■ 그림 8.2). 정자는 세포질을 가지고 있지 않아 **미토콘드리아** DNA (mitochondrial DNA; mtDNA)를 그들의 자손에게 전달할 수 없다. 미토콘드리아 DNA에서 발견되는 서열의 차이들은 **단상형**(haplotypes)으로 불리는 일련의 마커들을 제공한다. 각각의 사람은 그의 어머니와 똑같은 단상형을 가지고 있어, 일배체형을 비교함으로서 모계 혈통을 추적할 수 있다.

유사한 단상형은 그룹으로 함께 묶어 **하플로그룹**(haplogroups)을 형성하며; 이들은 큰 인구집단 그룹(유럽인, 아시아인, 아프리카인)의 유전적 기원에 대한 정보를 제공하는데 사용될 수 있다.

Y 염색체 단상형의 검사가 부계 혈통을 추적하는데 사용된다. Y 염색체는 아버지로부터 아들에게 사실상 변화 없이 전달되기 때

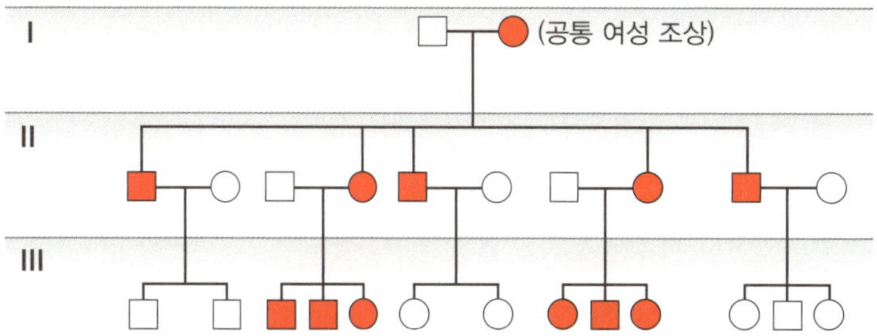

■ 그림 8.2 미토콘드리아 DNA의 유전
이 가계도는 공통 여성 조상과 가족을 통한 미토콘드리아 DNA의 유전을 보여준다. 적색 원과 사각형은 1세대 여성으로부터 미토콘드리아 DNA가 어떻게 한 세대에서 다음 세대로 전달되는지를 보여준다.

문에(■ 그림 8.3), 남성의 계보(혈통)를 확립하는데 사용될 수 있다.

mtDNA와 Y 염색체를 사용한 DNA 검사는 여러분 가계에 관한 정보를 제공하기 위한 데이터베이스를 검색하는데 사용될 수 있다.

가계를 추적하고 아프리카로부터 지구를 가로지르는 인류의 이동 경로를 추적하기 위한 커다란 프로젝트들 중의 하나가 국립 지리학 협회에 의해 후원되고 있다. 이러한 노력을 제노그래픽 프로젝트(Genographic Project)라 부른다. 관심 있는 사람은 이 프로젝트에 참여하기 위해 비용을 지불해야 한다. 등록한 사람들은 뺨(볼)안쪽 세포를 채취하기위한 면봉과 유리병을 받게 된다. 이 제노그래픽 프로젝트는 지난 50,000~100,000년에 걸친 인류의 이동에 관한 자세한 차트를 만들기 위해 결과를 익명으로 사용한다.

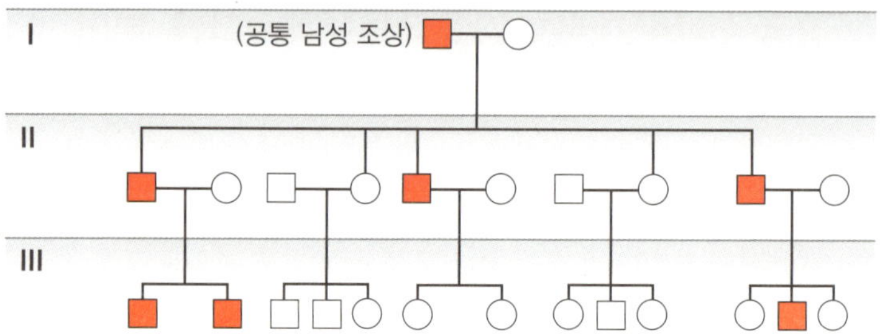

■ **그림 8.3 Y 염색체의 유전**

이 가계도는 공통 남성 조상과 어떻게 Y 염색체가 가족을 통해 전달되는지 보여준다. 적색 사각형은 Y 염색체가 어떻게 아버지로부터 아들에게 전달되는지를 보여준다.

8.4 요점

- DNA 프로파일이 모계 또는 부계 혈통을 통한 가계를 추적하는데 사용될 수 있다.
- DNA 프로파일은 우리 사회의 많은 다른 분야에서 사용된다.

사례 B 모두에게 요청된 시료

아주 작은 농촌에서 2명의 여성이 살해된 사건에서 단서가 거의 없었다. 경찰은 증거물이 거의 없었지만, 희생자의 손톱 밑에서 발견된 살인자의 피부 시료가 있었다.

이 시료로부터 DNA 프로파일을 확보했지만, 용의자는 없었다. 그 사건은 숲속에서 야간에 발생했기 때문에, 목격자 역시 없었다. 지문, 족적, 의류 조각 등은 사건 현장에서 발견되지 않았다. 만약 조사관들이 그 피부 시료와 일치하는 DNA 프로파일을 가진 누군가를 찾을 수 있다면 그 사건을 해결할 수 있을 것이다.

그 사건을 맡고 있는 조사관인 Lt. DeMato는 DNA 수사망으로 알려진 영국에서 사용된 새로운 기법을 시도하기로 하였다. 그는 그 농촌 마을에서 17세 이상의 모든 남성의 세포 시료(볼의 안쪽을 긁은 면봉)를 채취하도록 하여 DNA 검사를 실시하였다.

1. 만약 한 남성이라도 와서 시료를 제공하기를 원치 않는다면 어떤 일이 발생하는가?
2. 17세 이상의 모든 지역 남성으로부터 시료를 채취하였지만, 일치하는 것이 없을 경우, 당신이 Lt. DeMato라면 다음 단계에서 무엇을 하겠는가?
3. 놀랍게도, 수사망에서 채취한 시료들 중에서 일치하는 것이 발견되었다. 지방 검사는 재판 동안에 법정에 의해 그 수사망을 증거로서 채택할 것인지에 의문을 제기하였다. 검찰 당국이 공인된 수사망으로부터 그 증거를 사용할 수 있다는 것에 대해 3가지 논거를 제시하라.
4. 변호인이 그 증거가 채택되지 않도록 하는데 사용될 수 있는 3가지 논거를 제시하라.
5. Lt. DeMato가 그 지역의 모든 남성들에서 편지를 보낸 후에, 검사를 시작했다. 목록상에 23살 된 남성인 Irving Tomston이 응하지 않았다. 두 번째 편지가 보내졌고, 여전히 반응이 없었다. Lt. DeMato는 무엇을 실행해야 하는가?

8.5 DNA 법의학과 관련된 법률적 윤리적 이슈는 무엇이 있는가?

다음 표(차트)는 DNA 프로파일링에서 법률적 윤리적 질문들 중 몇 가지를 다루고 있다.

8.5 요점

- DNA 프로파일링이 수백 명의 잘못된 유죄판결을 받은 죄수들을 석방하기위해서 사용되기도 한다.
- 대부분의 주정부와 연방 정부는 범죄를 해결할 목적으로 DNA 데이터베이스를 구성했다.

질문	질문을 판단하는 방법	관련된 사례 또는 법적 사안
만약 DNA 수사망에서 시료 채취를 요구 받았을 때(이미 많은 사람들이 요구 받았을 경우) 당신은 거절할 수 있겠는가?	대부분의 경우, 누구나 거절할 권리를 가진다. 그러나 당신이 협조하지 않을 경우 경찰은 당신의 뒷조사를 할 수 있다.	몇 가지 사례에서, DNA 수사망의 대상자들이 협조하지 않을 경우 괴롭힘을 당하거나 직장을 잃었다. 어떠한 법률 사건도 아직까지 결론나지 않았다.
DNA 데이터베이스에 누구의 DNA 프로파일을 입력해야만 하는가?	대부분의 주정부들이 범인들이 시료를 제공하도록 하는 법안을 통과시켰다. 군대의 경우 군인들에게 전쟁 시 신원확인을 위한 시료를 제공할 것을 요구하고 있다.	뉴욕은 범죄 용의자로부터 DNA를 채취하는 것을 허용하는 법안을 최근 통과 시켰다. 미국 국방부는 세계에서 가장 큰 DNA 데이터베이스 중의 하나를 가지고 있다. 2000년에, 두 명의 해병대원들이 이 데이터베이스 DNA를 제공하지 않을 권리를 주장하는 소송을 제기하였다.
DNA검사를 하지 않은 죄수가 잘못되어 유죄 판결 받을 수도 있는가?	만약 어떤 범인의 사례가 1989년 이전에 종료되었다면, 그 사람은 DNA 검사 하는 것이 허용될 수도 있다. 그 것은 주정부와 법원의 결정에 따르고, 증거물은 여전이 유효하다.	전국적으로 300명 이상의 기결수들이 무죄 프로젝트에 의해 석방되었다. 이 프로그램은 DNA 법의학을 사용하여 항소 사건을 재조사한다. 몇몇 죄수들은 석방 당시 사형수 신분이었다.
사건 발생 후 수년이 지난 오래된 증거물이 조사 · 분석될 수 있는가?	이것은 분명히 발생한다. 그 사건이 살인이라면, 어떠한 출소 기한법이 존재하지 않으며 검사할 DNA량을 증폭시키기 위해 PCR이 사용될 수 있다.	어떤 사건의 경우, 40년이 지난 살인사건의 용의자를 유죄 입증하기 위해 오래된 증거물이 사용되기도 한다.

PHOTO GALLERY
Barry Scheck은 뉴욕의 Yeshiva 대학교에서 무죄 프로젝트를 시작했는데, 그것은 DNA 검사가 실시되지 않은 수백 건의 사건에서 증거를 재조사하는 것이었다.
John Bazemore/AP Photos

Narborough Village Murders

DNA 지문감정법은 1983년에 시작된 범죄 사건에서 과학적 증거로서 처음 사용되었다. 영국 라체스터주의 작은 Narborough 마을에서, 3년의 기간 동안 2명의 소녀들이 강간당하고 살해되었다. Dawn Ashworth와 Lynda Mann 두 소녀는 15살 나이였고, 시체는 들판에서 발견되었다.

첫 번째 용의자는 Richard Buckland라는 지역 소년으로, 심문 뒤에 Dawn Ashworth의 시체에 관해 전에 공개되지 않았던 상세한 것들이 밝혀졌다. 그는 후에 Lynda Mann의 살인은 실토했지만 첫 번째 살인과의 관련성을 전면 부정하였다.

Buckland가 두 살인 사건을 범했다는 유죄 판결을 위해, 라체스터주 경찰관은 최근에 DNA 시료의 일치여부를 확인하는 DNA 지문감정법을 개발한 라체스터 대학교의 Alec Jeffreys 박사를 만났다. 경찰관은 Buckand와 두 사건현장에서 확보된 시료의 DNA가 일치하는지 요청하였다. Jeffreys 박사는 두 살인 사건의 정액 시료와 그 용의자의 혈액 시료를 비교하였고, 동일한 남성이 두 소녀를 죽였지만, Buckland는 아니라는 것을 증명하였다.

Richard Buckland는 DNA 프로파일링을 통해 살인죄의 결백이 입증된 세계에서 최초의 사람이 되었다. Jeffreys 박사는 "DNA 증거가 아니었다면 그는 유죄 판결 받았을 것이라는 것을 결코 의심하지 않았고, 그것은 놀랄만한 사건이었다."고 말했다.

이런 상황에서, 경찰은 어쩔 줄 몰랐다. 살인자의 DNA와 일치하는 남성을 찾기 위해, 경찰은 DNA 수사망을 실시하였다. 경찰은 주위 지역의 4,000명 이상의 남성들에게 분석을 위한 DNA 시료를 제공할 것을 요구하였다. 경찰에 알려지지 않도록, 살인자는 또 다른 남성을 매수해서 그 범인의 집에서 대신 DNA 시료를 제출하도록 하였다. Colin Pitchfor가 함께 일하는 제빵사인 Ian Kelly에게 자신은 혈액 시료를 제공할 수 없다는 것을 이야기 하였다. Kelly는 여권을 위조해서 Pitchfork의 이름으로 혈액을 제공할 수 있었다.

아주 묘한 이야기지만, Pitchfork는 발각되지 않았다, 그렇지만 Kelly가 여러 사람들에게 그와 같은 속임수에 대해 자랑하며 허풍떠는 것을 한 여성이 엿듣고 경찰에 신고함으로써 그는 체포되었다.

이와 같은 역사적 사건은 Joseph Wambaugh의 "The Blooding"이란 책에서 서술되고 있다.

PHOTO GALLERY
The Blooding 책은 Colin Pitchfork 사건에 관한 실화이다.
Jacket Cover from THE BLOODING by Joseph Wambaugh. Used by permission of Bantam Books, a division of Random House, Inc.

질문:

1. 이 사건은 수많은 이유들로 놀랍다. 범죄사건에 DNA 프로파일링을 최초로 사용한 점과 법의학과 DNA 수사망의 사용으로 새로운 일을 시작했다는 점에서 놀라운 사건이다. 만약 범죄 조사요원들이 Jeffrey 박사의 기법을 사용하지 않았다면 어떠한 일들이 발생했을 것이라 생각되는가?
2. 오늘날 DNA 수사망은 전 영국에서 사용된다. 왜 미국에서는 그 것이 많이 활용되지 않는다고 생각되는가?
3. 영국에서 DNA 수사망에 관한 법령들에 관해 몇 가지 조사를 하라. 당신은 영국의 법령들에 동의하는가?
4. 2005년 여름에, 매사추세츠 트루로에서, Christa Worthington은 그녀의 집에서 살해되었고, 그녀의 2살 난 딸이 시체 옆에 앉은 채로 발견되었다. 그녀는 유명한 신문의 특별 기고가였기 때문에 전체 주가 떠들썩하게 되었다. 경찰은 Cape Cod 트루로 주변에 살고 있는 모든 남성들에게 DNA 시료를 요청하였다. 수사망은 수많은 강제 징발을 하였다. 이상하게 그녀의 쓰레기 수거인 이었던 살인자는 혈액 시료를 제공하였고 그 시료가 분석되는 2년 동안 그 지역에 살고 있었다. 당신은 그 범인이 사리를 제대로 분별할 줄 아는 사람이라 생각되는가?

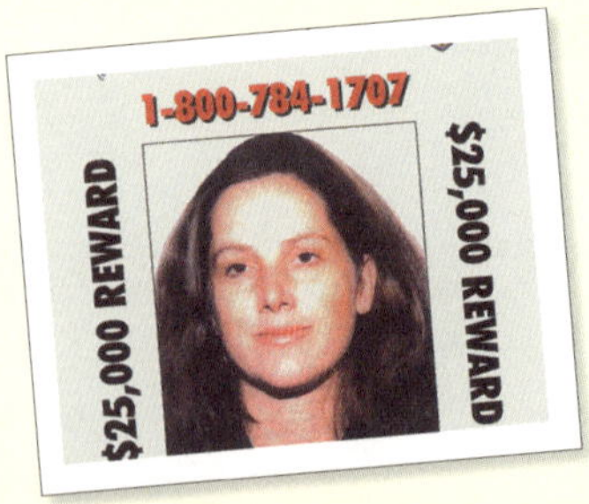

PHOTO GALLERY
매사추세츠 트루로에서 Christa Worthington의 살인사건은 미국에서 첫 번째 DNA 수사망을 유발(초래)했다.
Massachusetts State Police/AP Photos

★ 주요점 10개

1. DNA 법의학 검사법은 1975년 영국에서 시작되었다. [8.1]
   - Alec Jeffreys 박사가 혈액시료로 DNA 법의학 검사를 시행하는 방법을 처음으로 개발하였다.

2. 이런 검사를 위한 DNA 시료들은 볼 안쪽 도말, 정액, 타액, 혈액 등 수많은 출처로부터 확보할 수 있다. [8.2]
   - 사람의 신체로부터 어떤 조직도 검사를 위한 세포를 추출하는데 사용될 수 있다.

3. DNA 프로파일링에 3종류의 DNA 변이: 미세위성체, 단기 일렬 반복(STRs), 단일 뉴클레오티드 다형성(SNPs) 등이 사용된다. [8.2]
   - 이들 변이는 모든 개인들에서 발생한다.

4. DNA 법의학에서 사용되는 2가지 일반적인 방법은 제한효소 절편 길이 다형성(RFLP) 분석과 중합효소 연쇄 반응(PCR)이 있다. [8.2]
   - 이들 방법 둘 다 형사 재판에서 사용된다.

5. 이들 검사법 각각은 DNA 패턴을 분석하고 다른 시료들과 비교하는데 사용될 수 있다. [8.2]
   - 사건현장에서 발견된 시료들을 종종 비교한다.

6. DNA 법의학은 1989년에 미국 법정에 도입되었고, 이제는 미국 전역의 모든 법정에서 사용된다. [8.3]
   - 이런 유형의 검사법은 개인식별에 대변혁을 가져왔다.

7. DNA 프로파일들은 부계와 모계 혈통 둘 다를 통해 가계를 추적하는데 사용될 수 있다. [8.4]
   - 가계를 추적하는 검사는 유행하고 있지만 아직은 초기 단계에 있다.

8. DNA 프로파일들은 우리 사회의 여러 분야에서 많은 서로 다른 용도를 가지고 있다. [8.4]
   - 많은 이들은 장래에 DNA 프로파일링이 개인식별하는 방법이 될 것이라고 생각한다.

9. DNA 프로파일링은 수백 명의 잘못 유죄 판결된 죄수를 석방하는데 사용되었다. [8.5]
   - 보다 많은 죄수들이 매일 석방되고 있다.

10. 대부분의 주정부와 연방정부는 범죄를 해결하는데 사용할 목적으로 DNA 데이터베이스를 구축하고 있다. [8.5]
    - 이런 데이터베이스들은 은밀하게 보호되어야 할 귀중한 개인 정보를 포함하고 있다.

핵심용어

DNA 지문감정법 DNA fingerprinting (p. 125)
DNA 프로파일 DNA profile (p. 126)
Y 염색체 검사 Y chromosome testing (p. 131)
단기 일렬 반복 (STRs) short tandem repeats (STRs) (p. 126)
단일 뉴클레오티드 다형성 (SNPs) single nucleotide polymorphisms (SNPs) (p. 126)
미세위성체 minisatellites (p. 126)
미토콘드리아 DNA mitochondrial DNA (mDNA) (p. 131)
생물역사가 biohistorian (p. 131)
시발체 primers (p. 127)
인구집단 빈도수 population frequency (p. 128)
하플로그룹 haplogroups (p. 131)
단상형 haplotypes (p. 131)
제한효소 절편 길이 다형성 (RFLP) 분석 restriction fragment length polymorphism (RFLP) analysis (p. 126)
중합효소 연쇄 반응 (PCR) polymerase chain reaction (PCR) (p. 126)
통합 DNA 색인 시스템(CODIS) 패널 Combined DNA Index System (CODIS) panel (p. 130)

온라인자료

시험을 준비 중인가? 예비시험을 위해 academic.cengage.com/login에 로그인하고, 개인의 학습 계획을 세우고, CengageNow's Study Tools에서 효과 측정 시험(post-test)을 보는 것이 여러분의 이해 정도를 평가하는데 도움이 될 것이다.

만약 교사가 내준 과제라면, 이번 장에 해당하는 사례 B와 법적 활동에 대한 조명, 즉 "Samples Asked of All(모두에게 요청된 시료)"와 "Narborough Village Murders(Narborough 마을 살인사건)"라는 제목으로 CengageNow 자료를 검색해서 해답을 찾으면 된다.

복습문제

1. *DNA 지문감정(DNA fingerprint)*이란 용어는 초기에 개발된 기술이었다. 지문 채취란 오래된 기법과 DNA 프로파일링을 비교 및 대조하는 차트를 만들어라.
2. 미세위성체, STRs 과 SNPs 사이의 차이점은 무엇인가?
3. 왜 RFLP 보다 PCR이 DNA 검사에서 보다 바람직한가?
4. 제한효소 절편 길이 다형성이란 이름의 의미는 무엇이며 그것은 어디에서 유래되었는가?
5. 누가 PCR 기법을 개발했는가? 그의 배경을 조사하라.
6. RFLP 검사에서 무엇이 젤을 통해 DNA를 이동시키는가?
7. DNA 프로파일이 법정에서 가지는 2가지 이점은 무엇인가?
8. 어떤 주정부가 가장 큰 DNA 데이터베이스를 가지고 있는지를 조사하여 찾아내라.
9. 어느 시점에서, RFLP 검사와 PCR 검사가 합병되었다. 어떻게 이런 일이 일어났나?
10. 점점 더 소량의 DNA를 검사할 수 있는 것이 왜 유용한가?

응용문제

1. DNA 수사망을 통제하는 영국의 법령들을 조사하여 짧은 보고서를 작성하라.
2. DNA 칩으로 판독한 것이 어떻게 범죄 조사를 변화시킬 것인가에 대해 토의하라.
3. 만약 어떤 대립유전자가 어떠한 그룹의 사람들에서 우세하다면, 이것은 무엇을 의미하는 것인가?
4. DNA 법의학이 미국 법정에 도입되는데 여러 해가 걸렸다. 그 이유가 무엇인가?
5. 만약 어떤 사람이 지목되어 사건의 용의자가 된다면, 그 사람의 DNA를 확보하여 보관해도 되는가? 그 이유를 말하라.
6. 1장으로 돌아가서 Frye v. U.S.를 다시 읽으시오. 미국 법정에서 어떻게 이 사건이 DNA 법의학의 사용에 적용되었는가?
7. PCR 기법으로 아주 적은 양의 DNA 시료를 검사할 수 있게 되었다. 이것이 사건현장을 다루는 경찰이나 법의학 전문가들의 행동 양식을 어떻게 바꿀 것인가에 대해 생각해 보라.
8. DNA 검사법이 애완견 대회에서 개의 순수 혈통을 확인하는데 사용될 수 있다. 만약 이것이 항상 시행된다면, 애완견 대회에서 어떤 효과가 있을 것이라 생각하는가?
9. 몇몇 사람은 거대한 DNA 데이터베이스가 만들어져야 하고, 이것에는 미래의 모든 신생아들의 DNA를 포함해야 한다고 생각한다. 당신의 의견은 어떠하며 왜 그렇게 생각하는가?

쓰면서 배우기

1장에서 우리는 당신의 학급 동기들과 우리의 주제에 관심 있는 다른 사람들과 함께 블로그를 시작하라고 제의했었다. 지금 당신의 블로그를 다시 방문해서 5~8장의 질문들 몇 가지를 고려해 보라. 당신이 흥미롭게 생각하는 것을 이메일로 보내고 그들을 그 블로그에 참여하도록 다시 초대해라.

여기에 당신의 블로그에서 역점을 두고 다루어야 할 몇 가지 아이디어가 있다.

- 낫적혈구 빈혈과 같이 하나의 유전자 결함이 염색체의 추가 및 소실 보다도 보다 심각한가?
- 감옥에서 수년 후에 무죄 석방되는 사람들에게 어떤 보상이 제공되어야 하는가?
- 뉴욕시 쌍둥이 타워의 911 테러 파괴에서 모든 시신 파편을 확인하는데 여러 해가 걸리겠지만, 카트리나(Katrina)에서 발견되는 시체를 신원확인 하는 데는 DNA 검사기법이 성공적이지 못했다. 당신은 왜 그와 같다고 생각하는가?
- 몇몇 사람은 모든 신생아로부터 DNA 시료를 채취해서 DNA 데이터베이스를 만들자고 제안해왔다. 이것이 좋은 아이디어라 생각하는가?
- 당신의 후배 학생들에게 전하거나 당신이 만들고 싶은 문제나 비평에 관해 토의하라.

여러분이라면 이럴 때 어떻게 할까?

1. 당신이 DNA 수사망에 참여하도록 요청받는다면?
2. 모든 신생아들의 DNA 데이터베이스를 만들려는 국민투표에 투표하라고 요청받는다면?
3. 당신이 배심원으로서 DNA 증거 때문에 20년이 지난 죄인을 교도소에서 석방하라는 요청을 받는다면?
4. 당신이 Sackler 배심원이라면?
5. 당신에게 가계(혈통) 검사에 참여할 기회가 주어진다면?

대중 매체에서

***60 Minutes*(CBS), 2007년 7월 15일**

DNA: 너무 멀리 가고 있는가?

*60 Minutes*의 한 에피소드에서 용의자의 친척을 찾기 위해 DNA 프로파일을 사용해서 데이터베이스를 검색하는 것에 토론하였다. 영국의 '구두 강간범' 사건의 경우 DNA 조사는 매우 효과적이었다. 100%가 아닌 DNA 일치률을 사용해서 경찰은 DNA 프로파일이 데이터베이스에 있는 한 여성을 추적하였다. 경찰은 그녀에게 오빠가 있는지 심문해서 그의 집 마루 아래에 수백 켤레의 신발이 있는 남성을 찾아냈고, DNA 검사결과 그가 수십 명의 여성들을 강간했다는 것이 밝혀졌다.

온라인상에서 이 에피소드 내용을 보려면 academic.cengage.com/biology/yashon/hgs1로 접속하라.

질문:

1. 몇몇 사람들이 왜 DNA의 사용에 대해 반대하는지 당신은 알고 있는가? 왜 그런가?
2. 이 장에서 토론하였듯이 영국에서는 많은 법령들이 DNA 검사를 거부할 권한을 통제하고 있다. 당신은 이들 법령들이 미국에서도 통할 수 있다고 생각하는가? 왜 그런가 또는 왜 그렇지 않은가?

2007년 4월 11일

친자검사 결과 Larry Birkhead가 Anna Nicole Smith 딸의 아버지이다.

2007년 중 가장 놀라운 친자검사 사건 중에 하나가 텔레비전 진짜 스타였던 Anna Nicole Smith에서 태어난 아기의 부권과 관련된 것이었다. Smith가 사망한 뒤, 두 명의 남성이 그 아이의 아버지임을 주장하였다. Smith는 억만장자 J. Howard Marshall의 미망인이었다. Marshall의 부동산 절반에 대한 그녀의 청구가 여전히 법정에 계류 중이지만, 그녀의 아기는 수백만 달러를 상속받을 수 있었다.

Smith의 오랜 친구이며 사진작가인 Larry Birkhead가 그 아기의 아버지임이 밝혀졌다. 그는 언론에 '나는 당신들에게 이미 이야기 하였다'고 말했다.

질문:

1. 몇몇 사람들은 언론에서 DNA에 관해 집중 보도함으로서 대중들이 과학에 대한 지식을 증가시키고 있다고 생각한다. 당신은 동의하는가? 왜 그런가 또는 왜 그렇지 않은가?
2. Anna Nicole Smith의 딸은 Bahamas에서 태어났다. 그곳은 부권에 대한 다른 법령을 가지고 있다. 미국에서는 DNA가 일치하는 아버지가 법률적 아버지로 반드시 고려되지는 않는다. 그 아이와 살아 왔던 사람이 권리를 가진다. 당신은 이것에 동의하는가? 왜 그런가 또는 왜 그렇지 않은가?

Identigene Product Site, 2007년 6월 시작됨

DNA 친자검사: 가정에서

Identigene의 가정용 친자검사와 함께, 당신은 구강 볼 안쪽을 도말함으로서 DNA를 포함한 세포를 채취해서 DNA 채취키트를 Identigene DNA 검사 실험실에 되돌려 보내면 수일 내에 당신은 DNA 검사 결과를 받을 수 있다. 100% 정확한 결과는 누군가를 배제하기위해 반드시 필요하며; 99% 이상의 정확도 결과는 친부를 확인하기 위해서 충분하다. Identigene는 그들의 것이 오늘날 가장 정확한 DNA 검사 결과를 제공한다고 주장한다. 또한 그들의 결과는 대부분의 법정에서 증거로 인정될 수 있다고 주장한다. Identigene이 검사에서 가장 엄격한 표준을 지키고 있다 할지라도, 몇몇 주에서는 그들의 요구에 차이를 보이고 있다.

인터뷰 했던 한 남성은 다음과 같이 이야기 했다. "이따금 데이트 했던 한 소녀가 내가 아빠가 되었다고 알려왔다. 무엇을 해야 하는가? 그 아이가 정말 내 아이인지 알아야만 했다. 나는 키트를 보냈고, 나는 간단한 지시사항을 따라 실험실에 검체를 보내 몇 일후에 그 아이가 내 자식이라는 결과를 받았다. 나는 마침내 그녀의 눈을 들여다보고 내가 옳은 일은 했다는 것을 알고 편안함을 느낄 수 있었다."

온라인상에서 이 제품 사이트를 보려면 academic.cengage.com/biology/yashon/hgs1로 접속하라.

질문:

1. 친자검사가 쉽고 보다 접근하기 용이해지면서 몇 가지 문제점들을 야기 시킬 수 있다. 만약 친자검사가 저렴하고 즉각 이용가능하다면 어떤 문제점들이 발생할 수 있는가?
2. 한 여성이 오래전 남자친구가 그녀 아이의 아버지라고 생각해서, 그 남자친구를 만나 커피를 마신 후 그의 커피잔에서 DNA를 채취해서 GeneTree라는 회사에 보냈다. 당신은 이것이 법정에서 사용될 수 있다고 생각하는가? 왜 그런가 또는 왜 그렇지 않은가?

Stephen Simpson

9 인간 유전체 프로젝트

핵심 포인트

- 대규모의 국제적인 프로젝트가 인간 유전체를 분석하기 위해 진행 중이다.
- 연구자들은 모든 인간 유전자의 염기서열을 분석하고 지도를 작성함으로써 필요한 정보를 얻고 있다.
- 유전자 지도 작성은 인간 유전자들이 각 염색체상에 어디에 위치하는지 우리에게 알려 줄 것이다.
- 그동안 분석된 인간 유전체의 염기서열만큼이나 더욱 많은 놀라운 점도 있다.
- 과학자들은 인간 유전체 프로젝트(HGP)에서 수집된 정보를 의학적 진단과 치료에 적용하고 있다.
- 의사들은 여러분에게 더 나은 치료를 해주기 위해서 여러분의 유전체를 사용할 것이다.
- 유전자 치료는 HGP의 응용 분야 중 하나이다.
- HGP의 윤리적, 법적 측면은 여전히 논의되고 있다.

Libby Welch/Alamy Limited

사례 A 미래는 모든 것을 말한다

Natalie와 Ben Coleman은 이미 여러 차례 산부인과 의사에게 가 본적이 있다. 그들은 많은 질병에 대해 보균자 여부를 알아보기 위해서 검사를 받았다. 그녀의 혈액 내에 존재하는 태아의 세포를 분리할 수 있도록 하기 위하여 Natalie는 혈액 샘플을 제공하였고, 태아 세포 유전체내의 모든 유전자들을 분석하기 위해 DNA 염기서열 분석을 실시하였다. 이러한 분석은 그들의 아이에 대한 유전적 질병들에 대한 위험, 그리고 몇 개만 예를 들자면, 지능, 시력, 키와 같은 특성들을 포함하는 상세한 정보를 제공하였다.

그들 친구 모두는 그들이 아이들을 가졌을 때 이러한 태아 유전체 염기서열 분석을 하기로 결정하였고, 태어나기 전에 그들의 아기에 대해 알아볼 수 있다는 것이 얼마나 흥분되는지에 대해 말했다. 많은 사람들은 그들이 실제적으로 아기와 의사소통을 하기 전에 그들의 아기를 "아는 것"이 그들을 도왔다고 말했다.

Natalie의 아기는 석 달 안에 태어날 것이기 때문에, 의사는 이미 분만 예정일을 2025년 3월 3일로 지정하였다. 의사는 분만 시간을 분 단위까지 지정하는 것은 간단하다고 말했다.

대기실에 앉아 있을 때, Natalie와 Ben은 긴장했다. 그들이 발견한 것은 무엇인가? 누가 그들의 아이가 될 것인가?

곧 그들은 Rudin 박사의 사무실로 불려 들어갔다. 그는 그의 앞에 두꺼운 종이 뭉치가 놓여 있는 책상에 앉아 있었다. 그는 그의 손을 그 종이위에 얹고 말했다, "자, 우리가 여기 가진 게 무엇인지 알아봅시다."

이 미래 상황에 대해 읽었을 때, 몇 가지 의문이 마음에 떠오를 수도 있다. 우리가 이러한 의문점에 답을 하기전에, 인간 유전체 프로젝트가 어떻게 이러한 이야기를 가능하게 할 수도 있는지 살펴보자.

9.1 인간 유전체 프로젝트의 목표는 무엇인가?

유기체의 **유전체** (genome)는 그것의 DNA 안에 일련의 유전적 정보를 가지고 있다. 1990년에 시작된 **인간 유전체 프로젝트** (HGP)의 장기적 목표는 인간 유전체 안에 있는 모든 뉴클레오티드의 순서를 밝히는 일이었다. **염기서열** (sequence)이라고 알려진 이 정보는 A, C, G 그리고 T의 긴 끈처럼 보인다. 여기에 한 예가 있다:

```
GCAAAAATACAAAAAATCTTGGATTCTATCGATAACAGCCGAGGTGCCAATCCATATGC
TACAAATAAAAAGCTTACTTTGGATACTTTGACAGGTGGACACTCAAAAGAATCTTATT
TGCGAAGTTATATTAATGGCAAACGTATTCCTGAGACTGCCAGAGCTGTAATCGAACCC
TCTATGAATAAAACTGGCTTTATTGAAGTACCATCTTACATTTTAAACAAGTTAAGAGA
TGTTGTCTTTTATAATCACGTTACGAAAGATAACATACTCAAAAGTCTTCAAAACGAAC
AAGCTTTTCTAACATATATCAAAAGTGATCATAATTCTGAAAATCCTTATATGGTTTAT
```

PHOTO GALLERY
Craig Venter는 유전자 지도작성 및 염기서열을 분석하는 HGP의 개척자 중 한명이다. 지금 그의 목표는 모든 사람이 자신의 유전체 염기서열을 1,000불로 알수 있게 하는 것이다.
AFP/Getty Images

일단 염기서열이 얻어지면 얻어진 염기서열은 그 유전자들을 동정하기 위해 분석되었다. 더불어 그 프로젝트는 이들 유전자에 의해 만들어지는 모든 단백질을 분류하고 그들의 기능을 이해하기 위해 노력하고 있다. HGP의 전체적이며 장기적인 목표들은 다음과 같다:

1. 인간 유전체와 다른 유기체들의 유전 체에 대해 지도 작성
2. 이들 유전체에서 모든 유전자들의 위치와 지도상에서 각 유전자가 차지하는 위치 규명
3. **발현되는 유전자** (expressed genes)**와 발현되지 않는 염기서열** (nonexpressed sequences)의 목록 작성

4. 모든 유전자들의 기능규명
5. 유전자들에 의해 암호화된(encoding) 모든 단백질과 그들의 기능 동정
6. 종(species)간의 유전자들과 그들의 단백질들을 비교
7. 유전체 간의 DNA 차이를 분석
8. 발견된 유전체에 기초한 데이터베이스를 구성하고 관리

인간 유전체 프로젝트의 역사와 연대표는 ■그림 9.1과 같다.

유전체 프로젝트 연대표

1984 과학자 모임에서 토의 및 논의
1990 인간 유전체 프로젝트(HGP) 10월 1일 시작
1991
1992 인간 유전체의 첫 유전자 지도
1993 2005년에 유전체 염기서열 완성하는 것으로 목표 변경
1994 고 해상도 유전자 지도
1995 유전체의 첫 물리적 지도
1996 16,000개의 인간 유전자 분류
1997 국립인간유전체연구소(NHGRI) 설립
1998 Celera 회사가 인간 유전체 염기서열 분석 계획을 발표
1999 전체 염기서열 분석을 HGP에서 시작
2000 HGP와 Celera가 같이 인간유전체의 초안 염기서열을 공표
2001 인간유전체의 작업 초안 발표
2002 쥐(mouse) 유전체 완성
2003 인간 유전체에서 유전자로 번역되는 부분의 염기서열 분석을 마침
2004 쥐(Rat)와 닭의 유전체 완성
2005 침팬지 유전체 완성
2006 붉은털원숭이 유전체 완성
2007 J. Craig Venter가 자신의 유전체를 분석
2008 오리너구리 유전체 완성

■그림 9.1 인간 유전체 프로젝트의 연대표
위의 연대표는 인간 유전체 프로젝트의 중요한 부분만 보여주고 있다. 새로운 것들이 매달 발표되고 있다.

HGP가 창조한 것은 무엇인가?

과학자들은 인간 유전체의 염기서열 분석하는 것뿐만 아니라, 모든 인간 염색체의 **지도** (maps)를 작성하고 있다. 지도는 모든 유전자가 각 염색체에서 어디에 위치하는지 보여준다. 지도의 한 예를 ■그림 9.2에서 보여주고 있다.

염기서열이 얻어진 후에 지도 작성은 유전자들을 동정하기 위해 분석되었다. 유전자들이 동정되면 유전자들 사이의 순서와 거리를 나타내는지도에 표시하였다 (■그림 9.2).

인간 유전체는 32억 개의 뉴클레오타이드를 함유하고 있다 ("Biology Basics: DNA"를 볼 것). 인간 유전체의 이러한 크기는 DNA 염기서열분석에 대한 전산화 방법이 필요하였다. **생물정보학** (Bioinformatics)의 분야는 이러한 정보를 모으고, 분석하고 저장하기

■그림 9.2 염색체 11번의 지도
이 염색체 지도는 4개 유전자의 위치를 보여 주고 있다.

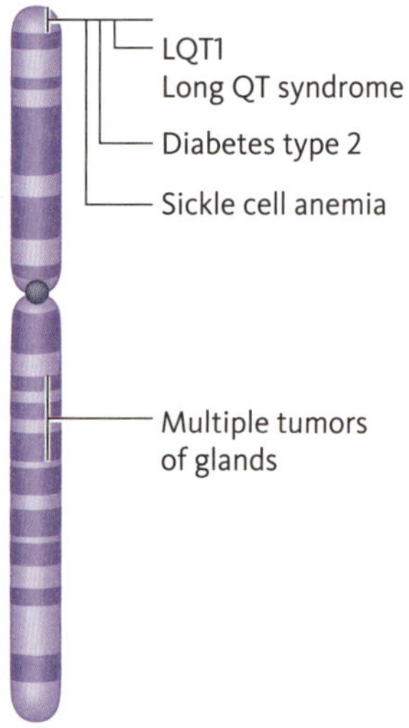

염색체 11

위한 새로운 소프트웨어로 창조되었다; web에 기반을 둔 데이터베이스와 연구 장비들은 또한 유전체 염기서열에 접근하기 위하여 만들어졌다. 이러한방법에 의한 유전체의 연구는 **유전체학** (genomics)이라고 불린다.

HGP의 현 위치는 어디인가?

유전자들을 가지는 인간 유전체의 일부는 2003년에 완전하게 염기서열이 분석되었고, 유전자들을 동정하고 그들에게 기능을 부여하기 위하여 연구되어져 왔다. 다른 연구 프로그램들은 인간 세포내에 포함된 모든 단백질을 분리하고 그들의 구조와 기능을 이해하려 하고 있다. 이것이 **단백질체학** (proteomics)이라 불리는 새로운 분야다.

9.1 요점

- **인간 유전체의 염기서열분석과 유전자 지도를 작성하기 위한 인간 유전체 프로젝트(HGP)는 1990년에 시작되었다.**
- **이 프로젝트는 또한 인간 유전자에 의해 암호화된 모든 단백질을 동정할 것이다.**

9.2 유전자 지도 작성(gene mapping)은 무엇인가?

유전자 지도 작성을 위한 몇 가지의 방법이 있다. 1930년대에 개발된 가장 기본적인 방법은 2개의 유전자가 동일한 염색체상에서 서로 가까이 있다는 유전적 증거를 찾는 것을 포함하고 있다. 동일한 염색체에서 서로 근접한 유전자들은 그들이 같이 유전되는 경향 때문에 **연**

관 (linkage) 되었다라고 한다. 유전자가 가까우면 가까울수록, 더욱 더 그들이 함께 유전되어질 것으로 예상된다. 1936년에 가계도 분석 방법을 이용하여 과학자들은 혈우병과 색맹에 대한 유전자가 모두 X 염색체상에 있고, 그러므로 연관되었다는 것을 증명하였다. 이 두 질병이 X 염색체에 연관되었기 때문에, 오른쪽에서 보여 지는 것처럼, 그들의 유전자가 X 염색체상에서 둘 다 발견된 것을 나타내는 것은 상당히 쉬운 일이었다(4장을 볼 것).

개개의 상염색체에 대한 유전자 지도 작성은 좀 더 어렵다(염색체 1-22). 이 과제는 2가지의 명확한 유전적 특성을 가지는 대가족이 필요하다. 이러한 가족은 매우 드물다.

1955년에 연구자들은 ABO 혈액형의 B형 대립유전자와, 손톱과 무릎뼈에 이상이 있는 **nail-patella 증후군 (nail-patella syndrome)**이라 불리는 상염색체성 우성 질환 사이의 관련성을 발견하였다. 아래는 이러한 연관성을 가지는 가족의 가계도이다.

아래의 가계도에서 2개의 형질이 얼마나 함께 유전되는지에 주목하자(즉, 그들은 연관되어 있다). 이 가계도에서 구성원 II-8과 III-3(별표로 표시)이 오직 Nail-patella 증후군 또는 B 혈액형 대립형질에 대해 한쪽으로만 유전된 것을 나타낸다. 이것은 2개의 대립형질이 따로따로 유전될 수도 있음을 보여준다.

이 2개의 대립형질의 분리 또는 가족 구성원 중에서 오직 한사람에게 유전되었다는 사실은 9번 염색체에서 2 개의 유전자 간에 교차가 일어날 결과이다. 다음 페이지의 그림은 염색체 교차를 보여준다.

감수 분열하는 동안 일어나는 교차는 염색체의 어떤 한 쌍에서 단지 몇 차례만 발생한다. 이러한 교차는 무작위로 발생한다. 염색체에서 더 가까운 2개의 유전자는 그들 간에 교차가 덜 발생할 것으로 예상된다.

교차의 빈도가 2개의 유전자 사이의 거리와 관련되었기 때문에, 이들 유전자가 얼마나 가까이 있는지는 그들이 얼마나 자주 함께 유전되는지를 보면 알 수 있다. 이 정보는 염색체의 **연관지도 (linkage map)**를 구성하기위해 사용된다.

연관지도(또는 **유전자 지도** (genetic map)라고 불리는)는 염색체에서 유전자들의 순서와 그들 사이의 거리를 나타낸다. 그 거리의 단위는 2개의 유전자 사이에서 발생하는 교차의 횟수를 백분율로 나타낸 것이다. 이것은 2개의 유전자가 10%의 교차를 겪었을 때 지도상에서는 10 지도 단위 거리만큼 떨어져 있다는 것을 의미 한다; 1%의 교차를 겪은 유전자들은 1 지도 단위 떨어져 있다 (■ 그림 9.3). 이러한 지도 단위는 **유전적 거리** (centimorgans. cM)로 표시 한다.

우리는 이러한 방법을 사용하여 2개의 형질 사이에서 얼마나 자주 교차가 일어나는가를 측정함으로써, nail-patella 증후군에 대한 유전자와 ABO 혈액형에 대한 유전자간의 거리를 계산하기 위하여 사용할 수 있다. 아래의 가계도를 보면, 우리는 nail-patella 증후군뿐만 아니라 B형 혈액형이라는 문제의 대립형질 중에서 오직 하나만 유전된 구성원은 16명 중에서 두 명의 가족 구성원(II-8과 III-3) 이라는 것을 알 수 있다. 다시 말하자면, 그 교차의 빈도는 2/16 = 12.5%이다. 이 가계도로부터 우리는 이들 두 유전자간의 거리가 12.5 cM 이라는 것을 계산할 수 있다.

이 수치를 보다 정확히 하기위해 nail-patella 증후군을 가지는 많은 가계를 조사하고 취합하여, 이들 두 유전자사이의 거리는 10 cM라는 보다 정확한 결과를 얻었다.

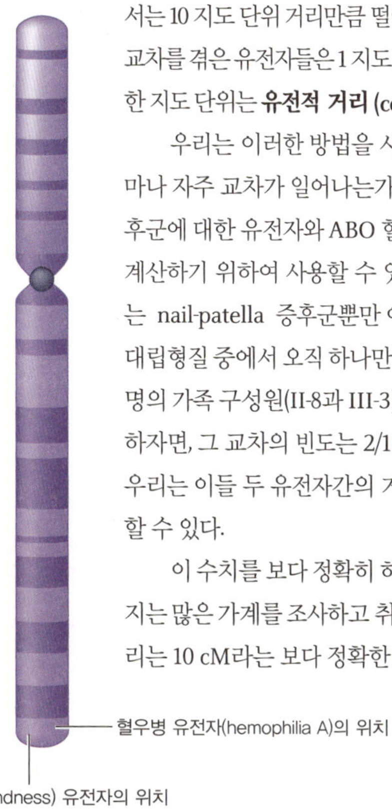

X 염색체

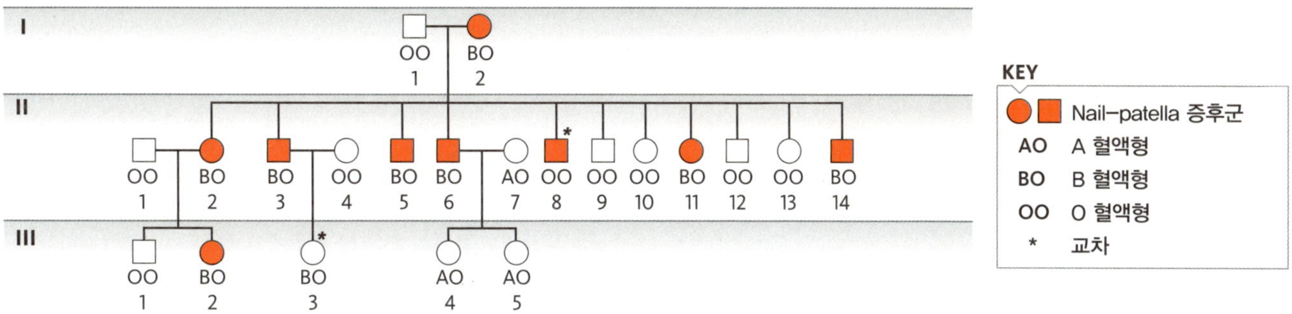

■ 그림 9.3 인간 연관 지도

이 염색체 지도는 3 개의 유전자(a, b, c)의 위치를 표시하고 있다. 각각의 유전자는 다른 유전자들과 서로 다른 위치에 있다. 이러한 거리는 얼마나 자주 이러한 유전자들이 같이 유전되는가를 의미한다.

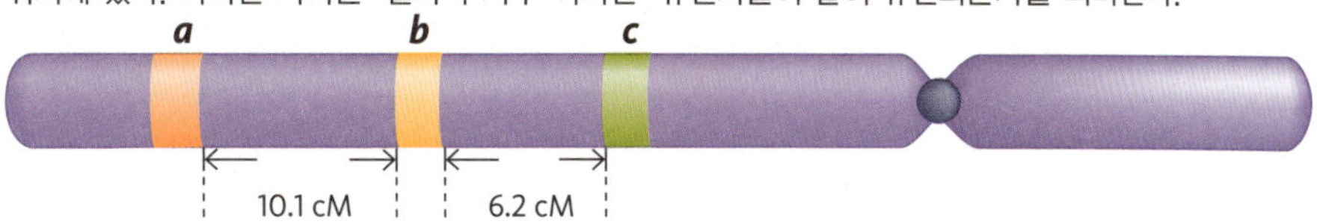

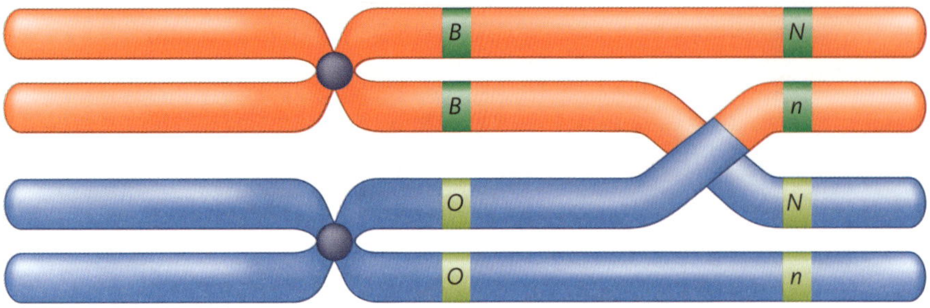

KEY

N	Nail–patella 증후군
n	정상
B	B형 혈액형
O	O형 혈액형

상염색체 유전자간 연관의 첫 번째 예를 찾아내는데 20년 정도가 걸렸고, 1969년까지 5개가 발견되었다. 가계도를 사용한 연관분석으로 모든 인간 유전자의 지도를 작성하기 위한 노력은 더디게 진행되고 있는 것이 분명하다.

유전자 지도 작성에 어떤 변화가 있었는가?

1980년대에 **위치클로닝** (positional cloning)이라고 불리는 방법이 낭포성섬유종, 신경섬유종증, 헌팅턴병, 그리고 다른 많은 유전적 질환과 대부분의 인간 염색체의 유전적 지도를 만들기 위해 사용되었다. 이러한 유전적 질환의 일부는 4장에서 논의하였다.

위치클로닝에서 **표지** (markers)들은 제한효소가 잘리는 장소에 있어서의 차이(6장을 볼 것), 짧은 연쇄반복서열(STR)과 같은 반복되는 DNA 염기서열의 숫자에 있어서의 차이를 보이는 것으로 구별된다. 한때 이 표지들은 특정 염색체에 위치가 결정되어 가계도에서 유전적 질환의 유전 여부에 따라 표지와 질환에 대한 돌연변이 대립유전자 간의 연관을 분석하기 위해 사용되었다. 비록 위치클로닝이 한 번에 하나의 유전자밖에 동정하지 못하지만, 1980년대까지 3,500개 이상의 유전자와 표지들이 인간 염색체 분석에 할용되었다. 위치클로닝에 의해 지도가 작성된 유전자의 일부는 표 9.1에 나와 있다.

PHOTO GALLERY
염기서열분석 장치는 초고속 컴퓨터이고 매우 비싸다.
Sam Ogden/Photo Researchers

표 9.1 위치클로닝에 의해 위치가 결정된 유전자

유전자	염색체 번호
Huntington disease	4
Familial polyposis	5
Cystic fibrosis	7
Wilm's tumor	11
Retinoblastoma	16
Breast cancer	17
Myotonic dystrophy	19
Amyotrophic lateral sclerosis (ALS)	21

오늘날까지 지도 작성이 된 것은 얼마나 되는가?

DNA 염기를 빠르게 분석하는 방법의 개발과 그 염기를 분석한 결과에 대한 컴퓨터 프로그램의 창조는 인간 유전체 프로젝트(HGP)에 착수하기위한 출발점이 되었다. HGP의 취지는 한 번에 하나씩 표지와 질환유전자에 대한 지도 작성과 결과를 얻는 것 대신에, 고속 DNA 염기서열분석기와 컴퓨터를 사용하여 인간 유전체의 전체 염기서열 분석과 지도를 만드는 것이다.

9.2 요점

- **현재 유전자들과 그 기능들을 동정하는 것에 노력이 집중되고 있다.**
- **유전체학은 연관 연구와 같은 초기 유전자 지도 작성법의 연장이다.**

9.3 전체 유전체의 염기서열 분석은 어떻게 이루어졌나?

유전학자들은 유전체의 염기서열을 분석하기 위해 보다 신속한 방법을 개발하였다. 이 방법에서는 유전체에 있어서의 모든 염기서열을 포함하는 DNA 조각의 집합체를 구축하기 위해 유기체의 DNA를 제한효소로 잘랐다. 이 집합체는 **유전체 라이브러리** (genomic library)라고 부른다. 이 유전체 라이브러리로부터 각각의 조각들은 우리에게 익숙한 A, C, G, 그리고 T라는 염기서열 목록의 순서를 생성하기 위해 **DNA 염기서열분석기** (DNA sequencer)로 분석한다. **어셈블러** (Assemblers)라고 불리는 전문화된 소프트웨어를 사용하여 각 조각들의 염기서열이 전체 유전체의 염기서열을 형성하기위해 합해지게 된다.

2003년에 인간 유전체에 유전자로 번역되는 영역에 대한 염기서열이 분석되어 출판되었다. 이러한 염기서열은 공공의 데이터베이스에 저장되어 있고 연구자들이 접속하여 연구에 활용할 수 있다. 이러한 기술에 있어서의 새로운 진보는 우리 유전체의 남겨진 부분의 염기서열분석을 위해 개발되어졌다. 몇 년 안에 전체 인간 유전체의 염기서열이 분석될 것이다.

유전체 염기서열이 분석된 뒤에 무슨 일이 일어났나?

유전체 염기서열이 분석된 후에 정보를 조직화하고 정확성을 점검하였다. 그 다음의 과제는 단백질들에 대해 암호화되어있는 염기서열

■ 그림 9.4 DNA 서열
현재 염기서열에서 유전자로 번역되는 부분을 찾는 지식이 없이는 어느부분이 유전자 인지를 알 수 없다.

```
AAGTCTCAGG ATCGTTTTAG TTTCTTTTAT TTGCTGTTCA TAACAATTGT TTTCTTTTGT
TTAATTCTTG CTTTCTTTTT TTTTCTTCTC CGCAATTTTT ACTATTATAC TTAATGCCTT
AACATTGTGT ATAACAAAAG GAAATATCTC TGAGATACAT TAAGTAACTT AAAAAAAAAC
TTTACACAGT CTGCCTAGTA CATTACTATT TGGAATATAT GTGTGCTTAT TTGCATATTC
ATAATCTCCC TACTTTATTT TCTTTTATTT TTAATTGATA CATAATCATT ATACATATTT
ATGGGTTAAA GTGTAATGTT TTAATATGTG TACACATATT GACCAAATCA GGGTAATTTT
GCATTTGTAA TTTTAAAAAA TGCTTTCTTC TTTTAATATA CTTTTTTGTT TATCTTATTT
CTAATACTTT CCCTAATCTC TTTCTTTCAG GGCAATAATG ATACAATGTA TCATGCCTCT
TTGCACCATT CTAAAGAATA ACAGTGATAA TTTCTGGGTT AAGGCAATAG CAATATTTCT
GCATATAAAT ATTTCTGCAT ATAAATTGTA ACTGATGTAA GAGGTTTCAT ATTGCTAATA
GCAGCTACAA TCCAGCTACC ATTCTGCTTT TATTTTATGG TTGGGATAAG GCTGGATTAT
TCTGAGTCCA AGCTAGGCCC TTTTGCTAAT CATGTTCATA CCTCTTATCT TCCTCCCACA
```

과 관련된 모든 유전자를 찾는 것이다. DNA 염기서열(■그림 9.4)을 보면, 그것이 유전자를 포함했는지 아닌지 나타나지 않는다(인간 DNA 의 단지 5%만이 실제로 유전자이다).

염기쌍의 확실한 조합을 찾기 위해서 소프트웨어 프로그램으로 염기서열을 검색한다. 이것들은 **촉진 염기서열** (promoter sequences)라고 이미 알려진 유전자의 시작 부위를 포함한다. 컴퓨터가 이들 영역을 발견 했을때 그 다음의 염기서열은 유전자인 것이 분명하다.

유전자가 동정되어진 후에 뉴클레오티드 삼중자(nucleotide triplets)에 상응하는 아미노산이 일치한다면, 이 유전자에 의해 암호화된 단백질이 얻어질 수 있다.

9.3 요점

- 염기서열분석기와 컴퓨터 프로그램과 같은 새로운 기술의 개발은 HGP가 앞으로 나아가도록 도왔다.

9.4 인간 유전체에 대해서 우리가 배운 것은 무엇인가?

인간 유전체의 내용물은 깜짝 놀랄 일로 판명되었다. 여러 가지 면에서 인간 유전체는 유용한 작은 무리들이 함께 섞여 있고, 가치가 없음이 분명한 오래된 것들로 채워진 많은 지하실이나 다락방과 같다.

유전체에서 유용한 부분은 단백질에 대한 암호를 가진 유전자이다. 이외의 상당수 DNA는 우리 유전체의 진화론적 역사의 남은 부분을 나타낸다.

인간 유전체가 30억 개 이상의 DNA 뉴클레오티드를 함유할 지라도, 단지 이러한 DNA 의 약 5%만이 단백질에 대한 정보를 포함하고 있다. 유전체의 절반 이상이 반복 DNA (repetitive DNA) 또는 반복체가 수천 번 또는 수십만 번 반복된 염기서열로 구성되어 있다.

수치로 따져보기

20,000–25,000
인간이 가진 단백질을 만드는 유전자의 숫자

20,000
초파리가 가진 단백질을 만드는 유전자의 숫자

50%
바나나의 것과 유사한 인간 유전자의 비율

John A Rizzo/Getty Images

540+
염기서열이 분석된 유전체의 숫자

1089
염기서열이 분석된 박테리아 유전체의 숫자

수백만
아직 염기서열이 분석되고 있는 박테리아 유전체의 숫자

반복체는 무엇이며 그들은 어디로부터 온 것인가?

우리 유전체 안에는 몇 가지 다른 유형의 반복 DNA가 있다. 이들 유형의 하나는 **트랜스포존** (transposons)으로 불리고 그들이 우리 유전체의 45%를 이루고 있다. 만약 트랜스포존이 스스로 복제를 한다면, 새로운 복제물이 움직일 수도 있고(또는 위치를 바꾸는), 그들 스스로를 유전체의 다른 부위에 삽입할 수 있을지도 모른다. 다행스럽게도, 거의 모든 트랜스포존은 복제하지도 않고, 이리저리 움직이지도 않는다.

반복의 두 번째 유형은 LINE 1 염기서열이다. 이것은 유전체의 17%를구성한다. Alu **염기서열** (Alu sequence)이라불리는세 번째 유형은우리 유전체의 10%를 구성한다. Alu 염기서열은 약 6,500만 전에 영장류 유전체에서 처음 나타났고, 우리 자신의 유전체의 진화에 있어서 중요한 역할을 했다.

이들 반복체의 유형 중 어떤 것이라도 유전적 질환을 유발하거나 유전자를 비활성화 할 수 있는가? 이것은 사실이며 Alu 염기서열의 반복은 혈우병, 신경섬유종증 그리고 유방암의 어떤 형태를 포함하는 모든 알려진 유전적 질환의 약 0.1%를 차지하며, 유전자 안이나 유전자 근처에 삽입된다.

다른 측면에서 Alu 염기서열은 인간 진화에 있어서 중요한 역할을 했을 수도 있다. 약 280만년 전에 Alu 염기서열은 우리 선조의 유전체에 들어가 세포 성장을 조절하는 유전자를 껐다. 거의 동시에 우리 종(species)을 이끄는 동종에서 뇌의 크기가 증가하기 시작했다. 과학자들은 이 유전자가 꺼짐으로써 이러한 진화론적 사건이 일어났다고 생각한다.

다른 반복 염기들은 전체 유전체를 통하여 군의 형태로 발견되었다. 이것은 우리가 8장에서 논의했던 개인 식별을 위해 사용된 짧은 연쇄반복서열(STR)을 포함한다.

우리의 유전체에 대한 다른 놀라운 발견이 있는가?

인간 세포에서 발견된 단백질의 목록을 작성 하는 동안 과학자들은 우리 세포가 우리가 가진 유전자의 숫자보다 훨씬 많은 단백질을 만들 수 있다는 것을 밝혀내고 놀랐다. 우리의 유전체는 약 20,000에서 25,000개의 유전자를 가지지만, 인간 단백질의 목록은 지금 500,000개 이상을 포함하고 있고 2백만 개를 초과할 지도 모른다. 어떻게 20,000에서 25,000개의 유전자가 그렇게 많은 단백질에 대한 정보를 암호화 할 수 있을까? 그 차이점은 독립적으로 또는 함께 작업 할 수 있는 몇 가지 기전의 결과이다. 핵 안에서 mRNA(messenger RNA)의 과정을 거치는 동안(이것을 검토하기 위해 5장을 볼 것), RNA에 있는 유전자로 되는 부분이 재배열될 수 있어 하나의 유전자로부터 생산 될 수 있는 다른 단백질들의 수가 증가 된다. 또한 단백질은 일단 합성되면 화학적으로 변경될 수 있다. 이러한 변경은 단백질의 구조와 기능을 변화시킬 수 있고, 하나의 유전자로부터 획득될 수 있는 다른 단백질들의 숫자를 다시 크게 증가시킬 수 있다. 인간 단백질체 프로젝트(Human Proteome Project, HUPO)라 불리는 이 국제적인 노력은 인간이 만들 수 있는 모든 단백질을 동정하고, 그들의 기능과 다른 단백질들과의 상호작용을 규명하기 위해 주력하고 있다.

염색체 7

9.4 요점

- **HGP 과학자들이 일을 마무리 하는 동안 많은 놀라운 점을 발견했다.**

9.5 인간 유전체 프로젝트로부터 나온 정보는 어떻게 사용될 수 있는가?

사람을 연구하는 유전학자들은 사람 유전 질환들을 연구하는 것에 흥미를 가졌다. 보통 그들은 다음과 같은 것을 알고자 한다:

1. 이 질환에 대한 유전자는 어디에 위치해 있는가?
2. 이러한 유전자에 의해 암호화된 단백질의 기능은 무엇인가?
3. 돌연 변이된 유전자와 그 유전자에 의해 생산된 단백질은 어떻게 질환을 유발하는가?

만약 우리가 이러한 정보를 모을 수 있다면, 어떻게 유전자와 유전자 산물이 작용하는지 알수 있고, 진단방법을 개발하여 특정 유전 질환들에 대한 치료를 할 수 있게 될 것이다. 이것은 어려운 과제 같지만 낭포성 섬유증(CF)을 포함하는 몇몇의 질환들에 있어 약간의 진전이 있다. 여러분이 4장에서 배운 것을 기억하듯이 CF는 열성유전 형식을 가진다. 이것은 몸의 어떤 장기에서 축적되는 점액이 원인이다.

위치클로닝(positional cloning)을 사용하여, CF의 유전자는 옆의 그림에서 보여 지는 것처럼, 7번 염색체의 장완(long arm)에 위치하고 있다.

이후 머지 않아 CF 유전자가 분리 되고 염기서열이 분석되었다. 뉴클레오타이드 염기서열은 CF 단백질의 아미노산 배열로 전환되었다. 이 염기 배열을 단백질 데이터베이스에 있는 염기들과 비교 했을때 CF의 단백질은 세포의 원형질막에서 발견된 단백질들과 유사하다는 것이 밝혀졌다. 이들 단백질의 몇몇은 세포의 안쪽과 바깥쪽으로 분자들이 이동하는 것을 조절한다. 이러한 발견은 CF가 세포 원형질 막 단백질에 영향을 주는 돌연변이에 기인한다는 사실을 수립하는데 도움이 되었다.

CF의 핵산 염기서열이 동정 되었을때 CF를 치료하기 위한 신약개발로 관심이 전환되었다. CF에 걸린 사람은 세포의 안쪽과 바깥쪽으로 염화 이온(chloride ion)의 이동을 조절할 수 없는 손상된 단백질을 가지고 있다. 이것은 이들 세포에 의해 분비된 점액이 걸쭉해지고 환자 폐의 관을 막는 원인이 된다. CF를 치료하기 위해 과학자들은 CF 단백질의 기능을 부분적으로 또는 완전하게 회복시키는 약을 개발 중이다.

9.5 요점

- **HGP로부터 나온 정보는 유전적 질환을 치료하기위한 신약 개발을 위해 사용되어지고 있다.**

사례 A 질문

현재 우리는 어떻게 HGP의 미래가 우리의 삶에 영향을 미칠 수 있는지 이해하고, 다른 시각에서 Coleman 부부의 경우를 바라볼 수 있다.

1. Rudin 박사가 그들 태아의 유전체를 염기서열 분석하기 전에, Coleman 부부에게 얘기해야만 하는 것은 무엇인가?
2. Coleman 부부는 Rudin 박사가 가지고 있는 그들의 태아에 대한 모든 유전적 정보에 대하여 알아야만 하는가? 왜 또는 왜 그렇지 않은가?
3. 만약 그들이 모든 정보를 알 수 있는 기회를 가질 수 없다면, 어떤 유전 정보를 그들은 가져야 하는가?
4. 만약 여러분의 태아에 대한 모든 유전적 정보를 알 수 있는 기회가 주어진다면, 여러분이 알기 원하는 5가지 목록을 써보라.
5. 미래에, 우리가 지금 알 수 있는 것보다 유전적 정보에 대해 더 알 수 있게 되었을 때, 이러한 변화가 얼마나 그리고 어떻게 아이들을 치료받게 할 것인가? 여러분의 답변을 설명해보라.
6. 여러분의 태아가 유전적 질환에 대한 유전자를 가지는지 아닌지에 대한 지식과는 별개로, 어른이 되었을 때의 키 또는 지능의 수준과 같은 기회가 다른 것들에 대한 발견은 매우 다른 얘기다. 그것이 가능해졌을 때 사회는 이러한 정보를 원할 것인가? 왜 그런가?

9.6 유전체 염기서열분석(sequencing)의 미래는 무엇인가?

현재 유전체 염기서열분석은 매우 비용이 많이 들고 시간이 걸리는 일이다. 새로운 기술이 유전체 또는 전체 유전체의 염기서열 분석 분야를 위해 요구되는 비용과 시간 절감을 위해 개발되어졌다. 이러한 진보는 염기서열분석을 진료의 일상적인 부분으로 만들 수도 있고, 많은 커플은 Coleman 부부가 Rudin 박사의 사무실에서 가졌던 경험을 할 수 있게 될 것이다. 결국 유전체의 염기서열분석은 1,000달러 또는 그 미만의 가격과 하루가 안 걸리는 시간에 이루어질 것이다. 여러분의 유전체 염기서열을 가지고 의사에게 여러분의 건강을 모니터하게 하는 것이 가능할 것이고, 어떤 질환들에 대하여 어떻게 위험도를 감소시킬 수 있는지 알 수 있도록, 그리고 암과 같은 질병이 더 치료 가능한 상태에서 조기 진단이 가능하도록 정보가 제공될 것이다.

9.6 요점

- 가까운 미래에, 유전체 염기서열분석은 아마도 진료의 일상적인 부분이 될 것이다.

9.7 인간 유전체 프로젝트의 미래에는 유전자 치료 영역이 있는가?

6장에서 보았듯이, 재조합 DNA 기술을 사용하여 과학자들은 신약을 개발하고 다른 인간 단백질을 만들기 위하여, 인간 세포로부터 박테리아로 유전자를 옮길 수 있다. 인체 내로 유전자를 이동시키는 것은 가능한가? 만약 유전자가 올바르게 작용하지 않는다고 가정한다면 결과적으로 맞지 않는 단백질이 만들어질 것이다. 만약 정상적인 유전자가 유전적 질환을 가진 사람에게 이식된다면, 알맞은 단백질이 생산될 것이고 그 질환은 치료될 것이다.

1990년이 되기 직전에 연구자들은 유전적 질환을 치료하기 위하여 **유전자 치료** (gene therapy)라고 불리는 방법을 개발하기위해 재조합 DNA 기술을 사용하기 시작했다. 유전자 치료의 취지는 유전자들의 결함이 있는 복제물(copies)을 가지고 있는 세포 안으로(또는 인체 내로) 정상적인 유전자들의 복제물을 옮기는 것이다. 일단 옮겨지고 나면, 정상적인 유전자들은 곧바로 정상적인 유전자 산물을 합성하고 결과적으로 정상적인 표현형을 생산해야 한다.

유전자 치료에서 어떻게 유전자가 사람에게 이식되는가?

대부분의 경우에 특정 유전 질환을 가진 사람의 몸에서 세포를 제거하여 실험실에서 변경시킨다. 정상적인 유전자를 세포속으로 옮기기 위해 바이러스를 이용한다. **벡터** (vector)라 불리는 바이러스는 세포 안으로 들어가고 인간 염색체 속으로 정상적인 유전자가 삽입된다. 그러고 나서 들어간 유전자는 세포에 유전적 정보의 일부가 된다.

유전자 이식(gene transfer)후에 실험실에서 배양된 세포는 정상적으로 유전자가 작동하고 올바른 단백질을 만드는지 확실히 하기위해 점검한다. 그러고 나서 그 세포는 인체 내로 다시 이식된다.

사례 B 검사 결과가 의사를 걱정하게 한다

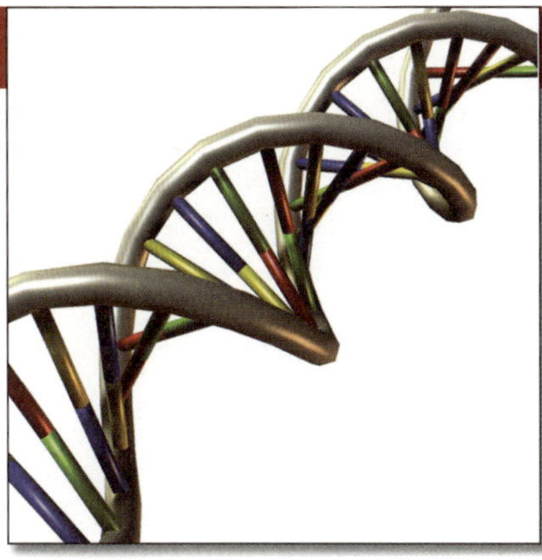
Friedrich Saurer/Photo Researchers

Technogene은 매우 오랜 시간동안 생명공학 사업을 해왔다. 여러해 동안 회사는 다른 생명공학 회사들에 재료(DNA와 세포들)를 공급하는 2차 시장에 주력했고, 결코 어떤 것에도 특허를 내지 않았다.

Technogene의 일부가 최신 사업으로 고혈압에 대한 유전자를 찾는 동안, 과학자들은 이러한 중요한 유전자의 일부가 될 지도 모른다고 생각했던, 유전체의 흥미로운 영역을 발견했다. 이러한 염기서열에 대해 데이터베이스를 찾았을 때, 그들은 이미 그것에 대한 특허권을 가진 Markogene이라는 다른 회사를 발견했다.

Technogene의 책임 과학자인 Julie Mersiant는 충격을 받았다. 어떻게 Markogene은 유전자의 영역에 특허를 낼 수 있는가? 특허를 냈던 그 당시에는, 비록 그 염기서열이 유용하다고 할지라도, 누구도 이러한 염기서열의 기능을 아는 사람이 없었다.

Mersiant 박사는 그녀의 실험에 이러한 염기서열을 사용하기를 원했지만, 그녀는 Technogene이 그것을 사용할 권리를 갖기 위해 상당한 양의 돈을 지불해야한다는 것을 알았다. 이것은 그녀가 아마 수백만 달러로 만든 어떤 발견의 비용을 증가하게 할 것이다.

1. Mersiant 박사, 또는 Technogene이 지금 하고 있는 일은 무엇인가?
2. 많은 회사가 인간 유전자, 유전자의 산물, 그리고 그들이 동정된 방법들에 대한 특허를 가지고 있다. 여러분은 이것이 과학적 지식에 도움이 되거나 방해가 된다고 생각하는가? 왜 또는 왜 그렇지 않은가?
3. 만약 여러분이 Technogene을 대변하는 변호사라면, 그 정보를 사용하기 위한 권리에 대해 어떻게 논쟁을 할 것인가?
4. 만약 여러분이 Markogene을 대변하는 변호사라면, 그 정보를 사용하기 위한 권리에 대해 어떻게 논쟁을 할 것인가?
5. 많은 사람들은 인간 유전체 프로젝트로부터 모아진 모든 정보가 공개되어야 하며, 모두에게 접근이 허용되어야 한다고 생각한다. 여러분은 동의하는가? 왜 동의 하는가? 또는 동의하지 않는다면 왜 동의하지 않는가?

유전자 치료에 의하여 유전 질환이 치료된 적이 있는가?

1990년에 **중증복합면역결핍증**(severe combined immunodeficiency disorder, SCID)이라 불리는 유전 질환을 가진 Ashanti DeSilva라는 어린 소녀가 유전자 치료를 받았다. 이 질병을 가진 아이들은 기능적인 면역 체계를 가지지 못하고, 대부분의 사람들에게는 별로 심각하지 않은 감염으로 대부분 죽는다. 그녀의 몸에서 백혈구세포를 채취하여 **아데닌 탈아미노효소**(adenosine deaminase, ADA) 효소를 생산하는 유전자를 백혈구세포에 삽입하였다. 그 치료된 세포는 그녀의 몸에 주사되었고, Ashanti는 면역 체계를 갖게 되어 정상적인 삶을 살게 되었다.

유전자 치료에는 어떤 문제가 있는가?

유망한 시작에도 불구하고, 유전자 치료법은 아직 유전 질환 치료에의 약속을 이행하지 못했다. 많은 경우에 유전자 치료법은 기능을 하지 못했다. 몇 개의 경우에 환자들은 유전자 치료 후에 백혈병이 생겼고, 적어도 두 사람이 유전자 치료의 결과로 사망했다. 과학자들은 유전자 치료법이 가지는 문제 해결하고, 유전 질환에 대한 치료로써 유전자를 사용한 새로운 접근법을 개발하기위해 노력하고 있다.

9.7 요점

- 유전자 치료법은 단지 실험적으로 이용가능하다.

9.8 인간 유전체 프로젝트에 관련된 법적 그리고 윤리적 문제들은 무엇인가?

HGP에 따르는 많은 법적, 윤리적 문제들이 이러한 기술이 사용가능하게 됨으로써 언급되어져왔다. Coleman 부부의 태아에 대한 시험을 둘러싼 문제와 같은 몇 가지 문제들이 미래에 발생할 것이다.

원래 HGP에 자금을 제공했던 사람들은 이들 문제의 일부를 예견했고, 인간 유전체 염기서열과 그 염기서열의 많은 응용과 관련된 윤리적, 법적, 사회적 문제들(ELSI)을 연구하기 위해 자금의 일부를 할당했다.

위의 도표에서 HGP에 의해 발생되는 윤리적, 법적 문제들의 일부를 언급하였다

9.8 요점

- HGP를 둘러싸고 있는 몇몇 법적, 윤리적 문제들이 논의되고 있다.

질문	질문을 판단하는 방법	관련된 사례 또는 법적 사안
HGP로부터 모아진 정보의 관리는 누가 할 것인가?	진료 기록의 기밀은 법에 의해 보호된다. 어떤 과학적 정보는 컴퓨터 데이터베이스를 통해서 전 세계의 실험실에서 사용 가능하도록 되어있다.	만약 유전학과 그것의 중요성에 대한 더 많은 이해가 있다면, 법원은 기밀유지의 권리를 약화시키도록 결정할 수 있다. 이것은 과학자들이 더 쉽게 기록을 볼 수 있게 하고, 재료를 사용할 수 있게 한다.
우리가 좀 더 많은 정보를 이용가능하게 됨으로써 더 많은 유전 상담자를 확보할 것인가?	그 학술적 공동체는 유전학적 상담에 있어서 더 많은 프로그램을 개발 중이다.	의사들은 그들의 환자들에게 유전학적 시험과 거기에 따르는 결과들을 설명하기 위한 전문가를 찾게 될 것이다.
이러한 정보의 사용이 우리 아이들에 대한 유전적 조작을 유도할 것인가?	유전공학에 있어서의 첫발은 PGD의 사용과 다른 유전 검사에서 이미 사용되고 있다. 많은 사람들은 만약 이러한 기술이 아주 흔하게 되어, 문제가 발생할 수도 있다는 것을 두려워한다.	인간의 진화는 유전공학에 의해 영향을 받을 수도 있고, 장애를 가진 사람들은 예방책으로 선발되어질 수도 있다.
고용주들은 사람들의 취업을 거부하기 위해 유전적 정보를 사용할 수 있는가?	고용주들은 법안에 의해 고용자 또는 구인자들에 대해 차별을 하지 않는다.	만약 더 많은 유전적 정보가 이용가능하다면, 고용주들은 유전적 시험을 받은 유망한 고용자를 요구할 수도 있다.
사람들은 인간 유전자에 대해 특허권을 가질 수 있는가?	유전적 염기서열, 유전자, 그리고 전체 유전체는 미국과 다른 나라에서 특허를 받을 수 있다. 이러한 특허는 같은 연구를 하는 다른 실험실이 없다면, 유전체 영역에 대해 연구하기위한 회사들에 허용된다.	몇몇 과학자들은 HGP로 부터 모아진 정보가 공공의 것으로 만들어져야만 하고, 그래서 모든 실험실에서 그것에 접근할 수 있어야 한다고 느낀다. 이것은 오늘날 여전히 논쟁중인 문제이다.

Moore v. Regents of the University of California
(249 Cal.Rep. 494 (1988), 793 P.2d 479 Cal.Lex. 2858 (1990))

1976년에, John Moore는 **hairy cell 백혈병(hairy cell leukemia)**의 치료를 위해 캘리포니아의 로스앤젤레스에 있는 캘리포니아 대학 병원에 입원하였다. 백혈병은 백혈구가 과도한 비율로 늘어나는 상태이다; hairy cell 백혈병은, 머리카락모양의 돌기를 가진 특정 백혈구가 증식하고, 비장에 침범하여 비장의 확장을 일으킨다. 그것은 보통 젊은 남자에 발병한다. 비장절제술(비장을 제거하는 것)은 일반적으로 hairy cell 백혈병의 초기 치료로 받아들여졌다; 개선효과는 종종 몇 달, 심지어 몇 년간 지속되었다.

Moore의 비장은 1976년 10월에 제거되었다. 그의 백혈병은 차도가 있었고, 그는 병의 치유에 감격했다. 1976년 11월부터 1983년 9월까지, Moore는 정기적으로 피를 뽑고 다른 물질들(혈청, 골수, 정자)을 제거하기 위해 워싱턴 주로부터 캘리포니아로 돌아왔다. 그는 이러한 절차가 그의 치료의 일부라고 말했고, 그 모든 비용은 UCLA에 의해 지불되었다. 1983년 4월 11일에, Moore는 그의 세포에 대한 연구를 의사들에게 허용한다는 동의서에 서명하도록 부탁받았다. Moore는 그 동의서에 서명 했다.

UCLA의 의사들은 그들이 만들어낸 **림포카인(lymphokine)**이라 불리는 단백질이 어떤 암들의 치료에 사용되어졌기 때문에 Moore의 비장 세포가 특별하다고 결론지었다. 유전공학기법을 사용하여 의사들은 그의 세포(세포주, a cell line)를 영원히 지속되는 연속배양이 가능하게 만들었다; 그러고 나서 그들은 E.coli 의 DNA에 그의 비장세포의 DNA 영역을 접합시켰다. 그 세포주는 높은 상업적 가치뿐만 아니라 놀라운 의학적 용도를 가진 의약품을 생산했다. Moore는 그 세포로부터 획득된 항암물질 또는 잠재적인 상업적 가치에 대해 알지 못했다.

1984년 3월 20일에, 미국 특허청은 발명가로서 기록된 Moore의 의사들인 David Golde 박사와 Shirley Quan 박사가 가진 세포주에 대한 특허권을 인정했다. 그 세포주는 원래 "Moore Cell Line"으로 명명되었지만 이후에 "RLC Cell Line"으로 변경되었다. Golde박사와 Quan박사는 이 세포주를 상업적으로 연구 개발하기 위하여 Sandoz Corporation과 Genetics Institute와 함께 계약을 체결했다. 이러한 댓가로 그들은 Genetic Institute의 주식을 할인가에 75,000주 구입할 수 있는 선택권과 현금 330,000 달러를 받았다.

John Moore는 1984년 9월 9일에 타인의 재산을 제거하여 **전환(conversion)**한 캘리포니아 대학의 대표자인 Golde 박사, Quan 박사, Sandoz corporation, 그리고 Genetics Institute를 고발하는 소송을 냈다. Moore변호사는 이 사건에서 승소하기 위해 세포와 세포의 생산물이 Moore의 소유 재산이라는 것을 증명해야만 했다.

쟁점:
2가지 중요한 쟁점이 이 사건에 관련되어있다: **고지(告知)에 입각한 동의**와 의사/환자간의 관계

고지에 입각한 동의:
Moore의 변호사들은 Moore에게 **고지에 입각한 동의**가 허용되지 않았다고 주장했다. 수술을 받거나 어떤 의학적 처치를 받는 모든 환자들은 반드시 동의해야 한다. 의사는 환자에게 고지에 입각한 동의를 받기위해 필요한 모든 정보를 말해줄 책임이 있다. 충분한 정보를 제공하지 않았거나 잘못 제공한 의사는 고소당 할 수 있다. Moore는 수술과 그 후에 혈액 시험에 대한 동의서에 서명하였지만, 그의 세포가 사용되어질 수 있고 팔릴 수도 있다는 것에 대해 알지 못했다.

다른 사례의 경우에, 의사들은 죄수들과 그 밖의 사람들에 대해 그 결과가 얼마나 심각할 수도 있는지에 대한 언급 없이 실험적 시술을 했다. 1940년대에 있었던 Tuskegee Institute 사례와 같은 경우에 결과가 심각하였다. Tuskegee 사건에서 매독이 치료될 수 있는지 알아보려고 매독에 걸린 남자들에게 실험적 의약품이 제공되었다. 실험적 의약품이 제대로 작용하지 않았을 때, 그 환자들은 집에 보내졌다. 20년 후에 많은 사람이 질병으로 사망했다. 이 사건에서 몇 가지 윤리적인 문제가 있었다. 그 남자들은 그들이 매독에 걸렸다는 것을 결코 알지 못했기 때문에, 이 약이 사용가능하게 되었을 때에도 항생제로 치료를 하지 않았다. 이와 같은 사건이, *고지에 입각한 동의*에 대한 법률(*informed-consent* laws)의 계기가 되었다. 시간이 경과하면서 이 법률은 정비되었고, 점점 더 많은 정보가 지금 고지에 입각한 동의를 확실히 하기위해 필요하다.

의사/환자간의 관계:
고지에 입각한 동의가 결여되었기 때문에 Moore의 변호사들은 의사와 그의 관계가 위반되었다고 주장했다. 이러한 위반 때문에 Moore는 부당하게 대우받았고 극도의 정신적 고통을 경험했다.

결과:

제1심 법정:
제1심 법정에서는 Moore가 수술을 받았을때 그의 조직이 연구용으로 사용되는 것을 원하지 않는다는 것을 특별히 언급하지 않았고, 그리고 법원에 제출하는 서류에 비장절제술에 대한 공개 사본을 첨부하지 않았기 때문에, 전환(conversion)에 대한 주장은 받아들여지지 않았다. 법원은 그 세포의 소유권의 문제를 언급하지 않았고, 결국 상급법원에 이 결정을 미룰 수밖에 없었다. John Moore는 캘리포니아 항소법원에 이 판결에 대해 항소했다.

항소법원:
1988년 7월 21일 긴 논의 끝에 캘리포니아 항소법원은 자신의 조직에 대한 소유권은 "법률상 충분하다"는 논지와 자신의 세포는 자신의 것이라는 Moore의 주장에 대하여 2대 1로 원고 승소 판결을 했다. 그 세포주에 대한 권리는 이미 팔렸기 때문에 법원의 결정은 사실상 단지 수익금의 분배에 대한 것이 되었다. 피고들은 캘리포니아 대법원에 항소했다.

대법원:
1990년 7월 1일 캘리포니아 대법원은 Moore가 자신의 세포에 대한 소유권을 가진다는 항소법원의 판결을 뒤집고, Golde 박사가 Moore에게 그의 세포가 미래에 사용될 가능성에 대해 고지 했어야 되기 때문에 의사/환자 관계가 위반되었다는 이유로 새로운 법정으로 이 사건을 돌려보냈다.

소유권 문제를 고려해서 법원은 "연구에 사용된 각 사람 세포 샘플 제공에 합의된 가계를 조사하기 위한 과학자들에 대한 의무"를 Moore의 세포에도 적용할 수 있어 Moore의 주장은 받아들여 지지 않았다. 법원은 이것이 너무 어렵고 제한적이라고 판단했다. 그것은 또한 이러한 분야에서의 소송을 증가하게 할 수도 있다. 법원은 매우 필요한 과학적 실험이 만약 의사들이 자유롭게 사람 세포를 가지고 연구하는 것을 허용하지 않는다면, 더 어려워 질 것이라는 것을 두려워했다. 어떤 연구는 약물의 효과와 또 다른 치료들을 사람에게 시험할 수 있게 되기 전에 반드시 살아있는 사람 세포에 시험해야 하기 때문에 매우 중요하다. 실험적 사용 전에 세포의 소유권에 대해 점검하려면, 많은 시간과 경비가 들고 과학적 연구가 느려질 수도 있을 것이다.

대법원은 Moore가 그의 세포의 사용을 회사로 하여금 중지시키거나 그 이익을 나눠 갖는 것을 허락하지 않았다. 그러나 의사/환자간의 관계의 문제는 중요하다; 대법원은 의사들이 Moore에게 그의 세포가 이러한 목적으로 사용되어질 것이라는 것을 그에게 알려주지 않았기 때문에, 의사들을 고소하러 법원으로 돌아올 수 있다고 얘기했다.

대법원에서 제시했던 어떤 소송도 Moore쪽에서 제기되지 않았다. 이것은 보도금지령으로 공개되지 않은 금액으로 합의가 있었을 것으로 추측된다.

질문:

1. 여러분은 의사들이 벌어들인 돈에 대해 John Moore에게 어느 정도 빚을 졌다고 생각하는가? 만약 그렇다면, 왜 그렇게 생각하고 그게 얼마일 것이라고 생각하는가? 만약 그렇지 않다면, 그렇지 않은 이유는?
2. 만약 여러분이 Moore의 변호사라면, 그의 세포가 그의 소유라는 것을 증명하기위해 어떤 주장을 펼칠 것인가? 3개 또는 그 이상의 목록을 제시해 보라.
3. 만약 여러분이 의사들의 변호사라면, 여러분의 사건을 변호하기 위해 사용할 주장은 무엇인가? 3개 또는 그 이상의 목록을 제시해 보라.
4. 의사들이 잘못한 것이 있는가? 만약 그렇다면, 무엇을 잘못했나?
5. 여러분은 캘리포니아 대법원의 판결에 동의하는가? 왜 또는 왜 그렇지 않은가?

다음의 사례들을 읽고 수반되는 문제에 답하시오.

사례 #1
최근 일리노이에서 한 남자가 백혈병을 진단받았고 그에게 골수 이식이 필요하다고 말했다. 컴퓨터는 그의 희귀한 조직 형태에 완벽하게 일치하는 골수를 발견했다. 골수가 일치하는 여성은 다른 치료를 받기위해 병원에서 검사를 받았다. 그 여성은 질병의 심각성을 알고 백혈병 환자가 전화하고 애원을 해도 골수의 기증을 거부했다. 환자는 그 여성의 골수세포를 강제로 받는 법원 명령을 받기 위해 그녀를 법원으로 데려갔지만, 판사는 백혈병 환자에게 더 이상 여성을 귀찮게 할 수 없다고 말했다. 그것들은 그녀의 골수 세포였다.

사례 #2

한 여자가 충수절제술을 받기위해 병원에 입원했다. 그녀는 외과의사에게 그녀의 충수를 돌려달라고 요청했다. 의사는 병리과에서 검사를 해야 하고 검사후에는 폐기되기 때문에 안된다고 말했다. 그녀는 그녀의 충수를 그녀에게 돌려주도록 병원에 요구하기 위해 법원에 갔다.

사례 #3

최근 캘리포니아의 어떤 부부는 백혈병에 걸린 그들의 첫째 아이를 위한 골수를 얻기 위해서 둘째 아이를 가졌다. 한 위원회가 이식을 중단시키기 위해 법원에 요청하여 유아 세포의 이러한 사용을 막으려 하고 있다.

6. 윤리적인 측면에서 우리의 가장 중요한 관심사 중의 하나는 우리 운명의 통제에 대한 권리와 우리에게 어떤 일이 생길지에 대한 자율성이다. Moore의 사례에 있어 자율성의 역할에 관한 부분은 어떠했는가? 만약 여러분이 Moore의 변호사였다면 자율성 논쟁을 어떻게 사용했을 것인가?
7. 우리 자신의 유전에 대해 좀 더 많은 정보가 이용가능하게 되고, 검사가 가능하게 되어 우리는 우리의 태어나지 않은 아이들과 가족들 그리고 우리 자신을 검사할 수 있다. 캘리포니아 대법원의 판결처럼, 만약 우리가 우리의 세포를 소유하지 않는다면, 그 세포에 대한 시험의 결과는 우리가 소유 하는가? 여러분의 의견은 무엇인가?
8. 사람들은 조직 기증이 허용된다. 법원은 (정자와 안구 같은) 어떤 신체 부위를 기꺼이 다른 누군가에게 기증하는 것을 허용한다. 이것은 이와 같은 신체 부위가 재산이라는 것을 의미하는가? 이 논쟁이 Moore의 재판 결과를 변화 시킬 수 있는가?
9. 텍사스에서 한 여성의 안구가 질병때문에 제거되었고 배수관에서 분실 되었다. 그녀는 그녀의 신체부분이 매우 부당하게 대우되었기 때문에 정신적인 충격에 대해 고소하였다. Moore의 사례를 이 사례에서 어떻게 사용할 수 있는가?
10. 이 사례들 중에서 Moore의 사례와 가장 관련이 있는 것은 어떤 사례인가? 가장 관련이 있는 것부터 없는 것까지 순서를 나열해 보라.
11. 여러분은 피고의 변호사로서, 이 사례들의 각 논쟁에 있어서 Moore의 사례를 어떻게 사용하겠는가?
12. 여러분은 원고의 변호사로서, 이 사례들의 각 논쟁에 있어서 Moore의 사례를 어떻게 사용하겠는가?

★ 주요점 10개

1. 인간 유전체에 대한 염기서열분석과 지도를 만들기 위한 인간 유전체 프로젝트 (HGP)는 1990년에 시작되었다. [9.1]
   ▮ 과학자들은 모든 인간 유전자와 유전자의 용도를 밝히기 위해 연구 중이다.

2. 이 프로젝트는 또한 인간 유전자에 의해 암호화된 모든 단백질도 동정할 것이다. [9.1]
   ▮ 이것은 단백질체학(Proteomics)이라 불리는 새로운 분야다.

3. 현재 모든 노력이 유전자를 동정하고 그 기능을 밝히는데 초점을 두고 있다. [9.2]
   ▮ 이 정보는 유전자의 기능이 잘못 되었을 때, 어떤 일이 일어나는지 밝히는 것을 도와줄 것이다.

4. 유전체학(Genomics)은 연관 분석과 같은 유전자 지도 작성의 초기 방법에 대한 연장이다. [9.2]
   ▮ 과학자들이 DNA를 가지고 연구하기 위해 더 빠르고 더 정교한 방법들을 발견했기 때문에 유전체학은 빠르게 진보되었다.

5. 염기서열분석기와 컴퓨터 프로그램 같은 새로운 기술의 개발은 HGP가 더 빨리 진행되도록 도왔다. [9.3]
   ▮ 염기서열분석기는 자료의 분석과 저장을 하는 고속 컴퓨터에 연결되어 있다.

6. HGP가 마무리되는 동안 과학자들은 많은 놀라운 사실을 발견했다. [9.4]
   ▮ 유전체 안에 있는 유전자보다 더 많은 단백질이 생산되었다.

7. HGP로부터의 정보는 유전 질환을 치료하기 위한 신약 개발에 사용되어졌다. [9.5]
   ▮ 인간 유전체의 암호를 해독해야 하는 주요한 이유는 이러한 질환을 치료하고 아마도 완치될 수 있도록 우리를 도울 것이기 때문이다.

8. 유전체 염기서열분석은 가까운 미래에 진료의 일상적인 한 부분이 될 것이다. [9.6]
   ▮ 과학자들은 HGP가 그들 연구의 궁극적인 사용 목적의 하나로써 의료에 있어서 변화를 줄 수 있는지 알아보려고 연구 중이다.

9. 유전자 치료법은 오직 실험적으로만 이용 가능하다. [9.7]
   ▮ 연구는 유전자 치료를 안전하게 만들고 유전 질환들을 치료하기 위한 효과적인 방법을 만드는 것을 목표로 한다.

10. HGP를 둘러싸고 있는 몇 가지 법적, 윤리적 문제가 언급되어져 왔다. [9.8]
    ▮ 이들 법적, 윤리적 문제들은 HGP의 윤리적, 법적 그리고 사회적(ELSI) 부문에 의해 논의 되어져 왔다.

핵심용어

Alu 염기서열 Alu sequences (p. 143)
DNA 염기서열분석기 DNA sequencer (p. 142)
hairy cell 백혈병 hairy cell leukemia (p. 147)
nail-patella 증후군 nail-patella syndrome (p. 141)
고지에 입각한 동의 informed consent (p. 147)
단백질체학 proteomics (p. 140)
림포카인 lymphokine (p. 147)
발현되는 유전자 expressed genes (p. 139)
발현되지 않는 염기서열 non-expressed sequences (p. 139)
벡터 vector (p. 145)
생물정보학 bioinformatics (p. 140)
아데닌 탈아미노효소 adenosine deaminase (p. 146)
어셈블러 assemblers (p. 142)
연관 지도 linkage map (p. 141)
연관 linkage (p. 140)
염기서열 sequence (p. 139)
위치클로닝 positional cloning (p. 142)
유전자 지도 genetic map (p. 141)
유전자 치료 gene therapy (p. 145)
유전적 거리 centimorgans (p. 141)
유전체 라이브러리 genomic library (p. 142)
유전체 genome (p. 139)
유전체학 genomics (p. 140)
인간 유전체 프로젝트 Human Genome Project(HGP) (p. 139)
전환 conversion (p. 147)
중증복합면역결핍증 severe combined immunodeficiency disorder(SCID) (p. 146)
지도 map (p. 140)
촉진 염기서열 promotor sequence (p. 143)
트랜스포존 transposons (p. 143)
표지 markers (p. 142)

온라인자료

시험을 준비 중인가? 예비시험을 위해 academic.cengage.com/login에 로그인하고, 개인의 학습 계획을 세우고, CengageNow's Study Tools에서 효과 측정 시험(post-test)을 보는 것이 여러분의 이해 정도를 평가하는데 도움이 될 것이다.

만약 교사가 내준 과제라면, 이번 장에 해당하는 사례 A와 법적 활동에 대한 조명, 즉 "The Future Tells All(미래가 모든 것을 밝힌다)"와 "Moore v. Regents of University of California,(Moore 대 캘리포니아 대학 위원회)"라는 제목으로 CengageNow 자료를 검색해서 해답을 찾으면 된다.

복습문제

1. 염기서열과 DNA의 지도 사이의 차이점은 무엇인가?
2. 만약 염기서열이 발현되지 않았다면, 표현형에 있어서 이것은 무엇을 의미하는가?
3. 소프트웨어, 컴퓨터, 그리고 유전학의 조합은 무엇이라 불리는가?
4. 왜 교차가 유전자 지도 작성에 중요한가?
5. 연관 지도는 어떻게 구성하는가?
6. 유전 질환에 대한 유전자의 위치 확인과 분리 후에, 그 다음 과정은 무엇인가?
7. 위치클로닝은 무엇인가?
8. HGP의 주도적인 과학자들은 누구였는가?
9. HGP 종료에 따르는 3가지 가능한 결과를 나열해 보라.
10. 이 프로젝트의 목표는 무엇인가?

응용문제

1. 일부 사람들은 인간 유전체 프로젝트와 원자폭탄의 개발을 비교하곤 한다. 그들은 그것을 "거대 과학(big science)"이라고 부른다. 원자폭탄 개발과 이 프로젝트간의 유사점 3가지와 다른 점 3가지를 나열해 보라.
2. HGP의 진행으로 많은 수의 직업이 창출되었다. 어떤 종류의 직업인가? 3가지 예를 들어보라.
3. HGP의 과학과 DNA 법의학은 어떻게 유사한가? 8장으로 돌아가서 어떻게 법의학적 테스트가 이루어지는 지에 대한 부문을 다시 읽어보자.
4. 사람의 모든 유전자 지도가 완성되고 단리된 후에, 우리는 우리 자신과 아이들, 그리고 우리의 기원은 어디로부터인지에 대한 많은 정보를 가지게 될 것이다. 우리가 이러한 것을 알기 원하는가?
5. ELSI 프로그램에 대해 조사해 보고 윤리적, 법적, 그리고 사회적 문제에 대한 연구에 어떤 진척이 있었는지 알아보라.
6. 유전자 치료에 관련된 가장 흥미로운 사례 중의 하나는 Jesse Gelsinger 사례이다. Jesse는 유전자 치료에 대한 임상 시험의 일원이었고 사망했다. 그의 죽음으로 어떤 일이 발생했는지, 이 사례에 대해 연구하고 논의해보라.
7. 만약 유전체의 많은 부분이 기능을 하지 않는다면, 왜 인간 유전체 안에 그 부분이 존재한다고 생각하는가?
8. 동물 유전체에 대한 염기서열이 분석되고 지도가 작성되었다. 그것은 왜 중요한가?

여러분이라면 이럴 때 어떻게 할까?

1. 여러분은 인간 유전체 프로젝트가 얼마나 많이 연구되어 져야 한다고 결정하겠는가?
2. 여러분이 속해있는 주가 연구를 위해 모든 사람의 DNA 샘플을 모으기를 원한다?
3. 여러분 아이의 학교가 집단 안에서 어떤 유전자를 찾기 위한 조직에 제공하기 위해 DNA 샘플을 모으기 시작했다면?
4. 인간 유전체 프로젝트에 대한 연구를 위해 좀 더 많은 자금이 배당되도록 하기 위한 투표를 요청 하겠는가?

***Science Creative Quarterly*, Sept 07–April 08**

현재 전체 유전체가 빠르게 분석되고 있다

K.J. shelswell

DNA 염기서열을 분석하기 위한 매우 향상된 방법 덕분에, 현재 과학자들은 군유전체학(metagenomics)으로 알려진 분야인 미생물 전체의 유전체를 분석할 수 있다. 다른 사람들의 장에 있는 이러한 박테리아 군을 비교함으로써, 과학자들은 다양한 건강 상태에 대해 연구할 수 있다. 그들은 어떻게 미생물이 어떤 질병에 대한 위험을 방지하거나 증가 시킬 수 있는지와, 미생물을 건강 증진을 위해 조작할 수 있는지의 여부를 밝혀내기를 희망한다.

온라인상에서 이 기사를 보려면 academic.cengage.com/biology/yashon/hgs1로 접속하라.

질문:

1. 여러분은 다른 연령대의 사람의 장에 있는 박테리아에 차이가 있을 수도 있다고 생각하는가? 왜?
2. 보통 미생물은 우리를 아프게 만든다; 우리는 치료를 위해 그들의 유전체를 연구하기 원하는가?

***Biology News Net*, February 7, 2007**

제 2형 당뇨병의 위험을 가진 DNA 영역에 대한 발표

많은 회사와 대학의 과학자들은 제2형 당뇨병에 대한 분명한 유전적 위험 인자가 포함된 인간 DNA의 세 부분의 영역을 발견했다고 발표했다. 제2형 당뇨병은 인구 노령화와 함께 미국에서 증가되었다.

이 발견은 2004년에 제약회사인 Novartis, Harvard와 MIT의 연구소, 그리고 Lund 대학 사이에 체결된 공-사 협력으로 설립된, Diabetes Genetics Initiative(DGI)의 연구로부터 생겨났다. 직접적으로 인간 유전체 프로젝트로부터 나온 이 정보는 MIT와 Harvard가 그것에 대해 최선을 다하고 있다. 이 정보는 당뇨병 환자들에 대한 임상 연구에 직접적으로 사용될 것이다.

온라인상에서 이 기사를 보려면 academic.cengage.com/biology/yashon/hgs1로 접속하라.

질문:

1. 당뇨병 환자들에게 더 위험한 유전자가 어디에 위치해 있는지 어떻게 알 수 있는가?
2. 이 유전자가 아직 당뇨병에 걸리지 않은 환자를 도울 수 있는지에 대해 어떻게 알 수 있는가?

***New Scientist*, October 12, 2002**

1000달러 유전체를 위한 경주

Sylvia Pagán Westphal

2001년에 Craig Venter 연구소의 CEO인 Craig Venter는 과학자들에게 1000달러에 유전체를 찾아내도록 도전을 요구했다. 그는 각 유전체를 분석하는데 1000 달러 미만의 비용으로, 10일 안에 10개의 유전체의 염기서열 분석하는 개인 혹은 회사에 500,000 달러를 상으로 지불할 것이다. Venter는 New Scientist지와의 인터뷰에서, 그는 사람들로부터 "주문을 받는 것(taking orders)" 또는 일부 보고에 언급 되었던 것처럼 상업적 서비스로써 이것을 구성하는 것은 아니라고 말했다. 오히려, 그의 목표는 많은 사람들로부터의 염기서열 정보를 모으는 것이다.

온라인상에서 이 기사를 보려면 academic.cengage.com/biology/yashon/hgs1로 접속하라.

질문:

1. 여러분은 만약 단지 1000달러의 비용만 든다면, 사람들이 자신의 유전체 염기서열을 분석할 거라고 생각하는가? 왜 또는 왜 아닌가?
2. 보험회사들은 유전체 염기서열분석에 대해 비용을 지불할 것인가? 왜 또는 왜 아닌가?

New York Times, June 1, 2007

DNA 발견자의 유전체가 해독되었다

Nicholas Wade

1953년에 DNA 구조를 공동 발견한 James D. Watson의 전체 유전체가 해독되었고, 어떤 과학자들은 이것이 곧 닥칠 맞춤 유전체 의학 시대의형 관문을 표시하는 것이라고 믿었다.

2장의 DVD에 기록된 그의 유전체 자료는 Houston에서 열린 기념식에서, Baylor 의과대학의 Human Genome Sequencing Center의 책임자인 Richard A. Gibbs와 454 Life Science 회사의 창업주인 Jonathan M. Rothberg에 의해, 어제 Watson 박사에게 증정되었다.

"나는 나의 유전체를 보는 것에 전율을 느낀다."라고 Watson 박사는 말했다.

온라인상에서 이 기사를 보려면 academic.cengage.com/biology/yashon/hgs1로 접속하라.

PHOTO GALLERY
자신의 유전체 염기서열가진 첫번째 사람이 된 최근의 James Watson(DNA 명성)
Markus Schreiber/AP Photos

질문:

1. 여러분은 Watson 박사를 뽑은 이유가 무엇이라고 생각하는가?
2. Watson 박사는 노벨상 수상자이다; 그의 유전체는 보통 사람과 다를 것인가? 여러분의 답변을 설명해 보라.

10 다유전자성 및 다요인성 유전

핵심 포인트

- 다유전자성 형질은 2개 이상의 유전자에 의해 조절된다.
- 다요인성 형질은 다유전자성 형질에 환경 요인이 작용하는 경우를 말한다.
- 척추이분증은 다요인성 형질의 전형적인 사례다.
- 그밖에도 여러 종류의 다요인성 형질이 존재한다.

Richard Hutchings/PhotoEdit

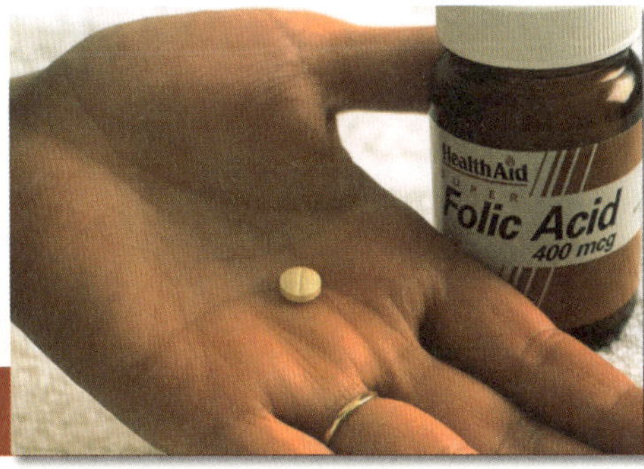

Faye Norman/Science Photo Library/
Photo Researchers

사례 A 산전 알약

친구인 브라이언과 로라가 프랑코 박사를 만나러 간 직후에(2장의 Case A 참조), 베라 스미스는 자신이 임신했다는 사실을 알게 되었다. 베라는 33세의 미혼으로 빨리 검진을 받아야 한다는 사실을 알고 있었지만 너무 바빴다. 친구들은 그녀에게 영양가 있는 음식을 섭취하고 태아에게 해가 될지 모르니 아스피린 정도의 약도 먹지 말라고 했다.

베라가 임신 3개월쯤 되었을 때 캘리포니아에 사는 엄마가 전화를 했다. 어머니는 베라에게 의사를 찾아가 산전 검진을 받아야 한다고 했다. 베라는 로라에게 전화를 해서 프랑코 박사의 전화번호를 받았다. 예약 당일 만난 간호사는 먼저 베라가 엽산을 복용하고 있는지 물었다. 베라는 엽산에 대해 들어본 적이 없었기에 자신 있게 대답했다. "저는 아무 것도 복용하지 않습니다. 아기에게 해를 입히고 싶지 않아서요." 간호사는 포스터를 가리키면서 척추이분증이라는 선천적 장애를 줄이기 위해 임신한 사람은 모두 엽산을 섭취해야 한다고 말했다. 간호사는 베라에게 영양, 엽산, 임신에 대한 소책자를 주었다.

위에서 베라의 임신 사례를 읽으면서 몇 가지 의문이 떠올랐을 것이다. 이러한 의문을 본격적으로 다루기 전에 유전자와 환경 요인들이 어떻게 서로 작용해서 표현형과 출산에 영향을 미치는지 살펴보자.

10.1 다유전자성 형질이란?

건물 안, 기차 또는 커피숍 안에 있는 많은 사람들이 조금씩 다르지만 여전히 기본적으로는 상당히 비슷하다는 사실에 놀란 적이 있을 것이다. 이것은 아마 **다유전자성 형질** (polygenic trait), 즉 2개 이상의 유전자들이 상호작용하여 나타나는 형질 때문일 것이다.

다유전자성 형질의 예로는 감염에 대항해서 우리를 보호하는 인간의 면역계를 들 수 있다. 면역계는 적어도 3천만 이상의 서로 다른 유전형을 지닐 수 있는데 이는 여러 유전자들의 서로 다른 대립유전자들이 다양한 형태로 조합되어 나타날 수 있는 숫자다. 면역계는 혈액형을 결정하고, 이식된 장기의 수용하거나 거부하기도 하며, 여러 종류의 질환에 대한 취약성에 영향을 준다(면역계에 대해서는 13장에서 자세히 다룰 것이다). 피부, 머리카락, 눈의 색도 다유전자성 형질로 서로 다른 염색체 상에 존재하는 복수의 유전자에 의해 영향을 받는다. 그 결과 전 인류 집단이나 가족 내에서의 작지만 다양한 형태의 차이가 나타나는 것이다.

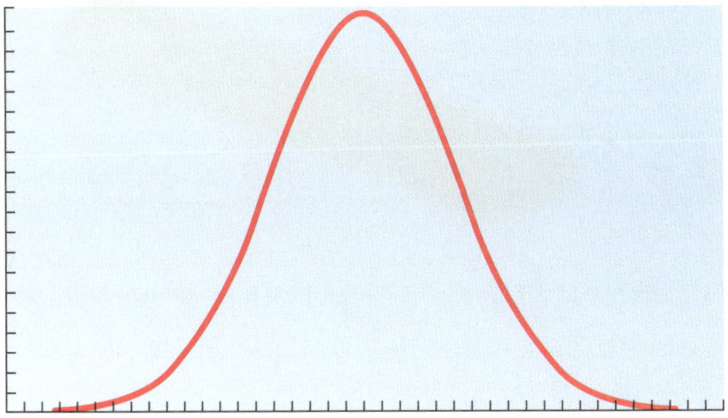

다유전자성 형질은 대체로 특정한 방법을 사용해서 측량할 수 있다. 키, 피부색, 신체의 크기 등이 이에 속한다. 이처럼 측량가능한 표현형은 **형질값** (trait value)이라 부른다.

왼쪽의 그래프는 집단 내에서의 전형적인 다유전자성 형질의 분포를 보여준다. 그래프의 곡선은 대부분의 사람들이 평균 형질값을 지닌다는 사실을 나타낸다. 이와 같은 분포를 **종형 곡선** (bell curve)이라 하며, 대부분의 개체가 평균값 근처에 모여 있고 소수만이 극단적인 표현형을 보이는 분포다. 피부색은 상당한 표현형 차이를 보이는 다유전자성 형질이다. 일부 사람은 매우 밝은 피부색을 지니는 반면 매우 짙은 피부색을 지니는 사람들도 있다. 이와 같은 차이는 여러 개의 서로 다른 유전자와 환경요인들에 의해 나타나게 되며 대규모의 집단이나 대가족에서 나타날 수 있다.

다유전자성 형질은 여러 개의 유전자가 관여하는 형질로 정의된다. 이때 각각의 유전자가 표현형에 미치는 영향은 부분적이다. 10개의 유전자에 의해 조절되는 다유전자성 형질을 생각해 보자. 이들 유전자로부터 나타날 수 있는 표현형의 조합은 10을 훨씬 넘는다. 그러나 상황은 훨씬 더 복잡하다. 이들 가운데 일부 유전자는 다른 유전자에 비해 더 큰 영향력을 지니기도 하며 대로는 환경이 단일한 다유전자성 형질이 표현되는 과정에 강한 영향을 미치기도 하기 때문이다.

■ 그림 10.1 키, 다요인성 형질
생물학 수업을 듣는 남학생들의 키 분포.

10.1 요점

- **다유전자성 형질은 2개 이상의 유전자에 의해 나타난다.**
- **다유전자성 형질은 집단에서 대개 종모양의 분포를 나타낸다.**

10.2 다요인성 형질이란?

다요인성 형질 (mutifactorial trait)은 2개 이상의 유전자에 의해 조절되는 동시에 환경 요인의 영향을 받는 형질이다. 다요인성 형질을 조절하는 유전자 각각은 멘델 유전의 방식으로(4장 참조) 대물림 되지만 유전자와 환경의 상호작용은 여러 가지 서로 다른 표현형을 산출할 수 있다. 사람의 키가 대표적인 예다(■ 그림 10.1)

위의 사진을 보면 학생들 키의 분포가 넓은 범위에 걸쳐 있는 것을 알 수 있다. 키는 하나 이상의 유전자에 의해 결정되는 동시에 영양 섭취 등의 환경 요인이 성인의 키에 영향을 줄 수 있으므로 다요인성 형질이 된다. 아래의 그래프는 키의 차이가 남성 집단에 어떻게 분포되는지를 보여준다.

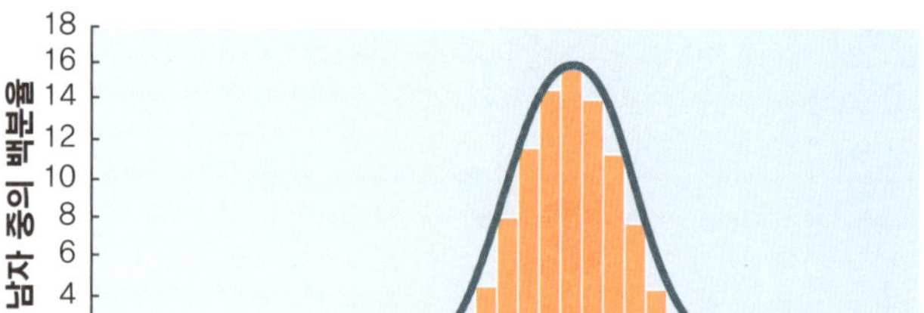

다요인성 형질의 특징은?

다요인성 형질은 몇 가지 중요한 특징을 보인다.

- 여러 개의 유전자가 형질을 조절한다.
- 형질은 우성이나 열성의 방식으로 전달되지 않는다.
- 형질을 조절하는 각각의 유전자는 표현형의 일부에만 영향을 준다.
- 환경요인이 유전자와 상호작용하여 표현형을 나타낸다.
- 집단 내에 많은 종류의 서로 다른 표현형이 존재한다. 이와 같은 서로 다른 표현형의 분포를 그래프로 그리면 종모양의 곡선을 이룬다.

키는 이와 같은 조건을 모두 만족시키므로 분명 다요인성 형질이다.

다요인성 형질에 관해 가장 먼저 떠오르는 의문은 얼마나 많은 유전자가 이를 조절 하는가다. 그리고 나서 환경적 조건이 형질에 영향을 준다면 이 또한 어느 정도인지 알아내어야 한다. 키에 영향을 주는 환경요인으로는 호르몬과 식습관 등을 들 수 있다. 유전자와 특정한 환경 요인들과의 상호작용이 일어나는 정도를 측정하는 것은 매우 어려운 일이다.

어떤 질환이 다요인성 형질일까?

사람들에게 빈번하게 나타나는 질환은 대부분 다요인성 형질이다. 이러한 환자들이 유전병동에 입원한 환자의 대부분을 차지한다. 다음 쪽의 사진에서 이와 같은 질환이 예시되어 있다.

다요인성 영향을 나타내는 다른 질병으로는 암(11장 참조), 척추이분증, 고혈압, 심혈관 질환 등을 들 수 있다.

10.2 요점

- **다유전자성 형질(polygenic trait)이 나타나는 데 환경요인이 상당 부분 영향을 미치는 경우 이를 다요인성 형질(multifactorial trait)이라 부른다.**

다요인성 형질의 사례

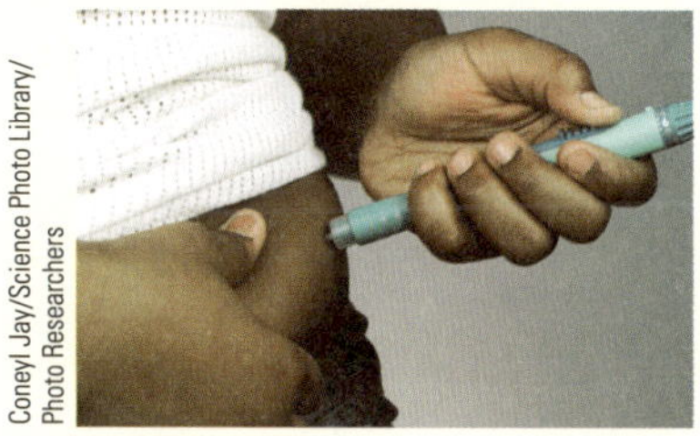

당뇨병

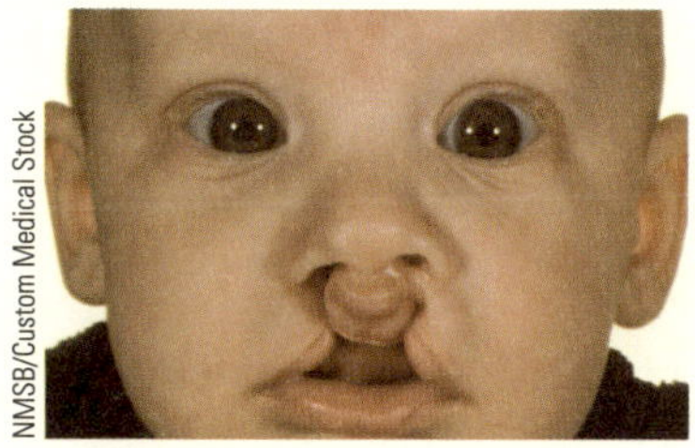

구개열

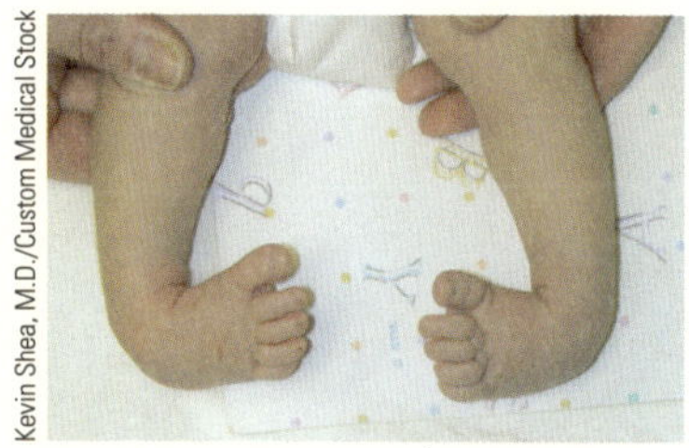

내반족

- **환경은 다양한 방식으로 다요인성 형질을 나타내는 데 작용한다.**

10.3 척추이분증이란?

척추이분증 (spina bifida, SB)는 신경계와 관계되는 선천적 장애다. 척추가 형성되는 배 발생의 첫 달에 나타난다. 척추이분증은 **신경관 장애** (neural tube defect)의 일종이다. 이들 장애는 배아의 신경계 발생에 문제를 일으키기 때문에 이런 이름이 붙었다(■ 그림 10.2).

신경관은 뇌와 척추로 발달된다. 일부 세포는 뇌와 척추를 둘러싸서 보호하는 막(뇌막, 수막)을 이룬다. 오른쪽 그림은 신경계의 주요 부분을 나타내고 있다. 뇌와 척수를 둘러싸는 막(뇌막, 수막)구조를 찾아보라.

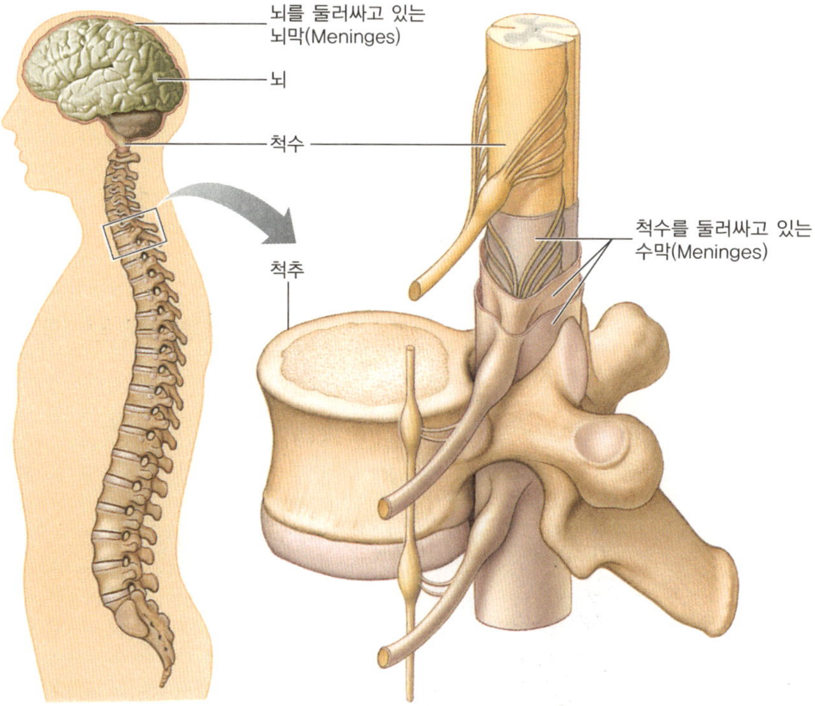

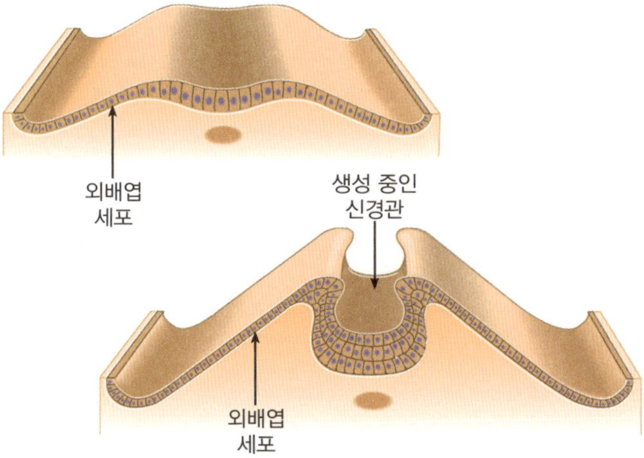

■ **그림 10.2 신경관의 형성**
외배엽이라 불리는 세포층이 정상적으로 후에 척수가 되는 세포층 위로 접히면서 신경관이 형성된다.

척추이분증은 신경관 장애의 하나다. 척추이분증의 3가지 기본 형태가 다음 쪽 그림에 나타나 있다.

신경관 장애의 가장 심각한 형태는 **무뇌증** (anencephaly)이다. 이 경우는 뇌와 두개골의 주요 부분이 형성되지 않고 뇌의 나머지 부분이 두개골에 둘러싸이지 않는 경우도 있다(161쪽의 사례B 그림 참조). 이런 태아는 모태 내에서만 생존할 수 있어 대부분 사산된다. 태어나더라도 심장과 호흡 장애로 인해 대개는 몇 시간이나 며칠 내에 사망한다.

신경관의 끝부분이 닫히지 않은 채로 태어나는 경우에는 외과 수술을 하여 척수를 고칠 수 있을 때도 많으나 영구적인 신경계의 손상은 어찌할 수 없다. 척추이분증으로 태어나는 아이는 어느 부분부

척추이분증의 형태

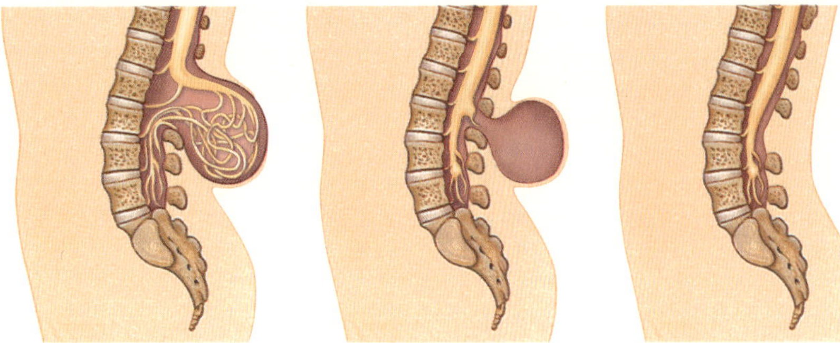

척추 아래 부분에 척수와 수막이 돌출되어 나와 있다.

척수는 정상적으로 발달하였으나 수막이 돌출되어 나왔다.

하나 이상의 척추가 기형이나 신체에 돌출된 부분은 없다.

터 열려 있는가에 따라 마비되는 정도가 다르다. 더불어 척추이분증 환자의 대부분은 학습장애를 지니며 대장과 방광에도 문제가 생길 수 있다.

척추이분증을 완치할 수는 없다. 손상된 신경을 복원할 수 없기 때문에 치료와 병행하여 목발, 버팀대, 휠체어 등을 사용한다. 아동기 이후에 합병증이 발생하면 수술을 받거나 다른 치료법을 병행한다. 척추이분증 환자들은 대부분 성인기까지 생존한다.

PHOTO GALLERY
이분척추증 환자이지만 건강한 어린이.
Ellen Senisi/PhotoEdit

척추이분증은 여러 가지 산전검사법으로 진단이 가능하다(7장 참조). 베라 스미스가 엽산 섭취를 않고 예방하지 않은 것은 도움이 되지 않는다. 그러나 산모의 혈액검사와 초음파 진단으로 신경관 장애의 존재유무를 확인할 수 있다.

수치로 따져보기

10%

신생아가 다요인성 형질을 가진 것으로 진단되는 비율

1000명 당 1명

전세계의 척추이분증 환자 빈도

3%

척추이분증을 앓는 둘째 아이를 낳을 확률

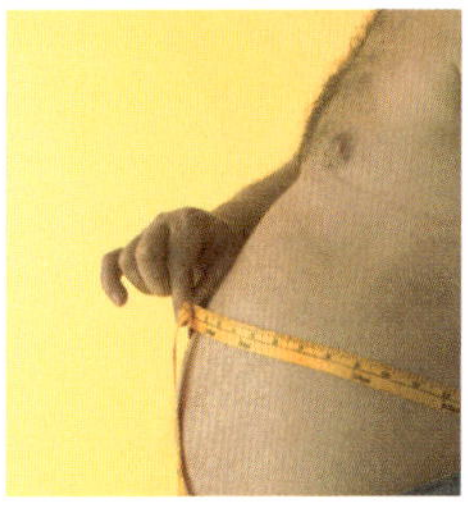

image100/CORBIS

61%

2006년 연구에서 과체중인 미국 성인의 비율

26%

같은 연구에서 비만으로 확인된 성인의 비율

척추이분증은 다요인성 형질인가?

척추이분증은 다요인성 형질이다. 이 질병은 특정 가계에서 많이 나타나는 경향을 보인다. 둘째 아이가 척추이분증이거나 다른 신경관 장애일 위험은 상당히 높아진다.

신경관 장애와 연관된 유전자가 알려졌다. *VANGL1*이라 불리는 이 유전자는 가장 큰 1번 염색체에 존재한다. 아래는 1번 염색체에서 이 유전자의 위치를 보여주는 염색체 모형이다.

생쥐에서 VANGL1 유전자는 신경관 발생 초기에 작용하며 이 유전자에 돌연변이가 일어나면 척추이분증과 유사한 증상을 보인다. 생쥐에서의 이 유전자의 활성에 근거하여 신경관 장애를 지닌 100명 이상의 환자를 조사하였더니 모두 VANGL1 유전자에 돌연변이를 지니고 있었다. 이 가운데 **V239I**라 불리는 한 종류의 돌연변이는 기능을 일부 잃어버린 VANGL1 단백질을 만들어 낸다. 이 돌연변이가 다른 환경 요인과 작용해서 몇 가지 종류의 척추이분증을 유발한다.

척추이분증을 유발하는 환경위험요인은 무엇인가?

최근 척추이분증을 일으키는 중요한 환경위험요인 하나가 확인되었다. 비타민 B군에 속하는 **엽산** (folic acid) 결핍이 척추이분증의 위험요인으로 밝혀진 것이다. 엽산의 공급원으로는 정제되지 않은 곡류, 녹색 엽채소, 과일 등이 있다. 여성은 적어도 임신 3개월 이전부터 임신 12주까지 계속해서 매일 0.4 mg의 엽산을 섭취하도록 권장하고 있다. 이는 1998년부터 식품에 엽산이 강화되어 있는 미국에서도 반드시 필요한 양이다. 앞서 척추이분증이나 다른 신경관 장애를 지닌 아이를 출산한 경험이 있는 여성의 일일 권장량은 4 mg이다. 이는 신경관 장애를 지닌 아이를 출산한 적이 없는 여성의 10배에 해당되는 복용량이다. 임신 3 개월 전부터 엽산을 복용하기 시작하면 척추이분증과 이와 연관된 질병의 확률이 70% 정도 감소한다. 엽산이 어떻게 신경관을 형성하는 과정을 조절하는 유전자와 상호작용하는지는 아직 알려지지 않았다. 그 밖의 다른 환경인자는 아직 밝혀지지 않았다.

사례 A 질문

이제 척추이분증을 어떻게 예방할 수 있는지 알게 되었으니 엽산을 섭취할 것인지 말 것인지에 대한 베라의 결정과 관련해서 몇 가지 사항을 생각해 보자.

1. 엽산이 작용하는 메커니즘이 아직 잘 알려지지 않았으므로 베라는 엽산을 섭취하는 문제를 더 신중하게 생각해야 할까?
2. 임신 3 개월에 접어들었어도 베라가 엽산을 섭취하는 편이 좋을까?
3. 한 때 건강에 좋은 것이라 했던 많은 건강보조식품이 필요 없는 것이었거나 해로운 것으로 판명되었다. 베라는 이런 사실을 고려해서 결정해야 할까? 그 이유는?
4. 베라가 엽산을 섭취하기로 결정한다면 베라는 얼마나 더 많은 정보를 찾아봐야 할까?
5. 베라가 엽산을 섭취했음에도 아이가 척추이분증을 갖고 태어난다고 하면 베라가 할 수 있는 4가지 항목을 적어 보라.

10.3 요점

- 척추이분증은 다요인성 형질에 속한다.
- 척추이분증은 신경관 장애라 불리는 유전 질환의 한 종류이다.
- 엽산을 섭취하면 척추이분증을 앓는 아이를 낳을 확률을 줄일 수 있다.

10.4 다른 다요인성 형질에는 어떤 것이 있나?

지문은 배아 발생 초기 3개월 안에 형성되는 다유전자성 형질이다(6주-13주). 지문학 (dermatoglyphics)은 이 짧은 발생 시기 동안의 산전 환경에 의해 영향을 받는다. 어머니의 영양상태, 손가락 형성 속도, 배아의 전체적인 성장률 등이 이와 같은 산전 환경에 속한다.

일란성 쌍생아를 포함한 모든 사람은 고유한 지문을 갖는다. 심지어 동일한 유전자와 동일한 자궁을 동시에 점하고 있는 일란성 쌍생아도 각자 서로 조금 다른 산전 환경에 노출된다. 이같이 미세한 환경의 차이로 인해 서로 다른 지문 형태가 만들어진다(■ 그림 10.3).

Wisconsin Dept of Justice

■ **그림 10.3 일란성 쌍생아와 지문**
일란성 쌍생아의 지문(a와 c)도 조금은 다르다. 전혀 관련 없는 사람의 지문(b)을 포함해서 위의 3가지 지문 모두 서로 다르다.

비만은 다요인성 형질인가?

생쥐를 연구하면서 1가지 유전자에 돌연변이가 일어나면 비만이 되는 경우가 확인되었다. 아래 사진은 비만 유전자에 돌연변이를 지니는 생쥐(왼쪽)와 정상 생쥐(오른쪽)가 나란히 있는 모습이다. 비만 형질을 지니는 생쥐 계보가 그 아래에 나타나있다.

지난 30-40여년에 걸쳐 미국에서 비만 사례가 급속하게 증가한 것은 유전자의 급속한 변화가 있었다는 것으로 설명할 수 없다. 대신 우리는 유전자와 상호작용하는 환경 요인의 변화에 주목해야 한다.

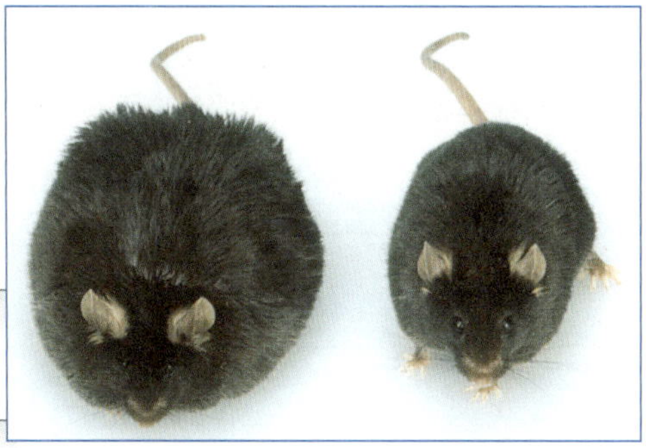

Reprinted with permission of Amgen, Inc.

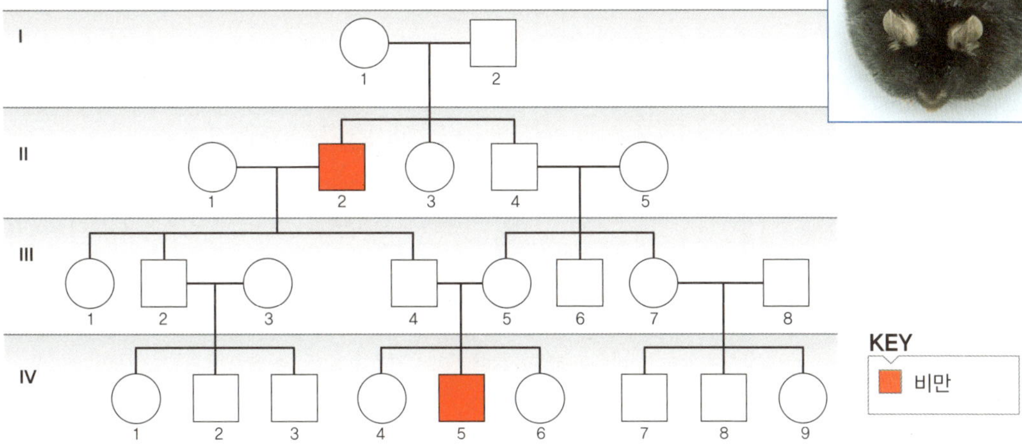

쌍생아 연구를 통해 어 정도의 유전적 요인이 비만 형질에 작용하는지 측정하였다. **일란성 쌍생아** (monozygotic twin)는 유전적으로 동일하다. 하나의 수정란에서 발생했기 때문이다. 만약 특정한 형질이 두 명의 일란성 쌍생아에게서 모두 나타나면 이 형질은 유전적인 근거가 있는 것으로 간주된다. 그렇지 않다면 환경 요인이 작용한 것으로 생각한다. 일란성 쌍생아 모두에게서 비만이 나타나는 확률은 대략 70%이다. 쌍생아 모두에게서 동일한 형질이 나타나는 빈도를 **일치도** (concordance)라 한다.

최근 생쥐 연구를 통해서 유전자들이 어떻게 체중을 조절하는지를 이해하는 데 큰 진전이 있었다. 여러 종류의 체중 조절 생쥐 유전자가 확인, 분리, 클로닝, 분석되었다. **비만 유전자** (*ob* gene)는 체중조절 호르몬 렙틴(leptin)을 암호화 하며 지방세포에서 생성된다. 이 유전자는 뇌에서 세포 수용체와 함께 몸에서 에너지가 어떻게 쓰이는지를 조절한다.

렙틴을 합성하는 사람의 유전자는 7번 염색체에 존재한다. 아래는 이 유전자의 위치가 나타나 있는 7번 염색체의 모형이다.

에너지를 조절하는 유전자나 다른 단일 유전자들에 돌연변이가 일어나도 비만을 일으킨다. 그러나 그러한 돌연변이는 모든 비만 사례의 일부에 해당된다. 비만은 분명 여러 개의 유전자와 환경 요인이 함께 상호작용하는 복합적인 질환이다.

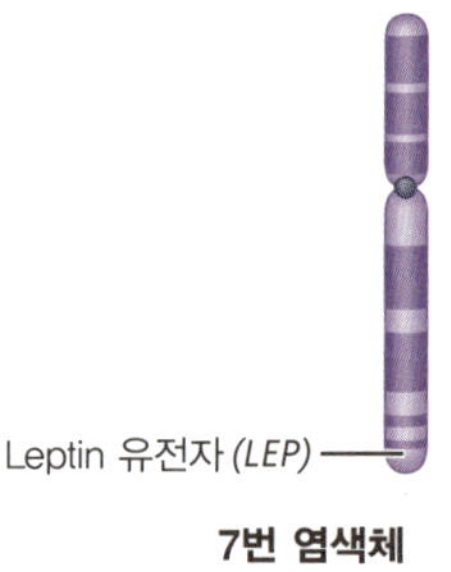

과학자들은 비만과 연관된 다른 유전자들을 찾고자 대단위 집단 연구와 가계 연구를 진행하고 있다. 이런 연구를 통해 비만을 일으키는 주요 유전자들이 2, 3, 5, 6, 8, 10, 11, 17, 18번 염색체에 위치한다는 사실을 알았다. 아래는 2, 5, 8, 18번 염색체에 존재하는 비만 염색체의 위치가 나타나 있는 염색체 모형이다.

연구가 거듭되면서 앞으로 비만에 관여하는 또 다른 유전자를 확인하여 이들 유전자가 어떻게 환경 요인과 상호작용하여 비만을 일으키는지에 대한 기초를 제공할 수 있을 것이다.

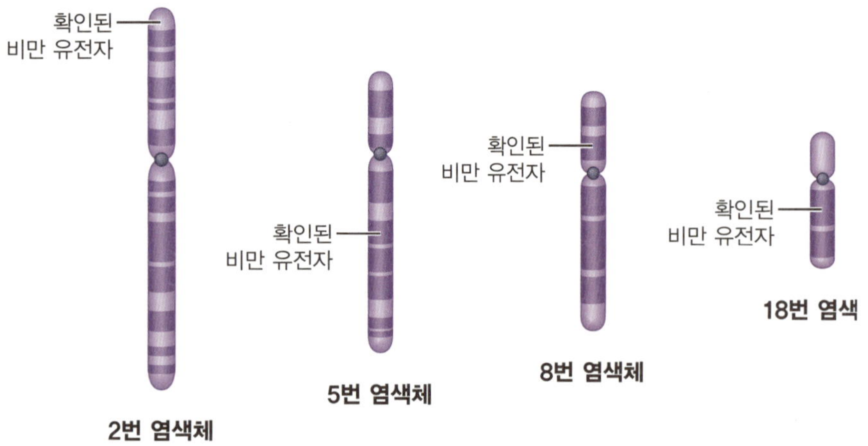

지능은 다요인성 형질인가?

지능을 측정할 수 있을 것이라는 생각은 18세기말에서 19세기 초에 처음 시작되었다. 초기에는 사람의 머리 크기를 측정하는 것으로 그 사람이 얼마나 똑똑한가를 알아보려 했다. 머리가 더 크면 더 똑똑하다고 생각했다. 그러나 20세기가 시작되면서 물리적인 방법보다 심리학적인 방법을 사용하여 지능을 측정하고자 했다. 프랑스 심리학자인 비네(Alfred Binet)는 기본적인 정신 작용과 관련된 일련의 작업을 개발해서 어린이들이 이 작업을 수행하는 능력을 측정하였다. 이들 작업을 또래의 다른 어린이와 비교해서 얼마나 잘 수행했는가를 측정함으로써 대상 어린이의 정신 연령을 계산하였다.

또 다른 심리학자 스턴(Wilhelm Stern)은 이 검사를 통해 구한 정신 연령을 신체 연령으로 나눈 다음 그 값에 100을 곱했다. 이 숫자가 **지능지수** (intelligenece quotient, IQ)라 알려진 값이다. 지능이 생물학적인 속성을 지니며 이는 검사해서 단일한 숫자로 표현될 수 있다고 가정 아래 IQ 검사를 이용해서 지능을 측정한다는 것이 의미를 지닌다. 이 가정이 맞는지는 지능이 다요인성 형질인지를 알아봄으로써 답할 수 있다.

IQ는 특정한 유전적 요인을 지닌다. 이와 같은 증거는 함께 자란 일란성 쌍생아와 떨어져서 자란 일란성 쌍생아를 연구함으로써 얻을 수 있었다. 함께 자란 일란성 쌍생아에게서 높은 일치도(80%)가 나타난다는 것은 IQ를 결정하는 데 유전적 요인이 상상히 작용한다는 것을 의미한다. 그러나 일란성 쌍생아라도 서로 떨어져서 자란 경우에는 그 차이가 더 컸다. 이는 분명 유전적 요인과 환경 요인이 모두 지능을 결정하는 데 중요하게 작용한다는 것을 의미한다. 그러나 각각이 기여하는 바를 상대적인 양으로 측정할 방법은 아직 없다.

PHOTO GALLERY
Drosophila(초파리)는 사람과 생화학적 대사 과정이 비슷하기 때문에 실험 재료로서 좋은 동물모델이다.
Exploratorium/The Museum of Science, Art and Human Perception at the Palace of Fine Arts

지능을 조절하는 유전자를 어떻게 연구하나?

비만 유전자 탐색과 마찬가지로, 과학자들은 동물 모델을 사용해서 지능에 관여하는 유전자의 위치를 찾고 있다. 이들은 학습, 기억, 공간지각 등을 조절하는 단일 유전자를 탐색 중이다. 동물 모델로는 **초파리** (*Drosophila*), 생쥐 등을 이용한다. 놀랍게도 초파리의 여러 생화학적 경로가 사람과 동일하다는 것이 밝혀졌다. 초파리와 사람의 신경계에서 일부 대사

사례 B 유아 장기 기증

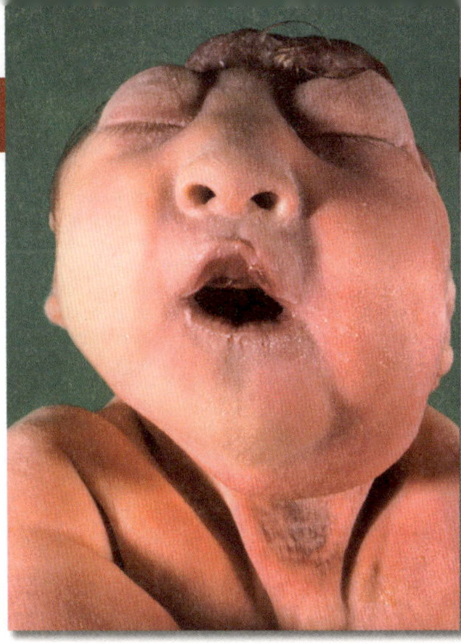

Joseph R. Siebert, Ph.D./Custom Medical Stock

사만다는 임신했다는 사실을 알고 정말 기뻤다. 사만다에게는 이미 예쁘고 건강한 딸이 있다. 처음 초음파 진단을 받았을 때 사만다는 의사가 모두 괜찮다는 말을 하지 않아 충격을 받았다. 의사는 걱정스러운 표정을 짓고 있었다. 무엇이 잘못되었느냐는 질문에 챙 박사는 아기의 머리가 작아 보인다며 전문가에게 가서 초음파 진단을 받아보라고 권했다.

전문가의 분석은 사만다의 아기가 무뇌증이라는 사실을 확인해 주었다. 무뇌증이란 뇌와 머리가 비정상적으로 작아, 때로는 거의 형성되지 않는 상태를 말한다.

"우리 아기가 살 수 있을까요?" 사만다가 물었다.

"태어나기는 하겠지만 그렇더라도 오래 살지는 못할 겁니다." 챙 박사가 말했다. "캘리포니아에서 이와 비슷한 상태를 지닌 아기의 부모는 장기를 이식이 필요한 아기에게 기증했습니다. 원하시면 아기가 태어나자마자 장기를 기증할 수 있습니다."

챙 박사는 캘리포니아에 사는 부부가 아기가 태어나자마자 인공호흡기를 달고 장기이식을 기다리는 다른 아기들에게 심장, 허파, 신장을 기증했다는 이야기를 읽은 적이 있었다.

사만다는 다른 선택에 대해서도 생각해 보았다. 태어나자마자 사망할 아기를 위해 임신을 끝까지 유지해야 할까? 사만다는 이를 할 수 있을까?

1. 사만다는 어떻게 해야 할까? 선택 가능한 3가지 방법을 적어보라.
2. 아기를 계속 임신한 다음 태어난 다음 장기를 기증한다는 것에는 무슨 명분이 있을까?
3. 낙태를 한다면 무슨 명분이 있을까?
4. 이러한 결정을 내리는 데 도움을 받을 수 있는 곳은 어디일까?
5. 사만다의 아기가 사망한 채로 태어난다면 장기를 기증할 수 없다. 이런 사실은 사만다가 결정을 내리는 데 영향을 미치는 것인가?

다요인성 형질을 연구하는 또 다른 방법은 재조합 DNA기술과 인간유전체사업에서 얻은 정보를 이용해서 읽기 능력, IQ 등의 특정한 다유전자성 형질에 영향을 주는 유전자를 확인하는 방법이다. 이와 같은 기술을 이용해서 과학자들은 독서장애와 연관된 유전자를 찾아냈다. 오른쪽 그림은 6번과 15번 염색체에서 인지능력과 관계되는 일부 유전자의 위치가 표기되어 있는 염색체 모형이다. 인지능력은 IQ를 포함해서 언어능력과 공간지각력, 기억, 인지속도, 추론능력 등을 모두 포함한다.

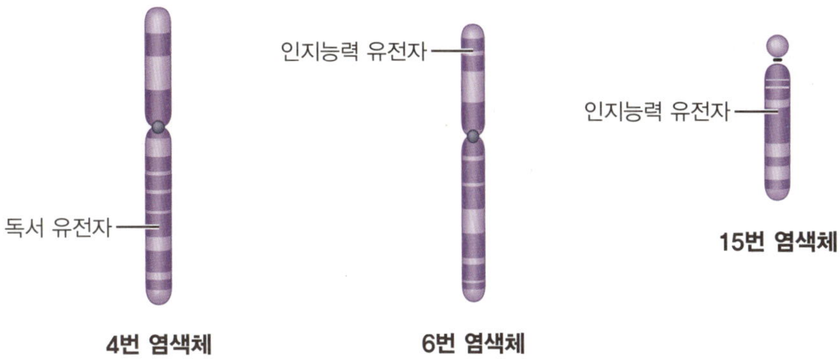

더 최근에 인지능력과 연관된 유전자가 4번 염색체에서 발견되었다. 이 유전자에 돌연변이가 일어나면 독서장애가 발생한다. 4번 염색체 상의 이 유전자의 위치도 앞의 그림에 나타나 있다.

지금껏 축적된 연구결과에 따르면 지능은 다유전자성이며 또한 다요인성 형질이다.

10.4 요점

- 비만은 다요인성 형질이다.
- 지능은 또 다른 다요인성 형질의 예다.
- 환경과 유전의 상호작용은 유전학, 심리학 등 여러 학문 분야에서 활발하게 연구되고 있다.

10.5 다요인성 형질과 관련된 법적, 윤리적 쟁점은 무엇인가?

베라의 사례는 여러 가지 법적 쟁점을 불러일으킨다. 예를 들어 환자가 엽산을 섭취하기를 원하지 않는다고 해서 이를 거부할 권리가 있는 것일까? 만약 거부했을 때 의사는 환자에게 섭취할 것을 강요할 수 있을까?

이 같은 상황은 의료 처치에서 동의의 문제와 관련된다. 우리는 앞의 장에서 고지 동의(informed consent)에 대해 논의하였다. 5장과 7장에서 마르시아와 빅토리아는 유전자 검사를 받을 것을 동의했다.

마르시아는 그 자신이 검사를 받았고 빅토리아는 아이가 검사받도록 허락했다. 법에서는 검사를 받는 문제와 검사나 치료를 거부할 권리에 대해 어떻게 다루고 있는지 살펴보자.

어느 환자이든 치료에 동의할 수 있는 동시에 자신이나 때로는 자신의 아이에 대한 치료를 거부할 수 있다. 미국의 법에 따르면 성인은 당연히 의학 치료와 검사에 동의하거나 거부할 수 있다. 문제는 아이가 치료나 검사를 받는 경우에 발생할 수 있다.

이 장의 사례에서 베라와 사만다는 임신 중이다. 임신한 여성은 자신과 자신의 태아에 대한 의학 치료에 동의할 수 있다. 이는 태아는 여성의 신체 안에 있어 여성이 환자라는 사실에 기인한다. 아기가 태어나고 나면 사만다는 아기의 기관을 기증할 수 있다. 사만다는 아기의 부모이고 아기는 기증할 것을 동의할 수 없는 상태이기 때문이다.

고지 동의(informed consent)와 의학적 치료에 대한 동의에는 여러 가지 예외 조항이 있는데 그 중하나가 나이이다. 16세 이하의 어린이는(미국에서도 주마다 다름) 스스로 동의 의사를 표할 수 없고 부모나 후견인이 동의서에 서명해야 한다. 태아나 신생아에게 이와 같은 권리는 주는 주는 없다.

여성이 임신 중이라면 나이에 관계없이 의학적 결정에 관한한 성인으로 간주된다. 당뇨병 등을 앓고 있는 임부들이 많은데 이들에게는 특별한 치료가 요구된다. 만일 이를 거부하면 의사는 치료를 받도록 설득하여야 하지만 강요할 수는 없다.

아래 표에서 치료에 대한 동의와 관련된 윤리적, 법적 쟁점 몇 가지를 다룬다.

질문	질문을 판단하는 방법	관련된 사례 또는 법적 사안
임신한 여성이 태아에게 해가되는 약물을 복용하면 어떻게 될까?	대개 여성이 약물 복용을 중단하도록 강요할 방법은 없다. 불법적인 약물인 경우라도 마찬가지다.	일부 판사는 약물복용을 중단하도록 임신한 여성을 감옥에 가두려는 시도를 하기도 했지만 이는 위헌이다. 판사가 임신한 여성이 먼저 낳은 아이를 학대한다는 걸 알고 감옥에 가두려 한 사건이 있었는데, 여성은 풀려났고 판사는 사임했다.
태아에게는 이롭지만 모체에는 이롭지 않은 약을 복용하도록 강요할 수 있을까?	주정부는 여성을 포함하여 어떤 환자에게도 치료행위를 강요할 수는 없다. 이들은 자발적으로 결정을 내릴 능력이 있고 따라서 자발적으로 결정할 수 있는 성인으로 간주해야 하기 때문이다.	본인이 거부하는 데 약이나 비타민을 여성에게 복용하도록 한 사건은 없다. 판사들이 이를 허용하지 않을 것이다. 일부 종교에서는 의료행위를 허용하지 않고 있으며 이를 거부할 권리는 성인에게만 허용되어 왔다.
신생아나 태아가 특별한 치료를 받아야 하는데 엄마가 거부하는 경우 어떻게 해야 할까?	의사가 부모의 거부에 맞서 심각한 상태에 있는 신생아나 아동을 치료하려면 법정에 출두하여 이에 대한 강제집행 명령을 받을 수 있다. 그러나 이러한 명령이 태아에게는 해당되지 않는다.	여호와의 증인 신도들은 혈액투석을 거부한다. 생사의 기로에 있는 아동을 위해 법원에서 강제집행 명령을 내린 사례가 있다.

The Bell Curve Revisited

과학자들은 오래 전부터 지능을 측정하고 싶어 했다. 다윈의 사촌인 골턴(Francis Galton)은 지능을 포함하여 대물림 되는 형질은 모두 측정할 수 있다고 생각했다. 그러나 이 장에서 살펴본 것처럼 최초로 지능검사를 개발한 사람은 프랑스인 비네(Alfred Binet)였다. 프랑스 정부에서는 비네에게 정상 아동과 당시에 '열등한' 아동이라 불렸던 아동을 구별할 수 있는 방법을 찾아 주기를 의뢰해서 이루어진 일이다.

비네의 검사는 1917년 미국에 도입되어 제1차 세계대전에 참전하는 군인이 어떤 일을 하는 것이 적합한지를 테스트하는 데 활용되었다. 곧 이어 와이오밍 주에서 살인 사건을 저지른 죄수에게 비네 검사를 실시하였다. 그 죄수의 검사 점수가 매우 낮았기 때문에 배심원은 정신 상태를 이유로 그를 무혐의 처리하였다. 전 세계의 학교에서도 비네 검사를 활용해서 학습 집단을 나누기 시작했다. 검사를 통해 얻은 IQ 수치는 평생 그 사람을 쫓아다녔다.

원래 IQ는 다음과 같은 방식으로 계산된다. 비네 검사 결과로 나타나는 정신 연령을 신체 연령으로 나눈 값에 100을 곱한다.

평균 IQ는 ■그림 10.4의 종형 곡선에 나타난 것처럼 100으로 계산된다.

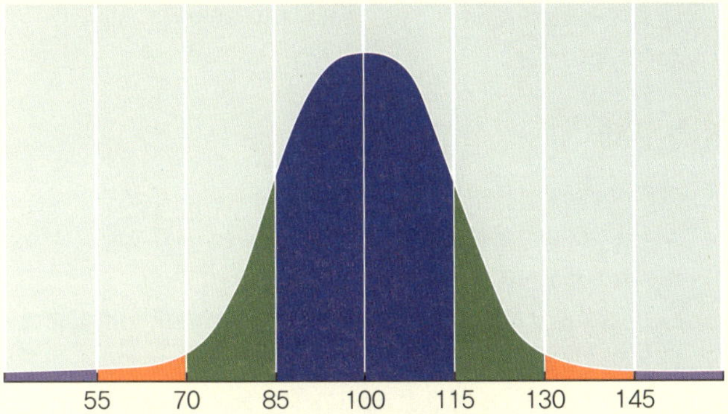

■그림 10.4 IQ와 종형 곡선
성인 IQ 점수 분포는 전형적인 종형 곡선을 보인다. 평균 점수는 100이다. 대략 절반의 점수가 100 이하이고 나머지 절반가량이 100이상의 점수를 획득한다.

이와 같은 형식의 계산은 원래 아동들에게만 적용되었다. 그러나 1939년 웩슬러(David Wechsler)는 성인 집단에 적용할 수 있도록 고안된 지능 검사 방법을 발표했다. 이를 웩슬러 성인 지능지수(Wechsler Adult Intelligence Scale, WAIS)라 한다.

IQ가 대물림되는지에 대해 거의 한 세기동안 연구가 진행되었지만 여전히 어느 정도가 유전되는지, 어떤 유전자가 이를 조절하는지, 유전되는 메커니즘은 무엇인지에 대해 잘 알지 못한다. 많은 연구에서 교육학자들이 "지능을 어떻게 측정할 수 있는가?", "지능검사에 포함되어야 하는 사항은 무엇인가?"와 같은 질문을 던졌다. 교육현장에서 아동은 이들 검사결과를 바탕으로 학급을 배정받는다. 이는 종종 질문 문항에 따라 특정한 집단에 대한 편견을 초래하기도 했다. 따라서 IQ 검사는 점점 그 신뢰성을 잃게 되었다.

1994년 심리학자 헤른스타인(Richard J. Herrnstein)과 정치학자 머레이(Charles Murray)가 "종형 곡선"이라는 책을 출판하면서 IQ 검사에 대한 개념이 다시 한 번 바뀌었다. 이 책에서 저자들은 미국 어린이들의 IQ 검사 결과가 사회적 변화를 촉진한다는 분석을 했다. 그러나 지금까지 이들의 결론 중 많은 부분이 논란에 휩싸여 있는 상황이다. 논란이 되는 쟁점의 일부는 다음과 같다.

1. 낮은 지능지수와 반사회적 행동은 서로 연관되어 있다.
2. 미국 흑인의 지능지수가 낮은 것(백인이나 아시아인에 비해서)은 유전적 요인에 의한 것이라 말할 수 있다.
3. IQ 검사 결과가 종형 곡선으로 나타나는 것은 일부 집단은 열등하고 이들의 빈곤한 상황이 낮은 지능지수와 관계있다는 것을 입증한다고 할 수 있다.

이 책은 곧 논쟁에 휩싸이게 되었고 많은 사람들이 IQ를 지능을 측정하는 수단으로 사용하는 것에 대해 다시 생각하게 하는 계기가 되었다.

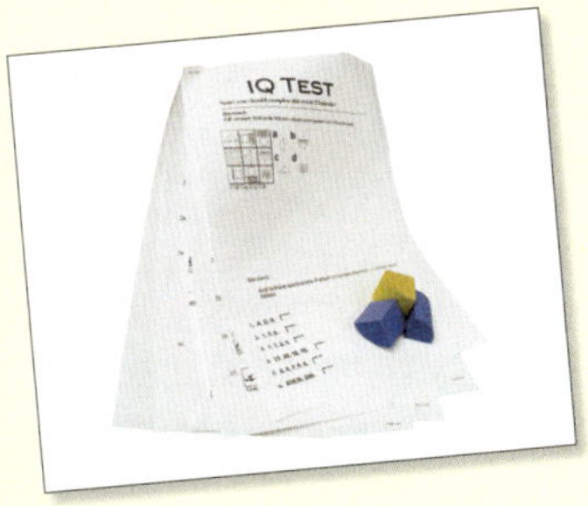

PHOTO GALLERY
IQ 테스트.
Stockdisc/Alamy Limited

질문:

1. "종형 곡선"이 발간된 이후를 조사하라.
2. 다음은 어린이에게 IQ 검사를 하면서 편향성이 나타날 수 있다는 사실을 증명하는 사례로 자주 거론된다. "3개의 그림을 보여준 다음 어린이에게 핸드백을 고르라고 지시한다." 여기서 어떤 점이 편향성을 나타낼 수 있는 요인이 될까?
3. 많은 학교에서 특수교육을 위한 학급을 배정할 때 이를 위해 IQ 검사를 하지 않는다. 이에 대한 3가지 이유를 조사하라.
4. 많은 학교에서 특수교육을 위한 학급을 배정할 때 이를 위해 IQ 검사를 하지 않는다. 이에 대한 3가지 이유를 조사하라.
5. 매우 높은 IQ 지수를 지닌 사람들이 회원으로 참여한다고 하는 멘사(Mensa)에 대해 조사하시오. 이 조직의 구성원이 누구인지 알아보라.

★ 주요점 10개

1. 둘 이상의 유전자가 조절하는 형질을 다유전자성 형질(polygenic trait)이라 한다. [10.1]
   ▮ 다유전자성이란 여러 유전자가 관여한다는 것을 의미한다.

2. 다요인성 형질은 대게 집단에서 종형 분포 곡선을 나타낸다. [10.1]
   ▮ 이는 그 형질이나 상태가 약한 경우에서 심한 경우까지 표현되는 정도가 다르다는 것을 나타낸다.

3. 환경요인을 포함하는 다유전자성 형질을 다요인성 형질이라 한다. [10.2]
   ▮ 이는 유전인자와 환경인자가 모두 표현 형질에 영향을 주는 경우다.

4. 환경은 여러 가지 방식으로 다요인성 형질과 상호작용할 수 있다. [10.2]
   ▮ 환경 인자는 형질이 발현되는 것을 바꿀 수 있다.

5. 척추이분증은 다요인성 형질의 1가지 예다. [10.3]
   ▮ 이 밖에도 다른 다요인성 형질이 많이 있다.

6. 척추이분증은 신경관장애라 불리는 유전질환 종류에 속한다. [10.3]
   ▮ 척추이분증은 척수와 뇌의 형성에 영향을 미친다.

7. 엽산을 섭취하면 척추이분증을 앓고 있는 아이를 낳을 확률이 줄어든다. [10.3]
   ▮ 음식으로 엽산을 섭취하는 것은 다요인성 증상의 위험과 그 결과에 영향을 줄 수 있는 환경 조건을 바꾸는 1가지 방법이다.

8. 비만은 다요인성 형질이다. [10.4]
   ▮ 유전자 그리고 식습관 등의 환경요인들이 비만이라는 표현형에 영향을 준다.

9. 지능은 또 다른 다요인성 형질의 예다. [10.4]
   ▮ 지능에 미치는 유전요인과 환경요인에 대한 연구를 하기에 앞서 지능을 정확히 정의하는 작업이 필요하다.

10. 환경과 유전의 상호작용은 유전학, 심리학 등의 여러 분야에서 활발하게 연구하고 있다. [10.4]
    ▮ 더 많은 다요인성 형질이 발견되면서 과학자들은 각각의 형질이 우리 몸에 어떤 영향을 주는지에 대해 이해하기 위해 연구하고 있다.

핵심용어

V239I (p. 158)
VANGL1 (p. 158)
다유전자성 형질 polygenic trait (p. 155)
다요인성 형질 multifactorial trait (p. 156)
무뇌증 anencephaly (p. 157)
비만 유전자 ob gene (p. 160)
수막, 뇌막 meninges (p. 157)
신경관 장애 neural tube defects (p. 157)
엽산 folic acid (p. 158)
일란성 쌍생아 monozygotic (MZ) twins (p. 160)
일치도 concordance (p. 160)
종형 곡선 bell curve (p. 155)
지능지수 intelligence quotient (IQ) (p. 160)
지문학 dermatoglyphics (p. 159)
척추이분증 spina bifida (SB) (p. 157)
초파리 Drosophila (p. 160)
형질값 trait value (p. 155)

복습문제

1. 암과 심장병에 영향을 줄 수 있는 2가지 환경 요인을 적으라.
2. 어떤 형질에 영향을 줄 수 있는 유전자를 아직 확인하지 못한 경우, 이를 다요인성 형질로 간주할 수 있을까? 그 이유는?
3. 다요인성이라 생각하는 다른 인간 유전형질을 제시하라. 이 형질에 대한 유전적 영향과 환경적 영향을 나열해 보라.
4. 이 장에서 열거한 다요인성 형질을 도표로 만들어 여기에 유전요인과 환경요인을 적어 넣으라. 이에 대해 좀 더 조사해본 다음 그 내용을 첨부하라.
5. 임산부가 척추이분증을 앓는 아이를 낳을 가능성을 줄이기 위해 해야 할 일은 무엇인가?
6. 형질값이라는 용어를 예를 들어 설명하라.
7. 다요인성 형질은 단일 유전자에 의해 조절되는 형질보다 찾기가 더 어려울까? 아니면 더 쉬울까? 그 이유는?
8. 단지증에 대해 조사하고 이 질환에 대해 어떤 처치가 가능한지 알아보라.
9. 지문이 다요인성 형질이라 생각되는 이유를 설명하라.

응용문제

1. 어떤 유전자의 돌연변이 대립유전자를 갖는 사람은 지능이 낮다는 것을 알게 되었다고 하자. 아이가 이 대립유전자를 갖고 태어났다는 것이 밝혀졌다면 어떻게 대응하겠는가?
2. 임신한 여성이 자신의 아이에게 해를 입히지 못하도록 수감된 경우가 있다. 드물지만 이런 조치는 약물중독자가 임신한 동안 약물을 하지 못하도록 하기 위해 취해진 것이다. 같은 방법을 엽산 섭취를 거부하는 여성에게 취할 수 있을까? 이에 대한 근거는?

3. 한쪽 부모는 짙은 색 피부를 다른 한쪽은 옅은 색 피부를 지닌 가족이 있다. 피부색이 다음 세대로 전달되는 과정에 대해 조사한 다음 이 부부의 아이들 피부색이 어떻게 나타날지 그리고 그 이유는 무엇인지에 대해 논의하라. 가능하다면 이런 가족의 사진을 구해 보라.
4. 다요인성 형질은 환경인자의 영향을 받는다. 환경조건이 바뀌면 어떤 일이 생길까? 예를 들어 어떤 부모가 자신의 아기가 렙틴 유전자에 돌연변이를 갖고 태어나서 비만이 될 확률이 높아졌다는 것을 알았다. 엄마는 그 아기가 어렸을 때부터 식이요법을 잘 시키고 주의하면서 키운다. 이러한 행동은 결과에 큰 영향을 줄 수 있을까? 그 이유는?
5. 대부분의 인간 형질은 다요인성이라고 할 수 있을까? 자신의 생각에 대한 근거를 설명하라.
6. 삼쌍둥이에 대해 조사해 보시오. 이들은 이란성일까? 일란성일까? 그 이유는?
7. 교육학자가 특정 집단의 수능점수를 연구하여 이 집단이 특히 높은 점수를 얻는다는 사실을 발견했다면 이를 바탕으로 수능점수를 높게 받는 형질이 유전된다는 결론을 내릴 수 있을까? 그 이유는?
8. 키가 2미터가 넘는 남자가 키 작은 여자(150cm)와 사랑에 빠졌다. 그는 키가 큰 아이들을 낳기를 진심으로 원한다. 그가 이 여자와 결혼하여 키가 큰 아들이나 딸을 얻을 수 있을까? 그 이유는?

온라인자료

시험을 준비 중인가? 예비시험을 위해 academic.cengage.com/login에 로그인하고, 개인의 학습 계획을 세우고, CengageNow's Study Tools에서 효과 측정 시험(post-test)을 보는 것이 여러분의 이해 정도를 평가하는데 도움이 될 것이다.

만약 교사가 내준 과제라면, 이번 장에 해당하는 사례 B와 사회적 활동에 대한 조명, 즉 "Donation of a Baby's Organs(신생아의 장기 기능)"과 "The Bell Curve Revisited(종형 곡선)"라는 제목으로 CengageNow 자료를 검색해서 해답을 찾으면 된다.

여러분이라면 이럴 때 어떻게 할까?

1. 당신 아이에게 IQ 검사를 받으라고 한다면?
2. 당신 아이의 IQ 검사 결과가 낮으니 지능지수가 낮은 학생 반에 배정한다면?
3. 당신 아이의 IQ 검사 결과가 높으니 지능지수가 높은 학생 반에 배정한다면?
4. 산전검진을 통해 당신의 아이가 척추이분증에 걸렸다는 것을 알게 되었다면?
5. 임신하였으니 엽산보조제를 복용하라고 한다면?

dBusinessNews.com, 2007년 10월 1일

노스캐롤라이나에서는 척추이분증 발생률이 감소하고 있다

지난 10년 동안 노스캐롤라이나에서 척추이분증 발생률이 크게 감소했다. "10전의 행진(March of Dimes)"이라 불리는 건강증진단체에서는 노스캐롤라이나에서 여성들의 엽산 섭취를 증진시키는 프로그램을 성공적으로 진행한 결과라고 치하했다. 신문과 방송을 통해 산전 엽산섭취의 중요성을 강조해온 결과라는 것이다. 다음과 같은 통계수치는 이 프로그램의 성공을 증명한다.

- 1995년과 2005년 사이에, 신경관 손상을 갖고 태어나는 아동의 수가 40% 감소했다.
- 1995년과 2005년 사이에 척추이분증을 지닌 아이의 출산은 45% 감소했다.
- 가장 이 프로그램을 오랫동안 진행해온 노스캐롤라이나 서부 지역에서는 80% 이상의 감소를 보였다.

온라인상에서 이 기사를 보려면 academic.cengage.com/biology/yashon/hgs1로 접속하라.

질문:

1. 이 프로그램이 이렇게 효과적이라면 노스캐롤라이나 사람들이 어떻게 하면 이 프로그램을 전국적으로 확산시킬 수 있을까?
2. 이러한 방법은 다른 다요인성 질환에도 효과적일까? 그 이유는?

***Evansville (Indiana) Courier & Press*, 2007년 10월 9일**

SID를 줄이자

Libby Keeling

SID는 겉보기에 건강하게 태어난 아기가 한달에서 1년 이내에 갑자기 알 수 없는 이유로 사망하는 것을 말한다.

어떤 특정 신생아가 갑자기 사망할 위험 요인으로 의사들은 삼중 위험 모델을 제시하고 있다. 3가지가 합해져서 위험요인이 된다는 것이다. 정상적인 뇌의 발생과 같은 신생아의 유전적 경향성, 불안정한 성장기, 흡연과 같은 환경 요인이 3가지 위험요인이다.

"똑바로 재우자(Back to Sleep)"는 프로그램은 부모들이 아기를 엎드리지 않고 등을 바닥으로 대어 똑바로 재우기를 권한다. 정확한 이유를 알 수는 없지만 이렇게 하면 SIDS에 의한 사망을 줄일 수 있다.

전문가들은 SIDS가 다요인성이라 말하나 경찰에서는 여전히 SIDS에 의한 모든 사망 사건의 원인을 조사하고 있다.

온라인상에서 이 기사를 보려면 academic.cengage.com/biology/yashon/hgs1로 접속하라.

질문:

1. 20년 전 어떤 아동학 전문가가 SIDS의 원인이 유전자라는 책을 썼고 이후 10년동안 유전적 요인을 주요인으로 생각해 왔다. 이 책에 따라 5명의 아기가 SIDS로 사망한 한 여성은 무죄로 방면되었다. 이 사례를 조사한 다음 이 뜻밖의 결과에 대해 짧은 보고서를 작성하라.
2. 아기를 똑바로 재우면 안전하다는 사실에 대해 어떻게 생각하는가?

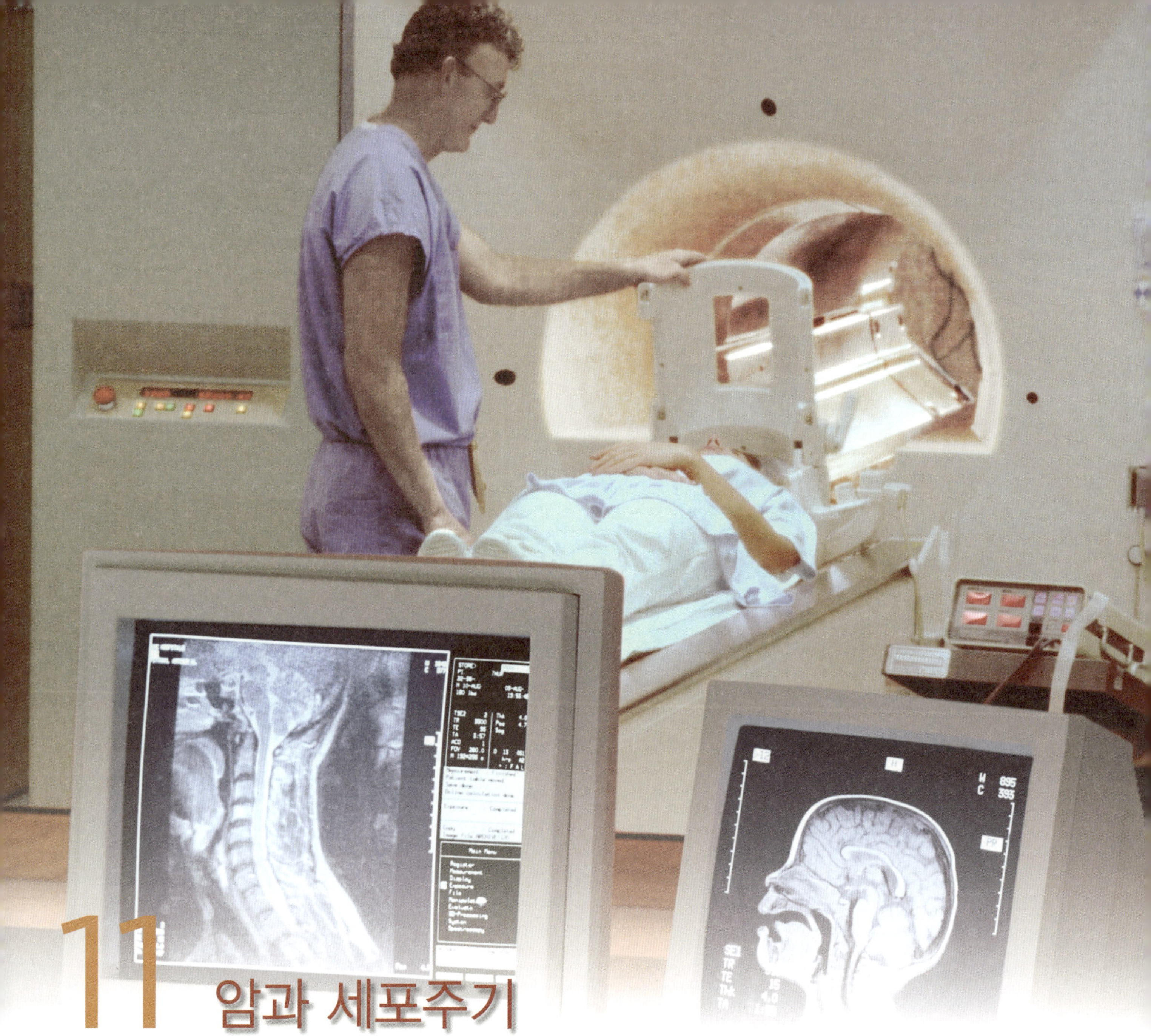

11 암과 세포주기

★ 핵심 포인트

- 암은 통제되지 않는 세포 분열이다.
- 특정 종류의 유전자 돌연변이가 암을 유발할 수 있다.
- 암은 세포주기의 질병이다.
- 유방암은 흔한 유형의 암이다.
- 염색체 변화가 종종 암 발생의 원인이 된다.
- 암 발생의 환경적 원인은 현재 연구가 활발히 진행 중이다.
- 담배가 암의 원인으로 지목되어 소송 중이다.

Custom Medical Stock

당신은 암으로 투병 중 인가?

당신이 **18–55세 사이의 성인**이고, 암으로 인해 만성통증을 겪고 있다면, 당신은 당신이 느끼고 있는 염증반응을 완화시키기 위해 개발한 약물의 효과를 조사하는 연구에 참여할 수 있습니다.

당신이 현재 암치료중이거나 치료한지 6–8주 경과하였더라도 이 연구에참여하는데 문제가 없습니다.

치료기간 동안 약물사용은 무료이고 **주당 500달러까지** 보상금을 지불하며 자가용일 경우 무료주차가 허용되고 대중교통을 이용할 경우 교통비를 지급해 줍니다.

자세한 정보와 참여신청은, Johnston Walters Memorial Hospital 의 종양학과로 연락바랍니다.

555-555-4095

사례 A 새로운 암 치료법이 제안된 환자

Harriet는 의학에 대해 알고 있었다. 수년간 그녀는 과학자들과 의사들을 인터뷰하고 고용하는 규모가 큰 제약회사의 선발직원으로 근무해왔다.

그 제약회사는 좋은 평판을 얻고 있고 정직한 비즈니스를 해 왔으며 많은 약품들을 개발하여 전 세계적으로 보급하고 있었다. 그녀는 암의 재발과 함께 그녀의 상황(상태)에 맞는 이용가능한 적절한 치료 방법을 조사하기 시작하였다.

구글(Google) 검색을 통해 그녀는 말기 유방암의 치료에 이용 가능한 실험치료 요법에 관해 읽어보게 되었다.

현재, 그녀는 주치의로부터 암세포가 뼈에까지 전이 되었다고 말을 들었으므로 Harriet는 두려움에 빠져있다. 주치의 Hill은 그녀의 두려움을 잘 이해하고 있었다. Hill은 수년간 암환자를 치료해 왔으며 몇몇 새로운 치료법에 관여해 왔었다.

그녀는 Harriet에게 그녀의 특이한 유형의 종양을 타겟으로 한 새로운 유전공학적 약품의 제 2상 FDA 임상실험을 받을 것을 권고하였다.

Harriet는 제 2상 시험(phase 2 trials)이 치료 약물의 부작용과 위험성을 실험하기 위한 것이라는 것을 알게 되었다. 이 실험은 완치의 확신이 없는 상태였다.

Harriet의 딜레마와 그녀의 결정에 관한 내용은 몇 가지 의문점이 들게 한다. 우리는 이러한 의문점을 다루기전에 암(cancer)의 배후에 있는 생물학(biology)에 관해 살펴보도록 하자.

11.1 암이란 무엇인가?

암 (cancer)은 신체의 수많은 상이한 세포들과 조직들에 영향을 미칠 수 있는 복잡한 질병이다. 암의 특징은 통제되지 않는 세포분열과 신체의 다른 부위로 확산 또는 전이할 수 있는 능력을 가지고 있다. 이와 같은 암세포들은 일반적으로 악성(malignant)이라는 용어로 불리기도 한다. 이러한 유형의 통제되지 않는 세포증식은 죽음을 초래할 수도 있으며, 이는 암을 파괴적이고 무서운 질병으로 인식케 한다. 아래의 그림은 정상세포와 **악성세포** (malignant cells) 간의 어떤 차이를 보여주고 있다.

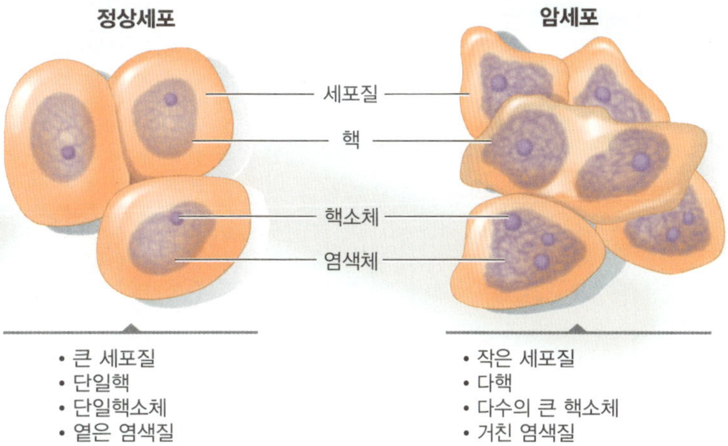

치료의학의 발전은 감염질환으로 인한 사망을 감소시켜 주었고 수명을 연장시켜주었으나, 인간이 보다 오래 사는 것만큼 암은 주요 질병과 죽음의 원인이 되었다. 수많은 암의 위험은 나이와 상관성이 있으며 보다 많은 미국인들이 수명이 연장됨에 따라 그들의 암 발병 위험률은 증가하게 되었다.

20세기 초 Theodore Boveri는 암과 유전학 간의 관련성을 발견하였다. 그는 정상세포들이 그들의 염색체의 변화 때문에 악성화 된다고 제언하였다.

암 가족력이 있는 가계에 관한 연구는 일부사례에서 암이 유전학적 요소를 가지고 있음을 밝혀내었다. 아래의 가계는 유방암이 있는 가족에 관한 그림이다.

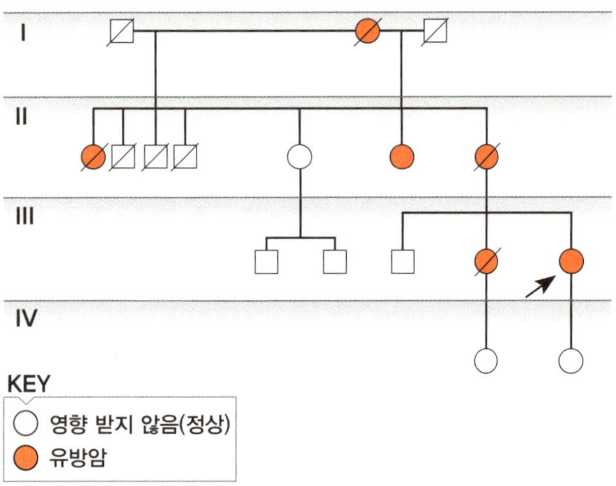

흔히 **돌연변이** (mutation)라고 불리는 세포의 유전학적 구조의 변화는 세포를 암세포화 시켜서 통제할 수 없는 세포분열을 일으키는 원인이 될 수 있다. 따라서 암은 세포수준에서 작용하는 하나의 유전 질환이다.

발암물질 (carcinogens)이라 불리는 우리의 환경 내 존재하는 일부 인자들(자외선, 화학물질, 바이러스)과 어떤 행태들(식이와 흡연)은 이러한 돌연변이율을 증가시킬 수 있으며, 그것이 암 발병 위험의 한 원인으로 작용한다. 이러한 위험성은 일반적으로 빈도(백만분의 일)로서 표현한다. 이 빈도는 어떤 사람이 독성물질에 노출된 후나 연령증가에 따라 암이 발병할 수 있는 가능성을 의미한다. 모든 종양이 암은 아니다.

양성종양(benign tumors)이라 불리는 비암성 증식은 크기는 증가하지만 다른 조직들로 확산(전이(metastasis))되지는 않는다. 낭(cysts)을 포함하여 이러한 종양들의 일부는 주변에 있는 다른 장기의 기능을 방해할 정도로 크기가 커지면 문제가 될 수 있다

3가지 요소가 암으로서의 증식을 판정케 한다.

1. 종양은 유사분열에 의해 재생산되는 하나의 세포로부터 시작한다.
2. 이러한 종양 세포들은 지속적으로 분열한다.
3. 이러한 세포들은 침습적이며 전이라고 불리는 진행과정을 가지고 신체의 다른 부위로 이동한다.

11.1 요점

- **암은 조절되지 않는 세포분열이다.**

11.2 유전자가 어떻게 암에 관여하는가?

두 종류의 유전자들이 그들이 돌연변이 될 때 세포를 암 세포로 만든다: 두 종류의 유전자는 **암유전자** (oncogenes)와 **종양억제유전자** (tumor suppressor gene)이다.

이 유전자들의 정상 대립유전자들은 반대 방식으로 세포분열을 조절한다. 정상세포들은, 보통 세포 외부로부터의 신호에 반응하여 세포분열을 일으키는 유전자들을 운반한다. 그 유전자를 **원발암유전자** (proto-oncogenes)라 부른다. 이 유전자의 돌연변이 대립유전자(alleles)를 *암유전자(oncogene)*라 칭한다. 암유전자가 활성화되면 세포들은 통제 할 수 없는 상태로 분열을 일으키게 된다.

*종양억제유전자*라 불리는 또 다른 종류의 정상 대립유전자는 세포분열을 중단시켜서 세포가 종양화 되는 것을 막아준다. 만일 이 유전자가 돌연변이를 일으키면 세포분열에 대한 통제 능력이 상실되어 암세포가 형성된다.

정상의 원발암유전자가 어떻게 암유전자가 되는가?

앞서 기술한 바처럼(5장), 돌연변이는 DNA 복제상의 (오류), 여러 환경적 인자들에 대한 노출이나 생활방식들에 의해 일어날 수 있다. 원발암유전자가 이러한 요인들에 노출될 때, 돌연변이가 일어나서 암유전자로 바뀔 수 있으며, 이는 정상세포가 암세포화 되는 원인이 될 수 있다.

특정 바이러스들 역시 암-유발 돌연변이의 발생 원인이 될 수 있다. 이 경우, 바이러스가 정상세포로 유입된 후 세포가 암세포로 전환되는 과정의 활성화를 개시 시킬 수 있다. **인유두종 바이러스(Human papillomavirus, HPV)**의 감염이 그 좋은 사례이다. HPV에 의해 합성된 단백질과 세포들이 만들어내는 단백질 간의 상호작용이 자궁경부의 세포들의 통제되지 않은 세포분열을 일으킨다. 그 결과 자궁경부암이 발생한다. 2008년 한해 거의 12,000명의 여성이 자궁경부암 진단을 받았다.

DNA 복제(replication)의 오류 역시 돌연변이의 원인이 될 수 있으며, 이들 일부가 암을 유발할 수도 있다.

앞 장에서 기술된 단일염기서열의 돌연변이가 겸상적혈구 빈혈(sickle cell anemia)과 같은 심각한 상태를 야기 시킬 수 있다. 암의 경우, 돌연변이는 특정 유전자의 1개 또는 그 이상의 여러 부위에 존재할 수도 있다. 암-발생 돌연변이(cancer-causing mutation)는 유전자의 1개 또는 양쪽복제에서 일어날 수 있다.

11.2 요점

- 암은 일부 가계에서 유전되는 것으로 보인다.
- 원발암유전자, 암유전자, 그리고 종양억제유전자가 세포분열을 조절한다.
- 이러한 유전자들이 돌연변이를 일으킬 때 암이 발생한다.

11.3 세포주기란?

인체의 세포는 2가지의 기본 상태로 교체된다: 분열기(division)와 비분열기(nondivisio). 분열기 사이의 시간은 수분에서 수개월 혹은 수년까지 다양하다. 세포분열에서 다음 세포분열까지의 일련의 상황들을 **세포주기** (cell cycle)라 한다.

세포주기는 두 부분으로 구성 된다: **간기** (interphase)와 유사**분열기** (mitosis) 및 **세포질 분열** (cytokinesis).

간기라 불리는 세포주기의 첫 번째 부분은 세포분열 사이 시기이다. 이 시기는 세 단계로 분류 된다: G1, S, G2 단계. 세포분열은 세포주기의 다른 부분, 즉 유사분열(염색체의 분리)과 세포분질분열(원형질의 분리) 동안 일어난다.

암은세포주기 질환이다. 세포주기의특정체크포인트(checkpoint)가 세포분열을 조절한다. 암으로 진행되는 세포는 이 checkpoint를 우회하며, 그 결과 세포의 통제되지 않는 분열이 일어난다. 이러한 사실이 밝혀진 후, 세포주기에 관한 연구들은 암 연구의 중요한 부분으로 인식되었다. 만일 우리가 세포주기의 조절을 저장(restore) 할 수 있는 방법을 찾을 수 있다면 우리는 암세포의 분열을 막을 수 있을 것이다.

아래의 그림은 세포주기에 관한 것으로, 이제 막 분열을 끝낸 세포로부터 설명을 시작하고자 한다. 세포분열 후 2개의 딸세포는 모세포의 크기의 절반 정도이다. 이 두 딸 세포가 다시 세포분열을 일으킬 수 있기 전, 이들은 성장주기를 반드시 거쳐야 한다. 이러한 성장의 대부분은 세 단계의 간기인 G1, S, 그리고 G2 중 첫 번째 시기 동안 일어난다.

세포주기의 단계

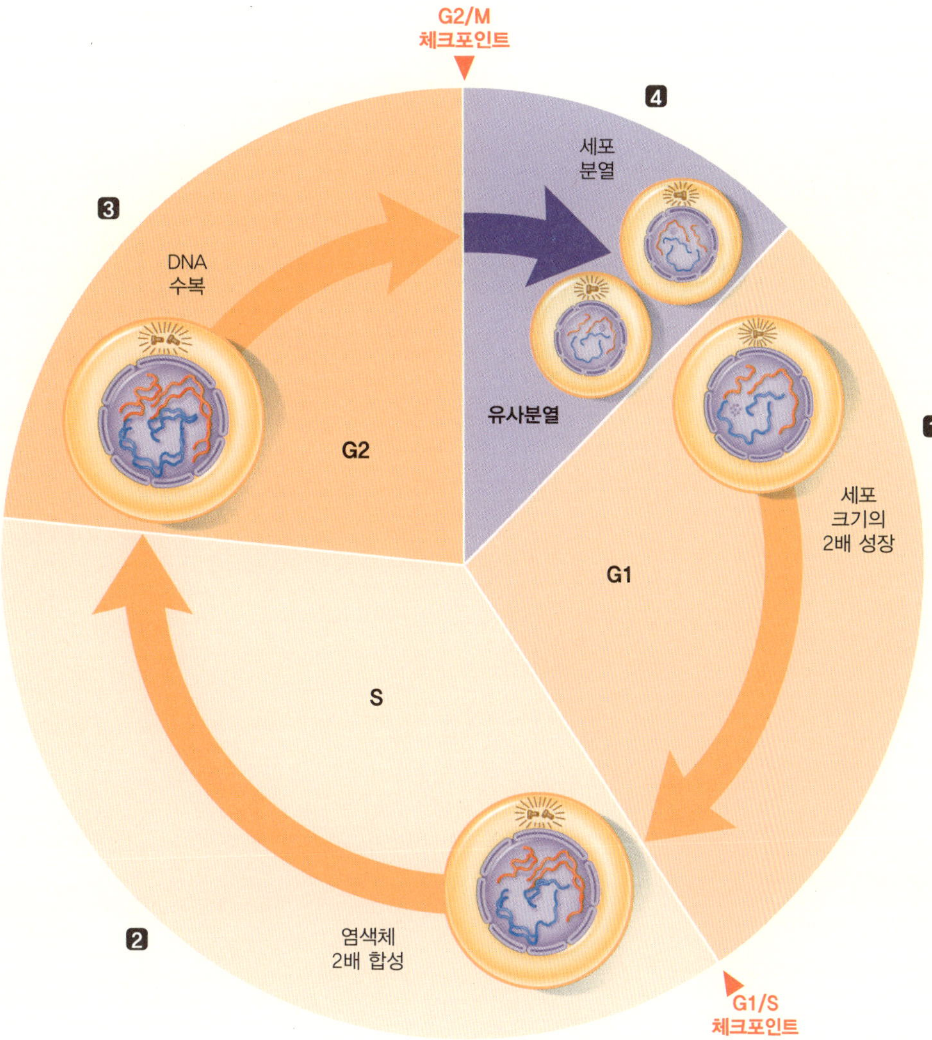

1. G1은 세포분열 직후 시작하며, 분열 된 세포내 새로운 소기관들(원형질막과 리보솜을 포함하여)과 세포질(cytoplasm)이 형성되는 시기이다. G1의 끝 무렵에 세포의 크기는 2배가 된다
2. S기 동안, 각 염색체가 두 배로 복제 된다. 인간의 경우, 이것은 46개 전체의 염색체가 복제됨을 의미한다.
3. G2기 동안, 세포는 유사분열을 시작하기 위해 준비한다. G2의 끝 무렵, 세포는 분열될 준비를 마친다.
4. M기 동안, 세포는 유사분열에 의해 나누어진다. 유사분열에 따라 세포질은 나뉘어져 2개의 세포가 형성된다.

유사분열 단계란?

인간세포가 G2기를 완전히 종료할 때, 세포는 세포주기의 두 번째 중요 부분인 유사분열기(mitosis)로 들어간다. 유사분열 동안, 완전한 세트의 염색체들이 각 딸세포에 분배되며, 세포질은 새로운 세포들 사이에서 분리된다. 비록 유사분열이 연속적 과정이긴 하나, 논의상, 4단계로 구분 한다: 전기, 중기, 후기, 말기

A. **전기**: 전기의 시작 때, 복제된 염색체들(기억하라, 그들은 간기의 S기 동안 복제되었음을)은 농축되어 뚜렷해지기 시작한다. 복제된 46개의 염색체 각각은 중심소체(centromere)에 의해 연결되는 2개의 자매 염색분체로(chromatid)로 구성되어 있다. 전기의 끝 무렵, 핵막은 분해되고, 방추사라 불리는 특이 섬유의 네트워크가 세포질에서 형성되어 세포내에 걸쳐 뻗어나간다.

B.와 C. **중기의 초기와 중기**: 방추사가 부착된 염색체들이 세포의 가운데로 이동할 때 중기가 시작된다.

D. **후기**: 후기동안 중심소체가 분리되어 각 자매 염색분체가 염색체로 전환된다. 이 과정 후, 새롭게 형성된 염색체들이 세포의 반대편 극으로 이동한다. 후기의 끝 무렵, 세포의 끝 부분에는 46개의 염색체들이 완전히 자리하게 된다.

E. **말기**: 유사분열의 마지막 단계에서, 염색체들은 엉긴 것들을 풀기 시작하고, 방추사는 분해되고, 새로운 핵막이 형성되기 시작한다.

세포질분열에서 어떤 일이 일어나는가?

세포주기의 이 마지막 단계에서, 세포막은 수축하여 세포가 2개의 딸세포로 점진적으로 분리되며, 각각의 딸세포는 46개의 염색체 세트를 내포하고 있다.

유사분열의 단계

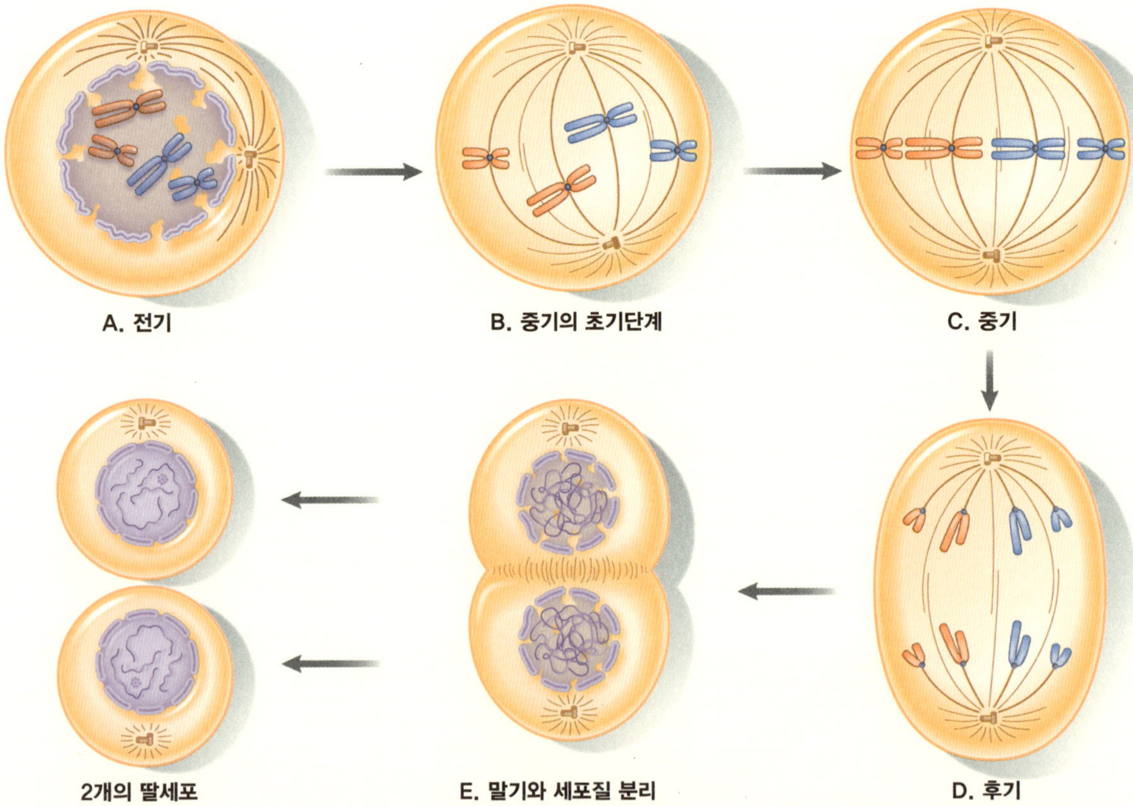

무엇이 세포주기 조절을 도와주는가?

세포주기는 수많은 지점에서 조절된다(앞 페이지의 그림을 참조하라):

1. 세포가 S기로 들어가기 직전 G1의 포인트, **G1/S 점검지점**(checkpoint)으로 지칭
2. G2와 유사분열 사이의 전이(transition), **G2/M 점검지점**

우리가 앞서 언급한 유전자들인 종양억제유전자와 원종양유전

자가 이러한 체크포인트를 조절한다. 종양억제유전자에 의해 암호화된 단백질은 세포분열을 중단시키거나 세포분열 속도를 감소시킨다. 원발암유전자는 세포분열을 개시시키거나 세포분열 속도(rate)를 증가시키는 단백질을 합성한다. 이 유전자의 산물은 정상적으로 G1/S 혹은 G2/M 조절지점(control point)에서 작용하여 세포주기를 통한 세포의 이동을 조절한다.

정상세포의 경우, 세포 외부로부터의 신호는 종양억제유전자나 단백질을 활성화시켜 세포분열을 중단시킬 수 있다. 이 signaling은 또한 원발암유전자 역시 활성화시켜 세포분열을 개시시킬 수 있다. 이 과정을 **신호도입 (signal transduction)**이라 부른다.

이러한 신호들(signals)은 세포의 밖에서 기원하며 단백질, 호르몬 또는 신경자극파(nerve impulses)가 그것이 될 수 있다. 신호들은 또한 환경으로부터 기원할 수 있으며 그러한 것들로는 스테로이드(steroids), 오염물질, 그리고 기타 여러 분자들을 들 수 있다.

아래 그림에서 나타난 바처럼, signal transduction은 하나의 신호분자(signal molecule)가 세포의 원형질막의 수용기(receptor)에 결합함으로써 시작된다. 이 결합은 단백질분자들 간 세포내부에서의 일련의 상호작용을 유발시킨다. 대부분의 경우, 신호분자는 세포의

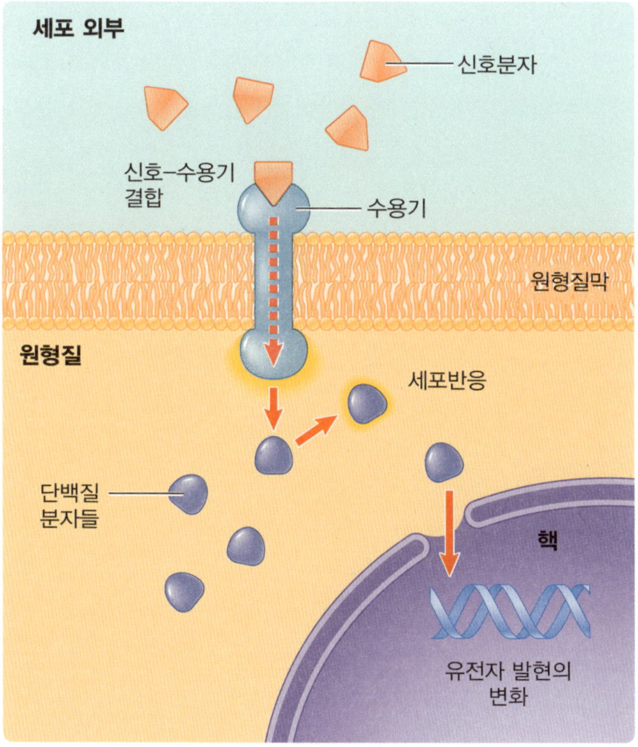

바깥쪽에 남게 된다. 분자의 결합은 수용기의 모양을 변화시켜서 세포의 다른 단백질들에 대해 신호를 전달하도록 허용한다. 이러한 단백질은 차례로 다른 단백질들을 변화시켜서 그들을 활성화시켜 세포반응을 일으킨다.

일반적으로, 신호도입의 기본과정은 단백질-단백질 상호작용을 포함한다. 신호가 함께 통과함에 따라, 그것은 1가지 형태에서 또 다른 형태로 변화되거나 전환된다. 예를 들어, 어떤 신호가 한 수용기에 결합할 수 있으며 수용기의 모양을 변환시킬 수도 있다;

이것은 그 다음 세포내부의 단백질을 화학적으로 변형시키고 두 번째 단백질과 상호 작용하여 활성화시킬 수도 있다. 이 활성화 된 단백질은 다시 또 한 번 다른 단백질과 결합할 수도 있으며 이 단백질 쌍은 세 번째 단백질과 상호작용할 수도 있으며 이는 도미노 효과를 야기해, 결국 새로운 방식의 유전자 발현을 가져온다.

신호전달(signal transduction)이 어떻게 암과 관련되는가?

암은 세포주기 통제의 상실과 관련 있다. 이것은 종종 돌연변이 또는 세포의 신호도입 경로나 세포주기 통제장치(cell cycle control machinery)의 변화를 포함한다.

*RAS*라 불리는 원발암유전자의 돌연변이가 어떻게 암을 유발하는지 그 예를 보도록 하자. 원발암유전자에 의해 생성된 RAS 단백질은 원형질막의 내부에 부착되어 세포분열을 개시하는 신호경로의 한 부분이 된다. 이것이 활성화될 때 RAS 단백질은 모양이 변화되고 스위치를 켜게 되는데, 이는 경로(pathway)에서 그것의 신호를 또 다른 단백질로 이동시킨다. 일단 신호가 전달되면, RAS 단백질은 다시 모양을 변화시키고, 스위치를 끄고, 불활성화 된다.

RAS 유전자의 돌연변이가 있을 때, 단백질은 세포분열을 불러오는 "켜짐" 지점에 달라붙게 된다. 이것은 세포주기의 통제를 상실케 하여 세포를 통제되지 않는 방식으로 분열시킴으로써 암화(cancerous)시키는 원인이 된다. *RAS* 유전자 돌연변이는 대장암, 췌장암, 위암을 포화하여 수많은 종류의 암에서 발견된다.

11.3 요점

- **세포주기는 암과 세포분열의 조절을 이해하는데 중요하다.**

11.4 여성의 유방암은 어떻게 발생하는가?

유방암은 미국여성에 있어 가장 흔한 종류의 암이다. 매년 40,000명 이상의 여성들이 유방암으로 사망한다. 미국의 경우 한해 약 178,000명의 새로운 암환자가 발병하는 것으로 예상된다. 비록 환경적 요소들이 유방암 발병의 원인이 되긴 하나, 유전학자들은 유방암의 유전학적 소인이 있는가에 대한 의문과 수년간 싸워왔다. 20년 이상의 연구를 통해 그 대답은 명확히 "예"로 밝혀졌다.

2개의 상이한 유전자의 돌연변이가 여성들이 유방암과 난소암에 걸리기 쉽게 한다.

그 유전자들을 *BRCA1*과 *BRCA2*라 부른다. *BRCA1* 유전자는 염색체 17번에 위치한다.

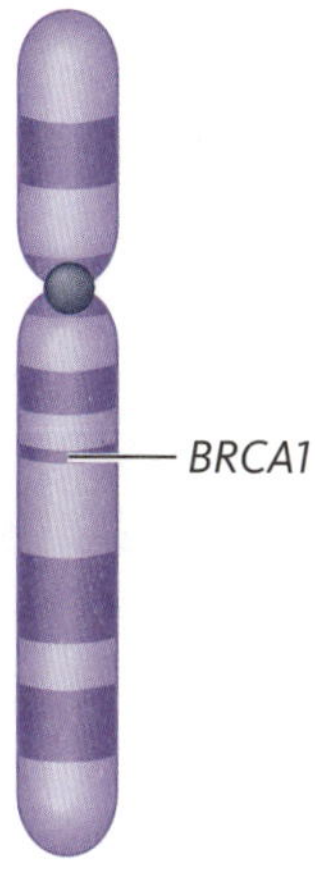

17번 염색체

1970년대, Mary-Claire King과 그의 연구 동료들은 유방암이 있는 1500 가족들의 가계부를 분석하였다. 그들은 약 15%의 가계에서 복합적 사례(multiple cases)의 유방암이 있는 것을 확인하였다. 닥터 King은 유방암의 유전표지자의 위치를 찾아내기 위해 가능한 많은 가족들의 혈액연구를 하기로 결정하였다. 대부분의 유방암이 다른 암들처럼 (일정치 않게) 발생하기 때문에 그것은 꽤 오랜 시간동안의 시도였다. 1980년대, 재조합 DNA 기술이 널리 보편화됨에 따라(6장) 그녀의 연구팀은 혈액검체의 유전자스크린을 위해 DNA 표지자와 polymerase chain reaction(PCR)을 사용하기 시작하였다.

PHOTO GALLERY
BRCA1 유전자를 발견한 Mary-Claire King 박사.
Newscom

마침내, 1991년에, 수백 개의 표지 자를 사용하여 수백 명의 가족을 실험한 결과 그녀 연구팀은 염색체 17번에 위치한 D17S74라 불리는 유전자표지자와 유방암 간의 관계를 밝혀내었다. 9장에서 토론한 바처럼, 특정 유전자 표지자란 특정 유전자의 위치를 확인하는데 사용할 수 있는 염색체상 DNA의 작은 분절이다.

King 박사의 연구에 참여한 대다수의 최초 가족이 표지자를 테스트 받았으며, 표지자와 유방암 간의 상관관계가 확인되었다. 이것은 유방암에 걸리기 쉬운 유전자가 King 박사에 의해 발견된 유전 표지자에 거의 가까운 염색체 17번의 어느 부위에 위치해 있음을 의미했다. 이 유전자를 현재 *BRCA1*이라 부른다. *BRCA1* 유전자의 돌연변이를 물려받은 모든 여성들이 유방암이 발생하는 것은 아니다; 그들이 물려받은 것은 유방암 발생 위험의 증가 가능성이다.

BRCA1 유전자의 1개의 돌연변이 복제를 가지고 있는 여성들은, 만일 그들의 다른 돌연변이 복제가 유방세포에서 일어난다면 유방암이 발생할 것이다. 1개의 돌연변이 *BRCA1* 대립 유전자를 물려받은 여성들의 약 82%가 다른 *BRCA1* 대립 유전자에 있어 돌연변이가 일어날 것이다. *BRCA1* 돌연변이를 가지고 있는 여성들은 난소암 발병위험률 역시 보다 더 높다(약44%).

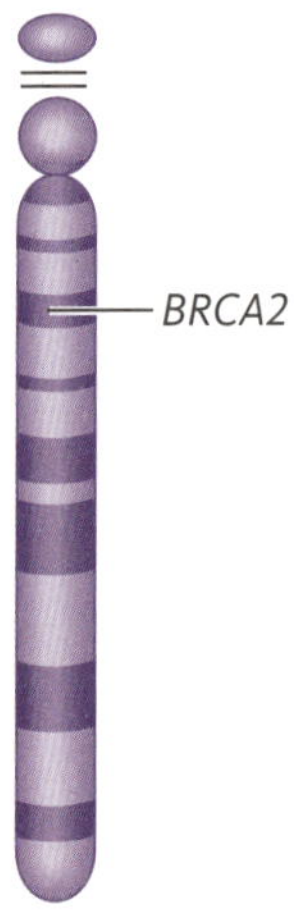

13번 염색체

두 번째 유방암 발병소인 유전자인 *BRCA2*는 1995년에 발견되었다. *BRCA1*의 경우처럼, *BRCA2*의 돌연변이는 유방암의 발생위험을 증가시킨다. *BRCA2*는 13번 염색체에 존재한다.

비록 이 유전자의 돌연변이가 드물긴 하나(1%이하), 빈도는 보다 높다. 그러한 집단은 동유럽의 유태인가계[**독일 · 폴란드 · 러시아계 유대인**(Ashkenazi Jews)] 이다; 그들의 *BRCA1*과 *BRCA2*의 합병 빈도는 40명 중 1명꼴이다.

이 유전자들의 돌연변이가 어떻게 유방암을 유발시키는지에 대한 의문처럼 *BRCA1*과 *BRCA2*의 단백질 산물과 기능에 관한 많은 의문점들이 여전히 풀리지 않고 있는 상태이다.

남성들이 유방암에 걸릴 수 있는가?

비록 대부분의 사람들이 유방암은 여성질환으로 생각하고 있긴 하나, 남자 역시 유방암에 걸릴 수 있다. 남성들은 앞서 얘기한 유방암 유전자를 그들의 부모로부터 물려받는다. 남성들은 소량의 유방조직을 가지고 있기 때문에, 그것은 남성조건으로 생각되지 않는다. 남성들은 그들이 유방암에 걸리지 않는다는 잘못된 생각을 가지고 있기 때문에 여성보다 늦은 병기(stage)때 흔히 진단된다. 그와 같은 사례들이 보다 늦게 확인되기 때문에 유방암에 걸린 남성들은 종종 치료하기가 상대적으로 더 어렵다.

미국의 경우, 남성들의 약 1%에서 유방암이 발생하며 매년 약 2,000명의 새로운 환자가 발생하는 것으로 보고되고 있다. 아프리카지역의 경우, 남성유방암 발병률이 유의하게 더 높다. 이집트의 경우 전체 유방암 중 약 6%, 그리고 잠비아의 경우 전체 유방암 중 약 15%가 남성인 것으로 보고되고 있다.

남성유방암 발병의 위험인자들로는 나이, 유방암 가족력(보통 여성가계의 구성원들), 열, 가솔린, 혹은 비누와 향수의 에스트로겐(estrogen)-함유 크림에 직업적으로 노출된 경우를 들 수 있다. 동유럽의 유대인들, 즉 독일, 폴란드, 러시아계 유대인들의 남성들과 흑인 남성들이 더 높은 유방암 발병률을 보이고 있다. 연구자들은 특정 인구집단

사례 A 질문

지금 우리는 유방암의 일부사례가 유전적 소인에 의해 야기되는 것으로 이해하고 있다. Harriet의 경우에서 일어난 이슈들의 일부를 보도록 하자

1. Harriet는 무엇을 해야 하는가?
2. 만일 닥터 Hill이 그녀에게 도움이 될 만한 다른 치료방법이 없다고 얘기했다면 어떻게 되었을까?
3. 대다수의 임상시험은 매우 심각하게 아픈 환자들에 있어 약물이 어떻게 작용하는지를 관찰하기 위해 말기-단계(병기)의 환자들을 대상으로 한다.
4. 이러한 환자들은 진실로 그 임상시험에 관해 이해하고 자세한 정보에 동의를 어떻게 구하는지 이해할 수 있을까?
5. 닥터 Hill은 그녀가 동의하기전 제외된 치료법에 관해 Harriet에게 어떻게 말을 해야 할까? 5가지 아이템을 목록으로 만들어라.
6. 자세한 정보에 근거한 동의는 어떤 임상시험에서든 매우 중요한 부분이다. 연구자나 의사가 환자에게 말하지 않아야 할 것이 있는가?
7. 임상시험의 1가지 심각한 문제점은 연구자가 종종 시험에 참여하는 사람들을 설득할 수 없다는 점이다. 당신은 왜 그렇다고 생각하는가?

에 있어 유방암 발병률이 더 높은 이유를 찾기 위해 현재 연구 중이다.

11.4 요점

- **연구자들은 여성의 유방암 발생의 위험 인자로 2개의 돌연변이 유전자인 *BRCA1*과 *BRCA2*를 발견하였다.**

11.5 암의 다른 유전적 원인은 무엇인가?

염색체들의 수와 구조의 변화가 종종 암세포에서 관찰된다. 예를 들어, 3장에서 논의 한 바처럼, 다운증후군(Down syndrome)은 21번 염색체의 여분의 복제(extra copy)의 존재에 의해 발생한다. 3장에서 언급한 대부분의 증후군에 더하여 다운증후군이 있는 사람들은 백혈병(백혈구의 암) 발병률이 일반 인구집단 보다 18-20배 더 높다. 이것은 과학자들에게 어떤 단서가 되었는데 과학자들은 백혈병과 관련된 유전자가 21번 염색체에 있음을 주시하게 되었다. 그 연결 관계는 여전히 확인되지 않고 있다. 염색체 재배열, 혹은 전좌(translocation)와 암 사이의 상관관계는 백혈병에서 최초로 발견되었다. 백혈병은 백혈구의 통제되지 않은 분열이다.

백혈구 세포의 특이 염색체변화들은 쉽게 확인되며 이 암의 종류를 진단하는데 이용된다. 어떤 종류의 백혈병의 경우, 염색체 9번 부분과 22번 부분 간에 전좌가 일어나며 이들 염색체들의 특정부분이 상호간에 교환된다.

이러한 특이한 염색체재배열(그것이 발견된 장소 이름을 따서 **필라델피아 염색체**(Philadelphia chromosome)라고 부름)은 **만성골수성백혈병**(chronic myelogenous leukemia, CML) 환자들에서 흔하다. 급성골수아구백혈병(Acute myeloblastic leukemia; AML), 버킷림프종(Burkitt's lymphoma), 다발성골수종(multiple myeloma)을 포함한 다른 암들은 다른 특이 전좌와 연관이 있다. 특정유형의 암은 특이유형의 염색체 비정상과 일관되게 관련 있다는 소견은 이러한 암의 연구에 중요하다. 아래의 그림은 염색체들에 있어 특

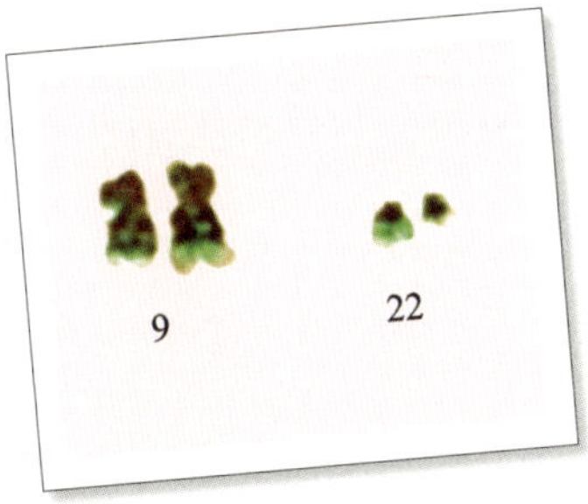

PHOTO GALLERY
필라델피아 염색체는 만성골수성백혈병 환자들에게서 흔히 존재한다.
Dept. of Clinical Cytogenetics, Addenbrookes Hospital/Science Photo Library/Photo Researchers

다른 염색체들 상의 암 유전자들

염색체	상태	유전자	유전자의 유형
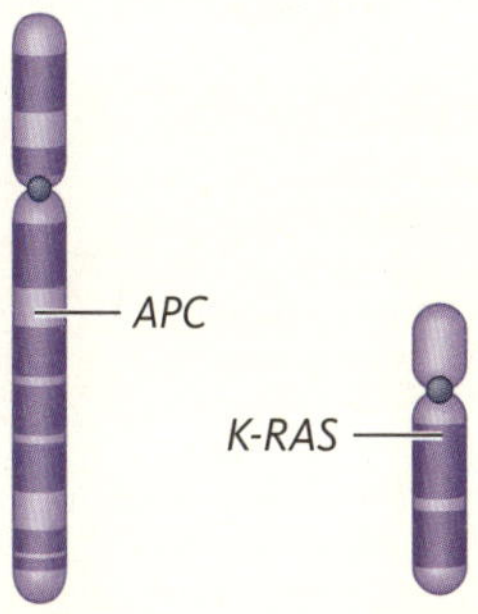 5번 염색체 18번 염색체	가족성 선종양성용종 (Familial adenomatous polyposis, FAP; 대장암의 한 형태)	5번 염색체상과 18번 염색체상의 *K-RAS*유전자의 돌연변이	암유전자
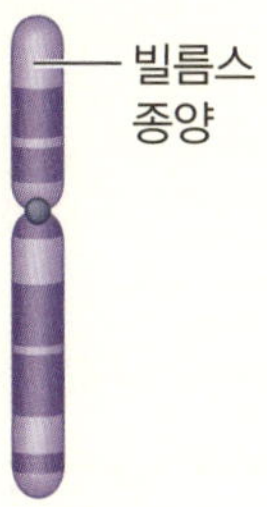 11번 염색체	빌름스종양(신장의 종양)	11번 염색체의 단완에 위치	종양억제 유전자
 13번 염색체	소세포폐암	13번 염색체의 장완에 위치	종양억제 유전자

정 유전자들의 위치와 암과의 연관성을 보여주고 있다.

11.5 요점

- **염색체 비정상 역시 암의 원인이 될 수 있다.**

11.6 환경과 암 사이에 어떤 연관성이 있는가?

환경적 인자들과 암 사이에 분명한 상관성이 있다. 역학자들은 질병과 관련된 인자들을 연구하는 과학자들이다. 예를 들어, 그들은 특정 질병이 어떤 지역에서 가장 자주 발생되는지에 관해 연구할 수 있다. 많은 사례의 암이 제한된 지역에서 발생하는 것으로 확인될 때 **암집단**(cancer cluster)이라고 부른다. 역학자들은 암의 인과관계의 연결고리를 찾기 위해 암집단을 둘러싸고 있는 환경을 연구조사 한다. 1986년 출간된 Jonathan Harr에 의한 *CiVil Action* 저서에 따르면 메사추세츠의 Woburn 지역에서 암클러스터가 기술되었다. 암을 야기한 환경적 인자는 그 마을로 공급되는 식수에 유입된 산업용 solvents(유기용매)인 것으로 밝혀졌다.

또 다른 방법으로 역학자들은 질병과 환경적 인자들 간의 상관관계를 연구하는데 발생하는 암의 종류를 규명하기 위해 인구집단을 관찰한다. 미국의 경우 많은 종류의 암들이 우리가 처한 주변의 물리적 요소, 개인적 삶의 행태, 혹은 둘 다와 연관성이 있기 때문에 전체 암의 적어도 50%는 어떤 종류의 환경적 인자가 원인일 수 있을 것으로 추정된다.

PHOTO GALLERY
비흡연자의 폐 상태.
James Stevenson/Science Photo Library/Photo Researchers

PHOTO GALLERY
흡연자의 폐 상태.
James Stevenson/Science Photo Library/Photo Researchers

수치로 따져보기

5%
돌연변이 *BRCA1* 대립유전자를 가지고 있는 유방암 여성들의 백분율.

200명 당 1명
돌연변이 유방암 유전자를 물려받을 수 있는 여성들의 숫자.

82%
유방암이 발생할 수 있는 돌연변이 *BRCA1* 대립유전자를 가진 여성들의 백분율.

0.12%
일반인구집단에서 돌연변이 *BRCA1*과 *BRCA2* 대립유전자의 빈도.

2.5%
독일, 폴란드, 러시아계 유태인들에 있어 *BRCA1*과 *BRCA2* 대립유전자의 빈도

Nick Hawkes/Alamy Limited

85%
흡연에 의해 폐암이 발병된 남성의 퍼센트.

75%
흡연에 의해 폐암이 발병된 여성의 퍼센트.

5분의 1
미국인이 피부암에 걸릴 수 있는 기회.

어떤 환경적 인자가 암의 원인이 되는가?

흡연은 흡연자들에 있어 직접적으로 또는 간접흡연에 있어 간접적으로 암 발병에 관여하는 제1의 환경적 인자이다. 흡연은 구강암, 후두암, 식도암, 폐암의 원인이 되며 암으로 인한 전체 사망의 약 30%에 책임이 있다. 이러한 암들의 대부분은 생존율이 매우 낮다. 예를 들어, 폐암의 경우 5년 생존율이 13%이며, 이는 폐암진단을 받은 환자 중 단지 13%만이 5년 동안 살 수 있다는 의미이다. 담배와 관련된 암 발병 위험은 흡연에 국한되지 않는다: 코담배(코로 담배를 냄새 맡음)를 하거나 담배를 씹는 사람의 경우 그렇지 않은 사람에 비해 구강암 발병률이 약 50배 정도 높다.

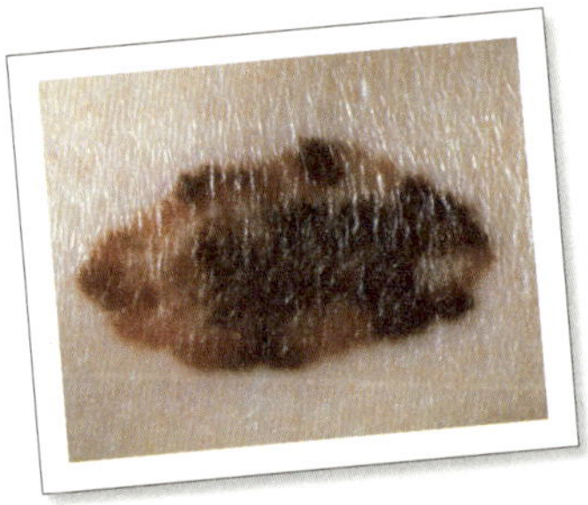

PHOTO GALLERY
피부암의 한 종류인 흑색종.
Dr. P. Marazzi/Photo Researchers

미국의 경우 매년 피부암환자가 약 100 만 명 정도 새로 발생하는 것으로 보고되고 있으며, 거의 모든 피부암 사례가 태양이나 태닝램프(tanning lamps)의 자외선 노출과 관련 있다.

피부암은 대부분의 인구집단에서 급속히 증가하고 있는데 그 이유는 아마 바깥 실외에서의 레크레이션의 증가와 보다 강한 태양광선이 있는 미국의 특정지역으로의 사람들의 이동결과에 의한 것일 것이다. 역학조사는 피부색소가 옅은 사람들이 피부색소가 짙은 사람들 보다 피부암 발병률이 훨씬 더 높다는 사실을 보여주고 있다. 이 사실은 유전적 특성이 환경적 인자들에 대해 특정 개개인이나 인구집단의 감수성에 영향을 미칠 수 있다는 생각을 지지해준다.

특정지역 대기의 오존 고갈 역시 자외선에 대한 노출의 정도를 증가시키는 원인이 되며 이는 피부암 발생기회를 증가시키는 요인이 된다. 이것은 오존층이 지구를 둘러싸서 많은 양의 자외선을 차단해주기 때문이다. 생애의 80%이상의 피부손상은 18세 경에 일어난다. 그럼에도 불구하고 수많은 미국인들은 선탠이 건강해 보인다고 생각하고 있으며 단지 25%만이 sunscreen 로션이나 오일을 꾸준히

사례 B 아이들에 대한 정부의 실험

Michael Newman/PhotoEdit

비록 1969년에 일어난 일이긴 하지만, Robin Matchison은 그 일에 대해 계속해서 악몽에 시달렸다. 어느 이른 아침, 그녀의 어머니는 그녀에게 일어나라고 한 후 그녀의 동생에게 "잘 가"라고 말했다- 그녀의 남동생은 오랫동안 멀리 가게 되었다. Robin은 겨우 10세 였으나 그녀는 그 일을 분명히 기억하였다. 큰 자동차가 도로에 주차되어있었고 5세인 그녀의 남동생 Jack은 차에 태워졌다.

그녀는 "잭은 어디가는거야?"라고 어머니에게 물었다.

어머니는 "Jack을 돌봐 줄 수 있는 곳으로" 하고 말하였다.

"그런데 우리가 Jack을 돌 볼 수 없는 거야, 왜 우리는 안 돼?"하고 Robin은 물었다.

6년 후 Robin의 엄마는 그녀에게 Jack을 메사추세츠에 있는 정신지체장애 아동을 위한 집에 보냈다고 말하였다. 그들은 심하게 아픈 Jack을 만나러 갔다. 의사는 그녀의 엄마에게 Jack이 백혈병에 걸렸다고 말하였는데, 백혈병은 Jack의 정신지체 장애의 원인이 되었던 다운 증후군(Down syndrome)과 종종 관련된다.

최근, Robin은 미국정부 연구소에 의해 실시되는 실험에 관한 논문을 신문에서 읽게 되었다. 이 내용의 일부는 자신도 모르게 방사선에 노출된 사람들이 포함되어 있었다.

이 일이 일어난 장소 중 하나는 1977년 Jack이 백혈병으로 죽기 전까지 살았던 메사추세츠의 그 집이었다. Robin은 백혈병에 대해 자세히 알지 못했으며, 그녀는 도서관에 가서 특히 어린아이의 백혈병의 원인 중 하나가 방사선에 대한 노출이라는 사실을 알게 되었다. 그녀는 어쩌면 동생을 죽게 한 원인이 이것이 아닐까 하고 생각하였다.

미국 정부가 그녀의 남동생 같은 아이들을 기니아피그(실험동물)처럼 이용했다는 사실은 매우 부당한 일로 생각되었다. 한 친구가 Robin에게 그 일에 관해 변호사를 만나 볼 것을 권유하였다.

1. Robin은 반드시 변호사를 만나야 하는가? 왜 그래야 하는지 아니면 왜 그렇지 않은지?
2. 이 소송 부분의 경우 변호사가 누구를 소송제기 해야 하는가?
3. 정신지체 장애가 있는 사람들에 대한 실험이 왜 나쁜지 3가지의 논의를 제시하라.
4. 왜 그와 같은 실험연구가 자세히 심사숙고되어야 하는지 3가지 논의를 제시하라.
5. 이 문제가 무엇 때문에 매우 오래전에 발생했는지 당신은 그 문제점이 무엇인지 생각할 수 있겠는가?
6. 정부가 이런 유형의 실험을 보다 기준에 맞게 하기 위해 1969년에 무엇을 해야만 하였는가?
7. 실험은 꼭 인간을 대상으로 해야만 하는가? 왜 그래야 하는지 또는 그렇게 하지 않으면 안 되는지?

바르고 있다.

11.6 요점

- 흡연은 암 발병 위험에 영향을 줄 수 있는 유일한 생활인자 이다.
- 환경적 인자들은 종종 정상 세포를 암세포화 시킨다.

11.7 암과 관련된 법률적 윤리적 이슈는 무엇인가?

우리사회에서, 암을 가진 일부 사람들은 그들의 고통의 책임을 다른 사람들에게서 찾으려 한다. **Tort**(피해자에게 배상청구권이 생기게 되는 불법행위)사례라 불리는 특정 유형의 소송은 법률적으로 누가 문제가 있는지에 관한 이슈를 강조하고 있다. 이러한 사례들은 관련자들에게 영향을 미치긴 하지만, 그것은 사회를 바꾸기 위해 실질적으로 쓰여 지게 된다.

가장 유명한 이러한 소송들 중 일부는 담배회사와 관련된 것들이다. 이 소송들의 경우, 암 환자들과 암으로 죽은 환자들의 가족들이 암 발생의 과실이 담배회사들에 있다고 소송을 제기한다. 이러한 사례들에 있어 제시된 주요 증거는 담배회사가 2가지 사실을 알고 있었다는 것이다.

첫째, 담배는 유해하고 잠재적으로 치명적이다. 둘째, 담배는 중독성이다. 처음에는, 이러한 소송들이 성공하지 못했지만, 나중에는 담배회사들의 파일에서 발견된 메모들은 그 들이 담배가 유해하고 중독성이 있다는 것을 알고 있었으며 흡연자에게 경고하지 않았음을 보여주었다.

오늘날, 이러한 소송들 때문에 모든 담배제품의 포장지에 주의문구가 새겨져서 많은 사람들이 금연할 수 있도록 한다. 흥미로운 윤리적 문제 역시 흡연자들로 인해 발생한다. 대부분의 사회학자들이 소중하게 생각하는 도덕적 원칙 중 하나는 자율성이다. 이것은 우리가 비록 어떤 결정이라 하더라도 우리 자신들을 위한 결정을 내리기 위해 개인적 권리를 가지고 있음을 의미한다. 법률은 사람들이 그들이 18세 이상 혹은 어떤 경우엔 21세 이상 될 때까지 독자적인 결정을 내릴 수 없는 진술을 통과시켜 왔다. 이 연령이후 그들의 결정은 그들 자신들의 것이다. 많은 사람들은 그들이 흡연을 선택함에 있어 어떤 통제를 느끼지 않기 때문에 흡연에 이것이 적용된다. 건물 내에서의 금연법의 경우, 또 다른 논쟁이 만들어졌다. 이것은 사람들이 흡연하지 않는 선택이 흡연자들에 의해 영향을 받고 있었다는 것이다.

아래의 차트는 흡연과 관련된 윤리적·법률적 질문의 일부를 다루고 있다.

11.7 요점

- 담배 회사에 대해 연속적인 소송이 제기되어 왔었다.

질문	질문을 판단하는 방법	관련된 사례 또는 법적 사안
만일 어떤 사람이 흡연하길 원한다면 법은 그 혹은 그녀에게 언급할 수 있는가 없는가?	대부분의 주들은 담배를 살 수 있는 최소한의 법적 연령(16 혹은 18세)을 규정하고 있다.	자기 스스로 결정내리기에 충분한 나이가 된 사람들 자율성이 인정 됨
담배를 피울 수 있는 장소를 법이 규정할 수 있는가?	대부분의 주들은 각 개인의 가정을 제외하고 공공건물이나 모든 실내공간에서의 흡연에 관한 법률을 규정하고 있다.	이러한 법들은 흡연자들을 보호하지 않고 간접 흡연을 하는 비흡연자들 을 보호하기 위함이다. 다량의 간접흡연에 노출될 수 있는 바(Bar)의 소유자는 질병이 발병된 피고용인들이 소송을 제기함으로써 이 법을 최초로 도입하였다.
암 발병의 다른 환경적 원인들을 규정하는 법들을 통과 시킬 수 있는가?	연방정부와 주의회 둘 다 농약과 오염물질과 같은 유해한 화학물질의 규제를 실시해왔다.	공공장소에서의 이러한 법의 적용과 함께, 심지어 이러한 유해환경노출에 의해 발병한 환자들의 치료를 위한 보상금을 요구하는 관련소송들을 초래하였다.

윤리적 관점에서의 조명

Henrietta Lacks and Her Immortal Cells

Obstetrics & Gynaecology/Science Photo Library/Photo Researchers

헬라계대세포(HeLa cell line)는 의학연구에서 사용되는 불멸의 계대세포이다. 대부분의 계대세포는 단지 한정된 시간동안 일정한 횟수의 세포분열을 일으킨 후 죽지만, HeLa 계대세포는 예외이다. HeLa 계대세포는 오른쪽 사진에 있는 1951년 암으로 사망한 Henrietta Lacks 여인의 자궁경부암으로부터 얻어낸 세포이다.

이 세포는 자궁암 진단을 위해 Lack의 자궁경부상에 육안적으로 보이는 병소부위에서 생검으로 절취해낸 것이다. 계대세포(cell line)는 연구실에서 시험관적으로 생존시킨 하나의 세포나 일군의 세포들로부터 만들어지며 과학적 연구를 위해 사용된다. HeLa계대세포는 적절한 영양분을 공급해 주는 한 실험실 세포배양에서 무한정 분열을 일으킬 수 있기 때문에 불멸의 세포라 칭해진다. 전 세계 의대생과 과학자들은 이 자궁경부암 세포를 연구하기 위해 HeLa 계대세포를 사용한다.

이세포의 모양은 아래 사진에서 보여 진 바와 같다.

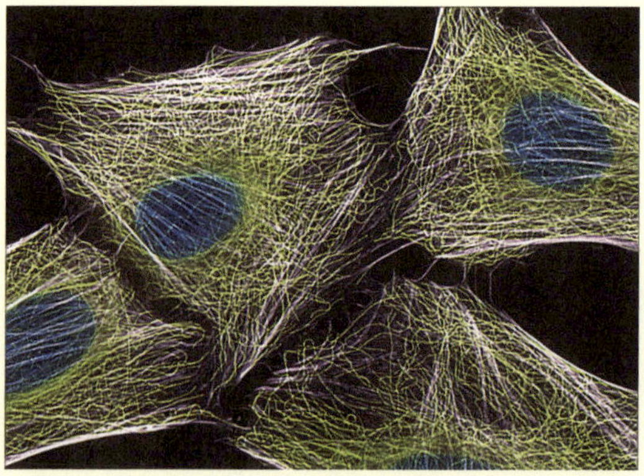
Dr. Tosten Wittmann/Science Photo Library/Photo Researchers

이 계대세포는 George Otto Gey가 Lacks의 이해나 동의 없이 처음으로 증식시켜 나중에 의과 대학들에 상업적으로 판매하였다. 이 행위는 Dr. Gey에게 큰 수익을 가져다주었다.

그러나, 그는 원천세포나 계대세포의 특허를 결코 얻지 않았다.

9장의 캘리포니아 대학의 Moore V. Regents의 사례를 기억하라. 법원은 의사들이 그의 세포를 절취해내어 그것을 사용함에 있어 Moore에게 알리지 않아도 된다고 판결하였다. HeLa 계대세포와 Henrietta Lacks의 사례에도 동일하게 적용되었다.

그러나 비록 법이 의사나 과학자들에게 환자의 신체 일부의 절취물을 사용하기 위해 환자에게 고지해야 한다고 강제규정 할 수 없다하더라도 그 들은 윤리적으로 어느 정도 의무가 있지 않을까?

Moore 사례를 인용하여 Henrietta의 사례가 토론되었다. 이것이 California Supreme 법원의 판결에 영향을 줄 수 있을런지 어떤지 알 수 없다. 처음엔, HeLa 계대세포는 Lack의 익명을 보호하기 위해 후일 "Helen Lane" 또는 "Helen Larson"으로 명명하기로 의논되었다. 그러나 출판물은 그녀가 사망한 후 수 년 내 그녀의 진짜 이름을 사용하였다. 나중에 그녀의 딸은 그녀의 어머니의 공헌을 기리기 위해 이후 그녀의 어머니 세포에 이름을 붙여 줄 것을 요청하였다.

최근, 이 세포는 앞서 언급한 인유두종바이러스(human papillomavirus)의 특정 종(strains)과 인간 자궁경부암 사이의 관계를 찾는데 사용되었다. 이 종류의 인유두종바이러스에 대한 백신이 개발되었고 9-14세 여성과 환자들에게 시판되고 있다.

질문:

1. HeLa 계대세포를 근거로 아래의 가설적 사례를 생각해 보라:

   Heidi Hagawa는 그녀의 어머니인 Frieda를 잘 기억하고 있었다. 그녀의 엄마가 암진단을 받고 병원에서 많은 검사를 받았을 때 Heidi는 20세였고 어머니 곁을 지키고 있었다. Heidi의 부모는 이혼한 상태였고, Heidi는 그녀 어머니에게 있어 유일한 가족이었다.

   Heidi는 의사들이 자신과 어머니에게 어머니의 혈액이 *단가항체(monoclonal, antibodies)*라 불리는 특수 분자(specific molecules)가 형성되었다고 말한 때를 기억하였다. 이 세포는 암을 퇴치하고 다른 환자들 의 바이러스 감염치료에 사용할 수 있다. 의사들은 그녀의 어머니와 다른 사람들을 위해 사용할 수 있도록 그녀 어머니의 혈액검체를 부탁 하였다.

   Frieda는 자신의 혈액샘플이 다른 암환자들의 치료에 쓰일 것이라는 내용이 진술된 동의서에 서명을 하였다. 그녀는 8개월 후 사망하였다. Heidi는 어머니가 사망한 후 그 혈액검체에 대해 까마득히 잊고 있었으나, 수년 후 그녀는 비장을 제거한 캘리포니아에 살고 있는 Moore라는 남자에 관해 듣게 되었다. 그의 비장세포는 다른 치료를 위해 사용할 수 있는 림포카인(lymphokines)을 생산한다고 했다. 그는 그의 세포와 그것을 이용한 DNA를 계대세포를 만드는 생명과학 회사에 수백만 달러에 팔아넘긴 주치 의사들을 상대로 소송을 제기 하였다. 계대세포는 오랜 세월 동안 동일한 세포와 세포산물을 재생산 할 수 있으며 이러한 세포산물들은 나중에 상업적으로 판매할 수 있다. Heidi는 만일 이것이 그녀 어머니의 경우와 동일한 상황이 아닐까하는 의구심이 들었다.

   그녀는 그녀의 변호사 친구인 Irv Kutler에게 전화해서 그것에 관해 물어보았다. Irv는 그렇다고 대답하였다. 그 의사들은 Frieda의 계대세포를 판매하여 거액의 돈과 주식을 가지게 되었다. Frieda의 계대세포에 대한의 권리는 Montansic이라는 회사에 팔렸으며, 비록 Frieda가 동의서에 서명했긴 하나, 그녀는 그들이 그 세포로 무엇을 할 것인지를 결코 말하지 않았다. Irv는 그들을 상대로 소송을 제기해야 한다고 말했다. 그들은 승소할 수 있었을까?

   왜 그럴까? 또는 왜 그렇지 않은가?

2. 인유두종바이러스 백신을 판매하는 회사는 흥미로운 광고 전략을 사용하였다. 그것은 교육적인 것으로 생각되는 텔레비전 광고였다. 그들은 바이러스가 암의 원인이라고 말하는 여성들이었다. 이러한 광고가 방영된 후 곧이어 소녀들이 자신들이 자궁경부암이 없는 여성이길 원한다고 얘기하면서 백신에 대한 광고가 나타났다. 당신은 이런 방법의 제품 광고에 대해 어떻게 생각하는가?
3. 그 후, 회사는 재학 중인 9-14세의 소녀들에 대해 의무적으로 백신주사를 접종하도록 주 의회에 로비를 하기 시작하였다. 이것은 윤리적으로 옳은가? 왜 그런가? 아니면 왜 그렇지 않은가?
4. Moore 사례와 Henrietta의 사례를 비교 대조하는 점검표(checklist)를 만들어라.
5. 이 모든 시대가 지난 후, Henrietta Lacks가 그녀의 자궁경부암세포로 무엇을 하기를 원했는지 결정할 어떤 방법이 있을까? 어떻게?

★ 주요점 10개

1. 암은 통제되지 않는 세포분열로 정의된다. [11.1]
   ▮ 통제되지 않는 세포분열은 어떤 세포에서도 일어날 수 있다.

2. 암은 일부 가족들에 있어 유전되는 것으로 보인다. [11.2]
   ▮ 가계보는 종종 가문의 가족들 중 서로 다른 종류의 암이 발생하는 것을 보여준다.

3. 원종양-유전자, 종양전자들, 그리고 종양 억제 유전자들은 세포분열을 조절한다. [11.2]
   ▮ 특정 유형의 유전자가 돌연변이를 일으킴에 따라, 통제되지 않는 세포분열이 일어날 수 있다.

4. 이러한 유전자들의 돌연변이가 일어날 때 암이 발병한다. [11.2]
   ▮ 이러한 유전자들의 일부는 세포분열을 일으키는 반면, 다른 유전자들은 세포분열을 중단시킨다.

5. 세포주기는 암과 세포분열의 조절을 이해하는데 중요하다. [11.3]
   ▮ 정상 세포주기는 우리에게 통제되지 않는 세포성장이 일어날 수 있는 장소에 관한 단서를 제공해준다.

6. 연구자들은 여성들에 있어 유방암 발생 위험률을 높이는 2가지 돌연변이 유전자 인 BRCA1과 BRCA2를 발견하였다. [11.4]
   ▮ 이 2가지 유전자들의 분석법이 대중화되었으며 인터넷이나 다른 매체를 통해 일반인들에게 판매하고 있다.

7. 염색체 이상 역시 암을 유발시킬 수 있다. [11.5]
   ▮ 21번 염색체가 하나 더 있을 경우 특정 종류의 백혈병 발병 위험을 증가 시키는 것으로 보인다.

8. 흡연은 암발병 위험성에 영향을 미칠 수도 있는 생활 속의 유일한 요소이다. [11.6]
   ▮ 지금은 담배갑에 흡연에 의한 암 발병 위험의 경고 문구가 새겨져 있다.

9. 환경적 요인들이 종종 정상세포들을 암세포화 한다. [11.6]
   ▮ 과학자들은 환경적 요소들이 암과 연관 있는지를 연구하고 있는 중이다.

10. 담배회사들을 상대로 한 연이은 소송이 제기되었다. [11.7]
    ▮ 담배회사는 담배가 암의 원인이 된다는 사실을 알고 있었다.

핵심용어

급성골수아구백혈병 (p. 175)
독일 · 폴란드 · 러시아계 유대인 (p. 174)
양성 (p. 170)
BRCA1 유전자 (p. 173)
BRCA2 유전자 (p. 173)
버킷림프종 (p. 175)
암 (p. 179)
암집단 (p. 176)
발암물질 (p. 170)
세포주기 cell cycle (p. 170)
만성골수성백혈병 chronic myelogenous leukemia (CML) (p. 175)
세포질 분열 cytokinesis (p. 171)
G1 (p. 171)
G1/S 점검지점 (p. 172)
G2 (p. 171)
G2/M 점검지점 (p. 172)
인유두종바이러스 (HPV) (p. 170)
간기 (p. 171)
악성 (p. 169)
전이 (p. 170)
유사분열 (p. 171)
다발성골수종 (p. 175)
돌연변이 (p. 170)
종양유전자 (p. 170)
필라델피아 염색체 (p. 175)
원종양유전자 (p. 170)
RAS 유전자 (p.173)
S (p. 171)
신호전달 (p.173)
불법행위 (p. 177)
종양억제유전자 (p. 170)

복습문제

1. 왜 암은 치료하기가 매우 어려운가?
2. 양성종양과 암종양 간의 차이는 무엇인가?
3. 과거, 암은 유전적 요소를 가지지 않았다고 생각되었다. 현재 암의 유전적 원인들이 인간 유전학 책에서 언급되고 있다. 무엇이 바뀌었는가?
4. 종양 억제 유전자와 종양 유전자간의 차이는 무엇인가? 3 가지를 열거하라.
5. 우리의 환경에서 우리는 발암물질을 제거하기 위해 어떻게 해야 하는가? 당신은 무엇을 하는가?
6. 세포주기의 부분들을 열거하라.
7. 신호전달이 무엇이며 암과는 어떤 관련이 있는가?
8. 과학자들은 유방암 표지자들을 어떻게 찾았는가?
9. 필라델피아 유전자가 무엇이며 그것을 왜 이렇게 부르는가?
10. 만일 우리가 환경적 요소들이 암을 일으킬 것이라는 것을 알고 있다면, 왜 우리는 그것들을 즉시 제거할 수 없는가?

응용문제

1. 왜 사람들이 암을 두려워하는지 3가지 이유를 제시하라. 당신이 배운 과학적 지식을 활용하라.
2. 최근, 자궁경부암으로부터 여성들을 보호하기 위한 백신이 개발되었다. 이러한 백신을 조사하고 그것을 어떻게 판매하는 조사하라.
3. 보다 고령의 사람들의 세포가 왜 암세포화가 되는지 이해하기 쉬우나, 많은 어린아이들, 심지어 아기들조차 암에 걸리고 있다. 그것이 왜 일어나는지를 이해하기 위해 이 주제에 대해 간단히 보고문을 작성하라.

여러분이라면 이럴 때 어떻게 할까?

1. 당신은 암치료의 실험연구에 잠깐 동안 참여 한적 있는가?
2. 당신은 그와 같은 연구에 어머니가 참여해야 될지 어떨지를 당신 어머니에게 조언을 하였을까?
3. 당신은 젊은이들에게 흡연하지 말라고 충고하였는가?
4. 당신은 가게에서 담배를 팔지 않게 하는 법안에 투표하였는가?
5. 당신은 사람들이 태양의 위험에 노출되지 않도록 하기 위한 마케팅 전략에 관해 연구해본 적 있는가? 그리고 그것이 외부에서 일하는 사람들(건설노동자, 우편배달부 등)에게 적용시켜 보았는가?

4. 특정 지역에 있어 다수의 암 발병 사례를 암집단이라 부른다. 당신이 거주하고 있는 지역에 있어 암집단을 연구하고 간단한 보고서를 작성하라.
5. 우리의 환경에 있어 플라스틱 제품과 암 사이의 문제점들을 조사하여 간단한 보고서를 작성하라.
6. 현재 당신은 신호전달에 관해 알고 있으며, 앞으로 되돌아가서 *RAS* 유전자의 사례에 관해 읽어보아라. 당신은 향후 발생할 암을 예방하기 위해 이 지식을 어떻게 사용할 것인가?
7. 암 발병의 환경적 원인에 관한 조사를 행하라. 당신은 어떻게 당신의 암 발병위험을 제거하기 위해 무엇을 어떻게 바꿔야 할지에 관한 목록을 만들어보라.
8. Mary Claire King에 대해 조사하고 그녀가 어떻게 과학자가 되었는지 조사하라.

온라인자료

시험을 준비 중인가? 예비시험을 위해 academic.cengage.com/login에 로그인하고, 개인의 학습 계획을 세우고, CengageNow's Study Tools에서 효과 측정 시험(post-test)을 보는 것이 여러분의 이해 정도를 평가하는데 도움이 될 것이다.

만약 교사가 내준 과제라면, 이번 장에 해당하는 사례 A와 윤리적 활동에 대한 조명, 즉 "새로운 항암요법"과 "Henrietta Lacks"라는 제목으로 CengageNow 자료를 검색해서 해답을 찾으면 된다.

쓰면서 배우기

1장에서 우리는 우리의 주제들(topic)에서 흥미를 느끼는 당신 학급(class)이나 다른 학급의 구성원들과 함께 당신이 블로그(blog)를 시작할 것을 제안하였다. 지금이 당신의 블로그에 다시 들어가서 9장과 10장에 있는 의문(질문)들을 생각해 볼 시간이다. 당신이 생각하는 다른 의견을 이메일로 보내는 일은 흥미로울 수 있고 기여 할 수도 있다.

여기에 당신의 블로그에서 다룰 수 있는 일부 아이디어가 있다.

- 암환자 치료방법에 변화가 있어야 하는가? 현재 우리는 그 방법이 유전자 성분에 있다고 알고 있다.
- Harriet와 같은 환자들이 암에 대해 시행되는 임상실험에 관해 아는 것이 중요한가?
- 당신의 거주 지역에서 시행되고 있는 임상실험에 대해 조사해서 당신의 블로그의 websites에서 공유하라.
- 9장-11장에서 발생한 어떤 의문들에서 실질적으로 법이 적용되어야 하는가?
- 당신의 연구학생들과 함께 당신이 원하는 다른 질문이나 코멘트를 만들어 토론해 보라.

대중 매체에서

ABC 뉴스, 2007년 9월 6일

유방암은 흑인여성들에 있어 보다 치명적이다

Mardlynn Marchione

새로운 연구는 유방암이 흑인 여성들에 있어 보다 치명적인 것으로 보이는 이유를 설명하고 있다: 흑인여성들의 암은 다른 인종의 여성들에서 성공한 호르몬-기초 치료법에 효과가 없었다. 과거에 회복에 있어 이러한 차이들은 흑인여성들이 유방 엑스레이 촬영 진단을 잘 받지 않고 적극적으로 치료하지 않았을 것이라는 사실로 그 원인을 돌렸다. 비록 연구대상 여성들이 보다 어린 나이에 진단을 받고 초기 병기의 종양을 가지고 있었긴 하나, 그들은 아마 그들의 질병으로 인해 죽었을 것이다.

온라인상에서 이 기사를 보려면 academic.cengage.com/biology/yashon/hgs1로 접속하라.

질문:

1. 이 상황에서 환자들에게 도움을 주기위해 의사는 무엇을 해야 하나?
2. 암으로 인해 사망하는 상대적으로 적은 인구수의 흑인여성들을 돕기 위한 법안을 통과 시킬 수 있을까?

Times of India, **2007, 9월 8일**

암의 조기 진단을 위한 혈액검사

영국과학자들은 30년간의 여성 11,000명을 대상으로 추적 조사하였다. 연구의 핵심적 전제는 유방암 발병 여성들과 그녀들이 증세가 나타나기 전 암을 진단할 수 있는 혈액검사법의 개발이었다.

암세포에 의해 생성된 단백질들인 생화학 표지자들을 분석하기 위해 모든 여성들로부터 혈액검체를 채취하였다. 이러한 많은 생화학적 표지자들은 이미 특정 암들과 연관이 있었다.

여성들의 혈액검체연구 후, 표지자들이 암이 발생한 환자들에서 확인되었다. 그 검사법은 일부 여성들에 있어 유방암 진단의 표지로 사용되었으며 이것이 초기 스크린 검사와 암의 예방에 도움이 될 수 있기를 희망한다.

온라인상에서 이 기사를 보려면 academic.cengage.com/biology/yashon/hgs1로 접속하라.

질문:

1. 이 논문에서 설명된 혈액분석을 당신은 받아 본 적 있는가? 왜 하였는가? 왜하지 않았는가?
2. 때때로 연구자들은 검체를 채취해서 분석하지만 그 결과에 대해 연구 참여자들에게 알려주지 않는다. 당신은 과학자들이 연구에 참여한 여성들의 잠정적 진단 결과를 말해줘야 한다고 생각하는가?

12 행동

★ 핵심 포인트

- 행동은 환경에 대한 반응이다.
- 동물과 인간의 행동은 비슷하다.
- 뇌의 화학물질은 인간의 행동에 중요한 역할을 한다.
- 하나의 유전자 혹은 유전자 그룹들이 사람의 행동에 영향을 끼칠 수 있다.
- 쌍둥이 연구는 행동유전학의 중요한 부분이다.
- 유전과 행동의 연관성에 대한 문제는 단정짓기가 쉽지 않다.

image100/Alamy Limited

Richard G. Rawlins, Ph.D./Custom Medical Stock

사례 A 일란성 쌍둥이들에서 발견된 매우 이상하게 닮은 점

Jim Lewis는 5살 때까지 쌍둥이 형제가 있다는 것을 몰랐지만, Jim Springer는 조금 좀 더 나이를 먹었을 때 쌍둥이 형제가 있었다는 것을 알았지만 쌍둥이 형제가 죽었다고 생각했다.

두 사람이 39살이 되었을 때, 떨어져 살아온 쌍둥이들에 대한 연구를 하던 미네소타대학 쌍둥이 연구그룹의 과학자들은 두 쌍둥이 형제를 만나게 하였다.

쌍둥이 짐 형제들은 아주 많은 점들이 비슷하였기 때문에 유명해졌다. 쌍둥이 형제들은 정확하게 몸무게(81.6kg), 이름, 키(1.8m)등이 일치했기 때문에 의사들이 매우 놀랐다. 더욱이 아래의 여러 가지 특징들을 보여주었다.

- 둘다 Toy라는 이름의 개를 가지고 있다.
- 각각 두 번 결혼 하였다.
- 첫 번째 부인의 이름은 둘 다 Linda였다.
- 두 번째 부인의 이름은 둘 다 Batty였다.
- 둘 다 제임스 알렌(James Allen)이라는 이름을 가진 아들이 있다.
- 둘 다 살렘(Salem) 담배를 피운다.
- 둘 다 Miller Liter 맥주를 마신다.
- 둘 다 시간제(Part time) 보안관으로 일한다.
- 둘 다 손톱을 물어뜯는다.
- 행동양식과 말투의 많은 점이 서로 비슷하다.
- 유전학과 행동의 문제

쌍둥이 짐에 대한 것을 읽었을 때 몇 가지 의문점이 생긴다. 이러한 의문점들에 대하여 설명할 수 있기 전에 행동유전학을 보자.

PHOTO GALLERY
Jim Springer 그리고 Jim Lewis, 2명의 Jim 쌍둥이.
Enrico Ferorelli Photography

12.1 행동을 어떻게 정의 내리나?

아주 간단하게 행동은 자극 (stimuli)에 대한 반응이라고 규정할 수 있다. 행동에 대한 연구의 대부분은 동물을 가지고 시작한다. 동물들 좀 더 단순한 행동을 하는 것으로 보고 있으며, 이 때문에 동물은 행동을 연구하기가 쉽고 사람의 행동은 동물의 행동과 비슷한 점이 많다. 그러나 사람의 행동적 반응은 좀 더 다양할 수 있으며, 사람들은 비슷한 상황에서도 다르게 행동하기도 하기 때문에 연구하기가 어렵다.

알코올중독을 예로 하여보자 알코올 중독은 과도한 알코올 소비라고 규정하기 위한 정의로써 충분한가? 많은 사람은 알코올에 다르게 반응하며, 이는 알코올중독에 대한 정의를 어렵게 한다.

행동유전학 (behavioral genetics)은 행동에 대한 유전자의 영향을 연구하는 학문이다. 행동유전학에서 커다란 문제 중의 하나는 유전이 더 중요한가, 혹은 환경이 더 중요한 것인가 하는 것이다. 어떤 상황에 대한 우리의 반응은 유전학, 부모, 자매, 교육 및 더욱 다양한 것들에 영향을 받을 수 있다. 그러한 요인들 사이에 상호작용이 우리의 행동에 관한 연구들을 복잡한 것으로 만든다.

12.1 요점

- 행동은 자극(stimuli)에 대한 반응이다.
- 사람은 유전과 환경을 기반으로 특정한 행동을 한다.

12.2 몸은 어떻게 작용하여 행동을 일으키는가?

뇌의 화학물질 혹은 **신경전달물질** (neurotransmitter)은 우리의 기분과 행동을 변화시킬 수 있다. 이러한 신경전달물질들은 **신경전달** (neurotransmission)이라고 부르는 과정에서 뇌의 특정신경세포들이 활동을 할 때 분비된다. 신경전달의 속도나 빈도는 어떤 상황에서 우리의 반응 방식을 바꿀 수 있다.

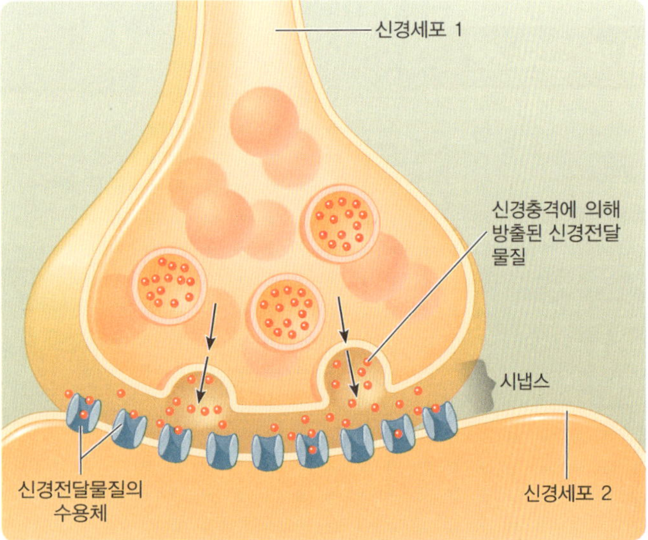

위의 그림에서와 같이 2개의 신경들은 가끔 매우 가까이 인접해 있다. 자극이 신경세포의 끝에 다다르면 신경세포를 건너 뛰어 계속하여 전달되어야 한다. 화살표들은 두 신경세포사이의 틈 즉, **시냅스** (synapse)를 가리킨다. 어떤 신경전달 물질이 증가하거나 감소하면 사람의 행동이 변할 수 있다.

대표적인 예가 **엔돌핀** (endorphin)으로 알려진 뇌의 신경전달 그룹이다. 우리가 운동을 하거나 스트레스를 받거나 흥분하는 동안 가끔 엔돌핀이 방출되면, 우리는 원기가 솟아오름을 느낀다. 코카인과 같이 우리의 기분이나 반응을 변화시키는 많은 약들은 우리 몸에서 자연적으로 만들어지는 신경전달물질들과 유사하고 비슷한 느낌을 갖게 한다(표 12.1).

뇌의 화학물질들은 신경세포들에 의하여 만들어지기 때문에 DNA는 그러한 화합물들에 대한 정보를 가지고 있다.

표 12.1 몇 가지 향정신성약품들과 이와 유사한 작용을 하는 신경전달 물질들

약품	같은 작용을 하는 뇌의 화학물질
코카인, 모르핀, 헤로인	엔돌핀
메스칼린	도파민
니코틴	엔돌핀
암페타민	노르에피네프린

5장에서 논의한 바와 같이 단백질들은 세포에서 합성된다. 신경전달물질들의 경우와 같이 단백질은 이들 분자들 즉, 느낌과 행동을 일으키는 것들을 만들어 내는데 관여한다. 그렇기 때문에 적어도 우리 행동이 얼마간은 유전을 바탕으로 이루어진다는 것은 분명하다.

12.2 요점

- 뇌에서 분비되는 신경전달물질은 행동과 반응을 일으킨다.

12.3 유전자의 변화가 어떻게 행동의 변화를 일으키는가?

염색체이상, 단일유전자결함, 다유전자이상 등의 다양한 유전적 변화는 우리의 행동을 변화시킬 수 있다.

행동을 변화시키는 단일유전자 결함의 예가 헌팅톤병(HD)이다.(4장의 알렌의 경우를 참조하라.) 헌팅톤병의 몇 가지 증후는 움직임과 성격의 점진적인 변화이다. HD유전자는 헌팅톤이라고 불리는 커다란 단백질을 암호화한다. 이 단백질은 뇌의 어떤 세포들의 생존에 필수적이다. HD를 갖게 되면 이 돌연변이 유전자는 뇌세포에서 파괴되고 축적되는 변질된 단백질을 만들어 낸다. 헌팅톤 단백질이 세포에 축적되면 세포는 죽고 행동의 변화가 일어난다. 아래의 사진은 정상 뇌와 HD뇌를 같이 보여준다.

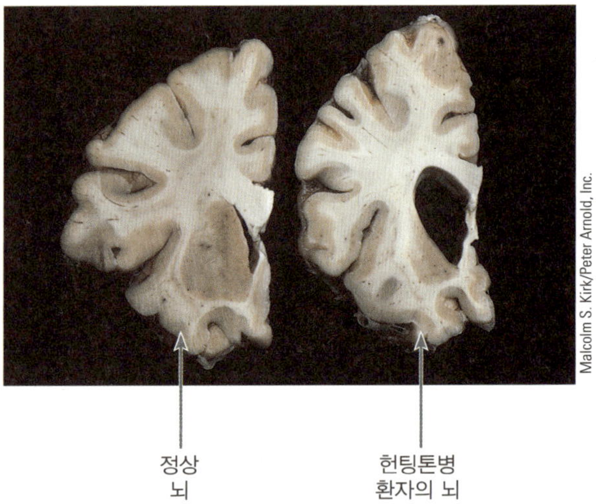

행동의 변화들은 또한 염색체 이상에 의해서도 발생된다. X염색체의 특정부분에 돌연변이가 일어난 사람은 특이한 행동을 한다. **연약X염색체증후군** (fragile X syndrome)이라 불리는 이 병은 자폐증과 같은 행동뿐 아니라 공격적인 성향의 문제가 나타난다. 다음 X염색체 사진은 염색체가 절단되는 X염색체의 연약부위의 위치를 보여준다.

행동에 영향을 주는 다인자적인병(10장에서 논의된 다인자 형질)으로는 **정신분열** (schizophrenia)이 있다. 정신분열증은 여러 가지 증상을 나타내는 정신질환이다. 이러한 증상들로는 환상, 망상, 무질서한 생각 및 행동의 변화 등이 있다. 정신분열증과 관련된 유전자들이 X염색체와 상염색체들에게서 발견되었다. 또한 정신분열증에

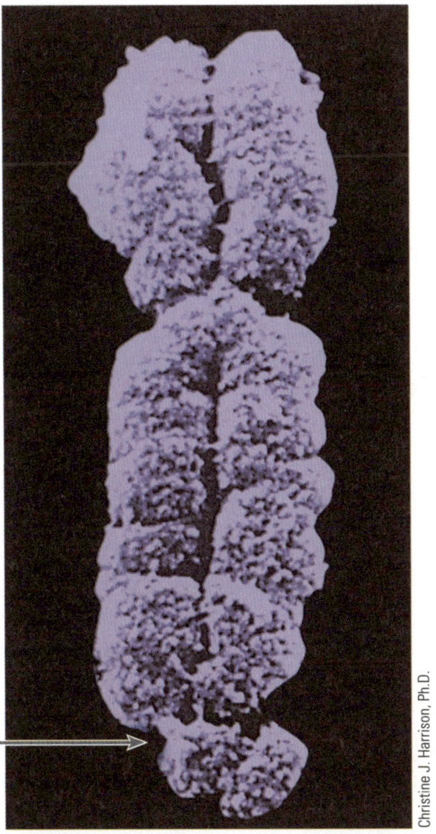

는 환경적인 요소도 관련된 것 같다. 많은 과학자들이 정신분열증에서 유전적인 것과 환경적인 것의 연관성을 연구하였다.

12.3 요점

- **헌팅톤병은 행동변화의 원인이 되는 유전병의 한 예이다.**

12.4 행동유전학을 어떻게 연구하는가?

행동유전학자들은 인간행동에 대한 유전적 영향을 조사하였고 인간행동에 관해서는 **심리학자**(psychologist)나 **정신과 의사**(psychiatrist)들이 연구하여왔다. 의학유전학은 의사들이 치료할 수 없는 정신병의 유전적 기반에 대하여 연구한다. 그러나 이들 분야 간의 차이는 모호하다.

예를 들어 우울증을 보자. 처음에 심리학자들이 우울증을 다루었다. 이는 행동문제인것으로만 생각하였다. 현재는 가계도 분석, 분자유전학, 신경생물학등으로부터 얻어낸 정보들을 보면 우울증은 유전적 요인이 관련된 의학적 질병임이 분명해졌다. 의사들뿐 아니라 심리전문가들도 우울증을 신체적 질병으로 생각한다.

행동의 유전적 기반을 연구하는 1가지 방법은 두 Jim과 같은 경우를 연구하는 것이다. 두 Jim의 경우는 일란성쌍둥이며, 어려서 다른 가정에 입양되어 다른 환경에서 자랐다는 점에서 특이하다. 우리가 알고 있는 바와 같이 일란성 쌍둥이는 동일한 유전체를 가지고 있기 때문에 그들은 서로 정해진 한 벌의 유전자들을 가지고 있다. 이것은 일란성쌍둥이에서 특이행동이나 형질이 같다면 그것은 대개 유전적요소때문일 가능성이 높다는 것을 의미한다. 만약 두 쌍둥이가 다른 행동적 특징을 보인다면 그것은 환경요소때문일 가능성이 높다.

예를 들어, 일란성 쌍둥이의 하나가 알코올중독이면 환경과 관계없이 다른 쌍둥이 한명이 알코올중독일 확률이 55%이다. 이러한 통계적 수치는 서로 다른 환경에서 자란 일란성 쌍둥이들에 관한 연구들로부터 얻어진 것이다. 이러한 상관관계를 **일치도**(concordance)라 한다. 일치도는 한 일란성쌍둥이형제간에 한 형질이 얼마나 자주 발생하는지를 계산하는 방법이다. 일란성 쌍둥이들은 유전적으로 동일하기 때문에 형제의 한쪽이 유전적 결함을 가지고 있으면 다른 쪽도 그 결함을 갖게 된다. 따라서 이것이 맞는다면 일치율은 1.0이된다.

예를 들어 낭포성섬유증(유전자 형cc)을 보자. 만약에 일란성 쌍둥이 중 하나가 이병을 가지고 있으면 다른 쪽도 역시 그 병(유전자형은 cc)을 갖게 될 것이고 일치도는 1.0이 될 것이다.

일란성 쌍둥이 간에 어떤 표현이 다르면 차이가 발생한다. 한 예가 정신분열증이다. 이 병에서 일란성 쌍둥이간의 일치율은 0.69이다. 이것은 그것을 연구할 당시는 쌍둥이 둘 다 정신분열의 병을 가질 확률이 69%이고 쌍둥이들 중 한쪽만 병을 가지고 있을 확률이 31%라는 의미이다.

그렇기 때문에 어떤 형질들의 일치도는 그 형질이 유전적 바탕에서 생겨났는지 아닌지를 결정하는데 도움을 준다. 일치도는 이란성쌍둥이들에서도 연구되었다. 이란성쌍둥이간에는 동일한 DNA를 가지고 있지 않고 다른 형제, 자매간과 같다.

표 12.2는 정신분열증과 몇 가지 다른 형질들의 일치도를 보여준다.

어떤 가계에서 특수한 행동적인 형질을 연구하려면 가계도를 작성하고 가능한 많은 세대에 걸쳐 그 형질이 어떻게 이어져 왔는지를 추적해야한다.

알코올 중독의 경우 가족의 많은 구성원들이 그 병을 가지고 있을 경우 가계도에서 그것을 보여줄 것이다. 그러나 위에서 논의한바와 같이 자주 행동을 규정하는 문제에 부딪친다. 알코올 중독의 경우 어떤 사람이 매일 술을 마시는 것을 가리키는가? 어떤 사람이 지속

표 12.2 일치도의 예

형질	일란성 쌍둥이 일치도	이란성 쌍둥이 일치도
혈액형	1.0	0.66
눈의 색	0.99	0.28
정신분열증	0.69	0.28
당뇨병	0.65	0.19
알코올중독(남자)	0.41	0.17
집중력결핍/과잉행동	0.58	0.31
IQ	0.69	0.88

적으로 술을 마시는 것을 가리키는가?

다음 그림은 행동에 영향을 주는 형질들의 가계표를 나타낸 것이다.

몇가지 행동 형질들의 가계도

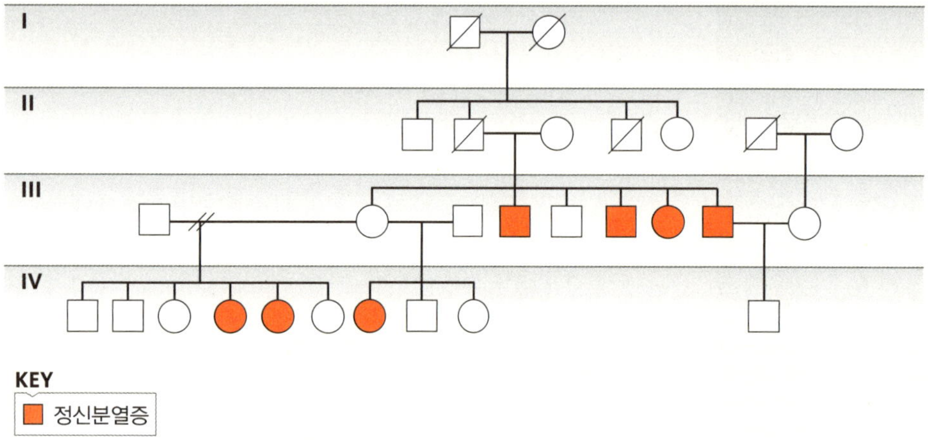

정신분열증 가계도

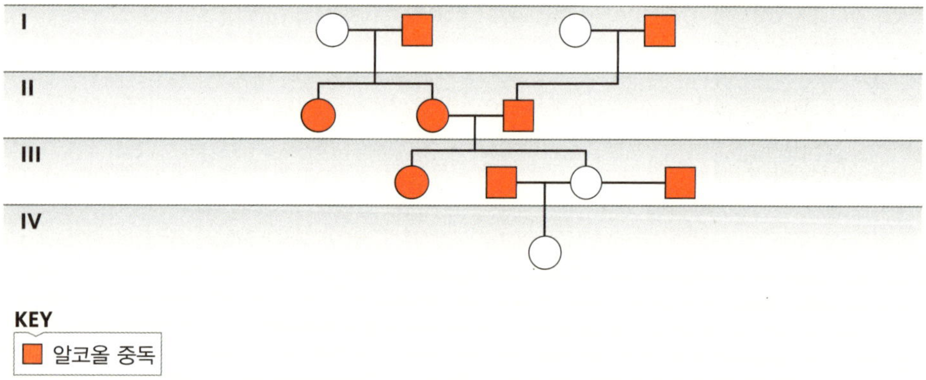

알코올 중독 가계도

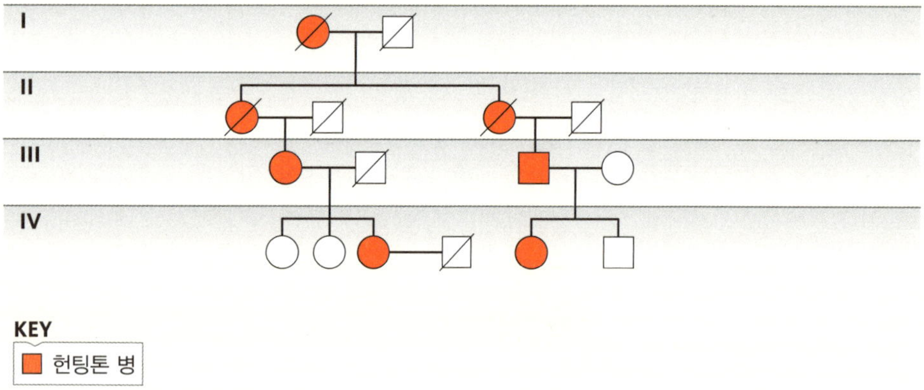

헌팅톤병 가계도

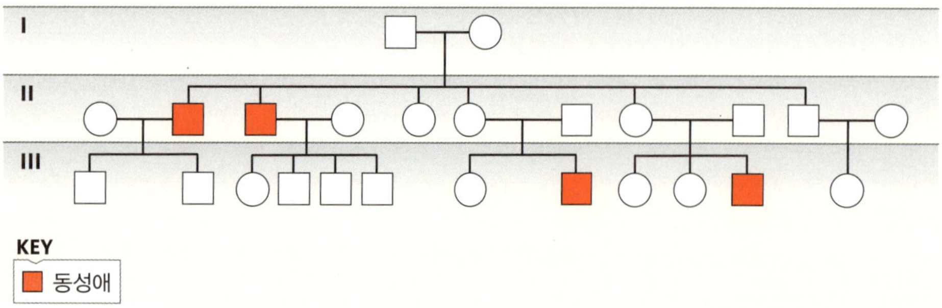

동성애 가계도

동물연구는 과학자들이 행동을 연구하는 또 다른 방법이다. 생쥐들은 세대가 짧고 그들의 행동을 관찰할 수 있기 때문에 많은 행동유전학자들이 그들을 연구한다. 만약 어떤 유전자가 행동과 관련 있다면 DNA재조합 기술을 이용하여 사람의 DNA를 생쥐에게 삽입하여 생쥐 유전자에 돌연변이를 일으키거나 유전자의 발현 양상을 변화시키고 이렇게 하여 유전자 변형된 생쥐들과 그 자손들의 행동에 미치는 유전자의 영향을 연구할 수 있다.

1999년 프린스턴대학에서 연구하던 과학자들이 그러한 연구결과들을 발표하였다. 그들은 사람의 유전자를 생쥐에 삽입하였다. 이 유전자는 기억과 관련된 것으로 뇌세포에 존재하는 단백질을 암호화하는 것이다. 유전자 변형된 생쥐들은 미로 찾기와 지능을 측정하는 다른 실험들에서 더 낳은 능력을 나타내었다.

수치로 따져보기

75%
미국에서 술을 마시는 사람의 비율.

10%
미국에서 알코올 중독자로 진단받은 사람의 비율.

C Squared Studios/Getty Images

남자 1000명 당 1명
XYY의 신생아 빈도.

1000억
뇌에서 뉴런의 추정수.

지금까지 논의한 모든 방법들은 한 행동형질을 연구하는데 어떻게 이용되는가?

성적 경향에 대한 유전적 연구는 쌍둥이 연구, 염색체 분석, 가계도 분석 등의 여러 가지 방법들을 이용하여 이루어 졌다. 한 연구에서는 56쌍의 남자 일란성쌍둥이와 54쌍의 이란성 남자 쌍둥이들에 대하여 연구가 이루어 졌다. 그 결과 등은 표 12.3에서 보여준다.

이것과 이와 유사한 다른 연구들을 보면 동성애 행동은 유전적 요소와 관계가 깊다는 것을 보여준다.

표 12.3 일치도의 예

형질	일란성 쌍둥이의 일치도	이란성 쌍둥이의 일치도
동성애	0.52	0.22

다른 과학자들은 연관과 가계도를 이용하여 동성애 행동과 관련 X염색체 부위를 규명하고자 하는 연구를 하였다. 이것을 하기 위하여 그들은 먼저 동성애 형제가 있는 38가정을 확인하였다. 형제들의 X염색체에 있는 많은 지표분자들을 발견한 다음 가족 구성원들의 X염색체에서 이들 지표분자를 조사하였다. 이들 지표와 관련된 유전자를 아래 그림에서 볼 수 있다.

이것이 동성애 행동은 유전적이다는 것을 명백하게 입증했는가? 아니다. 그러나 이 연구는 유전과 동성애에 관한 연구의 발전에 발판을 마련한 것이다.

X 염색체

12.4 요점

- 행동유전학은 인간과 동물 모두를 연구한다.
- 일란성 쌍둥이는 동일한 유전체를 가지고 있기 때문에 많은 과학자들을 행동에서 유전과 환경을 평가하기 위해 떨어져서 자란 쌍둥이 들을 연구한다.
- DNA재조합기술은 생쥐의 행동 변화를 일으키는데 이용된다.
- 과학자들은 행동에 미치는 유전과 환경의 영향의 역할을 계속 연구하고 있다.

사례 A 질문

우리는 행동의 유전적 조절에 대하여 알고 있다. “쌍둥이 짐” 형제의 사례에 대하여 몇 가지 질문에 답해보자.

1. 왜 행동을 연구하기 위하여 유전자 구성이 완전히 동일한 이 두 사람의 남자 쌍둥이를 대상으로 하였는가?
2. 이러한 증거는 이 경우에 제시된 행동들은 100%유전적이라는 것을 보여준다고 생각하는가?
3. 당신은 일란성 쌍둥이를 아는가. 그들은 서로 같은가? 다른가? 그들에 대하여 서로 같은 것과 다른 점들을 4가지씩 제시하라.
4. 당신은 서로 다른 환경에서 자란 일란성 쌍둥이들에 대한 연구에서 발생할 수 있는 문제점이 있을 수 있다고 보는가? 그 예를 3가지 들어보라.

12.5 단일유전자 결함이 공격적인 행동을 유발할 수 있는가?

1993년 과학자들은 공격적이고, 폭력적인 행동을 나타내는 매우 큰 유럽인 한 가정을 연구하기 시작했다. 이 가정에 대한 가계도 분석 결과는 아래 그림과 같다. 이 가계에 많은 남성들은 폭력적인 공격행동으로 인해서 감옥생활을 했었다. 이 증상은 남자들 X염색체 단완에 있었다. 따라서 이는 X염색체 연관 형질이다(4장).

이 유전자는 뇌에서 신경전달물질을 분해하는 **모노아민 산화효소 A형** (monoamineoxidase type A; MAOA) 라고 불리는 효소를 암호화한다. 이 유전자 돌연변이로 인하여 발생하는 유전병을 MAOA결핍증이라 한다. 이로인하여 **세로토닌** (serotonin)과 같은 신경전달물질을 신속하게 분해하지 못하면 정상적인 신경신호전달이 이루어지지 않는다. 이는 신경계의 기능을 변화시키게 되고 이로 인해 비정상적인 행동을 할 수 있다.

행동에 대한 신경전달물질의 역할을 연구하기 위하여 과학자들은 생쥐의 뇌세포에 있는 세로토닌 수용체 유전자를 넉아웃시켰다. 이는 신호에 반응하는 신경세포의 능력을 감소시켰다. 낯선 생쥐를 넉아웃 생쥐와 같이 사육 상자에 넣었을 때 넉아웃 생쥐들은 아래의 그림에서 보는 것처럼 매우 공격적이 되었다.

Jay Van Rensselaer/Homewood Photo Labs

12.5 요점

- MAOA결핍증은 행동유전학연구에서 밝힌 또 하나의 유전병이다.

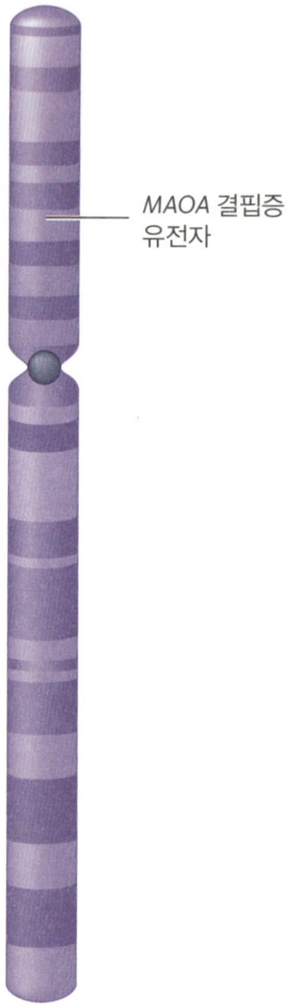

X 염색체

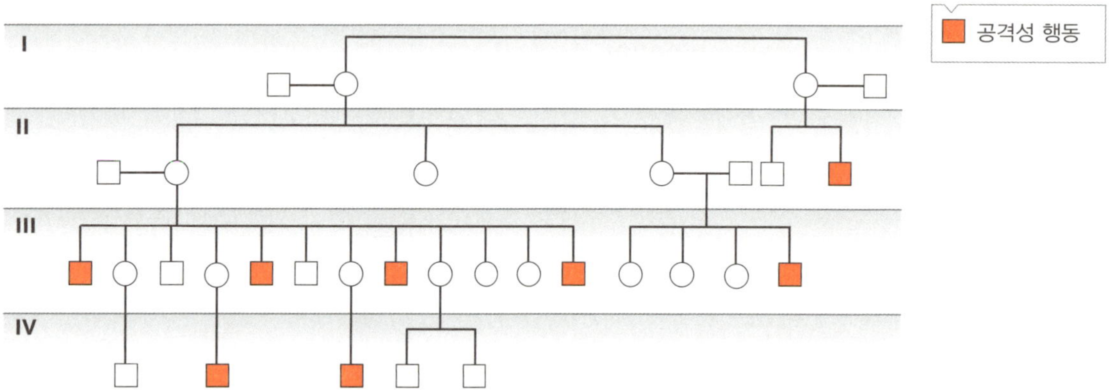

사례 B 중요한 회의 영향력

Richard Levine/Alamy Limited

David Wasserman 박사는 처음으로 학문적으로 다양한 그룹들을 만나 유전과 행동에 관한 첨단의 정보들에 관해 토론 할 수 있는 모임을 계획하였다. 그는 다른 심포지엄을 개최 한 경험이 있었고 과거와 같이 그는 주의 깊게 연사, 초대 손님, 심지어 제공할 음식까지 계획하였다.

보통 학술회의는 주요언론에 관심을 끌지 못했지만 이 경우는 달리 이 회의가 신문들의 표지를 장식하였다. Wasserman박사는 처음 신문기자의 전화를 받고 매우 놀랐다.

그는 심포지엄의 제목 "범죄에 있어서의 유전적 요인들; 발견, 이용, 적용"을 포함하여 여기자가 요구하는 모든 관련정보를 주었다. 물론 Wasserman 박사와 그의 동료들은 유전학과 행동의 역사 때문에 이 심포지엄이 사람들을 놀라게 할 수 있다는 것을 알았지만 이것이 그렇게 큰 반향을 불러일으킬 줄은 몰랐다. 결국 그들은 과학자였고 그래서 그 주제를 과학적 방법으로 접근하였다. 그리고 문제가 발생되기 시작하였다.

Wasserman 박사와 그의 동료들은 그러한 소용돌이를 예상치 못했다. 여러 방향으로부터 그 회의를 반대하는 사람들이 나왔고 그러한 분쟁은 그 회의를 열지 못하게 하였다.

1. Wasserman박사와 그의 동료들은 무엇을 했어야 하는가?
2. 그들은 어떻게 하였으면 그 회의를 문제없이 개최할 수 있었을까?
3. 수년전에는 대중들이 그러한 학술회의를 알지 못하였다. 왜 이것이 변하였는가?
4. 어떤 사람들 이러한 유형의 연구들에게는 인종차별적인 요소가 있다고 본다.
5. 미국 국립보건원은 이 회의에 대한 자금지원을 철회하였다. 당신은 그렇게 했어야 한다고 보는가? 왜 그렇게 생각하는가 아니면 왜 그렇게 하지 말아야 한다고 생각하는가?
6. 이 회의와 같이 발생한 것을 연구하라.

12.6 행동과 관련된 법적, 윤리적 문제들은 무엇인가?

과학자들은 무엇이 인간 행동의 수많은 측면들의 원인이 되는지 확신하지 못한다. 그 결과 법정은 이러한 주제를 다루기가 어렵다. Fry 사건의 경우(1장의 법에 대한 스포트라이트: Fry 대 U.S.를 보라)가장 중요한 문제는 과학위원회의 위원들 사이에 특수한 과학이론이 받아들여 질 수 있는지 하는 것이다. 행동유전학은 아직 초보단계이기 때문에 전문가들도 과학적 발견들에 대하여 의견이 일치하지 않기도 하고 그렇기 때문에 각 개별 법정은 그것을 어떻게 이용하여 무죄냐 유죄냐 하는 결정을 내릴 수 없다.

우리 사회에서 우리는 가끔 어떤 사람들은 왜 죄를 저지르는가 하고 묻는다. 법정 내에서 이것은 동기로써 참조하여 가끔 형사제판의 요소이기도 한다. 어떤 유전자 혹은 유전 그룹이 어떤 사람의 죄를 저지르게 하였다면 그러한 범죄의 동기는 더 이상의미가 없다.

1970년대 어떤 과학자들은 XYY증후군을 가진 남성들을 연구하였다.(Jacob증후군이라고 부른다; 3장) 영국에서 폭력 범죄를 저지른 죄수들에 대한 연구결과를 보면 일반 집단보다 XYY증후군을 가진 사람들에서 폭력범죄를 일으키는 빈도가 높았다. 처음에 이러한 발견은 미국을 포함하여 세계적으로 XYY증후군과 폭력범죄와의 관계에 대한 연구에 불을 붙였다. 일반적으로 XYY의 남성들은 키가 크고 가끔 공격적이지만 그것이 범죄에 까지 이르진 않는다. 미국에서 이에 대한 연구는 금지되었기 때문에 현재로서는 상관관계의 가능성은 불완전하다.

PHOTO GALLERY
Richard Speck은 자신을 변호하기 위해 자신은 Y염색체를 더 가지고 있다고 하였다.
Bettmann/CORBIS

1996년 Richard Speck(사진)은 재판을 받았다. 그는 일리노이 주 시카고에서 8명의 간호사를 살해한 혐의를 받고 있다. 살아남은 한 사람이 증인으로서 그가 범인이라는 것을 확인하였다. 판결이 진행되는 동안 그의 변호인은 사형판결을 막기 위하여 그가 XYY핵형을 가지고 있다고 하였다. 그러나 시험결과 Speck은 XYY핵형이 아니기 때문에 그러한 주장은 받아들여지지 않았다. 그 이후 검사와 변호사들의 마음속에 유전과 행동사이에 답을 내릴 수 없는 많은 것들이 있다는 생각을 하게 되었다. 예를 들어 범죄가 유전적 요인에 의한 것이고 이를 법정에서 이용될 수 있는가(이장 뒤에 나오는 "법적 관점에서의 조명: Mobley 대 Georgia"을 보라.)

또 다른 문제는 사람이 범죄를 저지른 후에 사회로 복귀 될 수 있느냐 하는 것이다. 사회 복귀 생각은 우리의 형벌제도의 기본이다. 그러나 사람의 행동이 변하기 위해서 그 행동을 조절하는 것이 필요하다. 범죄나 반사회적 행동이 유전적으로 조절 된다면, 우리는 어떻게 유전적 행동 장애를 가진 사람이 그(혹은 그녀)의 행동을 조절하거나 변화 한다고 기대 할 수 있는가?

더욱이 Fry사건에 발생한 문제들은 "진실한" 과학과 **겉보기에 과학적 전문가가 분석** (Junk science) 한 것처럼 보이는 것을 분리하는 것이다. 오늘 날까지 대부분의 판사와 배심원들은 유전적 범죄의 성향을 겉보기에 과학적 전문가가 분석한 범주로 본다.

PHOTO GALLERY
행동의 의미를 이해 할 수 없는 17세 때의 Was Cristoper.
Missouri Dept. of Corrections/AP Photos

이 주제들을 잘 보여준 것이 Roper 대 Simmons 경우이다. 1993년에 Christopher Simmons(사진)와 2명의 다른 소년들은 한 여인을 철길가대 밖으로 밀어 강으로 떨어트려 살해 하였다. Simmons는 사형선고를 받게 되느냐 아니냐를 듣는 자리에서 변호인은 Simmons가 범죄를 저지를 때가 불과 17살이기 때문에 자신의 행동의 의미를 알기에는 너무 어리다고 주장하였다. 이것을 입증하기 위해 변호사는 청소년들의 뇌를 연구하는 과학자들이 쓴 **법정의 고문** (amicus curiae) 서신을 제출하였다. 수천 명의 십대들의 뇌를 MRI로 촬영한 것을 보면 이들의 뇌는 성인의 뇌와 유의적 차이점이 있다. 영상자료는 충동적인 행동을 관장하는 뇌의 부위(전두엽)가 10대들은 어른들에 비해 덜 발달하였음을 보여준다. 더욱이 십대들의 감정적인 반응은 어른들과 다르다 (■ 그림 12.1).

Simmons의 경우 이러한 과학적인 정보는 법집행을 중지할 만큼 강력한 것이 아니라고 결정하였다. 그 사건은 미국 대법원 법정까지 올라가 2004년 10월까지 지속되었다. 대법원 법정은 피고가 범행을 저지를 때의 나이가 18세이기 때문에 형을 집행한다는 것은 헌법에 위배된다고 결정하였다. 그래서 Simmons는 형 집행이 되지 않고 감옥에서 살고 있다. 대법관 Kennedy가 쓴 견해를 보면 Simmons

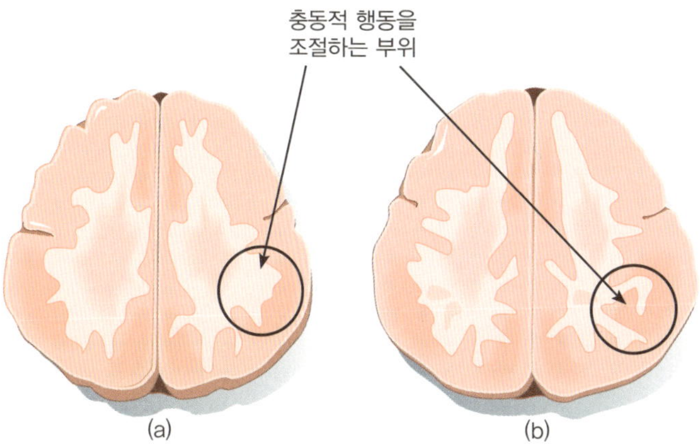

■ **그림 12.1 성인과 십대 뇌의 절단면**
이 그림은 충동적 행동을 조절하는 뇌의 부위가 십대(a)와 성인(b)이 큰 차이가 있음을 보여준다.

는 어리거나 미성숙했기 때문에 죄나 잘못이 상당히 경감된 사람에게 법정 최고형을 내린다면 죄의 대가로써 적절치 않다고 하였다.

형사재판에서 논란거리가 되는 가장 대표적인 것 중의 하나가 광기에 의한 것이다. 만약에 범인이 미친것이라는 것이 입증된다면 법정은 범죄에 대한 책임을 물을 수 없도록 되어 있다. 대부분 정신분열에 대한 의학적 진단은 정신이상에 의하여 저지른 범죄에 대하여 무죄라는 판결이 가능하게 한다. 그러나 미쳤다는 것은 어떠한 상태를 말하는가. 미국전역을 거쳐 법정에서 이러한 질문에 대한 답이 요구받고 있고 그 답은 다양하다.

일반적으로 법정은 단지 피고가 권리를 주장할 수 없다면 그리고 정신분열증과 같은 명백한 의학적 진단이 있다면 피고의 행위가 광기에 의해 무죄인지 아니면 유죄인지를 판단한다. 정신분열증은 유전적인 바탕에서 발생한다고 알려졌다. 이것은 이 병을 가진 사람은 자신의 행동을 조절 할 수 없다는 것을 의미하는가.

아래의 장은 아래의 표를 유전과 행동에 관련 윤리적 법적 의문점등 몇 가지를 나타낸 것이다.

12.6 요점

- 법정에서 행동 유전학의 문제는 결론이 내려지지 않았다.

질문	질문을 판단하는 방법	관련된 사례 또는 법적 사안
미쳤다고 진단받은 사람은 행위에 책임이 있는가.	주에 따라 법정은 통과된 법에 근거하여 판결한다. 어떤 주는 정신이상에 의한 범죄는 무죄로 하나 다른 주는 유죄이긴 하나 정신이상이라고 한다.	Sohn Hinkley가 Reagan대통령을 살해하려고 했을 때 그는 정신분열증을 앓고 있었기 때문에 무죄라고 하였다. 그의 변호인은 정상인보다 작은 그의 뇌사진을 증거물로 제출하였다. 그는 정신이상 때문에 무죄로 판결되었다.
MAOA 결핍증과 같이 유전적 결함대문에 공격성이 있다면 그의 범죄를 유죄라고 보아야 하는가.	일반적으로 오늘날 미국의 법정은 유전적 결함은 받아들이지 않는 경향이 있다.	이 장 뒷부분의 "법적 관점에서의 조명: Mobley 대 Georgia"를 보라.
알코올이나 마약에 취해있었던 사람이 자신의 죄에 대해 책임이 없다고 할 수 있는가.	법정은 만약 자발적으로 술이나 마약에 취했다면 무죄가 될 수 없다고 한다.	
만약 어떤 사람이 공격적인 행동을 하는 유전적 질병을 가지고 있다면, 변호하는데 이를 이용할 수 있나?	이 경우 미국의 법정에서는 이를 중요하게 다루지 않는다, 그러나 일부 과학자들은 유전자들이 행동을 조절한다면 그러한 행동을 조절하지 못하는 사람들이 있을 수 있다고 믿는다."	이러한 유형의 돌연변이 유전자를 가지는 사람들에게 무엇을 했어야 했느냐는 문제는 매우 중요한 것이 될 수 있다 다음페이지의 법적 관점에서의 조명: Mobley 대 Georagia"를 보라.
만약 어떤 행동이 명백하게 정신 이상에 의한 것이라면 법정에서 이를 이용할 수 있는가?	많은 사람들은 자기자식을 죽인 여인들은 정신이상 때문인 것으로 보아야 한다고 느낀다.	Andrea Yates는 그녀의 5명의 자녀들을 욕조에 빠트려 죽였다. Danna Laney는 그녀의 두 어린 아들들을 때려 죽였고 세 번째 아이를 돌로쳐 부상을 입혔다. 그리고 Lisa Ann Daiz는 그녀의 두 딸을 욕조에 빠트렸다. Dena Schlosser는 2004년 10개월 된 딸의 팔을 부엌칼로 찔러 심각한 부상을 입혔다. 이들 네 명의 여인들은 정신이상으로 무죄선고를 받았다. Yate는 처음에는 중대한 살인죄로 기소되었으나 배심원 판결에서 뒤바뀌었다.

Mobley v. Georgia

1991년 2월 17일, John Collins는 그가 일하고 있는 Georgia주의 Darkwood에 있는 Dominos 피자가게에서 강도에게 뒤통수에 총을 맞았다. 3월 13일에 드라이클리닝 약품을 강탈한 후에 Stephen Mobley는 체포되었고, Domino가게에서의 살인과 무장강도행위를 고백하였다.

그는 이 같은 행위를 자백하는 동안 무릎을 꿇고 살려달라고 애걸하는 Sohn Collins를 어떻게 하였는지 자랑스럽게 떠벌렸다. 그 후에 그는 Domino상표의 문신을 했고, 자신의 방을 Domino상자로 도배하였다. 그는 범죄 경력에는 강간, 강도, 폭력적 공격, 주거침입 등이 있다. 검사는 Mobley를 사악하고 냉혈인간이며, 사랑이 없는 살인자라고 하였다.

Mobley의 법정 지정 변호사인 Daniel Summer는 죄를 인정하는 대신 종신형을 받을 수 있도록 교섭하고자 하였지만 거절당했다. 검사는 Mobley를 사형시키고자 하였다. 가계에 대한 의구심을 갖고서 Summer는 Mobley의 숙모인 Joyce Ann Childers를 만났다. 그녀는 Summer에게 그의 가계도를 보면 "다혈질적이며, 공격적이고 신체적으로 학대하거나 폭력적인 행동을 하는 사람들이 많다." 고 하였다. Summer는 시카고 트리뷴지에 실린 Harvard, NIH 및 해외의 과학자들의 폭력의 유전적 관계에 대한 글을 읽은 것이 생각났다. 아래의 그림은 숙모의 증거를 기초로 하여 작성한 폭력성에 대한 Mobley의 가계도이다. 이 그림은 아래의 MAOA 결핍증에 관한 가계도와 비교하여 보라.

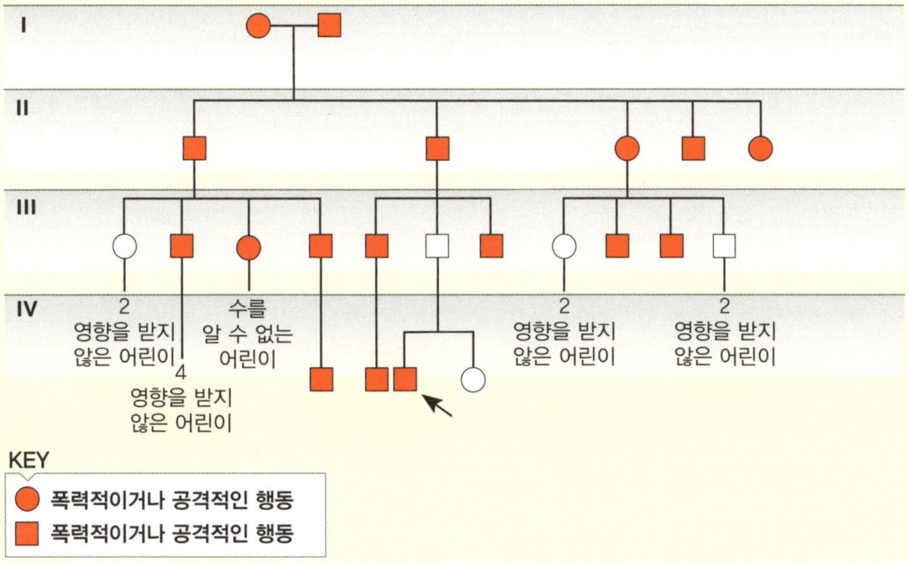

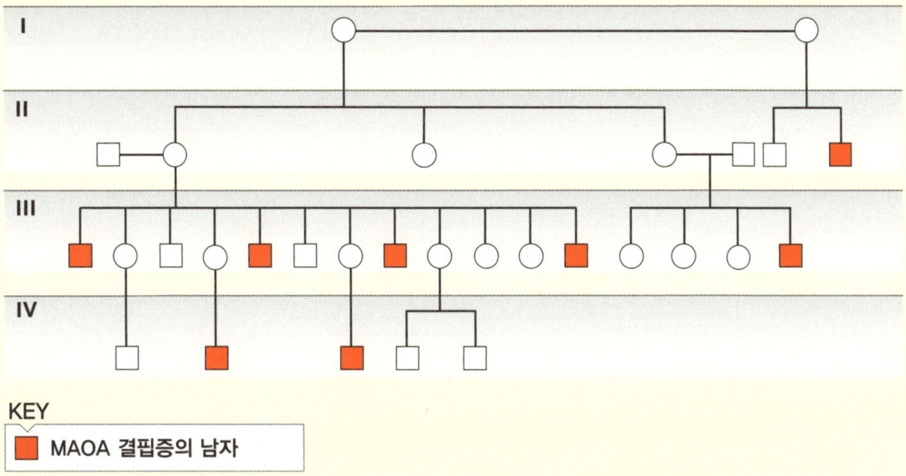

두 가계 사이에 분명한 차이가 있다. 가장 뚜렷한 차이는 Mobley 가계의 여성들에게 특별히 구별되는 형질이 있다는 것이다. 이것이 MAOA 결핍증일까?

⚖ 법적 관점에서의 조명

[계속]

판결이 내려지기 전에 Summer는 하버드 의과대학의 Xandra Breakfiled박사와 에모리대학의 Bahjat A. Farat 박사와 접촉하였다. 두 박사가 Mobley의 이야기를 듣고 그의 가계에서 여러 대에 걸쳐 폭력성이 두드러지게 나타난다는 것을 알게 되었다. 둘은 무료로 몇 가지 조사를 하여 주겠다고 하였다. Mobley는 그가 MAOA유전자 돌연변이를 가지고 있는지를 판단하기 위하여 특수한 혈액 실험과 뇨 실험을 할 필요가 있었다.

Mobley가 빈곤한 가정과 열악한 주변환경에 자랐을 것이라고 예상할지 모르나 실제로는 그 반대였다. 비록 Mobley의 가계도에는 여러 사람들이 폭력성향이 두드러졌지만 놀랍게도 그 가계도에서 많은 사람들은 성공한 사람들이었다. 예를 들어 그의 아버지를 보면 비록 그가 그의 아들을 변호하기를 거부하였지만 그 자신은 자수성가한 백만장자였다. 그는 그의 아들을 사립학교에 보내고자 했었고 정신과 의사에게 보냈지만 결국은 감옥으로 가게 되었다. 그의 아버지는 "그는 결코 가치체계나 양심이 발달하지 않았다."고 말했다. 그는 결국 그에 대한 모든 책임을 거부하였다.

Mobley는 MAOA실험 비용(약1000불)도 지불 할 능력이 없어 Summer는 법원에 그 비용을 요구하였다. 이는 예심법정과 나아가 조지아 주 연방법원으로 하여금 범죄의 원인으로 유전적 요인의 타당성 문제를 비중 있게 다루게 만들었다.

결과 :

조지아 주 예심법정은 Mobley의 경우에 실험을 해볼 타당한 이유를 발견할 수 없다고 결정하였다. "유전적 요인과의 연관성 이론은 아직 그것을 정당화 할 만큼 과학적으로 받아들여질 수 있는 수준이 아니다." 다시 말하면 이것은 과학적 증거의 Fry기준을 충족하지 못하였다.

질문:

1. 당신이 조지아 주 연방법원이라면 그 실험을 허락할 것인가?
2. 어떤 유전자나 유전자 그룹이 폭력적 행동의 원인이라면 변호사는 변호하기 위하여 이 정보를 어떻게 이용하겠는가?
3. 검사는 Mobley 사건의 경우 재판의 자료로 유전정보를 포함시키지 않기 위하여 어떻게 주장하였을 것으로 보는가?
4. 술이나, 마약 혹은 정신질환이 있는 사람은 그들이 저지른 죄에 대한 책임이 있는가? 있다면 그 이유는? 혹은 없다면 그 이유는?
5. 어떤 것이 범죄의 유전적 원인이 될 수 있는가를 어떻게 판별하나?

★ 주요점 10개

1. 행동은 자극에 대한 반응이다. [12.1]
   ▮ 이러한 반응은 사소하거나 혹은 중요한 행동상의 변화 일수 있다.

2. 사람은 유전적 혹은 환경적 바탕위에 어떤 식으로 행동한다. [12.1]
   ▮ 쌍둥이들은 가끔 유전의 영향을 연구하는데 이용된다.

3. 뇌에서 신경전달물질의 방출은 어떤 식으로 행동하거나 반응을 하는 원인이 되기도 한다. [12.2]
   ▮ 이런 화합물들은 신경계의 변화를 유발하고 우리의 행동을 변화시킨다.

4. 헌팅톤병은 행동에서 변화를 일으키는 유전병의 한 예이다. [12.3]
   ▮ 헌팅톤 병에서의 돌연변이는 뇌와 행동에 영향을 준다.

5. 행동유전학은 동물과 인간 모두에서 연구되었다. [12.4]
   ▮ 동물에서 행동을 연구한다면 인간의 행동에 대하여 무엇인가 가르쳐줄 수 있다.

6. 과학자들은 계속 인간의 행동에서 유전과 환경의 역할을 평가하고 있다. [12.4]
   ▮ 사람들은 같은 상황에서 다르게 행동하기 때문에 이를 연구한다는 것이 어렵다.

7. 일란성 쌍둥이는 똑같은 유전체를 가지고 있기 때문에 많은 과학자들은 행동을 조절하는데, 유전과 환경의 역할을 연구하기 위해 다른 환경에서 자란 일란성 쌍둥이들을 연구한다. [12.4]
   ▮ 이런 상황은 똑같은 유전체를 가진 사람들이 다른 환경에 처해 있는 것이다.

8. DNA재조합 기술은 생쥐에서 행동변화를 일으키고 연구하는데 이용되어 왔다. [12.4]
   ▮ 생쥐에서 특이유전자를 바꾸면 공격적인 행동이 일어난다.

9. 인류에게서 MAMO결핍증은 행동유전학에서 연구된 인간 유전병이다. [12.5]
   ▮ 이 질병을 가진 사람은 조절할 수 없는 공격성을 나타내며 범죄를 저지를 수도 있다.

10. 행동의 유전적조절의 문제는 법정에서 아직 결론이 나지 않았다. [12.6]
    ▮ 우리의 행동이 유전에 의해 이루어진다면 우리는 우리가 한 행동에 대한 책임이 있는가?

핵심용어

모노아민 산화효소 A형 monoamine oxidase type A (MAOA) (p. 188)
겉보기에 과학적 전문가가 분석 junk science (p. 189)
법정의 고문 amicus curiae (p. 189)
세로토닌 serotonin (p. 188)
시냅스 synapse (p. 184)
신경전달 neurotransmission (p. 184)
신경전달물질 neurotransmitters (p. 184)
심리학자 psychologists (p. 185)
엔돌핀 endorphin (p. 184)
연약X염색체증후군 fragile X syndrome (p. 184)
일치도 concordance (p. 185)
자극 stimuli (p. 183)
정신과 의사 psychiatrist (p. 185)
행동유전학 behavioral genetics (p. 183)

복습문제

1. 신경전달물질은 어떻게 작용하여 느낌과 행동을 일으키나.
2. 행동에서 사람과 어떻게 비슷한지를 보여주는 동물의 예를 연구하고 그에 대한 간단한 보고서를 작성하라.
3. 동물의 행동을 연구하는 것은 사람의 행동을 밝히는데 좋은 방법이 되는가? 왜 그렇다고 혹은 그렇지 않다고 생각하는가?
4. 우리의 행동과 관련 있는 유전병 몇 가지를 조사하여 보고 그에 대한 간단한 보고서를 작성하라.
5. Simmons 사건을 위해 법정고문의 소송사건 적용서에 무엇을 포함시켰어야 한다고 보는가. 3가지를 들어보라.
6. 행동은 단순하게 정의할 수 있는 것처럼 보인다. 그것이 무엇인가?
7. 우리는 동물행동에 대한 연구를 인간의 행동에 어떻게 비교하는가? 왜 어떤 동물들은 다른 동물들에 비해 더 적합한가?
8. 행동에 영향을 미치는 뇌의 화학물질 3가지를 들어보라.
9. 정신분열증은 잘 알려진 사람의 병이다. 그것에 영향을 미치는 외부적(환경적) 요인은 무엇인가?
10. 정신병의사와 심리학자 사이에는 어떤 다른 점이 있나?

응용문제

1. 미네소타 쌍둥이 연구팀들이 연구한 또 다른 쌍둥이들에 관한 예를 찾아보라. 그들은 쌍둥이 Jim에 대한 연구와 어떻게 비교하는가?
2. 당신이 일란성 쌍둥이 중의 하나를 입양하여야 한다면 당신은 쌍둥이 둘 다를 입양하는 것이 좋다고 생각하는가? 아니면 그 중 하나를 입양하는 것이 좋다고 생각하는가? 그 이유는?
3. 이 장에서 우리는 쌍둥이 들이 비슷한 행동을 하는지를 어떻게 연구하는지에 대하여 논의했다. 쌍둥이가 아닌 사람들의 행동을 어떻게 연구

할지 계획하여 보라. 당신은 어떠한 형질(노여움, 친절 등과 같은)을 연구하겠는가? 실험을 어떻게 착수하겠는가?

4. 성적취향이 유전에 의해 영향을 받는 것으로 나타난다면 사람들의 동성연애에 관한 관점이 어떻게 달라지겠는가?
5. MAOA결핍이 살인의 원인이 된다면 모든 신생아에 대해 이 형질에 대한 검사를 해야 하는가? 왜 그렇게 생각하는가? 아니면 왜 그렇게 생각하지 않는가?
6. 12.4항에서 "어떤 행동 형질의 가계도"라는 제목의 내용을 보라. 미래에 이러한 행동유전자들이 확인된다면 당신은 어떠한 일이 발생할 것이라고 생각하는가?
7. 뇌의 화학물질과 유사한 마약류 등이 사람이 왜 그것들에 중독되는지를 어떻게 설명하는가?
8. 정신분열증이 범죄에 대한 변론증거로 사용되는 합법적인 예들을 조사하라. 이는 정신분열증이 유전적 요인에 의하여 발생되기 때문에 피고들이 이를 이용하는 것이 타당하다는 것을 의미하는가.
9. 이 장의 법과 윤리항에서 Roper 대 Simmon 사건에 연방대법원의 판결을 예로 들었다. 어떻게 그것을 유전학에 적용하는가.

온라인자료

시험을 준비 중인가? 예비시험을 위해 academic.cengage.com/login에 로그인하고, 개인의 학습 계획을 세우고, CengageNow's Study Tools에서 효과 측정 시험(post-test)을 보는 것이 여러분의 이해 정도를 평가하는데 도움이 될 것이다.

만약 교사가 내준 과제라면, 이번 장에 해당하는 사례 B와 법적 활동에 대한 조명, 즉 "Important Conference on Hold(보류정인 중요한 회의)"와 "Mobley v. Georgia"라는 제목으로 CengageNow 자료를 검색해서 해답을 찾으면 된다.

여러분이라면 이럴 때 어떻게 할까?

1. 당신은 변호사가 피고는 Y염색체를 하나 더 가지고 있기 때문에 무죄라고 주장하는 사건의 판사이다.
2. 당신은 Wasserman박사가 주선한 콘퍼런스에 초정연사로 참석하여 줄 것을 요청받았다.
3. 당신이 정신분열증을 앓고 있는 사람에게 강제로 약물치료를 하도록 요구받고 있는 사람의 배심을 하고 있다.
4. 당신의 일란성 쌍둥이 딸들에게 대하여 쌍둥이 연구를 하겠다고 요구받고 있다.
5. 당신은 범죄행동에 대하여 기사를 써 줄 것을 요구받고 있는 기자이다.

대중 매체에서

***발티모아* 2007년 8월 14일**

정신이상 변호 혼란 사건

Justin Fenton과 Andrea F.Siegel.

정신분열증인 사람이 유죄라고 판결 받고 감옥에 갔어야 하는가? Zachary Thomas Neiman의 사건에 이러한 의문이 제기되었는데 그는 소파에 앉아 있는 그의 어머니를 권총으로 2번 쏘아 살해하였다.

그는 그를 재판을 받을 수 있는 능력을 갖게 하기 위한 약물치료를 거부하였다. 그가 치료를 계속해서 거부하면 구금상태에서 벗어날 수 없다. 정신분열증 치료를 하면 그를 사회에서 활동할 수 있도록 허락한다. 약물치료를 하지 않으면 그는 심각한 증세를 나타낸다.

그가 정신이상 때문에 무죄라면 그는 정신병의사, 심리학자, 치료사, 간호사 및 다른 전문가들이 계속해서 그를 주목하고, 시험하고 그를 재평가하는 주기 관에서 시간을 보내야한다. 그가 약물치료를 계속해서 거부하면 그는 가석방 될지 모른다.

온라인상에서 이 기사를 보려면 academic.cengage.com/biology/yashon/hgs1로 접속하라.

질문 :

1. 약물치료가 정신병을 치료할 수 있다면 법정은 강제로 그를 치료받게 할 수 있는가?
2. 약물치료를 받으면 정상적인 행동을 한다면 이런 경우 이 사람은 정신이상 인가?

AS cribe Live Newswire. 2008년 9월 18일

4명의 시카고 대학의 과학자들이 미국국립보건원으로 8백만 달러의 혁신상을 받았다.

8백만 달러는 청년기에 부딪치는 문제의 원인을 밝히는 연구를 위하여 제공된 것이다. 4명의 시카고대학 과학자들은 발생과 유전학을 연구하여 온 사람들이다.

연구 중의 하나는 시카고공립학교 6학년에서 8학년까지의 학생 7000명을 대상으로 하는 것이다. 이 부분의 책임자 Jacobson박사는 행동문제를 밝혀줄 수도 있는 환경적, 사회적 요인들에 관한 분석 자료들을 얻게 될 것이다.

다른 연구에서는 형제, 이복형제, 타인들의 관계로 이루어진 800명의 어린이들을 대상으로 하는 것이다. 이들 학생들과 보호자들은 시카고대학병원으로 가서 행동과 뇌활 동에 관해 개인 간의 차이를 밝히기 위해 신경과학적, 행동학적 평가를 받게 될 것이다.

온라인상에서 이 기사를 보려면 academic.cengage.com/biology/yashon/hgs1로 접속하라.

질문 :

1. 어떻게 이러한 연구결과들을 법정에서 이용할 수 있는 정보가 되도록 할 것인가?
2. 이 연구들이 연구에 참여했던 학생들에게 해가 될 수 있었을까?
3. 당신은 과학자들이 연구를 위해 학생들을 선발한다는 것을 어떻게 생각하는가? 그 이유는?

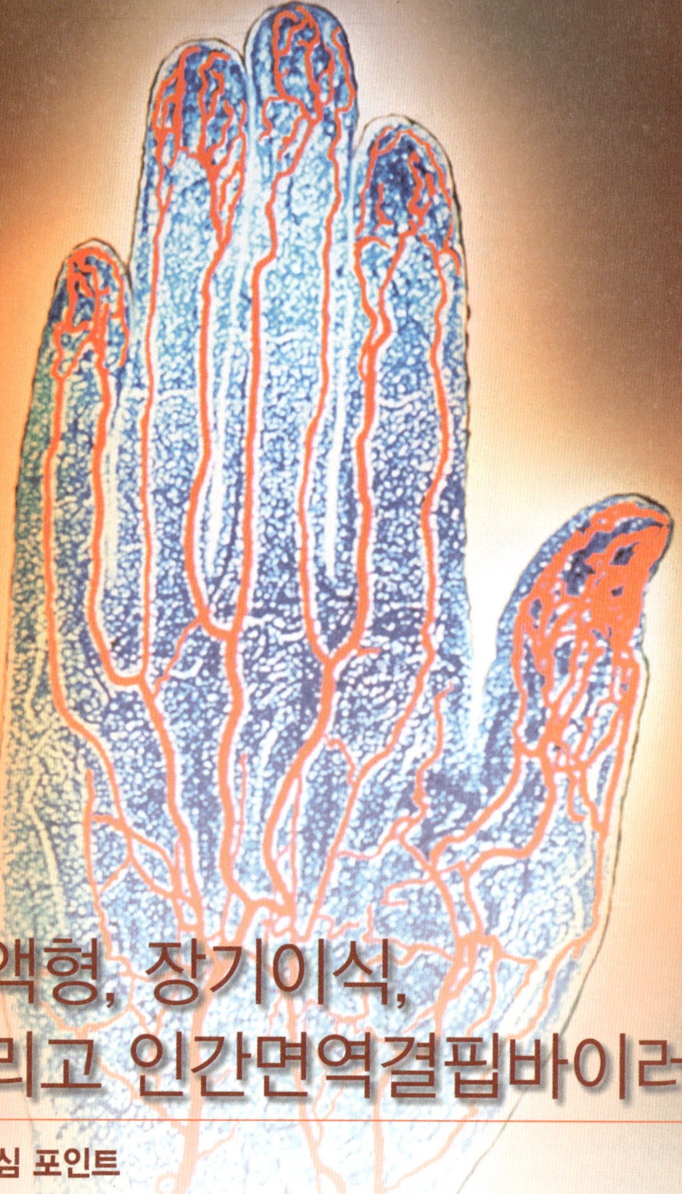

GJLP/CNRI/SPL/Photo Researchers

13 혈액형, 장기이식, 그리고 인간면역결핍바이러스

★ 핵심 포인트

- 유전학은 면역계의 발생에 일정한 역할을 한다.
- 면역계의 적합성은 장기이식에 있어 중요한 고려사항이다.
- 사람의 혈액형은 유전된다.
- 면역계의 문제들은 심각한 질병들의 원인이 될 수 있다.
- 알레르기는 면역계와 관련 있다
- 장기기증카드 소지는 이미 밝힌 기증자의 소망을 가능케 한다.

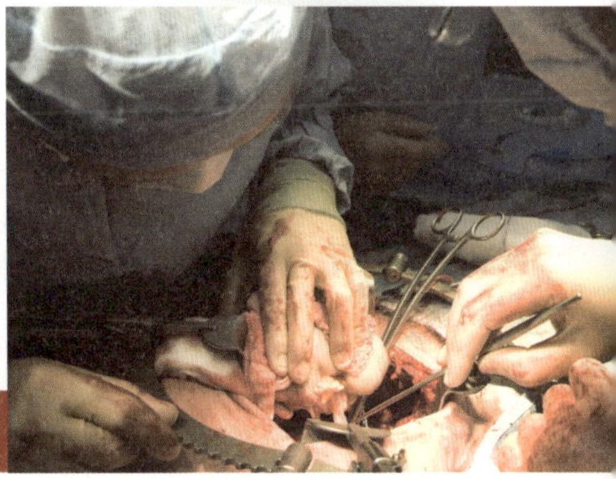

Science Photo Library/Photo Researchers

사례 A 누나는 신장 기증을 원한다

신장질환은 Sanchez 가족을 곤혹스럽게 하였다. Sanchez는 신부전증을 앓고 있었다: 그의 15세 된 아들 Julio는 이미 투석을 받고 있는 중이었으나, Julio의 누나인 Maria는 건강하였다. Maria는 생물학 클래스에서 유전학을 공부할 때 신장 질환의 특성을 이용하여 그녀의 가계보를 만들었다. 그녀는 그녀의 증조할머니가 멕시코에서 신장질환으로 사망 하였고 그녀의 할아버지 역시 그랬다는 것을 알았다.

Maria는, 장기이식 명단에는 올라가 있지만 적합한 조직형이 드문 그녀의 동생 Julio를 필사적으로 돕길 원했다. 그녀는 형제자매들 간에 장기이식을 위한 조직적합성이 가장 잘 맞는다는 사실을 생물학 책에서 읽어서 알게 되었다. 그녀는 그녀 가족의 주치의인 닥터 Tulley를 만나서 그에게 그녀 자신의 조직과 동생 Julio의 조직 간의 적합성 여부를 알기 위해 검사를 부탁하였다. 그는 망설였으나, 그녀는 말하였다. "나는 당신의 환자이고, 당신이 이 일을 해주길 원합니다. 그리고 이 일에 관해 나의 부모님들에게는 말하지 말아주십시오" 그러자 의사는 동의하였다.

검사한 결과 그녀의 조직은 적합성을 보였다. 그래서 Maria는 그녀의 아버지에게 동생 Julio에게 자신의 신장을 기증할 테니 허락해 달라고 하였으나, 아버지는 화를 내었다.

"안 돼, 나는 네가 건강한 상태로 생활하길 원한다… 그러니 기다려"라고 아버지는 말하였다. Maria는 남동생 Julio에게 여전히 자신의 신장을 기증할 것을 원하였으나, 그녀의 나이는 겨우 17세에 불과했으며(법률상 규정된 나이가 아님) 그녀는 어떻게 해야 할지를 몰랐다.

Maria의 가족에 관한 내용을 읽어볼 때 몇 가지 의문이 생긴다. 우리가 그러한 의문들을 다룰 수 있기 전, 우선 면역과 장기이식의 생물학에 관해 살펴보도록 하자.

13.1 면역계는 어떤 기능을 하는가?

인간의 면역계는 박테리아, 바이러스, 기타 외부침입자들에 의해 야기되는 감염으로부터 인체를 보호해준다. 면역계는 공격력을 가진 화학물질과 세포들로 구성되어 있어 인체에 침입한 대부분의 이물질들을 불활성화 시킨다. 우리 신체의 첫 번째 방어선은 피부인데, 피부는 인체로 들어오는 이러한 침입자들에 대한 방어벽으로써의 역할을 하고 그들을 차단한다. 인체의 2차 방어선은 감염동안 일어나는 염증반응이다. 인체의 3차 방어선은 **T 세포** (T cell)와 **B 세포** (B cell)라 불리는 특이 백혈구(림프구)와 이들 림프구가 분비해내는 분자성분들이다. 이 단계의 인체 방어기전은 감염과 싸우기 위한 분자산물을 활성화시킨다.

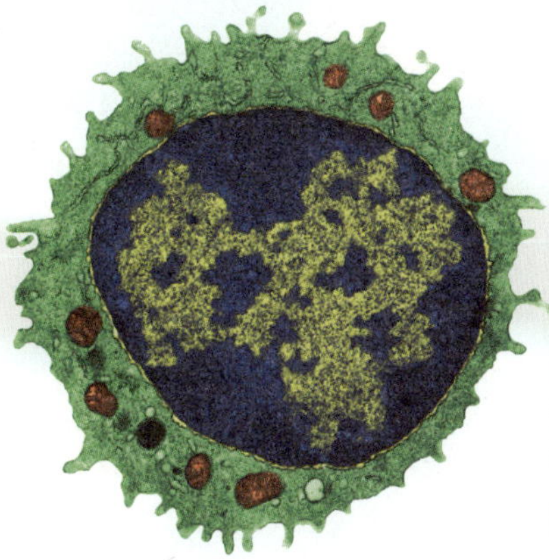

Science Photo Library/Photo Researchers

T 세포

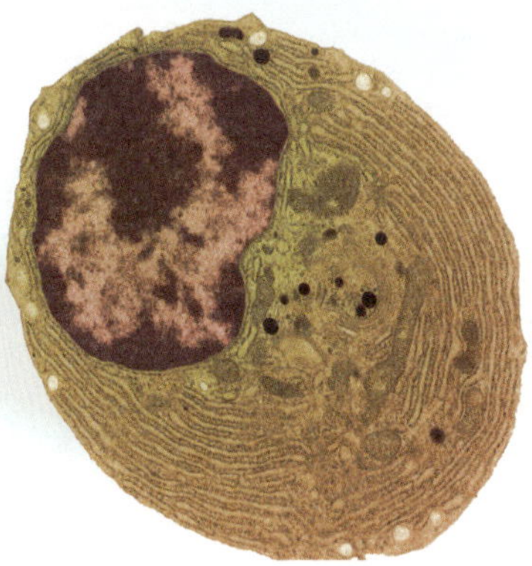

SPL/Custom Medical Stock

B 세포

인체감염을 일으키는 일부 물질들은 **항원** (antigens)이라고 불리는 단백질 성분을 인체 내로 운반해 온다. 이러한 단백 분자들은 면역계에 의해 감지되고 보통 여러 단계가 관여하는 반응을 개시시킨다.
이러한 단계들은 아래의 그림과 같다.

1. 항원의 인식은 **T4 helper cell (T4보조세포)**이라 불리는 한 종류의 T세포를 활성화 시키며, 이 세포들이 B세포를 활성화시킨다.
2. 활성화된 B세포는 **항체** (antibodies)라는 단백질 성분을 생산분비 해내고 항체들은 항원에 결합해서 항원을 불활성화 시킨다.

항원에 노출되면 면역계에 의해 대량의 반응이 빠르게 일어나서 어떤 감염을 방어하게 된다.

기억세포 (memory cells)는 감염질환에 대한 **백신화** (vaccination)의 기초가 된다. **백신**은 불활성화 된 혹은 약화된 질병 원인균으로 되어 있다. 백신을 주사하면, 이러한 항원들은 감염을 일으키지 않고 면역계를 자극하여 그 항원에 대한 기억세포를 생산한다. 나중에, 만일 백신을 접종한 사람이 질환-원인인자(항원의 근원이 되는 바이러스, 박테리아 또는 진균)에 노출될 경우, 그 사람은 인자들로 인한 감염에 대해 면역화 된다.

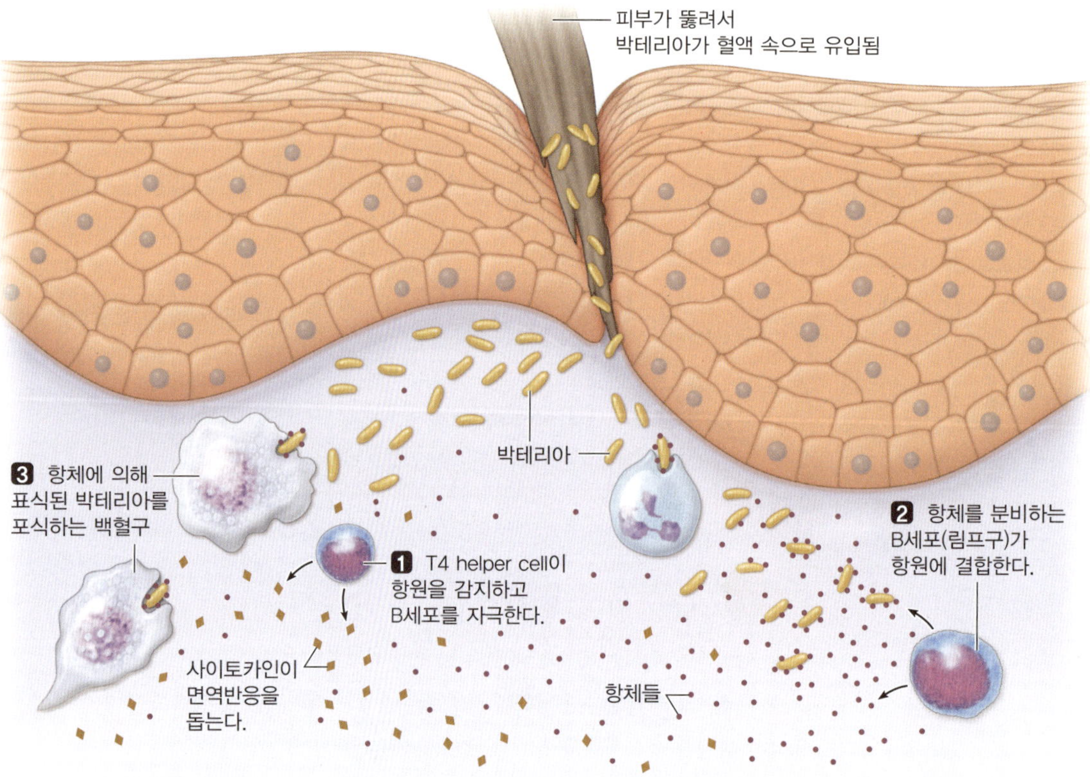

3. 항체에 의해 인식된 박테리아는 다른 백혈구들에 의해 파괴된다.

항원들은 수혈, 베인 상처, 또는 이식된 장기를 통해 인체로 유입될 수 있다. 항원들은 바이러스, 박테리아, 또는 곰팡이와 같은 질병-원인 물질들의 일부가 될 수도 있다.

B세포는 활성화 되면 특이 항체를 생산하며, 생산된 특이 항체는 항원에 결합하여 항원이 면역계의 다른 세포들에 의해 파괴될 수 있도록 항원을 표식화 한다.

활성화된 B세포는 또한 **기억세포** (memory cells)를 만들어내며 이 기억세포들은 인체가 나중에 동일한 항원의 침입을 받게 되면 면역계가 이것을 기억하도록 만든다. 만일 인체가 두 번째로 동일한 항원에 노출되면 ...

여러 그룹의 유전자들은 우리의 세포표면상에서 항원들뿐만 아니라 직접 침입한 외부 항원들에 대한 항체들을 암호화하여 우리의 면역을 조절한다. 이러한 유전자들은 면역을 조절하기 때문에, 유전자들의 돌연변이는 **자가면역 질환** (autoimmune disorders)과 *알레르기*를 포함하여, 면역계의 질환을 일으킬 수 있다.

13.1 요점

- **면역계는 감염이나 외부 침입체로부터 인체를 보호한다.**
- **면역계의 가장 중요한 2가지 부분은 피부와 T 및 B세포(림프구)이다.**

13.2 이식한 장기나 조직이 면역계에 어떤 영향을 미치는가?

새로운 장기가 수용자의 신체에 들어올 때 이식된 장기의 세포들은 장기수용 환자의 세포와는 상이한 항원들로 작용한다. 분자 인식표로서 역할 하는 이러한 항원들은 **HLA 군(complex)**로서 알려진 6번 염색체상의 유전자 그룹에 의해 암호화된다(encode). 이것은 함께 유전되는 경향이 있는 근친 유전자 집단이다. 6번 염색체의 각 복사 단계에서 운반된 HLA 대립유전자의 세포를 **단상형 (haplotype)**이라 부른다(■ 그림 13.1). HLA 단상형 유전자의 각각은 많은 상이한 대립유전자들을 가지고 있으며, 그 조합은 거의 끝이 없는 무한대이다. 그러므로, 쌍둥이를 제외하고 동일한 HLA 단상형을 가진 두 사람을 찾는 일은 어렵다. 장기이식의 **거부반응**은 세포표면 항원의 불일치와 면역계의 반응 때문에 일어날 수 있다(rejection).

HLA 군(complex)에 있는 많은 유전자들이 확인되었으며, 우리는 장기이식이 필요한 어떤 사람과 잠재적 공여자의 HLA 단상형이 일치하는지를 알기 위한 검사를 할 수 있다.

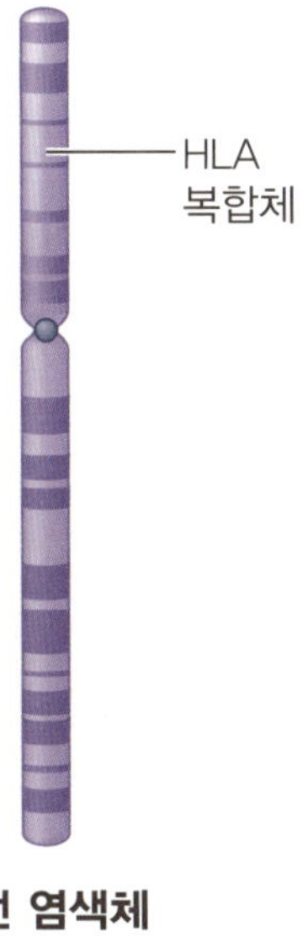

■ 그림 13.1 HLA 복합체
6번 염색체의 이 지도는 HLA 유전자.

장기이식의 성공 여부를 결정하는 것은 무엇인가?

성공적인 장기이식과 피부이식은 공여자와 수용자 간의 HLA 복합체 일치 여부에 달려있다. HLA 복합체의 경우 매우 많은 대립유전자 조합이 가능하기 때문에 두 사람간의 HLA가 완벽하게 일치되기는 거의 불가능하다. 이것이 바로 장기이식이 필요한 사람이 종종 적합성을 가진 공여자를 오랜 시간 동안 찾아야 하는 이유이다.

PHOTO GALLERY
쌍둥이 형제인 Richard에게 신장을 기증한 Ronald Herrick.
AP PHOTOS

장기이식을 하기 전 공여자와 잠재적 수용자의 HLA 표지자들을 분석한다. 최소한 75%의 일치도가 있어야 장기이식은 성공할 수 있을 것이다. 이식 수술 후, 공여자는 반드시 자신의 면역계를 억제시키는 **면역억제제(immunosuppressive drugs)**를 투여 받아 이식된 장기의 거부반응 가능성을 감소시켜야 한다.

PHOTO GALLERY
Joseph E. Murray 박사(오른 쪽)는 Herrick의 신장이식수술을 성공적으로 수행한 공로로 노벨상을 받았다.
Eric Miller/AP Photos

거부 반응은 살해세포(killer cells)라고 불리는 수용자의 면역계 세포가 이식된 장기를 공격하여 파괴시킬 때 일어난다. 일단 *거부반응* 과정이 시작되면 이식된 장기의 세포는 빠르게 손상되므로 이식장기를 제거해야 한다. 이런 환자는 그 다음 또 다른 장기를 공여 받아야 하며 그렇지 않으면 사망할 것이다. 공여자와 수용자의 HLA 단상형(haplotypes)의 유사한 일치 정도는 성공적 장기이식을 위해 절대적으로 필요하다.

형제간에 장기의 단상형 일치 가능성은 25%이다. Maria는 이미 검사를 받았고 그녀의 신장은 Julio와 매우 적합한 일치도를 보였다. 만일 Maria의 아버지가 그녀가 Julio에게 신장 기증하는 것을 허락지 않을 경우, Julio는 신장 이식이 필요한 다른 74,000명의 명단에서 계속해서 대기해야 한다. 매년 단지 17,000건의 신장이식 수술이 행해지고 있고, 수 백 명의 사람들이 신장이식을 받기도 전에 환자 명단의 대기상태에서 사망하기도 한다. 만일 모든 종류의 충분한 공여 장기들을 이용할 수 있다면 매년 수 천 명의 환자들이 생존 가능할 것으로 추정된다.

동물 장기를 인간에게 이식 할 수 있을까?

이식을 위한 장기 공급을 확대 시킬 수 있는 1가지 방법은 동물 공여자를 사용하는 것이다. 동물-인간 장기 이식(**이종 장기 이식(xenotransplants)**이라 함)은 많이 시도되었었으나 거의 성공하지 못하였다. 이식 거부반응과 관련된 중요한 일부 문제점들 때문에 현재 동물장기의 사용을 가로 막고 있다. 동물장기가 인간에게 이식 될 때 첫 번째 문제가 발생한다(예: 아래 그림과 같은 돼지로부터의 장

Sasha Radosavljevich, 2008/used under license from Shutterstock.com

기). 돼지 세포의 표면 단백질(항원들)은 인간의 세포 표면 단백질과 매우 달라서 **초급성 거부반응** (hyperacute rejection)이라고 알려진 즉각적인 대량의 면역 반응을 개시 시킨다.

이 반응은 흔히 이식된 장기를 수 시간 내에 파괴시킨다. 이 거부 반응을 극복하기 위해, 여러 연구 그룹들은 공여 돼지의 항원을 변형시키기 위한 DNA 재조합기술을 사용하였다(6장). 이 조작을 위해, 그들은 HLA complex 인간 유전자를 분리 해내어 복제하였다. 이 유전자들을 수태한 돼지 수정란 속으로 주입하였고, 결과적으로 형질전환된 돼지는 그들의 모든 세포에 대해 인간의 항원들을 가지게 되었다. 이러한 유전자 형질 전환 돼지의 장기들은 수용자의 면역계에 대한 인간 장기로써 생각되며, 초급성거부반응을 막아준다.

원숭이를 대상으로 한 유전공학적 돼지 장기의 이식은 성공적이었으나, 궁극적 단계는 사람에 대해 유전자 전환 돼지 장기를 이식하는 일일 것이다. 비록 초급성 거부반응을 억제 시킬 수 있긴 하나, 이식된 돼지 장기들은 또 다른 문제점들을 야기할 수도 있다.

예를 들어, 비록 유전학적으로 형질전환 시켰긴 하나, 돼지 장기들은 인간 수용자에 의한 보다 강한 면역반응을 개시 시킬 수 도 있다. 또 다른 잠재적 문제점은 돼지 장기의 세포가 인간에게 잠재적으로 위험한 바이러스들을 옮길 수도 있다는 점이다. 돼지 공여 장기들이 인간에게 적합할 수 있도록 하는 것보다 근본적인 방법은 공여 돼지의 골수를 인간 공여자에게 이식하는 것이다. 이 **조직공생면역계** (chimeric immune system)라고 불리는 결과적인 돼지-사람 면역계는 그것이 인간이었던 것처럼 돼지장기들을 인식 할 수 있을 것이며 여전히 감염 질환자들과 싸우는 정상면역을 지속적으로 보유하게 될 것이다. 이것이 알려짐에 따라 이 방법을 이용한 동물실험이 성공적으로 수행되었다. 수용자에 대한 공여자의 골수이식은 인간-대-인간심장 이식수술에 적용되어 성공확률을 증가시켰다.

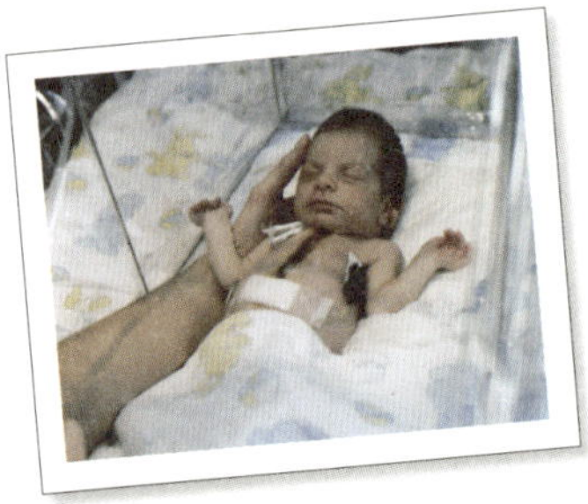

PHOTO GALLERY
1984년 최초로 원숭이의 심장을 이식받은 Faye아기.
DUANE R. MILLER/AP PHOTOS

최근 10년 전까지만 해도 동물-인간 장기이식의 가능성은 의학적 실현성 보다는 과학적 상상에 오히려 더 적합한 것으로 확대되는 것처럼 보였다. 그러나 오늘날 미국에서 200명 이상의 사람들이 이미 동물세포나 조직을 이용한 **이종이식** (xenografts)을 받았다(■ 그림 13.2).

CBS News Archive

■ 그림 13.2 이종이식

이 사진은 파킨슨 질환을 앓아 보행, 언어, 손사용이 불가능한 Jim Finn의 치료 받기 전 모습 임상시험의 일부로 그는 어린 돼지의 신경세포를 그의 뇌 속에 투여 받았다. 6개월 후 그는 혼자 앉고, 서고, 걸을 수 있었다. 현재 그는 치료를 위한 동물세포 사용 옹호론자가 되었다.

여기서 설명된 내용의 진전은 아마 주요장기의 이종 간 이식이 머지않은 장래에 시도될 수 있도록 만들어 줄 것이다.

13.2 요점

- 공여자 장기의 세포 상에 존재하는 항원들은 그 장기를 수용자와의 일치여부를 결정해 준다.
- HLA 유전자를 검사함으로써, 수용자와 잠재적 장기공여자간의 일치 유무를 알 수 있다.
- 이종이식은 가까운 장래에 널리 확산 될 것이다.

13.3 혈액형이 무엇인가?

혈액형은 적혈구 세포 표면상의 항원에 의해 결정된다. 인간은 30종 이상의 상이한 혈액형을 가지고 있다. 각 형은 적혈구 세포 표면상의 특이 단백질 존재에 의해 결정된다. 이러한 항원들은 이식 장기의 세

사례 A 질문

지금 우리는 장기 이식의 기초에 관해 보다 더 많이 이해하고 있으니, Maria Sanchez's 사례에서 발생한 일부 이슈들을 살펴보기로 하자.

1. Maria가 그녀의 신장을 기증하기 위해 아버지를 설득할 수 있는 4가지 논거를 열거하라.
2. Maria 아버지가 그녀가 신장을 기증할 수 없음을 설득할 수 있는 4가지 논거를 열거하라.
3. Maria는 변호사가 필요한가? 이유 또는 그렇지 않은 이유는?
4. Sahchezes가 살고 있는 주의 경우, 허용법적 나이는 18세이다. 이 점이 Maria에게 어떤 영향을 미치는가?
5. 가족 유전이 Maria의 논쟁에 어떤 영향을 미치는가?

포상에서 발견되는 그것들과 유사하다. 항원은 수혈 시 공여자와 기여자의 세포들을 인식하는 표지자로서 기능한다. 우리는 2가지 예외 혈액형에 초점을 맞출 것이다: 수혈에서 중요한 ABO혈액계와, **신생아 용혈성 질환** (chmolytic disease of newborns; HDN)에서 중요한 역할을 하는 Rh 인자가 있다.

무엇이 ABO 혈액형을 결정하는가?

ABO 혈액형 (ABO blood type)은 유전자 *I*에 의해 결정되는데 이 유전자는 세포 표면단백질이나 항원들을 만들며, 세포표면 단백질이나 항원은 혈액을 A, B, AB 또는 O형으로 구분 짓게 한다. 이 유전자는 3개의 대립유전자를 가지고 있다: I^A, I^B, I^o이며 흔히 *A, B, O*로 표기한다. *A*와 *B* 대립유전자 각각은 세포표면상에서 존재하는 약간 상이한 버전(version)의 항원을 암호화하며, *O* 대립유전자는 항원을 만들지 않는다. *A*형 혈액을 가진 사람들은 그들의 적혈구 세포상에 A항원을 가지고 있어 B 항원에 대항하는 항체를 만든다. B형 혈액을 가진 사람들은 그들의 적혈구 세포상에 B항원을 가지고 있어 A항원에 대한 항체를 만든다. 따라서, A형 혈액은 B혈액형을 수용할 수 없고 B혈액형은 그와 반대로 A혈액형을 수용할 수 없다. O형 적혈구 세포는 그들의 세포표면에 항원을 만들지 않으며, 따라서 수혈시 O형 혈액은 항체반응을 자극하지 않는다.

ABO 혈액형은 어떻게 유전되는가?

ABO 혈액형이 어떻게 유전되는지 이해하기 위해, 첫째 표 13.1을 보라. 만일 어떤 사람이 AB형 혈액을 가지고 있다면 적혈구 표면상에 A 및 B항원 둘 다 존재하여 A나 B항원 어느 쪽에 대해서도 항체를 만들지 않음을 보여주고 있다. 표는 또한 O형 혈액을 가진 사람이 적혈구세포 표면상에 A나 B항원 둘 다를 가지진 않지만 A와 B항원에 대한 항체를 만들 수 있음을 보여주고 있다. 상황은 ABO혈액형이 어떻게 유전되는지를 정의하는데 도움이 된다.

우리가 서술한 바처럼, I 유전자는 A, B, O 혈액형이 되는 3개의 대립 유전자를 가지고 있다. O형 혈액을 가진 사람은 I^o I^o(또는 OO)의 유전자형을 가지고 있다. I^o 유전자는 I^A나 I^B 대립유전자와 짝을 이룰 때 열성유전자로서 역할을 한다. 따라서, I^A I^o 유전자형을 가진 사람은 혈액형 A, 그리고 I^B I^o를 가진 사람은 혈액형 B가 된다. 그러나, 유전자형이 I^A와 I^B 유전자를 가지고 있을 경우 그들은 또 다른 것에 대해 우성도 열성도 아니다. 대신 그들은 **공통우성** (codominant)이라 불리며, 따라서 I^A I^B 유전자형을 가진 사람들은 AB 혈액형이 된다.

만일 당신이 A형 혈액을 가지고 있다면, 당신의 혈액유전자형은 I^A I^A 이거나 I^A I^o일 것이다. 만일 당신이 B형 혈액을 가지고 있다면, 당신의 혈액유전자 형은 I^B I^B또는 I^B I^o일 것이다. 만일 당신이 AB형이나 O형 혈액을 가지고 있다면, 당신의 혈액유전자형은 각각 I^A I^B 또는 I^o I^o일 것이다.

수혈은 어떻게 이루어지나?

A형 혈액을 가진 사람은 A형 혈액을 가진 다른 사람에게 수혈할 수 있고, B형 혈액을 가진 사람은 B형 혈액을 가진 다른 사람에게 수혈할 수 있고, 그리고 나머지 혈액형의 경우도 마찬가지 이다. 그러나, 상황은 그것보다 약간 더 복잡하다. AB형 혈액 보유자들은 A나 B항원에 대한 항체를 만들지 않기 때문에 그들은 어떤 유형의 혈액도 수혈 받을 수 있다. 이러한 사람들은 **보편수용자** (universal recipients)로 알려져 있다. O형 혈액 보유자들은 그들의 세포에 어떤 항원도 가지고 있지 않으며 그 결과 그들은 누구에게나 공혈을 해 줄 수 있으며 아무런 거부 반응도 일어나지 않을 것이다. O형 혈액 보유자들은 **보편공여자** (universal donors)로 불리운다.

수혈로 인한 문제들이 발생할 수 있는가?

성공적인 수혈을 위해, 공혈자와 수혈자의 ABO 항원이 반드시 일치해야 한다. 만일 어떤 불일치가 있다면, 수혈자의 면역계는 공혈자의 항원에 대한 항체를 생성할 것이며, 이는 공혈자의 혈액을 응집시키는 원인이 된다 (■ 그림 13.3). 응집된 혈액세포들은 작은 혈관의 순환을 차단시켜 산소운반을 감소시키고, 종종 치명적 결과를 초래하기도 한다. 응집된 혈구세포들은 분해되어 혈액 속으로 다량의 혈색소를 방출할 수 있다. 이러한 혈색소들은 신장에서 침착되어 신부전증을 야기 시킬 수 있다.

표 13.1 A, B, O 혈액형의 요약

형질	적혈구세포의 원형질막의 항원들	혈액에서의 항체들	수혈할 수 있는 안전 혈액형	수혈 받을 수 있는 안전 혈액형	가능한 유전자형
A	A	항-B	A, AB	A, O	AA 또는 AO
B	B	항-A	B, AB	B, O	BB 또는 BO
AB	A + B	없음	AB	A, B, AB, O	AB
O	없음	항 A와 B	A, B, AB, O	O	OO

■ **그림 13.3 수혈거부반응**
수혈거부반응 후 적혈구세포들의 응집이 형성됨.

Rh 인자는 어떻게 유전되는가?

Rh 혈액 그룹(이것이 발견된 rhesus 원숭이로부터 명명된 명칭)은 약간 복잡한 구성이다. 유전적 특질을 단순화시키기 위해, 우리는 혈구세포 상에 Rh 항원을 표현한 사람을 **Rh 양성 (Rh^+)**, 그리고 혈구세포 상에 Rh 항원을 표현하지 않은 사람을 **Rh 음성 (Rh^-)**으로 구성되어있다고 정의할 수 있다. 이 혈액형의 경우 Rh^+ 대립유전자가 Rh^- 대립유전자 보다 우성이다.

그 결과, 만일 당신이 Rh^+이라면 당신은 Rh^+Rh^+ 또는 Rh^+ Rh^-대립유전자의 조합을 가질 수 있다. 그러나 만일 당신이 Rh-이라면 당신은 당신 Rh^- Rh^- 조합만을 표현할 수 있다.

Rh 인자가 신생아에 있어 어떻게 문제를 일으킬 수 있는가?

여성이 임신을 할 경우, 소량의 태아 세포가 태반을 통과해 어머니의 혈류 속으로 유입될 수 있다(2장). 이러한 혈구세포들은 또한 분만 동안에도 어머니의 혈류 속으로 들어갈 수 있다. 만일 어머니가 Rh-이고 태아가 Rh^+이면, 태반을 통과하는 태아의 혈구세포들을 어머니의 면역계를 자극하여 태아 혈구의 표면상 존재하는 Rh 항원에 대한 항체를 만들 수 있다. 이 경우가 어머니의 첫 임신이라면, 이 상황은 태아나 어머니 양쪽 모두에 유해하지 않다.

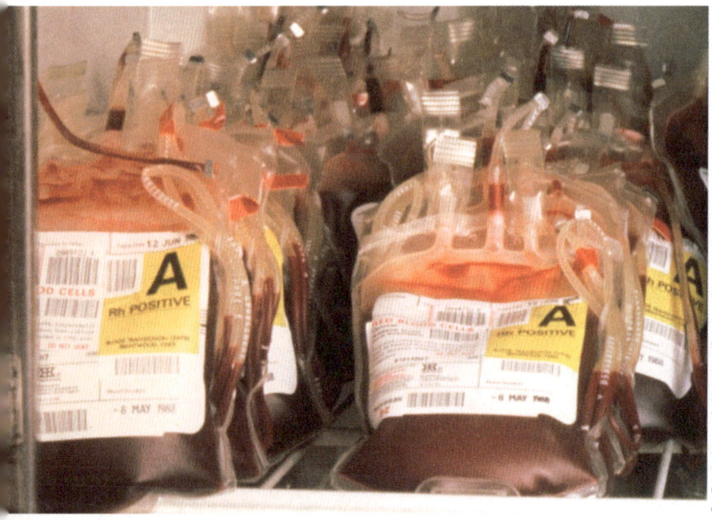

그러나, 두 번째 임신 동안, 만일 어머니의 둘째 태아 역시 Rh^+라면 어머니 혈액 속에 이미 형성된 항체는 임신의 후기에 태반을 통과해서 태아의 적혈구 세포들을 파괴 시킬 수 있다. 그 결과 *신생아 용혈질환(HDN)*이라는 심각한 질병이 발생한다. 아래 도해된 그림은 HDN과 그것이 어머니와 태아에게 어떻게 영향을 미치는지를 보여주고 있다.

신생아 용혈질환을 예방하기 위해, Rh^- 여성은 그녀의 첫 임신 동안만일 그녀의 아기가 Rh^+ 형이라면 Rh^- 항체 제제(RhoGAN이라 명명)를 투여 받아야 한다. 이 항체 제제는 어머니의 순환계를 통해 이동하여 모체의 순환계속에 존재하는 태아 세포의 항체를 제거 시켜준다. 좀 더 효과적이려면, 어머니의 면역계가 Rh 항원에 대한 항체를 만들기 전에 RhoGam을 반드시 투여해야 한다. 아래 그림은 이 반응을 보여주고 있다.

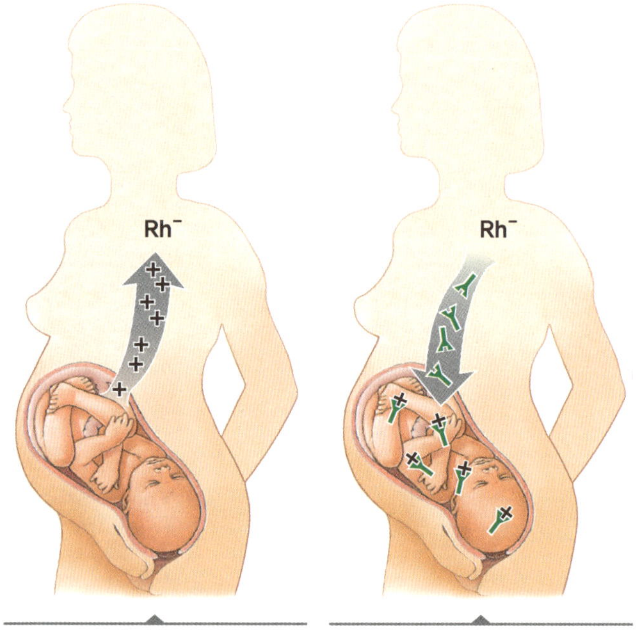

아기의 Rh^+ 항원이 모체의 혈액 속으로 유입됨

Rh^+ 항원에 대한 항체가 태아의 몸 속으로 침입하여 태아적혈구를 파괴함.

13.3 요점

- A, B, AB, O는 인간의 주요 혈액형이다.
- Rh 혈액형은 임신한 어머니의 혈액형이 Rh^-이고 태아가 Rh^+일 때 신생아에게 문제를 일으킬 수 있다.

13.4 HIV 감염과 후천성면역결핍증은 면역계에 어떻게 연관되는가?

후천성면역 결핍증(AIDS)은 인간 면역결핍바이러스(HIV)(우측 그림을 참조)에 감염된 후 발생하는 임상질환이다. HIV에 감염되면 이 바이러스가 *T4 보조 림프구(T4 helper cell)*를 죽인다. 우리가 앞에서 논의한 바처럼, 이 세포는 면역 반응의 개시에 대단히 중요하다. 이 세포가 인체에 없을 경우 침입한 외부 세균이나 바이러스를 우리 인체가 인지 할 수 없다. 면역반응의 시작 시, T4 보조세포는 항원을 인식한 뒤 B세포(B림프구)를 활성화시켜 항체를 만들게 한다.

HIV가 일단 세포 속으로 들어가면 그것의 유전정보를 복제해서 감염된 세포의 염색체 속으로 자신이 복제한 정보를 삽입시킨다. 이 바이러스의 유전정보는 수개월 혹은 수년간 불활성 상태로 존재할 수 있다. 나중에, 감염된 T4 세포가 면역반응에 참여하기 위해 나타날 때, 이 바이러스 유전자들은 활성화되기 시작한다. 새로운 바이러스 입자들이 세포에서 형성되어 T세포의 표면상에서 발아하여 T세포를 파열 및 살해한다. HIV 감염의 과정 동안, T보조세포의 숫자는 점차 감소하여 인체는 감염과 싸울 수 있는 그것의 능력을 상실하게 된다. 활성면역계가 없는 감염된 사람은 자신이 퇴치할 수 있는 다른 여러 질환에 걸리게 된다.

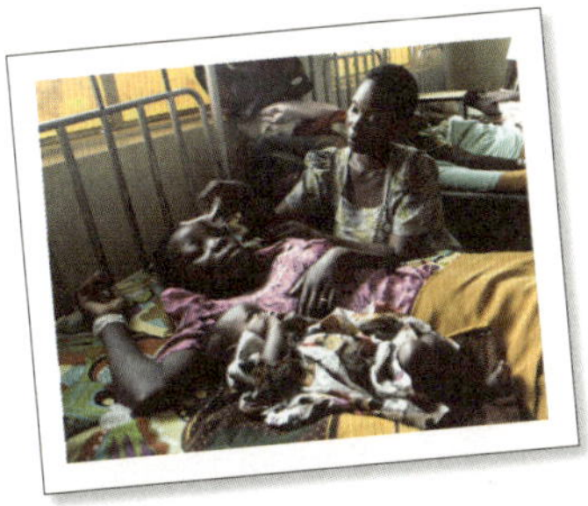

PHOTO GALLERY
아프리카에는 후천성면역결핍증에 걸린 수많은 환자들이 살고 있다.
KAREN KASMAUSKI/CORBIS

결국, T세포들이 살해당함으로써, HIV 감염은 면역계를 무력화시켜 후천성 면역결핍증을 가져오게 된다. 그런 다음, AIDS는 1가지 또는 그 이상의 감염질환에 걸리게 하여 인체를 압박하고 면역계를 무력화시켜 조기 사망을 유발한다.

우측 그림은 HIV의 유전정보가 어떻게 T4보조세포의 일부분이 될 수 있는가를 보여주고 있다.

HIV는 혈액, 정액, 여성의 질분비물, 모유를 포함한 체액을 통해 감염자로부터 비감염자로 전파된다. 이 바이러스는 신체의 외부에서 1-2시간 이상 생존 할 수 없으며 음식, 물 또는 일시적 접촉에 의해서는 감염되지 않는다.

일부 사람은 HIV 감염에 천선적 내성을 가지고 있는가?

첫 AIDS 사례가 보고된지 약 15년 후 미국에서, 연구자들은 소수의 사람들이 HIV-양성자와 무방비의 성행위를 하는 매우 위험한 행동을 하였으나, 그들이 HIV에 감염되지 않았음을 알게 되었다. 그 후 곧, 연구자들은 이러한 사람들이 *CC-CKR5*라 지칭되는 유전자의 돌연변이 대립유전자를 2개 복제할 수 있음을 알았다.

HIV와 그것의 작용

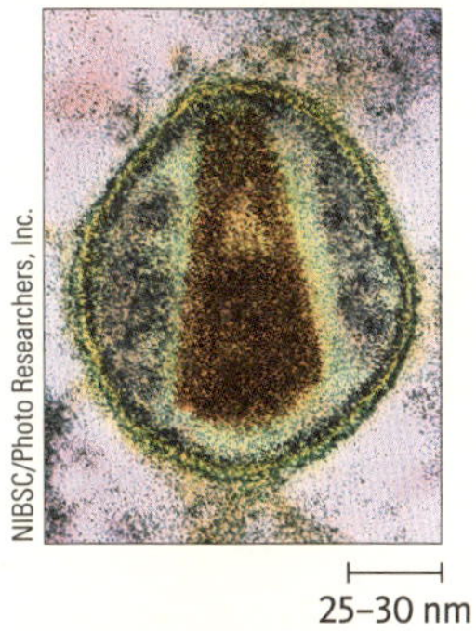

HIV의 현미경 사진

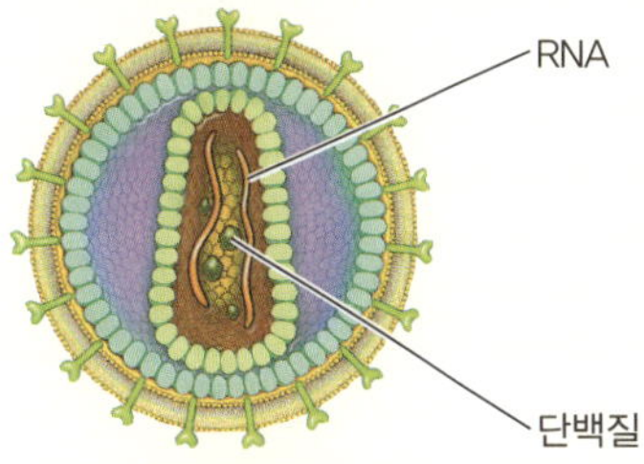

HIV의 RNA 게놈(genome)과 그것이 운반하는 단백질.

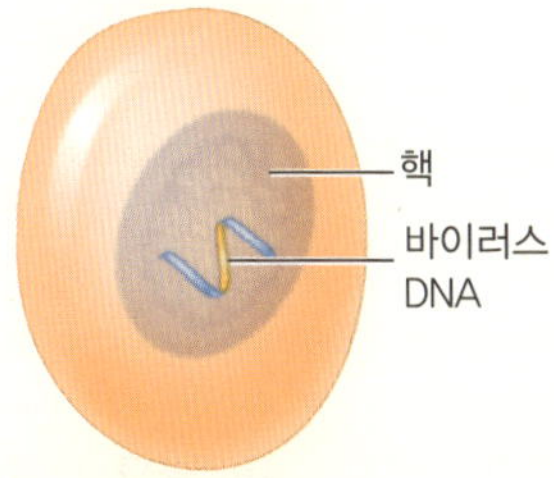

HIV는 자신의 RNA를 T세포에 주입 후, RNA는 DNA로 복제되어 T세포의 DNA 속으로 들어간다.

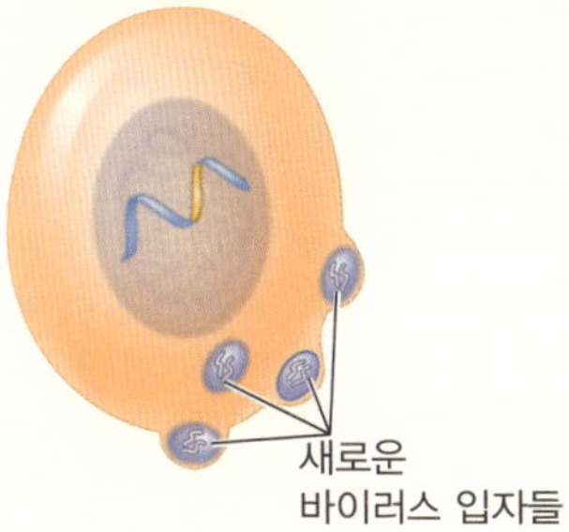

바이러스 DNA는 새로운 바이러스 RNA와 단백질들을 만들어, 감염된 세포의 표면상에 발아하는 새 바이러스 입자들 을 생성시킨다.

CC-CKR5 유전자는 정상적인 기능을 할 때, 감염 시 면역계에 신호를 보내는 세포표면상의 단백질을 합성한다. HIV는 T4 보조세포들을 감염시키기 위해 정상 CC-CKR5 단백질을 사용한다. 만일 *CC-CKR5* 유전자가 돌연변이를 일으키면 작은 결핍을 가지게 되며(32 염기쌍이 결실된다), 그 결과 단백질은 보다 짧아지고 HIV는 이 단백질을 사용할 수 없어 T4 보조세포에 대한 감염 및 살해가 불가능하다. 그 결과, *CC-CKR5* 돌연변이에 대한 동형접합체인 사람들은 HIV 감염 저항성을 보인다.

이 발견 이후, 연구자들은 여러 가지 의문을 품게 되었다: 어떤 인구 집단이 이 돌연변이 대립유전자를 보유하고 있으며, 그것이 어떻게 확산될까? HIV가 T4세포를 감염시키기 위해 CC-CKR5 단백질을 어떻게 사용하는지에 관한 지식이 항-HIV 약물의 개발에 도움이 될 수 있을까?

어떤 인구집단에서 돌연변이 *CC-CKR5* 대립유전자가 발견되었는가?

인구집단에 대한 연구 결과 오직 유럽인들과 유럽 선조들에게서 돌연변이 대립형질이 존재하는 것으로 나타났다. 이 돌연변이 대립형질은 북 유럽인에서 가장 높은 빈도로, 그리고 그리스와 이탈리아의 사르디니아섬(sardinia) 사람들에서 가장 낮은 빈도로 나타났다.

과학자들은 이 돌연변이가 특정 인구집단에서 보다 더 흔할 것이라고 가정하고 있는데 그 이유는 과거 어느 시점에 이 돌연변이가 미지의 치명적인 어떤 감염질환(HIV/AIDS가 아닌 다른 감염성질환)에 대한 저항성을 부여할 수 있었기 때문이다. 돌연변이 *CC-CKR5* 대립유전자의 두 번의 복제능을 가진 이들은 이러한 치명적 감염질환으로부터 보호되었으며 그들의 자손에게 이 유전자를 물려주면서 살았다.

다른 인구 집단은 HIV 감염에 저항성을 주는 다른 유전자의 돌연변이 버전(version)을 가지고 있다. 이러한 것은 HIV 및 AIDS 치료의 새로운 방법들을 찾기 위한 것으로 인식되어 연구되고 있다.

수치로 따져보기

25%
형제간에 장기이식을 위한 일치율.

17,000
매년 신장이식을 하는 환자의 수.

90,000
장기이식을 위해 대기자 명단에 등재된 사람의 수.

10%
미국 인구 중 최소 1가지 이상의 알레르기를 가진 사람의 비율.

30,000
연간 아나필락시스쇼크로 인해 응급실로 오는 사람의 수.

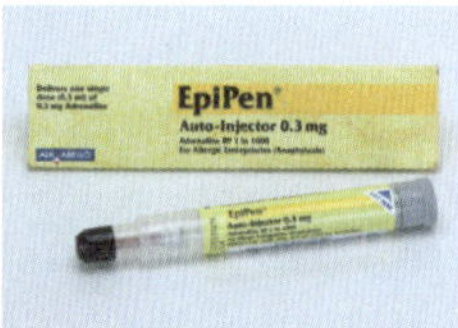

Paul Rapson/Alamy Limited

300만명
미국에서 땅콩에 대한 알레르기 반응이 있는 사람의 수.

염 및 복제주기의 다른 단계에서 HIV를 차단해 준다. 이러한 약물들의 병용은 HIV의 진행을 성공적으로 늦추거나 중단시켜준다. 그러나, 이러한 약물들은 심각한 부작용을 가지고 있으며 게다가 약물-내성 HIV 종이 생겨난다.

세포 표면상에서 *CC-CKR5* 유전자에 의해 생성된 단백질과 다른 단백질들을 사용하여 HIV가 세포 속으로 들어가는 방법을 연구함으로써, 연구자들은 HIV의 표적세포들 속으로 유입을 막는 새로운 세대의 약물들을 개발하고 있다. 이러한 약물들 중 하나인 **enfuvirtide**는 임상시험을 위해 미국 FDA로부터 승인 받았다("사회면: 약물개발과 대중의 항의"를 보라). 다른 약물들은 개발 중에 있고 머지않아 임상시험이 가능할 것이다.

13.4 요점

- **HIV는 면역계 세포에 감염되어 후천성면역결핍증(AIDS)을 일으킬 수 있다.**

일부 사람들은 선천적으로 HIV 감염에 민감한가?

최근, 과학자들은 사하라사막 남쪽의 아프리카에서 HIV 감염이 가장 높은 이유를 발견하였다. 말라리아로부터 사람을 보호하기 위해 진화한 유전자가 HIV 감염에 대한 취약성을 40%나 증가시킨다. 이 유전자의 변이는 HIV 감염 초기 단계에서 HIV와 싸우는 능력을 방해할 수도 있다. 그 연구는 25년 동안 수행되었고 수천 명의 참여자의 DNA 검체를 대상으로 하였다. 이 유전자를 가지고 있는 아프리카계 미국인들은 일반적인 인구 집단 보다 HIV 감염에 더 민감할 것이다.

약물이 HIV의 세포 유입을 예방할 수 있을까?

HIV가 T4 보조세포 속으로 들어가 복제하는 것을 차단하기 위해 많은 약물들을 현재 사용하고 있다 (■ 그림 13.4). 다른 약물들은 HIV 감

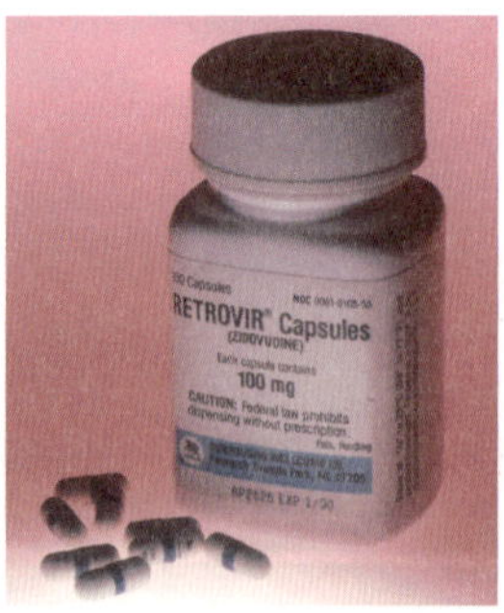

Custom Medical Stock

■ 그림 13.4 AZT
AZT는 HIV/AIDS 환자들을 치료하기 위해 사용한 최초의 약물 중 하나이다.

13.5 알레르기는 어떻게 면역과 연관되는가?

알레르기(allergies)는 대부분의 사람들에 있어 면역반응을 일으키지 않는 항원에 대해서 면역계가 과잉반응을 일으킨 결과이다. **알레르기항원** (allergen)이라 부르는 이러한 특이 항원들은 먼지, 꽃가루, 특정음식 및 약물들에 의해 옮겨진다. 음식물에 의한 가장 심각한 민감반응 중 하나는 미국에서 증가하고 있는 관심사인 땅콩에 대한 알레르기다.

땅콩, 벌침 또는 다른 단백질들에 대한 알레르기 반응들은 **아나필락시스성 쇼크** (anaphylactic shock)라 불리는 보다 더 심각한 반응을 유발시킬 수도 있다. 이 반응의 경우, 기관지 수축이 일어나 폐의 기도가 협착되어 호흡곤란 증세가 발생한다. **부정맥**(arrhythmias)과 심장쇼크가 일어나서 1~2분 이내 사망 할 수 있다.

이러한 심한 알레르기를 가진 아이들의 부모들은 종종 아나필락시스 반응이 일어나는 즉시 사용하는 주사(에피네프린이 함유된 Epi-Pen®)를 접종하곤 한다. 이 약물은 인체에 주사하자마자 면역반응을 중화시켜 생명을 구할 수 있는 처치약물이다.

모든 아나필락시스 쇼크의 약 80%는 땅콩에 대한 알레르기 반응으로 인해 발생한다. 땅콩 민감성이 있는 사람들은 땅콩과 땅콩이 함유된 어떤 식품이든 먹지 말아야 한다. 심지어 공기 중의 땅콩 먼지조차 이 알레르기가 있는 사람에게 위험할 수 있다. 아래의 카드는 레스토랑에서 종사하는 사람들에게 땅콩 알레르기의 위험성을 설명하고 있다.

경고!
FOOD ALLERGY:
땅콩

나는 땅콩, 땅콩이 들어있는 음식, 땅콩을 만진 어떤 것들에 대해서도 심한 음식 알레르기를 가지고 있습니다. 내가 안전하게 식사할 수 있도록 식기류, 조리기구, 그리고 모든 표면을 매우 깨끗하게 하고 사전에 사용하지 않도록 해주십시오. 이 카드의 뒷면에 있는 성분들을 살펴보고 음식 분류표를 주의 깊게 읽어 보십시오. 만일 내가 사고로 소량의 땅콩류를 섭취한 경우 내가 즉각 응급처치를 받을 수 있도록 911로 전화해주십시오.

Courtesy Achoo Allergy & Air Products

땅콩에 대한 알레르기 반응을 보이는 아이들과 어른들의 숫자가 증가하고 있는 것으로 보인다. 1988-1994년 사이의 조사에 의하면, 미국 어린이들에 있어 땅콩에 대한 알레르기 반응의 발생률은 1980-1984년의 조사에 비해 두 배나 증가하였다.

무엇이 땅콩 알레르기 반응의 증가 원인일까? 답변은 여전히 불명확하나, 환경적 요인들이 주요한 역할을 하는 것으로 생각된다. 예를 들어, 땅콩 알레르기는 중국에서는 매우 드물지만, 중국에서 미국으로 이민 온 사람들의 아이들은 미국 본토에서 태어난 아이들의 경우와 동일한 발생률을 보인다. 이것은 어떤 환경적 인자들이 연관됨을 시사한 것이다.

일부 연구자들은 미국에 있어 땅콩은 현재 식품의 주요한 부분이기 때문에 신생아와 어린애들(1-2세)의 땅콩에 대한 노출이 보다 흔함에 기인한다고 생각하고 있다. 땅콩에 대한 이러한 노출은 엄마가 땅콩버터나 땅콩 함유 식품들을 섭취 후 모유를 통해 아이들에게서 발생할 것이다. 신생아의 면역계는 미숙한 상태이고 삶의 첫 수년간에 걸쳐 발전한다. 그 결과 일부 항원들에 대한 노출은 아마 이 시

사례 B 기니아 피그(실험재료)로 사용되는 죄수들

picturebox-uk.com/Alamy Limited

주지사의 사무실로부터 요청이 왔었다. 그것은 묵살 할 수 없었다. 그러나 Warden Wilson은 그것에 관해 많은 의구심을 가졌다. 그는 자신이 관리하는 죄수들에 대한 책임을 가지고 있었으며 그들이 일반적인 집단의 사람들처럼 권리를 가지고 있다고 느꼈다.

수년전 주 의회는(AIDS의 원인이 되는) HIV 감염수감자들을 교도소의 특별한 무리로 분류할 것을 요구하는 법안을 통과시켰다. Warden Wilson은 이 조치를 좋아하지 않았는데, 그 이유는 그는 어떤 형태의 차별대우에 대해서도 반대하는 입장이었으나, 그는 안전에 대한 염려를 이해할 수 있었다. 그 후, 죄수 집단에서 AIDS의 확산이 서서히 일어났으며, 특별구역에 있는 죄수들은 보다 나은 의학적 처치를 받았다– 그는 그것에 관해 이해하였다.

현재 그는 HIV의 백신연구를 위해 죄수들을 이용하려는 새로운 연구에 관해 설명된 편지를 받았다. 백신은 동물들에 있어 성공적으로 실험되었으며, 인간에 대한 실험을 위해 FDA의 승인을 받은 상태였다. 이 백신을 개발한 제약회사는 인간에 대한 백신의 부작용을 실험하기 위한 집단을 필요로 하였다.

편지는 교도소가 인간에 대한 백신적용의 최적 장소라고 설명하고 있었는데 그 이유는 죄수 집단은 주의 깊게 관찰할 수 있고, 또 각 죄수는 이미 그들이 HIV 유무를 조사 받고 격리 수용되어 있기 때문이었다. 각 죄수에게 매월 1,000불을 지급하기로 했고(이 금액은 죄수들에게 꽤 큰 급료임) 다른 죄수들 보다 더 나은 식사와 의학적 처치를 받을 수 있게 해주는 조건이었다.

참여 죄수들의 절반은 HIV 양성 환자들로 하고 나머지 절반은 음성인 죄수들로 하였다. 각 죄수는 약화된 바이러스(약화된 비감염성 형태의 바이러스)를 투여 받게 된다. 비록 이 바이러스가 비감염성인 것으로 생각되긴 하나, HIV 음성인 상태로 실험에 참여하는 죄수들은 백신으로 인해 HIV에 걸릴 수도 있다.

이것은 동물실험에선 일어나지 않았지만, 과학자들은 백신의 가능한 부작용 중 하나로서 이 점을 언급하였다. Warden Wilson은 잠을 잘 수 없었다. 그는 그가 근무하는 교도소에서 이 실험이 행해지도록 허용해야 되는지 어떤지에 관해 고민하였다.

1. Warden Wilson은 무엇을 해야만 하는가?
2. Warden Wilson이 그의 교도소에서 그 실험을 허용치 않기 위해 주정부를 설득시켜야 할 3가지 논점을 제시해 보라.
3. 과학자들이 교도소에서 이런 종류의 실험을 허락 받기 위해 주정부를 설득할 3가지 논점을 제시하라.
4. 당신은 죄수들의 반응이 어떠하리라 생각하는가?
5. 죄수들을 연구에 참여 시키는 이유는?
6. 당신은 왜 연구자들이 이 실험에 교도소를 선택했다고 생각하는가? 당신의 생각을 설명해 보라.
7. 당신은 죄수들이 그와 같은 실험적 처치를 거부할 권리를 가지고 있다고 생각하는가? 그 이유나 그렇지 않은 이유는?

기동안 발생할 것이다. 음식 알레르기 반응을 땅콩 알레르기가 어떻게 발생하는지에 관한 보다 더 많은 지식이 밝혀질 때까지, 의사들은 엄마가 임신 또는 수유기간 동안 땅콩이나 땅콩제조식품을 먹지 말고, 아이들은 생후 첫 3년 동안 땅콩이나 기타 견과류에 노출되지 않도록 권장하고 있다.

13.5 요점

- 일부 알레르기들은 우리 사회에서 심각한 문제가 되고 있다.

13.6 장기 기증과 관련된 법적 도덕적 문제는 무엇인가?

장기이식의 가능성은 수많은 법적 도덕적 문제들을 야기 시켰다. Sanchez 가족에서 나타난 바처럼, 일치 공여자를 찾는 일은 쉬운 일이 아니다. 형제들이 최상의 공여자들이지만, 그들이 항상 동의할 수는 없다.

대부분의 법은 의학적 처치를 동의하기 위해 각 개인의 나이가 18세 이어야 함을 규정하고 있다. 18세 이하 사람이거나, 다른 이유 때문에 동의할 수 없는 사람들은 장기기증을 허락하지 않는다. 게다가, 법원에 의해 부적절한 것으로 인식된 어떤 사람들이나, 혼수상태 또는 의식불명의 환자들은 기증이나 다른 어떤 의학적 처치도 동의 받을 수 없다. 그러나, 그들의 가까운 친척이 상기의 사람들에 대한 동의를 할 수 있다.

이러한 허락의 1가지 문제점은 가족이 그 결정에 대해 동의 할 수 없을 때 발생한다. 장기이식 명단에 게재되어 있는 사람들의 숫자는 수년에 걸쳐 증가해왔기 때문에 더 많은 기증자가 필요하다. 그 결과, 많은 주(state)들은 그것을 원하는 사람들이 보다 일찍 장기를 기증하게 하기 위한 법률을 통과시켜왔다. 대부분의 주 정부들은 면허증과 함께 발행된 장기기증 스티커나 카드 발급제도를 가지고 있다. 이 카드는 가족구성원과 공여자가 희망하는 의사들을 고지하기 위해 사용할 수 있다. 장기기증의 방법 역시 생존상황에서 기증자가 직접 써서 명확히 설명할 수 있거나 그의 친구나 가족들과 논의할 수 있다. 그러나, 많은 사람들은 여전히 기증을 하지 않거나 기존의 그들의 희망만을 쓴다.

일부 주(state)들은 추정상 동의 (assumed consent)로 되돌릴 것에 관해 고려하고 있는 중이다. 이것은 모두 사람들이 자동적으로 장기기증자화가 되는 것을 의미 할 것이다. 단지 그들이 자신들은 장기기증자가 되지 않겠다는 요구를 설명한 카드를 소지한 사람들만이 제외될 수 있을 것이다.

아래의 차트는 장기기증과 관련된 윤리적 법적 문제의 일부를 제시하고 있다.

13.6 요점

- 장기기증을 원하는 사람들은 그들의 가족에게 자신의 소망을

질문	질문을 판단하는 방법	관련된 사례 또는 법적 사안
만일 가족 구성원이 혼수상태의 친척의 장기기증에 동의 할 수 없는 경우는?	법원은 혼수상태의 환자가 기증을 원했는지 어떠했는지를 결정할 수 있다. 그들은 생존 시 작성된 장기기증 카드와, 이것을 결정하는 방법으로서 그의 친구들과의 대화를 사용한다.	종종 이러한 사례들은 환자의 실질적 요구가 무엇인지 결정하기 위해 판사에게 보내질 필요가 있다.
부유하거나 유명한 사람이 장기가 필요하지만 다른 사람들이 장기 이식 명단에 상기의 사람보다 먼저 올라가 있을 때 일어나는 문제는?	대기자 명단을 주의 깊게 검토하여 상태가 가장 심각한 사람들이 우선적으로 장기이식을 하게 한다.	미국 연반정부에 의해 운용되는 장기 나눔 연방네트웍(UNOS, The United Network for Organ Sharing)이 장기기증 명단을 준비 관리하고, 이 명단은 부유함이나 명성을 고려하지 않는다.
일부 사람들은 만일 그들이 장기기증 카드를 가지고 있을 경우 응급실에서 적극적으로 치료받지 못할 것이라고 걱정한다. 이런 잘못된 정보는 어떻게 다루어야 하는가?	텔레비전 광고들 포함하여 대중 교육이 장기 기증자가 적극적 치료를 제대로 받지 못할 것이라는 잘못된 생각을 서서히 바꿔 나가고 있다.	법원은 종종 이 문제를 결정해야 하지만, 일반적으로 이것은 허용되지 않는다.
여전히 장기가 충분하지 않다; 어떻게 하면 장기기증을 증가시킬 수 있을까?	많은 연구실은 장기기증의 원천이 될 수 있는 형질전환 동물들을 생산하기 위해 DNA 재조합 기술을 사용하여 연구 중이다.	법원과 주 의회는 이 결정을 임의적으로 할 수 있는 법률을 통과시킴으로써 장기기증 방법을 단순화시키기 위해 노력하고 있다.

Drug Development and Public Outcry

과학자들이나 제약회사들에 의해 개발된 약들은 시간소모와 값비싼 과정을 거쳐 FDA에 의해 승인 받아야 한다. 승인은 동물실험을 거친 뒤 4단계의 인체적용(임상시험)을 거쳐서 시중에 판매할 수 있다. 이러한 시험들을 통해 약물들의 안전성과 효과를 확보한다.

그러나 만일 질병상태가 생명에 치명적이고 많은 사람들에게 영향을 미칠 경우는? 1980년대, HIV/AIDS 환자들을 치료하기 위한 약물개발과 관련된 상황이 그러하였다. 수천 명의 사람들이 AIDS로 죽었고, 처치나 치료가 진행 중인 것으로 보이지 않았다. AIDS와 관련된 사회적 오명 때문에(AIDS에 걸린 대부분의 사람들은 남자 동성연애자, 가난한자, 또는 마약중독자들이었다) 많은 단체와 제약회사들은 관여하는 것을 원치 않았다.

ACT UP(AIDS Coalitional to Unleash Power)이라 불리는 단체의 수장들은 사회적 변화를 가져오기 위한 실천적 행동을 시작하여 더 많은 약품들이 시중에 판매되게 하였으며 AIDS에 대한 경각심을 증가 시켰다. 남녀 동성연애자들로 구성된 이 작은 단체는 AIDS를 국가적 관심사로 만들기 위해, 그리고 연관된 보건학적 위험을 현실화시키고 깨닫게 하기 위해 미국정부를 압박하기 위한 방법으로 시민운동의 아이디어를 사용하였다. ACT UP는 아래의 내용을 포함한 수많은 이벤트와 집회를 행하였다.

- 정치적 집회
- 백악관 앞에서의 대규모 시위
- 국제 AIDS 회의에서 항의
- 병원에서의 연좌 농성

이것은 ACT UP의 주장에 대한 대중의 관심을 모으게 해주었다.

1989년 6월, 가장 성공적인 항의 중 하나는 뉴욕시에 있는 Sloan–Kettering Hospital 앞에서 거행된 것이다. 의사와 환자의 옷을 입은 시위자들은 4일 동안 병원 앞에 앉아서 AIDS로 인해 사망한 사람들에 대한 시나리오를 실연하였다. 시위자들은 AIDS에 걸린 보다 많은 사람들이, 현재 AIDS 치료제로써 일상적으로 사용되고 있는 AZT(zidovudine or retrovir)의 임상실험에 참여케 해달라고 요구하였다.

Andrew Holbrooke/CORBIS

역시 1989년에, ACT UP는 또 다른 치료약인 DHPG(ganciclovir)에 대한 FDA의 새로운 프로토콜(protocol)을 반대하였다. 그 새로운 지침은 약물에 대한 많은 환자들의 현실적 접근을 허락하지 않았다.

이 항의는(좌측의 사진) 새로운 약품개발은 말기병증 환자들이 보다 우선적으로 사용할 수 있게 만들어져야 한다는 "온정적 사용규칙"이라 불리 우는 기존의 규칙 하에서 치료 가능한 HIV 치료제를 만들려는 FDA의 안을 반대하기 위함이었다. 이것은 FDA가 그것의 프로토콜의 변경을 재고하고 있는 동안 일어났다.

마침내, 1997년, FDA는 공식적으로 Fast Track Designation and Priority Review를 도입하였다. Fast Track이란 용어는 이 새로운 FDA 시스템을 언급하는 것으로, 이는 심각한 질병치료를 위해 중요하다고 인정되는 약물의 개발과 승인의 과정을 신속히 진행하고 채워지지 않는(충족되지 않은) 의학적 요구에 역점을 두기 위함에 그 목적을 두고 있었다.

Fast Track designation을 한정하기 위해, 약은 반드시 아래의 기준을 충족시켜야 한다.

1. 채워지지 않은 요구
2. 적절한 치료방법이 없는 질환(암, 심부전증, 또는 알츠하이머 질환)
3. 심각한(만성적) 상태

생명-위협과 심각한 상태간의 차이는 FDA가 주의 깊게 고려하는 중요한 구분 기준이었다. 심각함의 정도는 질병이 그 사람의 일상생활에 어떤 영향을 미치며, 만일 그 상태를 치료하지 않고 방치할 경우 어떤 사태가 일어날지를 고려함에 근거한다. 예를 들어, 암의 경우 치료하지 않고 방치할 경우 치명적일 수 있기 때문에 심각한 것으로 인식된다. 알츠하이머 질환과 심부전의 경우도 마찬가지로 인식된다. HIV는 이러한 상황들을 포함하고 있었으며 ACT UP는 AIDS 치료약에 대한 승인을 신속히 하기 위한 그들의 요구를 성공적으로 관철시켰다.

질문:

1. FDA는 실험되지 않은 약물로부터 대중을 보호하기 위해 약품개발의 규칙들을 개발하였다. 그러나 당신의 가족 중 누군가가 치명적 질병상태인데 그 치료약이 FDA의 승인이 매우 임박했지만 만족스럽지 못한 경우를 상상해보라. 당신은 어떻게 할 것인가?
2. ACT UP는 대중들도 아랑곳하지 않고 AIDS를 드러내어 비난 받았다. 그러나 그것은 효과가 있었다. 당신은 이것이 어떤 사람들을 당황스럽게 하였다고 생각하는가? 그 이유와 그렇지 않은 이유는?
3. 우리 정부는 행동주의에 근거를 두고 있다: ACT UP 시위는 이것의 한 예였다. 조사해서 다른 사례를 찾고, 간단한 보고서를 작성해 보라
4. 빠르게 추적된 HIV/AIDS 치료약들의 목록을 작성해 보라
5. 빠른-추적 관찰(Fast-tracking)은 10년 훨씬 이전부터 시작되었으며, HIV 치료에 사용되는 약들 보다 더 많은 약품들에 대해 현재 적용되고 있다. 당신은 이것이 우리에게 도움 또는 손해가 된다고 생각하는가?

★ 주요점 10개

1. 면역계는 감염이나 외부 침입체로부터 몸을 보호해준다. [13.1]
   ▮ 이러한 침입체의 대다수는 피부의 틈새를 통해 유입된다.

2. 면역계의 가장 종요한 2가지는 부분은 피부 그리고 T 및 B 세포이다. [13.1]
   ▮ 림프구라고 불리 우는 이 세포들은 감염원으로부터 우리를 보호해주는 역할을 한다.

3. 기증 장기의 세포에 있는 항원들이 장기수용자와 일치하는지 않는지를 결정한다. [13.2]
   ▮ 만일 그들이 우리 자신의 것과 다를 경우, 신체는 이식된 장기를 거부할 것이다.

4. HLA 유전자 검사에 의해, 장기 이식의 적합성을 결정할 수 있다. [13.2]
   ▮ HLA 유전자는 세포표면상의 항원을 만든다.

5. 이종간 장기이식은 가까운 장래에 널리 확산될 것이다. [13.2]
   ▮ 사람에 대한 동물 장기이식은 연구 중이다.

6. A, B, AB, O는 인간의 주요 혈액형이다. [13.3]
   ▮ 수혈은 보통 이 혈액형에 기초한다.

7. Rh 혈액형은 엄마가 Rh−이고 태아가 Rh+ 일 때 신생아에 있어 종종 문제를 일으킨다. [13.3]
   ▮ Rh 혈액형의 2가지는 Rh 양성과 Rh 음성이다.

8. HIV는 면역계의 세포에 감염되어 AIDS를 유발할 수 있다. [13.4]
   ▮ AIDS를 일으키는 바이러스는 인체에 감염되면 면역반응을 개시시키는 세포들을 죽인다.

9. 알레르기는 우리 사회에서 심각한 문제가 되고 있다. [13.5]
   ▮ 알레르기원인 물질들은 우리 환경의 일부분이고 이들 물질이 우리 인체에 들어올 경우 부적절한 면역반응을 일으킬 수 있다.

10. 장기 기증을 원하는 사람들은 그들의 소망을 그들 가족들에게 인지시켜야 한다. [13.6]
    ▮ 만일 어떤 사람이 장기기증을 원하지만, 그 사실이 알려져 있지 않을 시, 그는 결국 기증자가 될 수 없다.

핵심용어

ABO 혈액형 ABO blood type (p. 201)
B 세포 B cell (p. 197)
CC–CKR5 (p. 203)
enfuvirtide (p. 204)
HLA 군 HLA complex (p. 199)
I (p. 201)
I^A (p. 201)
I^B (p. 201)
I^o (p. 201)
Rh양성 (Rh^+) (p. 202)
Rh음성 (Rh^-) (P. 202)
Rh혈액그룹 Rh blood group (p. 202)
T 세포 T cell (p. 197)
T4 보조세포 T4 helper cells (p. 198)
거부반응 rejection (p. 199)
공통우성 codominant (p. 201)
기억세포 memory cells (p. 198)
단상형 haplotype (p. 199)
면역억제제 immunosuppressive drugs (p. 199)
백신 vaccine (p. 198)
백신화 vaccination (p. 198)
보편공여자 universal donors (p. 201)
보편수용자 universal recipients (p. 201)
부정맥 arrhythmias (p. 204)
신생아 용혈성 질환 hemolytic disease of newborns (HDN) (p. 201)
아나필락시스성 쇼크 anaphylactic shock (p. 204)
알레르기 allergies (p. 204)
알레르기항원 allergens (p. 204)
이종 장기이식 xenotransplants (p. 199)
이종이식 xenografts (p. 200)
자가면역질환 autoimmune disorders (p. 198)
조직공생면역계 chimeric immune system (p. 200)
초급성 거부반응 hyperacute rejection (p. 200)
추정상 동의 assumed consent (p. 206)
항원 antigens (p. 198)
항체 antibodies (p. 198)

알려야 한다.

복습문제

1. 항원과 항체간의 차이점 3가지를 말하라
2. 어떤 사람이 장기이식이 필요할 때, 텔레비전이나 인터넷상에서 청원이 종종 이루어지어 많은 사람들이 요청하여 자진해서 검사를 받곤 한다. 어떤 검사를 받아야하며, 검사의 일치 결과가 나올 때 어떤 문제가 발생하는가?
3. 장기이식의 가장 적합한 사람은?
4. 수혈과 장기 이식은 어떻게 유사한가? 이 둘은 어떻게 다른가? 각각에 대한 3가지 이유를 제시하라.
5. HIV가 세포로 유입되는 것을 무엇이 중지시키는가?
6. 침입자를 공격하는 우리의 면역계 단계를 목록으로 만들어 보라
7. HLA 일치는 쉽지 않지만, 만일 장기의 적합성이 일치하지 않는데도 장기이식을 할 경우 어떤 문제가 발생하는가?
8. 항-거부반응 약물은 장기이식에 있어 매우 중요하다. 그것은 어떻게 작용하는가?
9. 혈액형은 부계(paternity)를 결정하는데 사용된 적이 있다. 어떻게?
10. HIV 바이러스는 체액을 통해 감염된다. 이러한 감염을 중지시키는 것이

여러분이라면 이럴 때 어떻게 할까?

1. 당신의 가족 중 누군가가 신장 기증을 당신에게 요청한다면
2. 누군가가 당신 모르게 당신의 신장 기증을 요청했다면?
3. 당신은 골수기증을 요청 받는 적이 있었는가? 당신의 대답은 바뀔 것인가? 왜? 왜 그렇지 않은지?
4. 당신이 땅콩버터와 젤리샌드위치를 먹고 있는 이유 때문에 비행기내에서 다른 좌석으로 옮겨 줄 것을 요청 받은 적이 있었나?
5. 당신은 AIDS 백신 임상실험에 참가해 줄 것을 요청 받은 적이 있었나?

왜 그렇게 어려운가?

응용문제

1. 우리는 하루 동안에도 수많은 물질들에 노출된다. 당신의 면역계가 거부 반응을 일으키는 하루 중 노출 되는 물질들에 관한 목록을 작성해 보라.
2. 전혀 다른 타인에게 장기를 기증한 기증자에 관한 사연을 인터넷으로 조사해 보라.
3. 당신은 사람이 동물장기를 기꺼이 이식 받는 것에 관해 생각해 보는가? 왜 또는 왜 아닌지?
4. HIV 양성자 혈액을 받을 수 있는 사람은? 왜 그런지 혹은 아닌지?
5. CC-CKR5 유전자에 관한 가장 최근의 연구를 조사해서 간단한 보고서를 작성하라.
6. 신생아의 제대혈액을 냉동 보관하는 것에 관해 텔레비전에서 광고하는 새로운 과정이 있다. 이 과정에 관해 조사해서 어떤 사람이 제대혈액의 사용에 도움이 되는지와 제대혈 보관에 드는 대가는 무엇인지에 관해 토론해 단편기사를 작성해 보라.
7. 만일 환자가 신장 이식 후 거부반응이 일어날 경우, 이 환자와 일치되는 신장을 찾는 일은 더욱 어려워진다. 왜 그런가?
8. 장기이식이 필요한 사람과 가장 잘 일치되는 사람은?
   a. 일란성 또는 이란성 쌍둥이?
   b. 이란성 쌍둥이이나 형제자매?
   c. 엄마나 아빠?
   d. 전혀 다른 타인이나 친구?

   당신의 답에 대한 이유를 적어라.

온라인자료

시험을 준비 중인가? 예비시험을 위해 academic.cengage.com/login에 로그인하고, 개인의 학습 계획을 세우고, CengageNow's Study Tools에서 효과 측정 시험(post-test)을 보는 것이 여러분의 이해 정도를 평가하는데 도움이 될 것이다.

만약 교사가 내준 과제라면, 이번 장에 해당하는 사례 B와 사회적 활동에 대한 조명, 즉 "Prisoners Used as Guinea Pigs(실험동물로써 이용되는 죄수들)"과 "Drug Development and Public Outcry(약품개발과 대중항의)"라는 제목으로 CengageNow 자료를 검색해서 해답을 찾으면 된다.

대중 매체에서

***(Plattsburgh, 뉴욕)Press-Republican*, 2007년 8월 29일**

5개-장기 이식 후 아기가 강한 회복을 보인다.

Andrea Van Valken burg

뉴욕의 Lewis에서, Elijah Moultou은 창자가 정상적으로 발달되지 못한 질환인 창자폐색증(intestinal atresia)에 걸린 채 태어났다. 그 아이는 의사가 첫 번째 5개-장기이식 중 하나를 견딜 수 있는 충분한 건강상태가 되었다고 판단하기 전까지 아기 자신의 위장 속에 음식물 투여 튜브를 넣어 키워졌다. 2007년 6월 10일, 뉴욕시의 Morgan Stanley Children's Hospital에서 7시간 동안 Elijah의 복부에 간, 소장, 췌장, 대장, 위장을 이식해 넣었다. 어린아이의 장기이식에 있어 1가지 어려운 점은 장기의 크기이다.

어른이 기증한 장기는 너무 커서, 반드시 어린 아기 기증자가 필요하다. Elijah는 익명의 아기로부터 새로운 장기들을 기증 받았다.

온라인상에서 이 기사를 보려면 academic.cengage.com/biology/yashon/hgs1로 접속하라.

질문:

1. 누가 그들의 아이의 장기를 기증할까? 3가지 예를 제안하라.
2. 법률적으로, 아이는 그러한 기증 승낙, 받을 수 없다. 아이를 위해 누가 동의할 수 있는가?
3. 만이 부모는 기증에 대해 말하지 않았지만 의사가 그 아이가 완벽하게 장기 적합성이 일치함을 알고 있다면, 그들이 할 수 있는 것은?

***관련기사*, 2007년 8월 27일**

혈액은행은 보다 많은 라틴계 미국인 혈액 공여자들을 찾고 있다.

Lauran Neergaard

혈액은행은 혈액 공여자로서 라틴계 미국인들을 목표로 하는 것으로 보인다. 라틴계 사람들은 아마 다른 미국인들 보다 O형 혈액을 가진 사람이 더 많을 것이다.

O형 혈액은 가장 흔한 유형이며 혈액은행이 그 만큼 많이 원하고 있다.

보다 적은 사람들이 헌혈을 하고 있어 혈액은행은 혈액 공급이 부족한 상태에 직면해있다. 미국인의 60% 이상이 헌혈을 할 수 있지만 단지 5%만이 헌혈하고 있다. 병원은 매일 많은 양의 혈액을 필요로 하며(34,000 pints) 그 요구 도는 계속 증가하고 있다.

온라인상에서 이 기사를 보려면 academic.cengage.com/biology/yashon/hgs1로 접속하라.

질문:

1. 혈액은행이 더 많은 라틴계 헌혈자를 얻기 위해 어떻게 해야 하나? 3가지 방법을 써라.
2. 헌혈자의 부족에 따른 고령화 인구집단이 해야 할 일은? 필요한 혈액양은?

***미국의 소리*, 2007년 8월 31일**

과학자들은 무 알레르기 땅콩을 연구하고 있다.

Paul Sisco

땅콩 알레르기의 증가와 함께, Carolina Agricultural and Technical State University의 Mohamed Ahmedna 와 같은 과학자들은 땅콩 속에 들어 있는 알레르기 물질을 제거하기 위한 방법을 찾고 있는 중이다. 그는 땅콩을 수확해서 알레르기-관련 단백질을 제거하는 공정 방법을 발견하였다. 이것은 농부가 그들이 익숙한 그 종을 계속해서 재배할 수 있으나, 땅콩은 다르게 가공해야 함을 의미한다. 이와 같이 가공된 땅콩은 사람들에게 아직 실험되지 않았다.

또 다른 노력으로, 플로리다 대학의 Maria Gallo는 알레르기 반응을 일으키는 단백질을 함유하지 않은 땅콩 재배를 시도하고 있는 중이다.

온라인상에서 이 기사를 보려면 academic.cengage.com/biology/yashon/hgs1로 접속하라.

질문:

1. 만일 과학자들이 땅콩 속의 알레르기 물질 제거에 성공 한다면, 당신은 연구에 소요된 모든 돈이 가치가 있을 거라 생각하는가? 왜? 아니면 왜 그렇지 않은지?
2. 어떤 의사는 기존의 땅콩 알레르기를 가지고 있는 사람을 검사하기 위해 소량의 땅콩 먼지를 환자에게 준다. 알레르기 반응에 관해 당신이 이해를 해서, 이것이 어떻게 작용하는지를 설명하라.

14 유전과 집단

핵심 포인트

- 유전병은 간혹 특수한 사회에서는 흔하게 발생한다.
- 베네수엘라의 2마을에서는 많은 사람이 헌팅톤병을 앓고 있다.
- 특정 형질의 빈도는 집단에 따라 매우 다양 할 수 있다.
- 한 집단에 대립인자의 빈도가 얼마나 되는지 계산할 수 있다.
- 집단유전학은 DNA법의학과 관련된 사건에서 이용되어 왔다.

Steve Uzzell Photography

Acey Harper/Time Life Pictures/Getty Images

사례 A 혈액에서의 표지

그것은 베네수엘라의 한 가정에 대한 연구로 시작되었다. 이 가족뿐 아니라 여러 가족이 Maraclbo 호수 근처의 작은 마을들에서 살고 있다. 이곳의 마을들에서는 세계의 다른 어떤 지역보다 헌팅톤병(이 병을 설명은 4장을 보라.) 환자들의 빈도가 높다.

Nancy Wexler는 헌팅톤병을 포함하여 유전병을 연구하는 과학자이다. 그녀가 1970년대 이 마을들에 대한 이야기를 듣고 무엇 때문에 이들 마을에서 헌팅톤병의 발생이 그렇게 높은 지를 알아내기 위하여 돌아다녔다.

그녀와 그녀의 동료들은 가계도를 작성하기 시작하였고, 유전자 검사를 하기위하여 혈액을 채취하였다. 19,000명에 대한 가계도를 작성하였고 4,000명의 혈액을 채취하였다. 이들 혈액시료들은 헌팅톤 환자들이 갖고 있는 DNA 마커가 있는지 확인하기 위하여 이용되었다. 이 마커를 이용하여 헌팅톤 유전자(HD유전자)를 확인하게 되었고 헌팅톤병에 대한 유전적 검사를 할 수 있게 되었다.

Nancy Wexler는 이 HD유전자를 확인하는 노력으로 미국에서 노벨상에 해당된다는 Lasker 상을 받았다. 그러나 그녀가 헌팅톤병에 관심을 갖게 된 것은 개인적인 이유 때문이다. 즉 그녀의 어머니 Lenore와 외삼촌 3명이 그 병으로 죽었다. 이 병의 막판에 Nancy의 어머니는 기억을 상실하였고 Nancy의 아버지 Miltondl이 먹여주어야 했고 간호를 했다. 후에 Milton Waxler는 헌팅톤병과 이와 관련 병들을 연구하기 위한 유전병 재단을 설립하였고 Nancy는 헌팅톤병의 연구가 평생의 일이 되었다.

헌팅톤병에 대한 유전검사가 1993년에 개발되었지만 Nancy는 검사를 받지 않았다. Alice는 검사를 받았지만 HD유전자를 갖고 있지 않았다.

이 경우에 대한 것을 읽으니 몇 가지 의문이 떠오른다. 이들 의문점을 말하기 전에 집단에 대한 연구가 어떻게 어떤 유전병에 대해 눈을 뜨게 할 수 있었는지 보자.

14.1 왜 유전학자들은 집단을 연구하는가?

PHOTO GALLERY
이 지도는 베네주엘라와 Maracaibo호수를 보여 준다.

Maracaibo호수 주변의 작은 공동체들에서는 사람들이 멀리 여행하는 경우는 극히 드물다. 그렇기 때문에 그들은 같은 마을이나 혹은 인근 마을사람과 결혼하는 경향이 있다. 이렇게 집단들이 고립되어 있기 때문에 유전병들이 여러 세대에 걸쳐 유전되고 점점 빈도가 높아질 수 있다. 그 결과 많은 사람들이 그 병에 걸리게 되곤 한다.

이러한 상황들에서 흔히 병을 일으키는 돌연변이 대립인자는 그 집단에 여러 세대 전에 도입되었다. HD돌연변이 대립인자를 갖고 있는 베네수엘라 집단으로부터 19세기 초에 돌연변이 유전자가 이 마을에 유입되었다. 한 가계도에서 이병에 걸린 거의 모든 사람들을 추적한 결과 조상인 Maria Concepton Soto로부터 유전되었음을 알 수 있었다. 그녀는 10명의 자식을 두었으며 후에 18,000명 이상의 후손들이 생겨났다. 소수의 조상까지 추적할 수 있는 집단을 유전학자들이 **창시자 효과**(founder effect)라고 부르는 현상의 한 예이다.

PHOTO GALLERY
베네주엘라로 돌아오는 도중에 한 소년을 반기는 Nancy Wexler.
Photo by Peter Ginter, courtesy of the Hereditary Disease Foundation

한 창시자로부터 많은 수의 후손들을 갖는 가계도를 작성해 보면 유전학자들은 가끔 이들 집단이 1가지 혹은 그 이상의 유전병을 높은 빈도로 갖고 있음을 발견한다. 가계도를 이용하고 혈액이나 조직시료를 채취하여 과학자들은 많은 유전병들의 원인이 되는 유전자의 위치를 찾아내고 유전자들을 분리 할 수 있다. 헌팅톤병의 유전다도 이와 같은 방법으로 찾아내었다.

무엇이 헌팅톤병을 일으키는가?

헌팅톤병은 4번 염색체에 있는, 헌팅톤유전자에서 DNA 3염기의 반복에 의해 발생한다. CAG 3염기는 여러 번 반복될 수 있다. 정상인 사람은 이 유전자내에서 반복 3염기의 수가 10~35개 이다. CAG반복수가 27보다 적은 사람은 헌팅톤병이 발생하지 않지만 27~35개를 가진 사람들은 본인은 괜찮으나 그들의 자식들은 3염기의 반복수가 늘어난 HD대립인자를 갖게 되면 병에 걸릴 위험이 있다. 반복수가 36~40이면 병이 발생 할 수도 있고 발생하지 않을수도 있으며, 40개 이상이 되면, 거의 대부분 헌팅톤병이 발생한다.

PHOTO GALLERY
집단은 같은 종에 속하며 같은 지역에 살고 있는 사람, 동물, 식물 그룹을 가르킨다.
JONATHAN AND ANGELA/GETTY IMAGES

이 유전자에서 3염기의 수는 항상 안정적이지는 않다. 이 유전자가 새로운 세대로 유전이 되면서 반복 3염기의 수는 증가되어 더 많은 사람들이 위험하게 될 수 있다.

4장에서 보면 Alan과 그의 가족은 헌팅톤병에 걸리게 되지 않을까 걱정하였다. Alan이나 그의 가족 중에 다른 사람이 돌연변이 HD대립인자를 갖고 있다면 이병은 이미 자식을 가진 후인 중년기에 발생할 것이다.

베네수엘라의 그 집단은 유전학자들의 호기심을 자극하였다. 다른 유전병을 높은 빈도로 갖고 있는 세계의 다른 집단에 대하여 그들이 공동으로 무엇을 가지고 있는지를 발견하기 위하여 연구하여 왔다.

14.1 요점

- 어떤 유전병은 한 사회에서 높은 빈도로 발생할 수 있다.
- 가계도는 한 큰 집단을 통하여 그 병을 추적하는데 도움을 준다.
- 헌팅톤병은 DNA내에서 반복염기 수의 증가에 의해 일어난다.

14.2 어떠한 다른 유전병이 특정 집단에서 높은 빈도로 나타나는가?

아프리카, 유럽, 아시아의 지도(아래그림)를 보면 말라리아 발생지역과 낫형적혈구 빈혈증의 발생지역이 완전히 겹치는 것을 알 수 있다. 과학자들은 이것이 동시 발생한 것이라기보다는 낫형적혈구 빈혈증과 말라리아 사이에 관련성이 있지 않을까 생각하였다.

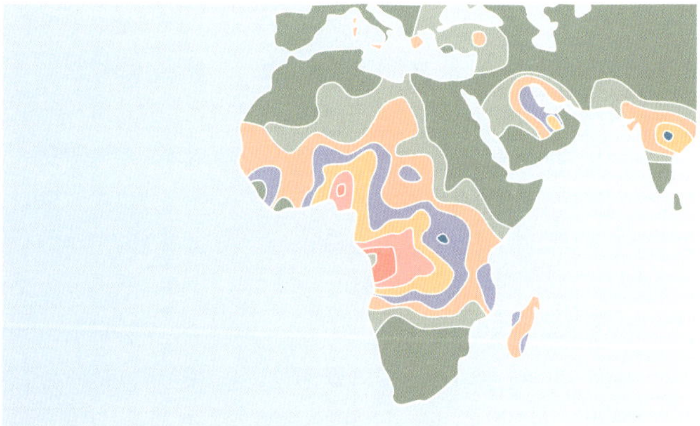

KEY

낫형적혈구빈혈증환자 집단의 비율

14+	10–12	6–8	2–4
12–14	8–10	4–6	0–2

말라리아 병을 겪게 된 사람들은 두고두고 재발하는 경험을 하게 되며, 가끔 젊은 나이에 죽기도 한다. 비록 많은 사람들에게는 말라리아가 낯선 병이지만 세계적으로 매년 500만 명 정도가 감염되고 300만 명 정도가 그로 인해 죽는다.

말라리아는 생활주기의 한 부분으로 적혈구에 침입하는 기생충에 의하여 발생한다. 사람을 무는 모기(■ 그림 14.1)는 작은 양의 사람의 피를 빤다. 이들 모기가 말라리아 기생충에 감염되고 이 모기가 사람을 물어 이 병이 퍼지게 된다.

과학자들은 낫형적혈구 빈혈증 유전자가 보인자(이형접합자, Ss)이거나 질병을 가진 사람(동형접합자, *Ss*)은 말라리아 기생충에 저항성이 있다. 이들의 적혈구 세포막은 변형이 되어 기생충이 세포에 침입하기가 어렵다. 비록 낫형적혈구세포를 가진 사람들이 말라리아에 저항성을 갖고 있지만 그들은 간혹 매우 병에 잘 걸린다.

James Gathany/CDC Photo Library

■ **그림 14.1 Anopheles 모기**
이 모기는 말라리아 기생충을 가지고 있고 사람을 물을 때 혈액에 이 말라리아 기생충을 주입한다.

그러나 보인자들은 심각한 낫형적혈구 빈혈증을 갖고 있지 않고 말라리아에도 저항성이 있기 때문에 더 잘 생존한다. 그들의 자식들도 간혹 보인자이며, 그래서 부모와 같이 그 자식들도 말라리아에 저항성을 갖는다. 차례로 이들 자식들이 부모가 되어 말라리아 저항성의 낫형세포유전자를 그 후손들과 집단에 퍼트리게 된다. 그렇기 때문에 말라리아의 높은 발생빈도를 나타내는 지역은 낫형세포보인자 율이 높은 빈도로 갖게 될 수 있다.

14.2 요점

- 낫형적혈구 빈혈증은 집단에 존재하는 유전자의 한 예이다.

14.3 또 다른 집단들이 어떤 특이 유전형질을 빈번하게 가지고 있는가?

인류 집단들 가운데 유전적 이상의 분포는 좀 흥미로운 양상을 보여준다. 가족성 고콜레스테롤증(4장)은 세계적으로 보면 발생빈도가 500명 중의 1명이다. 그러나 몇몇 집단에서 이 병의 빈도는 매우 높다. 예를 들면 남아프리카로 이민 온 네덜란드인(Afrikaner)집단에서는 그 빈도가 70명 중에 1명꼴이다.

표 14.1에서 보는 바와 같이 어떤 집단에서는 다른 집단들보다 열성형질 보인자의 빈도가 매우 높다. 이를 **보인자 빈도**(carrier frequency)라고 부른다. 집단들 간에 큰 차이가 있음을 볼 수 있다. 빈도가 높은 집단에서는 집단 구성원이 보인자가 될 가능성이 매우 크다.

표 14.1 집단들에서의 타이삭스 보인자의 빈도

유전병	집단	집단에서 보인자 빈도
타이 삭스 (Tay–sachs)	미국의 Ashkenazi 유태인	30명에 1명
	미국인 전체	300명에 1명
낭포성 섬유증 (cystic fibrosis)	미국 북유럽의 후손들	22명 중에 1명
	미국 흑인	66명 중에 1명
	미국 아시아인	150명 중에 1명

14.3 요점

- 낫어떤 집단에서는 유전병의 빈도가 높다.
- 집단에서 유전자 보인자의 수를 측정할 수 있다.

14.4 환경적 조건은 집단들에서 유전형질의 빈도를 변화시키는가?

형질의 빈도는 집단에 따라 매우 다양할 수 있다. 낭포성 섬유증이 좋은 예이다. 4장에서 논의한 바와 같이 낭포성 섬유증은 어떤 집단들에서는 흔하나 다른 집단에서는 거의 볼 수 없는 상염색체 열성 유전병이다. 낭포성섬유증의 많은 어린이들은 특별한 보살핌이 필요하다. 미국의 많은 지역과 다른 나라들에서는 낭포성섬유증의 가족들을 돕기 위한 의학센터가 설치되어있다. ■ 그림 14.2의 표시를 보면 미국의 어느 지역에 센터가 설치되어 있는지 알 수 있다. 이들 센터들은 낭포성섬유증 집단을 가리키는가?

낭포성섬유증 점액질, 소화효소, 땀 등을 분비하고 분비선을 손상시켜 여러 가지 증후군을 일으킨다. 대부분의 낭포성섬유증 환자

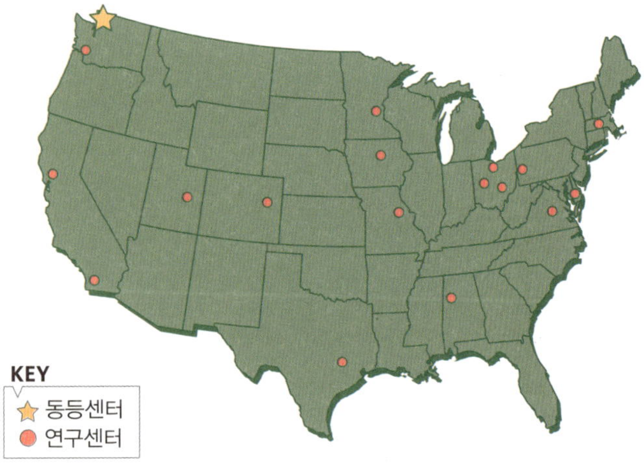

■ 그림 14.2 낭포성 섬유증센터
미국에서 낭포성섬유증센터가 위치한 것을 지도에 표시하였다.

들은 조기사망으로 이어지는 폐핵성의 폐질환과 감염이 발생한다.

CF를 치료하는데에서 최근의 발달로 인하여 환자들이 수명이 연장된다. 전에는 보통 낭포성섬유증 환자들은 자식을 갖기 전에 죽는다. 당시에 과학자들은 이 환자들이 자식을 낳지 않아 유전자가 다음대로 전달되지 않기 때문에 집단에서 그 유전자가 서서히 제거 될 것으로 생각하였다. 그러나 그렇게 되지 않았다. CF유전자에 대하여 이형접합(*Cc*)사람들은 Salmonella typhi 세균이 일으키는 장티푸스에 저항성을 갖는다는 몇 가지 증거가 있었다.

이 세균은 장의 내층세포에 감염된다. 사람의 낭포성섬유증 유전자를 도입하여 만든 형질전환생쥐를 장티푸스균에 감염시키면 정상 쥐보다 세균감염이 덜 된다.

이러한 현상이 낭포성섬유증을 가지고 있는 사람들과 어떠한 연관이 있는지는 규명되지 않았다. CF유전자에 대하여 이형접합(Cc)인 보인자들이 하나 혹은 그 이상의 전염병에 저항성을 갖게 된다면 이 돌연변이 유전자는 보호되기 때문에 집단에서 존속할 것이다. 이러한 관계는 아프리카에서의 낫형적혈구 빈혈증과 말라리아와의 관계와 유사하다.

14.4 요점

- **형질들의 빈도는 집단에 따라 매우 다양하다.**

14.5 우리는 어떻게 집단에서 대립인자의 빈도를 측정하는가?

만약 낫형적혈구빈혈증과 낭포성섬유증과 같은 유전병이 열성대립인자에 의하여 발생한다면 집단에서 그 대립인자를 가지고 있는 사

사례 A 질문

자 이제 우리는 유전병이 환경 및 집단과 어떻게 상호작용하는지를 이해하였으니 베네수엘라의 헌팅톤병의 경우에 발생한 몇 가지 주제들을 보자.

1. 베네수엘라 집단의 일부에서는 헌팅톤 환자가 많이 발생하였다. 처음에 논의한바와 같이 헌팅톤병은 4번 염색체에 있는 헌팅톤유전자에서 CAG반복수가 증가 할 것이다. 집단의 구성원들의 수가 늘어감에 따라 HD유전자가 자식들에게 전달될 확률이 커지고 이들 대립인자의 어떤 것들에서는 CAG염기서열의 반복서가 증가할 것 이다.
   대부분의 헌팅톤병의 증상의 경우들이 성인에게서 나타나지만 3염기의 반복수가 50회 이상이 되면 그 증상이 10대에서도 나타난다.
2. 아기가 태어나기 전에 3염기의 반복수가 얼마인지 조기진단 할 수 있는가?
3. 베네수엘라인의 가정들이 그들의 미래를 계획하는데 어떠한 도움을 줄 수 있나? 4장의 Alan의 경우에서 논의 한바와 같이 헌팅톤병의 증세들은 인생의 후반에서 나타난다. Nancy Wexler는 1945년에 태어났다. 그녀는 헌팅톤검사를 받아야 하는가?
4. Nancy와 그녀의 자매들에 대한 가계도를 작성하라. 그녀의 아버지와 어머니는 헌팅톤병으로 죽은 3명의 어머니 남자 형제들, 그녀의 외할머니와 외할아버지, 할아버지와 할머니들을 가계도에 포함시켜라.

람의 수를 직접 셀 수 없다. 왜 그런가? 이는 돌연변이 대립인자 하나를 가지고 있는 사람과 가지고 있지 않은 사람의 차이가 없기 때문이다. 이러한 예로는 낭포성 섬유증이 있다. 낭포성 섬유증 유전자의 보인자인 사람은 그 유전자형이 *Cc*이고 겉으로는 아무런 증상이 없다. 낭포성섬유증 유전자를 가지고 있지 않은 사람의 유전자형은 *CC*이고 이 경우 또한 겉으로 아무런 증상이 나타나지 않는다. 양쪽 다 같은 표현형을 자지고 있으며 유전검사를 하지 않고는 차이를 구별 할 수 없다. 누가 이형접합(*Cc*)의 보인자이고 정상인 동형접합(*CC*)인 사람인지를 구별 할 수 없다면 연구 집단에서 이형접합인 사람이 몇 명인지 직접 그 수를 셀 수 있는 방법이 없다.

그러나 20세기 초에 Godfrey Hardy와 Wilhem Weinberg는 집단에 대한 DNA검사를 하지 않고도 집단에서 유전자형과 대립인자의 수를 셀 수 있는 공식을 각각 독립적으로 개발하였다.

PHOTO GALLERY
Godfrey Hardy(왼쪽)와 Withelm Weinberg(오른쪽)의 사진.
Hulton-Deutsch Collection/CORBIS; From Stern, C. (1962) 47:1–5/Genetics (Journal)/Genetics Society of America

수치로 따져보기

12,000명 당 1명
일반 미국인 집단에서 백색증 신생아의 수.

227명 당 1명
Hopi인디언 집단에서 백색증 신생아의 수.

Bob Rowan/Progressive Image/ CORBIS

10,000명 당 1명
일반 미국인집단에서 페닐케톤뇨증(PKU)의 신생아 수.

2600명 당 1명
미국 터키계 집단에서 페닐케톤뇨증(PKU)의 신생아 수.

2000명 당 1명
미국에서 낭포성 섬유증을 가진 유럽계 사람들의 수.

18,000명 당 1명
미국에서 낭포성 섬유증을 가진 아프리카계 사람들의 수.

90,000명 당 1명
미국에서 낭포성 섬유증을 가진 아시아계 사람들.

현재 **Hardy-Weinberg 법칙 (Hardy-Weinberg low)**라고 불리는 이 공식은 연구하는 유전학자, 임상의, 집단생물학자, 진화생물학자 및 그 외 집단의 유전자들을 연구하는 사람들에게 널리 이용된다.

Hardy-Weinberg 법칙이 어떻게 적용되는지를 알기위해서 낭포성섬유증의 경우에서와 같이 두 대립인자 즉 우성인자(*A*)와 열성인자(*a*)를 보자. 그들의 계산에서 Hardy-Weinberg는 대립인자 *A*의 빈도를 *p*, 대립인자 *a*의 빈도를 *g*라고 나타내었다.

아래의 서술을 보면 Hardy-Weinberg 법칙이 어떻게 적용되는지를 분명히 알 수 있다.

1. 유전자형이 우성인자로 쌍을 이루었으면(*AA*), 전체 집단에서 이러한 유전자형을 가진 개체의 반도는 $p^2(p \times p = p^2)$로 나타난다.
2. 유전자형이 이형접합(*Aa* 혹은 *aA*)인 것들의 빈도는 $2pq(pq + qp)$으로 나타낸다.
3. 열성대립인자로 쌍(aa)을 이룬 것들의 빈도는 $q^2(q \times q = q^2)$로 나타낸다.
4. 이것들은 집단에서 오직 가능성이 있는 유전자형들이다(*aa, Aa, AA*)
5. 합산하면 이 3종류의 유전자형들은 집단 전체에서의 이 유전자에 대하여 모든 유전자형에 해당된다.
6. 그렇기 때문에 $p^2 + 2pq + q^2 = 1$이다. 이 식은 집단에서 *AA, Aa, aa* 등의 유전자형들을 100% 다 나타낸 것이다.

Hardy–Weinberg식을 어떻게 이용할 수 있는가?

집단에서 대립인자와 유전자형의 빈도 측정을 이용하여 집단들과 이들 집단의 사람들에 대하여 정보를 얻을 수 있다. 어떤 부분은 유전병의 아기를 가질 수 있는 위험 요인들을 알 수 있다. 어떤 유전병(낫형적혈구 빈혈증이나 낭포성섬유증과 같은)의 빈도가 다른 집단에 비해 매우 높을 때, Hardy-Weinberg 법칙을 이용하면 이들 집단에서 대립인자의 빈도가 어떻게 되는지 그리고 보인자가 얼마나 될지를 계산할 수 있다. 그러면 이 집단의 사람들은 자기자식들이 이 병에 걸릴 확률이 얼마나 되는지를 알 수 있다.

대립인자와 이형접합자의 빈도를 어떻게 계산하는가?

미국에서 북유럽계 집단의 사람들과 같은 어떤 한 집단에서 낭포성섬유증대립인자(c)의 빈도가 얼마나 되는지 그리고 또한 이형접합(Cc)인 사람이 얼마나 되는지를 알고자한다고 가정하자. 여기에 그 방법이 있다.

1. 이 집단에서 낭포성섬유증 환자의 수를 세라. 이것은 cc유전자형의 사람들이 얼마나 되는지를 말해준다. 이 집단을 조사해보니 낭포성섬유증(CF)을 가진 사람의 비는 2500명 중 1명꼴이었다.
2. 이 빈도(2500명에 1명)를 소수(0.0004)점으로 바꾸어라(1을 2500으로 나눔) 그러면 유전자형 $cc = q^2 = 0.0004$가 된다.
3. *q*값(*c*의 빈도)을 구하려면 0.0004의 평방근을 구하라. 그렇게 하면 $q = 0.02$ 혹은 2%가 된다. 그렇기 때문에 이 집단에서 모든 CF 유전자 중 2%가 돌연변이 대립인자 c의 빈도이다. 또한 이 집단에서 모든 CF 유전자 중 정상대립인자 C의 빈도는 2%이다.

사례 B 조상을 찾는 소녀

David Young-Wolff/PhotoEdit

Carina Johns는 항상 남달랐다. 그녀의 동료 학생들은 거울을 보면 자신이 어떤 인종인지 알 수 있었다. 그러나 그녀는 결코 그렇게 할 수 없었다. 그에 더하여 그녀는 그녀의 혈통 때문에 괴로움을 당했다.

그녀의 아버지 Dan은 흑인계 미국인으로써 그가 일본에 군인으로 주둔하는 동안 그녀의 어머니를 만났다. 그는 항상 그의 부인 Yoschi를 보고 첫눈에 사랑에 빠졌다고 말했다. 그들은 일본에서 결혼을 했고 캘리포니아로 왔으며, Dan은 그곳에서 자랐다. Dan의 어머니, 즉 Carina의 할머니는 항상 자랑스럽게 그녀의 증조할머니는 처음으로 대학교육을 받은 미국원주민 중의 하나인 Sioux(수족인디언)였다고 말했다.

Carina가 대학으로 가기직전에 외할아버지가 죽어서 그 가족들 모두 장례식에 참석하기 위해 일본에 갔다. 그녀의 외할머니는 그녀에게 매우 다정했고 외할머니가 비록 영어를 말하지 못하더라도 둘은 매우 가까워 보였다. 그러나 Carorina는 일본인들은 그녀를 이상스럽게 본다고 생각하였다. 그녀의 아버지는 Carorina의 생각일 뿐이라고 말했다.

미국으로 되돌아오는 비행기에서 Carorina는 아프리카여행에서 막 돌아온 Opra Winfrey가 이용한 회사는 검사를 하면 400여 아프리카 종족 중 어떤 종족과 관련이 있는 지를 알 수 있다고 하였다.

그녀는 대학에서 생물학을 전공하여 그 문제를 개인적으로 연구하는 것이 이치에 맞을 것 같다고 생각하였다. 그녀는 아버지를 바라보며 아버지에게 DNA검사를 요청하면 어떨까하는 생각을 하였다.

1. Carina는 무엇을 하려고 하는가? 그녀는 DNA검사에 대해 아버지의 허락을 받을 필요가 있는가?
2. Carina가 아버지에게 허락을 요구하면 아버지는 허락해야 하는가? 허락해야 한다면 혹은 허락하지 말아야 한다면 그 이유는 무엇인가?
3. 이러한 검사를 하는 회사들 몇 개를 조사하여보라. 그리고 가격이 얼마이고 그들이 하는 실험이 무엇인지를 보고서로 작성하라.
4. Carina가 인종적으로 그녀의 가계에 대하여 알게 되면 어떠한 일이 일어나겠는가?

대립인자 빈도를 알면 대립인자 빈도의 값을 Hardy-Weinberg 법칙에 적용하면 보인자(Cc)의 빈도를 계산할 수 있다. 이 공식에서 보인자의 빈도는 $2pq$로 나타낼 수 있다. 이는 $2 \times 0.98 \times 0.02$가 되고 이는 0.03 혹은 3%가 된다.

다시 말하면, 미국인 중 북유럽계 주민집단에서 3%혹은 23명 중에 1명꼴로 낭포성섬유증의 보인자이다.

그 밖에 Hardy-Weinberg 법칙을 어떻게 이용할 수 있나?

말라리아가 미국에서 더 이상 발생되지 않는다 할지라도 서부 아프리카계의 미국흑인들의 일부는 그들의 유전적 유산의 일부로써 낫형적혈구 빈혈증유전자를 가지고 있다. 미국에서 태어나 낫형적혈구 빈혈증을 가진 아프리카계 흑인들의 수를 세고 Hardy-Weinberg 법칙을 이용하면 서부아프리카계 미국흑인 중 약 8% 혹은 12명중에 1명 비율이 낫형적혈구 빈혈증(S)의 원인되는 돌연변이 대립인자의 보인자(Ss)이다. 이러한 정보는 유전검사 결정을 앞둔 Johnson부부와 같은 사람에게는 매우 흥미로운 것이 될 수 있다.

말라리아가 아직도 심각한 서부아프리카와 같은 지역에서 이와 같은 기술을 사용하면 낫형적혈구 빈혈증에 대한 유용한 정보를 얻을 수 있다. 연구들의 보고에 따르면 서부아프리카의 어떤 지역들에서는 집단의 20~40%가 낫형적혈구 빈혈증보인자 였으며 이는 미국의 흑인집단이 그 빈도가 8%라는 것과 비교해보면 차이가 매우 크다는 것을 알 수 있다.

14.5 요점

- 집단에서 어떤 유전자의 빈도를 측정할 수 있다.
- 집단에 대해 유전정보를 밝힌다는 것은 집단구성원에게 유익할 수 있다.
- 아직도 어떤 특수 유전자가 유용하다 할지라도 환경이 변하면 그 유용성이 감소 할 수도 있다.

14.6 집단유전학과 관련된 법적 윤리적인 것은 무엇인가?

DNA정보를 데이터베이스에 저장하고 그것을 어떻게 사용하는가 하는 것은 많은 문제점들이 표출된다. 커다란 집단으로부터 DNA를 추출, 분석하고 나중에 사용하기 위하여 데이터베이스에 그 정보를 저장한다.

- 어떤 사람은 강제로 DNA시료를 제공해야 했는가? 협의를 받고 있는 사람, 체포된 사람 혹은 범죄로 기소된 사람들에 대한 것은 어떤가?
- DNA를 채취할 것을 요구할 수 있는 권위는 누가 가지고 있는가? 현장에 있는 경찰인가? 소환장에 근거한 판사인가? 사람이 범죄 때문에 기소된 후의 예심 판사인가?
- 체포되었지만 무죄로 판명 난 사람의 DNA정보는 보관되어야 하는가? 아니면 삭제해야 하는가?
- 어떤 범죄들을 데이터베이스에 포함시켜야 하는가? 미국의 50

개 모든 주들은 성범죄로 기소된 모든 사람은 DNA를 제공하도록 하고 있고 대부분의 주들은 중죄로 기소된 사람들에게 DNA를 제공해야 하도록 하고 있다. 이러한 조치들을 사기나 탈세와 같은 덜 중요한 범죄에 까지도 확대하여야 하는가?

- 가족관계나 질병감수성과 같이 범죄와 관련 없는 사적인 정보도 가끔 표본으로부터 추출될 수 있다. 경찰, 법의학자 그리고 과학자들은 허가 없이 사람들의 DNA정보에 접근할 수 있다. 이것은 개인의 권리를 침해하는 것인가?
- 영국에서 데이터베이스에는 모든 혐의자들로부터의 분석 자료가 있고 소수 인종들인 사람들은 피체포자집단에서 일정비율이상으로 그들의 자료가 축적되어 있다. 이것은 형사사법제도가 인조적으로, 윤리적으로 편향되어있음을 보여준다.

Hardy-Weinberg 법칙은 데이터베이스에 저장된 정보에서 특정 DNA지표의 빈도가 얼마인지를 계산할 수 있게 한다. 이것이 그 정보들이 분류되는 방식이다.

DNA분석결과를 분류하기 위하여 대립인자의 빈도를 이용하는 것은 문제를 일으킬 수 있다. 변호사들은 피고들이 그들의 시료가 자신이 속한 인종 그룹과 비교되지 않고 일반 큰집단과 비교된다면 공정한 검사를 하지 않는 것이라고 주장한다.

반대자들의 주장도 있다. 검사들은 이것이 소송의 회인에게 좀 더 공정한 재판의 기회를 주기 위해서는 좀 더 큰 집단이 이용되어야 한다고 한다.

다음 도표는 DNA데이터베이스와 집단유전학과 관련된 몇 가지 윤리적 법적의 문제점들을 설명하였다.

질문	질문을 판단하는 방법	관련된 사례 또는 법적 사안
피고의 DNA를 다른 인종집단의 다른 구성원들의 것이 포함된 데이터베이스와 비교하는 것은 적합하지 않을지 모른다. 피고는 그들의 DNA검사결과뿐아니라 피고가 속한 집단의 데이터베이스 대립인자 빈도에 관한 정보에 접근했어야 하는가?	이러한 정보가 타당하다면 피고는 모든 데이터 베이스정보를 받아야 한다. 법정은 기소자측이나 변호인 측에서 보여준 모든 증거들을 요구한다.	이러한 규정 즉, **발견규칙(discovery rule)**이라고 부르는 것은 여러 해 동안 관심의 초점이 되어왔다. 어떤 입법기관들(CT와 RI)은 기소자 측이 피고에 부여하는 것을 제한하는 법들을 통과시켰다.
DNA자료를 비교하기 위하여 어떤 집단의 데이터베이스를 이용할 것인가 하는 것은 해결되었는가?	FBI는 어떤 소그룹집단과 지역적 배경에 관한 데이터베이스를 구축하고 있다.	
주들은 민족성이나 인종에 따라 DNA데이터베이스들은 분리해야 하는가.	많은 사람들은 그것이 비교대상을 좁히기 때문에 피고에 편파적인 것이 될 것이라고 생각한다.	
범죄 혐의가 있으면 어떤 사람이든 DNA를 채취하고 그 정보를 데이터베이스에 저장해야 하는가?	어떤 주들은 이러한 유형의 법을 제정하려고 한다.	현재까지 뉴욕 주와 뉴저지 주가 이들 법을 만들었다. 어떤 법전문가들은 이것이 추세라고 믿는다.

사회적 관점에서의 조명

The Heritage of an African Tribe Is Revealed

사회과학자와 유전학자가 공동으로 구전역사의 뒤에 있는 진리를 발견하였을 때 역사학과 과학의 흥미 있는 조합이 이루어졌다.

영국에서 런던대학의 Tudor Pafitt박사는 많은 사람이 아프리카 남부지역에서 살고 있는 Lemba족의 배경에 대하여 연구하고 있었다. Lemba족은 그들의 조상이 유태인이며 수천 년전에 중동을 떠나왔다는 구전되어온 이야기가 있다. 현재 Lamba인들은 그들의 이러한 조상 집단의 후손인 유태인들이라고 말한다. Parafitt박사는 그들의 주장을 입증하거나 그 이야기의 배경을 추적하는데 관심을 가지고 있다.

그는 사우스아프리카 대학에서 이스라엘로 이주해간 또 다른 아프리카 종족에 대하여 강의를 할 때 먼저 Lamba구성인 들을 만났다. 그의 이야기를 듣고 유태인들이 기도할 때 사용하는 모자 혹은 유태인 성직자들이 쓰는 모자를 쓴 두 명의 남자가 그에게 왔다. 그들은 자신들이 유태인이며 그들의 조상은 수세기전에 중동에서 이주해 왔다고 말했다. Parafitt는 그 이야기가 흥미롭게 들렸지만 믿기 어려웠다. 그는 호기심을 갖고 그들의 문화를 연구하기 위하여 Lemba거주지를 방문하였다.

그는 그들의 종교가 정통파 유태교와 매우 유사한 것을 보고 놀랐다. 그들은 유태교에 따른 음식에 대한 금기를 가지고 있었고 종교가 다른 외부인과 결혼을 금했으며 아들들에게 할례를 하였다.

PHOTO GALLERY
예배중인 Lemba인들.
Christian Holland

사회적 관점에서의 조명

[계속]

그가 남아프리카를 방문한 직 후 어느 날 밤 런던의 한 술집에서 런던대학의 유전 인류학 센터의 과학자 그룹을 소개받았다. 그들은 이스라엘 남성들의 한 그룹에서 발견된 유전적으로 특이한 Y염색체의 기원을 연구하고 있었다. 이들 남자들은 Cohnaim 혹은 유태인사제라고 부른다. 그들은 3000년 전에 살았던 모세의 아들 아론의 후손들이라고 주장하였다.

이전(1장)에서 논의한바와 같이 Y염색체는 아버지에게서 아들로 전달된다. 그것은 X염색체와 교차하지 않으나 돌연변이가 일어날 수 는 있다. 그러나 일반적으로는 변하지 않는다. 그 대학의 연구 그룹은 어떤 이스라엘남자들의 Y염색체에서 특이한 현상을 나타내는 분자마커를 발견하였다. 그들은 그것을 **코헨모델 단상형(Cohen Model Haplotype)**이라고 부른다.

Parafitt는 그들을 보고 Lemba인들의 배경을 조사하고 Y염색체를 분석하여 그들의 조상이 유태인이라는 구전된 이야기를 연구하고자 제안하였다. 유전학자 그룹들은 그 와같이 남아프리카로 여행하였다. 그리고 Lemba지도자들과 랍비들로부터 DNA시료를 채취하였다. 분석결과 남자 10명중의 1명꼴로 코헨모델 단상형을 나타내었다. 다음의 DNA분석결과는 Lemba인과 코헨의 Y염색체단상형을 비교한 것이다.

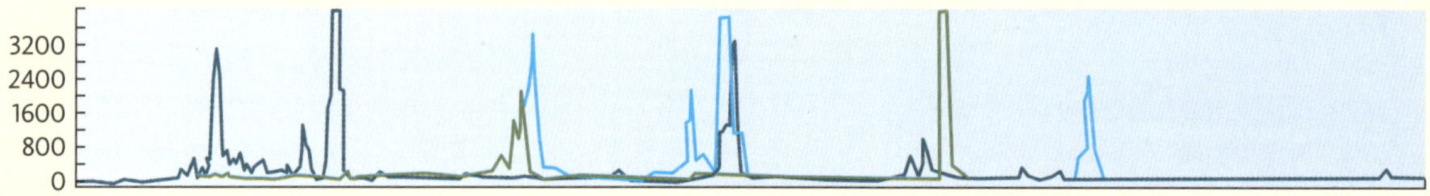

Lemba DNA 표본

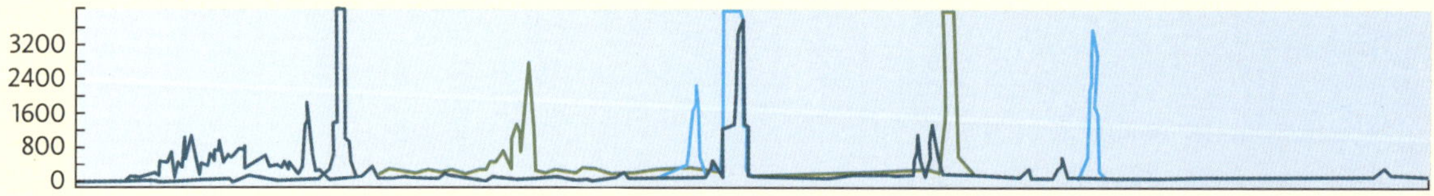

***Cohanim* (Israeli) DNA 표본**

질문:

1. 분석결과는 Lemba인들이 중동에서 이주해온 역사를 가지고 있다는 것을 뒷받침해주는 것처럼 보인다. 그들은 이것을 이용하여 이스라엘 국민이 될 수 있는가?
2. 대중 텔레비전 방송사인 *NOVA*는 이 주제를 프로그램에 편성하였다. 그 제목은 "이스라엘의 잃어버린 종족"이라고 하였다. 왜냐하면 성경에 의하면 이스라엘인들은 처음에 12종족이었으나 2종파는 발견하지 못하였기 때문이다. Lemba는 그 종족의 하나가 될 수 있는가? 왜 그렇다고 혹은 그렇지 않다고 생각하는가?
3. 그림 14.3을 보면 이 사람이 전통적인 유태인 기도자들이 걸치는 숄을 두르고 있다 할지라도 유태인으로 보이지는 않을 것이다. 이것은 이들이 아프리카로 이주한 후에 유전적으로 무슨 일이 있었는지를 말해주는가?

■ 그림 14.3
Lemba종족의 지도자 (랍비).

Jay P. Sand

★ 주요점 10개

1. 어떤 유전병이 하나의 사회에서 높은 빈도로 발생할 수 있는가?. [14.1]
   ▮ 이는 한 사람이 많은 세대 전에 그 유전자를 자식에게 전달하였기 때문이다.

2. 가계도는 커다란 집단을 통하여 유전병을 추적하는데 도움을 준다. [14.1]
   ▮ 때로는 가계도를 작성하기 어렵다.

3. 헌팅톤병(HD)은 DNA반복서열의 수가 증가함으로써 발생한다. [14.1]
   ▮ 이 서열이(AG이고 돌연변이 HD대립인자에서는 이들의 수가 수십 번 증가되어 있다.

4. 낫형 적혈구 빈혈증은 집단에 존속하고 있는 유전자에 한 예이다. [14.2]
   ▮ 이 유전자를 가지고 있으면 유리한 점이 있으며 이 때문에 이 유전자가 존속된다.

5. 여러 가지 유전병들은 어떤 집단들에서 그 빈도가 매우 높다. [14.3]
   ▮ 이러한 유전병 중의 하나가 혈액에서 콜레스테롤 양이 높은 것이다.

6. 집단에서 어떤 유전자를 가지고 있는 사람의 수를 셀 수 있다. [14.3]
   ▮ 이는 유전이상을 가진 어린이가 생겨날 확률을 계산하는데 도움이 될 수 있다.

7. 형질들의 빈도는 집단에 따라 매우 다양하다. [14.4]
   ▮ 이러한 예가 낭포성 섬유증이다.

8. 집단에서 어떤 유전자의 빈도를 계산할 수 있다. [14.5]
   ▮ 유전자 빈도는 Hardy-Weinberg법칙을 이용하여 수학적으로 계산할 수 있다.

9. 집단에 대해 수학적으로 유전정보를 알아내면 구성원에게 도움이 될 수 있다. [14.5]
   ▮ 그러한 집단의 사람들은 어떤 유전병을 가진 아이를 갖게 될 확률을 계산할 수 있다.

10. 특정유전자의 이점이 계속 존재한다 할지라도 환경이 변할 수 있고, 그 이점의 필요성은 감소될 수 있다. [14.5]
    ▮ 집단이 다른 지역으로 이주하면 더 이상 그 이점이 필요치 않을 수 있다.

핵심용어

Hardy-Weinberg 법칙 Hardy-Weinberg law (p. 217)
발견규칙 discovery rule (p. 219)
보인자 빈도 carrier frequency (p. 215)
창시자 효과 founder effect (p. 213)
코헨모델 단상형 Cohen Model Haplotype (p. 220)

복습문제

1. 창시자 효과란 무엇인가?
2. 왜 유전학자들은 커다란 집단을 연구하는가?
3. HD유전자의 CAG서열의 반복회수는 그 병을 가진 사람들에 대하여 무엇을 말해주나?
4. 말라리아와 낫형적혈구 빈혈증은 어떤 관계가 있나?
5. 대립인자 빈도란 무엇인가?
6. 왜 보인자가 얼마나 되는지를 알게 해주는 수학공식이 필요한가?
7. 14.5항에서의 예는 그 조건이 무엇인지를 말해주지 않는다. 그것을 알기 위하여 대립인자의 반도를 알 필요가 있는가?
8. Hardy-Weinberg 법칙을 이용하여 집단 구성원들에게 도움을 줄 수 있는 2가지 방식을 들어라.
9. 말라리아의 원인이 무엇인가?

응용문제

1. 많은 수의 HD환자가 있는 다른 집단에 관하여 연구, 조사를 하여 보고 간단한 보고서를 작성하라.
2. 백혈병과 다른 암들을 가진 커다란 그룹들이 세계적으로 발견되었다. 이들을 암집단(cancer cluster)라고 부른다. 이것이 베네수엘라 사람들과 같은 상황이라고 생각하는가? 그렇다면 혹은 그렇지 않다면 그 이유는 무엇인가?
3. 10대와 20대에 HD가 발병한 사람들의 염기서열 반복수가 얼마나 되는지를 밝힌 연구들을 조사하여 보고 간단하게 보고서를 작성하라.
4. 말라리아에 감염된 다음의 사람들은 어떻게 되나?(S=정상, s=낫형) SS, Ss와 ss는?
5. 이 장에서 당신이 배운 정보는 다음 경우 사람들에게 어떻게 도움이 될 수 있나?
   a. Martha Lawrence와 그녀의 남편.(3장)
   b. Chris Crowley와 그의 아들 Mike.(6장)
   c. William Bern의 변호사.(8장)
   d. Maria Sanchez의 가족.(13장)

6. 의사들은 가끔 MN이라고 부르는 혈액형을 집단에 사용한다. 그것은 13장에서 논의한 ABO혈액형과 비슷하나 그것은 2가지 대립인자(*M*과 *N*)만 갖는다. 한 작은 집단에서 1살 된 모든 어린아이들의 *MM*=0.25, *MN*=0.5, *NN*=0.25이다. Hardy-Weinberg공식을 이용하여 대립인자 M과 N의 빈도를 계산하라.
7. 문제6에서 서술한 집단에서 유전자형의 빈도는 *MM*=0.3, *MN*=0.4 그리고 *NN*=0.3이다. Hardy-Weinberg공식을 이용하여 대립인자 *M*과 *N*의 빈도를 구하라.
8. 14.5항에서 서부아프리카의 어떤 지역들은 집단의 20~40%가 낫형적혈구보인자(Ss)들인데, 미국 흑인들에서 그 빈도는 오직 8%이다. 왜 이렇다고 생각하는가?

온라인자료

시험을 준비 중인가? 예비시험을 위해 academic.cengage.com/login에 로그인하고, 개인의 학습 계획을 세우고, CengageNow's Study Tools에서 효과 측정 시험(post-test)을 보는 것이 여러분의 이해 정도를 평가하는데 도움이 될 것이다.

만약 교사가 내준 과제라면, 이번 장에 해당하는 사례 A와 사회적 활동에 대한 조명, 즉 "A Marker in the Blood(혈액의 지표)"와 "The Heritage of an African Tribe Is Revealed,(아프리카 종족의 유산이 드러나다)"라는 제목으로 CengageNow 자료를 검색해서 해답을 찾으면 된다.

여러분이라면 이럴 때 어떻게 할까?

1. 당신이 Nancy Wezler이고 HD검사를 하라고 요청받았다면?
2. 당신이 어떤 남자의 DNA가 범죄현장에서 발견한 것과 일치하고 남자는 아시아인인데 아시아인, 아프리카인, 백인들이 혼합된 집단의 것과 맞지 않는 사건의 배심원이라면?
3. 당신이 Carina가 했던 것과 마찬가지로 당신의 조상을 추적할 수 있는 기회가 있다면?
4. 당신은 조상들을 추적하기 위하여 당신의 DNA를 관련 web-site로 보냈고, 그 결과 당신이 전에 생각했던 것과 조상이 다른 집단에 속한 다는 것을 알았다면?

대중 매체에서

BBC뉴스, 2008년 4월 24일

거의 두갈 레로 갈라진 인류계통

Paul Rincon기자

국립지리학회에 의해서 수행된 지리사업(Geographic Project)은 DNA분석을 통하여 인류 이주 경로를 추적하였다. 현재 생존하고 있는 아프리카인들의 미토콘드리아 DNA분석을 근거로 하였을 때, 50,000~100,000년에 인류는 서로 고립된 두 집단으로 존재하였다는 것을 발견하였다. 두 집단은 석기시대에 인구 팽창으로 인하여 같이 섞인 것으로 보인다.

온라인상에서 이 기사를 보려면 academic.cengage.com/biology/yashon/hgs1로 접속하라.

질문 :
만약 초기의 인류가 2개의 집단이었다면, 당신은 무슨 일이 발생하였을 것이라고 생각하는가?

***Science Daily*, 2008년 4월 21일**

편두통 유전학에서의 획기적인 발전

연구에 의해 집단 가운데 많은 보통질병에 대한 감수성이 있다는 것이 밝혀지긴 했지만 핀란드와 호주의 과학자 그룹이 새로운 기술을 사용하기 전까지 아무도 편두통에 대한 연구를 하지 않았다. 편두통을 가진 것으로 확인된 가족들의 유전체를 비교함으로써 여자와 일부 남자들에서 편두통과 연관된 유전자가 10번 염색체에 있다는 것을 확인하였다. 이들의 연구로 처음으로 한 유전자가 편두통과 관련되어 있다는 것이 밝혀졌다. 이것이 세계 여러 지역의 2 집단에서 발생하였기 때문에 그 결과들을 조심스럽게 연구할 것이다.

온라인상에서 이 기사를 보려면 academic.cengage.com/biology/yashon/hgs1로 접속하라.

질문 :

누가 편두통을 가졌는지를 결정하기 위해 이 발견이 어떻게 이용될 수 있었는가?

15 서로 다른 세계 : 인류 유전학의 과거, 현재, 미래

핵심 포인트

- 1920년대의 우생학 운동에서 큰 교훈을 얻을 수 있다.
- 다양하고 새로운 기술의 적용을 바탕으로 유전학이 발전하고 있다.
- 우리의 미래는 유전학과 관련된 중요한 쟁점에 대해 사회와 개인이 어떤 결정을 내리는가에 달려있다.

Clock face: © Don Hammond/Design Pics/Corbis; DNA: Adrian Neal/Getty Images

15.1 과거 역사에서 무엇을 배울 수 있을까?

이 책에서 논의된 사례들을 돌이켜 생각해 보면 상당히 흥미로운 사실을 찾을 수 있다. 카터, 크롤리, 프랭클린 가족은 가계에 전해지는 유전자에 대해 근심했다. 최근 일부 과학자들은 다음 세대에 전해지는 유전자를 조절해서 "더 나은" 사람을 만들어낼 수 있을 것이라 생각했다. 20세기 초반에 있었던, 사실이라 믿기 어려운 실화를 소개한다.

혈통 좋은 가족에게 상을 주다

American Philosophical Society Library

■ 그림 15.1 혈통이 우수한 가족
1927년 미국 캔사스 주에서 열린 '혈통 좋은 가족 선발대회(Fitter Family Contest)'에서 우승한 가족이다.

20세기 초엽, 사설기구인 미국 우생학사무국(US Eugenics Office) 소속 과학자들은 "최고의 유전자"를 지니는 가족을 선정하는 전국 대회를 주최하기 시작했다. 이들 가족에게는 메달과 상장이 수여되었으며 더 많은 자식을 낳도록 장려했다.

이는 미국에서 40년 이상 진행되었던 *우생학 운동(eugenics movement)*의 일환이었다. 대븐포트(Charles Davenport)가 이끌었던 일군의 과학자들은 다윈의 이론을 인간에게 적용시키면서 이 같은 활동을 시작했다. 우생학자들은 먼저 어떤 형질이 바람직한지를 정하였고 이와 같은 형질을 지니는 사람들에게 많은 아이를 낳도록 장려했다. 이를 **적극적 우생학**(positive eugenics)이라 한다. 동시에 이들은 바람직하지 않은 형질의 목록도 작성했다. 바람직하지 않은 형질을 갖는 사람들이 자손을 낳을 수 없도록 거세하는 법을 통과시켰고 이를 강제로 시행했다. 특정 국가의 국민들은 미국으로 이민 올 수 없도록 제한되었는데 그 이유는 이들 나라의 국민들은 바람직하지 않은 형질을 갖고 있다고 생각했기 때문이다. 이런 활동을 **소극적 우생학**(negative eugenics)이라 한다.

미국의 여러 주에서 범죄자, 저능아(imbeciles), 성적으로 문란한 여성 등이 아이를 낳지 못하도록 거세하는 법을 통과시켰다. 이와 같은 주의 법률은 대법원 판례(Buck v. Bell)가 뒷받침해 주었다. 대법원의 재판은 벅(Carrie Buck)이라는 여성의 불임시술 문제를 다루는 것이었다. 버지니아 주의 담당공무원은 벅의 지능이 낮고 성적으로 문란한 여성이라고 진술했다. 벅이 낳은 사생아와 벅의 어머니 또한 정신박약이라고 했다. 홈스(Oliver Wendell Holmes) 판사는 벅에게 불임시술을 강제하는 것이 타당하다는 판결을 내렸다. "이는 전 세계를 위해 더 좋은 일이다. 이러한 일을 하지 않으면 퇴화된 자손이 범죄를 저지르거나 정신박약으로 인해 굶어죽도록 하는 것이 된다. 사회는 부적격자가 계속 부적격자를 양산하는 것을 막을 수 있다... 정신박약은 3대로 족하다."

미국 우생학 법을 모델로 하여 독일의 나치 정권은 간질병자, 신체장애자, 알코올 중독자 등을 포함한 부적격자로 간주되는 사람들에게 강제로 불임 시술할 수 있는 법을 통과시켰다. 나치 정권은 후에 유대인, 집시 등의 다른 인종을 거세하는 쪽으로 이와 같은 노력을 확장해 갔다. 이 때 유전학은 이들 포악함을 정당화하는 기반으로 활용되었다. 이와 같은 법률은 유전적 이상으로 인해 불치병을 가진 신생아를 안락사 시키는 것을 허용하도록 개정되었다. 이와 같은 안락사 프로그램의 대상은 점점 확대되어 정신병동에 수감되어 있는 성인이나 수용소에 수감되어 있었던 유대인, 집시, 동성애자, 나치 정권의 정적 등이 포함되었다. 나치 정권에서 이와 같은 살인행위를 정당화하는 데 활용했던 과학적 논거가 바로 유전학이었다. "나쁜 유전자"를 갖고 있는 집단을 제거하기 위해서 이들이 아이를 낳지 못하게 해야 한다는 것이었다. 죽이는 것이야말로 가장 빠른 방법이었다. 독일에서 이와 같은 살인 행위가 폭로되고 나서 미국의 우생학 운동도 급격하게 쇠퇴하였다. 이러한 역사로 인해 오늘날에도 미국과 그 밖의 나라에서 유전학의 오용에 대한 두려움이 남아있다.

어떤 일이 일어날까, 만약에...

1. 테이-삭스(Tay-Sachs)와 같은 "치명적인" 유전자를 지니는 사람들이 아이를 낳지 못하도록 불임시술을 강제화하는 법을 제안한다면?
2. IVF를 이용하는 모든 부모들이 착상전 유전자 검사(preimplantation genetic diagnosis, PGD)를 하게 된다면?
3. 태아의 유전자를 조작하여 모두가 총명하고, 키가 크며, 잘 생긴 아이로 태어날 수 있다면?

15.2 최신 기술 몇 가지

오늘날에는 우리 사회 전체가 과학에 막대한 관심을 쏟고 있다. 과학적 발견이 과학자들에게만 제한되지 않기 때문이다. 신문이나 방송 등의 대중매체에는 과학 학술지의 최신호를 읽고 기사를 전하는 전담 연구원들이 있다. 이들의 도움으로 일반 대중들도 새로운 발견을 쉽게 접할 수 있다.

게다가 새로운 의학치료, 처방약, 의료검사, 유전자 검사 등은 직접 대중매체나 인터넷을 통해 일반인에게도 광고된다. 이와 같은 소비자 직접 광고는 상당히 새로운 개념으로 개개인이 의료상태에 대한 상당한 지식이 있다는 가정을 바탕으로 이루어지는 것이다. 일반인에게도 잘 알려져 있는 신기술 몇 가지를 아래에 소개한다.

줄기세포 연구에 대하여

줄기세포에 대한 이야기를 들어본 적이 없는 사람은 아마 아무도 없을 것이다. 줄기세포를 이용한 연구에 대한 찬반 논쟁은 정치적으로도 과학적으로도 주요 논점이 되었다. 9장에서 우리는 유전자 특허를 원하는 회사, 테크노진과 관련된 가상 사례에 대해 토론한 바 있다. 테크노진과 같은 회사에서는 진단이나 치료용으로 활용되는 유전자 정보를 규제하는 것에 더해 줄기세포를 얻고 활용하는 것까지 규제하게 될지도 모른다.

줄기세포에는 2가지가 있다. **배아줄기세포 (embryonic stem cell)**는 배아에서 형성된다. 배아줄기세포는 성체를 이루는 모든 세포, 조직, 기관으로 분화할 수 있다. 모든 종류의 세포로 자랄 수 있기 때문에 이를 **다능성 줄기세포 (pluripotent stem cell)**이라 부른다. 배아에서 이러한 세포를 얻을 수 있다면 이들은 실험실에서 여러 해 동안 계속 증식해서 **세포주 (cell line)**를 형성할 수 있다.

두 번째 종류는 **성체줄기세포 (adult stem cell)**이다. 이들은 성체에 존재한다. 성체줄기세포는 혈액이나 피부와 같이 특정한 종류의 세포로만 분화된다. 성체줄기세포의 한 예가 골수에서 발견된다. 골수에 존재하는 줄기세포는 계속 분열하면 새로운 적혈구나 백혈구 세포로 자란다.

배아줄기세포가 여러 종류의 조직으로 자랄 수 있는 능력을 보이기 때문에 과학자들은 이들 세포를 연구해서 어떻게 특정한 세포로 자랄 수 있는지를 알고 싶어 한다. 그리고 이들 세포를 조작해서 특정한 조직이나 기관을 만들어 낼 가능성이 있다. 많은 과학자들이 배아줄기세포를 이용해서 파킨슨병, 알츠하이머성 치매, 다발성경화증 등의 퇴행성 질병을 치료할 수 있

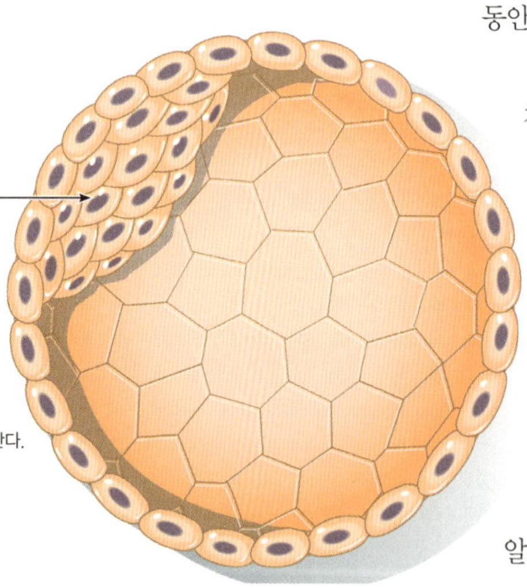

■ 그림 15.2 줄기세포
인간 배반포에서 배아줄기세포를 추출한다.

을 것이라 믿고 있다. 이들을 활용하면 척수손상이나 화상을 입은 환자들을 치료할 수 있는 새로운 조직을 재생할 수 있을지도 모른다.

최근까지 다능성 줄기세포가 갖는 1가지 문제는 사람의 배아에서만 얻을 수 있다는 것이었다. 줄기세포를 추출하면 배아는 죽게 된다. 이 문제는 커다란 논쟁을 불러왔고 이는 정치권에까지 논란을 불러일으켰다.

미국의 부시 대통령(George W. Bush)은 취임 첫 해에 새로 만들어진 줄기세포주를 이용한 연구는 연방정부에서 지원하지 않을 것이라 발표했다. 그러나 과학자들이 기존에 만들어져 정부에서 승인한 줄기세포주를 사용한다면 연방정부의 지원을 받을 수 있었다. 이러한 규정은 줄기세포가 질병이나 증세를 치료하는 데 쓰일 수 있는 연구의 속도를 크게 지연시켰다.

2007년 줄기세포 연구에 새로운 돌파구가 열렸다. 성인의 피부나 다른 조직에서 채취한 세포를 이용해서 다능성 줄기세포를 만들 수 있게 된 것이다. 이를 유도된 다능성 세포(induced pluripotent cell, iPC)라 부른다. 이 연구는 배아줄기세포에 대한 정부의 규제를 피해서 앞으로 개인에게서 얻은 보통의 체세포에서 만들어진 줄기세포에서 조직이나 기관을 얻을 수 있는 가능성을 열었다. 이로써 연구를 위해 배아줄기세포를 이용할 필요가 거의 없어졌다.

앞에서 논의한 여러 사례에 등장하는 일부 가족들은 앞으로 줄기세포 연구를 통해 혜택을 입을 가능성이 있다. 애벌린(Harriet Abeline, 11장)은 줄기세포를 이용해서 자신의 면역체계를 촉진해서 암과 싸울 수 있을지도 모른다. 산체스(Julio Sanchez, 13장)는 자신의 줄기세포에서 새로운 콩팥을 자라도록 해서 콩팥이식을 받을 필요가 없을지도 모른다.

줄기세포 연구와 관련하여 제기된 다음과 같은 윤리적인 문제를 생각해 보자.

- 연구를 위해 인간의 배아를 사용할 수 있는가?
- 이 연구는 중요한 결과를 가져다 줄 수 있는가?
- 과학 연구는 누가 규제해야 하는가?

어떤 일이 일어날까, 만약에...

1. 무엇을 연구할 수 있는지를 정치가들이 결정한다면?
2. 과학자들 스스로 과학자들이 무엇을 연구할 수 있는지 결정한다면?
3. 과학자들이 무엇을 연구할 수 있는지를 일반 대중이 결정한다면?
4. 줄기세포연구가 예상한 대로의 결과를 가져다주지 못한다면?
5. 줄기세포연구를 통해 예상했던 모든 일이 가능해 진다면?

치료 방법은 얼마나 달라질 수 있나?

Zdorov Kirill Vladimirovich/Used under license from Shutterstock

■ **그림 15.3 다음엔 뭘 하지?**
때론 의사들도 환자가 *BRCA1*이나 *BRCA2* 유전자 돌연변이에 양성 반응을 보이면 그 다음에 어떤 조치를 취해야 할지 잘 알지 못한다.

7장에서 오늘날 우리가 받을 수 있는 유전자 검사의 종류를 알아보고 이것이 앞으로 얼마나 더 확장될지에 대해서도 논하였다. 이때 유방암 유전자에 대해서 언급하였다. 어떤 여성이 *BRCA1*이나 *BRCA2* 유전자(11장)의 돌연변이형을 갖고 있으며 유방암 가족력이 있다는 사실을 알게 되었다면, 그 사람이 선택할 수 있는 것이 무엇일까?

아마 계속해서 자가 촉진을 하거나 유방 X선 촬영을 하며 추이를 지켜볼 것이나, 이런 종류의 검사에는 심리적인 요소와 신체적인 요소가 있다. 환자는 계속해서 앞으로 받을 진단에 대해 걱정하게 될 것이고 검사받을 때마다 X선에 노출될 것이다. 이러한 요인들은 상황을 악화시킬 뿐이다. "생물학의 기초: 유전자, 집단, 환경"에서 이야기했듯이, 항암제인 타목시펜은 암세포의 표면에 에스트로겐 수용체가 있는 유방암을 치료하는 데 쓰인다. 이 약은 종양이 실제로 생기기 이전에도 처방할 수 있다. 미국 식품의약품안정청(Food and Drug Administration, FDA)은 *BRCA1*이나 *BRCA2* 돌연변이에 양성 반응을 보이는 여성에게 유방암을 예방할 목적으로 타목시펜을 처방할 수 있도록 허용했다. 그러나 이 약은 부작용도 있어 일부 여성은 이를 매일 복용하길 원하지 않을 수도 있다.

어떤 의사들은 암세포가 자라기 전에 모든 유방조직을 제거하는 **피하유방절제술** (subcutaneous mastectomy)이 *BRCA1*이나 *BRCA2* 유전자 돌연변이를 지니는 여성들이 취할 수 있는 선택이라고 말한다. 그러나 이런 처방은 너무 지나친 것이 아닐까? 일부 외과의사는 앞으로 암이 자랄지 모른다고 해서 건강한 조직을 제거하는 것을 꺼린다. 이건 모든 세포에 마찬가지가 아닐까?

애벌린(Harriet Abeline, 11장)이 *BRCA* 돌연변이 유전자 양성 판정을 받는다면, 유방절제술과 같은 예방조치를 취할 수도 있다.

보험회사에서는 이와 같은 종류의 수술도 보상해 주어야 할까? 회사가 장기간의 비용을 생각한다면 장기적으로는 이런 수술이 비용을 절약하는 길이라고 볼 수도 있다. 그러나 단기적으로 이는 하지 않아도 되는 일에 비용을 지불하는 것이 된다.

어떤 일이 일어날까, 만약에...

1. *BRCA1* 돌연변이 양성 판정을 받은 여성이 유방암이 나타나기 전에 시행한 사전 유방절제술 비용을 보험회사에 청구한다면?
2. 유방암 가족력이 있는 여성이 검사 결과도 없이 보험회사에 사전 유방절제수술 비용을 청구한다면?
3. 유방암 가족력이나 검사 결과가 없는 여성이 보험회사에 사전 유방절제수술 비용을 청구한다면?

유전자 검사를 받다

7장에서 우리는 유전자 검사와 이로 인해 의사들이 환자의 상태를 분석하는 방법이 얼마나 달라졌는지 살펴보았다. 최근 유전자 검사를 하는 회사나 연구실에서는 직접 소비자에게 광고를 하기도 한다.

한 예가 바로 앞에서 이야기한 유방암 유전자 *BRCA1*과 *BRCA2* 유전자 검사다. 일반 대중에게 이런 검사를 받을 수 있으며 환자들이 의사에게 이 검사에 대해 문의해 볼 것을 권하는 텔레비전 광고가 미국에서 방영되었다.

이런 종류의 광고에서 첫 단계는 이 검사의 이름을 알리는 것이다. 유방암의 경우 검사방법은 BRACANalysis®(■ 그림 15.4)라 부른다. 이 광고를 보면 이와 같은 검사에 대한 결정이 전적으로 개인에게 있는 것처럼 보인다.

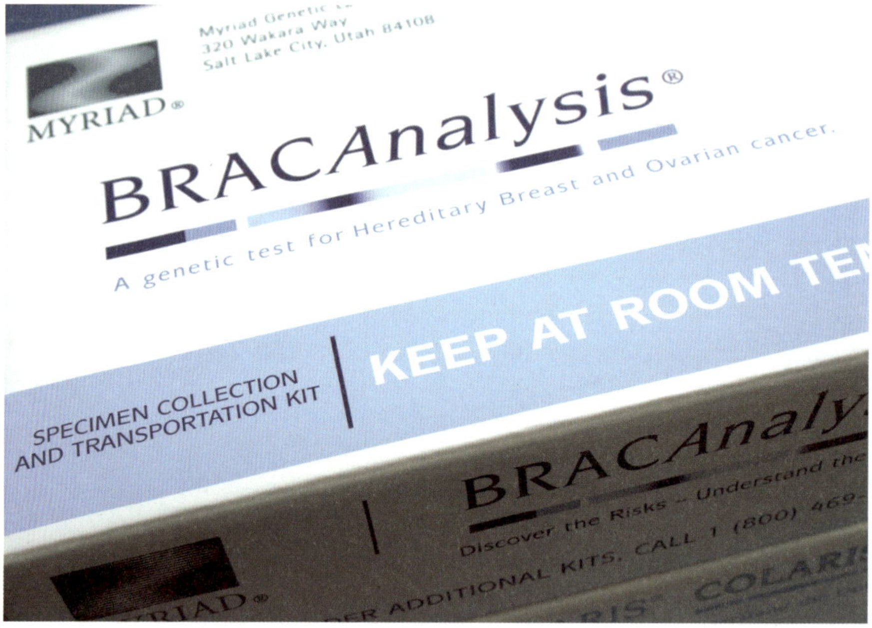

■ 그림 15.4 BRACAnalysis®
미리어드제네틱스 사에 주문하면 병원이나 집으로 이 검사 도구를 보내준다. 주요 잡지에 자주 이 검사에 대한 광고가 실린다.

소비자에 대한 직접적인 홍보가 시작된 지는 얼마 안 되었다. 20년 전만해도 조제약은 의사들만을 대상으로 영업했다. 제약회사는 의사들에게 판매사원을 보내 이들 의약품을 처방할 것을 권하는 방식이었다.

최근 들어 텔레비전에서도 소비자를 대상으로 직접 처방약에 대한 광고를 하기 시작했다. 이와 같은 광고는 프릴로섹(Prilosec)이나 암비안(Ambien)과 같은 약을 일반적인 약으로 만들었다. 이들 약이 무엇을 치료하는 지에대해 정확하게 이해하지 못하는 환자들도 의사에게 이들 약의 이름을 대며 처방해 주기를 요청한다. 이와 같은 형태의 광고가 널리 퍼지면서 광고에서 부작용과 치료 효과에 대한 사항을 정확하게 명시할 것을 규정하는 법이 만들어졌다.

유전자 검사를 광고하는 것과 관련하여 많은 문제점이 제기되고 있다. 극히 일부 사람들만 그 유전자를 지니고 있음에도 전 국민을 대상으로 광고하고 있으며 위양성 또는 위음성 결과가 나올 수 있다는 사실을 밝히지 않는다는 것 등이다.

어떤 일이 일어날까, 만약에...

1. 모든 여성에게 유방암 검진을 요구한다면?
2. 여러 유전자에 대해 많은 검사 방법이 개발된다면?
3. 환자가 왜 이 검사를 받지 않아도 되는지를 의사가 설명하기 어렵다면?

개 유전체

최근 경주용 개의 한 종인 위핏(whippet)에서 **미오스타틴 유전자**(**myostatin gene**)의 돌연변이 대립유전자가 발견되었다(■ 그림 15.5). 이 돌연변이 유전자는 유전자를 지닌 개의 근육량을 두 배로 늘인다. 돌연변이 미오스타틴 유전자를 하나만 지니는 개는 정상적인 미오스타틴 유전자를 둘 다 보유하는 개보다 훨씬 빨리 달릴 수 있다. 미오스타틴 좌위에 2개의 돌연변이 유전자를 지니는 개는 근육량이 너무 많아져서 **"황소" 위핏**(**"bully" whippet**)이 된다.

만약 빨리 달리는 두 마리의 위핏(돌연변이 대립유전자를 하나만 갖는)을 교배시키면 빨리 달리는 새끼를 낳을 수도 있지만 "황소" 위핏 강아지를 낳을 수도 있다. 이런 결과는 인간에서의 열성 형질 유전과 비슷하다. 위핏의 경우 빠른 부모는 이형접합자이다.

Stuart Isett Photography

■ **그림 15.5 "황소" 위핏**
오른쪽의 개가 "황소" 위핏으로 정상적인 위핏 품종의 개보다 두 배의 근육을 지니고 있다.

미오스타틴 유전자의 돌연변이가 여러 품종의 소에서도 발견되었다. 소에서 이와 같은 형질은 "두 배 근육"이라 불린다. 이런 형질은 상업적으로 유용성이 높기 때문에 관심을 끈다. 사람에게서 이 돌연변이를 지니는 남아가 몇 년 전에 확인되었다. 이 어린이는 장래에 훌륭한 운동선수가 될 수 있을지도 모른다. 유전자가 확실한 이점을 제공해 줄지도 모르기 때문이다.

개 유전체에 대한 연구는 특정한 유전자에 대한 연구 이상의 것을 포함한다. 몇 해 전에 자신의 개를 복제해 주면 연구진에게 200백만 불을 제공하겠다고 한 부부가 있었다. 텍사스 A&M 대학의 과학자들은 전국에서 고양이와 개의 시료를 수집하는 연구실을 차렸다. 2002년 이들은 핵이 제거된 난자에 핵이식하는 방법을 통해 3가지 색을 보이는 칼리코 고양이 암컷, 레인보우의 DNA를 이식했다. 그 다음 이 배자를 대리모인 알리에게 착상시켰다.

그러나 개를 복제하는 것은 더욱 어려운 것으로 판명되었다. 2005년이 되어서야 드디어 한국의 과학자 황우석이 스너피라 불리는 개를 복제했다고 발표했다. 황 박사의 다른 연구는 신뢰할 수 없다는 사실이 밝혀졌지만 그의 개는 진짜 복제개로 판명되었다. 2007년 황 박사와 관련 있는 한국 회사, RNL 바이오가 15만 불의 비용으로 개를 복제해 주겠다는 광고를 시작했다. 2008년 역시 황 박사가 관계하고 있는 캘리포니아 회사에서 개 복제에 대한 온라인 경매를 시작했는데 경매는 10만 불에서 시작되었다.

2005년 12월 7일 MIT의 브로드 연구소와 하버드 대학의 연구진이 이끄는 국제협력 연구진이 개 유전체 서열을 발표했다. 개 동호인들은 오랫동안 자연적인 방법으로 개를 교배해 왔다. 이런 과정을 통해서 많은 형질들이 나타나거나 사라졌다. 상냥함이나 공격성과 같은 "품성 형질"과 크기나 털색과 같은 신체 형질 등이 이에 속한다. 개 유전체 서열이 알려지고, 특정 유전자의 클로닝과 개 유전체 전체의 복제가 가능해지면서 개를 교배시키는 방법도 변하게 될지 모른다.

어떤 일이 일어날까, 만약에...

1. 모든 개들이 복제견이라면?
2. 당신의 개나 고양이의 모습을 정확하게 고를 수 있다면?
3. 지금의 교배 방식보다 훨씬 더 정확하게 당신의 애완동물 형질을 고를 수 있는 방법이 있다면?

유전자결실 생쥐로 큰 상을 받다

2007년 노벨 의학상은 **유전자결실 (knockout) 생쥐**에 대한 연구를 가능하게 한 3명의 과학자에게 돌아갔다. 생쥐 배아에서 줄기세포를 추출하는 기술은 생쥐에서 특정한 유전자를 표적으로 해서 이를 유전자결손 기술(knowout technology)을 이용해서 없애는 것을 가능하게 했다. 여러 실험실에서 이와 같은 연구를 진행한 결과 생주에서 1만 개 이상의 유전자가 이 기술을 바탕으로 결실되었다. 이는 생쥐 유전체에 존재하는 유전자의 거의 절반에 가까운 숫자다. 유전자 하나를 결실시킴으로 인해 생쥐의 행동이 변했던 12장의 사례도 이 가운데 하나다.

결손에 의해 특정한 유전자가 발현되지 않게 되면 과학자들은 정상 생쥐와의 차이를 통해서 정상 유전자의 활성을 알아낼 수 있다. 생쥐에게서 행동이나 형질이 변하게 되면 우리는 그 유전자가 발현되지 않아서 생기는 효과를 알게 되는 것이다. 유전자결실 생쥐의 표현형이 어떻게 나타나는지를 연구함으로써 과학자는 이들 형질이 어떻게 발현되어 가는지를 이해할 수 있다. 이 기술은 인간의 질병을 치료하는 새로운 약물요법을 개발하고 검사하는 데에도 매우 요긴하게 사용될 수 있다. 유전자 적중(gene targeting)을 통해 인간 질병에 대한 이미 500 종 이상의 생쥐 모델이 개발되었다. 여기에는 심혈관계 질환, 퇴행성 신경 질환, 당뇨병, 암 등이 포함된다.

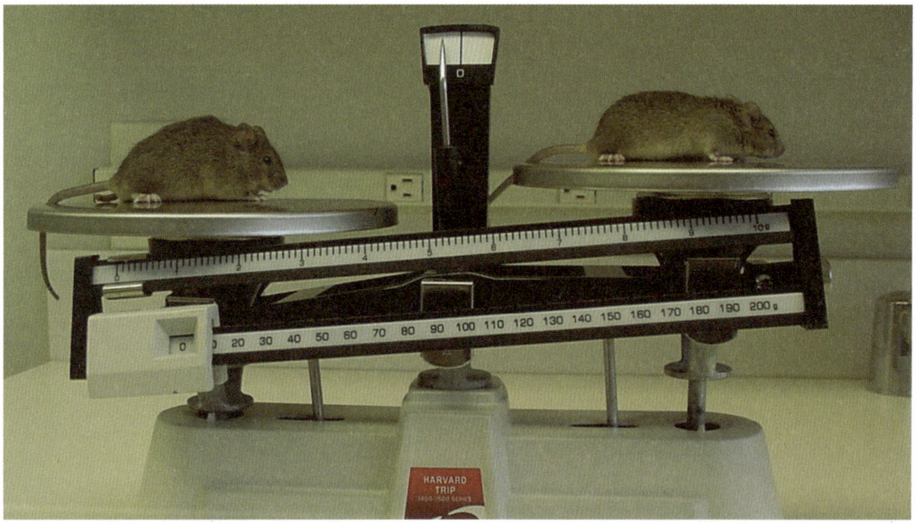

Lexicon Pharmaceuticals, Inc.

■ **그림 15.6 유전자결손 생쥐**
비만을 연구하는 데 사용되는 유전자결실 생쥐(왼쪽)와 정상 생쥐(오른쪽)를 비교하시오. 이 특정한 유전자가 발현되지 않으면 생쥐의 몸무게가 상당히 증가한다.

어떤 일이 일어날까, 만약에...

1. 특정한 인간 유전자를 결실시킬 수 있다면?
2. 유전자결실 기술을 이미 유전질환을 앓고 있는 사람에게 적용할 수 있다면?
3. 유전자결실 기술로 태아의 형질을 바꿀 수 있다면?

질문:
과학자들이 생쥐의 배아줄기세포에서 특정한 유전자를 찾아내고 나면 이 유전자의 발현을 어떤 방식으로 억제시킬 수 있을까?

15.3 미래의 상점에서는 어떤 것을 팔까?

앞의 사례에서 일부 사람들은 미래 세대에 미칠 유전학 기술의 충격에 대해 우려하고 있었다. 인간 유전학에 대해 상세히 살펴봄으로써 이 학문이 계속 확장되는 방향을 전망할 수 있다. 충분한 정보를 바탕으로 한 결정이 지금이나 미래의 유전학기술을 활용하는 과정에서 중요하다는 사실을 강조하기 위해 당신과 당신 가족 그리고 사회에 대한 중요한 유전학의 쟁점을 환기시키고자 한다.

더욱 놀라운 사실은 인간유전체사업과 미래의 과학 발견이 우리의 근 미래와 먼 미래에 어떻게 적용될 것인가에 달려있다. 유전자조작 식품이 식품점 선반에 더욱 널리 퍼진다면 우리는 이를 수용할 것인가? 모든 사람이 태아의 유전체 서열을 결정해서 모든 유전적 형질과 질병을 분석할 때, 보험회사에서는 이를 부담하게 될까? 자궁절제술을 받은 여성이 아이를 갖기를 원한다면 가질 수 있게 될까? 이 모든 질문에 대한 답은 아마도 예일 것이다. 이와 같은 일들과 더 많은 일들이 앞으로의 우리 유전 미래를 변화시킬 것이다.

인류 유전학 분야에서 잠재적으로 나타날 수 있는 몇 가지 시나리오를 살펴보기로 한다.

인공 자궁이 개발되다

1999년 도쿄 준텐도 대학의 연구진은 투명한 아크릴 탱크로 만들어진 **인공 자궁** (artificial uterus)을 제작해서 이를 이용한 실험을 시작했다. 이 탱크를 양수로 채운 다음 체온과 같은 온도로 유지했다. ■ 그림 15.7에 보이는 것처럼 염소 태아의 탯줄(동맥과 정맥이 있는)이 2개의 심장-폐 기계에 연결되어서 산소와 영양물질을 태아에 공급하고 태아 혈액의 노폐물을 걸러낸다.

이 실험은 염소 배자를 모체의 자궁에서 이식하면서 시작되어 인공 자궁에서 총 임신 기간 5개월 가운데 4개월을 인공자궁에서 키워졌다. "태어나는" 순간 염소의 몸무게는 6파운드였고 눈을 깜빡이고 사지를 사방으로 버둥거렸다.

염소도 포유류에 속하므로 이 기술을 조금만 변형시키면 인간도 인공 자궁에서 자라게 할 수 있을 것이다.

어떤 사람들은 이런 종류의 보조생식술은

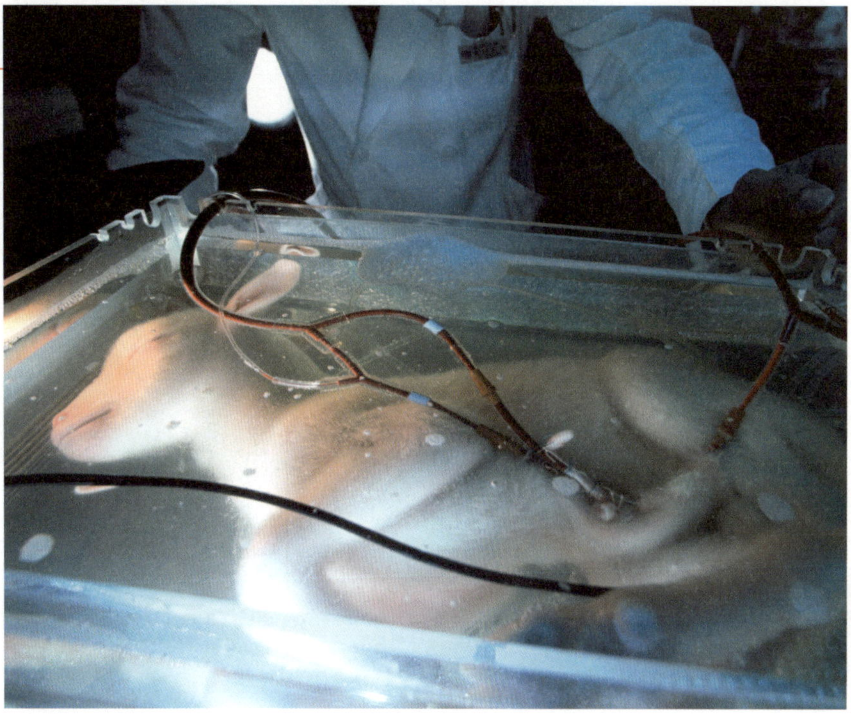

Tom Wagner/www.tomwagnerphoto.com

■ **그림 15.7 인공 자궁**
일본에서 개발된 이 인공 자궁 안에 출생이 임박한 염소의 태아가 보인다.

비윤리적이라고 생각한다. 이런 기술이 가능해진다면 이들 기계를 실험실에 두고 부모는 때때로 찾아와서 아기들이 자라는 것을 볼 수 있을 것이다.

부모의 권리에 대한 판례를 보면 법에서는 모성을 생물학적 또는 법적으로 규정되는 것으로 간주한다. 어린이를 입양하면 법률 서류에 의해 친권자가 결정된다. 유전학적으로는 대개 아이의 생물학적 부모를 결정할 수 있다. 친권확인을 위한 DNA 검사(8장)를 바탕으로 법정에서 생물학적 부모를 결정할 수 있다. 일부 주에서는 아기를 낳은 여성은 자동적으로 어머니로 간주되며, 이 경우 아이를 원하는 부부가 대리모로 고용한 경우도 마찬가지다. 만약 인공 자궁을 활용하게 된다면 난자나 정자 제공자 그리고 태아의 DNA 시료 없이는 친권을 결정하기 어려울 것이다.

어떤 일이 일어날까, 만약에...

1. 인공 자궁에서 인간의 태아가 자랄 수 있다면?
2. 많은 여성들이 인공 자궁을 사용해서 아이를 갖겠다고 선택하기 시작했다고 하자. 이 사실이 의사에게 영향을 주겠는가? 준다면 어떤 영향을 미칠까?
3. 개인 기업에서 이 기술을 개발해서 연구개발에 사용된 비용을 회수하고자 한다면?

과제

1. 인공자궁에 대한 영업 계획을 수립하시오.
2. 이 기술을 사용할 사람을 네 부류만 열거하시오.

나이를 잊은 출산

2장에서 브라이언과 로라는 불임의 문제를 어떻게 극복할지에 대해 질문했다. 그러나 여성이 나이가 든 다음 아기를 갖기로 결정한다면 어떻게 될까? 이렇게 되면 사회에서 여성이 자연의 법칙에 따라 일정한 나이가 되면 아이를 갖지 말라고 결정하게 되는 상황이 오게 될까?

인간의 난자를 연구한 결과 왜 나이든 사람의 난자는 수정되기 어려운지 알아냈다. 나이가 많은 여성이 아이를 갖기 원한다면 몇 가지 문제가 생길 수 있다. 만일 폐경기 즈음이거나 폐경기가 지났다면 난자가 정기적으로 생산되지 않아 임신하기 어려울 것이다. 그러나 수술을 통해 난자를 추출할 수 있고(2장), 이들이 수정될 수 있는지를 검사할 수도 있다.

난자가 활성이 없다면 난자 기증을 받아 아이를 가질 수 있으나 유전학적으로 자신의 아이를 갖기를 원하는 여성도 많다. 어떻게 하면 이것이 가능할까?

Gregory Bull/AP Photos

그림 15.8 나이든 엄마
뉴욕에 사는 알리타는 57세 생일 직전에 쌍둥이를 낳았다.

나이든 여성의 난자에서 세포질에 주로 문제가 발생하여 배아가 분열하지 못한다는 사실이 최근 밝혀졌다. **핵전이** (nuclear transfer)라 불리는 기술을 이용해서 뉴욕대학 의료센터의 그리포(James Grifo)와 장(John Zhang) 박사는 나이든 여성의 난자에서 핵을 추출한 다음 핵이 제거된 젊은 여성의 난자에 치환시켰다. 이들은 이 기술을 중국 의사들에게 전수해서 1995년 중국에서 임신을 성공시켰다. 이 방법을 사용해서 임신하게 된 쌍둥이가 후에 사망하기는 했지만 염색체 상의 문제는 없었다. 이는 이 기술을 조금만 개선하면 나이든 여성이 유전적으로 연관된 아이를 가질 수 있는 방법이 될 수 있을 것이다.

미국에서 이와 유사한 기술이 성공적으로 수행되어 아이가 태어났다. 뉴저지 주 리빙스턴의 성 바나바스 의료센터에서 스콧(Richard Scott)과 코헨(Jacques Cohen) 박사는 젊은 여성의 난자에서 세포질을 제거한 다음 나이든 여성의 핵에 주입했다. 이 과정을 통해 한 명의 아기가 태어났고 2008년 봄에 또 한 명이 태어날 예정이다.

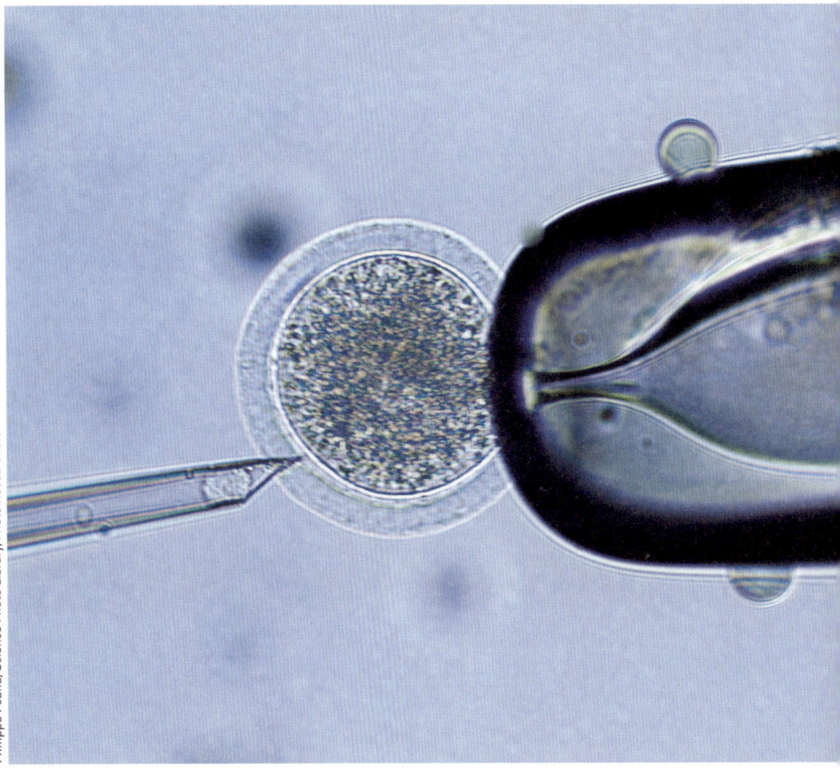

Philippe Psaila/Science Photo Library/Photo Researchers

■ 그림 15.9 핵 치환
이 사진은 새로운 핵을 난자에 주입하는 과정을 보여준다.

이와 같은 기술을 이용해서 영국의 일부 실험실에서는 인간의 핵을 다른 동물의 난자에 넣어 인간 배아 형성의 초기 단계에 대한 연구를 진행하고 있다. 이러한 기술을 사용해서 만일 아이가 태어난다면 그 아이는 다른 동물의 세포질 일부를 갖게 될 수도 있다.

어떤 일이 일어날까, 만약에...

1. 법으로 엄마가 될 수 있는 나이를 정하는 것이 필요하다고 정한다면?
2. 후에 사용할 수 있도록 젊었을 때 자신의 난자를 냉동시킬 수 있다면?
3. 난자를 생성하지 못하고 정자를 얻을 수도 없으며 자궁도 없는 여성이 아이를 원한다면?

질문:
"부모가 세 명인 배아"라 불리는 경우가 있다. 어떤 경우일까?

당신 아기의 DNA

7장에서 알과 빅토리아가 아기를 낳은 다음 여러 가지 유전질병에 대한 검사를 받는 사례를 통해 유전자 검사에 대해 살펴보았다. PKU와 같은 일부 유전질환은 치료할 수 있지만 치료가 불가능한 질환도 있다. 치료가 불가능한 질환에 대한 유전자 검사가 증가할 것인지에 대해 의구심을 갖는 부모가 많다. 유전질환에 대한 검사 방법이 더 많이 개발된다면 이들 검사가 각 주의 검사 프로그램에 포함되거나 이를 검사하고자 하는 부모가 더 많아질 것이다.

인간 유전체에 대해 더 많이 알게 되면서 몇몇 사람들은 모든 신생아의 DNA를 취해 검찰에서 사용되는 것과 유사한 데이터베이스를 만들도록 제안하기도 한다. 이와 같은 일이 진행되는 것에 대해 긍정적인 의견과 부정적인 의견이 있다. 다음 표는 이러한 데이터베이스와 관련된 쟁점 일부에 대한 의견을 보여준다.

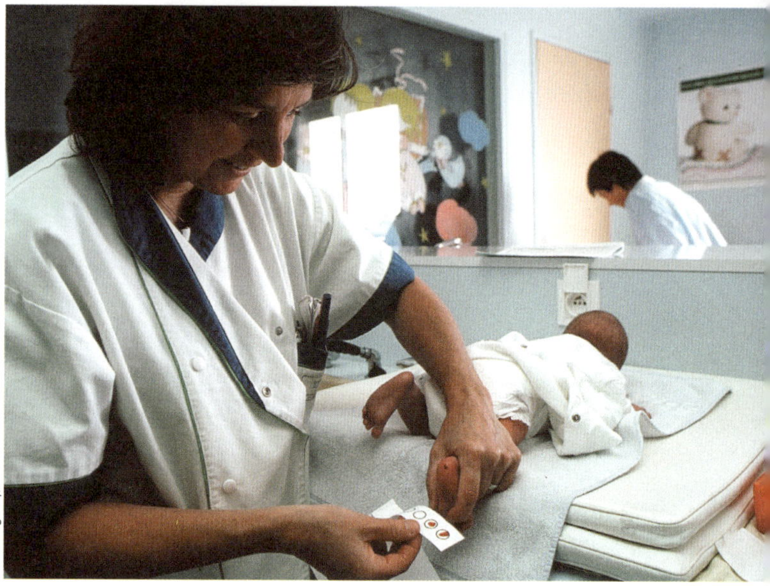

Phanie Agency/Photo Researchers

■ **그림 15.10 신생아의 DNA 채취**
신생아에게서 DNA를 얻기 위해 혈액을 채취하고 있다. 이러한 방법이 확대되어 모든 신생아에게서 DNA를 수집하는 데 사용될 수도 있다.

쟁점	찬	반
이 데이터베이스에는 누가 접근할 수 있나?	과학자, 부모, 의사, 의료전문가들이 이를 바탕으로 대규모의 집단연구를 할 수 있다.	법률가, 경찰, 보험회사, 잠재적인 고용주 등이 이를 활용할 가능성이 있다.
부모가 자녀의 DNA 정보가 데이터베이스에서 삭제되도록 선택할 권리가 있나?	자녀의 DNA 정보가 다른 사람에게 함부로 노출되지 않도록 부모에게 선택할 권리를 허용해야 한다.	사람들이 임의로 빠져나간다면 데이터베이스가 불완전해져서 결국 쓸모없게 될 것이다.
이런 데이터베이스가 우리 자녀들의 유전에 대해 유용한 정보를 제공해 줄 수 있는가?	거의 대부분의 인간 유전자가 확인되고 염기서열이 결정되면 사람의 유전체에 대해 모든 것을 알게 될 것이다.	일부 질환에 대한 정보만을 알게 될 것이므로 이런 데이터베이스는 별로 유용하지 않다.
미래에는 이렇게 될까?	?	?

어떤 일이 일어날까, 만약에...

1. 이런 종류의 DNA 데이터베이스가 존재한다면?
2. 이런 데이터베이스를 만들기 위한 시료 채취를 요구하는 법이 통과된다면?
3. 위와 같은 법안에 대해 표결한다면?

우리와 가장 가까운 친척

인간유전체사업을 통해 인간이라는 종의 진화 과정이 유전체 안에 거의 적혀 있다는 사실을 알 수 있었다. 화석 증거를 바탕으로 우리 **호모 사피엔스**(*Homo sapiens*) 종은 20만년쯤 전에 아프리카에서 기원한 것으로 알려졌다. 아프리카에서 인류는 전 세계로 이주하였고 **네안데르탈인** (Neanderthals, *Homo neanderthalensis*)과 같은 종을 멸종시켰다.

네안데르탈인은 대략 30만년에서 3만 년 전에 유럽과 서아시아에 살고 있었다. 네안데르탈인은 중동의 여러 지역에서 *호모 사피엔스*와 3만년 정도 동안 함께 살았다. 이러한 사실은 몇 가지 중요한 문제를 제기한다.

1. 네안데르탈인은 인류의 직계 조상일까?
2. 네안데르탈인과 *호모 사피엔스* 종은 서로 교배가 가능하여 네안데르탈인의 후손도 지금 살고 있을까? 아니면 네안데르탈인은 멸종했을까?
3. 인류의 유전체를 네안데르탈인의 유전체와 비교하면 어떨까?

우리와 가장 가까운 조상인 호모 사피엔스는 우리와 신체적으로 매우 유사하며 5만 년 전에 살았다.

최근 DNA 증거를 통해 네안데르탈인이 우리의 직계 조상이 아니라는 결론을 얻었다.

■ **그림 15.11 인류의 조상**
화석증거를 통해 호모 사피엔스와 네안데르탈인이 이전에 생각했던 것처럼 그렇게 가까운 사이가 아니라는 사실이 밝혀졌다.

네안데르탈인의 뼈에서 DNA를 추출하여 분석함으로써 이들을 포함한 여러 의문에 답할 수 있었다. 1857년부터 벨기에와 유럽에서 네안데르탈인의 뼈가 발견되었다. 1997년, 과학자들은 인류의 미토콘드리아 DNA를 독일과 러시아에서 발굴된 네안데르탈인의 뼈에서 추출한 미토콘드리아 DNA 서열과 비교해서 네안데르탈인이 현생 인류의 먼 친척이라는 결론을 내렸다.

미토콘드리아 DNA를 사용한 연구로 현생인류와 네안데르탈인이 먼 친척이며 인류의 유전체에 네안데르탈인이 기여한 바가 거의 없다는 사실이 알려지긴 했지만 이러한 연구가 핵 내의 유전자 DNA를 바탕으로 이루어진 것은 아니다.

최근 두 그룹의 연구진이 네안데르탈 화석에서 핵 DNA를 분리하여 핵 유전자의 염기서열을 결정하는 데 성공했다. 염기서열 분석 결과는 네안데르탈인과 현생 인류의 유전체 서열은 99.5% 이상이 동일하지만 네안데르탈인이 인류의 직계 조상은 아니라는 사실을 뒷받침해 주었다.

이와 같은 결과로 네안데르탈인과 호모 사피엔스 사이에 상호교배가 이루어졌을 가능성을 완전히 배제할 수는 없더라도 네안데르탈인이 인류의 유전체 정보에 주된 기여를 한 것은 아니라는 사실을 시사한다. 네안데르탈 이라는 생물종은 멸종했지만 그들 유전자의 일부는 우리 인류의 유전체 한 부분에 남아 있을지도 모른다.

만약 네안데르탈인의 전체 유전체 염기서열을 알 수 있다면(몇 년 안에 가능해 질 수도 있다) 우리는 더 많은 의문을 해결할 수 있을 것이다. 이를 달성하기 위해 여러 연구진이 네안데르탈인의 유전체를 분리하고 염기서열을 결정하여 이를 분석하는 작업을 진행하고 있다. 2009년 즈음이면 대부분의 염기서열을 알 수 있을 것으로 예상하고 있다. 네안데르탈인과 침팬지와 같은 다른 영장류의 유전체 서열과 인류의 유전체 서열을 비교함으로써 인간의 고유한 특성을 나타내는 유전자를 알아 낼 수 있을 가능성이 있다.

어떤 일이 일어날까, 만약에...

1. 네안데르탈인이 원래 생각했던 것보다 현생 인류와 더욱 가까운 관계라는 것을 알아내었다고 하자. 그렇다고 해도 네안데르탈인은 여전히 다른 생물종으로 분류해야 할까?
2. 네안데르탈인이 인류와 전혀 관계가 없는 종으로 확인되었다면?
3. 과학자들이 네안데르탈인의 화석에서 DNA 염기서열을 결정하지 못한다면?

궁극적인 문제

앞으로 과학자와 윤리학자들이 함께 풀어야 할 궁극적인 문제가 바로 인간복제라고 생각하는 사람들이 많다.

복제양 돌리는 1990년대 후반에 복제되었다. 이 후 고양이, 개, 원숭이, 소 등 여러 다른 동물의 복제가 이어졌다. 이 때 핵전이(*nuclear transfer*) 기술이 사용되었고, 핵을 이용한 복제를 **생식적 복제** (**reproductive cloning**)라고도 한다(■ 그림 15.12, 15.13 참조).

생식적 복제방법으로 개체를 복제하려면, 먼저 "부모"의 몸에서 세포를 채취해서 그 세포의 이배체 핵을 핵이 제거된 난자에 옮겨야 한다. 이렇게 핵전이된 난자를 자극해서 세포분열을 활성화시킨다. 그러면 배아가 형성되고 이를 대리모의 자궁이 옮기게 된다.

돌리를 복제하는 과정에 실패율이 매우 높았다. 여러 개의 배아가 대리모에게 옮겨졌으나 단 한 마리의 양만이 탄생했다. 돌리 복제와 비슷한 방법으로 시도되었던 쥐 복제의 성공률은 이보다 훨씬 더 높았다. 그러나 핵전이에 의한 동물 복제를 대규모로 성공한 사례는 없다.

인간 배아를 복제하겠다고 공언한 과학자들이 있어 생식적 복제에 뜨거운 관심이 집중되고 있다. 소규모로 인간 배아가 실험실에서 만들어지긴 하지만, 이는 대개 줄기세포를 분리하기 위해서다(15.2). 아직 완전한 인간의 생식적 복제는 이루어진 적이 없다. 일부 연구진에서 인간을 복제했다고 주장했지만 아직 사실로 밝혀진 바는 없다.

다음 사례를 통해 미래의 언젠가에 어떤 일이 벌어질 수 있는지를 살펴보기로 한다.

내 딸을 복제해 주세요

로버트 덴커는 부동산업으로 돈을 좀 벌었다. 처음에 그는 아파트 건물 한 채로 사업을 시작했는데, 많은 땅을 갖고 있어 이제는 노스캐롤라이나의 샤롯트 지역에서 가장 큰 부자가 되었다. 그러나 부자라고 해서 인생의 비극을 비켜가지는 못했다. 어느 날 다섯 살 난 딸 루시가 거리를 건너는 중에 술 취한 운전자가 모는 차에 치였다. 앰뷸런스가 도착할 때 루시는 이미 심각한 뇌손상을 입었다. 응급실에서 호흡기를 달자 심장은 정상적으로 작동했으나, 의사는 덴커에게 루시가 다시 의식을 회복할 가망은 없을 것이라 말했다. 덴커의 눈앞이 깜깜해졌다.

최근 샤롯트 시의 연구진이 우유를 많이 생산하는 젖소를 복제했다는 소식이 발표되었다. 이들은 덴커씨의 땅을 빌려 소를 키우면서 연구를 계속하고 있었다. 사업가로서 그는 이 과정이 잠재성이 있다는 것을 알아차리고 또 다른 생각을 하게 되었다.

덴커는 이 연구의 책임을 맡고 있는 메딩-스미스 박사에게 사고가 난 일 주일 후에 전화를 했다. 그는 딸을 되찾기 위해 가진 돈을 모두 다 쏟아부을 의지가 있다고 말했다. 덴커는 메딩-스미스 박사가 딸을 복제해 줄 것을 원했다.

어떤 일이 일어날까, 만약에...

1. 메딩-스미스 박사는 어떻게 해야 하겠는가?
2. 메딩-스미스 박사가 루시를 복제하지 않아야할 이유를 3가지만 열거하시오.
3. 메딩-스미스 박사가 루시를 복제해야하는 이유를 3가지만 열거하시오.
4. 덴커씨가 메딩-스미스 박사에게 돈만이 아니라 앞으로의 연구비까지 모두 지원해준다면 결정이 달라지겠는가?
5. 메딩-스미스 박사는 최초로 인간을 복제한 사람이 될 수도 있다. 박사는 최신 설비의 연구소와 원하는 모든 것을 얻을 수 있다. 이런 상황에 따라 박사의 결정이 달라져야 할까?
6. 과학지들은 자신이 할 수 있는 모든 것을 해야 할까? 당신의 답에 대한 근거 4가지를 제시하시오.

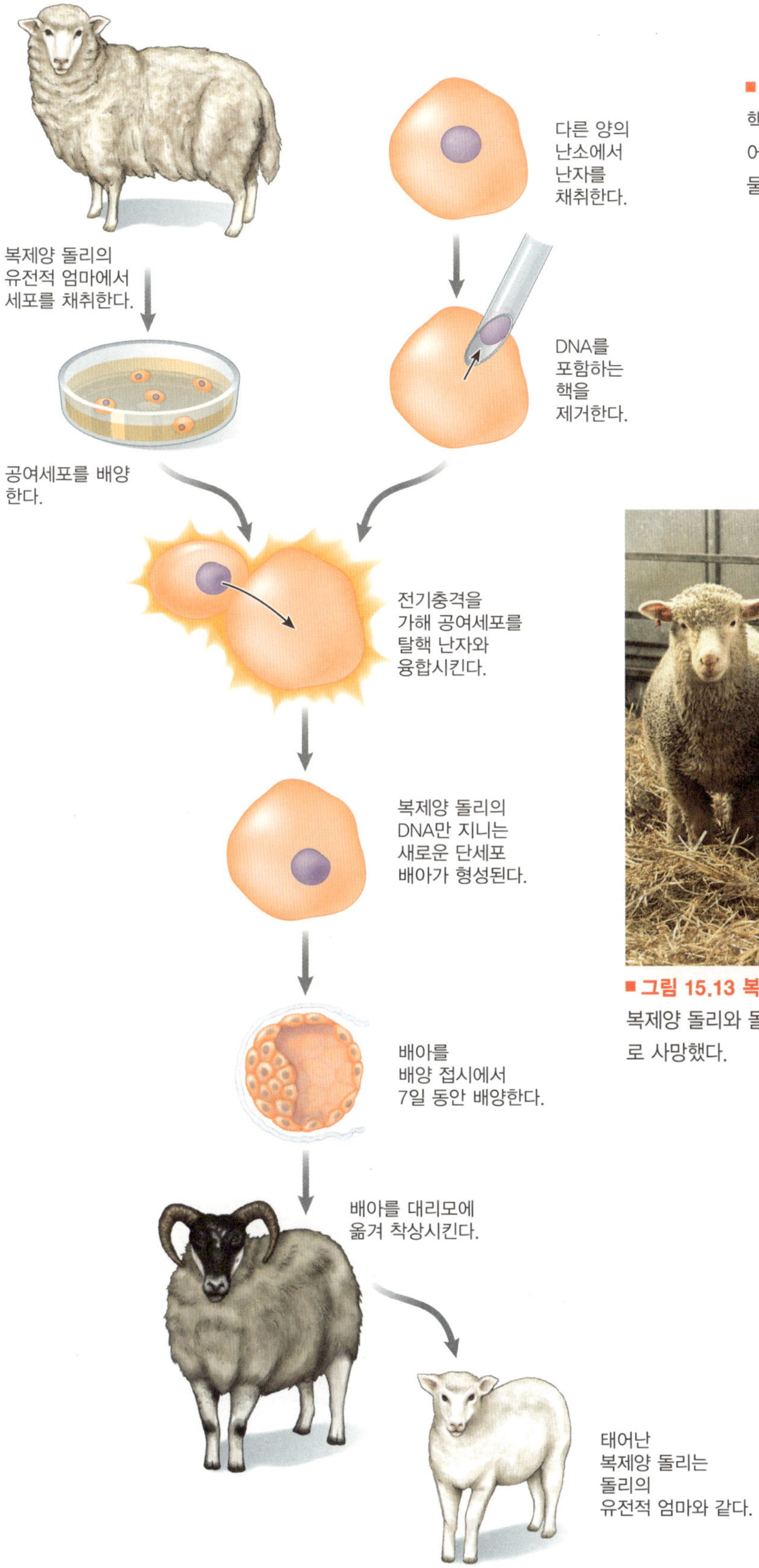

■ 그림 15.12 핵치환

핵전이 방법으로 복제양 돌리가 만들어졌다. 이 과정을 이용해서 다른 동물도 복제할 수 있다.

■ 그림 15.13 복제양 돌리

복제양 돌리와 돌리의 새끼. 돌리는 복제 과정과 관계없는 바이러스 감염으로 사망했다.

연구 분석 문제

1. 개 유전체를 분석하여 모든 품종을 확인하는 데 활용할 수 있다면 이는 개 박람회에 어떤 영향을 미칠까?
2. 유전적 조성을 바탕으로 환자를 치료할 수 있는 약이 개발 중이다. 3가지만 열거하고 이들이 어떻게 활용되는지 설명하라.
3. 과거에 과학자들은 우생학을 이용해서 인류를 더욱 개선해 보려는 시도를 했다. 유전적으로 건강한 가족이 아이를 더 많이 낳도록 장려하는 것은 잘못된 것일까? 그 이유는?
4. 이 책에서 지금까지 다뤄온 다른 장들의 내용을 다시 살펴보라. 이러한 새로운 기술 중에서 오늘날 우생학의 형태로 활용되는 것이 있는가? 어떤 것이 이에 해당되며 해당되는 이유는 무엇인가?
5. 형질전환 생쥐에 대해 조사하라. 이 방법으로 만들어진 네 종류의 형질전환 생쥐를 열거하고 이들이 어떻게 사용되고 있는지 논하라.
6. 우리가 재조합 DNA 기술 등을 이용해서 유전자를 조작할 수 있으므로, 우리는 난자나 정자를 변화시켜 우리 아이들이 갖게 될 유전자를 선별할 수 있다. 이러한 일을 할 수 있는 과학적 근거에 대해 설명하시오. 사람들이 이와 같은 방법을 원하게 될 것이라 생각하는가? 그 이유는?

과제 제출

1. 우리 교재에 있는 주제와 관련된 기사를 신문, 잡지, 인터넷 등에서 찾아서 자료모음집을 제작하라.
2. 이번 학기에 다룬 주제와 관련한 의견을 개진하는 블로그를 만들어 이를 다른 사람들 또는 함께 수업을 들었던 학우들과 함께 나누어 보라.
3. 다른 사람과 이번 학기에 다루었던 주제에 대해 토론해 보시오. 이 사람에게 자신의 의견을 한 문단 정도로 설명하게 해 보라.
4. 이번 학기에 다룬 논쟁적인 주제에 대해 다른 사람들의 의견을 조사하고 그 결과에 대한 보고서를 작성하라.
5. 유전자 치료, 인간유전체, 유전자 검사 및 상업적 활용 등에 관련한 과학 학술지 논문을 읽고 최근 이들 분야에서 진행된 연구에 대한 간략한 보고서를 작성하시오. 과학 논문은 이 책의 웹사이트 또는 도서관에서 온라인으로도 제공한다.
6. 당신이 갖게 된 의문을 제기하는 또는 관련 사례를 제시하는 비디오 자료를 만들어 보시오. 이를 유투브에 올려 다른 사람들의 의견을 수집해 보라.
7. 인간 유두종바이러스에 대한 백신인 가다실(Gardasil)을 광고하는 데 사용할 수 있는 영업 전략을 세워보라.

핵심용어

BRACAnalysis (p. 228)
"황소" 위핏 "ully" whippet (p. 229)
네안데르탈인 Neanderthals (p. 235)
다능성 줄기세포 pluripotent stem cells (p. 226)
미오스타틴 유전자 myostatin gene (p. 229)
배아줄기세포 embryonic stem cells (p. 226)
생식적 복제 reproductive cloning (p. 236)
성체줄기세포 adult stem cells (p. 226)
세포주 cell line (p. 226)
소극적 우생학 negative eugenics (p. 225)
유전자결실 생쥐 knockout mouse (p. 230)
인공 자궁 artificial uterus (p. 231)
적극적 우생학 positive eugenics (p. 225)
피하유방절제술 subcutaneous mastectomy (p. 228)
핵전이 nuclear transfer (p. 233)
호모 네안데르탈렌시스 Homoneanderthalensis (p. 235)
호모 사피엔스 Homo sapiens (p. 235)

쓰면서 배우기: 블로그 이용

이 책 전반에 걸쳐 우리는 다른 사람들과 함께 블로그를 시작해 보라고 권해왔다. 이제는 당신이나 다른 사람들이 블로그에 올린 글을 읽고 이들이 유전학의 과거, 현재, 미래에 관련된 글을 어떻게 썼는지 살펴볼 때가 되었다.

인류 유전학 또는 당신 가족의 유전학에 대해서만 생각하지 않고 이 책 전체에서 다루고 있는 내용과 미래의 적용과 관련된 내용을 모두 상기하기를 바란다. 이 책에서 권한 사례에서 시작하는 것도 좋은 방법이다. 이들에 대한 목록을 작성한 다음 가장 흥미로운 사례를 선택하여 이에 대해 블로그에 글을 작성해 보라. 이에 대한 다른 사람들의 의견을 구하라.

유전학은 앞으로 어떤 모습으로 발전하게 될 것이라 생각하는가?

유전학이나 유전자 검사에 개인적으로 관련될 것이라 생각하는가?

개인 블로그를 만들기 시작하지 않더라도 친구나 부모, 조부모 등 당신이 알고 있는 사람들과 이 책에서 배운 내용에 대해 알려줄 때도 되었다. 그들도 지대한 관심을 가지게 될 것이다.

이메일이나 전화 블로그 등을 활용해서 계속 이에 관한 의견을 나누기를 바란다.

Glossary

가계도(pedigree) 한 가족의 구성원들과 조상과의 친족관계를 표시한 그림표.

간기(Interphase) 세포 주기에서 유사분열이 일어나는 사이의 시기.

감수분열(Meiosis) 세포분열의 과정으로 염색체가 복제된 다음 두 차례의 연속적인 세포분열을 통해서 네 개의 반수체 세포가 형성된다.

개시코돈(Start codon) 번역(translation)을 시작하기 위한 첫번째 아미노산의 신호 위치로 mRNA에 존재하는 코돈. AUG가 개시코돈의 기능을 담당한다.

거부반응(Rejection) 이식된 기관 또는 조직이 면역 체계에 의해 공격받고 파괴되는 면역 반응의 일종.

겉보기에 과학적 전문가가 분석(Junk science) 법정에 제시되는 과학적 증거는 과학계에서 인정된 것으로 법정에서 수용할 수 있는 것으로 판정을 받아야 한다. 이와 같은 프리에 검사(Frye test)를 통과하지 못한 채 법정에 제시된 과학적 증거를 일부 법률관련 글에서 일컫는 용어.

겸상적혈구 빈혈증(Sickle cell anemia) 혈액 수송 단백질인 헤모글로빈 이상 형태로 생기는 열성 유전질환.

고지에 입각한 동의(Informed consent) 환자가 자신의 치료와 관련되어 알아야 하는 모든 정보를 알려준 다음에 동의를 구해야 한다는 법률적 용어.

고환(Testes) 남성의 생식선으로 정자와 성호르몬을 생산함.

골지체(Golgi apparatus) 납작한 주머니 모양의 세포소기관으로, 소포체 내에서 합성된 단백질을 신별, 변형, 가공하는 역할을 한다.

공동우성(Codominant) 이형접합상태에서 유전자 쌍 2개가 모두 발현되는 특징.

과당 A(Fructose A) 과일이나 채소에서 발견되는 단당류로서, 인간에서 주요한 혈당 중의 하나이다.

광우병(Mad-cow disease) 소에서 나타나는 프리온 질병. BSE(bovine spongiform encephalopathy)라고도 한다.

구아닌(Guanine) 아데닌과 함께, 핵산에서 발견되는 질소 두 개를 포함한 퓨린 염기 중의 하나이다.

근위축증(Muscular dystrophy) 진행성 근육 퇴화 과정을 동반하는 일군의 유전질환. 이 가운데 두 종류, 뒤셴(Duchenne) 및 베커(Becker) 근위축증은 X 연관 열성 형질이다.

급성골수백혈병(Acute myeloblastic leukemia, AML) 혈액이나 골수에 미성숙 백혈구가 과잉으로 존재하는 혈액암.

기억세포(Memory cells) 항원에 노출된 다음에 형성되는 수명이 긴 B 세포. 기억세포는 같은 항원에 의해 두 번째로 감염되었을 때 신체를 방어하는 데 기여한다.

나팔관(Fallopian tubes) 포유동물의 난소와 자궁을 연결하는 관. 난소에서 방출된 난자는 여기에서 수정이 이루어지며, 자궁에 착상하기 위해 이 난관을 통해 이동한다.

난모세포(oocyte) 여성 생식세포.

난소(ovaries) 난모세포와 여성 호르몬을 생산하는 여성 생식선.

난자(Egg) 여성 감수분열의 산물: 여성 배우자.

난자생성과정(oogenesis) 난모세포 생성 과정.

난포[여포](Follicles) 난자를 둘러싸고 있는 난포세포로 구성된 층

난할구(Blastomere) 배아발달의 초기 단계에서 생산되는 세포. 배반포의 세포들 중의 하나.

낭포성섬유종(Cystic fibrosis) 외분비샘의 비정상적인 분비와 관련된 치명적인 열성유전질환.

낭포성섬유증의 단백질 산물(Cystic fibrosis transmembrane regulator; CFTR) 7번 염색체에 위치한 유전자로서 세포의 염소이동을 조절하는 형질막 단백질을 암호화한다. 이 유전자의 돌연변이는 낭포성 섬유종을 일으킨다.

네안데르탈인(Neanderthals) Homo neanderthalensis 참조.

뇌막, 수막(Meninges) 뇌와 척수를 둘러싸서 보호하는 막.

뉴클레오솜(nucleosomes) DNA을 싸고 있는 히스톤 단백질들로 이루어진 구슬과 같은 구조. 염색체 구조의 기본 단위.

뉴클레오티드(nucleotide) DNA와 RNA의 기본 성분(건축용 블록). 각각의 뉴클레오티드는 염기, 인, 5탄당으로 구성되어 있다.

다능성(pluripotent) 신체의 모든 또는 거의 대부분의 세포 유형들을 형성할 수 있는 줄기세포의 능력.

다발성 골수종(Multiple myeloma) 면역계의 형질세포에 발생한 암. 형질세포는 분화된 B 세포로 항체를 생성한다.

다배수(polyploidy) 정상 홑배수 염색체 세트의 다발로 이루어진 염색체 수.

다요인성 형질(Multifactorial traits) 하나 이상의 유전자와 하나 이상의 환경 요인의 상호작용으로 인해 나타나는 형질.

다유전자 형질(polygenic traits) 2개 이상의 유전자에 의해 조절되는 성향(특성).

단기 일렬 반복(short tandem repeats; STRs) 짧은 2개에서 9개 염기쌍을 가진 핵산이 길게 모여 다양한 길이의 클러스터를 형성하며 DNA 프로파일을 해석하는데 사용된다.

단백질(protein) 하나 이상의 아미노산 사슬로 구성된 고분자.

단백질체학(proteomics) 주어진 상황 아래서 주어진 시간에 세포 내에 존재하는 발현된 단백질의 연구. [단백질체학이라고도 한다. 프로테인(protein:단백질)과 옴(ome:전체)의 합성어로서, 게놈이 사람이 지닌 모든 유전정보의 집합체라면 프로테옴은 특정 세포나 특수 상황에서 만들어지고 작용하는 단백질의 총집합이다. 즉 유전자 명령으로 만들어진 프로테옴(단백질체)을 대상으로 유전자의 기능, 단백질의 기능이상 및 구조변형 유무 등을 규명하고 질병 과정을 추적하는 분석기술을 말한다.]

단상형(Haplotype) 밀접하게 연관된 유전자 혹은 마커의 클러스터로 함께 유전된다. 면역시스템에서 6번 염색체에 있는 HLA 대립유전자들은 하나의 단일형이다.

단일 뉴클레오티드 다형성(Single nucleotide polymorphism, SNP) 단일 염기 차이로 일어나는 유전적 변화.

대리모시술(Surrogacy) 한 여성이 계약을 한 상대방에 아이를 넘겨주는 보조 생식의 방법.

대립유전자(Allele) 한 유전자에서 대립형이 되는 유전자들 중의 하나. 서로 다른 대립유전자는 표현형에 미치는 영향이 다르다.

대립인자빈도(Allele frequency) 집단에서 특정유전자 대립인자들의 빈도.

대립인자확장(Allelic expansion) 유전자의 구성인 뉴클레오티드 중에 3개의 뉴클레오티드 수가 증가하여 유전자의 크기가 커지는 것.

독립의 법칙(Law of independent assortment) 멘델이 발견한 유전원리의 하나. 감수 분열이 일어나는 동안 서로 다른 염색체 상에 위치한 유전자가 배우자에 무작위로 분배된다는 원리.

돌연변이(Mutation) 다음 세대로 유전 가능한 DNA 상의 변화.

돌연변이유발원(Mutagens) DNA에서 돌연변이를 유발시키는 물리화학적 인자.

동물모델(Animal model) 사람과 생물학적, 생리학적 및 유전학적 유사성을 갖고 있는 생물. 사람의 병을 연구하고 시험하고 치료하기 위한 실험을 하는데 이용한다.

동원체(Centromere) 미세소관이 유사분열하는 동안에 방추사가 부착된 염색체의 한 부분. 동원체의 위치는 각 염색체마다 특징적인 형태를 가지게 한다.

동형접합자(Homozygous) 1개 혹은 그 이상의 유전자에 대하여 동일한 대립유전자를 갖는 것.

디스트로핀(Dystrophin) 근육세포의 구조적 구성을 위해 주요한 단백질이다. 이 단백질은 X 염색체 연관 근육 위축이 있는 사람에게서 이상이 있거나, 아주 없다.

디옥시리보스(Deoxyribose) 두 개의 5탄당 중의 하나가 핵산에서 발견된다. 디옥시리보스는 DNA에서 발견되고, 리보스는 RNA에서 발견 된다.

디옥시리보핵산(Deoxyribonucleic acid (DNA)) 유전정보를 전달하는 폴리뉴클레오티드의 역 평행 가닥으로 구성된 물질.

러시아계 유태인(Ashkenazi Jew) 약 10세기경 독일에서 기원한 유태인 집단으로 이들은 폴란드, 헝가리 및 그 외 동부유럽과 러시아로 이주하였다. 이주하면서 그 사회의 다른 인종들과 결혼하므로써 독특한 유전자급원을 형성하게 되었다.

리보스(Ribose) 핵산에서 발견되는 두 종류의 5탄당 가운데 하나. 디옥시리보스는 DNA에서 리보스는 RNA에서 발견된다.

리소솜(Lysosomes) 분해효소를 막으로 둘러싸고 있는 세포소기관.

림포카인(Lymphokine) 면역반응에 관여하는 백혈구 세포에서 생성되는 일군의 단백질.

만성골수성백혈병(Chronic myelogenous leukemia) 9번 염색체와 22번 염색체 사이에 일부분이 교환됨에 의해서 일어나는 백혈구의 암.

말기 I(Telophase I) 감수분열 I의 마지막 단계로서 염색체 가닥이 풀려서 희미해지기 시작하며 핵막이 재형성된다. 종기에 뒤이어 세포질 분열이 일어나고 두 개의 반수체 세포가 만들어진다.

말기 II(Telophase II) 감수분열 II의 마지막 단계로서 반수체 염색체의 코일이 풀린다.

말기(Telophase) 유사분열의 마지막 단계로서 세포질 분열이 일어나고 핵막이 재형성된다.

말단소립, 종말체(Telomere) 염색체의 말단에 존재하는 특이구조.

면역글로불린(Immunoglobulins, Ig) 항체의 역할을 하는 다섯 종류의 단백질.

면역억제제(Immunosuppressive drugs) 신체가 면역반응을 나타내거나 이식된 기관을 거부하는 능력을 억제하거나 제거하는 약제.

모노아민 산화효소 A형(Monoamine oxidase type A) X 염색체상에 존재하며 특히 노르에피네프린과 세로토닌과 같은 신경전달물질을 분해하는 효소 유전자. 이 유전자에 돌연변이가 일어나 유전자 산물의 활성이 감소하면 공격적인 성향이 증가할 수 있다.

무뇌증(Anencephaly) 발생중에 뇌(대뇌와 소뇌)의 일부가 형성되지 않는 발생이상. 이러한 경우 대개 출생전에 죽는다. 무뇌증의 신생아는 며칠 살지 못한다.

미세위성체(Minisatellites) 14~100개의 뉴클레오티드 서열이 반복해서 배열되어 있는 부분. DNA 지문 확인법에서 이용된다.

미토콘드리아 DNA(Mitochondrial DNA) 미토콘드리아의 유전체를 포함하는 고리형 DNA 분자로 여러 개의 복사본이 존재한다.

미토콘드리아(Mitochondria) 막으로 둘러싸인 세포소기관. 모든 진핵세포의 세포질에 존재하며 세포 내 에너지 생산을 담당한다.

반접합자(Hemizygous) 열성과 우성 양쪽 모두에 있어서 여성에게서 발현되는 X 염색체에 존재하는 유전자.

발견규칙(Discovery rule) 법적 재판에서 피고측에게 그들의 모든 증거를 넘겨주도록 검찰에 요구하는 사법 규칙을 의미하는 법률 용어.

발기부전(Erectile dysfunction) 발기가 되지 않거나 유지가 되지 않는 것. 이것은 남성 불임의 원인 중의 하나이다.

발단자(proband) 유전질환을 위해 의학적 돌봄을 찾은 첫 번째 영향받은 가족 구성원.

발암물질(Carcinogen) 인간 또는 다른 유기체에서 암을 유도하는 물질.

발암유전자보유생쥐(OncoMouse®) 하버드 대학에서 특허를 가지고 있는 유전적으로 조작하여 개발된 생쥐. 이 생쥐는 활성화된 종양유전자를 가지고 있어서 암에 쉽게 걸리게 된다. 이 변종 생쥐는 암 연구에 사용된다.

발현되는 유전자(Expressed genes) 이러한 유전자들은 생물체의 세포에서 활성화 되어 있다. 이러한 유전자는 표현형을 만든다.

발현되지 않는 염기서열(non-expressed sequences) 전사되지 않는 비활성화 유전자를 나타내는 DNA 염기서열.

배아줄기세포(Embryonic stem cells) 성인 몸에서 발견되는 세포형태 혹은 250가지 중 어느 것으로도 분화할 수 있는 배아의 내세포괴(inner cell mass)로부터 유래된 만능 세포(pluripotent cell).

배포(Blastocyst) 배아발달의 한 단계로서 세포의 바깥층, 움푹 들어가고 유동적인 내부, 내부세포 덩어리라고 명명되는 세포의 집합체로 구성되어 있으며, 이것들은 배아를 형성한다.

백신(Vaccine) 약화시켰거나 죽은 병원체 주사제제로서 인체 주사시 면역반응을 유도한다.

버킷림프종(Burkitt's lymphoma) 백혈구(B 세포)가 빠르게 성장하는 암으로서 아이들과 젊은 성인에게서 자주 발견된다.

번역(Translation) mRNA 분자의 뉴클레오티드 서열로 암호화된 유전정보를 단백질 아미노산의 선상 서열 속으로 바꾸는 과정.

법정의 고문(Amicus curiae) 사건에 관한 정보와 함께 법정에 제기된 소송사건에 관련되지 않은 개인이나 그룹이 서술한 법률적 적요서를 나타낸 법률적 용어.

베타글로빈(Beta globin) 배아, 태아, 성인의 혈색소에서 발견되는 산소운반 단백질의 하나. 각 혈색소 분자는 2개의 알파 글로빈과 2개의 베타 글로빈으로 이루어져 있다.

벡터(Vectors) 숙주 세포들 간에 외부 DNA분절을 옮기기 위해 사용하는 자가복제기능을 가진 DNA분자.

보인자빈도(Carrier frequency) 인구 중 특이 대립유전자를 운반하는 이형접합체의 빈도.

보편공여자(Universal donor) 어느 누구에게나 혈액을 제공해 줄 수 있는 혈액형을 가진 사람. ABO 혈액형계의 경우 O형 사람이 범공여자이다.

보편수용자(Universal recipient) 어느 누구의 혈액이라도 수혈 받을 수 있는 사람. ABO 혈액형계의 경우 AB형 사람이 범수여자이다.

복강경검사(Laparoscopy) 복부를 작게 절개한 다음 광섬유를 통해 복부의 내부를 살펴보는 방법. 자궁, 난소, 나팔관 등을 살펴보거나 난자를 채취하는 데 사용.

부고환(Epididymis) 정자가 보관되어 있는 고환 옆의 구조.

부정맥(arrhythmias) 심방이나 심실에 영향을 줄 수 있는 비정상적인 심장박동.

분리의 법칙(Law of segregation) 멘델이 발견한 유전원리의 하나. 감수분열이 일어나는 동안 염색체 쌍이 따로 나뉘어 서로 다른 배우자로 전해진다는 원리.

불리휘펫(Bully whippet) 미오스타틴(myostatin) 유전자의 돌연변이가 동형접합인 품종의 강아지로서, 정상보다 근육층이 크게 증가하고, 정상 휘펫보다 빠르다.

비만유전자(ob gene) 사람의 염색체 7번상에 있는 유전자로 렙틴 호르몬을 코드화 한다. 음식물의 섭취와 에너지 소비를 자극하는 중요한 역할을 하는 유전자로 렙틴 생산의 결손을 가져와 비만을 유발한다.

비분리염색체(nondisjunction) 감수분열과정 중에서, 감수분열 I에서 상동염색체가 적절하게 분리되는 않거나(제1차 염색체비분리), 감수분열 II에서 자매 염색분체가 적절하게 분리되지 않는 것(제2차 염색체비분리)이다. 결과적으로 비정상적인 염색체 숫자를 가지는 생식세포가 된다.

비정배수(Aneuploidy) 염색체의 수에서 배수성의 이상.

산전진단(prenatal diagnosis) 태아에서 유전질환이나 발달이상을 진단하기 위해 임신 상태에서 사용되는 검사.

상동염색체(Homologous chromosomes) 유사분열 동안 쌍을 이루는 염색체로서 동일한 유전자좌(gene loci)를 갖고 있다.

상염색체 열성(Autosomal recessive) 사람의 1~22번 염색체에 있는 유전자의 표현형이 동형접합일 때에만 나타나는 유전양상.

상염색체 우성(Autosomal dominant) 1~22의 사람 염색체 유전자의 표현형이 이형접합이거나 동형접합이거나 모두 분명하게 나타나는 유전양상.

상염색체(Autosomes) 성을 결정하는 염색체 이외의 염색체들(체세포 염색체라고도 한다). 사람에게서는 X와 Y염색체를 제외한 1~22번 염색체들.

생물공학(Biotechnology) 상업적인 상품과 서비스산업을 생산하는 재조합 DNA 기술의 사용.

생물역사가(Biohistorian) 인간진화, 인류학, 고고학, 인간역사와 개인을 연구하는 관련분야를 통합하려는 학자.

생물정보학(Bioinformatics) 유전학 정보의 획득, 저장, 분석, 시각화하는 컴퓨터와 소프트웨어의 사용.

생식선 치료(Germ-line therapy) 유전자를 배우자로 이동시키거나 혹은 배우자를 생산하는 세포로 이동시키는 것이며, 유전자는 생식세포를 포함하여 다음 세대의 모든 세포로 이동된다.

생식적복제(Reproductive cloning) 공여자의 핵과 유전적으로 동일한 개체를 만들기 위해 성체의 핵을 배자 세포로 전달하는 과정. 복제의 한 형태.

성 제한 유전자(Sex-limited genes) 한 성에만 표현형을 나타내는 유전자.

성비(Sex ratio) 남성과 여성의 비는 생활사에 따라 변한다. 수정 시에는 그 비율이 1:1에 가깝지만 나이가 증가할수록 남성에 대한 여성 비율이 증가한다.

성선택(Sex selection) 특정 성을 가진 아이를 가지기 위해 생식체 또는 배자의 성염색체 구성을 결정하는 방법 또는 과정.

성염색체(Sex chromosome) 사람에서 성결정에 관여하는 X와 Y 염색체.

성체줄기세포(Adult stem cell) 몸에서 발견되는 미분화세포로서 몇 가지 종류의 세포로 분화하여 손상된 성체의 조직이나 기관을 복구할 수 있는 능력이 있다.

세로토닌(Serotonin) 신경계에서 세포에서 다른 세포로 신경 자극을 전달하는 역할을 하는 뇌 화학물질.

세염색체증 21(Trisomy 21) 21번 염색체가 1개 더 있는 비정배수(aneuploidy) 다운증후군의 원인이 된다.

세정관(Seminiferous tubules) 정자가 생성되는 고환 내부의 작고 조밀한 꼬불꼬불한 모양의 관. 곡정세관이라고도 한다.

세포 내 덩어리(Inner cell mass) 배아로 자라나는 배반포 내의 세포 덩어리로 여기서 배아줄기세포를 추출한다.

세포주(Cell line) 실험실에서 자랄 수 있는 세포의 특이한 유형(예를 들어 자궁경부암에서 유래한 HeLa 세포는 하나의 세포주이다).

세포주기(Cell cycle) 반복적인 유사분열들 사이에 일어나는 일련의 주기적인 과정.

세포질 분열(Cytokinesis) 유사분열에 동반되는 세포질의 분열 과정.

세포질(Cytoplasm) 핵막과 형질막 사이에 위치한 세포의 물질. 이것은 액체(세포기질)와 소기관들을 포함한다.

소극적 우생학(Negative eugenics) (좋지 않은 유전자를 가진) 유전적으로 열등한 사람들 사이의 번식을 제거하거나 낮추는 것을 목적으로 하는 우생학의 한 부분.

소포체(Endoplasmic reticulum (ER)) 유전자 산물을 만들거나 이동시키는 기능을 하는 엽과 통로로 배열된 세포질 막 시스템.

수정(Fertilization) 접합자를 형성하기 위해 두 개의 생식세포가 융합하는 것.

시냅스(Synapse) 두 신경세포간 신경충격을 전달하는 부위.

시토신(Cytosine) 3개 질소를 포함하는 피리미딘 염기의 하나로서, 티민과 우라실과 함께 나란히 핵산에서 발견된다.

신경관 장애(Neural tube defects) 척수, 뇌, 두개골 등의 중추신경계통의 결손. 초기 발달 과정에서 신경관이 닫히지 않아 야기 된다.

신경섬유종증(Neurofibromatosis) 염색체 17번상의 대립유전자 변이에 의한 신경섬유종증1(NF-1)과 염색체 22번상의 대립유전자 변이에 의한 신경섬유종증1(NF-2) 2가지 질환이 있다. NF-1은 신경계통과 피부의 발달과정에 영향을 주는 상동염색체 우성으로 유전되며, 환자는 말초신경을 따라 신경섬유종증의 종양으로 나타난다.

신경전달물질(neurotransmitter) 뉴런과 뉴런 사이에 신경충격이 전달될 때 신경세포사이의 틈새공간인 시냅스로 방출되는 화학물질.

신생아 용혈성 질환(Hemolytic disease of the newborn, HDN) 엄마가 RH- 이고 태아가 RH+ 일때, 엄마와 태아 사이에서 면역학적으로 부적합성이 나타나는 것이다.

심리학자(psychologist) 마음(정신)과 행동 등에 대해 공부하고 고등수련과정(Ph.D학위)을 가진 사람.

아나필락시스성 쇼크(Anaphylactic shock) 히스타민이 순환계로 방출되어 순환계와 호흡계에 갑작스런 장애를 일으키는 알러지 반응.

아데닌 탈아미노효소(Adenosine deaminase) 20번 염색체에 있는 유전자에 의하여 암호화되는 효소. 이 유전자에 돌연변이가 일어나면 중증복합면역결핍증이라 불리우는 면역계 이상이 발생한다.

아데닌(Adenine) 구아닌과 같이 핵산에 존재하고 질소를 함유하는 퓨린 염기중의 하나.

아미노산(Amino acid) 결합하여 단백질을 만드는 20가지 단량체 중의 하나. 각 아미노산은 아미노기와 카르복실기를 가지고 있다.

아스페르미아(Aspermia) 정액을 방출할 수 없는 것. 이것은 정액에서 정자가 없는 무정자증과는 다르다.

악성(Malignant) 주변의 조직에 침투해서 이를 파괴하는 종양의 특징으로 신체의 다른 부분으로 퍼지는 능력을 포함한다.

안드로젠 수용체 유전자(Androgen receptor gene) X염색체에 있는 유전자로 돌연변이가 일어나면 XY염색체를 가지고 있더라도 표현형이 여성이 된다.

안드로젠(Androgen) 남성호르몬으로 남성호르몬활성의 화학물질들과 관련 있다.

안티코돈(Anticodon) mRNA의 염기서열(코돈)과 상보적으로 결합하는 tRNA의 3개 뉴클레오티드들.

알레르기항원(Allergen) 과잉의 면역반응을 불러 일으키는 항원.

알비노증(Albinism) 피부, 머리카락, 눈동자 등에 멜라닌 색소가 결핍되는 유전병.

알파글로빈(Alpha globin) 배, 태아, 성인의 헤모글로빈에 있는 산소운반 분자. 각 헤모글로빈 분자는 2개의 알파글로빈사슬과 2개의 베타글로빈 사슬로 되어 있다.

암(Cancer) 조절되지 않는 세포분열이 원인인 악성종양. 암세포는 체내 다른 부분으로 퍼지는(전이하는) 능력을 가진다.

암유전자(oncogenes) 통제되지 않는 세포 증식을 유도하거나 지속시키는 유전자.

암집단(Cancer cluster) 어떤 지리적인 위치나, 어떤 기간을 넘어선 인구에서 발견되며, 예상수치보다 더 많은 암사례 .

약리유전체학(pharmacogenomics) 치료 약물의 목표를 확인하기 위해 유전자와 단백질을 분석하는 학문.

약리유전학(pharmacogenetics) 약물에 대한 반응 차이의 유전성에 관계된 유전학의 한 분야.

양막천자(Amniocentesis) 발생 중에 태아를 둘러싸고 있는 양수를 주사기로 채취하는 것. 양수에는 태아세포가 있다. 양수나 태아로부터 떨어져 나온 세포를 이용하여 유전병이나 발생 이상등에 대한 산전진단을 한다. 보통 임신 16주경에 실시한다.

양성(Benign) 의학에서 건강에 해롭지 않은 것. 예를 들어 양성종양은 자라지만 체내의 다른 부분으로 퍼지지 않는다.

양수(amniotic fluid) 발생하는 동안 태아를 둘러싸고 보호하는 용액으로 대부분 태아의 오줌으로 이루어 졌다. 양수와 태아로부터 떨어져 나온 세포들은 유전병을 산전진단하는데 사용된다.

어셈블러(Assembler) DNA 짧은 가닥들에 대한 정보를 통합하여 긴 가닥의 정보를 만들고 단백질을 암호하는 염기서열이나 돌연변이 등을 분석하기 위한 소프트웨어.

엔톨핀(Endorphin) 아편 수용체에 결합하고, 통증을 감소시키고, 감정에 영향을 주는 뇌에서 생산되는 펩타이드 호르몬.

연관(Linkage) 2개 이상의 유전자가 독립적으로 전해지지 않는 조건. 서로 연관된 유전자는 함께 대물림되며 이와 같은 유전자들은 동일한 염색체 상에 위치한다. 연관된 유전자 사이의 재조합 빈도를 측정함으로써 이들 사이의 거리를 결정할 수 있다.

열성(Recessive trait) F1 세대에서는 나타나지 않으나 F2 세대에서는 일부에서 재발현되는 특징.

염기서열분석기(Sequencer) DNA 분자의 핵산 염기서열을 자동 분석하는 기계. 게놈 프로젝트에 사용되었다.

염색체(Chromosomes) 유전정보를 운반하는 실 같은 구조물.

엽산(Folic acid) 음식물에 충분하게 포함되었을 때, 배아 증식에 있어서 신경관의 결함을 막아주는 비타민 B의 한 종류.

완전안드로젠불감증(Complete androgen insensitivity, CAI) 테스토스테론 또는 다른 남성 호르몬의 수용체를 암호화하는 유전자 돌연변이에 의해서 일어나는 X연관 열성질환. 영향을 받은 개체는 유전적으로 남성(XY 성염색체)이지만, 여성 표현형이다.

요도(Urethra) 방광에서 연결되어 나오는 관으로서 바깥쪽으로 열려있다. 요도는 소변을 외부로 운반 배출하는 기능을 하며 남자의 경우 정액 역시 요도를 통해서 배출된다.

요도구선(Bulbourethral glands) 남성에서 점액 같은 물질을 분비하고, 성교를 위한 윤활작용을 제공하는 샘.

우라실(Uracil) 티민 및 시토신과 함께 핵산에 존재하는 질소-함유 3개의 피리미딘 염기 중 하나.

우성형질(Dominant trait) F1 혹은 이형접합체에서 발현되는 형질

운반 RNA(transfer RNA; tRNA) 작은 RNA 분자로서 특정한 아미노산과, 이에 해당하는 mRNA의 유전암호를 인식하는 안티코돈(anticodou)이 있다.

원고(plaintiff) 재판에 참여하는 사람을 이르는 법률용어. 형사재판이나 민사재판에서 다른 사람을 상대로 소송을 제기하는 사람.

원형질막(plasma membrane) 세포의 세포질 주위를 둘러싸고 있는 지질과 단백질을 포함하고 있는 막.

위치클로닝(positional cloning) 유전자 산물 또는 그것의 기능에 관한 사전 정보 없이 유전자를 클로닝하고 지도화하는 재조합 DNA 방법.

위피트(Whippet) 미오스타틴(myostatin) 유전자의 돌연변이로 인해 근육이 강화된 개의 품종. Bully whippct을 참조할 것.

유사분열(Mitosis) 2개의 세포를 형성하는 세포 분열의 형태로, 이 과정에서 형성된 각각의 세포에는 모세포와 동일한 염색체 쌍을 지닌다.

유전검사(Genetic testing) 어떤 개인이 유전 질환을 갖고 있는지 혹은 유전 질환에 대한 돌연변이 대립유전자를 갖고 있는지를 확인하기 위해 생화학적 혹은 분자생물학적인 기술을 이용하는 것.

유전자 선별검사(Genetic screening) 개인마다 나타날 수 있는 유전 질환의 위험성과 유전 질환이 후대에게 전달되는 위험성을 확인하기 위해 집단 구성원을 검사하는 방법.

유전자 조절(Gene regulation) 유전자를 발현시키고 유전자 산물을 얼마나 많이 생산할 것인지를 결정하는 과정.

유전자 치료(Gene therapy) 유전 질환을 치료하기 위한 방법으로 결함이 있는 유전자를 정상 유전자로 대체하는 치료 방법.

유전자(Gene) 유전의 기본적인 단위.

유전자결실 생쥐(Knockout mouse) 돌연변이로 인해 비활성화된 유전자를 하나 이상 지니는 유전자 변형 생쥐. 생의학 연구에서 유전자가 발생과 표현형에 어떤 영향을 주는지를 연구하는 데 활용.

유전자변형 생물체(Transgenic organism) 상이한 종의 생명체로부터 한 개 또는 그 이상의 유전자를 옮겨 유전학적으로 변형시킨 박테리아, 식물, 또는 동물을 지칭.

유전자형(Genotype) 한 생물체의 특정한 유전적 조성.

유전체 라이브러리(Genomic library) 한 생물체에 포함된 전체 게놈을 대표하는 클론(clone)의 총합.

유전체(Genome) 한 개인이 갖고 있는 유전 정보의 총합.

유전체학(Genomics) 게놈의 구조, 기능, 그리고 진화를 연구하는 학문.

융모막 융모(Chorionic villi) 발달하는 배아를 자궁에 정착시키기 위한 융모막의 손가락처럼 돌출된 부위.

융모막(Chorion) 배아발달 동안에 영양막세포로부터 형성되는 2층 구조.

융모막융모표본추출(Chorionic villus sampling, CVS) 태아의 융모막세포를 사용하는 산전검사의 한 방법. 융모막세포는 질 또는 복강벽을 통하여 자궁안으로 카테터를 삽입하여 얻어진다. 생화학적 세포유전학적 결함을 진단하기 위하여 사용된다. 임신 8주 또는 9주에 시행된다.

이종 장기이식(Xenotransplant) 상이한 종간의 장기이식.

이형접합자(Heterozygous) 한 개 혹은 그 이상의 유전자를 포함한 서로 다른 두 개의 대립유전자.

인간 유전체 사업(Human Genome Project) 인간 게놈 안에 있는 모든 유전자의 염기서열, 유전자의 위치 및 기능을 규명하기 위해 1990년에 시작된 국제적인 노력.

인간융모성 생식선자극호르몬(Human chorionic gonadotropin, HCG) 황체에 의한 프로게스테론 생산을 유지시키기 위해 태반에서 생산되는 호르몬. HCG는 임신 진단 시약에 포함되어 있다.

인공 자궁(Artificial uterus) 여성의 몸밖에서 배나 태아를 기르기 위해서 만들어 진 자궁과 유사한 구조.

인구집단 빈도수(population frequency) 인구집단에서 특정 대립유전자의 빈도.

인산기(phosphate group) 4개의 산소 분자에 화학적으로 결합된 인산을 포함하고 있는 화합물.

인유두종 바이러스(Human papillomavirus, HPV) 자궁경부암을 일으킬 수 있는 바이러스의 그룹.

인자 VIII(Factor VIII) X-연관 유전질환인 혈우병 A에서 소실되었거나 결함이 있는 혈액응고인자.

일란성 쌍생아(Monozygotic (MZ) twins) 단일한 수정란에서 유래된 쌍생아. 유전적으로 동일하다.

일차구조(primary structure) 폴리펩타이드 사슬에서 아미노산 서열.

일치도(Concordance) 쌍둥이 두 사람에게 있는 소질의 존재.

자가면역질환(Autoimmune disordersr) 어떤 사람의 면역시스템이 자기 자신의 세포와 조직을 공격하는 항체를 만들어내는 질환.

자궁(Uterus) 속이 빈 계곡의 서양배 모양의 근육성 장기로서 수정란이 여기에서 자랄 수 있다.

자궁경부(Cervix) 질 안으로 열려있는 자궁의 아래 입구.

자궁근층(Myometrium) 자궁의 근육층으로 자궁내막을 둘러싸고 있다.

자궁내막(Endometrium) 수정이 일어나지 않으면 월경때 떨어지는 자궁의 내벽.

자극, 복수(Stimulus:stimuli) 생물에서 내부 또는 외부환경에서 발견되는 변화.

잘못된 인생에 대한 소송(Wrongfull life suit) 법률 용어로서 소송의 한 유형이다. 이 소송의 경우 의사를 대상으로 자신이 고통과 아픔의 삶 속에 태어나지 않게 했어야 함을 청구할 수 있다.

잘못된 출생에 대한 소송(Wrongful life suit) 법률 용어로서 소승의 한 유형이다. 이 소송의 경우 특정한 가족이 의사를 대상으로 소송을 제기할 수 있는데 그 이유는 그들이 태아기 검사를 하지 않아서 그들의 아이들이 고통과 괴로움 속의 삶에서 태어나게 했기 때문이다.

재조합 DNA 기술(Recombinant DNA technology) 재조합 DNA 분자를 만들기 위해 자가 복제하는 벡터에 DNA 단편을 결합시켜 숙주세포 내에서 복제되도록 하는 기술.

재조합 DNA 분자(Recombinant DNA molecule) 2개 또는 그 이상의 다른 유기체로부터의 DNA 단편을 결합하여 제조된 분자.

적극적 우생학(positive eugenics) 유전적으로 우량하거나 우월한 것으로 판단되는 개인들에게 생식(번식)을 장려하는 우생학의 한 부분.

전기 I(prophase I) 같은 종류의 염색체와 쌍을 이루고 유전자를 교환하는 감수분열의 단계.

전기 II(prophase II) 공통 동원체에서 결합한 자매 염색분체로 구성된 쌍을 이루지 않은 홑배수체 염색체가 처음 나타나는 감수분열의 단계.

전령 RNA(Messenger RNA, mRNA) 유전자에 상보적인 단일가닥 리보뉴클레오티드 서열.

전립선(prostate gland) 남성에 있는 샘으로 우윳빛 염기성 액체를 분비해서 여성의 산성 질 분비물을 중화한다. 그 결과로 정자의 활성을 증강시킨다.

전사(Transcription) DNA 분자의 안티센스 뉴클레오티드 서열을 RNA분자의 상보적 뉴클레오티드 서열로 바꾸어 유전자 정보를 전달해주는 과정으로 RNA polymerase 효소가 관여함.

전이(Metastasis) 암세포가 몸의 다른 곳으로 이동해서 새로운 악성 종양을 형성하는 과정.

전환(Conversion) 개인의 사적 재산 제거를 의미하는 법적 용어.

점돌연변이(point mutation) DNA의 단 하나 뉴클레오티드에서 돌연변이가 일어나는 것.

접합체(Zygote) 정자와 난자가 수정된 새로 발생을 시작하는 수정란.

정관(Vas deferens) 부고환과 연결된 관으로서 정액이 이곳을 통과함.

정관절제(Vasectomy) 남성들을 대상으로 한 피임법으로서 정관을 자르고 실로 묶어버림으로써 정액이 통과하는 것을 막는 시술.

정낭(Seminal vesicles) 남자생식기에서 과당과 프로스타글란딘을 분비하는 선.

정모세포(Spermatocytes) 감수분열을 거쳐 반수체인 정세포를 만드는 이배체 세포.

정배수(Euploidy) 완전한 반수체 혹은 2배체의 유전체를 가진 세포 혹은 생물체. 사람에서 23개 염색체를 가지는 배우자는 반수체 상태를 나타내는 정배수이고, 46개의 염색체를 가진 세포는 2배체 상태를 나타내는 정배수이다.

정세포(Spermatid) 감수분열 2기에 형성되는 세포로 정자를 형성하기위해 분화한다.

정신과 의사(psychiatrist) 정신질환 치료를 추가적으로 수련 받은 M.D. 학위를 가진 사람.

정신분열증(Schizophrenia) 현실을 망각하는 정신질환으로 구분되는 행동적 질환. 이 질환에는 유전적 환경적 요인이 관여한다.

정자(Sperm) 남성 생식체.

정자분류(Sperm sorting) X염색체와 Y염색체를 가지고 있는 정자를 선별하는 과정. 성선택의 첫 번째 단계.

정자생성과정(Spermatogenesis) 정자를 만들어내는 과정.

제초제(Hemophilia) 식물의 성장을 제어하거나 죽이는 화학물질.

제한효소(Restriction enzyme) 특수한 부위에서 DNA를 자르는 박테리아 효소.

제한효소절편길이다형성(Restriction fragment length polymorphism; RELP) 제한 효소를 처리 후 다양한 길이의 DNA 단편이 생기는 것. 단편 길이의 다양성은 제한효소 인식부위와 절단 부위에서 다른 염기서열의 핵산이 만들어지거나 없어져서 발생한다.

조직공생면역계(Chimeric immune system) 2명의 다른 개체로부터 유래한 면역계. 일반적으로 2개 다른 종의 배아로부터 세포를 결합시켜서 만든다. 종간의 기관이식 거부를 막기 위한 실험동물에 사용된다 (이종이식).

종결서열(Termination sequence) 유전자의 말단에 있는 뉴클레오타이드 서열로서 전사의 종료를 알림.

종결코돈(Stop codon) 합성되는 폴리펩티드 사슬 끝부분의 신호로 mRNA에 존재하는 코돈. UAG, UGA, UAA이 있다.

종양억제 유전자(Tumor suppressor genes) 세포분열을 억제하는 단백질을 합성하는 유전자.

종형 곡선(Bell curve) 둥근모양의 곡선 또는 가우스 분포라고 명명됨. 이것은 데이터의 정규분포로부터 나오는 곡선이다.

중기 I(Metaphase I) 감수분열 과정에 짝을 이룬 상동염색체가 세포의 적도판에 배열하는 단계. 제1감수분열 후기가 되면 각각의 염색체 쌍이 세포의 양극으로 이동한다.

중기 II(Metaphase II) 감수분열에서 짝을 이루지 않은 염색체가 세포의 적도판에 배열하는 단계. 제2감수분열 중기에서 동원체가 나뉘어지면서 염색체가 염색분체로 분리되어 각각 세포의 반대편 극쪽으로 이동한다.

중증복합면역결핍증(Severe combined immunodeficiency disease, SCID) 세포매개성, 항체매개성 반응 모두가 없는 면역 반응이 결핍된 유전 질환.

중합효소 연쇄반응(polymerase chain reaction; PCR) DNA 중합효소에 의한 DNA 합성의 주기의 과정을 통해 DNA 분절(조각)을 증폭하는 방법.

증상 전 검사(presymptomatic testing) 어떤 증상이 나타나기 전에 질병 유발 돌연변이를 확인하기 위한 유전자 검사.

지능지수(intelligence quotient, IQ) 표준화된 검사에서 얻은 개인의 정신 연령을 신체 연령으로 나눈 다음 100을 곱하여 계산한 점수.

지도(Map) 유전학에서 염색체 상의 유전자 사이의 거리와 그 순서. 유전적 지도는 유전자 사이의 재조합 빈도를 바탕으로 작성한다. 물리적 지도는 염색체 상의 특정한 위치에 대한 유전자의 거리를 바탕으로 작성한다.

지문학(Dermatoglyphics) 손가락, 손바닥, 발가락, 발 위에 있는 융선의 형태를 연구하는 것. 이들 융선은 유전적으로 정해진 고리, 와상문, 궁상문의 구별이 가능한 형태로 구성된다.

질(Vagina) 성교 시 남성의 성기를 삽입할 수 있게 열려있는 여성 성기의 한 부분으로 출산 통로로서의 역할도 한다.

착상(Implantation) 초기 배아가 자궁 내막에 부착하는 과정. 대개 수정후 6-7일 사이에 일어난다.

착상전 유전 진단(preimplantation genetic diagnosis; PGD) 체외수정에 의해 만들어진 수정란의 유전적 결함 여부를 검사하는 방법. 이 과정에서, 6-8 세포 단계에 있는 수정란으로부터 단 하나의 할구를 떼어내서 유전적 결함이 있는지 검사한다.

창시자 효과(Founder effect) 새로운 개체군을 만드는 소수의 개체. 이 개체의 유전자형은 원래의 개체군에 있는 대립유전자의 한 부분이다. 유전적 부동의 한 형태.

척추이분증(Spina bifida) 척수 또는 척수를 둘러싼 부위의 이상을 일으키는 신경관 결손.

체외수정(In vitro fertilization, IVF) 배우자를 추출하여 실험실 배양접시에서 수정시킨 다음 만들어진 접합자를 발생이 진행되도록 자궁에 착상시키는 과정.

초급성 거부반응(Hyperacute rejection) 수용자의 면역시스템에 의해 항체로 인한 급속한 조직의 이식 거부 반응. 이미 존재하고 있는 항체 혹은 다른 종간의 이식에 의해 야기될 수 있다.

초음파 검사법(Ultrasonography) 음파를 만들어내는 트랜스듀서(소자)를 사용하여 태아(또는 인체의 특정부분)를 영상화시켜 관찰하는 방법.

초파리(Drosophila) 일반적으로 초파리라고 불린다. Drosophila melanogaster 종은 유전학자, 발생생물학자, 집단생물학자가 주로 사용하는 모델 생물체이다.

추정상 동의(Assumed consent) 이식을 하기 위하여 의학적인 조치를 하거나 기관을 제거하는데 환자의 문서나 구두 동의가 없는 것을 있는 것처럼 하는 것을 나타내는 법률적 용어.

취약 X-증후군(Fragile X) 유전자는 X 염색체 q27에 위치하며, X 염색체가 취약하거나 파손된 질환으로 남성에서 정신지체를 나타낸다.

코돈(Codon) 정보를 단백질의 특이 아미노산으로 암호화하는

mRNA에 있는 3개의 뉴클레오티드.

타모시펜(Tamoxifen) 항암제로서 세포성장에서 에스트로겐의 작용을 차단하여 항암 효과를 발휘한다.

태이-삭스질환(Tay-Sachs disease) 어린아이들의 사망 원인이 되는 열성으로 유전되는 대사성 유전질환.

테스토스테론(Testosterone) 고환에서 생산되는 스테로이드호르몬으로서 남성호르몬.

통합 DNA 색인 시스템(Combined DNA Index System, CODIS) 개인의 DNA 개요를 준비하기 위해 사용되는 13개의 DNA 상염색체 마커들의 판넬. 13개 마커들의 사용은 어떤 한 개인이 특별한 조합을 가질 수 있는 가능성이 약 100 조분의 1이다.

트리뉴클레오티드 반복(Trinncleotide repeats) 특정한 3개의 뉴클레오티드 염기서열이 계속 반복되는 현상.

티로신(Tyrosine) 단백질 합성에 사용되는 21개의 아미노산 중 하나로서 페닐알라닌으로부터 만들어진다.

티민(Thymine) 우라실 및 시토신과 함께 핵산에 존재하는 세 개의 질소 함유 피리미딘 염기중 하나.

페닐알라닌 수산화효소(phenylalanine hydroxylase; PAH) 페닐알라닌을 대사과정을 통해 티로신 아미노산으로 전환시키는 효소. 이 효소가 결핍되면 상염색체 열성 질환인 페닐케톤뇨증이 된다.

페닐알라닌(phenylalanine) 사람 식이(음식)에 필수적인 아미노산 중 하나. 필수 아미노산은 체내에서 합성되지 않아서 음식물에 반드시 포함되어야 한다. 페닐알라닌은 페닐케톤뇨증 환자의 혈액에 축적되는 상염색체 열성 유전 질환으로 정신지체를 야기한다.

페닐티오카르바마이드(phenylthiocarbamide; PTC) 인구의 약 70%에게 쓴 맛을 느끼게 하는 화합물. 이것에 맛을 느끼는 사람과 맛을 느끼지 못하는 사람이 되는 것은 유전적 근거에 의한 것이다.

펩티드 결합(peptide bond) 아미노산의 카르복실기와 또 다른 아미노산의 아미노기 사이의 공유결합.

폐구균(Streptococcus pneumoniae) 캡슐화되거나 비캡슐화된 박테리아 종으로 이 균의 DNA는 유전물질의 화확적 물질을 실험적으로 설명하는데 사용되었다.

표지(Markers) 대립유전자, DNA 염기서열, 염색체 구조적 특징 등 유전학적 분석을 하는 과정에서 염색체 특정 부분임을 알아낼 수 있는 특징. 위치클로닝(positional cloning)은 특정 유전자를 포함하는 염색체를 확인할 수 있는 DNA 표지자를 이용한다.

표현형(phenotype) 유기체의 관찰된 특성.

퓨린(purine) 핵산에서 발견되는 이중 고리 유기 염기.

프라이머(시발체)(primer) DNA 중합효소에 의해 DNA 합성을 시작하기 위해 사용되는 짧은 뉴클레오티드 서열. 중합효소 연쇄반응에서 사용된다.

프로모터(promoter) RNA 중합효소가 결합해서 전사를 시작하는 DNA 분자의 부위.

프로스타글란딘(prostaglandins) 정자 이동을 돕기 위해 여성 생식기 계통의 수축을 촉진하는 국소적으로 활동하는 화학 물질.

플라스미드(plasmid) 세균의 많은 종에서 발견되는 염색체외 원형 이중 나선 DNA 분자. 플라스미드는 항생제 내성과 같은 유전 정보를 운반한다. 유전 공학 플라스미드들이 재조합 DNA 연구에서 벡터(매개체)로서 사용된다.

피리미딘(pyrimidine) 핵산에서 발견되는 단일 고리 유기 염기.

필라델피아 염색체(philadelphia chromosome) 염색체 9번과 22번의 긴팔(장완)의 일부분이 자리옮김(전좌)되어 생기는 비정상적인 염색체.

필수 아미노산(Essential amino acids) 몸에서 만들어지지 않는 아미노산으로 음식으로 보충이 되어야 한다.

하플로그룹(Haplogroups) SNP를 공유하고 있는 단상형과 유사한 그룹으로 공동 조상으로부터 유래되었다. 인간에서, Y 염색체와 미토콘드리아 DNA가 하플로 그룹을 확인하기 위해 대부분 자주 연구된다.

항원(Antigen) 세균에 의해 생성되거나 운반되며 항체를 생성케하는 분자들.

항체(Antibody) B세포에 의하여 생성되는 일단의 단백질 그룹으로 외부물질(항원)과 결합하여 그들을 불활성화시킨다.

핵(nucleus) 진핵세포에서 염색체를 포함하고 있는 막으로 둘러싸인 세포소기관.

핵소체(nucleolus, 복수형 : nucleoli) 리보솜 합성의 기능을 하는 핵 부위.

핵전이(nuclear transfer) 한 세포에서 다른 세포로 핵을 이동시키는 과정. 미세피펫으로 주입, 바이러스, 화학물질 또는 전기충격을 이용한 세포융합 등의 방법이 있다.

핵형(Karyotype) 세포분열 도중에 특정한 형태로 응축되어 있는 염색체의 완전한 한 벌.

행동유전학(Behavioral genetics) 다양한 형태의 행동에 영향을 주는 유전인자와 환경인자, 그것들의 상호작용을 연구하는 유전학의 한 분야.

헌팅톤병(Huntington disease, HD) 점진적인 신경 퇴행과 치매를 일으켜 조기 사망에 이르게 하는 상염색체 우성 유전 질환.

헌팅틴(Hungtingtin) 헌팅톤병을 일으키는 유전자와 그 유전자에 의해 암호화된 단백질로서 돌연변이 형태이다.

헤모글로빈(Hemoglobin) 혈액에서 산소를 운반하는 단백질. 성인의 헤모글로빈은 알파글로빈 2개와 베타글로빈 2개로 이루어진다. 각각의 글로빈 분자는 햄(heme)과 복합체를 구성하는데, 햄은 철을 포함한 유기 분자이며 산소와 결합한다.

헬라 세포(HeLa cells) Henrietta Lack이라는 여성의 자궁경부암으로부터 유래된 세포주. 처음으로 개발된 영구적인 인간 세포주 중의 하나로 연구에 광범위하게 사용된다.

혈연(Consanguinity) 공통적인 조상으로부터 내려온 혈액친척. 첫 번째 사촌 사이의 결혼은 혈연관계로 간주되고, 두 개체를 연결하는

2개의 수평선에 의해서 가계에 나타난다.

혈우병(Hemophilia) 혈액이 응고되지 않는 유전 질환. 대부분 일반적으로 나타나는 형태는 혈우병 A와 혈우병 B이며, 이들은 X 염색체에 있는 유전자에 의해 암호화된다.

형질전환 농작물(Transgenic crops) 재조합 DNA 기술을 이용하여 종들 간에 유전자를 전달해 만들어낸 식품곡물로서 농작물들이 제초제 내성과 같은 새롭고 유용한 특성을 가지게 된다.

형질전환(Transformation) 세포들 간에 유전정보를 전달하여 표현형을 바꾸어 주는 과정.

호모 네안데르탈렌시스(Homo neanderthalensis) 약 30만년 전부터 약 3만년 전까지 근동, 유럽, 북아프리카에 살았던 인류의 한 종족.

호모 사피엔스(Homo sapiens) 약 2만년 전에 아프리카에 살았던 현생 인류의 조상으로서 지구의 모든 지역에 분포.

홑염색체(Monosomy) 염색체쌍 가운데 단 하나가 결실된 조건(2n-1).

황체 형성 호르몬(Lutenizing hormone, LH) 뇌하수체에서 생성되는 호르몬으로 여성에게서 난소여포의 성숙을 촉진한다.

후기 I (Anaphase I) 감수분열에서 쌍을 이루었던 상동염색체가 분리되어 반수체 딸세포를 만드는 단계.

후기 II (Anaphase II) 감수분열에서 동원체가 분열하여 염색체의 염색분체들이 분리되는 단계.

히스톤(Histones) 염색체 내에서 DNA의 응축과 접힘 현상을 도와주는 DNA-결합 단백질.

ABO 혈액형(ABO blood type) 세포 표면에 존재하는 항체단백질을 암호화하는 9번 염색체의 동류혈구응집소 유전자의 3가지 대립인자에 의하여 결정되는 A, B, AB, O형 혈액형.

B 세포(B cell) 면역계의 한 부분인 백혈구. B 세포는 항체를 생산한다.

Barr 체(Barr body) 포유 여성의 체세포핵에 있는 짙게 염색되는 덩어리. 불활성화된 X 염색체.

BRCA1 17번 염색체에 위치한 유전자. 이 유전자의 정상 대립유전자는 세포성장을 조절한다. 돌연변이 대립유전자는 유방암의 유전적 소인과 관련이 있다.

BRCA2 13번 염색체에 위치한 유전자. 이 유전자의 정상 대립유전자는 세포성장을 조절한다. 돌연변이 대립유전자는 유방, 난소, 전립선의 암에 대한 유전적 감수성과 관련이 있다.

CC-CKR5 3번 염색체에 위치하며, 백혈구 표면에서 발견되는 수용체를 암호화하는 유전자. 이 수용체는 사람면역결핍 바이러스가 세포에 들어가기 위해서 사용된다. 이 유전자의 돌연변이가 동형접합체인 사람들은 사람면역결핍 바이러스에 내성이 있다.

DNA 중합효소(DNA polymerase) 주형 DNA 및 뉴클레오티드(nucleotide)를 사용하여 DNA 합성을 촉매하는 효소.

DNA 지문감정법(DNA fingerprinting) 개인을 구별할 수 있는 미니위성유전자(minisatellite)의 길이 변화를 이용하는 것.

DNA 프로파일(DNA profile) 개인을 구별하는데 사용한 short tandom repeat (STR)의 양식.

Enfuvirtide HIV 감염을 치료하는데 사용하는 약. 이것은 감염을 방지하는 것으로 백혈구에 HIV가 결합하는 것을 방해한다.

G1 유사분열에서 세포주기의 첫 단계이며, 세포의 크기가 두 배로 성장하는 기간.

G1/S 이동기(G1/S transition) G1기와 세포주기에서 다음 단계인 S기(DNA 합성이 일어남)와의 경계.

G2/M 이동기(G2/M transition) G2기와 유사분열(M) 사이의 경계. 이 시기는 세포주기에서 점검을 위한 시기이다.

G2기(G2) 세포주기에서 S기 다음에 일어나는 단계. 이 시기에 세포가 분열하기 위한 DNA 복제가 일어난다.

Hairy Cell 백혈병(Hairy cell leukemia) 머리카락 모양으로 확장된 비정상적인 B-세포가 골수, 지라, 혈액에서 발견되는 혈액암 중에서 드문 형태로 나타난다.

Hardy-Weinberg 법칙(Hardy-Weinberg Law) 이상적인 집단이 있다고 가정할 때, 대립유전자의 유전자 빈도가 한 세대로부터 다음 세대까지 일정하게 유지되는 현상을 나타내는 법칙.

HLA 군(HLA complex) 인간의 6번 염색체에 있는 유전자의 클러스터로서 면역시스템을 암호화한다. 이 유전자는 HLA 단상형(haplotype)을 생산하는 대립유전자를 많이 갖고 있다.

Nail-patella 증후군(Nail-patella syndrome) 관절, 뼈, 손발톱 등에 기형을 야기하는 드문 유전질환. 무릎뼈(슬개골), 손톱 등이 비정상 또는 소실된 상태로 태어난다.

QTLs(Quantitative trait loci) 단일 다원유전자 특징을 나타내는 2개 또는 그이상의 유전자들.

Rh혈액그룹(Rh blood group) 붉은 원숭이에서 처음 분리된 혈액형. 열성 개체는 Rh?이고 항원을 만들지 않으며 Rh+형은 항원을 만든다. 신생아 용혈성 질환 (hemolytic disease of the newborn ; HDN)의 원인이다.

Ribonucleic acid(RNA) 피리미딘계 우라실과 리보스 당을 포함하는 핵산 분자. 유전자 발현에 관여하는 몇 가지 형태가 있다.

RNA 리보스당과 피리미딘 우라실을 포함하는 핵산. 몇 종류의 RNA 형태가 있으며 많은 부분이 유전자 발현에 중요한 역할을 한다.

RNA 중합효소(RNA polymerase) DNA를 주형으로 하여 RNA를 합성하는 효소.

S기(S phase) DNA 합성과 염색체 복제가 일어나는 세포 주기의 단계.

T4 보조세포(T4 helper cells) 면역계 세포의 아형. T4세포는 면역반응의 개시를 도와주며, 흔히 면역계의 "스위치 작동"이라 불리운다.

T-세포(T-cells) 림프구의 한 종류로 흉선(흉샘)에서 성숙되어 세포성면역에 관여함.

tort 법률용어로서 소송을 일으킬 수도 있는 불법 행위.

X 염색체(X chromosome) 인간에 있어 성별을 결정짓는 염색체 중

하나. 남성은 XY염색체를 가지고, 여성은 2개의 X염색체(즉XX)를 가짐.

X-선 회절(X-ray diffraction) 결정체(크리스탈)를 통해 X-선을 통과시켜서 분자구조를 분석하는 방법. 회절된 X선의 결과적 양상은 크리스탈 분자의 3차원 구조를 결정하는데 이용할 수 있다. DNA의 구조를 결정하는데 이용됨.

X-연관(X-linked) X염색체 상에서 운반된 유전자에 기인한 유전유형.

Y 염색체(Y chromosome) 인간에 있어 성별을 결정짓는 염색체 중 하나. 남성은 XY염색체를 가지고 여성은 XX염색체를 가짐.

Y-연관(Y-linked) Y 염색체 상에서 운반된 유전자에 기인한 유전유형.

2배수체 수(Diploid (2n) number) 각각의 염색체가 2개씩 있는 상태이며, 상동 염색체 쌍을 말한다.

2차 무월경(Secondary amenorrhea) 월경을 하던 여성에서 월경이 멈추는 것.

2차 성 특징(Secondary sex characteristics) 성호르몬 조절 하에 사춘기에 일어나는 남성의 (수염, 변성) 또는 여성의 (가슴, 체형) 특징.

INDEX

[D]

[E]

[F]

[G]

[H]

[I]

[J]

[K]

[L]

[M]

[N]

[O]

[P]

[R]

[S]